教育部高等学校电工电子基础课程教学指导分委员会推荐教材
“双一流”建设高校立项教材
国家一流学科教材
国家级一流本科课程教材
教育部电子科学课程群虚拟教研室教研成果
新工科电工电子基础课程一流精品教材

数字电子技术
（第5版）

◎ 罗笑冰　主　编
◎ 王　玲　副主编
◎ 杜湘瑜　于红旗　田　曦　余安喜　编
◎ 高吉祥　主　审

電子工業出版社
Publishing House of Electronics Industry
北京 · BEIJING

内 容 简 介

本书依据教育部高等学校电工电子基础课程教学指导分委员会制定的课程教学基本要求编写，共 8 章，主要内容包括：数字逻辑基础、逻辑门电路、组合逻辑电路、触发器、时序逻辑电路、脉冲信号的产生与整形、半导体存储器及可编程逻辑器件、数/模转换器与模/数转换器。

本书编写简明扼要，内容深入浅出，结合实际电路应用侧重能力的培养，内附大量练习题及各章小结，配套电子课件、思维导图、习题参考答案、常用变量符号表等。

本书可作为高等学校电子、电气、集成电路、通信、计算机等专业相关课程的教材，也可作为职业本科和高职高专相关专业的教材，还可供从事相关领域工作的工程技术人员学习参考。

图书在版编目（CIP）数据

数字电子技术 / 罗笑冰主编. -- 5 版. -- 北京 : 电子工业出版社，2025. 2. -- ISBN 978-7-121-49632-5

Ⅰ. TN79

中国国家版本馆 CIP 数据核字第 2025VT9993 号

责任编辑：王羽佳
印　　刷：河北鑫兆源印刷有限公司
装　　订：河北鑫兆源印刷有限公司
出版发行：电子工业出版社
　　　　　北京市海淀区万寿路 173 信箱　邮编　100036
开　　本：787×1 092　1/16　印张：19　字数：619.7 千字
版　　次：2003 年 8 月第 1 版
　　　　　2025 年 2 月第 5 版
印　　次：2025 年 2 月第 1 次印刷
定　　价：69.90 元

凡所购买电子工业出版社图书有缺损问题，请向购买书店调换。若书店售缺，请与本社发行部联系。联系及邮购电话：（010）88254888，（010）88258888。

质量投诉请发邮件至 zlts@phei.com.cn，盗版侵权举报请发邮件至 dbqq@phei.com.cn。

本书咨询联系方式：（010）88254535，wyj@phei.com.cn。

前　言

本书依据教育部高等学校电工电子基础课程教学指导分委员会制定的课程教学基本要求编写，可作为高等学校电子、电气、集成电路、通信、计算机等专业相关课程的教材，也可作为职业本科和高职高专相关专业的教材。自《数字电子技术》出版至今，已经过去了 20 多年。根据广大读者提出的宝贵意见，本书曾做了多次修订，深受读者喜爱。

在第 5 版的修订中，为了同步当前数字电子技术的发展，引入 Verilog HDL 相关知识，1.4 节简要介绍硬件描述语言基础，第 3 章详细阐述电路的建模方法及分层次电路设计的理念，从而保证教学基本单元的体系完整性。修订后全书共 8 章，请扫描下方二维码学习本书思维导图。第 1 章为数字逻辑基础，主要介绍数制与编码、逻辑代数、逻辑函数化简、硬件描述语言基础；第 2 章为逻辑门电路，主要介绍分立元件门电路、TTL 集成门电路、CMOS 门电路、TTL 电路与 CMOS 电路的接口；第 3 章为组合逻辑电路，主要介绍组合逻辑电路的基本分析和设计方法、常用的组合逻辑电路、组合逻辑电路的 Verilog HDL 描述、组合逻辑电路中的竞争-冒险；第 4 章为触发器，主要介绍触发器的电路结构与特点、钟控触发器的逻辑功能及其描述方法、不同类型触发器之间的转换、触发器的动态参数；第 5 章为时序逻辑电路，主要介绍同步/异步时序逻辑电路的分析和设计方法、几种常用的时序逻辑电路和时序逻辑电路中的竞争-冒险现象；第 6 章为脉冲信号的产生与整形，主要介绍施密特触发器、单稳态触发器和多谐振荡器；第 7 章为半导体存储器及可编程逻辑器件，主要介绍只读存储器（ROM）和随机存储器（RAM）的结构及工作原理、简单可编程逻辑器件、复杂可编程逻辑器件（CPLD）以及现场可编程门阵列（FPGA）等；第 8 章为数/模转换器与模/数转换器，主要介绍数/模转换器和模/数转换器的结构与基本原理。本书推荐课时数为 40～60 个学时。书中带“*”的小节为拓展内容，可根据学时数的需求选讲。

在本次修订过程中，对各章习题组织了全面系统的演算，并对全书习题参考答案进行了全面的核对。本书常用变量符号表请扫描下方二维码学习参考。扫描书中二维码，可以在线学习每章思维导图和习题参考答案。本书配套多媒体电子课件，请登录华信教育资源网免费注册下载。

为了方便学生学好数字电子技术课程，课程组还编写了实验与课程设计教材、学习辅助教材、相关拓展教材、教师参考用书，如《电子技术实验教程》（第 2 版）、《全国大学生电子设计竞赛培训系列教程——数字系统与自动控制系统设计》（第 2 版）等。

第 5 版修订主要由罗笑冰担任主编，王玲担任副主编，高吉祥主审，杜湘瑜、于红旗、田曦、余安喜参与编著。本次修订工作，基于凌永顺院士、傅丰林、王志功、甘良才、蔡自兴、刘力等教授对国防科技大学“电子技术基础”系列课程和教材的成果鉴定意见，同时继续遵循本书前 4 版的编写原则——确保基础、精选内容、加强概念、推陈出新、联系实际、侧重集成、避免遗漏、防止重复、统一符号、形成系统。

张晋民教授在国防科技大学“电子技术基础”系列教材的修订工作中，对丛书的知识体系的调整、内容结构的配比，提出了宝贵的建议，在此一并表示感谢。

本书还有不少缺点和不足之处，敬请广大读者批评指正。

目　录

第 1 章　数字逻辑基础

[内容提要]

本章介绍分析数字电路逻辑功能的数学方法以及硬件描述语言基础。首先介绍数制与编码；然后介绍逻辑代数的基本公式、常用公式、基本定理、逻辑函数及其表示方法，以及如何利用公式、卡诺图等方法来化简逻辑函数；最后简单介绍常用硬件描述语言 Verilog HDL 基础。

1.1　数制与编码

1.1.1　数制

数制是人们对数量计数的一种统计规则。在日常生活中，经常遇到的是十进制，在数字系统中，广泛采用的则是二进制、八进制和十六进制。

一种进位计数包含两个基本要素。

（1）基数：基数是计数制中所用到的数码的个数，常用 R 表示。例如，在十进制中，包含 0、1、2、…、9 这十个数码，进位规则为“逢 10 进 1”，所以它的基数 R=10。

（2）位权：某个数位上数码为 1 时所表征的数值，称为该数位的位权值，简称“权”。各数位的位权值均可表示成 R^i 的形式，其中 R 是基数，i 是各数位的序号。例如，十进制数个位的位权值是 1，十位的位权值是 10^1，百位的位权值是 10^2，以此类推。例如，十进制数 1111，各位数码均为 1，由于它们所处的数位不一样，因此它们所表示的数值也不一样。又如，军内干部有司令、军长、师长、团长、营长、连长、排长、班长等职务，他们都属于军人，但他们所处的地位不同，那么人们给予他们的权力是不一样的。

下面对常用的几种数制一一介绍。

1．十进制（Decimal，计算机中缩写为 D）

基数 R=10 的数制称为十进制。一个十进制数按权展开为

$$(N)_{10} = a_{n-1}\times 10^{n-1} + a_{n-2}\times 10^{n-2} + \cdots + a_{-m}\times 10^{-m} = \sum_{i=-m}^{n-1} a_i 10^i \tag{1.1.1}$$

式中，n 为整数位数；m 为小数位数；10 为基数；10^i 为第 i 位的位权值。

特点：① 有 0、1、…、9 十个数码（数符）；②“逢 10 进 1”。

2．二进制（Binary，计算机中缩写为 B）

基数 R=2 的数制为二进制，有 0、1 两个数码，进位规则为“逢 2 进 1”。按权展开为

$$(N)_2 = \sum_{i=-m}^{n-1} a_i 2^i \tag{1.1.2}$$

3．八进制（Octal，计算机中缩写为 O）

基数 R=8 的数制为八进制，有 0、1、…、7 八个数码，进位规则为“逢 8 进 1”。按权展开为

$$(N)_8 = \sum_{i=-m}^{n-1} a_i 8^i \tag{1.1.3}$$

4．十六进制（Hexadecimal，计算机中缩写为H）

基数 R=16 的数制为十六进制，有0、1、2、3、4、5、6、7、8、9、A、B、C、D、E、F十六个数码，进位规则为“逢16进1”。按权展开为

$$(N)_{16}=\sum_{i=-m}^{n-1}a_i16^i \tag{1.1.4}$$

5．R 进制

基数为 R 的数制称为 R 进制，进位规则为“逢 R 进1”。有0、1、…、R−1共 R 个数码（数符）。按权展开为

$$(N)_R=\sum_{i=-m}^{n-1}a_iR^i \tag{1.1.5}$$

式中，n 为整数位数；m 为小数位数；a_i 为第 i 位数码；R 为基数；R^i 为第 i 位的位权值。

1.1.2 数制间的转换

1．R 进制数转换为十进制数

将 R 进制数转换为十进制数只要按式（1.1.5）按权展开就可求得。

【例1.1.1】将二进制数$(1010.011)_2$转换为十进制数。

解：

$$\begin{aligned}(1010.011)_2&=\sum_{i=-m}^{n-1}a_i2^i=1\times2^3+1\times2^1+1\times2^{-2}+1\times2^{-3}\\&=(10.375)_{10}\end{aligned}$$

2．十进制数转换为 R 进制数

一个任意的十进制数可以由整数部分和小数部分构成，若设整数部分为 M_1，小数部分为 M_2，则

$$(M)_{10}=(M_1)_{10}+(M_2)_{10}$$

将其转换为 R 进制数，根据式（1.1.5）得

$$\begin{aligned}(M)_{10}&=\sum_{i=-m}^{n-1}a_iR^i\\&=a_{n-1}R^{n-1}+a_{n-2}R^{n-2}+\cdots+a_2R^2+a_1R+a_0+a_{-1}R^{-1}+a_{-2}R^{-2}+\cdots+a_{-m}R^{-m}\end{aligned} \tag{1.1.6}$$

于是

整数部分为 $$(M_1)_{10}=a_{n-1}R^{n-1}+a_{n-2}R^{n-2}+\cdots+a_2R^2+a_1R+a_0 \tag{1.1.7}$$

小数部分为 $$(M_2)_{10}=a_{-1}R^{-1}+a_{-2}R^{-2}+\cdots+a_{-m}R^{-m} \tag{1.1.8}$$

现在的问题是如何确定 a_i 的值。

先观察整数部分：

$(M_1)_{10}\div R$，得商为 $a_{n-1}R^{n-2}+a_{n-2}R^{n-3}+\cdots+a_2R+a_1$ ……余数为 a_0

将上式商再除以 R 得

$a_{n-1}R^{n-3}+a_{n-2}R^{n-4}+\cdots+a_2$ ……余数为 a_1

以此类推，就可以求得全部的 a_i（i=0,1,2,…,n−1）。

将这种方法称为除以 R 取余法，逆序排列。其中，R 为基数。

再观察小数部分：

将式（1.1.8）两边同乘以 R，整数部分为 a_{-1}，小数部分则为

$$a_{-2}R^{-1}+a_{-3}R^{-2}+\cdots+a_{-m}R^{-m+1}$$

然后将小数部分再乘以 R，整数部分为 a_{-2}，小数部分则为

$$a_{-3}R^{-1}+\cdots+a_{-m}R^{-m+2}$$

以此类推，就可求得全部的 a_i（i=−1,−2,…,−m）。

最后一步再乘之后，还可能存在小数部分，不妨设为 e，e 称为剩余误差。其值为

$$e < R^{-m}$$

将这种方法称为乘以 R 取整法，顺序排列。

【例 1.1.2】将十进制数 10.375 转换成二进制数（R=2）。

解：将十进制数 10.375 的整数部分和小数部分分别转换。

整数部分转换采用除以 R 取余法（在本例中 R=2），即

除法	余数	对应二进制数码（数符）
2 | 10		
2 | 5	0	a_0
2 | 2	1	a_1
2 | 1	0	a_2
0	1	a_3

于是　$(10)_{10}=(1010)_2$

小数部分采用乘以 R 取整法（在本例中 R=2），即

	整数部分	对应二进制数码（数符）
0.375×2=0.75	0	a_{-1}
0.75×2=1.5	1	a_{-2}
0.5×2=1.0	1	a_{-3}

剩余误差　$e=0$

于是　$(0.375)_{10}=(.011)_2+e=(.011)_2$

最后得到　$(10.375)_{10}=(1010.011)_2$

3．二进制数与八进制数、十六进制数之间的转换

（1）八进制数转换为二进制数。

把八进制数的每位数用 3 位二进制数表示即可。

【例 1.1.3】将八进制数$(312.64)_8$转换为二进制数。

解：

3	1	2	.	6	4
011	001	010	.	110	100

于是　$(312.64)_8=(011001010.110100)_2=(11001010.1101)_2$

（2）二进制数转换为八进制数。

当二进制数转换为八进制数时，以小数点为界，分别向左、向右以 3 位为一组，最高位不到 3 位的用 0 补齐，最低位不到 3 位的也用 0 补齐，然后将每 3 位的二进制数用相应的八进制数表示。

【例 1.1.4】将二进制数$(10110.11)_2$转换成八进制数。

解：

二进制数	$\underline{010}$	$\underline{110}$	.	$\underline{110}$
对应的八进制数	2	6	.	6

于是　$(10110.11)_2=(26.6)_8$

（3）十六进制数转换为二进制数。

将每位十六进制数用相应的 4 位二进制数表示。

【例 1.1.5】将十六进制数$(21A.5)_{16}$转换为二进制数。

解：

十六进制数	2	1	A	.	5
对应的二进制数	$\underline{0010}$	$\underline{0001}$	$\underline{1010}$	.	$\underline{0101}$

于是　$(21A.5)_{16}=(001000011010.0101)_2=(1000011010.0101)_2$

（4）二进制数转换为十六进制数。

当二进制数转换为十六进制数时，以小数点为界，分别向左、向右以 4 位为一组，最高位不到 4 位的用 0 补齐，最低位不到 4 位的也用 0 补齐，然后将每 4 位的二进制数用相应的十六进制数表示。

【例 1.1.6】将二进制数$(1100101.101)_2$转换为十六进制数。

解： 二进制数　　$\underline{0110}$　$\underline{0101}$　.　$\underline{1010}$

对应的十六进制数　　6　　5　　.　　A

于是　　$(1100101.101)_2=(01100101.1010)_2=(65.A)_{16}$

（5）八进制数与十六进制数之间的转换。

八进制（或十六进制）数转换为十六进制（或八进制）数，先将八进制（或十六进制）数转换为二进制数，然后按二进制数转换为十六进制（或八进制）数的步骤进行转换。

1.1.3 编码

编码就是用二进制码来表示给定的信息符号。这个信息符号可以是十进制数符 0、1、2、…、9，字符 A、B、C、…，运算符“+”“−”“=”等。下面介绍几种常用的编码。

1．带符号的二进制编码

在数字系统中，正、负数的表示方法是：把一个数的最高位作为符号位，用 0 表示“+”，用 1 表示“−”，连同符号位一起作为一个数，称为机器数。它原来的数值形式则称为这个机器数的真值。

例如：真值 $X_1=+0.1101$；$X_2=-0.1101$

表示成机器数为 $X_1=0.1101$；$X_2=1.1101$

在数字系统中，表示机器数的方法有很多，目前常用的有原码、反码和补码。

（1）原码（True Form）。

原码表示法又称为符号-数值表示法。正数的符号位用 0 表示，负数的符号位用 1 表示，数值部分保持不变。

例如：真值 $X=-1101$

$(X)_{原}=11101$

（2）反码（One’s Complement）。

对于有效数字（不包括符号位）为 n 位的二进制数 N，它的反码$(N)_{反}$表示方法为

$$(N)_{反}=\begin{cases}N, & (N\geqslant 0)\\(2^n-1)-|N|, & (N<0)\end{cases} \tag{1.1.9}$$

由式（1.1.9）可知，当 N 为正数时，反码的符号表示方法与原码相同，正数反码的数值部分保持不变。当 N 为负数时，$|N|+(N)_{反}=2^n-1$，而 2^n-1 是 n 位全为 1 的二进制数，所以只要将 N 中每位的 1 改为 0、0 改为 1，就得到了$(N)_{反}$，即负数反码的数值是原码的数值按位求反。

例如：真值 $X_1=+1101$，则$(X_1)_{反}=01101$

真值 $X_2=-1101$，则$(X_2)_{反}=10010$

（3）补码（Two’s Complement）。

对于有效数字（不包括符号位）为 n 位的二进制数 N，它的补码$(N)_{补}$表示方法为

$$(N)_{补}=\begin{cases}N & (N\geqslant 0)\\2^n-|N| & (N<0)\end{cases} \tag{1.1.10}$$

即正数（符号位为 0）的补码与原码相同，负数（符号位为 1）的补码等于 $2^n-|N|$，符号位保持不变。当 $N<0$ 时，为了避免在求补码的过程中做减法运算，通常是先求出 N 的反码，然后在反码最低位上加 1 而得到补码。

例如：真值 X_1=+1101，则$(X_1)_补$=$(X_1)_原$=$(X_1)_反$=01101

真值 X_2=−1101，则$(X_1)_补$=10011

小结： 正数的原码、反码与补码是一样的，均等于该数的真值；负数的原码、反码与补码的符号均为 1，仅数值部分不相同，原码的数值部分不变，反码的数值部分按位取反，而补码的数值部分仅仅在反码的最后一位加 1 即可。

2. 二-十进制码

用 4 位二进制码表示十进制数 0～9 十个状态的编码，称为二-十进制码，又称为 BCD（Binary Coded Decimal）码。而 4 位二进制码共有 16 个（0000～1111），取其中的 10 个与 0～9 相对应，取法有多种方案，对应了不同的编码规则。表 1.1.1 列出了常见的 BCD 码。

表 1.1.1　常见的 BCD 码

十进制数	编码种类				
	8421 码	余 3 码	2421 码	5211 码	余 3 循环码
0	0000	0011	0000	0000	0010
1	0001	0100	0001	0001	0110
2	0010	0101	0010	0100	0111
3	0011	0110	0011	0101	0101
4	0100	0111	0100	0111	0100
5	0101	1000	1011	1000	1100
6	0110	1001	1100	1001	1101
7	0111	1010	1101	1100	1111
8	1000	1011	1110	1101	1110
9	1001	1100	1111	1111	1010
权	8421		2421	5211	

8421 码是二-十进制代码中最常用的一种，也称 8421BCD 码。在这种编码方式中，每一位二进制代码的 1 都代表一个固定数值，将每一位的 1 代表的十进制数加起来，得到的结果就是它所代表的十进制数码。由于代码中从左到右每一位的 1 分别表示 8、4、2、1，因此将这种代码称为 8421 码。8421 码中每一位的权都是固定不变的，它属于恒权代码。

余 3 码的编码规则是在 8421 码的基础上加 3，即它的数值要比对应的十进制数码多 3，故将这种代码称为余 3 码。如果将两个余 3 码相加，所得的和将比十进制数和所对应的二进制数多 6。因此，在用余 3 码进行十进制加法运算时，若两数之和为 10，正好等于二进制数的 16，于是便从高位自动产生进位信号。余 3 码不是恒权代码。

2421 码和 5211 码都属于恒权代码，2421 码中从左到右每一位的 1 分别表示 2、4、2、1；5211 码中从左到右每一位的 1 分别表示 5、2、1、1。

余 3 循环码是一种变权码，每一位的 1 在不同代码中并不代表固定的数值。它的主要特点是相邻的两个代码之间仅有一位的状态不同。

3. 格雷码

格雷码（Gray Code）又称为循环码。表 1.1.2 列出了 4 位典型格雷码及与二进制代码的比较。其中，每位的状态变化都按一定的顺序循环。如果从 0000 开始，最右边一位的状态按 0110 顺序循环变化，右边第二位的状态按 00111100 顺序循环变化，右边第三位的状态按 0000111111110000 顺序循环变化。可见，自右向左，每一位状态循环中连续的 0、1 数目增大为原来的 2 倍。由于 4 位格雷码只有 16 个，因此最左边一位的状态只有半个循环，即 0000000011111111。按照上述原则，我们就很容易得到更多位数的格雷码。

表 1.1.2　4 位典型格雷码及与二进制代码的比较

编码顺序	二进制代码	格雷码	编码顺序	二进制代码	格雷码
0	0000	0000	8	1000	1100
1	0001	0001	9	1001	1101
2	0010	0011	10	1010	1111
3	0011	0010	11	1011	1110
4	0100	0110	12	1100	1010
5	0101	0111	13	1101	1011
6	0110	0101	14	1110	1001
7	0111	0100	15	1111	1000

与普通的二进制代码相比，格雷码的最大特点就在于当它按照表 1.1.2 中的编码顺序依次变化时，相邻两个代码之间只有一位发生变化，这样在代码转换的过程中就不会产生过渡噪声。而在普通二进制代码的转换过程中，则有时会产生过渡噪声。例如，在第四行的二进制代码 0011 转换为第五行的 0100 过程中，如果最右边一位的变化比其他两位的变化慢，就会在一个极短的瞬间出现 0101 状态，这个状态将成为转换过程中出现的噪声。而在第四行的格雷码 0010 向第五行的 0110 转换过程中，则不会出现过渡噪声。这种过渡噪声在有些情况下甚至会影响电路的正常工作，这时就必须采取措施加以避免。在后续章节中还将进一步讨论这个问题。

二一十进制代码中的余 3 循环码就是取 4 位格雷码中的 3～12 十个代码组成的，它仍然具有格雷码的特点，即两个相邻代码之间仅有一位码元不同。

4．美国信息交换标准代码（ASCII）

美国信息交换标准代码（American Standard Code for Information Interchange，ASCII 码）是由美国国家标准化协会（ANSII）制定的一种信息代码，被广泛地用于计算机和通信领域中。ASCII 码已经由国际标准化组织（ISO）认定为国际通用的标准代码。

ASCII 码是一组 7 位二进制代码（$b_7b_6b_5b_4b_3b_2b_1$），共 128 个，其中包括表示 0～9 的 10 个代码，表示大、小写英文字母的 52 个代码，32 个表示各种符号的代码以及 34 个控制码，使用时可以加第 8 位作为奇偶校验位。表 1.1.3 所示为 ASCII 码的编码表。每个控制码在计算机操作中的含义列于表 1.1.4 中。

表 1.1.3　ASCII 码的编码表

$b_4b_3b_2b_1$	$b_7b_6b_5$							
	000	001	010	011	100	101	110	111
0000	NUL	DLE	SP	0	@	P	、	p
0001	SOH	DC1	!	1	A	Q	a	q
0010	STX	DC2	‘ ‘	2	B	R	b	r
0011	ETX	DC3	#	3	C	S	c	s
0100	EOT	DC4	$	4	D	T	d	t
0101	ENQ	NAK	%	5	E	U	e	u
0110	ACK	SYN	&	6	F	V	f	v
0111	BEL	ETB	‘	7	C	W	g	w
1000	BS	CAN	(	8	H	X	h	x
1001	HT	EM	)	9	I	Y	i	y
1010	LF	SUB	*	:	J	Z	j	z
1011	VT	ESC	+	;	K	[	k	{
1100	FF	FS	,	<	L	\	l	|
1101	CR	GS	_	=	M	]	m	}
1110	S0	RS	.	>	N	∧	n	～
1111	SI	US	/	?	O	_	o	DEL

表 1.1.4　每个控制码在计算机操作中的含义

代码	含　义		代码	含　义	
NUL	Null	空白，无效	DC1	Device control 1	设备控制 1
SOH	Start of heading	标题开始	DC2	Device control 2	设备控制 2
STX	Start of text	正文开始	DC3	Device control 3	设备控制 3
KTX	End of text	文本结束	DC4	Device control 4	设备控制 4
EOT	End of transmission	传输结束	NAK	Negative acknowledge	否定
ENQ	Enquiry	询问	SYN	Synchronous idle	空转同步
ACK	Acknowledge	承认	ETB	End of transmission block	信息块传输结束
BEI	Bell	报警	CAN	Cancel	作废
BS	Backspace	退格	EM	End of medium	媒体用毕
HT	Horizontal tab	横向制表	SUB	Substitute	代替，置换
LF	Line feed	换行	ESC	Escape	扩展
VT	Vertical tab	垂直制表	FS	File separator	文件分隔
FF	Form feed	换页	CS	Group separator	组分隔
CR	Carriage return	回车	RS	Record separator	记录分隔
SO	Shift out	移出	US	Unit separator	单元分隔
SI	Shift in	移入	SP	Space	空格
DLE	Date Link escape	数据通信换码	DEL	Delete	删除

1.2　逻辑代数

逻辑代数又称为布尔代数或开关代数，它是研究开关理论及分析、设计数字逻辑的数学基础。本节讲述逻辑代数的基本概念、基本公式、运算规律。

1.2.1　逻辑变量与逻辑函数的概念

在逻辑代数中的变量称为逻辑变量，用字母 A、B、C…表示。逻辑变量只能有两种可能的取值，即 1 或 0。

这里的 1 和 0 并不表示数量的大小，而是表示完全对立的两种状态。例如，是与非、真与假、有与无、通与断、三极管放大器饱和导通与截止等。1 表示条件具备或事情发生；0 表示条件不具备或事情不发生。反之亦然。

例如，在图 1.2.1 所示的电路中，指示灯是否点亮取决于开关是否闭合。如果定义：F=1 表示灯亮，F=0 表示灯灭；A=1 表示开关闭合，A=0 表示开关断开。那么，F 是 A 的函数，逻辑函数表达式为 F=f(A)。F 和 A 都称为逻辑变量，其中 A 称为输入逻辑变量（简称逻辑变量），F 称为输出逻辑变量（简称逻辑函数）。如果逻辑函数是多变量的函数，即 F=f(A,B,C,…)，那么逻辑函数的表达式就比较复杂。逻辑函数表达式由逻辑变量 A、B、C…和算子“•”（与）、“+”（或）、“¯”（非）及括号、等号等组成。例如，$F=A\cdot(B+\overline{C})$。其中，$\overline{C}$ 表示逻辑变量 C 的反变量，其他不加上画线的为逻辑原变量。

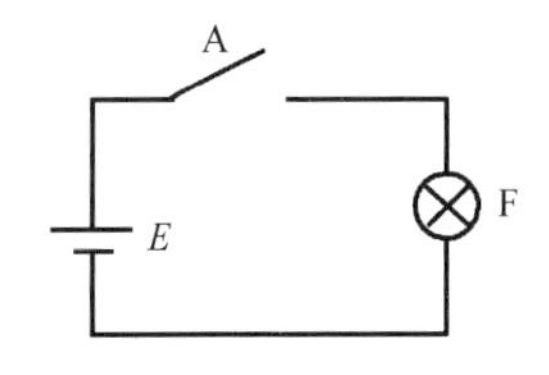

图 1.2.1　指示灯开关电路

1.2.2　三种基本逻辑及其运算

1. 与逻辑（又称为逻辑乘）

定义：只有当决定某一事件的条件全部具备时，这一事件才会发生，我们称这种因果关系为与逻辑关系。

如图1.2.2所示，用A、B两个串联开关去控制一个电灯F，两个开关的状态组合共有4种。这4种不同的组合与灯亮、灯灭之间的关系如表1.2.1所示。由表1.2.1可知，只有当开关A与B同时闭合时，灯F才亮，否则灯灭。描述电灯状态与开关状态之间关系的逻辑状态表如表1.2.1所示。

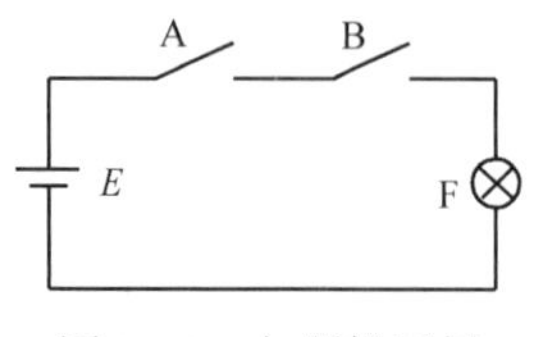

图1.2.2　与逻辑示例

表1.2.1　与逻辑状态表

开关A的状态	开关B的状态	灯F的状态
断开	断开	不亮
断开	闭合	不亮
闭合	断开	不亮
闭合	闭合	亮

现用1来表示开关“闭合”及灯亮；用0来表示开关“断开”及灯灭。那么描述电灯状态与开关状态间关系的逻辑状态表如表1.2.1所示，其中与逻辑关系可表示成表1.2.2所示的真值表形式。所谓真值表，是指把逻辑变量的所有可能的组合及其对应的结果列成表格形式，此表便称为真值表。

表1.2.2　与逻辑真值表

A	B	F
0	0	0
0	1	0
1	0	0
1	1	1

上述这种与逻辑关系可表示成如下逻辑函数式。

$$F=A \cdot B \tag{1.2.1}$$

式中，“·”一般可以省略；A、B均为输入逻辑变量（自变量）；F为输出逻辑变量（因变量）。

由表1.2.2可知，与逻辑运算的运算规律为

$$0 \cdot 0=0$$

$$0 \cdot 1=1 \cdot 0=0$$

$$1 \cdot 1=1$$

这组运算规律是从逻辑推理中得出的，故是逻辑代数的公理。

此外，还可以将上述公理写成如下一般形式。

自等律：$$A \cdot 1=A \tag{1.2.2}$$

0-1律：$$A \cdot 0=0 \tag{1.2.3}$$

重叠律：$$A \cdot A=A \tag{1.2.4}$$

二输入与门逻辑电路符号如图1.2.3所示。

2. 或逻辑（又称为逻辑加）

定义：只要在决定某一事件的各种条件中有一个或几个条件具备，这一事件就会发生，我们称这种关系为或逻辑关系。或逻辑运算简称或运算。

如图1.2.4所示，用A、B两个并联开关去控制一个电灯F，两个开关的状态组合共有4种。这4种不同的组合与灯亮、灯灭之间的或逻辑状态表如表1.2.3所示。此外，也可用表1.2.4所示的真值表来描述。由表1.2.3可知，只要开关A和B有一个或一个以上开关闭合，灯F就会亮。

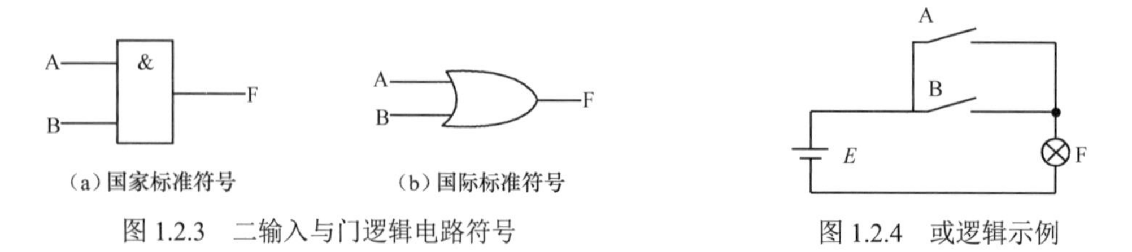

（a）国家标准符号　（b）国际标准符号

图1.2.3　二输入与门逻辑电路符号

图1.2.4　或逻辑示例

表 1.2.3　或逻辑状态表

开关 A 的状态	开关 B 的状态	灯 F 的状态
断开	断开	不亮
断开	闭合	亮
闭合	断开	亮
闭合	闭合	亮

表 1.2.4　或逻辑真值表

A	B	F
0	0	0
0	1	1
1	0	1
1	1	1

上述这种或逻辑关系可表示成如下逻辑函数式。

$$F=A+B \tag{1.2.5}$$

由表 1.2.4 可知，或运算的运算规律为

$$0+0=0$$

$$0+1=1+0=1$$

$$1+1=1$$

这也是逻辑代数的一组公理。此外，还可以将上述公理写成如下一般形式。

自等律：　$A+0=A$　（1.2.6）

0-1 律：　$A+1=1$　（1.2.7）

重叠律：　$A+A=A$　（1.2.8）

二输入或门逻辑电路符号如图 1.2.5 所示。

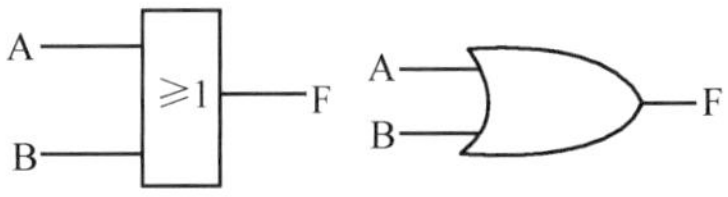

（a）国家标准符号　（b）国际标准符号

图 1.2.5　二输入或门逻辑电路符号

3. 非逻辑

非逻辑运算简称非运算，又称为逻辑非或逻辑否定。其含义可用图 1.2.6 所示的开关电路来描述。当开关 A 断开时，灯 F 亮；当开关 A 闭合时，灯 F 被短路而灭。这里灯亮的事件与开关 A 闭合这个条件之间的逻辑关系，满足表 1.2.5 所示的真值表。其逻辑表达式为

$$F=\overline{A} \tag{1.2.9}$$

由表 1.2.5 可知，非运算规律为

$$\overline{0}=1,\quad \overline{1}=0$$

非逻辑也可写成以下一般形式。

还原律（非非律）：　$\overline{\overline{A}}=A$　（1.2.10）

互补律：　$\begin{cases} A+\overline{A}=1 \\ A\cdot\overline{A}=0 \end{cases}$　（1.2.11）

非门逻辑电路符号如图 1.2.7 所示。

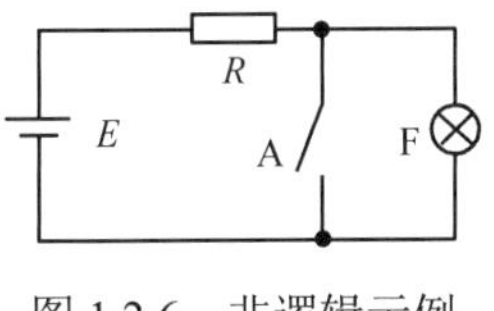

图 1.2.6　非逻辑示例

表 1.2.5　非逻辑真值表

A	F
0	1
1	0

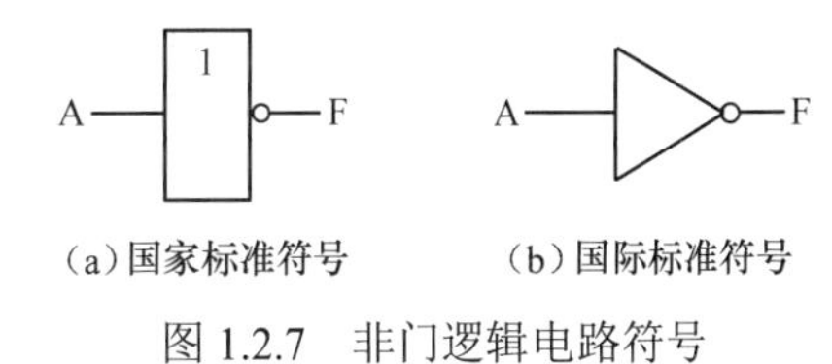

（a）国家标准符号　（b）国际标准符号

图 1.2.7　非门逻辑电路符号

1.2.3　复合逻辑及其运算

实际碰到的逻辑问题往往要比简单的与、或、非复杂得多，但它们可用与、或、非的不同组合来实现。常见的复合逻辑有与非、或非、与或非、同或及异或等。

1. 与非逻辑

与非逻辑实际上是由与逻辑和非逻辑组合而成的。其函数表达式为

$$F=\overline{A \cdot B} \tag{1.2.12}$$

二输入与非门逻辑电路符号如图 1.2.8 所示。与非逻辑真值表如表 1.2.6 所示。

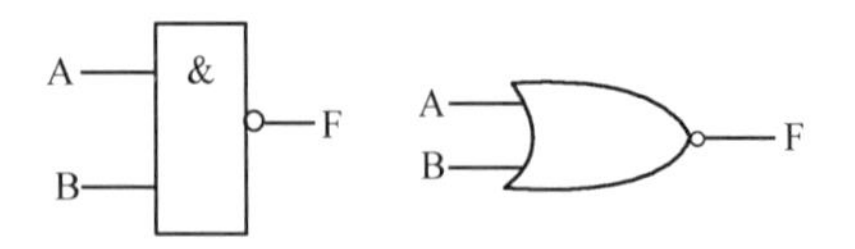

（a）国家标准符号　（b）国际标准符号

图 1.2.8　二输入与非门逻辑电路符号

表 1.2.6　与非逻辑真值表

A	B	F
0	0	1
0	1	1
1	0	1
1	1	0

2．或非逻辑

或非逻辑是由或逻辑和非逻辑组合而成的。其函数表达式为

$$F=\overline{A+B} \tag{1.2.13}$$

二输入或非门逻辑电路符号如图 1.2.9 所示。或非逻辑真值表如表 1.2.7 所示。

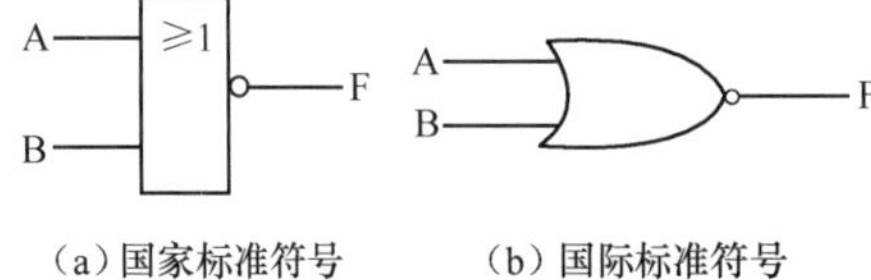

（a）国家标准符号　（b）国际标准符号

图 1.2.9　二输入或非门逻辑电路符号

表 1.2.7　或非逻辑真值表

A	B	F
0	0	1
0	1	0
1	0	0
1	1	0

3．与或非逻辑

与或非逻辑是由与逻辑、或逻辑和非逻辑组合而成的。其函数表达式为

$$F=\overline{AB+CD} \tag{1.2.14}$$

与或非逻辑真值表如表 1.2.8 所示。与或非门逻辑电路符号如图 1.2.10 所示。

表 1.2.8　与或非逻辑真值表

A	B	C	D	F	A	B	C	D	F
0	0	0	0	1	1	0	0	0	1
0	0	0	1	1	1	0	0	1	1
0	0	1	0	1	1	0	1	0	1
0	0	1	1	0	1	0	1	1	0
0	1	0	0	1	1	1	0	0	0
0	1	0	1	1	1	1	0	1	0
0	1	1	0	1	1	1	1	0	0
0	1	1	1	0	1	1	1	1	0

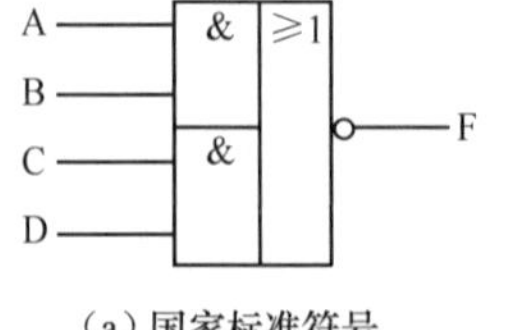

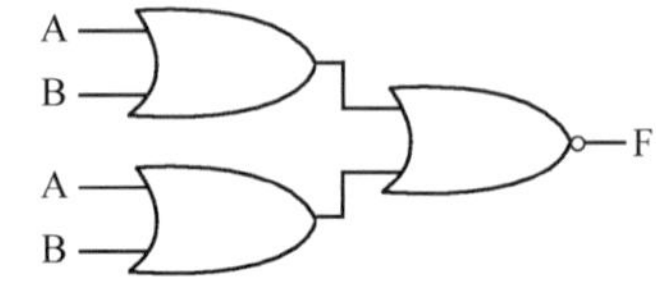

（a）国家标准符号　（b）国际标准符号

图 1.2.10　与或非门逻辑电路符号

4．同或逻辑

定义：若两个输入逻辑变量相同时其输出为 1，两个输入逻辑变量相异时其输出为 0，则输出

与输入的逻辑关系为同或逻辑关系。其函数表达式为

$$F=A\odot B=AB+\bar{A}\bar{B} \tag{1.2.15}$$

同或门逻辑电路符号如图 1.2.11 所示。同或逻辑真值表如表 1.2.9 所示。

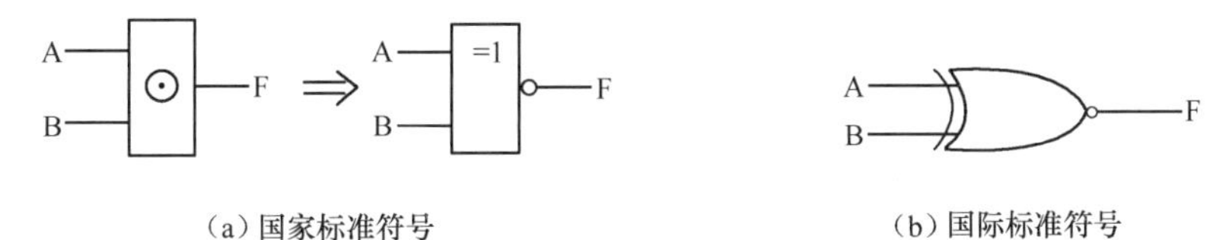

（a）国家标准符号　　（b）国际标准符号

图 1.2.11　同或门逻辑电路符号

由表 1.2.9 可知，同或运算的规律为

$$0\odot 0=1$$

$$0\odot 1=1\odot 0=0$$

$$1\odot 1=1$$

表 1.2.9　同或逻辑真值表

A	B	F=A⊙B	A	B	F=A⊙B
0	0	1	1	0	0
0	1	0	1	1	1

据此不难证明同或逻辑的下列性质：

（1）
$$A\odot 0=\bar{A} \tag{1.2.16}$$

（2）
$$A\odot 1=A \tag{1.2.17}$$

（3）在同或运算中，等式一边或两边的变量位置可以互换。假设 $A\odot B=C$，则 $B\odot A=C$，或 $B\odot C=A$，或 $C\odot A=B$ 等。

（4）
$$A\odot(B\odot C)=(A\odot B)\odot C \tag{1.2.18}$$

（5）
$$A+(B\odot C)=(A+B)\odot(A+C) \tag{1.2.19}$$

（6）$A\odot A=1$，$A\odot \bar{A}=0$，据此可以推得

$$\underbrace{A\odot A\odot\cdots\odot A}_{\text{偶数个A}}=1,\quad \underbrace{A\odot A\odot\cdots\odot A}_{\text{奇数个A}}=A \tag{1.2.20}$$

由此可知，同或运算的输出结果与变量值为 1 的个数无关。若变量值为 0 的个数为偶数，则输出为 1；若变量值为 0 的个数为奇数，则输出为 0。例如，$1\odot 1\odot 0\odot 0\odot 0=0$，$1\odot 1\odot 1\odot 1\odot 0\odot 0=1$。

5. 异或逻辑

定义：若两个输入变量相异时其输出为 1，两个输入变量相同时输出为 0，则输出与输入的逻辑关系为异或逻辑关系。其函数表达式为

$$F=A\oplus B=A\bar{B}+\bar{A}B \tag{1.2.21}$$

异或逻辑真值表如表 1.2.10 所示。异或门逻辑电路符号如图 1.2.12 所示。

表 1.2.10　异或逻辑真值表

A	B	F=A⊕B
0	0	0
0	1	1
1	0	1
1	1	0

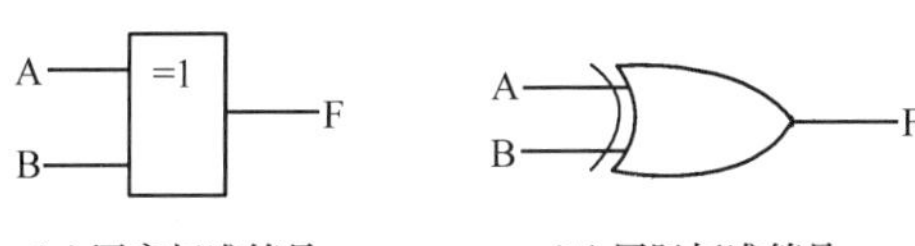

（a）国家标准符号　　（b）国际标准符号

图 1.2.12　异或门逻辑电路符号

由表 1.2.10 可知，异或运算的运算规律为

$$0\oplus 0=0$$

$$0\oplus 1=1\oplus 0=1$$

$$1\oplus 1=0$$

据此不难证明异或逻辑的下列性质：

（1） $$A\oplus 0=A \tag{1.2.22}$$

（2） $$A\oplus 1=\overline{A} \tag{1.2.23}$$

（3）在异或运算中，等式一边或两边的变量位置可互换。假设 $A\oplus B=C$，则 $B\oplus A=C$ 或 $B\oplus C=A$，$C\oplus A=B$ 等。

（4） $$A\oplus(B\oplus C)=(A\oplus B)\oplus C \tag{1.2.24}$$

（5） $$A\cdot(B\oplus C)=(AB)\oplus(AC) \tag{1.2.25}$$

（6）$A\oplus A=0$，$A\oplus\overline{A}=1$，据此可以推出

$$\underbrace{A\oplus A\oplus\cdots\oplus A}_{\text{偶数个A}}=0,\quad \underbrace{A\oplus A\oplus\cdots\oplus A}_{\text{奇数个A}}=A \tag{1.2.26}$$

由此可知，异或运算的输出结果与变量值为 0 的个数无关。若变量值为 1 的个数为奇数，则输出为 1；若变量值为 1 的个数为偶数，则输出为 0。例如，$1\oplus 1\oplus 1\oplus 0\oplus 0=1$，$1\oplus 1\oplus 1\oplus 1\oplus 0\oplus 0=0$。

对异或运算与同或运算进行比较，可以发现

$$A\odot B=\overline{A\oplus B}=A\oplus\overline{B}=\overline{A}\oplus B \tag{1.2.27}$$

$$A\oplus B=\overline{A\odot B}=A\odot\overline{B}=\overline{A}\odot B \tag{1.2.28}$$

1.2.4 逻辑函数的描述

描述逻辑函数的方法有逻辑函数表达式、真值表、逻辑图、波形图和卡诺图等。

1. 逻辑函数表达式

用与、或、非等逻辑运算表示逻辑变量之间关系的代数式，称为逻辑函数表达式。

任何一件具体的因果关系都可以用一个逻辑函数来描述。例如，图 1.2.13 所示为举重裁判电路，它可以用一个逻辑函数表达式来描述它的逻辑功能。

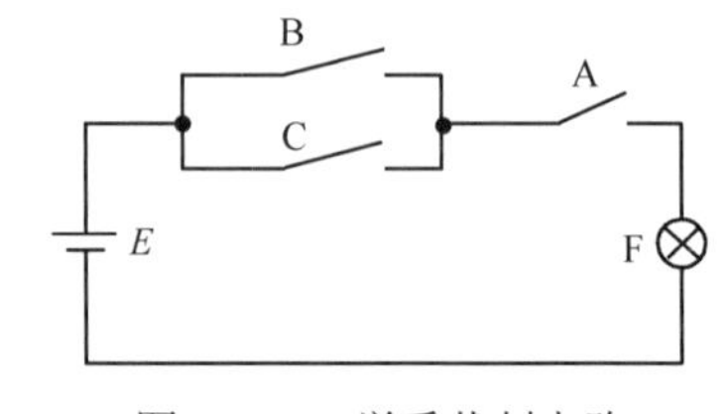

图 1.2.13 举重裁判电路

比赛规则规定，在一名主裁判和两名副裁判中，必须有两人以上（而且必须包括主裁判）认定运动员的动作合格，试举才算成功。比赛时主裁判控制开关 A，两名副裁判分别控制开关 B 和 C。当运动员举起杠铃时，裁判认为动作合格了就闭合开关，否则不闭合。此时，指示灯 F 的状态就是开关 A、B、C 状态（闭合与断开）的函数。其逻辑函数表达式为

$$F=A\cdot(B+C) \tag{1.2.29}$$

2. 真值表

将输入变量所有的取值下对应的输出值找出来，列成表格，即可得到真值表。

仍以图 1.2.13 所示的举重裁判电路为例，若用 1 表示开关闭合和灯亮，用 0 表示开关断开和灯暗，则根据电路的工作原理可列出该电路的真值表，如表 1.2.11 所示。

3. 逻辑电路图

将逻辑函数中各变量之间的与、或、非等逻辑关系用图形符号表示出来，就是表示逻辑关系的逻辑电路图（简称逻辑图）。

在图 1.2.13 所示的举重裁判电路中，只要用逻辑电路的逻辑符号代替式（1.2.29）中的代数运算符号便可以得到图 1.2.14 所示的逻辑电路图。

4. 波形图

用波形图来描述输出与输入变量之间的逻辑关系也是行之有效的方法。仍以举重裁判电路为例，其波形图如图 1.2.15 所示。

表 1.2.11　举重裁判电路的真值表

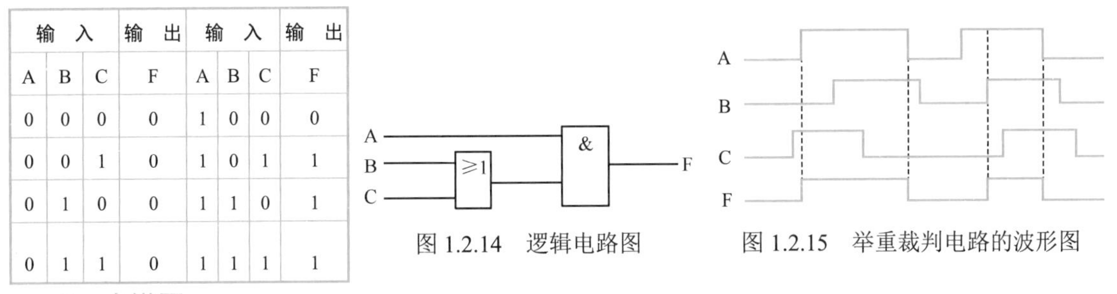

输　入			输　出	输　入			输　出
A	B	C	F	A	B	C	F
0	0	0	0	1	0	0	0
0	0	1	0	1	0	1	1
0	1	0	0	1	1	0	1
0	1	1	0	1	1	1	1

图 1.2.14　逻辑电路图

图 1.2.15　举重裁判电路的波形图

5. 卡诺图

卡诺图是图形化的真值表。如果把各种输入变量取值组合下的输出函数值填入一种特殊的方格图中，即可得到逻辑函数的卡诺图，用卡诺图表示函数的方法将在后面专门介绍。

1.2.5　逻辑代数的定律、规则及常用公式

1. 逻辑函数相等的定义

假设 $F(A_1,A_2,\cdots,A_n)$为变量 $A_1,A_2,\cdots,A_n$ 的逻辑函数，$G(A_1,A_2,\cdots,A_n)$也为变量 $A_1,A_2,\cdots,A_n$ 的逻辑函数，如果对应于 $A_1,A_2,\cdots,A_n$ 的任一组状态组合，F 和 G 的值都相同，那么称 F 和 G 是等值的。也就是说，F 和 G 是相等的，记作 F=G。

2. 基本定律

基本定律如表 1.2.12 所示。表 1.2.12 中 0-1 律、自等律、重叠律、互补律已在前几节中证明过。交换律、结合律、分配律比较明显，与初等代数中的三定律相对应。当然也可以根据逻辑函数相等的定义，利用真值表证明这些定律。

表 1.2.12　基本定律

定律名称	公　式	
0-1 律	$A\cdot 0=0$	$A+1=1$
自等律	$A\cdot 1=A$	$A+0=A$
重叠律	$A\cdot A=A$	$A+A=A$
互补律	$A\cdot\overline{A}=0$	$A+\overline{A}=1$
交换律	$A\cdot B=B\cdot A$	$A+B=B+A$
结合律	$A\cdot(B\cdot C)=(A\cdot B)\cdot C$	$A+(B+C)=(A+B)+C$
分配律	$A(B+C)=AB+AC$	$A+BC=(A+B)\cdot(A+C)$
还原律	$\overline{\overline{A}}=A$	$(A^*)^*=A$
反演律	$\overline{AB}=\overline{A}+\overline{B}$	$\overline{A+B}=\overline{A}\cdot\overline{B}$
吸收律（一）	$AB+A\overline{B}=A$	$(A+B)(A+\overline{B})=A$
吸收律（二）	$A+AB=A$	$A\cdot(A+B)=A$
吸收律（三）	$A+\overline{A}B=A+B$	$A\cdot(\overline{A}+B)=AB$
吸收律（四）	$AB+\overline{A}C+BC=AB+\overline{A}C$	$(A+B)(\overline{A}+C)(B+C)=(A+B)(\overline{A}+C)$

例如，证明 $\overline{AB}=\overline{A}+\overline{B}$，$\overline{A+B}=\overline{A}\cdot\overline{B}$。

证明：列真值表如表 1.2.13 所示。

根据逻辑函数相等的定义得

$$\overline{AB}=\overline{A}+\overline{B}$$
$$\overline{A+B}=\overline{A}\cdot\overline{B}$$

表 1.2.13 真值表

A	B	$\overline{AB}$	$\overline{A}+\overline{B}$	$\overline{A+B}$	$\overline{A}\cdot\overline{B}$
0	0	1	1	1	1
0	1	1	1	0	0
1	0	1	1	0	0
1	1	0	0	0	0

也可用逻辑代数的公式进行证明。

证明：

吸收律（一）

$$AB+A\overline{B}=A(B+\overline{B})=A$$
$$(A+B)(A+\overline{B})=A(A+\overline{B})+B(A+\overline{B})=A+BA=A(1+B)=A$$

吸收律（二）

$$A+AB=A(1+B)=A$$
$$A\cdot(A+B)=A\cdot A+A\cdot B=A+AB=A(1+B)=A$$

吸收律（三）

$$A+\overline{A}B=A+AB+\overline{A}B=A+(A+\overline{A})B=A+B$$
$$A\cdot(\overline{A}+B)=A\overline{A}+AB=AB$$

吸收律（四）

$$AB+\overline{A}C+BC=AB+\overline{A}C+(A+\overline{A})BC$$
$$=(AB+ABC)+(\overline{A}C+\overline{A}CB)=AB+\overline{A}C$$

3．逻辑代数的3个规则

（1）代入规则。

在任意逻辑代数等式中，如果等式两边所有出现某一个变量（如A）的位置都代入一个逻辑函数式，则等式仍然成立。

代入规则可以用来扩展定理的应用范围，因为将已知等式中的某一个变量用任意一个函数代替后，就得到一个新的等式。

例如，反演律 $\overline{AE}=\overline{A}+\overline{E}$，若令E=BC，则有 $\overline{ABC}=\overline{A}+\overline{BC}=\overline{A}+\overline{B}+\overline{C}$。

反复使用此规则有

推论1：$\overline{A\cdot B\cdot C\cdot D\cdot\cdots\cdot K}=\overline{A}+\overline{B}+\overline{C}+\overline{D}+\cdots+\overline{K}$

推论2：$\overline{A+B+C+D+\cdots+K}=\overline{A}\cdot\overline{B}\cdot\overline{C}\cdot\overline{D}\cdot\cdots\cdot\overline{K}$

（2）反演规则。

对于任何一个逻辑式F，若将其中所有的“·”换成“+”、“+”换成“·”、0换成1、1换成0、原变量换成反变量、反变量换成原变量，则得到的结果就是$\overline{F}$。这个规则称为反演规则。

反演规则为求取已知逻辑式的反逻辑式提供了方便。但是在使用反演规则时应注意遵守以下两条规则。

① 仍须遵守“先括号，然后逻辑乘，最后逻辑加”的运算优先次序。

② 不属于单个变量上的非号应保留不变。

【例 1.2.1】已知 $F=\overline{A}\,\overline{B}+CD$，求 $\overline{F}$。

解： $\overline{F}=(A+B)(\overline{C}+\overline{D})$

【例 1.2.2】已知 $F=A+\overline{B+\overline{C}\bullet\overline{\overline{D+\overline{E}}}}$，求 $\overline{F}$。

解： $F=\overline{A}\bullet\overline{B}\bullet\overline{\left(C+\overline{\overline{D}\bullet E}\right)}=\overline{A}\bullet(B+\overline{C}\,\overline{D}E)=\overline{A}B+\overline{A}\,\overline{C}\,\overline{D}E$

（3）对偶规则。

对于任何一个逻辑函数表达式 F，如果将式中所有的“ • ”换成“+”、“+”换成“ • ”、0 换成 1、1 换成 0，而变量保持不变，原表达式中的运算优先顺序不变，就可以得到一个新的表达式，这个新的表达式称为 F 的对偶式 F^*。

【例 1.2.3】已知 $F=\overline{A}\,\overline{B}+CD$，求 F^*。

解： $F^*=(\overline{A}+\overline{B})(C+D)$

【例 1.2.4】已知 $F=A+\overline{B+\overline{C}\,\overline{\overline{D+\overline{E}}}}$，求 F^*。

解： $F^*=A\bullet\overline{B[\overline{C}+\overline{D\overline{E}}]}=A(\overline{B}+CD\overline{E})=A\overline{B}+ACD\overline{E}$

注意：① F 的对偶式 F^*和 F 的反演式 $\overline{F}$ 是不同的，如例 1.2.3 和例 1.2.1；② 在求 F^*时，不需要将原变量与反变量互换。

对偶式有以下两条重要的性质。

性质 1： 若 F(A,B,⋯)=G(A,B,⋯)，则

$$F^*=G^*$$

性质 2： $(F^*)^*=F$

利用对偶式的两条重要性质，很容易证明表 1.2.12 所示的基本定律，已知左边的定律，证明右边定律的正确性，反之亦然。

【例 1.2.5】证明 $(A+B)(\overline{A}+C)(B+C)=(A+B)(\overline{A}+C)$

证明： 因为

$$AB+\overline{A}C+BC=AB+\overline{A}C \qquad \text{[吸收律（四）]}$$

对上式两边取对偶得

$$(A+B)(\overline{A}+C)(B+C)=(A+B)(\overline{A}+C)$$

1.3　逻辑函数化简

逻辑函数有以下 3 种化简方法。

（1）公式化简法：利用逻辑代数的基本公式和规则来化简逻辑函数。

（2）图解化简法：又称为卡诺图（Karnaugh Map）化简法。

（3）表格法：又称为 Q-M（Quine-McCluskey）化简法。这部分内容本书不做介绍，感兴趣的读者请参考相关的书籍。

1.3.1　逻辑函数的最简形式

同一个逻辑函数可以写成各种形式，但是表达式越简单，它所表示的逻辑关系越明显，同时可用越少的电子器件来实现这个逻辑函数。因此需要通过化简的方法找出逻辑函数的最简形式。例如，下面为同一逻辑功能的两个不同的表达式。

$$F_1=\overline{A}B+B+A\overline{B}\,, \qquad F_2=A+B$$

显然，F_2 要比 F_1 简单得多。

在各种逻辑函数表达式中，最常用的是与或表达式，由它可以推出其他形式的表达式，这里着

重讨论最简与或表达式。判别与或表达式是否最简的条件是：① 乘积项（与项）最少；② 每个乘积项中的变量数最少。

1.3.2 逻辑函数的代数化简法

代数化简法就是利用逻辑代数的公理、定律、定理、基本公式等进行化简的方法。常用的方法有吸收法和配项法。

1．吸收法

利用吸收四定律进行化简。

吸收律（一）：$AB+A\overline{B}=A$，$(A+B)(A+\overline{B})=A$。

吸收律（二）：$A+AB=A$，$A\cdot(A+B)=A$。

吸收律（三）：$A+\overline{A}B=A+B$，$A\cdot(\overline{A}+B)=AB$。

吸收律（四）：$AB+\overline{A}C+BC=AB+\overline{A}C$，$(A+B)(\overline{A}+C)(B+C)=(A+B)(\overline{A}+C)$。

【例 1.3.1】化简 $F=A(BC+\overline{B}\,\overline{C})+A(B\overline{C}+\overline{B}C)$。

解法 1：$F=A(BC+\overline{B}\,\overline{C})+A(B\overline{C}+\overline{B}C)$

$=A(B\odot C)+A(B\oplus C)=A(B\odot C)+A(\overline{B\odot C})$　　（同或异或关系）

$=A$　　[吸收律（一）]

解法 2：$F=A(BC+\overline{B}\,\overline{C})+A(B\overline{C}+\overline{B}C)$

$=A(BC+\overline{B}\,\overline{C}+B\overline{C}+\overline{B}C)$　　（分配律）

$=A[(BC+B\overline{C})+(\overline{B}\,\overline{C}+\overline{B}C)]$　　（结合律）

$=A(B+\overline{B})=A$　　[吸收律（一）]

【例 1.3.2】化简 $F=AC+A\overline{B}CD+ABC+\overline{C}D+ABD$。

解：$F=AC+A\overline{B}CD+ABC+\overline{C}D+ABD$　　（分配律）

$=AC+\overline{C}D+ABD$　　[吸收律（二）]

$=AC+\overline{C}D$　　[吸收律（四）]

【例 1.3.3】化简 $F=A+\overline{\overline{A}\,\overline{BC}}(\overline{A}+\overline{\overline{B}\,\overline{C}+D})+BC$。

解：$F=A+\overline{\overline{A}\,\overline{BC}}(\overline{A}+\overline{\overline{B}\,\overline{C}+D})+BC$

$=(A+BC)+(A+BC)(\overline{A}+\overline{\overline{B}\,\overline{C}+D})$　　（反演律）

$=A+BC$　　[吸收律（二）]

【例 1.3.4】化简 $F=AB+\overline{A}C+\overline{B}C$。

解：$F=AB+\overline{A}C+\overline{B}C=AB+(\overline{A}+\overline{B})C$

$=AB+\overline{AB}C$　　（反演律）

$=AB+C$　　[吸收律（三）]

【例 1.3.5】化简 $F=A(A+B)(\overline{A}+C)(B+D)(\overline{A}+C+E+F)(\overline{B}+F)(D+E+F)$。

解法 1：$F=A(A+B)(\overline{A}+C)(B+D)(\overline{A}+C+E+F)(\overline{B}+F)(D+E+F)$

$=A(\overline{A}+C)(B+D)(\overline{B}+F)$　　[吸收律（二）、（四）]

$=AC(B+D)(\overline{B}+F)$　　[吸收律（三）]

解法 2：利用公式 $F=(F^*)^*$ 即

将或与式 $\xrightarrow{\text{利用对偶规则}}$ 与或式 $\xrightarrow{\text{利用公式}}$ 化简 $\xrightarrow{\text{利用对偶规则}}$ 或与式

$F^*=A+AB+\overline{A}C+BD+\overline{A}CEF+\overline{B}F+DEF$

$=(A+AB)+(\overline{A}C+\overline{A}CEF)+(BD+\overline{B}F+DEF)$

$=A+\overline{A}C+BD+\overline{B}F$　　[吸收律（二）、（四）]

$=A+C+BD+\overline{B}F$　　[吸收律（三）]

故　　$F=(F^*)^*=AC(B+D)(\overline{B}+F)$

2. 配项法

配项法的方法如下。

（1）利用公式 $A+\overline{A}=1$ 配项，将一项展为二项

（2）利用公式 $AB+\overline{A}C=AB+\overline{A}C+BC$ 增加一项

（3）利用公式 $A=A+AB$ 或 $A=A+A$ 增加一项

【例 1.3.6】化简 $F=A\overline{B}+B\overline{C}+\overline{B}C+\overline{A}B$。

解法 1： $F=A\overline{B}+B\overline{C}+\overline{B}C+\overline{A}B$

$=A\overline{B}+B\overline{C}+\overline{B}C(A+\overline{A})+\overline{A}B(C+\overline{C})$　　（利用公式 $A+\overline{A}=1$）

$=(A\overline{B}+A\overline{B}C)+(B\overline{C}+\overline{A}B\overline{C})+(\overline{A}BC+\overline{A}\overline{B}C)$

$=A\overline{B}+B\overline{C}+\overline{A}C$　　[吸收律（一）、（二）]

解法 2： $F=A\overline{B}+B\overline{C}+\overline{B}C+\overline{A}B$

$=A\overline{B}(C+\overline{C})+(A+\overline{A})B\overline{C}+\overline{B}C+\overline{A}B$　　（利用公式 A+A=1，将一项展为二项）

$=(\overline{B}C+A\overline{B}C)+(\overline{A}B+\overline{A}B\overline{C})+(A\overline{B}\overline{C}+AB\overline{C})$

$=\overline{B}C+\overline{A}B+A\overline{C}$　　[吸收律（一）、（二）]

解法 3： $F=A\overline{B}+B\overline{C}+\overline{B}C+\overline{A}B$

$=A\overline{B}+B\overline{C}+\overline{B}C+\overline{A}B+\overline{A}C$

（利用公式 $\overline{B}C+\overline{A}B=\overline{B}C+\overline{A}B+\overline{A}C$ 增加一项）

$=A\overline{B}+B\overline{C}+\overline{A}C$　　[吸收律（四）]

解法 4： $F=A\overline{B}+B\overline{C}+\overline{B}C+\overline{A}B$

$=A\overline{B}+B\overline{C}+\overline{B}C+\overline{A}B+A\overline{C}$　　（利用公式 $A\overline{B}+B\overline{C}=A\overline{B}+B\overline{C}+A\overline{C}$ 增加一项）

$=\overline{B}C+\overline{A}B+A\overline{C}$　　[吸收律（四）]

【例 1.3.7】化简 $F=\overline{A}B\overline{C}+\overline{A}BC+ABC$。

解： $F=\overline{A}B\overline{C}+\overline{A}BC+ABC$

$=(\overline{A}B\overline{C}+\overline{A}BC)+(\overline{A}BC+ABC)$　　（利用公式 A=A+A 增加一项）

$=\overline{A}B+BC$　　[吸收律（一）]

公式化简法非常灵活，能否快速准确地化简取决于运用公式的熟练程度。下面再举几个综合例子加以说明。

【例 1.3.8】化简 $F=AC+\overline{B}C+B\overline{D}+C\overline{D}+A(B+\overline{C})+\overline{A}BC\overline{D}+A\overline{B}DE$。

解： $F=AC+\overline{B}C+B\overline{D}+C\overline{D}+A(B+\overline{C})+\overline{A}BC\overline{D}+A\overline{B}DE$

$=A(C+B+\overline{C}+\overline{B}DE)+(C\overline{D}+\overline{A}BC\overline{D})+\overline{B}C+B\overline{D}$

$=A+C\overline{D}+\overline{B}C+B\overline{D}$

$=A+\overline{B}C+B\overline{D}$

【例 1.3.9】化简 $F=AB+A\overline{C}+\overline{B}C+\overline{B}D+B\overline{D}+B\overline{C}+ADE(F+G)$。

解法 1： $F=AB+A\overline{C}+\overline{B}C+\overline{B}D+B\overline{D}+B\overline{C}+ADE(F+G)$

$=A(B+\overline{C})+\overline{B}C+\overline{B}D+\overline{B}D+B\overline{C}+ADE(F+G)$

$=A\overline{\overline{B}C}+\overline{B}C+\overline{B}D+\overline{B}D+B\overline{C}+ADE(F+G)$　　（反演律）

$=A+\overline{B}C+\overline{B}D+B\overline{D}+B\overline{C}+ADE(F+G)$　　[吸收律（三）]

$=A+\overline{B}C+\overline{B}D+B\overline{D}+B\overline{C}$　　[吸收律（二）]

……………………

$=A+\overline{B}C+\overline{B}D+B\overline{D}+B\overline{C}+C\overline{D}$ （利用公式 $\overline{B}C+B\overline{D}=\overline{B}C+B\overline{D}+C\overline{D}$ 增加一项）

$=A+\overline{B}D+B\overline{C}+C\overline{D}$ [吸收律（四）]

解法 2：前几步化简同解法 1（虚线之前）

$F=AB+A\overline{C}+\overline{B}C+\overline{B}D+B\overline{D}+B\overline{C}+ADE(F+G)$

$=A+\overline{B}C+\overline{B}D+B\overline{D}+B\overline{C}$

$=A+\overline{B}C+\overline{B}D+B\overline{D}+B\overline{C}+\overline{C}D$ （利用公式 $\overline{B}D+B\overline{C}=\overline{B}D+B\overline{C}+\overline{C}D$ 增加一项）

$=A+\overline{B}C+B\overline{D}+\overline{C}D$ [吸收律（四）]

由例 1.3.6 和例 1.3.9 可知，逻辑函数化简的方法可以是多种多样的，且最后结果不一定唯一。

1.3.3 图解化简法

图解化简法简称图解法，这种方法是美国工程师卡诺提出来的，所以又称为卡诺图化简法。本节先介绍几个重要概念；然后介绍卡诺图的构成，用卡诺图表示逻辑函数；最后介绍利用卡诺图化简逻辑函数。

1．几个重要概念

（1）最小项。

假设有 n 个变量，在由它们所组成的具有 n 个变量的与项中，每个变量都以原变量或以反变量的形式出现一次，且仅出现一次，这个乘积项称为该组变量的最小项。

n 个变量有 2^n 个最小项。例如，4 变量 A、B、C、D，有如下 16 个最小项：$\overline{A}\overline{B}\overline{C}\overline{D}$、$\overline{A}\overline{B}\overline{C}D$、$\overline{A}\overline{B}C\overline{D}$、…、ABCD。为了书写方便，把最小项记作 m_i。i 是由如下方法确定的：当一个逻辑与项等于 1 时，它所对应的变量取值唯一，此时变量取值所对应的十进制数就是 i 的值，即把乘积项中的原变量记作 1，反变量记作 0，把每个乘积项都表示成一个二进制数，i 就是这个二进制数所对应的十进制数。若 $\overline{A}\overline{B}CD$ 为 0011，即为 3，则可记 $\overline{A}\overline{B}CD=m_3$。4 变量的最小项为

$\overline{A}\overline{B}\overline{C}\overline{D}=m_0$　　$A\overline{B}\overline{C}\overline{D}=m_8$

$\overline{A}\overline{B}\overline{C}D=m_1$　　$A\overline{B}\overline{C}D=m_9$

$\overline{A}\overline{B}C\overline{D}=m_2$　　$A\overline{B}C\overline{D}=m_{10}$

$\overline{A}\overline{B}CD=m_3$　　$A\overline{B}CD=m_{11}$

$\overline{A}B\overline{C}\overline{D}=m_4$　　$AB\overline{C}\overline{D}=m_{12}$

$\overline{A}B\overline{C}D=m_5$　　$AB\overline{C}D=m_{13}$

$\overline{A}BC\overline{D}=m_6$　　$ABC\overline{D}=m_{14}$

$\overline{A}BCD=m_7$　　$ABCD=m_{15}$

任何一个逻辑函数 F 都可以用最小项之和（也称为“积之和”形式）来表示。n 个变量应有 2^n 个最小项，它们不是包含在 F 的“与或”表达式中，就是包含在 $\overline{F}$ 的“与或”表达式中。

例如，一个三变量逻辑函数表达式为

$$F=\overline{A}B\overline{C}+AB\overline{C}+\overline{A}BC+\overline{A}\overline{B}\overline{C}$$

可表示为

$$F=m_2+m_6+m_3+m_0=\sum m\,(0,2,3,6)$$

式中，$\sum$ 为逻辑或运算，m 为最小项。$\overline{F}$ 则应包含除 m_0、m_2、m_3、m_6 之外的其余最小项。

$$\overline{F}=m_1+m_4+m_5+m_7=\sum m\,(1,4,5,7)$$

若函数不是以最小项之和的形式给出的，则可以利用公式 $A+\overline{A}=1$ 将每个乘积项中缺少的因子补全，把它展开成最小项之和的形式。

例如，一个 4 变量函数 $F=ABC+\overline{A}B\overline{D}$，展开为最小项之和的形式。

$$F=ABC+\overline{A}B\overline{D}=ABC(D+\overline{D})+\overline{A}B\overline{D}(C+\overline{C})$$

$$=ABCD+ABC\overline{D}+\overline{A}BC\overline{D}+\overline{A}B\overline{C}\overline{D}=m_{15}+m_{14}+m_6+m_4$$

$$=\sum m(4,6,14,15)$$

一个逻辑函数最小项之和的形式是唯一的。

下面讨论最小项的性质。

① 在输入变量的任何取值下必有一个最小项，且仅有一个最小项的值为 1。

② 任意两个最小项 m_i 和 m_j（$i \neq j$），其逻辑与为 0。

例如，$m_i m_j = m_2 m_5 = (\overline{A}B\overline{C})(A\overline{B}C) = 0$（$i=2$，$j=5$）。

③ n 个变量的全部最小项的逻辑或为 1。

$$\sum_{i=0}^{2^n-1} m_i = 1$$

④ 某一个最小项不是包含在函数 F 中，就是包含在反变量 $\overline{F}$ 中。

⑤ 具有逻辑相邻性的两个最小项之和可以合并成一项，并消去一对因子。

若两个最小项只有一个因子不同，则称这两个最小项具有逻辑相邻性。

例如，$\overline{A}B\overline{C}$ 和 $AB\overline{C}$ 仅有 A 因子不同，则

$$\overline{A}B\overline{C} + AB\overline{C} = (\overline{A} + A)B\overline{C} = B\overline{C}$$

这条性质是卡诺图化简逻辑函数的依据。

（2）最大项。

假设有 n 个变量，在由它们所组成的具有 n 个变量的或项中，每个变量都以原变量或反变量的形式出现一次，且仅出现一次，这个或项称为最大项。例如，两个变量的 4 个最大项分别为 $\overline{A}+\overline{B}$、$\overline{A}+B$、$A+\overline{B}$、$A+B$。最大项常用 M_i 来表示。i 是由如下方法确定的：当一个逻辑或项等于 0 时，它所对应的变量取值唯一，此时变量取值所对应的十进制数就是 i 的值，即把或项中的原变量记作 0，反变量记作 1，形成一个二进制数，此二进制数所对应的十进制数就是 i 的取值。例如，4 个变量的最大项如下。

$M_0=A+B+C+D$　　　　$M_8=\overline{A}+B+C+D$

$M_1=A+B+C+\overline{D}$　　　　$M_9=\overline{A}+B+C+\overline{D}$

$M_2=A+B+\overline{C}+D$　　　　$M_{10}=\overline{A}+B+\overline{C}+D$

$M_3=A+B+\overline{C}+\overline{D}$　　　　$M_{11}=\overline{A}+B+\overline{C}+\overline{D}$

$M_4=A+\overline{B}+C+D$　　　　$M_{12}=\overline{A}+\overline{B}+C+D$

$M_5=A+\overline{B}+C+\overline{D}$　　　　$M_{13}=\overline{A}+\overline{B}+C+\overline{D}$

$M_6=A+\overline{B}+\overline{C}+D$　　　　$M_{14}=\overline{A}+\overline{B}+\overline{C}+D$

$M_7=A+\overline{B}+\overline{C}+\overline{D}$　　　　$M_{15}=\overline{A}+\overline{B}+\overline{C}+\overline{D}$

任何一个逻辑函数 F 都可以用最大项之积（也称为“和之积”形式）来表示。下面通过实例来加以说明。

【例 1.3.10】将 $F=\overline{A}B\overline{C}+AB\overline{C}+\overline{A}BC+\overline{A}\,\overline{B}\,\overline{C}=\sum m(0,2,3,6)$用最大项之积来表示。

解： 对 F 两次求反，并利用基本公式得

$$\overline{\overline{F}} = \overline{\overline{\overline{A}B\overline{C}+AB\overline{C}+\overline{A}BC+\overline{A}\,\overline{B}\,\overline{C}}} = \overline{\sum m(1,4,5,7)}$$

$$= \overline{\overline{A}\,\overline{B}C + A\overline{B}\,\overline{C} + A\overline{B}C + ABC}$$

$$= (A+B+\overline{C}) \cdot (\overline{A}+B+C) \cdot (\overline{A}+B+\overline{C}) \cdot (\overline{A}+\overline{B}+\overline{C})$$

$$= M_1 \cdot M_4 \cdot M_5 \cdot M_7 = \prod M(1,4,5,7)$$

式中：$\prod$为逻辑与运算；M 为最大项。由该例可知，一个以最小项表示的逻辑函数 F 转换成以最大项表示的方法如下：先将 $\overline{F}$ 用最小项的形式表示，然后取与最小项有相同下标的最大项进行逻辑与，即可得 F 的最大项表示形式。n 个变量的 2^n 个最大项中的某一个不是包含在函数 F 的或与表达

式中，就是包含在$\overline{F}$的或与表达式中。

【例 1.3.11】已知 F=$\prod M$ (1,2,6,7)，求以最大项表示的$\overline{F}$。

解：因为 $$F=\prod M(1,2,6,7)=\sum m(0,3,4,5)$$

所以 $$\overline{F}=\overline{\sum m(0,3,4,5)}=\sum m(1,2,6,7)=\prod M(0,3,4,5)$$

一个逻辑函数以最大项之积表示的形式是唯一的。

下面分析最大项的性质。

① 在输入变量的任何取值下必有一个最大项，且只有一个最大项的值为 0。

② 任意两个最大项 M_i 和 M_j，其逻辑或为 1。例如，已知 $M_2=A+\overline{B}+C$，$M_5=\overline{A}+B+\overline{C}$，则 $M_2+M_5=A+\overline{B}+C+\overline{A}+B+\overline{C}=1$。

③ n 个变量的全部最大项的逻辑与为 0。

$$\prod_{i=0}^{2^n-1} M_i=0$$

④ 某一个最大项不是包括在函数 F 中，就是包括在反函数$\overline{F}$中。

⑤ 具有逻辑相邻性的两个最大项之积可以合并成一个或项，并消去一对因子。例如，$(\overline{A}+B+\overline{C})(A+B+\overline{C})=B+\overline{C}$。

若两个最大项只有一个因子不同，则称这两个最大项具有逻辑相邻性。这条性质也是卡诺图化简逻辑函数的依据。

（3）最小项与最大项的关系。

① 相同 i 的最小项和最大项为互补关系：即 $m_i=\overline{M_i}$。

② $\sum m_i$ 和 $\prod M_i$ 互为互补式：即 $\overline{(\sum m_i)}=\prod M_i$，或者 $\overline{(\prod M_i)}=(\sum m_i)$。

（4）逻辑函数的标准形式。

① 逻辑函数的最小项之和形式。利用基本公式 $A+\overline{A}=1$ 可以将任何一个逻辑函数转化为最小项之和的标准形式。这种标准形式在逻辑函数化简及计算机辅助分析和设计中得到了广泛的应用。

例如，给定逻辑函数为

$$F=AB\overline{C}+BC$$

则可以转化为

$$\begin{aligned}F&=AB\overline{C}+BC=AB\overline{C}+(A+\overline{A})BC=AB\overline{C}+ABC+\overline{A}BC\\&=\sum m^3(3,6,7)\end{aligned}$$

有时也写成$\sum_i m_i$ (i=3,6,7)，或$\sum m$(3,6,7)，或$\sum$(3,6,7)。

② 逻辑函数的最大项之积形式。可以证明，任何一个逻辑函数都可以转化成最大项之积的标准形式。

前面已证明，任何一个逻辑函数均可以转化为最小项之和的形式。同时，由最小项的性质可知，全部最小项之和为 1。由此可知，若给定逻辑函数为$F=\sum m_i$，则$\sum m_i$以外的那些最小项之和必为$\overline{F}$，即

$$\overline{F}=\sum_{k\neq i} m_k \tag{1.3.1}$$

利用反演律可将式（1.3.1）变换为最大项之积的形式，即

$$F=\prod_{k\neq i}\overline{m_k}=\prod_{k\neq i} M_k \tag{1.3.2}$$

这就是说，若已知逻辑函数为$F=\sum m_i$，则定能将 F 转化成编号为 i 以外的那些最大项的乘积。

【例 1.3.12】试将逻辑函数 $F=AB\overline{C}+BC$ 转化成最大项之积的标准形式。

解：前面已经得到了它的最小项之和的形式为

$$F = AB\overline{C} + BC = \sum m(3,6,7)$$

根据式（1.3.2）可得

$$F = \prod_{k \neq i} M_k = M_0 \cdot M_1 \cdot M_2 \cdot M_4 \cdot M_5$$
$$= (A+B+C)(A+B+\overline{C})(A+\overline{B}+C)(\overline{A}+B+C)(\overline{A}+B+\overline{C})$$

2. 卡诺图的构成

如图 1.3.1（a）所示，先用一个大方块表示 1，然后将大方块分为上下两部分，上下两部分没有公共部分。如果上半部分表示 $\overline{A}$，那么下半部分表示 A，如图 1.3.1（b）所示。如果将大方块分为左右两部分，右半部分表示 B，左半部分就表示 $\overline{B}$，如图 1.3.1（c）所示。

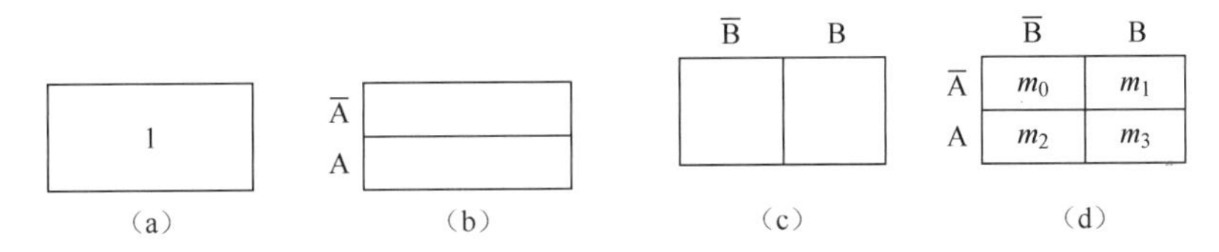

图 1.3.1　二变量卡诺图

基于上述内容，将大方块分成 4 个小方块，那么左上角小方块既划归于 $\overline{A}$，又划归于 $\overline{B}$，它属于 $\overline{A}$ 和 $\overline{B}$ 的公共部分，即表示为 $\overline{A}\overline{B}$；同理，右上角表示为 $\overline{A}B$，左下角表示为 $A\overline{B}$，右下角表示为 AB，如图 1.3.1（d）所示。

其实，这 4 个小方块就表示为二变量的 4 个最小项：m_0、m_1、m_2、m_3，如图 1.3.1（d）所示。把这 4 个小方块叠加起来仍是大方块，即

$$\overline{A}\overline{B} + \overline{A}B + A\overline{B} + AB = 1$$

我们把图 1.3.1（d）所示的图称为二变量卡诺图。

同理，不难画出三变量、四变量及五变量卡诺图，如图 1.3.2 所示。

A \ BC	00	01	11	10
0	m_0	m_1	m_3	m_2
1	m_4	m_5	m_7	m_6

（a）三变量卡诺图

AB \ CD	00	01	11	10
00	m_0	m_1	m_3	m_2
01	m_4	m_5	m_7	m_6
11	m_{12}	m_{13}	m_{15}	m_{14}
10	m_8	m_9	m_{11}	m_{10}

（b）四变量卡诺图

AB \ CDE	000	001	011	010	110	111	101	100
00	m_0	m_1	m_3	m_2	m_6	m_7	m_5	m_4
01	m_8	m_9	m_{11}	m_{10}	m_{14}	m_{15}	m_{13}	m_{12}
11	m_{24}	m_{25}	m_{27}	m_{26}	m_{30}	m_{31}	m_{29}	m_{28}
10	m_{16}	m_{17}	m_{19}	m_{18}	m_{22}	m_{23}	m_{21}	m_{20}

（c）五变量卡诺图

图 1.3.2　三变量、四变量、五变量卡诺图

卡诺图是由美国工程师卡诺首先提出的一种描述函数的特殊方格图，在这个方格图中，每个小方块都代表逻辑函数的最小项，而且几何相邻的小方块具有逻辑相邻性，即相邻小方块所代表的最小项只有一个变量取值不同。

由图 1.3.2 可知，卡诺图有如下几个特点。

（1）卡诺图中的小方块数等于最小项总数，即等于 2^n（n 为变量数）。

（2）变量取值不能按二进制数的顺序排列，必须按循环码排列，这样保障了相邻最小项只有一个变量是相反的，而其余变量是相同的。两个相邻最小项相或，可以消去一项，且消除一个因子。

这个特点是卡诺图法化简逻辑函数的依据。例如，四变量卡诺图[图 1.3.2（b）]中的 m_5 和 m_7 属于相邻项，其中 $m_5=\bar{A}B\bar{C}D$，$m_7=\bar{A}BCD$，则

$$m_5+m_7=\bar{A}B\bar{C}D+\bar{A}BCD=\bar{A}BD$$

（3）卡诺图是一个上下、左右闭合的图形，即不但紧挨着的方块是相邻的，而且上下、左右相对应的方块也是相邻的。

3．用卡诺图表示逻辑函数

既然任何一个逻辑函数都能表示为若干最小项之和的形式，那么自然也可以用卡诺图来表示任意一个逻辑函数。首先把逻辑函数转化为最小项之和的形式，然后在卡诺图上与这些最小项对应的位置上填入 1，在其余的位置上填入 0，就得到了表示逻辑函数的卡诺图。也就是说，任何一个逻辑函数都等于它的卡诺图中填入 1 的那些最小项之和。

【例 1.3.13】用卡诺图表示逻辑函数 $F=\bar{A}\bar{B}\bar{C}D+\bar{A}B\bar{D}+ACD+A\bar{B}$。

解：首先将 F 转化为最小项之和的形式。

$$\begin{aligned}F&=\bar{A}\bar{B}\bar{C}D+\bar{A}B(C+\bar{C})\bar{D}+A(B+\bar{B})CD+A\bar{B}(C+\bar{C})(D+\bar{D})\\&=\bar{A}\bar{B}\bar{C}D+\bar{A}BC\bar{D}+\bar{A}B\bar{C}\bar{D}+A\bar{B}CD+A\bar{B}C\bar{D}+A\bar{B}\bar{C}D+A\bar{B}\bar{C}\bar{D}+ABCD\\&=m_1+m_4+m_6+m_8+m_9+m_{10}+m_{11}+m_{15}\\&=\sum m(1,4,6,8,9,10,11,15)\end{aligned}$$

AB \ CD	00	01	11	10
00	0	1	0	0
01	1	0	0	1
11	0	0	1	0
10	1	1	1	1

图 1.3.3　例 1.3.13 中 F 的卡诺图

画出四变量最小项的卡诺图，在对应于逻辑函数表达式中各最小项的位置上填入 1，其余位置上填入 0，就得到图 1.3.3 所示的 F 的卡诺图。

用卡诺图表示逻辑函数的另一种方法是，根据逻辑函数 F 的真值表直接填写。

【例 1.3.14】已知逻辑函数 F 的真值表如表 1.3.1 所示，试画出 F 的卡诺图。

表 1.3.1　F 的真值表

A	B	C	F	A	B	C	F
0	0	0	0	1	0	0	0
0	0	1	0	1	0	1	1
0	1	0	0	1	1	0	1
0	1	1	1	1	1	1	1

解：画出 3 个变量的卡诺图并直接填写，如图 1.3.4 所示。

A \ BC	00	01	11	10
0	0	0	1	0
1	0	1	1	1

图 1.3.4　例 1.3.14 的卡诺图

4．逻辑函数的卡诺图化简

利用卡诺图化简逻辑函数的方法称为卡诺图化简法或图形化简法。化简的依据是具有相邻性的最小项可以合并，并消去不同的因子。由于在卡诺图上几何位置相邻与逻辑上的相邻性是一致的，因此从卡诺图上能直观地找出那些具有相邻性的最小项并将其合并化简。

（1）合并最小项的规则。若卡诺图中有 2^i 个相邻项，则 2^i 个相邻项可合并成一项，并且消去 i 个变量（其中 i=1,2,…），只剩下公共因子。

例如，在图 1.3.4 中 m_5 和 m_7 为相邻项，其中 $m_5=A\bar{B}C$，$m_7=ABC$，$m_5+m_7=A\bar{B}C+ABC=AC$。

（2）化简步骤。用卡诺图化简逻辑函数时可按如下步骤进行。

① 将函数化简为最小项之和的形式（或列出逻辑函数真值表）。

② 画出表示该逻辑函数的卡诺图。

③ 找出可以合并的最小项（画圈）。

④ 写出最简与或逻辑函数表达式。

【例 1.3.15】用卡诺图化简法对逻辑函数 $F=\sum m(1,2,4,9,10,11,13,15)$ 进行化简。

解： 根据化简步骤，因逻辑函数已表示成最小项之和的形式，可以省去步骤①。

② 画出逻辑函数 F 的卡诺图，如图 1.3.5 所示。

③ 画圈，将相邻 1 格圈起来，16 个相邻 1 和 8 个相邻 1 都不存在，先圈 4 个相邻 1 格，再圈 2 个相邻 1 格，单个 1 格……

合并最小项：

$$\sum m(9,11,13,15)=\mathrm{A\bar{B}\bar{C}D+A\bar{B}CD+AB\bar{C}D+ABCD=AD}$$

$$\sum m(1,9)=\mathrm{\bar{A}\bar{B}\bar{C}D+A\bar{B}\bar{C}D=\bar{B}\bar{C}D}$$

$$\sum m(2,10)=\mathrm{\bar{A}\bar{B}C\bar{D}+A\bar{B}C\bar{D}=\bar{B}C\bar{D}}$$

$$\sum m(4)=\mathrm{\bar{A}B\bar{C}\bar{D}}$$

④ 写出最简与或逻辑函数表达式。

$$\begin{aligned}F&=\sum m(4)+\sum m(1,9)+\sum m(2,10)+\sum m(9,11,13,15)\\&=\mathrm{\bar{A}B\bar{C}\bar{D}+\bar{B}C\bar{D}+\bar{B}\bar{C}D+AD}\end{aligned}$$

【例 1.3.16】用卡诺图化简逻辑函数 $\mathrm{F(A,B,C,D)=\bar{A}\bar{B}\bar{C}+\bar{A}C\bar{D}+A\bar{B}C\bar{D}+A\bar{B}\bar{C}}$。

解： ① 将逻辑函数 F 转化为最小项之和的形式，即

$$\begin{aligned}\mathrm{F(A,B,C,D)}&=\mathrm{\bar{A}\bar{B}\bar{C}(D+\bar{D})+\bar{A}(B+\bar{B})C\bar{D}+A\bar{B}C\bar{D}+A\bar{B}\bar{C}(D+\bar{D})}\\&=\mathrm{\bar{A}\bar{B}\bar{C}D+\bar{A}\bar{B}\bar{C}\bar{D}+\bar{A}BC\bar{D}+\bar{A}\bar{B}C\bar{D}+A\bar{B}C\bar{D}+A\bar{B}\bar{C}D+A\bar{B}\bar{C}\bar{D}}\\&=m_1+m_0+m_6+m_2+m_{10}+m_9+m_8\\&=\sum m(0,1,2,6,8,9,10)\end{aligned}$$

② 画出表示该逻辑函数的卡诺图，如图 1.3.6 所示。

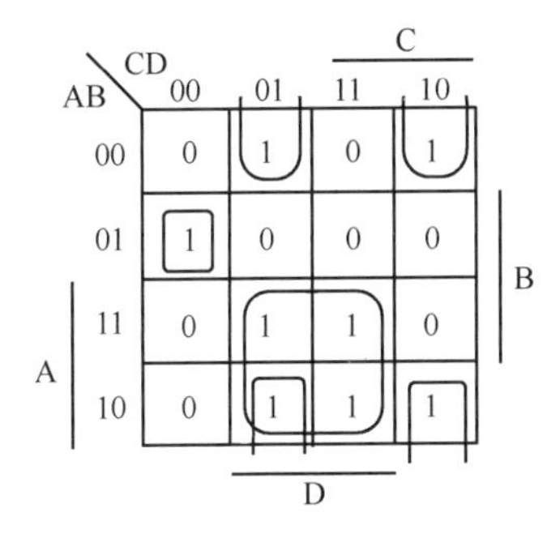

图 1.3.5　例 1.3.15 的卡诺图

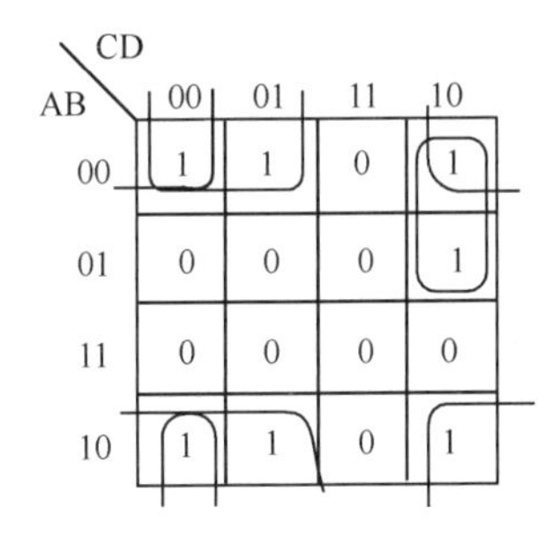

图 1.3.6　例 1.3.16 的卡诺图

③ 画圈，合并最小项。

$$\sum m(0,2,8,10)=\mathrm{\bar{A}\bar{B}\bar{C}\bar{D}+\bar{A}\bar{B}C\bar{D}+A\bar{B}\bar{C}\bar{D}+A\bar{B}C\bar{D}=\bar{B}\bar{D}}$$

$$\sum m(0,1,8,9)=\mathrm{\bar{A}\bar{B}\bar{C}\bar{D}+\bar{A}\bar{B}\bar{C}D+A\bar{B}\bar{C}\bar{D}+A\bar{B}\bar{C}D=\bar{B}\bar{C}}$$

$$\sum m(2,6)=\mathrm{\bar{A}\bar{B}C\bar{D}+\bar{A}BC\bar{D}=\bar{A}C\bar{D}}$$

④ 写出最简与或逻辑函数表达式。

$$\mathrm{F(A,B,C,D)=\bar{A}C\bar{D}+\bar{B}\bar{C}+\bar{B}\bar{D}}$$

（3）画圈应注意的问题。用卡诺图化简，最关键是画圈这一步。画圈应注意如下几个问题。

① 1格允许被一个以上的圈所包围，这是因为A+A=A。

② 1格不能漏画，否则简化后的逻辑表达式与原式不相等。

③ 圈的个数要尽量少，因为一个圈与一个与项相对应，圈数越少，表达式中的与项就越少。

④ 圈的面积越大越好，但必为2^i个方块。因为圈面越大，消去的变量就越多。

⑤ 每个圈至少包含一个新的1格，否则这个圈是多余的。

为了便于记忆，用一句话概括，即“可以重画，不能漏画，圈数要少，圈面要大，每圈必有一个新“1”格”。

图1.3.7给出了几种不正确的画圈法与正确画圈法的比较。

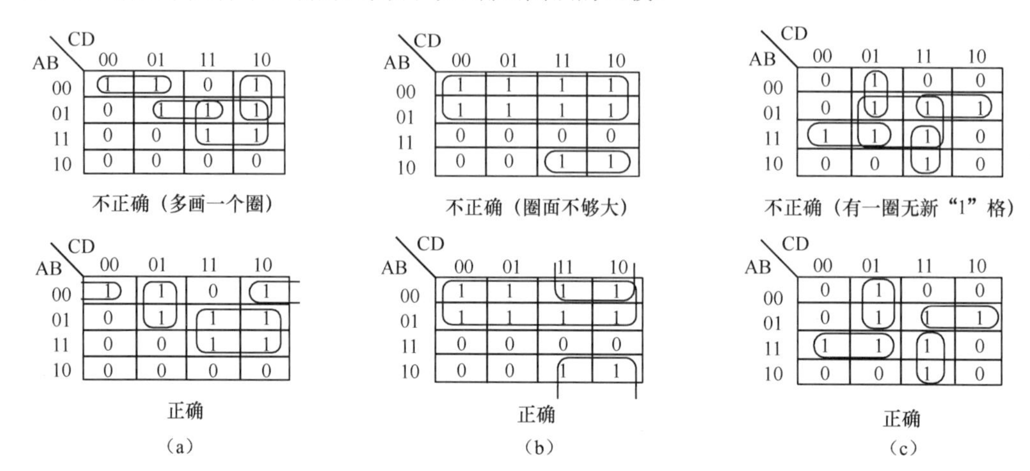

图1.3.7　几种不正确的画圈法与正确画圈法的比较

1.3.4　具有无关项的逻辑函数及其化简

1．约束项、任意项和逻辑函数表达式中的无关项

在实际工程问题中，逻辑函数的最小项中有一些是不允许出现的，或者有些最小项的有与无对电路的逻辑功能没有影响。

对输入变量取值的限制称为约束。由具有约束的变量所决定的逻辑函数，称为有约束的逻辑函数。例如，有3个逻辑变量A、B、C，它们分别表示一台电动机的正转、反转和停止的命令，A=1表示正转，B=1表示反转，C=1表示停止。因为电动机任何时候只能执行其中的一个命令，所以不允许两个以上的变量同时为1。A、B、C的取值只可能是001、010、100当中的某一种，而不能是000、011、101、110、111中的任何一种。因此，A、B、C是一组具有约束的变量。

由于每组输入变量的取值都是一个，而且仅有一个最小项的值为1，因此当限制某些输入变量的取值不能出现时，可以用它们对应的最小项恒等于0来表示。这样，上面例子中的约束条件可以表示为

$$\begin{cases}\overline{A}\overline{B}\overline{C}=0\\ \overline{A}BC=0\\ A\overline{B}C=0\\ AB\overline{C}=0\\ ABC=0\end{cases}$$

或写为

$$\overline{A}\overline{B}\overline{C}+\overline{A}BC+A\overline{B}C+AB\overline{C}+ABC=0$$

同时，把这些恒等于0的最小项称为约束项。

另外，有些最小项的有与无对电路的逻辑功能没有影响，即在输入变量的某些取值下函数值是

1 还是 0 皆可，并不影响电路的功能。在这些变量取值下，其值等于 1 的那些最小项称为任意项。

约束项和任意项统称为逻辑函数表达式中的无关项。这里所说的无关是指是否把这些最小项写入逻辑函数表达式无关紧要，既可以认为无关项包含在逻辑函数表达式中，也可以认为不包含在逻辑函数表达式中，那么在卡诺图中对应的位置上就可以填入 1，也可以填入 0。为此，在卡诺图中用×（或∅）表示无关项。在化简逻辑函数时既可以认为它是 1，也可以认为它是 0。

2．具有无关项的逻辑函数化简

在化简具有无关项的逻辑函数时，如果能合理利用这些无关项，一般都可得到更加简单的化简结果。在依据 1.3.3 节方法画卡诺图时，除了逻辑函数表达式本身包含的最小项，还需要在卡诺图中加入无关项。在合并最小项时，究竟把卡诺图上的“×”作为 1（认为逻辑函数表达式中包含了这个最小项）还是作为 0（认为函数式中不包含这个最小项）对待，应以得到的相邻最小项矩形组合最大且矩形组合数目最少为原则。

【例 1.3.17】 化简如下具有约束的逻辑函数

$$Y = \bar{A}\bar{B}\bar{C}D + \bar{A}BCD + A\bar{B}\bar{C}\bar{D}$$

给定约束条件为

$$\bar{A}\bar{B}CD + \bar{A}B\bar{C}D + AB\bar{C}\bar{D} + A\bar{B}\bar{C}D + ABCD + ABC\bar{D} + A\bar{B}C\bar{D} = 0$$

解：若不利用约束项，则 Y 已无可化简。但适当地加进一些约束项以后，可以得到

$$Y = (\bar{A}\bar{B}\bar{C}D + \underbrace{\bar{A}\bar{B}CD}_{\text{约束项}}) + (\bar{A}BCD + \underbrace{\bar{A}B\bar{C}D}_{\text{约束项}}) + (A\bar{B}\bar{C}\bar{D} + \underbrace{AB\bar{C}\bar{D}}_{\text{约束项}}) + (\underbrace{ABC\bar{D}}_{\text{约束项}} + \underbrace{A\bar{B}C\bar{D}}_{\text{约束项}})$$

$$= (\bar{A}\bar{B}D + \bar{A}BD) + (A\bar{C}\bar{D} + AC\bar{D})$$

$$= \bar{A}D + A\bar{D} = A \oplus D$$

可见，利用了约束项以后，使逻辑函数得以进一步化简。但是，在确定该写哪些约束项时尚不够直观。

若改用卡诺图化简法，则只要将表示 Y 的卡诺图画出，就能从图上直观地判断对这些约束项应如何取舍。

图 1.3.8 所示为例 1.3.17 的逻辑函数的卡诺图。从图 1.3.8 中不难看出，为了得到最大的相邻最小项的矩形组合，应取约束项 m_3、m_5 为 1，与 m_1、m_7 组成一个矩形组。同时，取约束项 m_{10}、m_{12}、m_{11} 为 1，与 m_3 组成一个矩形组。将两组相邻的最小项合并后得到的化简结果与上面推演的结果相同。卡诺图中没有被圈进去的约束项（m_9 和 m_{15}）是被当作 0 对待的。

【例 1.3.18】试化简逻辑函数 $Y = \bar{A}C\bar{D} + \bar{A}B\bar{C}\bar{D} + A\bar{B}\bar{C}\bar{D}$。

已知约束条件为

$$A\bar{B}C\bar{D} + A\bar{B}CD + AB\bar{C}\bar{D} + AB\bar{C}D + ABC\bar{D} + ABCD = 0$$

解：画出函数 Y 的卡诺图，如图 1.3.9 所示。

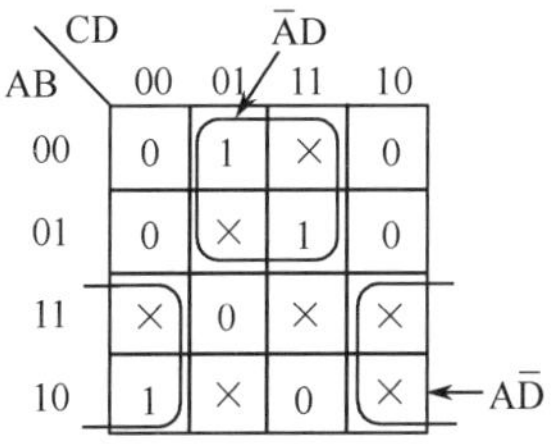

AB \ CD	00	01	11	10
00	0	1	×	0
01	0	×	1	0
11	×	0	×	×
10	1	×	0	×

图 1.3.8　例 1.3.17 的逻辑函数的卡诺图

AB \ CD	00	01	11	10
00	0	0	0	1
01	1	0	0	1
11	×	×	×	×
10	1	0	×	×

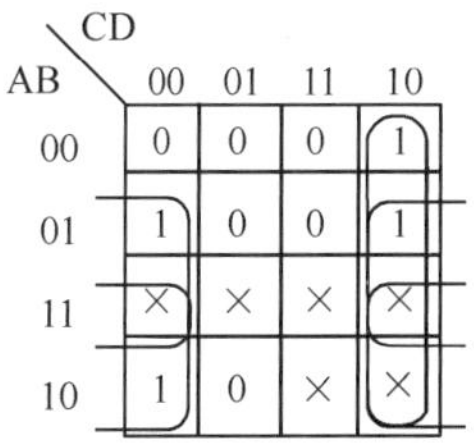

图 1.3.9　例 1.3.18 的卡诺图

由图 1.3.9 可知，若认为其中的约束项 m_{10}、m_{12}、m_{14} 为 1，而约束项 m_{11}、m_{13}、m_{15} 为 0，则可将 m_4、m_6、m_{12} 和 m_{14} 合并为 $B\bar{D}$，将 m_8、m_{10}、m_{12} 和 m_{14} 合并为 $A\bar{D}$，将 m_2、m_6、m_{10} 和 m_{14} 合并为 $C\bar{D}$。于是，得到

$$Y = B\overline{D} + A\overline{D} + C\overline{D}$$

1.4 硬件描述语言基础

硬件描述语言（Hardware Description Language，HDL）起源于美国国防部提出的超高速集成电路研究计划，目的是把电子电路的设计意义以文字或文件的形式保存下来，以便其他人能轻易了解电路的设计意义。

硬件描述语言以文本形式描述数字系统硬件的结构和行为，是设计硬件时使用的语言，类似于高级程序设计语言。它可以表示逻辑电路图、逻辑函数表达式、数字逻辑系统所完成的逻辑功能，还可以用来编写设计说明文档。HDL 是高层次自动化设计的起点和基础。目前有多种常用的硬件描述语言，如 Verilog HDL、VHDL、ABEL、OO-VHDL、DE-VHDL、System C 等。

下面主要介绍 Verilog HDL 的相关知识。

1.4.1 Verilog HDL 的基本结构

模块是 Verilog HDL 的基本描述单位，Verilog HDL 使用一个或多个模块对数字电路进行建模。一个模块可以包含整个设计模型或设计模型的一部分，每个模块都实现特定的功能。Verilog HDL 定义语法的基本结构如图 1.4.1 所示。

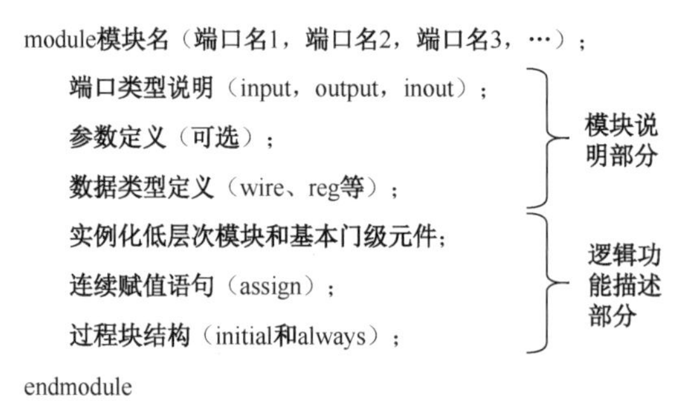

图 1.4.1 Verilog HDL 定义语法的基本结构

每个模块的内容都是嵌在关键词 module 和 endmodule 两个语句之间的。模块名是模块的唯一标识符，圆括号中以逗号分隔列出的端口名是该模块的输入和输出。

模块说明部分包括端口类型说明、参数定义以及数据类型定义。“端口类型说明”部分为 input（输入）、output（输出）、inout（双向端口）三者之一，凡是在模块名后面圆括号中出现的端口名都必须明确地说明其端口类型。参数定义是将常量用符号常量代替以提高程序的可读性和可修改性，它是一条可以选择的语句。数据类型定义部分用来指定模块内所用的数据对象是寄存器类型 reg 还是连线类型 wire 等。

1.4.2 基于 Verilog HDL 的电路功能描述

电路逻辑功能的描述方法通常有以下 3 种。

（1）实例（Instance）引用低层次模块，即引用其他已经定义过的低层次模块对整个电路的功能进行描述，或者直接引用 Verilog HDL 内部预先定义的逻辑门描述电路结构。通常将这种方法称为结构级描述方式。仅使用逻辑门描述电路功能的方式也称为门级描述方式。

（2）使用连续赋值语句 assign 对电路的逻辑功能进行描述，通常称为数据流描述方式。该方式对组合逻辑电路建模非常方便。

（3）使用过程块语句结构，包括 initial 语句、always 语句和比较抽象的高级程序语句对电路的逻辑功能进行描述，通常称为行为级描述方式。设计人员可以选用这几种描述方式中的任意一种，或者混合使用几种方式描述电路的逻辑功能。也就是说，在一个模块中可以包含连续赋值语句、always 语句、initial 语句和结构级描述方式，并且这些描述方式在程序中排列的先后顺序是任意的。

必须注意的是，Verilog HDL 模块定义语句中除了 endmodule 语句，每个语句后都必须有分号。Verilog HDL 可以用/*………*/或//对程序进行注释，以提高程序的可读性和可维护性。其中，/*………*/为多行注释符，用于书写多行注释；//为单行注释符，以双斜线开始到行尾结束。

本章小结

本章所讲的主要内容是数制与编码、逻辑代数的公式/定律和规则、逻辑函数的表示方法、逻辑函数化简方法和 Verilog HDL 这几部分。

（1）数制是人们对数量计数的一种统计规则。任何一种进位计数都包含基数和位权两个基本因素。

基数为 R 的数制为 R 进制，进位规则：“逢 R 进 1”，有 $0,1,\cdots,R-1$ 个数码（数符）。按权展开为 $(N)_R=\sum_{i=-m}^{n-1}a_iR^i$（$R$ 取≥2 的正整数）。

R 进制数转换为十进制数只要按权展开（$(N)_R=\sum_{i=-m}^{n-1}a_iR^i$）就很容易得到。

十进制数转换为 R 进制数可为整数和小数部分分别考虑，整数部分按除以 R 取余法，逆序排列；小数部分按乘以 R 取整法，顺序排列。

（2）编码就是用二进制码来表示给定的信息符号。信息符号可以是十进制数符、字符、运算符等。

在数字系统中，目前常用的有原码、反码和补码。带小数点的数的编码有定点表示法和浮点表示法两种。

十进制的二进制编码可分为两大类：一类是有权码，常用的有 8421BCD、2421BCD、5121BCD、631-1BCD 等，这些码可以按权展开为所表示的十进制数；另一类是无权码，如格雷码，这种编码是一种可靠性编码。

（3）与、或、非属于基本逻辑，由 3 个基本逻辑可以组合成与非、或非、与或非、同或异或逻辑。

（4）逻辑函数反映的是实际逻辑问题中输入逻辑变量与输出逻辑变量之间的因果关系，可用逻辑函数表达式、真值表、逻辑电路图、卡诺图、波形图、文字描述和高级语言等描述。

（5）表 1.2.12 列出了逻辑代数的基本定律。这些定律完全可以根据函数相等的定义和真值表加以证明。同时介绍了逻辑代数的 3 条规则。

（6）逻辑函数的化简是本章的重点。本章介绍两种化简方法。公式化简归纳为两种方法，即吸收法和配项法。吸收法利用 4 个吸收律（含 8 个公式）进行化简逻辑函数；配项法利用公式 $A+\overline{A}=1$、$AB+\overline{A}C=AB+\overline{A}C+BC$，或者 $A=A+AB$ 增加多余项，再与其他项合并（配项化简）。

卡诺图化简法简单、直观，而且有一定化简步骤可循。初学者容易掌握，而且化简过程中也易于避免差错。然而在逻辑变量超过 5 个以上时，其将失去简单、直观的优点，因而也就没有太大的实用意义了。

（7）Verilog HDL 是常用的硬件描述语言，本章介绍了 Verilog HDL 的基本结构和基本语法规则，后续章节将会进一步讨论。

习题一

参考答案

习 题 一

1.1 填空题

（1）数制是人们对数量计数的一种统计规则。任何一种进位计数都包含______和______两个基本因素。

（2）十进制数转换为 R 进制数可为整数和小数部分分别考虑，整数部分按________，小数部分按________。

（3）$(0011)_{631\text{-}1BCD}$=________。

（4）编码就是用二进制码来表示给定的________。

（5）$A\oplus 1$=________。

（6）已知 $F=A+\overline{B+\overline{C}\bullet\overline{D+\overline{E}}}$，则 $\overline{F}$=____________________。

（7）已知 $F=A+\overline{B+\overline{C}\bullet\overline{D+\overline{E}}}$，则 F^{*}=____________________。

（8）n 个变量有__________个最小项。

1.2 将下列十六进制数转换为等值的二进制数和等值的十进制数。

（1）$(8C)_{16}$ （2）$(3D.BE)_{16}$ （3）$(8F.FF)_{16}$ （4）$(10.00)_{16}$

1.3 将下列十进制数转换成等值的二进制数和等值的十六进制数。要求二进制数保留小数点以后4位有效数字。

（1）$(17)_{10}$ （2）$(127)_{10}$ （3）$(0.39)_{10}$ （4）$(25.7)_{10}$

1.4 写出下列二进制数的原码和补码。

（1）$(+1011)_2$ （2）$(+00110)_2$ （3）$(-1101)_2$ （4）$(-00101)_2$

1.5 试总结并解释。

（1）根据真值表写逻辑函数表达式的方法。

（2）根据逻辑函数表达式列真值表的方法。

（3）根据逻辑图写逻辑函数表达式的方法。

（4）根据逻辑函数表达式画逻辑电路图的方法。

1.6 已知逻辑函数的真值表如表P1.1和表P1.2所示，试写出对应的逻辑函数表达式。

表 P1.1

A	B	C	Y	A	B	C	Y
0	0	0	0	1	0	0	1
0	0	1	1	1	0	1	0
0	1	0	1	1	1	0	0
0	1	1	0	1	1	1	0

表 P1.2

M	N	P	Q	Z	M	N	P	Q	Z
0	0	0	0	0	1	0	0	0	0
0	0	0	1	0	1	0	0	1	0
0	0	1	0	0	1	0	1	0	0
0	0	1	1	1	1	0	1	1	1

续表

M	N	P	Q	Z	M	N	P	Q	Z
0	1	0	0	0	1	1	0	0	1
0	1	0	1	0	1	1	0	1	1
0	1	1	0	1	1	1	1	0	1
0	1	1	1	1	1	1	1	1	1

1.7　试用列真值表的方法证明下列异或运算公式。

（1）$A\oplus 0=A$　　（2）$(A\oplus B)\oplus C=A\oplus(B\oplus C)$

（3）$A\oplus 1=\overline{A}$　　（4）$A(B\oplus C)=AB\oplus AC$

（5）$A\oplus A=0$　　（6）$A\oplus \overline{B}=\overline{A\oplus B}=A\oplus B\oplus 1$

（7）$A\oplus \overline{A}=1$

1.8　用逻辑代数的基本公式和常用公式将下列逻辑函数化简为最简与或形式。

（1）$Y=A\overline{B}+B+\overline{A}B$　　（2）$Y=\overline{\overline{A}BC}+\overline{A\overline{B}}$

（3）$Y=A\overline{B}C+\overline{A}+B+\overline{C}$　　（4）$Y=A\overline{B}CD+ABD+A\overline{C}D$

（5）$Y=A\overline{B}(\overline{A}CD+\overline{AD+\overline{B}C})(\overline{A}+B)$　　（6）$Y=AC(\overline{C}D+\overline{A}B)+BC(\overline{\overline{\overline{B}+AD}+CE})$

（7）$Y=A\overline{C}+ABC+AC\overline{D}+CD$　　（8）$Y=A+(\overline{B+\overline{C}})(A+\overline{B}+C)(A+B+C)$

（9）$Y=B\overline{C}+AB\overline{C}E+B(\overline{\overline{A}\overline{D}+AD})+B(A\overline{D}+\overline{A}D)$

（10）$Y=AC+A\overline{C}D+A\overline{B}\overline{E}F+B(D\oplus E)+B\overline{C}D\overline{E}+B\overline{C}\overline{D}E+AB\overline{E}F$

1.9　写出图 P1.1 中各逻辑电路图的逻辑函数表达式，并化简为最简与或形式。

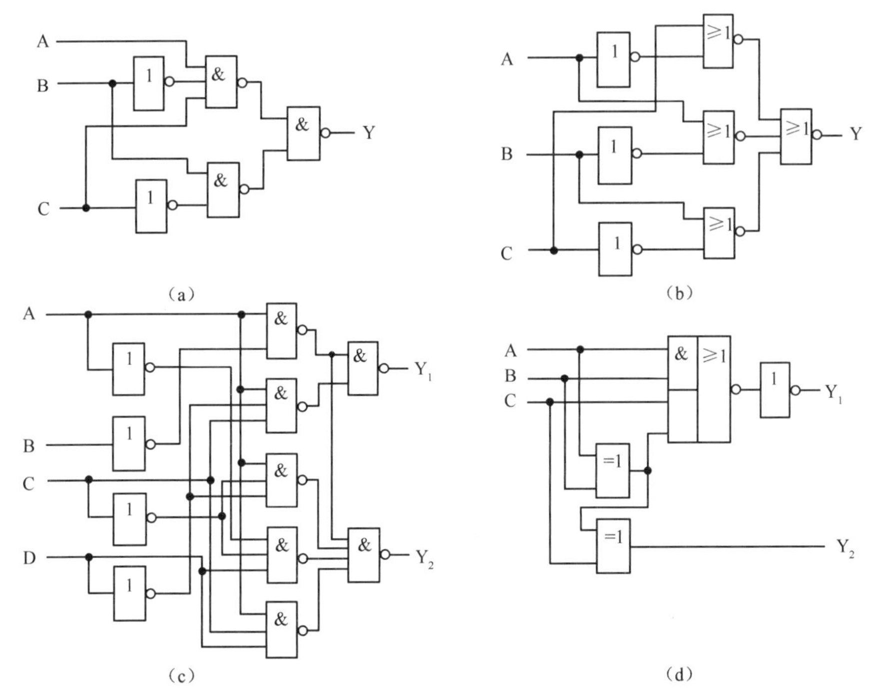

图 P1.1

1.10　求下列函数的反函数并化简为最简与或形式。

（1）$Y=AB+C$　　（2）$Y=(A+BC)\overline{C}D$

（3）$Y=\overline{(A+\overline{B})(\overline{A}+C)}AC+BC$　　（4）$Y=\overline{\overline{A\overline{B}}C+\overline{C}D}(AC+BD)$

（5）$Y = A\bar{D} + \bar{A}\bar{C} + \bar{B}\bar{C}D + C$

（6）$Y = \bar{E}\bar{F}\bar{G} + \bar{E}\bar{F}G + \bar{E}F\bar{G} + \bar{E}FG + E\bar{F}\bar{G} + E\bar{F}G + EF\bar{G} + EFG$

1.11　将下列各逻辑函数表达式转化为最小项之和的形式。

（1）$Y = \bar{A}BC + AC + \bar{B}C$　　（2）$Y = A\bar{B}\bar{C}D + BCD + \bar{A}D$

（3）$Y = A + B + CD$　　（4）$Y = AB + \overline{\overline{BC}(\bar{C} + \bar{D})}$

（5）$Y = L\bar{M} + M\bar{N} + N\bar{L}$

1.12　将下列各逻辑函数表达式转化为最大项之积的形式。

（1）$Y = (A + B)(\bar{A} + \bar{B} + \bar{C})$　　（2）$Y = A\bar{B} + C$

（3）$Y = \bar{A}B\bar{C} + \bar{B}C + A\bar{B}C$　　（4）$Y = BC\bar{D} + C + \bar{A}D$

（5）$Y(A,B,C) = \sum(m_1, m_2, m_4, m_6, m_7)$

1.13　用卡诺图化简法将下列函数化简为最简与或形式。

（1）$Y = ABC + ABD + \bar{C}\bar{D} + A\bar{B}C + \bar{A}C\bar{D} + A\bar{C}D$

（2）$Y = A\bar{B} + \bar{A}C + BC + \bar{C}D$　　（3）$Y = \bar{A}\bar{B} + B\bar{C} + \bar{A} + \bar{B} + ABC$

（4）$Y = \bar{A}\bar{B} + AC + \bar{B}C$　　（5）$Y = A\bar{B}\bar{C} + \bar{A}\bar{B} + \bar{A}D + C + BD$

（6）$Y(A,B,C)=\sum(m_0, m_1, m_2, m_5, m_6, m_7)$

（7）$Y(A,B,C)=\sum(m_1, m_3, m_5, m_7)$

（8）$Y(A,B,C,D)=\sum(m_0, m_1, m_2, m_3, m_4, m_6, m_8, m_9, m_{10}, m_{11}, m_{14})$

（9）$Y(A,B,C,D)=\sum(m_0, m_1, m_2, m_5, m_8, m_9, m_{10}, m_{12}, m_{14})$

（10）$Y(A,B,C)=\sum(m_1, m_4, m_7)$

1.14　化简下列逻辑函数（方法不限）。

（1）$Y = A\bar{B} + \bar{A}C + \bar{C}\bar{D} + D$

（2）$Y = \bar{A}(C\bar{D} + \bar{C}D) + B\bar{C}D + A\bar{C}D + \bar{A}C\bar{D}$

（3）$Y = \overline{(\bar{A} + \bar{B})D} + (\bar{A}\bar{B} + BD)\bar{C} + \bar{A}\bar{C}BD + \bar{D}$

（4）$Y = A\bar{B}D + \bar{A}\bar{B}\bar{C}D + \bar{B}CD + \overline{(A\bar{B} + C)}(B + D)$

（5）$Y = \overline{A\bar{B}\bar{C}D + A\bar{C}DE + \bar{B}D\bar{E} + A\bar{C}\bar{D}E}$

1.15　证明下列逻辑恒等式（方法不限）。

（1）$A\bar{B} + B + \bar{A}B = A + B$

（2）$(A + \bar{C})(B + D)(B + \bar{D}) = AB + B\bar{C}$

（3）$\overline{\overline{(A + B + \bar{C})}\bar{C}D} + (B + \bar{C})(A\bar{B}D + \bar{B}\bar{C}) = 1$

（4）$\bar{A}\bar{B}\bar{C}\bar{D} + \bar{A}B\bar{C}D + ABCD + A\bar{B}C\bar{D} = \overline{A\bar{C} + \bar{A}C + B\bar{D} + \bar{B}D}$

（5）$\bar{A}(C \oplus D) + B\bar{C}D + AC\bar{D} + A\bar{B}\bar{C}D = C \oplus D$

1.16　试画出用与非门和反相器实现下列函数的逻辑图。

（1）$Y = AB + BC + AC$　　（2）$Y = (\bar{A} + B)(A + \bar{B})C + \overline{BC}$

（3）$Y = \overline{AB\bar{C} + A\bar{B}C + \bar{A}BC}$　　（4）$Y = A\overline{BC} + \overline{(\overline{A\bar{B}} + \bar{A}\bar{B} + BC)}$

1.17　试画出用或非门和反相器实现下列函数的逻辑图。

（1）$Y = A\bar{B}C + B\bar{C}$　　（2）$Y = (A + C)(\bar{A} + B + \bar{C})(\bar{A} + \bar{B} + C)$

（3）$Y = \overline{(AB\bar{C} + \bar{B}C)}\bar{D} + \bar{A}\bar{B}D$　　（4）$Y = \overline{\overline{\overline{CD}\,BC\,ABCD}}$

1.18　什么是约束项，什么是任意项，什么是逻辑函数表达式中的无关项？

1.19　对于互相排斥的一组变量 A、B、C、D、E（任何情况下 A、B、C、D、E 不可能有两个或两个以上同时为 1），试证明 $A\overline{B}\overline{C}\overline{D}\overline{E}=A$ 、 $\overline{A}B\overline{C}\overline{D}\overline{E}=B$ 、 $\overline{A}\overline{B}C\overline{D}\overline{E}=C$ 、 $\overline{A}\overline{B}\overline{C}D\overline{E}=D$ 、$\overline{A}\overline{B}\overline{C}\overline{D}E=E$ 。

1.20　用卡诺图化简法将下列函数化简为最简与或逻辑函数表达式。

（1） $Y=\overline{A+C+D}+\overline{A}\overline{B}C\overline{D}+A\overline{B}\overline{C}D$ ，给定约束条件为 $A\overline{B}C\overline{D}+A\overline{B}CD+AB\overline{C}\overline{D}+AB\overline{C}D+ABC\overline{D}+ABCD=0$ 。

（2） $Y=C\overline{D}(A\oplus B)+\overline{A}B\overline{C}+\overline{A}\overline{C}D$，给定约束条件为 $AB+CD=0$ 。

（3） $Y=(A\overline{B}+B)C\overline{D}+\overline{(A+B)(\overline{B}+C)}$，给定约束条件为 $ABC+ABD+ACD+BCD=0$ 。

（4） $Y(A,B,C,D)=\sum(m_3,m_5,m_6,m_7,m_{10})$，给定约束条件为 $m_0+m_1+m_2+m_4+m_8=0$。

（5） $Y(A,B,C)=\sum(m_0,m_1,m_2,m_4)$，给定约束条件为 $m_3+m_5+m_6+m_7=0$。

（6） $Y(A,B,C,D)=\sum(m_2,m_3,m_7,m_8,m_{11},m_{14})$，给定约束条件为 $m_0+m_5+m_{10}+m_{15}=0$。

1.21　试证明两个逻辑函数间的与、或、异或运算可以通过将它们的卡诺图中对应的最小项进行与、或、异或运算来实现，如图 P1.2 所示。

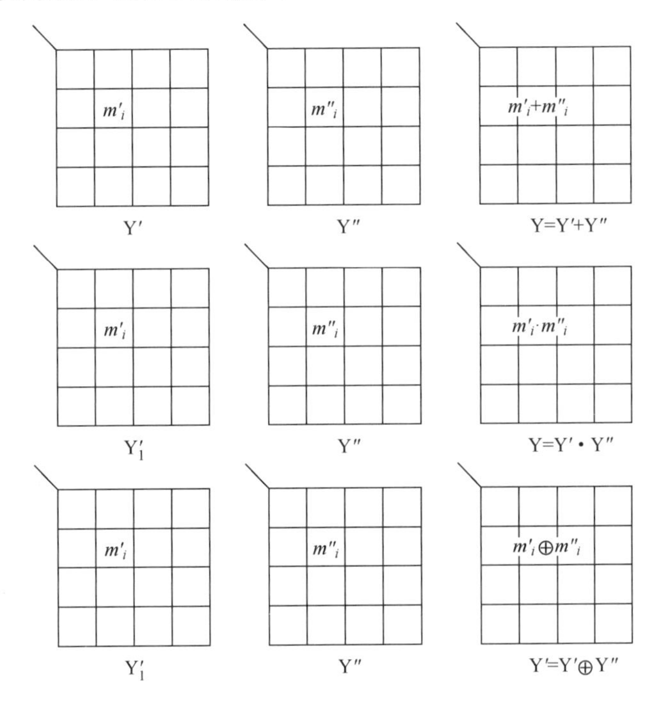

图 P1.2

1.22　利用卡诺图之间的运算（参见题 1.21），将下列逻辑函数化简为最简与或形式。

（1） $Y=(AB+\overline{A}C+\overline{B}D)(A\overline{B}\overline{C}D+\overline{A}CD+BCD+\overline{B}C)$ 。

（2） $Y=(\overline{A}\overline{B}C+\overline{A}B\overline{C}+AC)(A\overline{B}\overline{C}D+\overline{A}BC+CD)$ 。

（3） $Y=(\overline{A}\overline{D}+\overline{C}D+C\overline{D})\oplus(A\overline{C}\overline{D}+ABC+\overline{A}D+CD)$ 。

（4） $Y=(\overline{A}\overline{C}\overline{D}+\overline{B}\overline{D}+BD)\oplus(\overline{A}B\overline{D}+\overline{B}D+BC\overline{D})$ 。

第 2 章 逻辑门电路

[内容提要]

本章系统地叙述数字电路的基本逻辑单元——门电路。首先介绍半导体器件的开关特性和分立元件逻辑门电路；然后重点介绍 TTL 集成门电路、MOS 门电路。对于每种门电路，详细讲解了它们的工作原理、逻辑功能，并重点介绍它们作为电子器件的电气特性，尤其是输入特性和输出特性，以便为实际使用这些器件打下必要的基础。

2.1 概述

用以实现基本逻辑运算和复合逻辑运算的单元电路称为逻辑门电路，简称门电路、逻辑门、门。与第 1 章所讲的基本逻辑运算和复合逻辑运算相对应，常用的门电路有与门、或门、非门、与非门、或非门、与或非门、异或门、同或门等。

逻辑门电路的种类繁多，按是否集成分类，有分立元件逻辑门电路、集成逻辑门电路。集成逻辑门电路又分为 TTL 集成门电路和 CMOS 门电路等。

在电子电路中，用高、低电平分别表示二值逻辑的 1 和 0 两种逻辑状态。获得高、低输出电平的基本原理可以用图 2.1.1 表示。当开关 S 断开时，输出电压 V_O 为高电平；在开关 S 接通以后，输出电压 V_O 便为低电平。

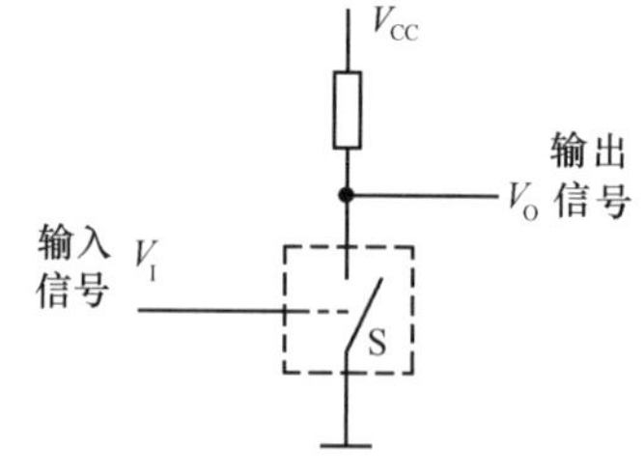

图 2.1.1 获得高、低输出电平的基本原理

开关 S 是由半导体二极管或三极管组成的。利用二极管单向导电和控制三极管工作在截止与导通两个状态，均能起到图 2.1.1 中开关 S 的作用，详细讲解见 2.2 节。

若以输出的高电平表示逻辑 1，以低电平表示逻辑 0，则称这种表示方法为正逻辑；反之，若以输出的高电平表示逻辑 0，而以低电平表示逻辑 1，则称这种表示方法为负逻辑。本书中除非特别说明，一律采用正逻辑。

2.2 半导体器件的开关特性

2.2.1 半导体二极管的开关特性

由于半导体二极管具有单向导电性，即外加正向电压时导通，外加反向电压时截止，因此它相当于一个受外加电压极性控制的开关。用它取代图 2.1.1 中的开关 S 可以得到图 2.2.1 所示的二极管开关电路。

假定输入信号的高电平 $V_{IH}=V_{CC}$，低电平 $V_{IL}=0$，并假定二极管 VD 为理想开关元件，即正向导通电阻为 0，反向内阻为无穷大，则当 $v_I=V_{IH}$ 时，VD 截止，$v_O=V_{OH}=V_{CC}$；而当 $v_I=V_{IL}=0$ 时，VD 导通，$v_O=V_{OL}=0$。因此，可以用 v_I 的高、低电平控制二极管的开关状态，并在输出端得到相应的高、低电平输出信号。

然而，在分析各种实际的二极管电路时发现，由于二极管的特性并不是理想的开关特性，因此并不是任何时候都能满足上面对二极管特性所做的假定。根据半导体物理理论可知，二极管的特性可以近似地用式（2.2.1）的 PN 结方程和图 2.2.2 所示的伏安特性曲线描述，即

$$i = I_{\mathrm{S}}(\mathrm{e}^{v/V_{\mathrm{T}}} - 1) \tag{2.2.1}$$

式中：i 为流过二极管的电流；v 为加到二极管两端的电压；$V_{\mathrm{T}}=\dfrac{nkT}{q}$，其中 k 为玻耳兹曼常量，T 为热力学温度，q 为电子电荷，n 为一个修正系数。对于一般分立器件二极管的缓变结，$n\approx2$；而对于一般数字集成电路中的 PN 结，$n\approx1$。常温（结温为 27℃，T=300K）下 $V_{\mathrm{T}}\approx$26mV。式（2.2.1）中的 I_{S} 为反向饱和电流，它和二极管的材料、工艺与几何尺寸有关，对每个二极管都是一个定值。

由式（2.2.1）和图 2.2.2 所示的曲线不难看出，实际的半导体二极管的反向电阻不是无穷大，正向电阻也不是 0，电压和电流之间是非线性关系。此外，由于存在着 PN 结表面的漏电阻以及半导体的体电阻，因此真正的二极管的伏安特性与式（2.2.1）所给出的曲线略有差异。即使是同一型号、同一工厂生产的二极管，也不可能每个二极管的特性都完全一致。

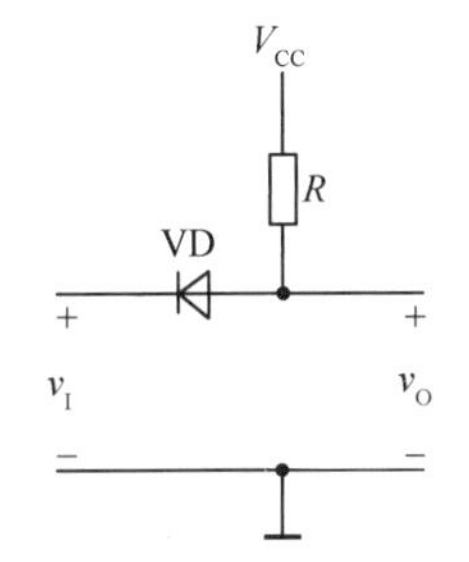

图 2.2.1　二极管开关电路

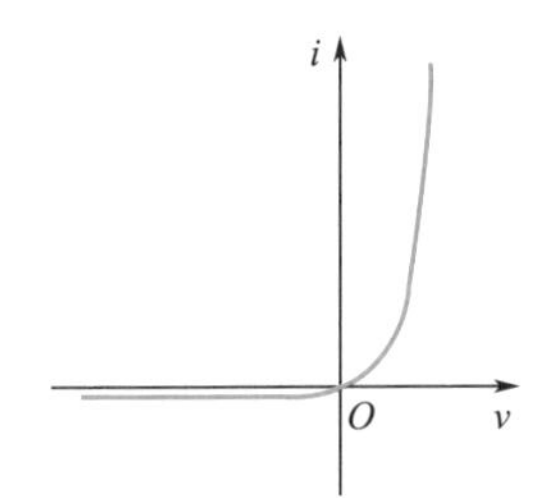

图 2.2.2　二极管的伏安特性曲线

在分析二极管所组成的电路时，虽然可以选用精确的二极管模型电路并通过计算机辅助分析求出准确的结果，但在多数情况下，需要通过近似地分析迅速判断二极管的开关状态。为此，必须利用近似的简化特性，以简化分析和计算过程。

图 2.2.3 给出了二极管的 3 种近似的伏安特性曲线和对应的等效电路，如图 2.2.3（a）所示。

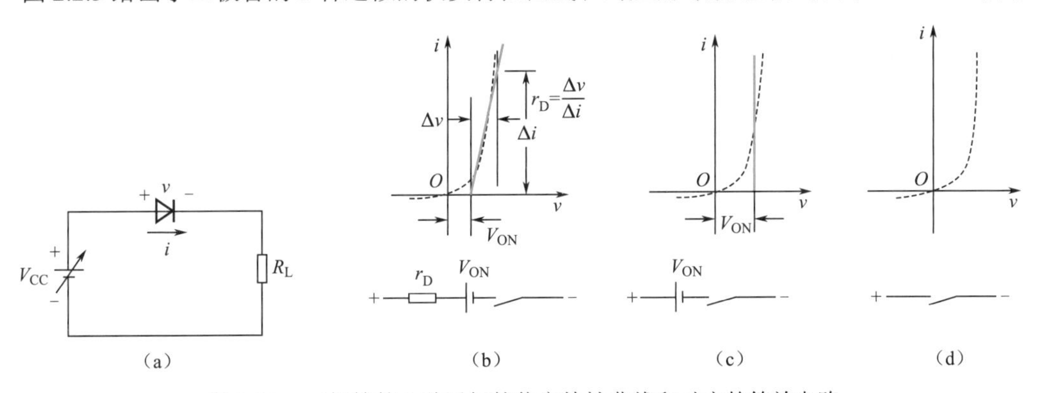

图 2.2.3　二极管的 3 种近似的伏安特性曲线和对应的等效电路

当外电路的等效电源 V_{CC} 和等效电阻 R_{L} 都很小时，二极管的正向导通压降和正向电阻都不能忽略，这时可以用图 2.2.3（b）中的折线作为二极管的近似特性，并得到图 2.2.3（b）中的等效电路。当二极管的正向导通压降和外加电源电压相比不能忽略，而与外接电阻相比二极管的正向电阻可以忽略时，可采用图 2.2.3（c）中的近似特性曲线和等效电路。当加到二极管两端的电压小于 V_{ON} 时，流过二极管的电流近似地看作为 0。在外加电压大于 V_{ON} 以后，二极管导通，而且电流增大时，二极管两端的电压基本不变，仍等于 V_{ON}。在下面将要讨论到的开关电路中，多数都

符合这种工作条件（外加电源电压较低而外接电阻较大），因此经常采用这种近似方法。

当二极管的正向导通压降和正向电阻与电源电压和外接电阻相比均可忽略时，可以将二极管看作理想开关，用图 2.2.3（d）中与坐标轴重合的折线近似代替二极管的伏安特性。

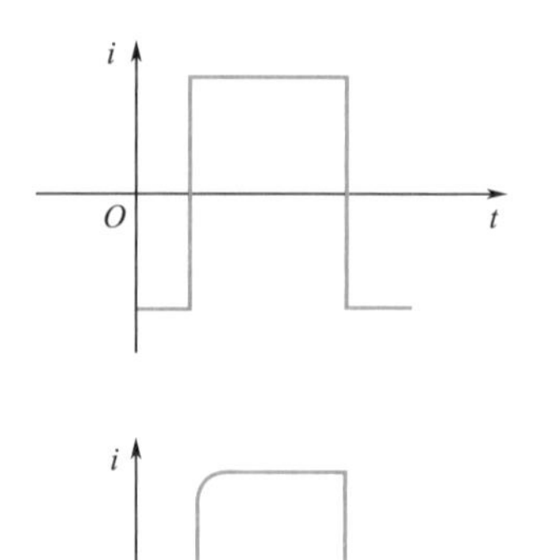

图 2.2.4　电流的变化过程

在动态情况下，即加到二极管两端的电压突然反向时，电流的变化过程如图 2.2.4 所示。由于外加电压由反向突然变为正向时，要等到 PN 结内部建立起足够的电荷梯度后才开始有扩散电流形成，所以正向导通电流的建立要稍微滞后一点。当外加电压突然由正向变为反向时，因为 PN 结内尚有一定数量的存储电荷，所以有较大的瞬态反向电流流过。随着存储电荷的消散，反向电流迅速衰减并趋近于稳态时的反向饱和电流。瞬态反向电流的大小和持续时间的长短取决于正向导通时电流的大小、反向电压和外电路电阻的阻值，而且与二极管本身的特性有关。

反向电流持续的时间用反向恢复时间 t_{re} 来定量描述。t_{re} 是指反向电流从它的峰值衰减到峰值的十分之一所经过的时间。由于 t_{re} 的数值很小，一般在几纳秒以内，因此用普通的示波器不容易看到反向电流的瞬态波形。

2.2.2　双极型三极管的开关特性

1．双极型三极管的结构

一只独立的双极型三极管由管芯、3 个引出电极和外壳组成。3 个电极分别称为基极（Base）、集电极（Collector）和发射极（Emitter）。外壳的形状和所用材料各不相同，管芯由 3 层 P 型和 N 型半导体结合在一起而构成，有 NPN 型和 PNP 型两种，如图 2.2.5 所示。因为在工作时有自由电子和空穴两种载流子参与导电过程，所以称这类三极管为双极型三极管（Bipolar Junction Transistor，BJT）。

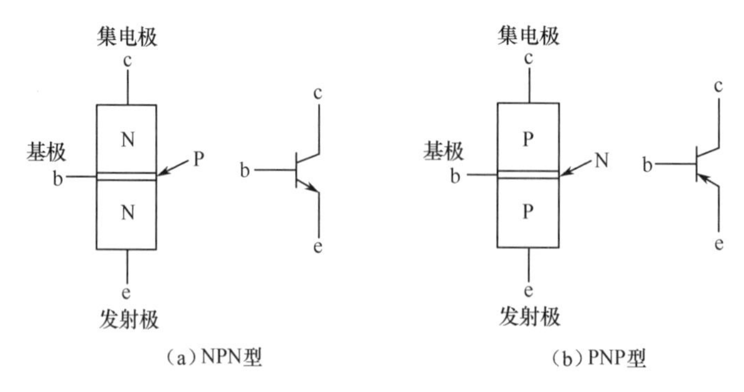

图 2.2.5　双极型三极管的两种类型

2．双极型三极管的输入特性和输出特性

若以基极 b 和发射极 e 之间的发射结作为输入回路，则可以测出表示输入电压 v_{BE} 和输入电流 i_B 之间关系的特性曲线，如图 2.2.6（a）所示。这条曲线被称为输入特性曲线。由图 2.2.6（a）可知，这条曲线近似于指数曲线。为了简化分析计算，经常采用图中虚线所示的折线来近似。图中的 V_{ON} 称为开启电压。硅三极管的 V_{ON} 为 0.5～0.7V，锗三极管的 V_{ON} 为 0.2～0.3V。

若以集电极 c 和发射极 e 之间的回路作为输出回路，则可测出在不同 i_B 值下表示集电极电流 i_C 和集电极电压 v_{CE} 之间关系的曲线，如图 2.2.6（b）所示。这一簇曲线称为输出特性曲线。由图 2.2.6

（b）可知，集电极电流 i_C 不仅受 v_{CE} 的影响，还受输入的基极电流 i_B 的控制。

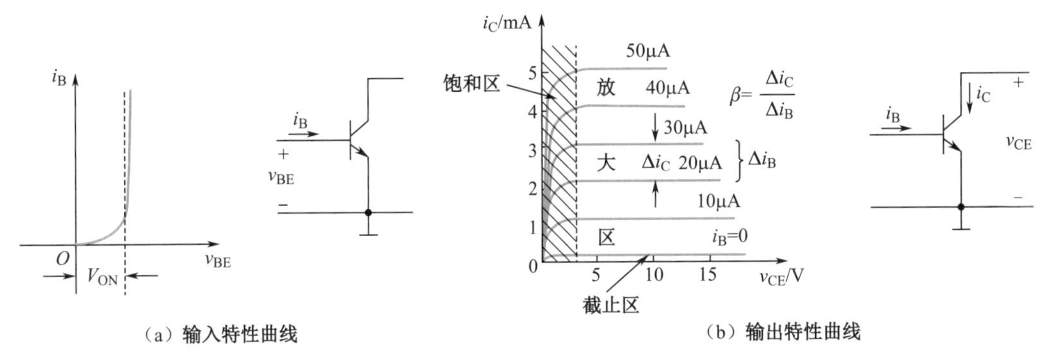

（a）输入特性曲线　　（b）输出特性曲线

图 2.2.6　双极型三极管的特性曲线

输出特性曲线明显地被分成3个区域。特性曲线右边水平的部分称为放大区（或者称为线性区），放大区的特点是 i_C 随 i_B 成正比地变化，而几乎不受 v_{CE} 变化的影响。i_C 和 i_B 的变化量之比称为电流放大系数 β，即 $\beta=\Delta i_C/\Delta i_B$，普通三极管的 β 值多在几十到几百的范围内。

曲线靠近纵坐标轴的部分称为饱和区。饱和区的特点是 i_C 不再随 i_B 以 β 倍的比例增大而趋向于饱和。硅三极管开始进入饱和区的 v_{CE} 值为 0.6～0.7V，在深度饱和状态下，集电极和发射极间的饱和压降 $V_{CE(sat)}$在 0.2V 以下。

图 2.2.6（b）中 i_B=0 对应的输出特性曲线以下的区域称为截止区。截止区的特点是 i_C 几乎等于零，这时仅有极微小的反向穿透电流 I_{CEO} 流过，硅三极管的 I_{CEO} 通常都在 1μA 以下。

3．双极型三极管的基本开关电路

用 NPN 型三极管取代图 2.1.1 中的开关 S，就得到了图 2.2.7 所示的三极管开关电路。只要电路的参数配合得当，必能做到 v_I 为低电平时三极管工作在截止状态，输出为高电平；而 v_I 为高电平时三极管工作在饱和状态，输出为低电平。

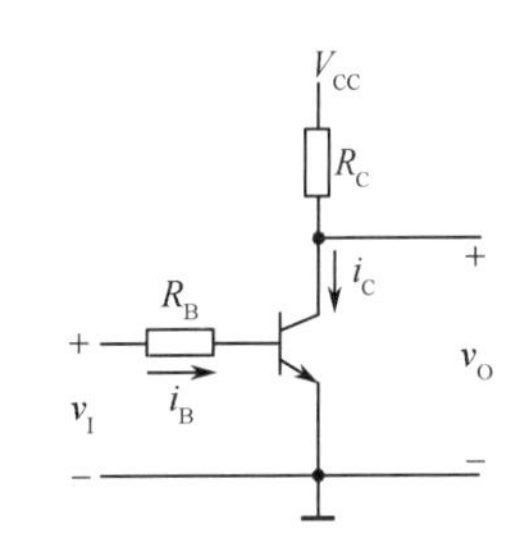

图 2.2.7　三极管开关电路

当输入电压 v_I=0 时，三极管的 v_{BE}=0。由图 2.2.6（a）所示的输入特性曲线可知，这时 i_B=0，三极管处于截止状态。若采用图 2.2.6（a）中折线化的近似输入特性，则近似地认为在 $v_I<V_{ON}$ 时三极管已处于截止状态，$i_B\approx0$。从图 2.2.6（b）所示的输出特性曲线可以看到，当 i_B=0 时，$i_C\approx0$，电阻 R_C 上没有压降。因此，三极管开关电路的输出为高电平 V_{OH}，且 $V_{OH}\approx V_{CC}$。

当 $v_I>V_{ON}$ 以后，有 i_B 产生，同时有相应的集电极电流 i_C 流过 R_C 和三极管的输出回路，三极管开始进入放大区。根据折线化的输入特性可近似地求出基极电流为

$$i_B=\frac{v_I-V_{ON}}{R_B} \tag{2.2.2}$$

若三极管的电流放大系数为 β，则得到

$$v_O=v_{CE}=V_{CC}-i_CR_C=V_{CC}-\beta i_BR_C \tag{2.2.3}$$

式（2.2.2）和式（2.2.3）说明，随着 v_I 的升高 v_B 增大，R_C 上的压降增大，而 v_O 相应地减小。当 R_C 和 β 足够大而 R_B 不是特别大时，v_O 的变化 Δv_O 会远远大于 v_I 的变化 Δv_I。Δv_O 与 Δv_I 的比值称为电压放大倍数，用 A_v 表示，即 $A_v=-\frac{\Delta v_O}{\Delta v_I}$，其中负号表示 v_O 与 v_I 的变化方向相反。

在给出输出特性曲线的条件下，也可以用非线性电路的图解法，求出给定电路参数下 v_O 的具体数值。为便于说明图解法的原理，现将图 2.2.7 所示的电路改画成图 2.2.8（a）所示的形式。若从 M、

N两点把输出回路划分为左、右两部分，分别画出它们在M、N处的伏安特性，则电路必然工作在两个特性的交点处。左边部分的伏安特性就是三极管的输出特性。右边的伏安特性是一条直线，M、N两端的电压随i_C的增大而线性地下降。只要找出直线上的两点，就可以画出这条直线。当$v_{CE}=0$时，$i_C=V_{CC}/R_C$，给出直线上的一点；当$v_{CE}=V_{CC}$时，$i_C=0$，给出直线上的另一点，连接这两点的直线即右边部分电路的伏安特性。这条直线称为负载线。在I_B确定以后，与I_B对应的输出特性曲线和负载线的交点就是开关电路实际所处的工作点。这一点对应的i_C和v_{CE}就是所求的集电极电流和输出电压的数值。

当v_I继续升高时i_B增大，R_C上的压降也随之增大，当R_C上的压降接近电源电压V_{CC}时，三极管上的压降将接近于零，三极管的c-e之间最后只有一个很小的饱和导通压降与很小的饱和导通内阻，三极管处于深度饱和状态，开关电路处于导通状态，输出端为低电平，$v_O=V_{OL}\approx 0$。

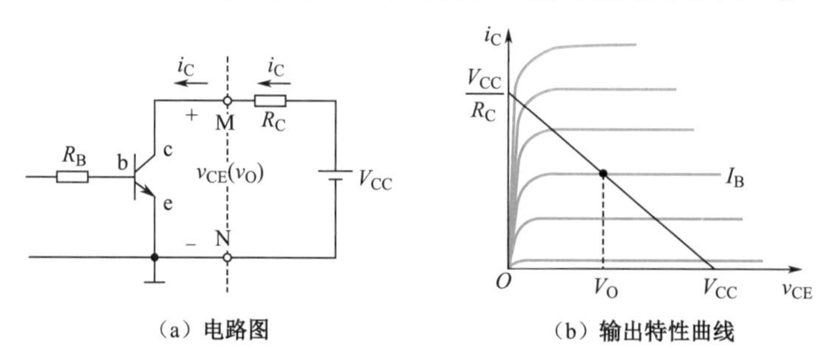

图2.2.8　用图解法分析图2.2.7电路

若以$V_{CE(sat)}$表示三极管深度饱和时的压降，以$R_{CE(sat)}$表示深度饱和时的导通内阻，则由图2.2.8（a）可求出深度饱和时三极管所需要的基极电流为

$$I_{BS}=\frac{V_{CC}-V_{CE(sat)}}{\beta(R_C+R_{CE(sat)})} \tag{2.2.4}$$

式中，I_{BS}为饱和基极电流。为使三极管处于饱和工作状态，开关电路输出低电平，必须保证$i_B \geqslant I_{BS}$。用于开关电路的三极管一般都具有很小的$V_{CE(sat)}$（通常小于0.1V）和$R_{CE(sat)}$（通常为几到几十欧姆）。在$V_{CC} \gg V_{CE(sat)}$及$R_C \gg R_{CE(sat)}$的情况下，可将式（2.2.4）近似为

$$I_{BS}\approx\frac{V_{CC}}{\beta R_C} \tag{2.2.5}$$

从图2.2.8（b）所示的输出特性曲线不难看出，三极管饱和区内的β值比线性区内的β值小得多，而且不是常数（手册上往往只给出线性区的β值）。若用线性区的β值代入式（2.2.5）计算，则得到的I_{BS}值比实际需要的I_{BS}值要小。

综上所述，只要合理地选择电路参数，保证当v_I为低电平V_{IL}时$v_{BE}<V_{ON}$，三极管工作在截止状态；而v_I为高电平V_{IH}时$i_B>I_{BS}$，三极管工作在深度饱和状态，则三极管的c-e间就相当于一个受v_I控制的开关。当三极管截止时相当于开关断开，在开关电路的输出端给出高电平；当三极管饱和导通时相当于开关接通，在开关电路的输出端给出低电平。

4．双极型三极管的开关等效电路

根据以上的分析，可以将三极管开关状态下的等效电路画成图2.2.9所示的形式。由于截止状态下的i_B和i_C等于零，因此等效电路画成图2.2.9（a）的形式。图2.2.9（b）所示为饱和导通下的等效电路，图中的V_{ON}是发射结b-e的开启电压，$V_{CE(sat)}$和$R_{CE(sat)}$是c-e间的饱和导通压降与饱和导通内阻。在电源电压远大于$V_{CE(sat)}$，而且外接负载电阻远大于$R_{CE(sat)}$的情况下，可以将饱和导通状态的等效电路简化为图2.2.9（c）的形式。

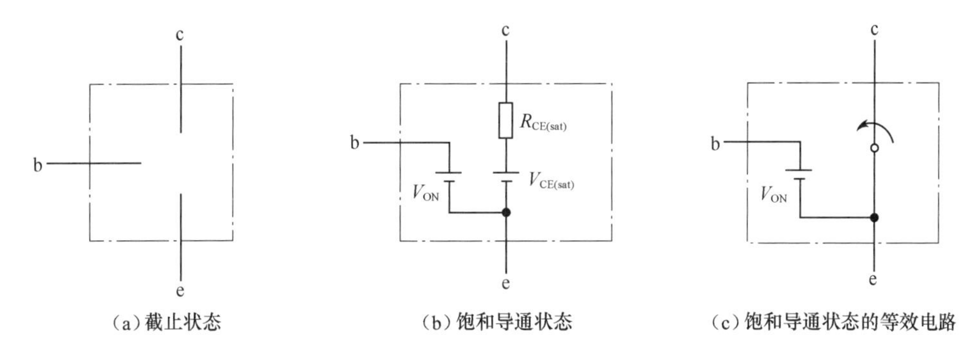

图 2.2.9 双极型三极管的开关等效电路

5. 双极型三极管的动态开关特性

在动态情况下，即三极管在截止与饱和导通两种状态间迅速转换时，三极管内部电荷的建立和消散都需要一定的时间，因而集电极电流 i_C 的变化将滞后于输入电压 v_I 的变化。在接成三极管开关电路以后，开关电路的输出电压 v_O 的变化也必然滞后于输入电压 v_I 的变化，如图 2.2.10 所示。这种滞后现象也可以用三极管的 b-e 间、c-e 间都存在结电容效应来理解。

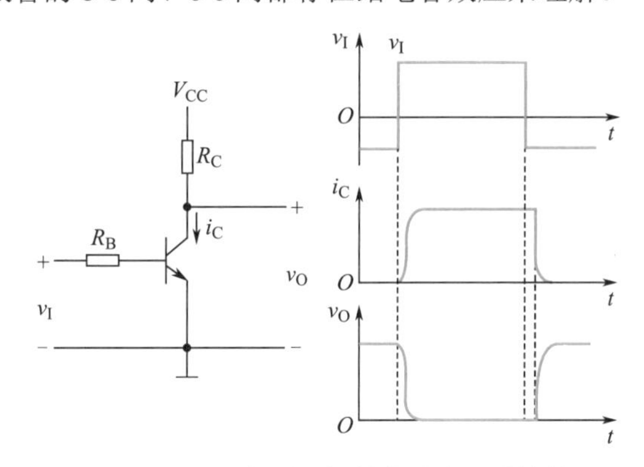

图 2.2.10 双极型三极管的动态开关特性

2.2.3 MOS 管的开关特性

在 MOS 集成电路中，以金属-氧化物-半导体场效应晶体管（Metal Oxide-Semiconductor Field-Effect Transistor，MOS 管）作为开关器件。

1. MOS 管的结构和工作原理

图 2.2.11 所示为 MOS 管的结构示意图和符号。在 P 型半导体衬底（图中用 B 标示）上制作两个高掺杂浓度的 N 型区，形成 MOS 管的源极 S（Source）和漏极 D（Drain）。第三个电极称为栅极 C（Gate），通常用金属铝或多晶硅制作。栅极和衬底之间被二氧化硅绝缘层隔开，绝缘层的厚度极薄，在 0.1μm 以内。

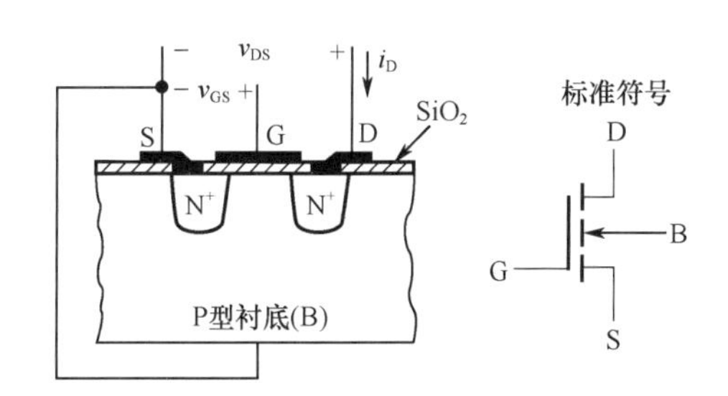

图 2.2.11 MOS 管的结构示意图和符号

若在漏极和源极之间加上电压 v_{DS}，而令栅极和源极之间的电压 v_{GS}=0，则由于漏极和源极之间相当于两个 PN 结背向地串联，因此 D-S 间不导通，i_D=0。

当栅极和源极之间加有正电压 v_{GS}，而且 v_{GS} 大于某个电压值 $V_{GS(th)}$ 时，由于栅极与衬底间电场的吸引，使衬底中的少数载流子——自由电子聚集到栅极下面的衬底表面，形成一个 N 型的反型层。这个反型层就构成了 D-S 间的导电沟道，于是有 i_D 流通。$v_{GS(th)}$为 MOS 管的开启电压。因为导电沟道属于 N 型，而且在 v_{GS}=0 时不存在导电沟道，必须加以足够高的栅极电压才有导电沟道形成，所以将这种类型的 MOS 管称为 N 沟道增强型 MOS 管。

随着 v_{GS} 的升高，导电沟道的截面积也将加大，i_D 增大。因此，可以通过改变 v_{GS} 控制 i_D 的大小。

为防止有电流从衬底流向源极和导电沟道，通常将衬底与源极相连，或者将衬底接到系统的最低电位上。

2. MOS 管的输入特性和输出特性

若以栅极-源极间的回路为输入回路，以漏极-源极间的回路为输出回路，则称为共源接法，如图 2.2.12（a）所示。由图 2.2.11 可知，栅极和衬底间被二氧化硅绝缘层所隔离，在栅极和源极间加上电压 v_{GS} 以后，不会有栅极电流流通，可以认为栅极电流等于零。因此，就不必要再画输入特性曲线来表示了。

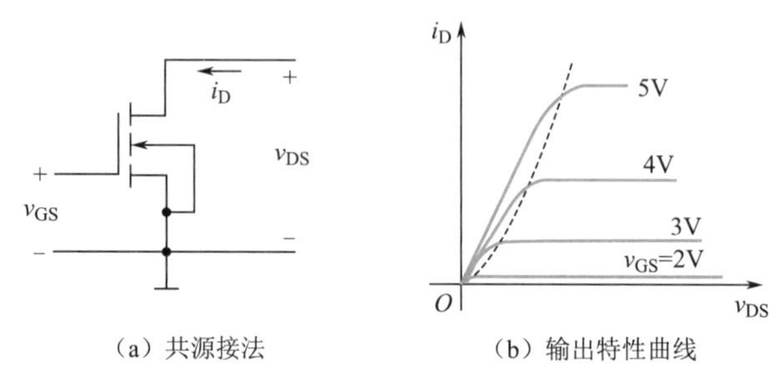

图 2.2.12　MOS 管共源接法及其输出特性曲线

图 2.2.12（b）给出了共源极接法下的输出特性曲线。这条曲线又称为 MOS 管的漏极特性曲线。

漏极特性曲线分为 3 个工作区。当 $v_{GS}<V_{GS(th)}$时，漏极和源极之间没有导电沟道，$i_D\approx0$。这时 D-S 间的内阻非常大，可达 $10^9\Omega$ 以上。因此，将曲线上 $v_{GS}<V_{GS(th)}$的区域称为截止区。

在 $v_{GS}>V_{GS(th)}$以后，D-S 间出现导电沟道，有 i_D 产生。曲线上 $v_{GS}>V_{GS(th)}$的部分又可分成两个区域。

图 2.2.12（b）所示漏极特性上虚线左边的区域称为可变电阻区。在这个区域里，当 v_{GS} 一定时，i_D 与 v_{DS} 之比近似地等于一个常数，具有类似于线性电阻的性质。等效电阻的大小与 v_{GS} 的数值有关。当 $v_{DS}\approx0$ 时，MOS 管导通电阻 R_{ON} 和 v_{GS} 的关系由下式给出。

$$R_{ON}\Big|_{v_{GS}=0}=\frac{1}{2K(v_{GS}-V_{GS(th)})} \tag{2.2.6}$$

式（2.2.6）表明，在 $v_{GS}\gg V_{GS(th)}$的情况下，R_{ON} 近似地与 v_{GS} 成反比。为了得到较小的导通电阻，应取尽可能大的 v_{GS} 值。

图 2.2.12（b）中漏极特性曲线上虚线以右的区域称为恒流区。在恒流区里，漏极电流 i_D 的大小基本上由 v_{GS} 决定，v_{DS} 的变化对 i_D 的影响很小。i_D 与 v_{GS} 的关系由下式给出。

$$i_D=I_{DS}\left(\frac{v_{GS}}{V_{GS(th)}}-1\right)^2 \tag{2.2.7}$$

式中：I_{DS} 为 $v_{GS}=2V_{GS(th)}$时的 i_D 值。

不难看出，在 $v_{GS}\gg V_{GS(th)}$的条件下，i_D 近似地与 v_{GS}^2 成正比。表示 i_D 与 v_{GS} 关系的曲线称为 MOS 管的转移特性曲线，如图 2.2.13 所示。这条曲线也可以从漏极特性曲线做出。在恒流区中，v_{DS} 为不同数值时对转移特性的影响不大。

3. MOS 管的基本开关电路

以 MOS 管取代图 2.2.1 中的开关 S，便可得到图 2.2.14 所示的 MOS 管的基本开关电路。

当 $v_I=v_{GS}<V_{GS(th)}$时，MOS 管工作在截止区。只要负载电阻 R_D 远小于 MOS 管的截止内阻及 R_{OFF}，在输出端即为高电平 V_{OH}，且 $V_{OH}\approx V_{DD}$。这时 MOS 管的 D-S 间就相当于一个断开的开关。

当 $v_I>V_{GS(th)}$且在 v_{DS} 较高的情况下，MOS 管工作在恒流区，随着 v_I 的升高 i_D 增大，而 v_O 随之下降。由于 i_D 与 v_I 变化量之比不是正比关系，因此 v_I 为不同数值下 Δv_O 与 Δv_I 之比（电压放大倍数）也不是常数，这时电路工作在放大状态。

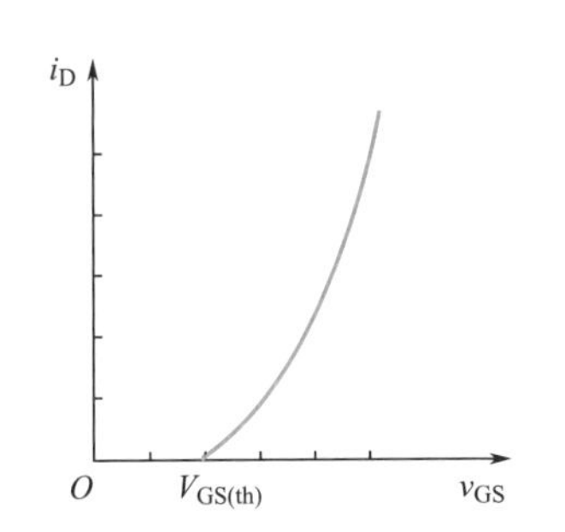

图 2.2.13　MOS 管的转移特性曲线

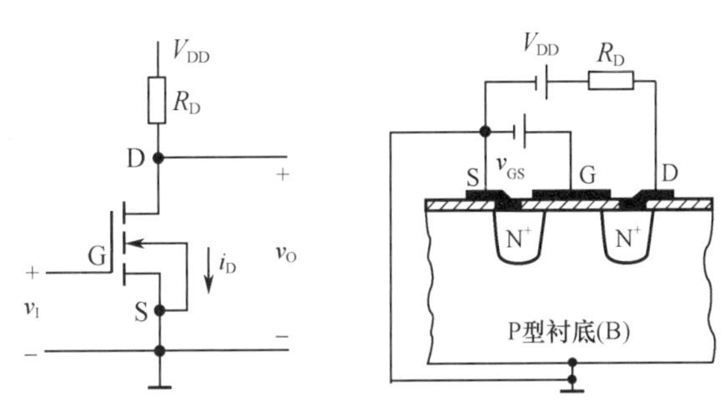

图 2.2.14　MOS 管的基本开关电路

在 v_I 继续升高以后，MOS 管的导通内阻 R_{ON} 变得很小（通常在 1kΩ 以内，有的甚至可以小于 10Ω），只要 $R_D\gg R_{ON}$，则开关电路的输出端将为低电平 V_{OL}，且 $V_{OL}\approx 0$。这时 MOS 管的 D-S 间相当于一个闭合的开关。

综上所述，只要电路参数选择得合理，就可以做到输入为低电平时 MOS 管截止，开关电路输出高电平；而输入为高电平时 MOS 管导通，开关电路输出低电平。

4. MOS 管的开关等效电路

由于 MOS 管截止时漏极和源极之间的内阻及 R_{OFF} 非常大，因此截止状态下的等效电路可以用断开的开关代替，如图 2.2.15（a）所示。MOS 管导通状态下的内阻 R_{ON} 约在 1kΩ 以内，而且与 v_{GS} 的数值有关。因为这个电阻阻值有时不能忽略不计，所以在图 2.2.15（b）所示的导通状态的等效电路中画出了导通电阻 R_{ON}。

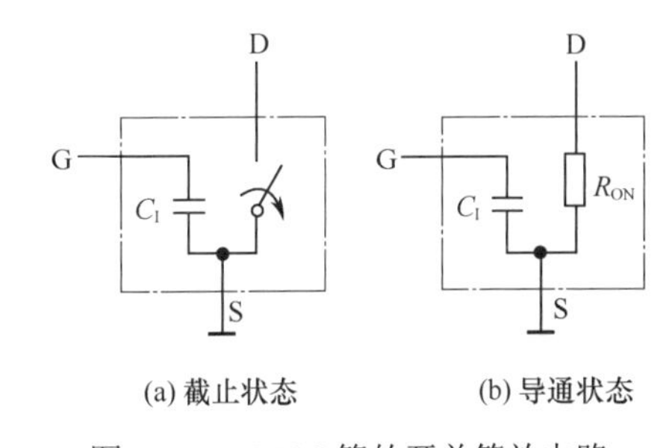

图 2.2.15　MOS 管的开关等效电路

图 2.2.15 中的 C_I 代表栅极的输入电容。C_I 的数值约为几皮法。由于开关电路的输出端不可避免地会带有一定的负载电容，因此在动态工作情况下（v_I 在高、低电平间跳变时），漏极电流 i_D 的变化和输出电压 v_{DS} 的变化都将滞后于输入电压的变化。

2.3　分立元件门电路

2.3.1　二极管与门

最简单的与门可以用二极管和电阻组成。图 2.3.1 所示为两个输入端的与门电路。图 2.3.1 中 A、B 为两个输入变量，F 为输出变量。

假设 V_{CC}=5V，A、B 端输入的高、低电平分别为 V_{IH}=3V、V_{IL}=0V，二极管 VD_1、VD_2 的正向导通压降 V_{DF}=0.7V。由图 2.3.1 可知，A、B 当中只要有一个是低电平 0V，就必有一个二极管导通，使 F 为 0.7V。只有 A、B 同时为高电平 3V，F 才为 3.7V。将输入、输出的逻辑电平列表即得表 2.3.1。

如果规定 2V 以上为高电平，用逻辑 1 表示；如果规定 1V 以下为低电平，用逻辑 0 表示。因此将表 2.3.1 改写成表 2.3.2 所示的真值表。显然，F 和 A、B 的关系为与逻辑关系，即

$$F=AB \tag{2.3.1}$$

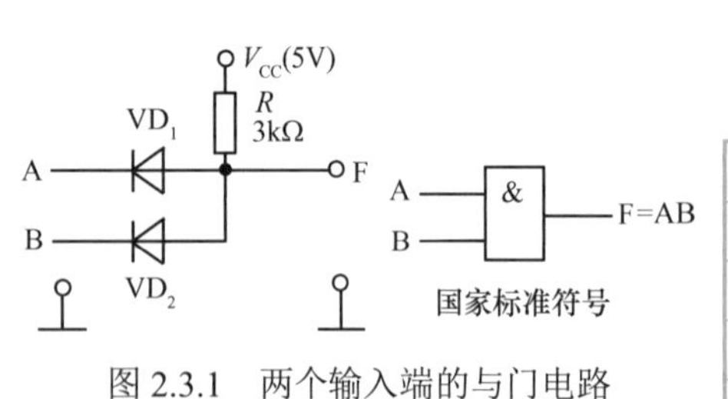

图 2.3.1 两个输入端的与门电路

表 2.3.1 图 2.3.1 电路的逻辑电平表

A/V	B/V	F/V
0	0	0.7
0	3	0.7
3	0	0.7
3	3	3.7

表 2.3.2 图 2.3.1 电路的真值表

A	B	F
0	0	0
0	1	0
1	0	0
1	1	1

2.3.2 二极管或门

最简单的或门电路如图 2.3.2 所示，它也是由二极管和电阻组成的。由图 2.3.2 可知，只有当 A、B 同时为低电平 0V 时，输出 F 才为低电平 0V。只要 A、B 当中有一个是高电平，输出 F 就是高电平 2.3V（$3-0.7=2.3$V）。不难得到输入、输出的逻辑电平表和真值表，分别如表 2.3.3 和表 2.3.4 所示。显然 F 和 A、B 之间的逻辑关系是或逻辑关系，即

$$F=A+B \tag{2.3.2}$$

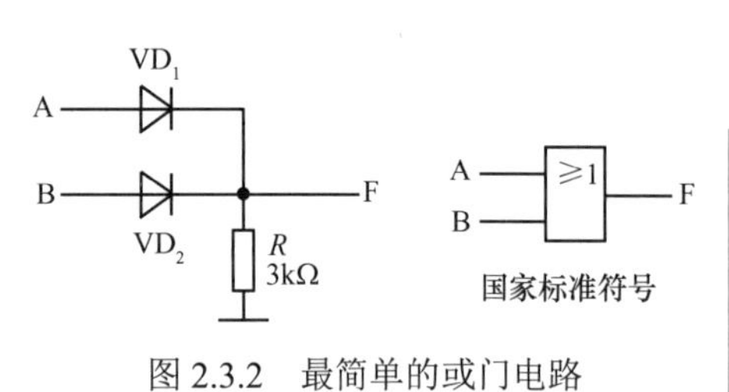

图 2.3.2 最简单的或门电路

表 2.3.3 图 2.3.2 电路的逻辑电平表

A/V	B/V	F/V
0	0	0
0	3	2.3
3	0	2.3
3	3	2.3

表 2.3.4 图 2.3.2 电路的真值表

A	B	F
0	0	0
0	1	1
1	0	1
1	1	1

2.3.3 三极管非门

大家知道，三极管共射放大器具有倒相的特性。三极管非门电路如图 2.3.3 所示。当 A 为低电平 0V 时，VT 截止，输出 F 为高电平 3V。当 A 为高电平 3V 时，VT 饱和导通。输出 F 为低电平 0.3V。显然输出 F 与输入 A 为非逻辑关系，即

$$F=\overline{A} \tag{2.3.3}$$

图中 R_2 和 $-V_{BB}$ 的作用是为了确保在输入低电平时 VT 可靠地截止。

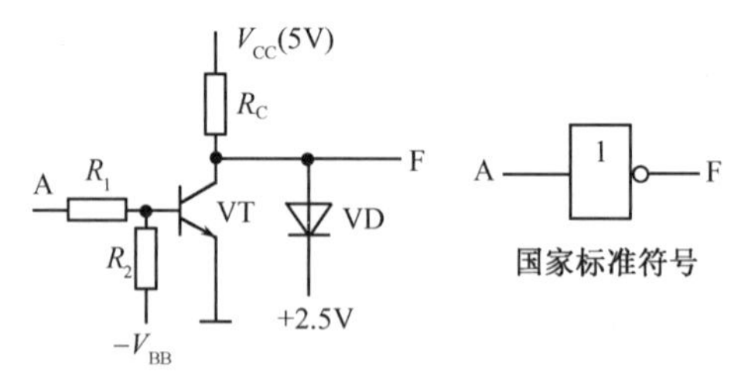

图 2.3.3 三极管非门电路

2.4 TTL 集成门电路

2.3 节介绍的分立元件组成的门电路，其优点是结构简单、成本低，但是存在着严重的缺点。

一是输出的高、低电平数值和输入的高、低电平数值不相等。例如，二极管构成的与门、或门电路，其输出和输入电平相差一个二极管的导通压降。对于三极管构成的非门电路，其输出的低电平和输入的低电平相差三极管饱和导通压降。如果将这些门的输出作为下一级门的输入信号，将产生信号高、低电平的偏移。二是带负载能力差，一般不用它去驱动负载电路。近几年来，集成电路高速发展，其成本也大大下降。目前在实际应用中，一般都采用集成门电路，而分立元件构成的门电路只作为集成门电路的部分电路。

集成门电路主要分为 TTL 集成门电路和 CMOS 集成门电路两大类。下面先介绍 TTL 集成门电路。

2.4.1　TTL 集成门电路的结构

TTL 集成门电路的结构框图如图 2.4.1 所示。一般分为 3 级，即输入级、中间级和输出级。一般而言，输入级完成信号输入放大作用；中间级完成信号处理及耦合作用；输出级完成驱动放大作用。

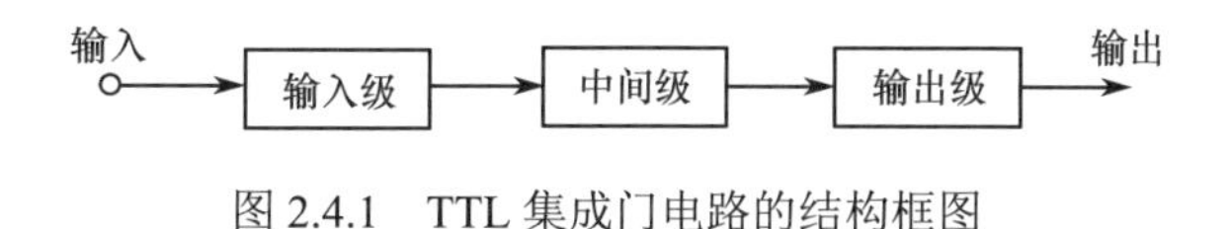

图 2.4.1　TTL 集成门电路的结构框图

1. 输入级形式

输入级构成形式有多种，分别列在图 2.4.2 中。

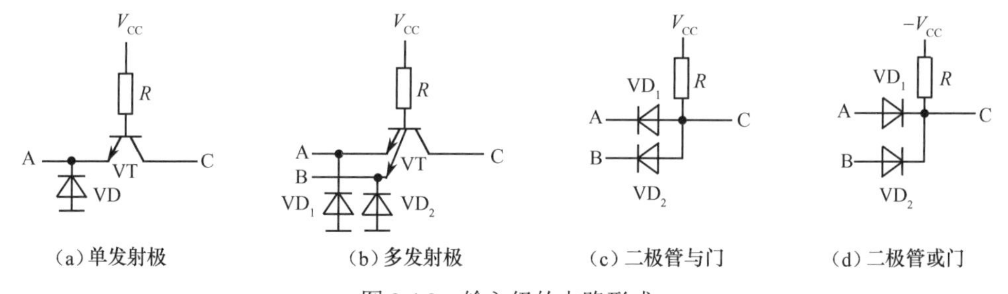

图 2.4.2　输入级的电路形式

由图 2.4.2（a）可知，单发射极输出与输入的逻辑关系为

$$C=A \tag{2.4.1}$$

由图 2.4.2（b）可知，多发射极输出与输入的逻辑关系为

$$C=AB \tag{2.4.2}$$

由图 2.4.2（c）可知，二极管与门输出与输入的逻辑关系为

$$C=AB \tag{2.4.3}$$

由图 2.4.2（d）可知，二极管或门输出与输入的逻辑关系为

$$C=A+B \tag{2.4.4}$$

其中，图 2.4.2（a）中的 VD 与图 2.4.2（b）中的 VD_1 和 VD_2 是输入端的钳位二极管，它既可以抑制输入端可能出现的负极性干扰脉冲，又可以防止输入电压为负时，VT 的发射极电流过大，起到保护作用。

2. 中间级形式

中间级主要是对信号进行处理、耦合。例如，TTL 与非门中间级就是分相器；或非门中间级就是 A+B 分相器。对于功能不同的门，这部分电路不一样。这里只介绍两种形式的分相器。

（1）单变量分相器。

单变量（A）分相器电路图如图 2.4.3 所示。设输入变量 A 高电平 V_{IH}=3V，低电平 V_{IL}=0.3V，

V_{CC}=12V。由图 2.4.3 可知，其输入、输出的逻辑电平关系如表 2.4.1 所示。其对应的真值表如表 2.4.2 所示。注意，在这种情况下，所谓高、低电平，是相对变量本身而言的。

表 2.4.1 图 2.4.3 电路的逻辑电平关系

A/V	F_1/V	F_2/V
0.3	12	0
3	2.6	2.3

表 2.4.2 图 2.4.3 电路的真值表

A	F_1	F_2
0	1	0
1	0	1

由图 2.4.3 和表 2.4.2 可知，单变量分相器的逻辑表达式为

$$F_1 = \overline{A}, \qquad F_2 = A \tag{2.4.5}$$

（2）A+B 分相器。

A+B 分相器电路图如图 2.4.4 所示。由图 2.4.4 可知，由于 VT_1 和 VT_2 的发射极相连，集电极相连。当 A 或 B 之中有一个为高电平（3V）时，则 VT_1 或 VT_2 必有一个饱和导通。于是，F_2 必然为高电平（2.7V），F_1 为低电平（3V）。只要 A、B 两个输入变量均为低电平（0V）时，两管才截止。此时，F_1 为高电平（12V），F_2 为低电平（0V）。其输入、输出的逻辑电平关系如表 2.4.3 所示。其对应的真值表如表 2.4.4 所示。请注意，这里所指的高、低电平是指对变量本身而言的。

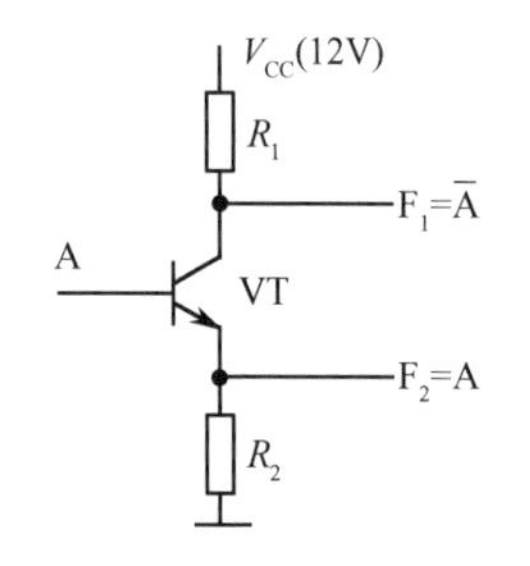

图 2.4.3 单变量（A）分相器电路图

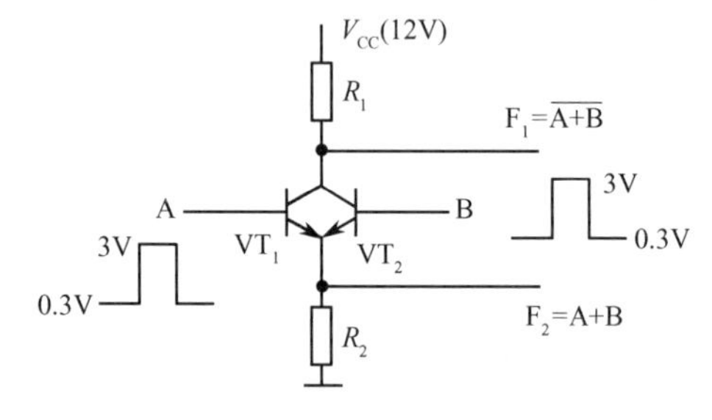

图 2.4.4 A+B 分相器电路图

表 2.4.3 A+B 分相器输入、输出的逻辑电平关系

A/V	B/V	F_1/V	F_2/V
0.3	0.3	12	0
0.3	3	3	2.7
3	0.3	3	2.7
3	3	3	2.7

表 2.4.4 A+B 分相器真值表

A	B	F_1	F_2
0	0	1	0
0	1	0	1
1	0	0	1
1	1	0	1

由图 2.4.4 和表 2.4.4 可知，F_1、F_2 与 A+B 的关系是分相关系，即

$$F_1 = \overline{A+B}, \qquad F_2 = A+B \tag{2.4.6}$$

因为 $F_1 = \overline{A+B} = \overline{A} \bullet \overline{B}$ （反演律）

所以 A+B 分相器又称为线与-线或电路。

根据以上分析，不难得到 n 个变量之和（或）的分相器，如图 2.4.5 所示。

其输出与输入变量的逻辑关系为

$$\begin{aligned} F_1 &= \overline{A+B+C+\cdots+K} \\ F_2 &= A+B+C+\cdots+K \end{aligned} \tag{2.4.7}$$

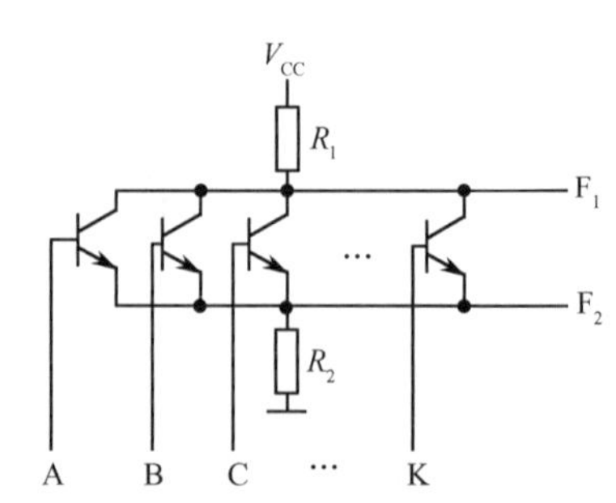

图 2.4.5 （A+B+C+…+K）分相器

3．输出级形式

TTL 集成门电路输出一般采用图 2.4.6 所示的 4 种输出形

式。图 2.4.6（a）所示为集电极开路输出，图 2.4.6（b）所示为三态门输出，图 2.4.6（c）所示为图腾柱输出，图 2.4.6（d）所示为复合管和图腾柱输出。

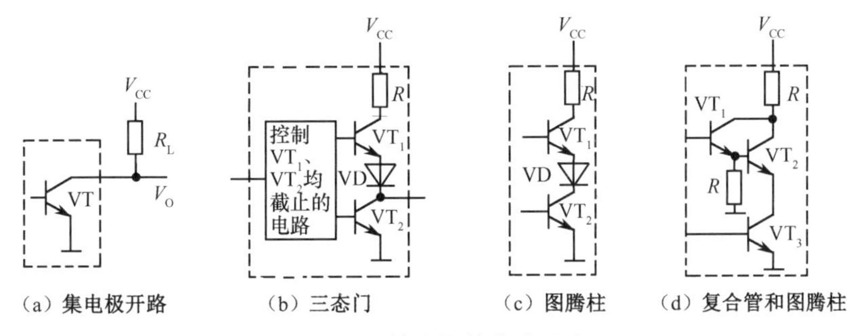

图 2.4.6　输出级的电路形式

集电极开路输出的特点：要外接负载电阻 R_L 和驱动电压 V_{CC}，实现高压、大电流驱动。

三态门输出的特点：具有控制 VT_1、VT_2 均截止的电路，当控制有效时，使输出端 F 呈高阻态。当控制无效时，按逻辑门正常功能输出 0、1 两种状态。三态门故此得名。

图腾柱输出的特点：任何时候作为输出的两只三极管，总有一只处于截止状态，而另一只处于饱和导通状态，该电路具有较强的驱动能力。

复合管和图腾柱输出的特点：具有图腾柱输出和复合管输出的特点，有极强驱动能力。

上面介绍了输入级、中间级和输出级各种单元电路，它们的组合可以构成品种繁多、形式各异的逻辑门电路。下面只介绍几种常用的 TTL 门电路。

2.4.2　TTL 门电路

1. TTL 与非门电路

TTL 与非门电路如图 2.4.7 所示。它由输入级、中间级和输出级三部分组成。

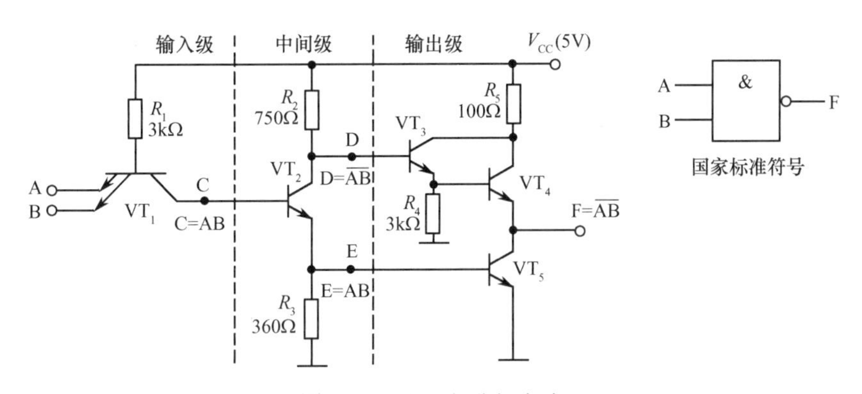

图 2.4.7　TTL 与非门电路

输入级由多发射极三极管 VT_1 和电阻 R_1 组成。多发射极三极管可看作两个发射极独立，而基极和集电极分别并联在一起的三极管，如图 2.4.8 所示。当 A、B 两个变量只要一个为低电平（假设为 0.3V）时，则基极 b 被钳位在 1V 左右，c 极电位被钳位在 0.5V 左右，处于低电平状态。只有 A、B 两个变量均为高电平（假设为 3V），则多发射极三极管截止，且三极管处于倒置工作状态，使 c 极电位提高。如果将多发射极三极管的集电极作为输出端，其输出与输

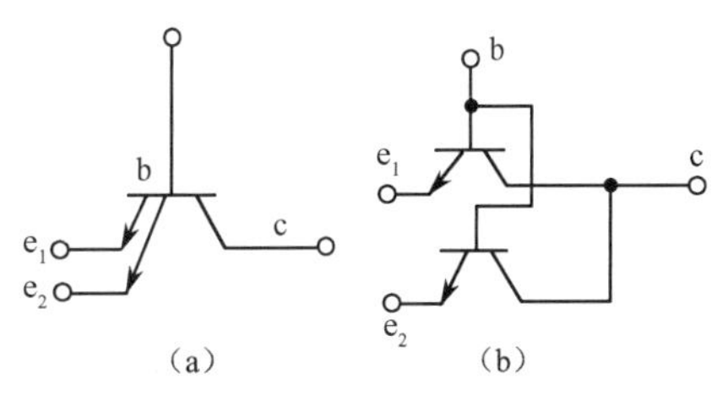

图 2.4.8　多发射极三极管

入的逻辑关系为C=AB。

中间级为典型的单变量C输入的分相器。根据2.4.1节讨论可知，其中D=$\overline{C}=\overline{AB}$，E=C=AB，说明D与E逻辑关系为互补。

输出级属于典型的复合管和图腾柱输出形式。VT_3、VT_4组成复合管，当D端为高电平时，复合管导通。此时，E端必为低电平，VT_5被截止，输出端F为高电平。所以VT_3、VT_4构成的复合管又称为1电平驱动级。反之，当E端为高电平，D端为低电平时，复合管被截止，VT_5被导通，输出端F为低电平。故VT_5又称为0电平驱动级。

根据上述分析，很容易写出图2.4.7中各点与输入变量A、B之间的逻辑关系。

$$C = AB,\quad D = \overline{AB},\quad E = AB,\quad F = \overline{AB} \tag{2.4.8}$$

2. TTL与或非门电路和或非门电路

TTL与或非门电路如图2.4.9所示。输入级由两个独立的与门电路组成；输出级由复合管和图腾柱输出构成；中间级就是A+B典型分相器。电路中各级的输出与输入变量的逻辑关系均标在图中。图2.4.9的最后输出为

$$F = \overline{AB + CD} \tag{2.4.9}$$

在图2.4.9的基础上，去除输入级发射极B和D，即输入级就是单发射极三极管；或者在图2.4.9中，在B、D加固定的高电平1，就构成了TTL或非门电路。其输出与输入变量的逻辑关系为

$$F = \overline{A + C} \tag{2.4.10}$$

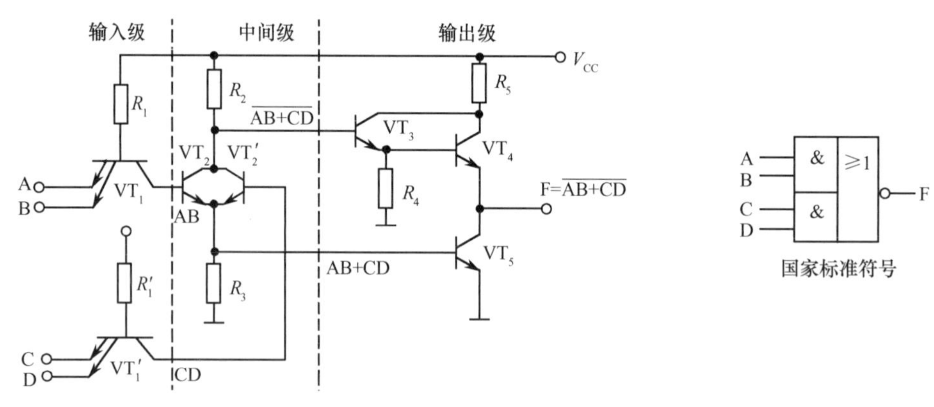

图2.4.9 TTL与或非门电路

3. TTL异或门电路

首先将异或公式变换一下，即

$$F = A \oplus B = \overline{A \odot B} = \overline{AB + \overline{A}\overline{B}} = \overline{AB + \overline{A + B}} \tag{2.4.11}$$

根据式（2.4.11）可知，异或门实际上可用与或非门来实现。现在的问题是如何得到$\overline{A}\cdot\overline{B}$项。根据反演律公式可得

$$\overline{A}\cdot\overline{B} = \overline{A + B} \tag{2.4.12}$$

显然，$\overline{A+B}$是由A+B分相器来实现的。于是就容易得到TTL异或门电路，如图2.4.10所示。其中VT_8、R_6、R_7作为分相器的有源负载。

4. TTL三态门电路

每种基本逻辑门电路均可以构成三态门电路。下面以TTL三态与非门为例。TTL三态与非门电路如图2.4.11所示。所谓“三态”，即输出不仅有01两态，还有第三态，即高阻态。

当EN=1时，VD_1截止，电路处于与非门正常工作状态，$F = \overline{AB}$。

当EN=0时，VT_1饱和导通，VT_2、VT_5截止，同时因VD_1导通，使VT_3的基极电位V_{B3}<1.4V，

使 VT_4 截止，所以输出呈高阻态。这种三态门称为高电平有效三态门。

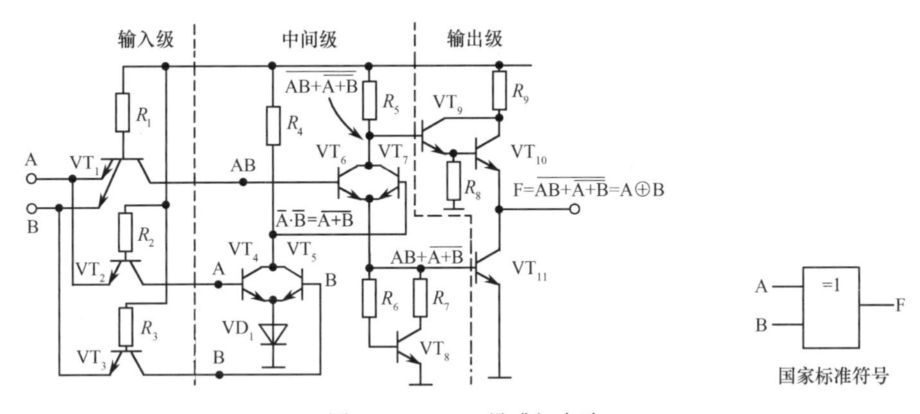

图 2.4.10　TTL 异或门电路

如果 EN 端之前有一级非门，如图 2.4.11 中虚框部分所示。在 $\overline{EN}=0$ 时，EN=1，电路处于正常的与非门工作状态；在 $\overline{EN}=1$ 时，EN=0，电路处于高阻态。故这种三态门称为低电平有效三态门。

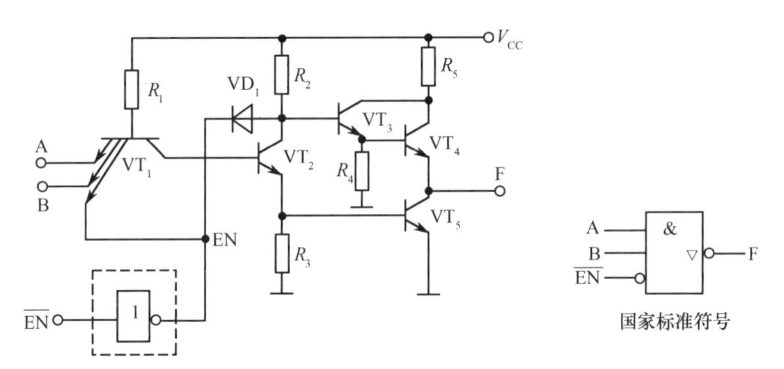

图 2.4.11　TTL 三态与非门电路

5．集电极开路的门电路（OC 门）

集电极开路的门电路（Open Collector Gate）简称 OC 门。

大家知道，虽然推拉式输出电路（见图 2.4.12）结构具有输出电阻很低的优点，但使用时有一定的局限性。

首先，不能把它们的输出端并联使用。由图 2.4.12 可知，倘若一个门的输出是高电平而另一个门的输出是低电平，则输出端并联之后必然有很大的负载电流同时流过这两个门的输出级。这个电流的数值将远远超过正常工作电流，可能使门电路损坏。

其次，在采用推拉式输出级的门电路中，电压一经确定（通常规定工作在+5V），输出的高电平就固定了，因而无法满足对不同输出高低电平的要求。此外，推拉式输出电路结构也不能满足驱动较大电流且高电压的负载的要求。

克服上述局限性的方法就是把输出级改为集电极开路的三极管结构，做成集电极开路的门电路。

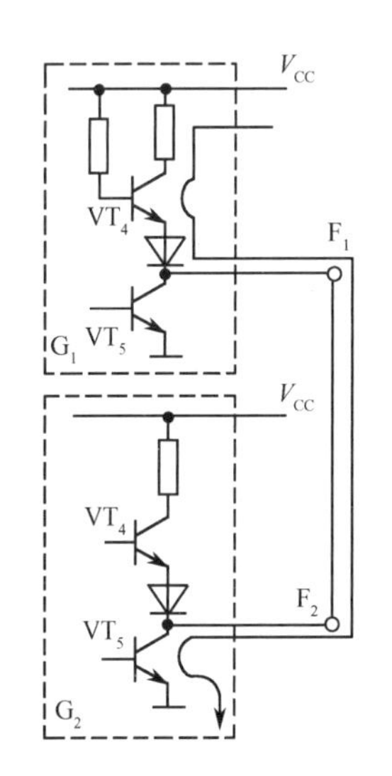

图 2.4.12　推拉式输出电路

图 2.4.13 给出了 OC 门的电路结构和国家标准符号。这种门电路需要外接负载电阻和电源。只要电阻的阻值和电源电压的数值选择得当，就能够做到既保证输出的高、低电平符合要求，输出端三极管的

负载电流又不过大。

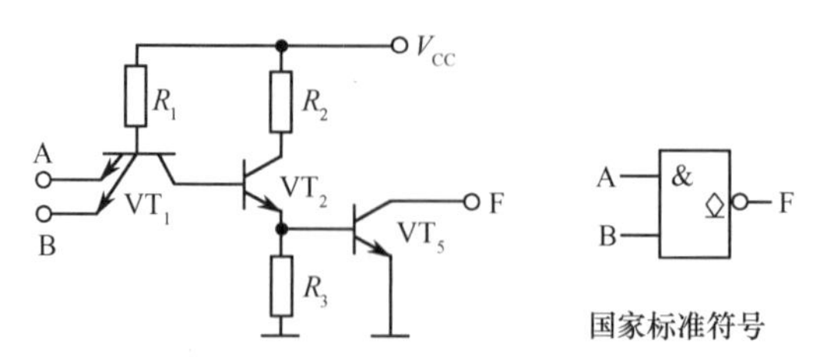

图 2.4.13　OC 门的电路结构和国家标准符号

图 2.4.14 是将两个 OC 结构与非门输出并联的例子。由图 2.4.14 可知，只有 A、B 同时为高电平时，VT_5 才导通，F_1 输出低电平，故

$$F_1 = \overline{A \cdot B} \tag{2.4.13}$$

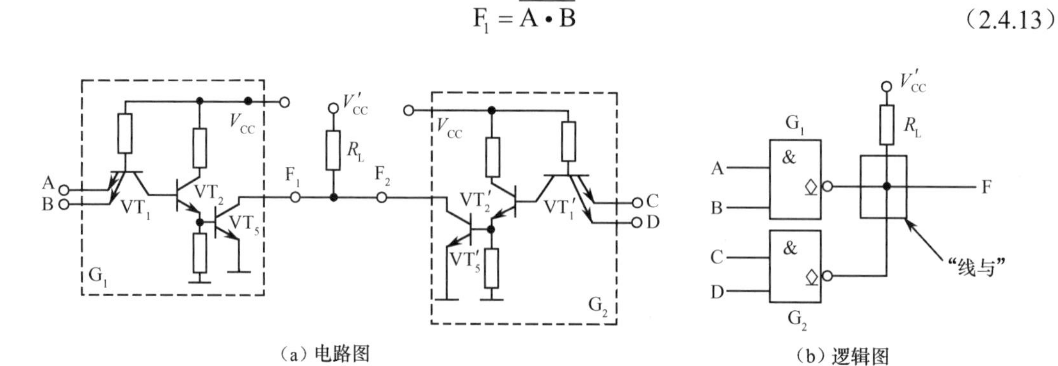

图 2.4.14　OC 门输出并联的电路图及逻辑图

同理，$F_2 = \overline{C \cdot D}$。现将 F_1、F_2 两条输出线直接接在一起，因而只要 F_1、F_2 中有一个是低电平，F 就是低电平。只有 F_1、F_2 同时为高电平时，F 才是高电平，即 $F=F_1 \cdot F_2$。F 和 F_1、F_2 之间的这种连接方式称为"线与"，在逻辑图中用图 2.4.14（b）表示。

因为
$$F = F_1 \cdot F_2 = \overline{AB} \cdot \overline{CD} = \overline{AB + CD}$$

所以将两个 OC 结构的与非门作线与连接即可得到与或非的逻辑功能。

由于 VT_5 和 VT'_5 同时截止时输出的高电平为 $V_{OH}=V'_{CC}$，而 V'_{CC} 的电压数值可以不同于门电路本身的电源 V_{CC}，因此只要根据要求选择 V'_{CC} 的大小，就可以得到所需的 V_{OH} 值。

另外，有些 OC 门的输出管设计的尺寸较大，足以承受较大的电流和较高电压。例如，SN7407 输出管允许的最大负载电流为 40mA，截止时耐压 30V，足以直接驱动小型继电器。

6. ECL 门电路

由于 TTL 门电路中 VT 工作在饱和状态，又因存储电荷效应，开关速度受到了限制。只有改变电路的工作方式，从饱和型变为非饱和型，才能从根本上提高速度。ECL 门就是一种非饱和型高速数字集成电路，它的平均传输延迟时间可在 2ns 以下，是目前双极型电路中速度最高的。

（1）ECL 门电路的基本单元。

ECL 门电路的基本单元是一个差动放大器，如图 2.4.15 所示。根据差动放大器的原理，V_{C2} 与 V_I 同极性，V_{C1} 与 V_I 反极性。因此输出与输入的逻辑关系为

$$V_{C1} = \overline{V}_I, \qquad V_{C2} = V_I \tag{2.4.14}$$

故图 2.4.15 是单变量的分相器。

当输入 V_I 为低电平，$V_{IL} = -1.6V$ 时，VT_1 截止，VT_2 导通，此时

$$V_E = V_{REF} - V_{BE2} = -1.3 - 0.7 = -2\,V$$

R_E 上的电流 I_E 为

$$I_E = (V_E - V_{EE})/R_E = (-2+5)/1\times10^3 = 0.003\,\text{A} = 3\,\text{mA}$$
$$V_{C2} = -I_E R_2 = -3\times270 = -810\,\text{mV} \approx -0.8\,\text{V}$$
$$V_{C1} = 0\text{V}$$

此时 VT_2 集电结的反偏电压 V_{CB2} 为

$$V_{CB2} = V_{C2} - V_{REF} = -0.8-(-1.3) = 0.5 \text{（V）}$$

故 VT_2 工作在放大状态，而不是饱和状态。

当输入 V_I 为高电平，$V_{IH} = -0.8\text{V}$ 时，VT_1 导通，VT_2 截止，此时

$$V_E = V_{IH} - V_{BE1} = -0.8-0.7 = -1.5 \text{（V）}$$
$$I_E = (V_E - V_{EE})/R_E = [-1.5-(-5)]/1 = 3.5 \text{（mA）}$$
$$V_{C1} = -I_E R_1 = -3.5\times0.24 \approx -0.8 \text{（V）}$$

此时 VT_1 集电结的反偏电压 V_{CB1} 为

$$V_{CB1} = V_{C1} - V_{IH} = -0.8-(-0.8) = 0 \text{（V）}$$

故也未进入饱和状态。上述工作状态列入表 2.4.5 中。由表 2.4.5 可知，式（2.4.14）是正确的。

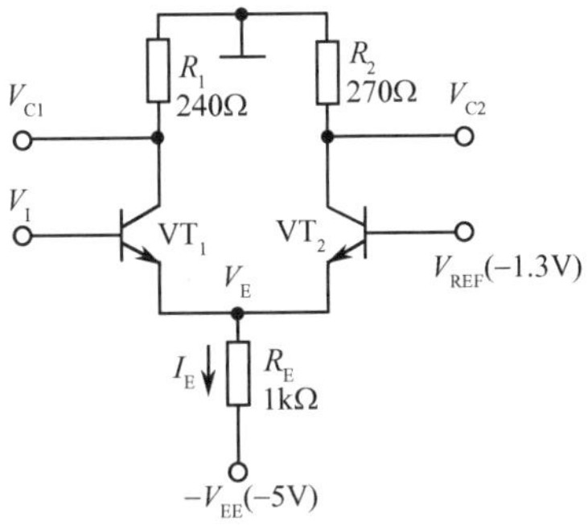

图 2.4.15　ECL 门电路的基本单元

表 2.4.5　ECL 基本单元的工作状态

V_I/V	V_{C1}/V	V_{C2}/V
−1.6	0	−0.8
−0.8	−0.8	0

（2）ECL 门的实际电路。

图 2.4.16 所示为 ECL 门的电路实例。由于集成电路的特点，本电路只用一种负电源 $-V_{EE}$=−5V，而 V_{CC}=0V。该电路按虚线划分为 3 个部分：电流开关、基准电压源和射极输出电路。

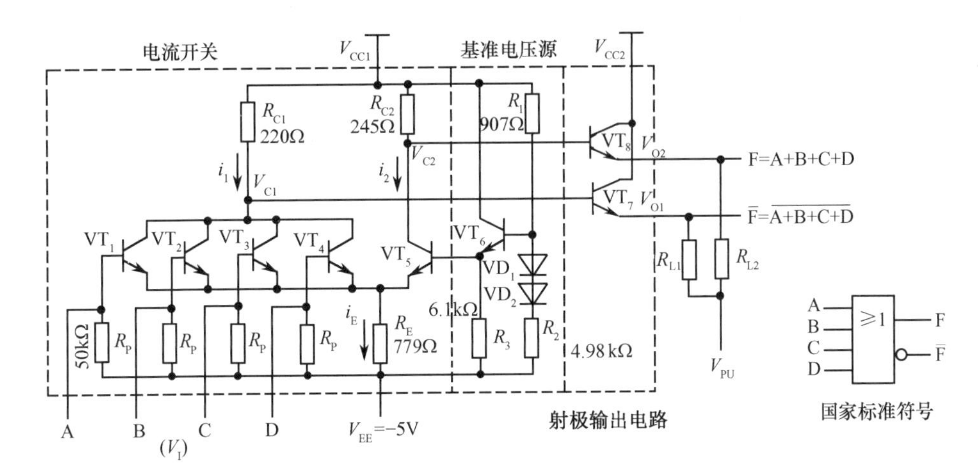

图 2.4.16　ECL 门的电路实例

图中 VT_1～VT_4 组成四变量之或（和）的分相器，并与 VT_5 组成射极耦合电路（差分放大器）。VT_6 组成一个简单的电压跟随器，它为 VT_5 提供一个参考电压 V_{REF}（−1.3V）。为了补偿温漂，在 VT_6 的基极回路接入了两个二极管 VD_1 和 VD_2。

图中 VT_7 和 VT_8 组成电压跟随器，起电平移动作用和隔离作用。

V_{C1} 和 V_{C2} 通过电压跟随器后，使输出变为标准的 ECL 电平。其典型值是：高低电平的电压分

别为−0.9V和−1.75V。同时，由于有了这两个电压跟随器作为输出级，因此有效提高了ECL门的带负载能力。

该电路输出与输入变量的逻辑关系为

$$\overline{F}=\overline{A+B+C+D}，\quad F=A+B+C+D \tag{2.4.15}$$

（3）ECL门电路的工作特点。

优点：①由于三极管导通时工作在非饱和状态，且逻辑电平摆幅小，传输时间 t_{pd} 可缩短至2ns以下，工作速度最高；②输出有互补性，使用方便、灵活；③因输出是射极跟随器，输出阻抗低，带负载能力强；④电源电流基本不变，电路内部的开关噪声很低。

缺点：①噪声容限低；②电路功耗大。

适应范围：基于ECL门电路的工作特点，目前仅限于在中、小规模集成电路，主要用于高速、超高速的电路中。

2.5 CMOS门电路

MOS门电路是在TTL门电路问世之后，开发出的第二种广泛应用的数字集成器件。从发展趋势来看，由于制造工艺的进一步改进，MOS门电路，特别是CMOS门电路的性能已超越TTL门电路而成为占主导地位的逻辑器件。CMOS门电路的工作速度可与TTL门电路相比较，而它的功耗和抗干扰能力则远优于TTL门电路。此外，几乎所有的超大规模的存储器件，以及PLD器件都采用CMOS工艺制造，且费用较低。

早期生产的CMOS门电路为4000系列，随后发展为4000B系列。目前与TTL兼容的CMOS器件如74HCT系列等可与TTL器件交换使用。下面介绍CMOS门电路。

2.5.1 CMOS门电路

大家知道，MOSFET有P沟道和N沟道两种，每种又有耗尽型和增强型两类。由N沟道和P沟道两种MOSFET组成的电路为互补MOS电路或CMOS电路。

1. CMOS反相器

CMOS反相器如图2.5.1所示。它是由一个增强型P沟道MOS管 VT_P 和增强型N沟道MOS管 VT_N 串联而构成的。其中，漏极与漏极相连，栅极与栅极相连。VT_P 的源极接电源 V_{DD}，而 VT_N 的源极接地。通常为了保证正常工作，要求 $V_{DD}>|V_{TP}|+V_{TN}$，其中 V_{TP} 为增强型P沟道MOS管开启电压，V_{TN} 为增强型N沟道MOS管开启电压。

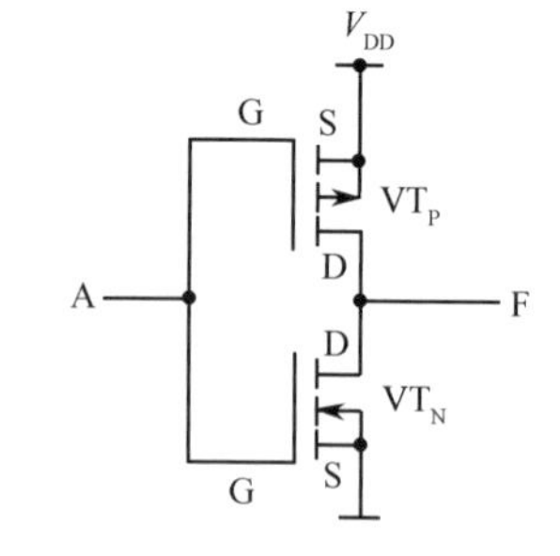

图2.5.1 CMOS反相器

当A为低电平时，如A=0V，$V_{GSN}=0<V_{TN}$，VT_N 截止；而 $V_{GSP}=-V_{DD}$，VT_P 导通。于是，输出F为高电平 V_{DD}。

当A为高电平时，如 $A=V_{DD}$，$V_{GSN}>V_{TN}$，VT_N 导通，而 $V_{GSP}=A-V_{DD}=V_{DD}-V_{DD}=0$，$VT_P$ 截止，则输出F为低电平。

显然，输出与输入变量的逻辑关系为反相关系，即

$$F=\overline{A} \tag{2.5.1}$$

2. CMOS传输门

所谓传输门（Transmission Gate，TG），就是一种传输模拟信号的模拟开关。模拟开关广泛地用于取样−保持电路、斩波电路、模/数和数/模转换电路等。CMOS传输门由一个P沟道和一个N沟道增强型MOSFET并联而成，如图2.5.2所示。因 VT_P 和 VT_N 是结构对称的器件，它们的源极和漏极是可以互换的。假设它们的开启电压均为 $|V_{TN}|=2V$，且输入的模拟信号的变化范围为−5～+5V。

为使衬底与漏源极之间的 PN 结任何时刻都不致正偏，故 VT_P 的衬底接+5V 电压，而 VT_N 的衬底接−5V 电压。两管的栅极由互补的信号电压（+5V 和−5V）来控制，分别用 C 和 $\overline{C}$ 表示。

传输门的工作过程如下：当 C 端接−5V，$\overline{C}$ 端接+5V 时，VT_N 的栅压即为−5V，u_I 在−5～+5V 范围内的任意值时，VT_N 均不导通。同时，VT_P 的栅压为+5V，VT_P 也不导通。可见，当 C 端接低电平、$\overline{C}$ 端接高电平时，开关是断开的。

为了使开关接通，可将 C 端接高电压+5V，$\overline{C}$ 端接低电压−5V。此时，VT_N 的栅压为+5V，u_I 在−5～+3V 的范围内，VT_N 导通。同时，VT_P 的栅压为−5V，u_I 在−3～+5V 的范围内，VT_P 将导通。

由以上分析可知，当 u_I<−3V 时，仅有 VT_N 导通；而当 u_I>+3V 时，仅有 VT_P 导通。当 u_I 在−3～+3V 的范围内，VT_N 和 VT_P 两管均导通。进一步分析还可以看到，一管导通的程度越深；另一管的导通程度则相应地减小。换言之，当一管导通电阻减小时，另一管导通电阻就增加。由于两管是并联运行的，可近似地认为开关的导通电阻近似为一个常数。这是 CMOS 传输门的优点。

在正常工作时，模拟电子开关的导通电阻为数百欧姆，当它与输入阻抗为兆欧级的运放串联时，可以忽略不计。

3. CMOS 与非门

CMOS 与非门如图 2.5.3 所示。图中 VT_{P1}、VT_{P2} 为两个并联的 P 沟道增强型 MOS 管，VT_{N1}、VT_{N2} 为两个串联的 N 沟道增强型 MOS 管。VT_{P1} 与 VT_{N1}、VT_{P2} 与 VT_{N2} 分别构成一对倒相器。若 A、B 中只要有一个为低电平，则会使两个相串联的 NMOS 管截止，使两个相并联的 PMOS 管导通，输出 F 为高电平。只有当 A、B 全为高电平时，才会使两个串联 NMOS 管都导通，使两个并联型 PMOS 管都截止，输出为低电平。

因此，这种电路具有与非的逻辑功能，即

$$F = \overline{AB} \tag{2.5.2}$$

n 个输入端的与非门必须有 n 个 NMOS 管串联和 n 个 PMOS 管相并联。

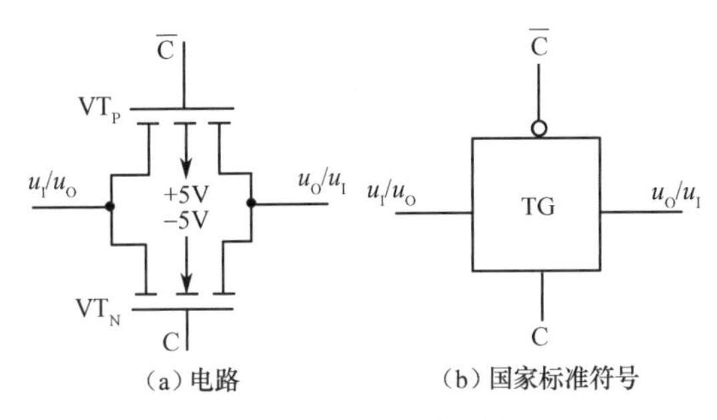

图 2.5.2　CMOS 传输门

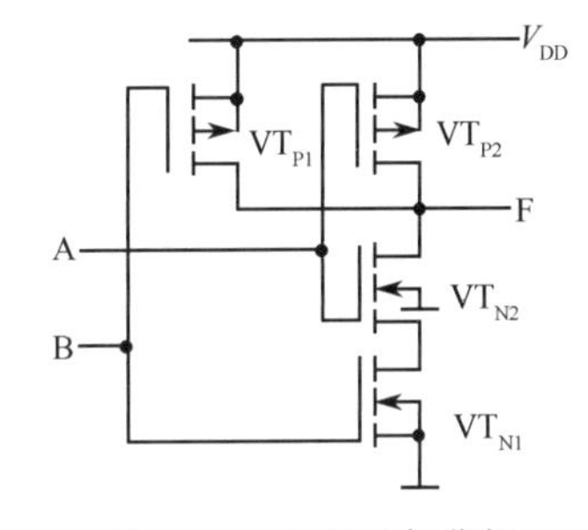

图 2.5.3　CMOS 与非门

4. CMOS 或非门

CMOS 或非门如图 2.5.4 所示。图中 VT_{P1}、VT_{P2} 是两个串联的增强型 PMOS 管，VT_{N1}、VT_{N2} 是两个并联的增强型 NMOS 管。

当输入变量 A、B 中只要有一个为高电平时，就会使与它相连的 NMOS 管导通，与它相连的 PMOS 管截止，输出 F 为低电平。当只有 A、B 全为低电平时，两个并联的 NMOS 管都截止，而两个串联的 PMOS 都导通，输出 F 为高电平。

因此，这种电路具有或非功能，即

$$F = \overline{A + B} \tag{2.5.3}$$

显然，n 个输入端的或非门必须有 n 个 NMOS 管并联和 n 个 PMOS 管串联。

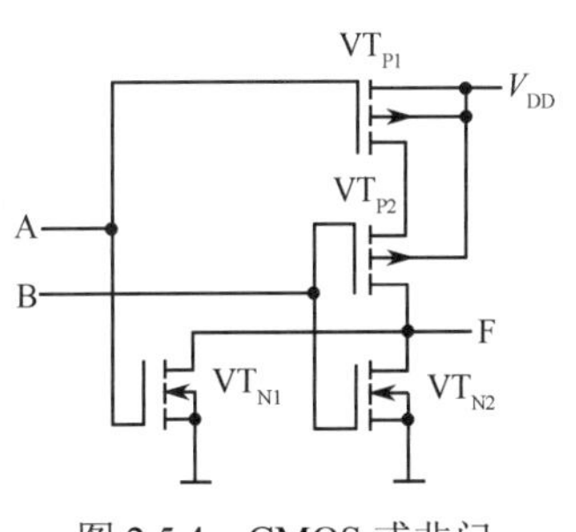

图 2.5.4　CMOS 或非门

比较 CMOS 与非门（图 2.5.3）和或非门（图 2.5.4）可知，与非门的驱动管是彼此串联的，其输出电压随管子个数的增加而增加；或非门则相反，驱动管彼此并联，对输出电压不至于有明显的影响。因此，或非门用得较多。

5．CMOS 与或非门

CMOS 与或非门电路如图 2.5.5（a）所示。它由 3 个与非门基本电路和一个反相器构成，图 2.5.5（b）所示为其等效电路，图 2.5.5（c）所示为其逻辑符号。

由图 2.5.5（b）很容易得到

$$F=\overline{\overline{\overline{AB}\cdot\overline{CD}}}=\overline{AB}\cdot\overline{CD}=\overline{AB+CD} \tag{2.5.4}$$

可见，图 2.5.5（a）所示电路确实实现了与或非运算，是 CMOS 与或非门。

CMOS 与或非门也可以简单地用与门和或非门组成，其逻辑图如图 2.5.6 所示。

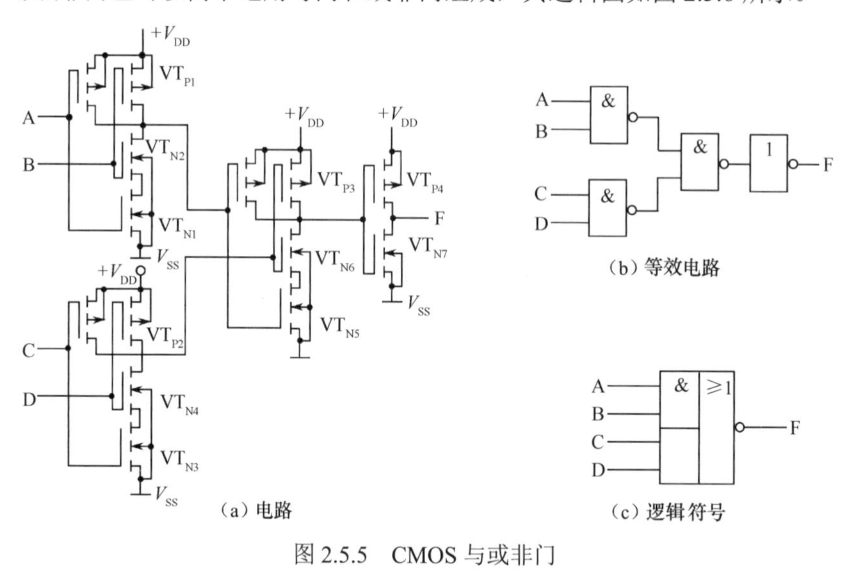

图 2.5.5　CMOS 与或非门

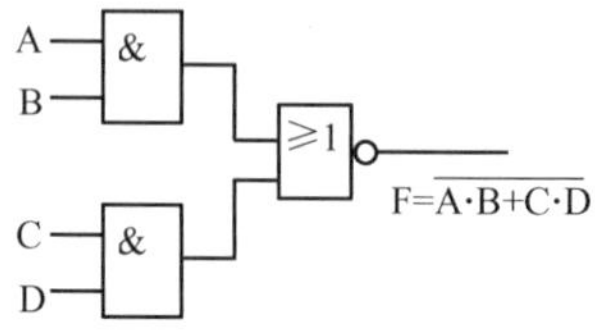

图 2.5.6　用与门和或非门组成的 CMOS 与或非门逻辑图

6．CMOS 异或门

CMOS 异或门电路如图 2.5.7（a）所示。图中 VT_{P1}、VT_{P2}、VT_{N1}、VT_{N2} 组成或非门，其输出 P 控制着 VT_{P5} 和 VT_{N5} 的状态，当 P=0 时，VT_{P5} 导通，VT_{N5} 截止；当 P=1 时，VT_{P5} 截止，VT_{N5} 导通。而当 VT_{P5} 导通、VT_{N5} 截止时，VT_{P3}、VT_{P4}、VT_{N3}、VT_{N4} 组成与非门；当 VT_{P3} 截止、VT_{N5} 导通时，F 通过 VT_{N5} 到地。图 2.5.7（b）所示为 CMOS 异或门的逻辑符号。

由图 2.5.7（a）可知

$$P=\overline{A+B} \tag{2.5.5}$$

当 P=0 时，因为 VT_{P5} 导通、VT_{N5} 截止，VT_{P3}、VT_{P4}、VT_{N3}、VT_{N4} 组成了与非门，所以有

$$F=\overline{AB} \tag{2.5.6}$$

当 P=1 时，由于 VT_{P5} 截止、VT_{N5} 导通，因此

$$F=0 \tag{2.5.7}$$

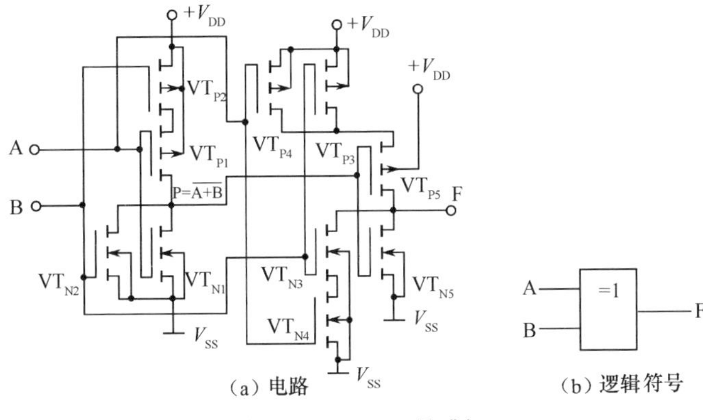

（a）电路　（b）逻辑符号

图 2.5.7　CMOS 异或门

整理上述结果，列出表 2.5.1 所示的真值表。且由表 2.5.1 可得

$$F=\overline{A}B+A\overline{B}=A\oplus B \tag{2.5.8}$$

所以图 2.5.7（a）所示电路实现了对 A、B 的异或运算，确实是 CMOS 异或门。

表 2.5.1　CMOS 异或门真值表

A	B	P	F	A	B	P	F
0	0	1	0	1	0	0	1
0	1	0	1	1	1	0	0

7. CMOS 三态门电路

三态输出门是在普通门的基础上，增加了控制端和控制电路构成。

CMOS 三态门电路一般有 3 种形式，如图 2.5.8 所示。

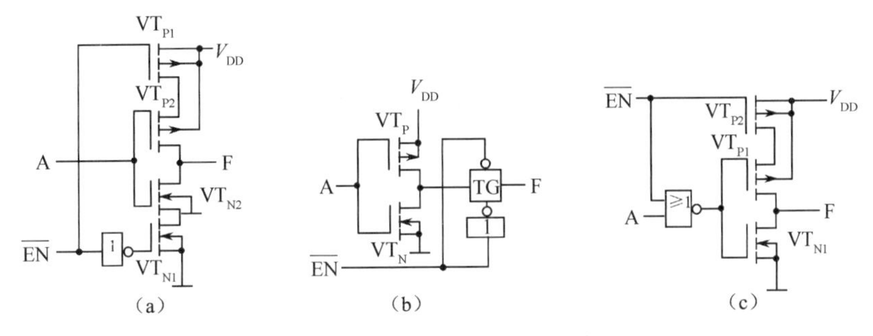

（a）　（b）　（c）

图 2.5.8　CMOS 三态门电路

（1）如图 2.5.8（a）所示，当 $\overline{EN}$=1 时，VT_{N1} 截止、VT_{P1} 截止，输出 F 高阻抗；当 $\overline{EN}$=0 时，VT_{N1}、VT_{P1} 均导通，F=A，电路处于正常工作状态。$\overline{EN}$=0 有效。

（2）如图 2.5.8（b）所示，当 $\overline{EN}$=1 时，TG 截止，F 为高阻态；当 $\overline{EN}$=0 时，TG 导通，F=$\overline{A}$，处于正常工作状态。$\overline{EN}$=0 有效。

（3）如图 2.5.8（c）所示，当 $\overline{EN}$=1 时，VT_{P2} 截止、VT_{N1} 截止，输出 F 为高阻抗；当 $\overline{EN}$=0 时，VT_{P2} 导通，F=$\overline{\overline{A}}$=A。电路处于正常工作。

8. CMOS 漏极开路门（OD 门）

CMOS 漏极开路门有多种多样，图 2.5.9 所示为 CMOS 漏极开路门。这类电路具有如下主要特点。

（1）输出 MOS 管的漏极是开路的。如图 2.5.9（a）中虚线部分所示，工作时必须外接电源 V'_{DD} 和电阻 R_D，电路才能工作，实现 $F=\overline{A\cdot B}$。

（2）可以实现线与功能，即可以把几个 OD 门的输出端用导线连接起来实现线与运算。在图 2.5.10 给出的是两个 OD 门进行线与连接的电路。

（3）可以用来实现逻辑电平变换。因为 OD 门输出 MOS 管漏极电源是外接的，F 随 V'_{DD} 的不同而改变，所以能够方便地实现电平移位。

（4）带负载能力强。

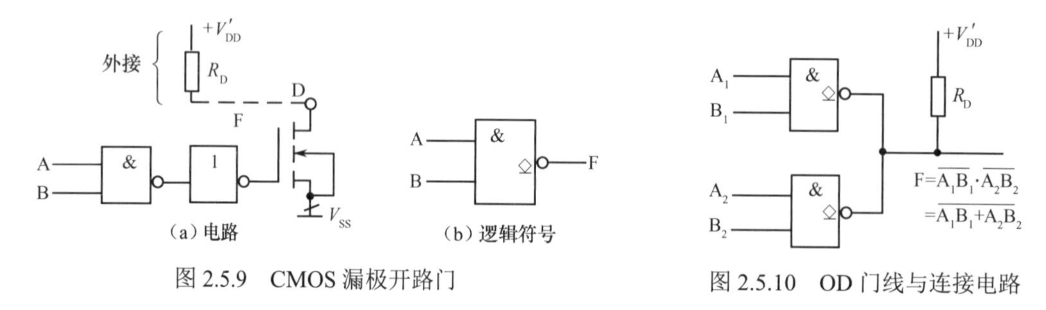

图 2.5.9 CMOS 漏极开路门

图 2.5.10 OD 门线与连接电路

2.5.2 CMOS 集成电路的主要特点和使用中应注意的问题

1. CMOS 集成电路的主要特点

（1）功耗极低。CMOS 集成电路静态功耗非常小，如在 V_{DD}=5V 时，门电路的功耗只有几微瓦，即使是中规模集成电路，其功耗也不会超过 100μW。

（2）电源电压范围宽。例如，CC4000 系列，V_{DD}=3～18V。

（3）抗干扰能力强。输入端噪声容限，典型值可达到 $0.45V_{DD}$，保证值不小于 $0.3V_{DD}$。

（4）逻辑摆幅大。V_{OL}=0V，$V_{OH}\approx V_{DD}$。

（5）输入阻抗极高。输入电阻可达 $10^8\Omega$。

（6）扇出能力强。所谓扇出系数，就是能带同类门电路的个数，其大小反映了扇出能力。在低频工作时，CMOS 电路几乎不考虑扇出能力问题；在高频工作时，扇出系数与工作频率有关。

（7）集成度很高，温度稳定性好。由于 CMOS 电路功耗极低，内部发热量很少，因此集成度可以做得非常高。CMOS 电路的结构是互补对称的，当外界温度变化时，有些参数可以互相补偿，因此其特性的温度稳定性好，在很宽的温度范围内都能正常工作。例如，陶瓷金属封装的电路，工作温度范围为-55～+125℃；塑料封装的电路，工作温度范围为-40～+85℃。

（8）抗辐射能力强。因为 MOS 管是多数载流子器件，射线对多数载流子浓度影响很小，所以 CMOS 电路抗辐射能力强。

（9）成本低。CMOS 电路集成度可以很高，功耗很低，因此用 CMOS 集成电路制作的设备，成本会比较低。

2. CMOS 电路使用中应注意的问题

（1）注意输入端的静电保护。在储存和运输过程中，最好用金属容器或导电材料包装，不要放在易产生静电高压的化工材料或化纤织物中；在组装、调试时，电熔铁、仪表、工作台应良好接地；要防止操作人员的静电感应。

（2）注意输入电路的过流保护。

（3）注意电源电压极性，防止输出端短路。

2.6 TTL 电路与 CMOS 电路的接口

在目前 TTL 和 CMOS 两种电路并存的情况下，经常会遇到需要将两种器件互相对接的问题。

由图 2.6.1 可知，无论是用 TTL 电路驱动 CMOS 电路还是用 CMOS 电路驱动 TTL 电路，驱动门必须能为负载门提供符合标准的高、低电平和足够的驱动电流，也就是必须同时满足下列各式。

驱动门　　负载门

$$V_{OH(min)} \geqslant V_{IH(min)} \tag{2.6.1}$$

$$V_{OL(max)} \leqslant V_{IL(max)} \tag{2.6.2}$$

$$I_{OH(max)} \geqslant nI_{IH(max)} \tag{2.6.3}$$

$$I_{OL(max)} \geqslant mI_{IL(max)} \tag{2.6.4}$$

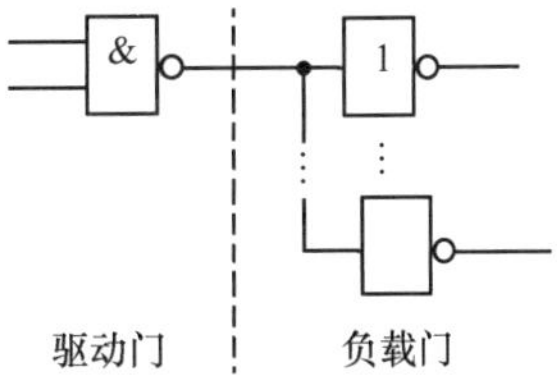

图 2.6.1　驱动门与负载门的连接

式（2.6.3）和式（2.6.4）中 n 和 m 分别为负载电流中 I_{IH}、I_{IL} 的个数。

为便于对照比较，表 2.6.1 列出了 TTL 和 CMOS 两种电路输出电压、输出电流、输入电压和输入电流的参数。

表 2.6.1　TTL、CMOS 电路的输入、输出特性参数

参数名称	电路种类				
	TTL 74 系列	TTL 74LS 系列	CMOS* 4000 系列	高速 CMOS 74HC 系列	高速 CMOS 74HCT 系列
$V_{OH(min)}$ / V	2.4	2.7	4.6	4.4	4.4
$V_{OL(max)}$ / V	0.4	0.5	0.05	0.1	0.1
$I_{OH(max)}$ /mA	–0.4	–0.4	–0.51	–4	–4
$I_{OL(max)}$ /mA	16	8	0.51	4	4
$V_{IH(min)}$ / V	2	2	3.5	3.5	2
$V_{IL(max)}$ / V	0.8	0.8	1.5	1	0.8
$I_{IH(max)}$ /μA	40	20	0.1	0.1	0.1
$I_{IL(max)}$ /mA	–1.6	–0.4	-0.1×10^{-3}	-0.1×10^{-3}	-0.1×10^{-3}

注：*是 CC4000 系列 CMOS 门电路在 V_{DD}=5V 时的参数。

1. 用 TTL 电路驱动 CMOS 电路

（1）用 TTL 电路驱动 4000 系列和 74HC 系列 CMOS 电路。

根据表 2.6.1 给出的数据可知，无论是用 74 系列 TTL 电路作为驱动门还是用 74LS 系列 TTL 电路作为驱动门，都能在 n、m 大于 1 的情况下满足式（2.6.2）～式（2.6.4），但达不到式（2.6.1）的要求。因此，必须设法将 TTL 电路输出的高电平提升 3.5V 以上。

最简单的解决方法是在 TTL 电路的输出端和电源之间接入上拉电阻 R_u，如图 2.6.2 所示。当 TTL 电路的输出为高电平时，输出级的负载管和驱动管同时截止，故有

$$V_{OH}=V_{DD}-R_u(I_O+nI_{IH}) \tag{2.6.5}$$

式中，I_O 为 TTL 电路输出级 VT_5 截止时的漏电流。由于 I_O 和 I_{IH} 都很小，因此只要 R_u 的阻值不是特别大，输出高电平将被提升至 $V_{OH}\approx V_{DD}$。

在 CMOS 电路的电源电压较高时，它所要求的 V_{IHmin} 值将超过推拉式输出结构 TTL 电路输出端能够承受的电压。例如，CMOS 电路在 V_{DD}=15V 时，要求的 $V_{IH\ min}$=11V。因此，TTL 电路输出的高电平必须大于 11V。在这种情况下，应采用集电极开路输出结构的 TTL 门电路（OC 门）作为驱动门。OC 门输出端三极管的耐压较高，可达 30V 以上。OC 门驱动与非门电路如图 2.6.3 所示，外接上拉电阻 R_L 取值范围按如下方法计算。

当 OC 驱动门输出均为高电平时，其输出经线与后仍为高电平，即 V_{OHmin}，OC 门输出高电平电流为 I_{OHmax}，与非负载门高电平输入电流为 I_{IHmax}，为保证 OC 门输出高电平 $V_{OH}>V_{OHmin}$，上拉电阻 R_L 的最大值为

$$R_{\text{Lmax}}=\frac{V_{\text{DD}}-V_{\text{OHmin}}}{nI_{\text{OHmax}}+ZmI_{\text{IHmax}}} \tag{2.6.6}$$

式中，Z=2。

当OC驱动门中有一个输出为低电平时，即最不利条件，各OC门的输出经线与后仍为低电平，即 V_{OLmax}，输出为低电平的OC门输出电流为 I_{OLmax}。与非负载门的低电平输入电流为 $I_{\text{IL max}}$，为保证OC门输出低电平 $V_{\text{OL}}<V_{\text{OLmax}}$，上拉电阻 R_{L} 的最小值为

$$R_{\text{L min}}=\frac{V_{\text{DD}}-V_{\text{OLmax}}}{I_{\text{OLmax}}-mI_{\text{ILmax}}} \tag{2.6.7}$$

上拉电阻 R_{L} 的取值范围为 $R_{\text{L min}}<R_{\text{L}}<R_{\text{L max}}$，为了减少负载电容的影响，提高工作速度，一般 R_{L} 取偏小值。

另一种解决的方法是使用带电平偏移的CMOS门电路实现电平转换，如CC40109就是这种带电平偏移的门电路。由图2.6.4可知，它有两个电源输入端 V_{CC} 和 V_{DD}，当 V_{CC}=5V，V_{DD}=10V，输入为1.5V/3.5V时，输出为9V/1V。这个输出电平足以满足后面CMOS电路对输入高、低电平的要求。

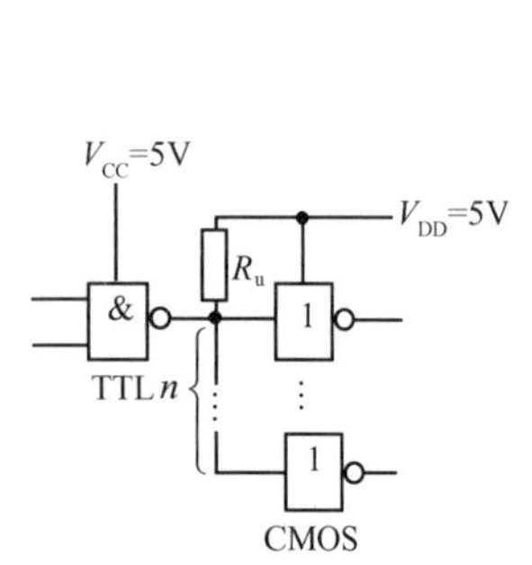

图2.6.2 用接入上拉电阻提高TTL电路输出的高电平

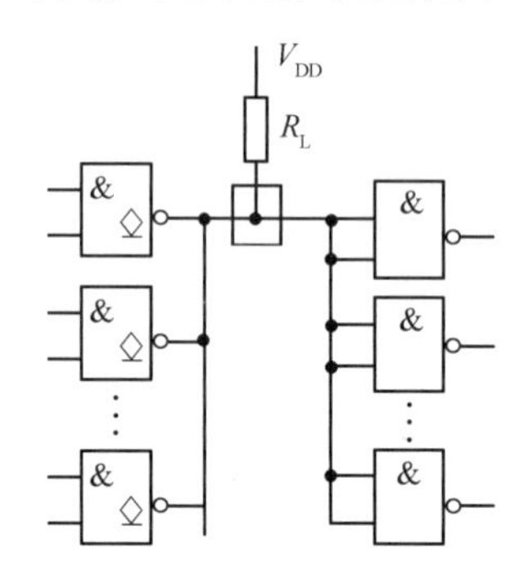

图2.6.3 OC门驱动与非门电路

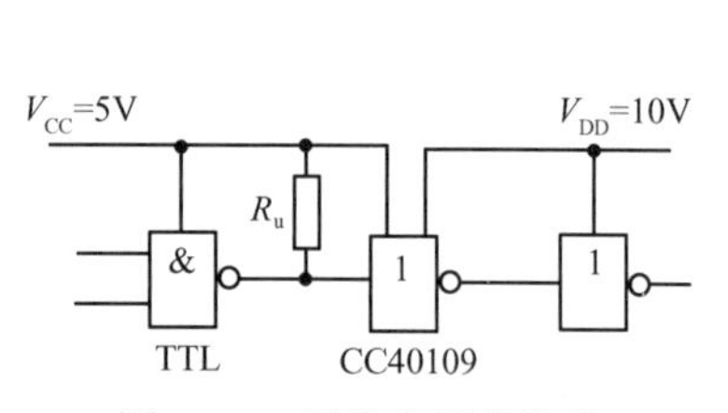

图2.6.4 用带电平偏移的CMOS门电路实现电平转换

（2）用TTL电路驱动74HCT系列CMOS门电路。

为了能方便地实现直接驱动，又生产了74HCT系列高速CMOS电路。通过改进工艺和设计，使74HCT系列的 $V_{\text{IH min}}$ 值降至2V。由表2.6.1可知，将TTL电路的输出直接接到74HCT系列CMOS门电路的输入端时，式(2.6.1)～式(2.6.4)全部都能满足。因此，无须外加任何元器件。

2．用CMOS电路驱动TTL电路

（1）用4000系列CMOS电路驱动74系列TTL电路

由表2.6.1可知，这时式（2.6.1）～式（2.6.3）均能满足，唯独式（2.6.4）满足不了。因此，需要扩大CMOS门电路输出低电平时吸收负载电流的能力。常用的方法有以下几种。

第一种方法是将同一个封装内的门电路并联使用，如图2.6.5所示。虽然同一封装的两个门电路的参数比较一致，但不可能完全相同，所以两个门并联后的最大负载电流略低于每个门最大负载电流的两倍。

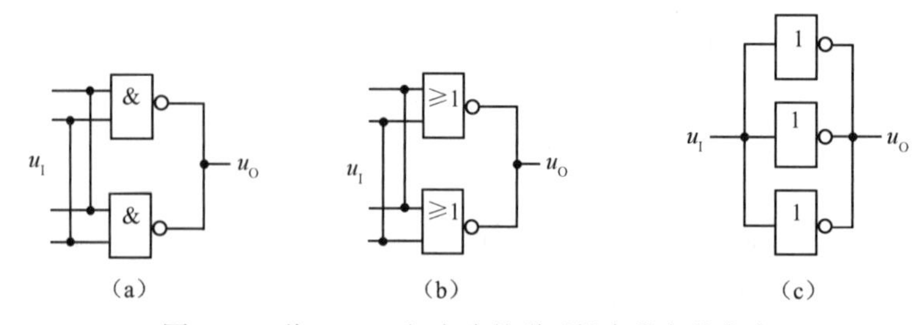

图2.6.5 将CMOS门电路并联以提高带负载能力

第二种方法是在 CMOS 电路的输出端增加一级 CMOS 驱动器，如图 2.6.6 所示。例如，可以选用同相输出的驱动器 CC4010，当 V_{DD}=5V 时，它的最大负载电流 I_{OL}≥3.2mA，足以同时驱动两个 74 系列的 TTL 门电路。此外，也可以选用漏极开路的 CMOS 驱动器，如 CC40107。当 V_{DD}=5V 时，CC40107 输出低电平时的负载能力为 I_{OL}≥16mA，能同时驱动 10 个 74 系列的 TTL 门电路。

在找不到合适的驱动器时，还可以采取第三种方法，即使用分立器件的电流放大器实现电流扩展，如图 2.6.7 所示。只要放大器的电路参数选得合理，定可做到既满足 $i_B < -I_{OH}$（CMOS），又满足 $I_{OL} > nI_{IL}$（TTL）。同时，放大器输出的高、低电平也符合式(2.6.1)和式(2.6.2)的要求。

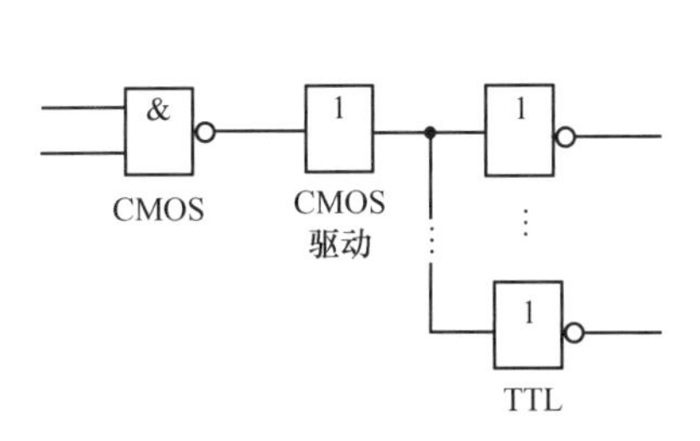

图 2.6.6　通过 CMOS 驱动器驱动 TTL 电路

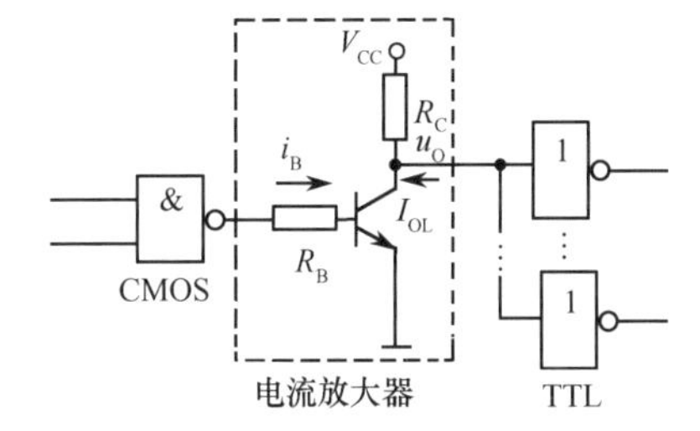

图 2.6.7　通过电流放大器驱动 TTL 电路

（2）用 4000 系列 CMOS 电路驱动 74LS 系列 TTL 电路。

由表 2.6.1 可知，这时式(2.6.1)～式(2.6.4) 都能满足，故可将 CMOS 电路的输出与 74LS 系列门电路的输入直接连接。但若 $n>1$，则仍需采用上面讲到的这些方法才能相连。

（3）用 74HC/74HCT 系列 CMOS 电路驱动 74LS 系列 TTL 电路。

根据表 2.6.1 给出的数据可知，无论负载门是 74 系列 TTL 电路还是 74LS 系列 TTL 电路，都可以直接用 74HC 系列或 74HCT 系列 CMOS 门驱动，这时式(2.6.1)～式(2.6.4) 同时满足。可驱动负载门的数目不难从表 2.6.1 的数据中求出。

本 章 小 结

（1）用以实现基本逻辑运算和复合逻辑运算的单元电路称为门电路。

（2）分立元件门电路，只介绍了与门、或门和非门，通过它们可以具体地体会到与、或、非 3 种最基本的逻辑运算，是怎样与半导体电子线路联系起来的，即用电子电路怎样实现与、或、非运算。

（3）TTL 集成门电路是本章的重点，介绍了 TTL 集成与非门、与门、或非门、与或非门、异或门、同或门、三态门、OC 门、ECL 门等。它们的结构特点是：由输入级、中间级和输出级三部分组成。这 3 级不同组合可以构成品种繁多、形式多样的 TTL 门电路。熟练掌握了 TTL 与非门和或非门，其他形式 TTL 门基本上可以派生得到。

（4）MOS 门电路，特别是 CMOS 门电路是具有发展前途的门电路，也可以组成与非门、或非门、与或非门、异或门、同或门等。由于 MOSFET 在结构上具有对称性，因此可以构成信号传输门。此传输门除了在取样-保持电路、斩波电路、模/数转换电路和数/模转换电路得到了广泛应用，还在构成基本门方面带来许多方便。

（5）介绍了 TTL 电路与 CMOS 电路的接口问题。

习 题 二

2.1　二极管门电路如图 P2.1 所示。已知二极管 VD_1、VD_2 导通压降为 0.7V，试回答下列问题。

（1）当 A 接 10V、B 接 0.3V 时，输出 V_O 为多少？

（2）A、B 都接 10V，V_O 为多少？

（3）A 接 10V，B 悬空，用万用表测 B 端电压，V_B 为多少？

（4）A 接 0.3V，B 悬空，测量 V_B 时应为多少？

（5）A 接 5kΩ 电阻，B 悬空，测量 V_B 时应为多少？

习题二

参考答案

2.2　二极管门电路如图 P2.2（a）（b）所示。

（1）分析输出信号 F_1、F_2 与输入信号 A、B、C 之间的逻辑关系。

（2）根据图 P2.2（c）给出的 A、B、C 的波形，对应画出 F_1、F_2 的波形（输入信号频率较低，电压幅度满足逻辑要求）。

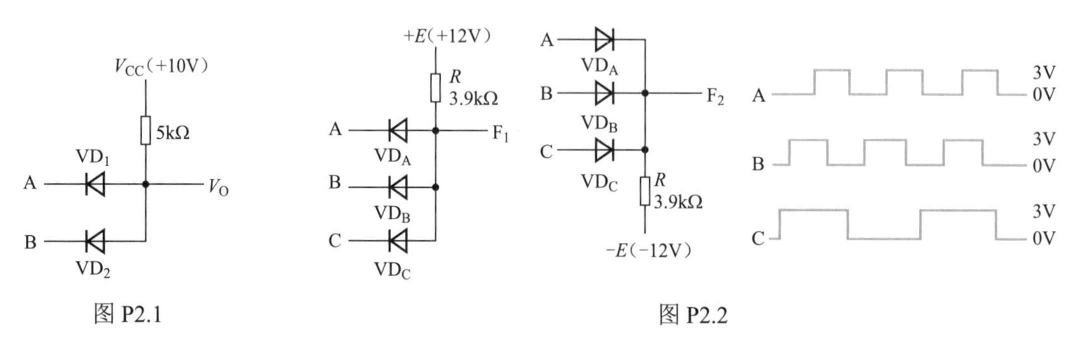

图 P2.1　　图 P2.2

2.3　三极管门电路如图 P2.3 所示。

（1）说明图中 R_2 和–10V 在电路中的作用。

（2）简要说明该电路为什么具有逻辑非的作用？

2.4　已知输入端 A、B 的电压波形如图 P2.4 所示。画出图 P2.4 所示电路在下列两种情况下的输出电压波形。

（1）忽略所有门电路的传输延迟时间。

（2）考虑每个门都有传输延迟时间 t_{pd}。

2.5　TTL 电路如图 P2.5 所示。图中电路的结构为 CT1000 系列（和国际通用的 SN74/54 系列相同）。$+V_{CC}$=+5V，V_{IL}=0.3V，V_{IH}=3.6V，电路的其他参数如图 P2.5 所示，设 V_{CES} 为 0.1V，V_{BE}=0.7V。

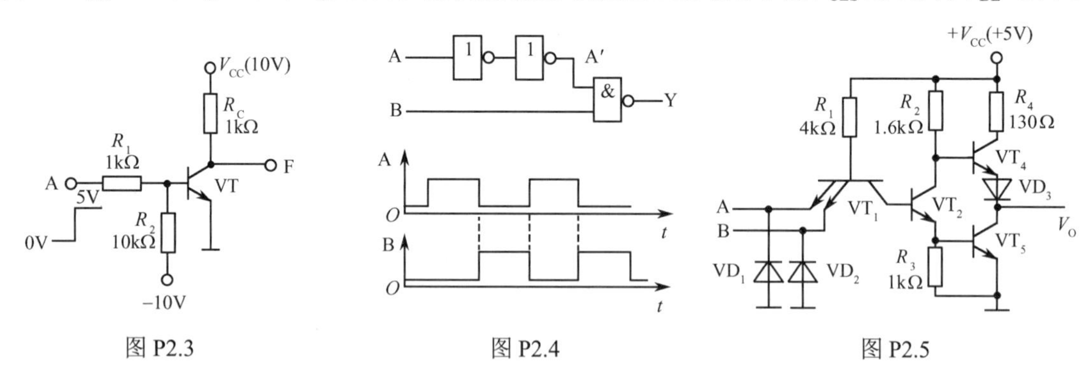

图 P2.3　　图 P2.4　　图 P2.5

（1）定性分析输出、输入为哪种逻辑关系。

（2）当输入电压 V_I 不同时，估算电路的静态工作情况。

（3）电路中 VD_1、VD_2、VD_3 的作用是什么？VD_3 能否移至 VT_4 的基极回路？

（4）分析 V_O 随 V_I 的变化情况，画出 $V_O=f(V_I)$ 的特性曲线。

2.6　说明图 P2.6 所示各个 CMOS 门电路输出端的逻辑状态，写出相应输出信号的逻辑表达式。

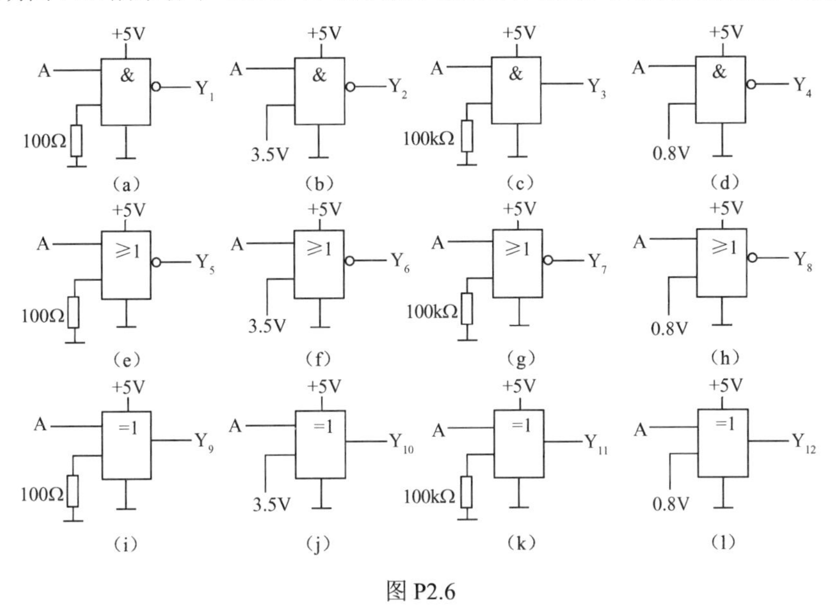

图 P2.6

2.7　分析图 P2.7 所示 CMOS 电路，哪些能正常工作，哪些不能。写出能正常工作电路输出信号的逻辑表达式。

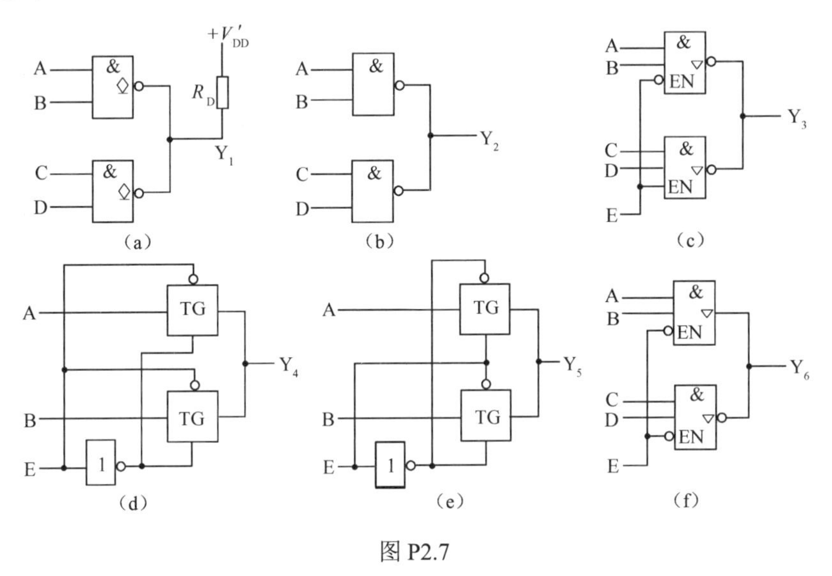

图 P2.7

2.8　试说明在使用 CMOS 门电路时不宜将输入端悬空的理由。

2.9　图 P2.8 是两个 74 系列门电路驱动发光二极管的电路，要求 V_I=V_{IH} 时发光二极管 VD 导通并发光。现要求发光二极管的导通电流为 10mA，试问应选用图 P2.8（a）、（b）中的哪个电路？请说明理由。

2.10　试比较 TTL 电路和 CMOS 电路的优缺点。

2.11　图 P2.9 所示电路中接口电路输出端 V_C 何时为高、低电平，并说明接口电路参数的选择是否合理。CMOS 或非门的电源电压 V_{DD}=10V，空载输出的高、低电平分别为 V_{OH}=9.95V、V_{OL}=0.05V，门电路的输出电阻小于 200Ω。TTL 与非门的高电平输入电流 I_{IH}=20μA，低电平输入电流 I_{IL}=–0.4mA。

2.12　图 P2.10 是用 TTL 电路驱动 CMOS 电路的实例，试计算上拉电阻 R_L 的取值范围。TTL 与非门在 V_{OL}≤0.3V 时的最大输出电流为 8mA，输出端的 VT_5 截止时有 50μA 的漏电流。CMOS 或非门的输入电流可以忽略。要求加到 CMOS 或非门输入端的电压满足 $V_{IH}\geqslant 4V$，$V_{IL}\leqslant 0.3V$。给定电源电压 V_{DD}=5V。

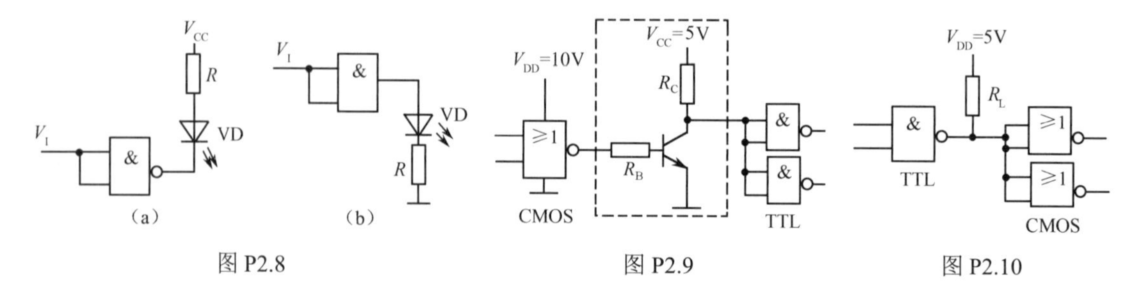

图 P2.8 图 P2.9 图 P2.10

2.13 在图 P2.11 所示各电路中，要实现相应逻辑表达式规定的逻辑功能，电路连接上各有什么差错？请改正。

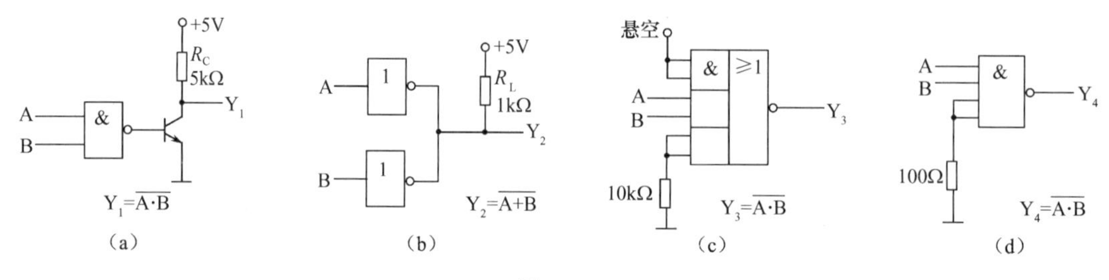

图 P2.11

（1）电路中所示均为 TTL 门电路。

（2）电路中所示均为 CMOS 门电路。

2.14 画出图 P2.12（a）～（c）所示各电路输出信号的波形图，输入信号 A、B、C 的波形如图 P2.12（d）所示。

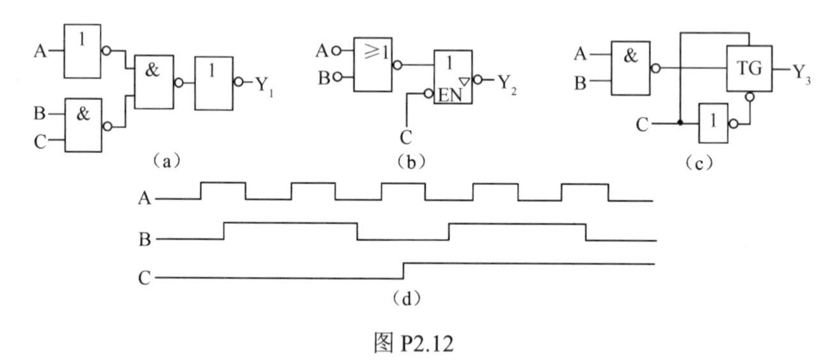

图 P2.12

2.15 试说明下列各门电路中哪些门的输出端可以并联使用。

（1）具有推拉式输出级的 TTL 门电路。

（2）TTL（OC）门。

（3）TTL 三态门。

（4）普通 CMOS 门。

（5）CMOS 三态门。

第 3 章　组合逻辑电路

［内容提要］

本章在简单说明组合逻辑电路的特点、功能表示方法和分类之后，重点介绍组合逻辑电路的基本分析和设计方法，以及若干典型电路及其逻辑设计描述，最后粗略地介绍组合逻辑电路中的竞争-冒险问题。

3.1　概述

1. 组合逻辑电路的特点

图 3.1.1 所示为组合逻辑电路框图。

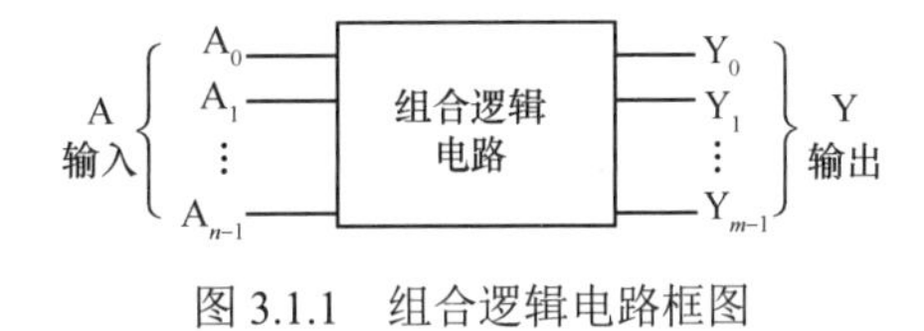

图 3.1.1　组合逻辑电路框图

（1）逻辑功能特点。

在图 3.1.1 中，$A_0,A_1,\cdots,A_{n-1}$ 是输入逻辑变量，$Y_0,Y_1,\cdots,Y_{m-1}$ 是输出逻辑变量。任何时刻电路的稳定输出，仅仅只取决于该时刻各个输入变量的取值，人们把这样的逻辑电路称为组合逻辑电路，简称组合逻辑电路。输出变量与输入变量之间的逻辑关系，一般表示为

$$Y_0=F_0(A_0,A_1,\cdots,A_{n-1})$$
$$Y_1=F_1(A_0,A_1,\cdots,A_{n-1})$$
$$\vdots$$
$$Y_{m-1}=F_{m-1}(A_0,A_1,\cdots,A_{n-1})$$

或者写成矢量形式

$$\boldsymbol{Y}(t_n)=\boldsymbol{F}[\mathrm{A}(t_n)] \tag{3.1.1}$$

式（3.1.1）表示，t_n 时刻电路的稳定输出 $Y(t_n)$仅仅决定于 t_n 时刻的输入 $A(t_n)$。$\boldsymbol{Y}(t_n)$与 $A(t_n)$的函数关系用 $\boldsymbol{F}[A(t_n)]$表示，也可以把 $\boldsymbol{F}[A(t_n)]$称为组合逻辑函数，而把组合逻辑电路看成是这种函数的电路实现。

（2）电路结构特点。

从电路结构上看，组合逻辑电路是由常用门电路组合而成的，其中既无从输出到输入的反馈连接，也不包含可以存储信号的记忆元件。其实，门电路也是组合逻辑电路，只不过因为它们的功能和电路结构都特别简单，所以使用中将其当作基本逻辑单元处理罢了。

2. 组合逻辑电路逻辑功能的表示方法

从功能特点上看，第 1 章介绍的逻辑函数都是组合逻辑函数。既然组合逻辑电路是逻辑函数的电路实现的，那么用来表示逻辑函数的几种方法——真值表、卡诺图、逻辑表达式及时序图等，显然都可以用来表示组合逻辑电路的逻辑功能，其中真值表是最基本的表示方法。

3. 组合逻辑电路的分类

（1）组合逻辑电路按照逻辑功能特点不同，划分为加法器、比较器、编码器、译码器、数据选择器、分配器、只读存储器等。

（2）组合逻辑电路按照使用基本开关元件不同，又有 MOS、TTL 等类型；按照集成度不同，又可分为 SSI、MSI、LSI、VLSI 等。

3.2 组合逻辑电路的基本分析和设计方法

3.2.1 组合逻辑电路的基本分析方法

由给定组合逻辑电路的逻辑图出发，分析其逻辑功能所要遵循的基本步骤，称为组合逻辑电路的分析方法。一般情况下，在得到组合逻辑电路的真值表（真值表是组合逻辑电路逻辑功能最基本的描述方法）后，还需要做简单文字说明，指出其功能特点。

1. 分析步骤

（1）根据给定的逻辑电路图，分别用符号标注各级门的输出端。

（2）从输入端到输出端逐级写出逻辑函数表达式，最后列出输出逻辑函数表达式。

（3）利用公式化简法或卡诺图化简法对输出逻辑函数进行化简。

（4）列出输出逻辑函数的真值表。

（5）说明给定电路的基本功能。

2. 分析举例

【例3.2.1】图3.2.1是一个逻辑电路图，试分析其逻辑功能。

解：（1）用 T_1、T_2、T_3 表示中间变量，如图3.2.1所示。

（2）由输入端向输出端逐级写出逻辑函数。

$$T_1 = ABC$$
$$T_2 = A + B + C$$
$$F_2 = AB + BC + AC$$
$$\overline{F}_2 = \overline{AB + BC + AC}$$
$$T_3 = T_2 \cdot \overline{F}_2 = (A + B + C)\overline{F}_2$$
$$F_1 = T_1 + T_3 = ABC + (A + B + C)\overline{F}_2$$

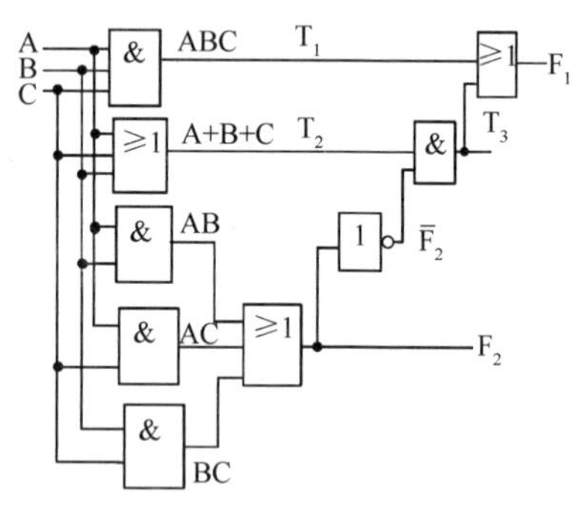

图3.2.1　例3.2.1的逻辑电路图

（3）列出真值表，如表3.2.1所示。

（4）画出 F_1 和 F_2 的卡诺图，如图3.2.2所示。

（5）化简逻辑函数表达式。由卡诺图可得

$$F_1 = ABC + \overline{A}\overline{B}C + \overline{A}B\overline{C} + A\overline{B}\overline{C} = A(B \odot C) + \overline{A}(B \oplus C)$$
$$= A(\overline{B \oplus C}) + \overline{A}(B \oplus C) = A \oplus B \oplus C$$
$$F_2 = AB + BC + AC$$

（6）确定逻辑功能。由上述真值表和逻辑函数可知，图3.2.1所示的逻辑电路是1位全加器电路。图中 F_1 为本位和输出，F_2 为进位输出。

表3.2.1　例3.2.1的真值表

A	B	C	F_2	F_1
0	0	0	0	0
0	0	1	0	1
0	1	0	0	1
0	1	1	1	0
1	0	0	0	1
1	0	1	1	0
1	1	0	1	0
1	1	1	1	1

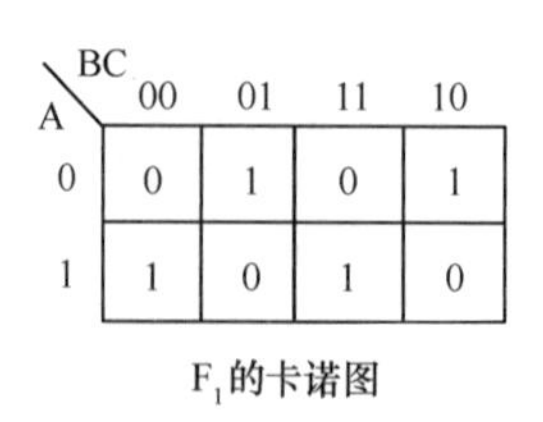

F_1 的卡诺图

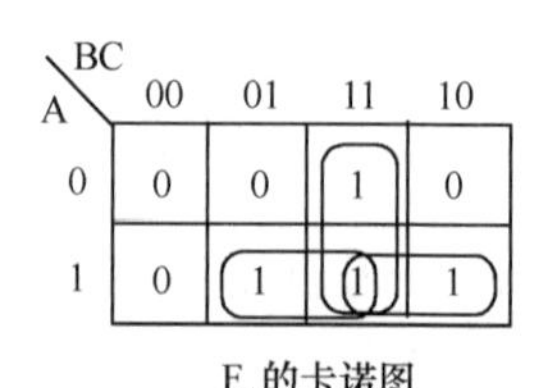

F_2 的卡诺图

图3.2.2　例3.2.1中输出变量 F_1 和 F_2 的卡诺图

【例 3.2.2】试分析图 3.2.3 所示逻辑电路的逻辑功能，图中输入信号 A、B、C、D 是一组 4 位二进制代码。

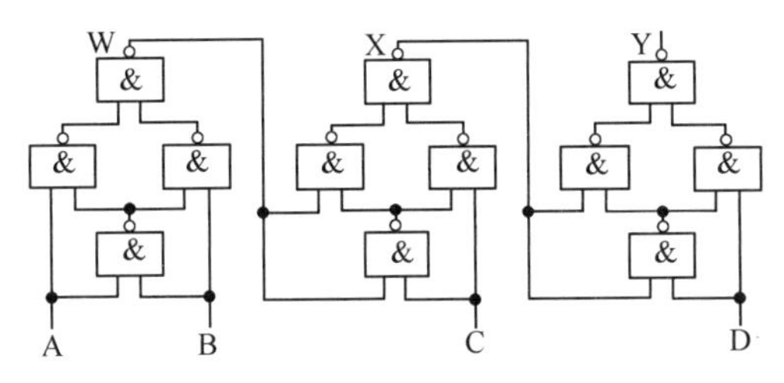

图 3.2.3　例 3.2.2 的逻辑电路

解：（1）写出中间变量 W、X 和输出变量 Y 的逻辑函数表达式。

$$W=\overline{\overline{A\overline{AB}}\,\overline{\overline{AB}B}}$$

$$X=\overline{\overline{W\overline{WC}}\,\overline{\overline{WC}C}}$$

$$Y=\overline{\overline{X\overline{XD}}\,\overline{\overline{XD}D}}$$

（2）进行化简。

$$W=A\overline{AB}+\overline{AB}B=A\overline{B}+\overline{A}B=A\oplus B$$

$$X=W\overline{C}+\overline{W}C=(A\oplus B)\overline{C}+\overline{A\oplus B}C=A\oplus B\oplus C$$

$$Y=X\overline{D}+\overline{X}D=(A\oplus B\oplus C)\overline{D}+\overline{(A\oplus B\oplus C)}D$$

$$=A\oplus B\oplus C\oplus D$$

（3）列真值表，如表 3.2.2 所示。

（4）功能说明。从表 3.2.2 所示真值表和输出函数表达式可以看出，图 3.2.3 所示的逻辑电路是一个检奇电路，即当输入 4 位二进制代码 A、B、C、D 的取值中，1 的个数为奇数时输出 Y 为 1；反之，为偶数时输出 Y 为 0。

注意：对于此例，第（3）步列真值表可以省去，从输出逻辑函数 Y 的表达式已经非常明显看出，图 3.2.3 所示电路为检奇电路。

表 3.2.2　例 3.2.2 的真值表

A	B	C	D	Y	A	B	C	D	Y
0	0	0	0	0	1	0	0	0	1
0	0	0	1	1	1	0	0	1	0
0	0	1	0	1	1	0	1	0	0
0	0	1	1	0	1	0	1	1	1
0	1	0	0	1	1	1	0	0	0
0	1	0	1	0	1	1	0	1	1
0	1	1	0	0	1	1	1	0	1
0	1	1	1	1	1	1	1	1	0

3.2.2　组合逻辑电路的基本设计方法

根据要求，设计出适合需要的组合逻辑电路，应该遵循的基本步骤如下。

1．设计步骤

（1）逻辑抽象：分析设计题目要求，确定输入变量和输出变量的数目，明确输出逻辑函数与输入变量之间的逻辑关系。

（2）列出真值表。

（3）根据真值表写出逻辑函数表达式，利用公式化简法或卡诺图化简法化简逻辑函数表达式。

（4）根据最简输出逻辑函数表达式画出逻辑电路图。

2．设计举例

【例3.2.3】试设计，将十进制的4位二进制码（8421BCD）转换成典型格雷码。

解：（1）分析题意，确定输入变量与输出变量的数目。

本题是给定了4位二进制码（8421BCD），可直接作为输入变量，用 B_3、B_2、B_1、B_0 表示；输出4位格雷码用 G_3、G_2、G_1、G_0 表示。

（2）根据4位二进制码（8421BCD）和典型格雷码的因果关系（表1.1.2）列成真值表，如表3.2.3所示。

（3）根据真值表输出逻辑函数的卡诺图。

注意：十进制只有10个数符，而4位8421BCD码有16种组合状态。其中4位8421BCD码中1010～1111属于禁用码。在填写卡诺图时可将它们作为任意项处理。其中，G_0～G_3 的卡诺图如图3.2.4所示。

表3.2.3　真值表

	输入变量				输出变量			
	B_3	B_2	B_1	B_0	G_3	G_2	G_1	G_0
	0	0	0	0	0	0	0	0
	0	0	0	1	0	0	0	1
	0	0	1	0	0	0	1	1
	0	0	1	1	0	0	1	0
	0	1	0	0	0	1	1	0
	0	1	0	1	0	1	1	1
	0	1	1	0	0	1	0	1
	0	1	1	1	0	1	0	0
	1	0	0	0	1	1	0	0
	1	0	0	1	1	1	0	1
禁用码	1	0	1	0	ϕ	ϕ	ϕ	ϕ
	1	0	1	1	ϕ	ϕ	ϕ	ϕ
	1	1	0	0	ϕ	ϕ	ϕ	ϕ
	1	1	0	1	ϕ	ϕ	ϕ	ϕ
	1	1	1	0	ϕ	ϕ	ϕ	ϕ
	1	1	1	1	ϕ	ϕ	ϕ	ϕ

（4）利用卡诺图化简逻辑函数。得出 G_0～G_3 的逻辑函数表达式，即

$$G_0=B_1\oplus B_0,\quad G_1=B_2\oplus B_1,\quad G_2=B_3\oplus B_2,\quad G_3=B_3$$

需要指出的是，由 G_2 的卡诺图还可以对 G_2 进一步化简，即

$$G_2=B_2+B_3$$

在实际工程中，应尽量使元器件种类最少，G_0、G_1 已采用异或门，不妨 G_2 也采用异或门。

（5）根据最简逻辑函数表达式画出逻辑图。输出函数的逻辑图如图3.2.5所示。

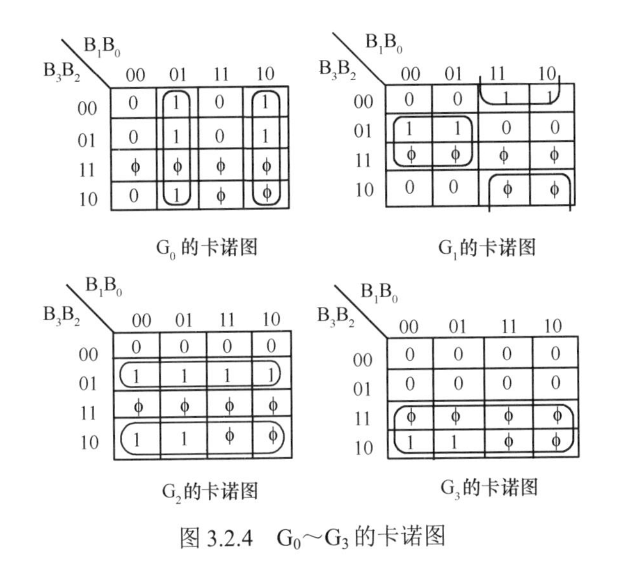

图 3.2.4 G_0～G_3 的卡诺图

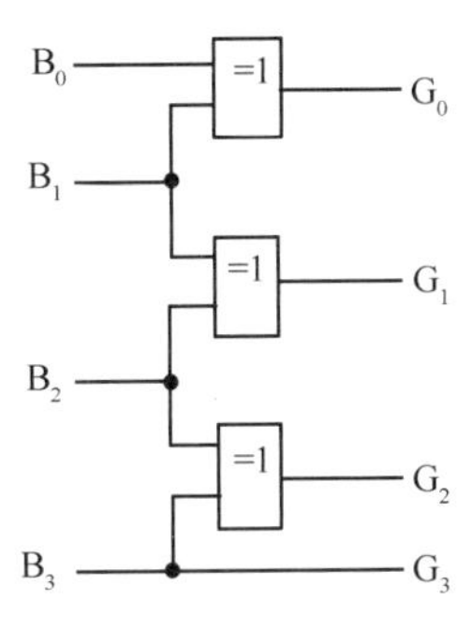

图 3.2.5 输出函数的逻辑图

3.3 常用的组合逻辑电路

常见的组合逻辑电路有加法器、编码器、译码器、数值比较器、数据选择器、函数发生器、分配器等。下面按设计思路一一介绍。

3.3.1 全加法器

两个二进制数加法运算是两个二进制数之间的算术运算的基础，因为加、减、乘、除，目前在计算机中都是化为若干步加法运算进行的。

先观察两个 4 位二进制数加法运算过程。

若 $A=(1101)_2$，$B=(1011)_2$，A 与 B 相加，则其竖式运算如下：

```
      1101   …A
      1011   …B
  +)  1111   …来自低位进位 C
     11000
```

从以上竖式可以明显看出，左边 3 位都是带进位的加法运算——两个同位加数的和与来自低位的进位三者进行相加，这种加法运算就是所谓的全加，而实现全加运算的电路就称为全加法器。

1. 1 位全加法器

由上面 A+B 的竖式可知，两个多位二进制数相加，均是从低位开始，逐位相加，直至高位。考虑一般性，不妨设 A_i、B_i 表示 A、B 两个数中的第 i 位，用 C_{i-1} 表示来自低位（第 $i-1$ 位）的进位，用 C_i 表示第 i 位的进位输出，即第 $i+1$ 位的进位输入。S_i 表示考虑进位后两数相加在本位的“和”值。于是根据全加运算的规则便可以列出真值表，如表 3.3.1 所示。

由上述分析可知，两个 1 位二进制数相加实际上变为 3 个二进制数相加的问题，即 $A_i+B_i+C_{i-1}$。

根据真值表画出 C_i 和 S_i 的卡诺图，如图 3.3.1 所示。

表 3.3.1 真值表

输入			输出	
C_{i-1}	A_i	B_i	C_i	S_i
0	0	0	0	0
0	0	1	0	1
0	1	0	0	1
0	1	1	1	0
1	0	0	0	1
1	0	1	1	0
1	1	0	1	0
1	1	1	1	1

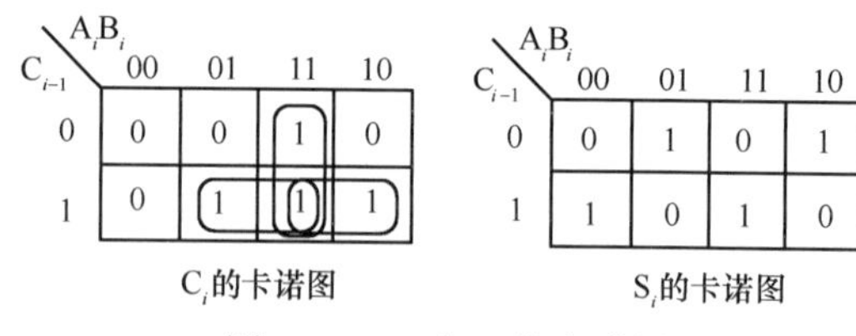

图 3.3.1 C_i 和 S_i 的卡诺图

利用卡诺图化简逻辑函数。

$$C_i = A_iB_i + B_iC_{i-1} + A_iC_{i-1} = A_iB_i + C_{i-1}(A_i + B_i) \quad (3.3.1)$$

$$\begin{aligned} S_i &= \overline{C}_{i-1}\overline{A}_iB_i + \overline{C}_{i-1}A_i\overline{B}_i + C_{i-1}\overline{A}_i\overline{B}_i + C_{i-1}A_iB_i \\ &= \overline{C}_{i-1}(A_i \oplus B_i) + C_{i-1}(A_i \odot B_i) \\ &= \overline{C}_{i-1}(A_i \oplus B_i) + \overline{C_{i-1}(A_i \oplus B_i)} \\ &= C_{i-1} \oplus A_i \oplus B_i = A_i \oplus B_i \oplus C_{i-1} \end{aligned} \quad (3.3.2)$$

根据上述逻辑函数表达式画出逻辑图，如图 3.3.2（a）所示。

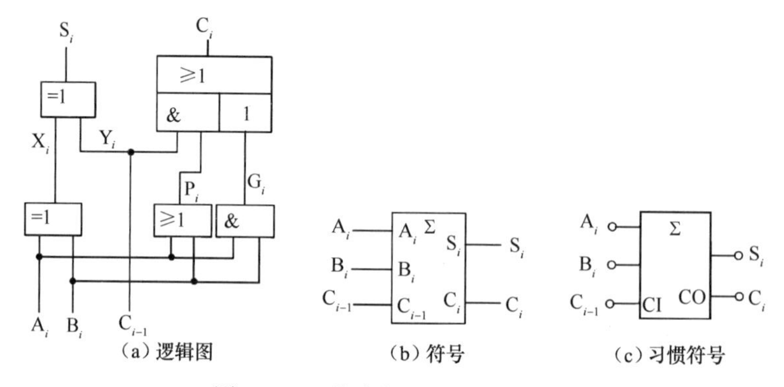

图 3.3.2 1 位全加器逻辑图和符号

2. 4 位全加法器

（1）4 位串行全加器。

只要将 4 个 1 位全加器串联起来即可，如图 3.3.3 所示。

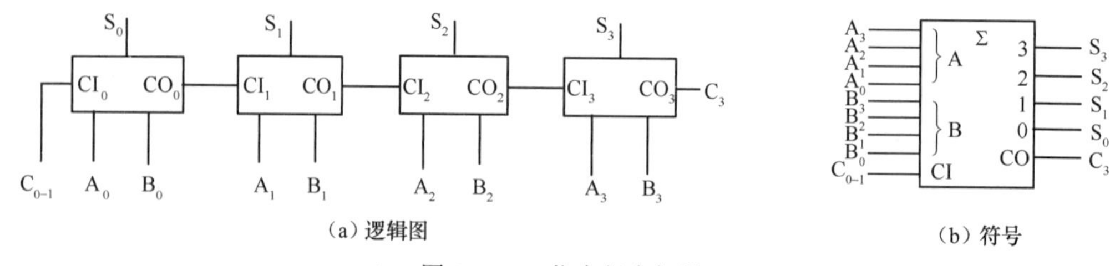

图 3.3.3 4 位串行全加器

（2）4 位超前进位全加器。

图 3.3.3 所示的 4 位串行全加法器的优点是结构简单；缺点是运行速度慢。为了提高速度，一般采用“超前进位”技术。超前进位（又称为并行进位）加法器和串行进位加法器本质的区别在于：超前进

位不是由前一级的进位输出来提供的，而是由专门的进位门来提供的。而且这个专门的进位门的输入均是来自输入变量的函数。现用递推法求出各位的输出逻辑函数和进位输出逻辑函数。

① 设输入变量：$A(A_3A_2A_1A_0)$为二进制加数

$B(B_3B_2B_1B_0)$为二进制被加数

C_{0-1} 为最低位进位值

输出变量：S（$S_3S_2S_1S_0$）为未考虑进位输出的后 4 项和的值

C_3 为最后一位进位输出

即 $C_3S_3S_2S_1S_0$ 为二进制和项

② 写出各级逻辑函数表达式和进位逻辑函数表达式。

如图 3.3.2 所示，设中间变量 X_i、Y_i、P_i、G_i，则

$$S_i=A_i \oplus B_i \oplus Y_i \tag{3.3.3}$$

$$C_i=A_iB_i+C_{i-1}(A_i+B_i)=G_i+P_iC_{i-1} \tag{3.3.4}$$

其中

$$X_i=A_i \oplus B_i \tag{3.3.5}$$

$$Y_i=C_{i-1} \tag{3.3.6}$$

$$P_i=A_i+B_i \tag{3.3.7}$$

$$G_i=A_iB_i \tag{3.3.8}$$

当 i=0 时，则

$$S_0=A_0 \oplus B_0 \oplus C_{0-1} \tag{3.3.9}$$

$$C_0=G_0+P_0C_{0-1} \quad (\text{其中 } P_0=A_0+B_0,\ G_0=A_0 \cdot B_0) \tag{3.3.10}$$

当 i=1 时，则

$$S_1=A_1 \oplus B_1 \oplus C_0=A_1 \oplus B_1 \oplus (G_0+P_0C_{0-1}) \tag{3.3.11}$$

$$\begin{aligned} C_1&=G_1+P_1C_0=G_1+P_1(G_0+P_0C_{0-1}) \\ &=G_1+P_1G_0+P_1P_0C_{0-1} \quad (\text{其中 } G_1=A_1B_1,\ P_1=A_1+B_1) \end{aligned} \tag{3.3.12}$$

当 i=2 时，则

$$S_2=A_2 \oplus B_2 \oplus C_1=A_2 \oplus B_2 \oplus (G_1+P_1G_0+P_1P_0C_{0-1}) \tag{3.3.13}$$

$$\begin{aligned} C_2&=G_2+P_2C_1=G_2+P_2(G_1+P_1G_0+P_1P_0C_{0-1}) \\ &=G_2+P_2G_1+P_2P_1G_0+P_2P_1P_0C_{0-1} \quad (\text{其中 } G_2=A_2B_2,\ P_2=A_2+B_2) \end{aligned} \tag{3.3.14}$$

当 i=3 时，则

$$S_3=A_3 \oplus B_3 \oplus C_2=A_3 \oplus B_3 \oplus (G_2+P_2G_1+P_2P_1G_0+P_2P_1P_0C_{0-1}) \tag{3.3.15}$$

$$\begin{aligned} C_3&=G_3+P_3C_2=G_3+P_3(G_2+P_2G_1+P_2P_1G_0+P_2P_1P_0C_{0-1}) \\ &=G_3+P_3G_2+P_3P_2G_1+P_3P_2P_1G_0+P_3P_2P_1P_0C_{0-1} \end{aligned} \tag{3.3.16}$$

……

当 i=n 时，则

$$S_n=A_n \oplus B_n \oplus C_{n-1} \tag{3.3.17}$$

$$C_n=G_n+P_nG_{n-1}+\cdots+P_nP_{n-1}\cdots P_2P_1G_0+P_nP_{n-1}\cdots P_2P_1P_0C_{0-1} \tag{3.3.18}$$

③ 画出 4 位超前进位全加器的逻辑图。

因为在实际使用时，与非门、或非门、与或非门比与门、或门、与或门更容易实现，所以对上述公式稍做改动。

因

$$X_i = A_i \oplus B_i = (A_i + B_i)(\overline{A}_i + \overline{B}_i) = \overline{\overline{(A_i + B_i)}} \cdot \overline{A_iB_i} = \overline{\overline{P}}_i \cdot \overline{G}_i \tag{3.3.19}$$

于是

$$S_i = (A_i \oplus B_i) \oplus Y_i = X_i \oplus Y_i = \overline{\overline{P}}_i\overline{G}_i \oplus C_{i-1}$$

当 i=0 时，则

$$\begin{cases} S_0 = \overline{\overline{P}}_0 \cdot \overline{G}_0 + C_{0-1} \\ \overline{C}_0 = \overline{\overline{G}_0(\overline{P}_0 + \overline{C}_{0-1})} = \overline{\overline{P}_0\overline{G}_0 + \overline{G}_0\overline{C}_{0-1}} = \overline{\overline{P}_0 + \overline{G}_0\overline{C}_{0-1}} \end{cases} \tag{3.3.20}$$

当 i=1 时，则

$$\begin{cases} S_1 = \overline{\overline{P}}_1 \bullet \overline{G}_1 \oplus C_0 \\ C_1 = \overline{\overline{P}_1 + \overline{G}_1\overline{P}_0 + \overline{G}_1\overline{G}_0\overline{C}_{0-1}} \end{cases} \tag{3.3.21}$$

当 i=2 时，则

$$\begin{cases} S_2 = \overline{\overline{P}}_2 \cdot \overline{G}_2 \oplus C_1 \\ C_2 = \overline{\overline{P}_2 + \overline{G}_2\overline{P}_1 + \overline{G}_2\overline{G}_1\overline{P}_0 + \overline{G}_2\overline{G}_1\overline{G}_0\overline{C}_{0-1}} \end{cases} \tag{3.3.22}$$

当 i=3 时，则

$$\begin{aligned} & S_3 = \overline{\overline{P}}_3\overline{G}_3 \oplus C_2 \\ & C_3 = \overline{\overline{P}_3 + \overline{G}_3\overline{P}_2 + \overline{G}_3\overline{G}_2\overline{P}_1 + \overline{G}_3\overline{G}_2\overline{G}_1\overline{P}_0 + \overline{G}_3\overline{G}_2\overline{G}_1\overline{G}_0\overline{G}_{0-1}} \end{aligned} \tag{3.3.23}$$

……

当 i=n 时，则

$$\begin{cases} S_n = \overline{\overline{P}}_n\overline{G}_n \oplus C_{n-1} \\ C_n = \overline{\overline{P}_n + \overline{G}_n\overline{P}_{n-1} + \overline{G}_n\overline{G}_{n-1}\overline{P}_{n-2} + \cdots + \overline{G}_n\overline{G}_{n-1}\cdots\overline{G}_2\overline{G}_1\overline{P}_0 + \overline{G}_n\overline{G}_{n-1}\cdots\overline{G}_0\overline{G}_{0-1}} \end{cases} \tag{3.3.24}$$

根据上述输出逻辑函数和进位输出逻辑函数画出逻辑图，如图 3.3.4 所示。该图就是 4 位全加器 74LS283 的逻辑图，74LS283 就是根据上述思路设计得到的。

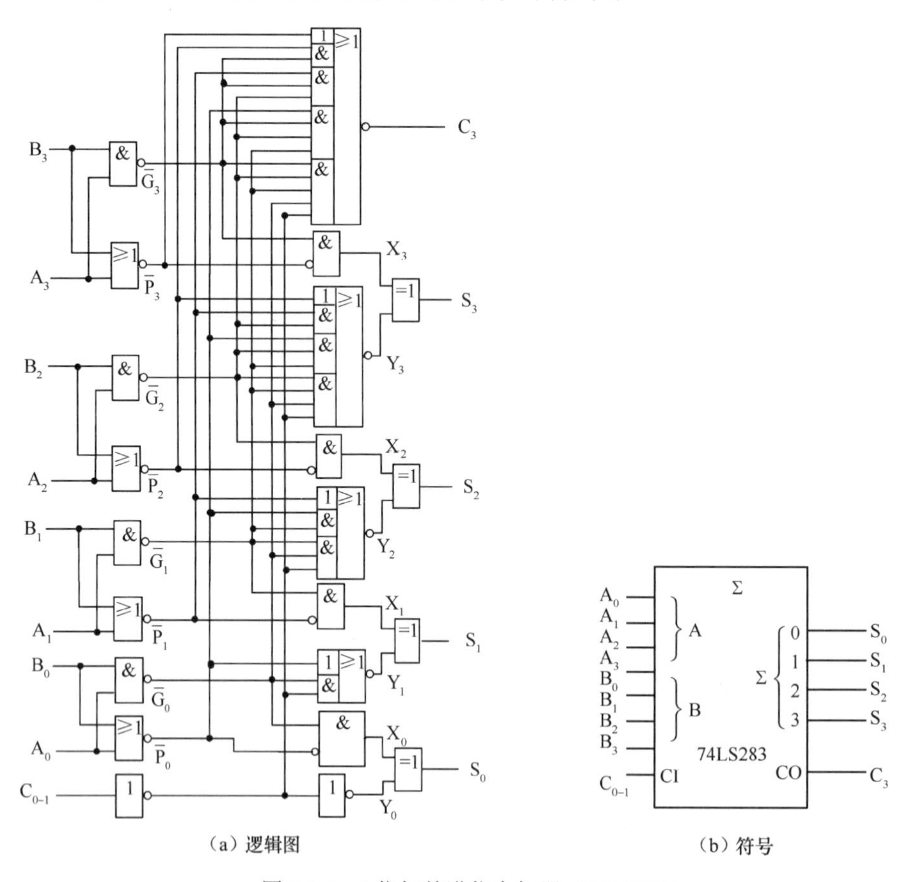

（a）逻辑图　　（b）符号

图 3.3.4　4 位超前进位全加器（74LS283）

3．16 位全加器

根据 S_i 和 C_i 的递推式（3.3.19）～式（3.3.24）构成 16 位全加器。这样构成的全加器线路复杂，然而运算速度快。

将 4 个 4 位超前进位全加器串联构成 16 位全加器，如图 3.3.5 所示。这种电路结构简单，但速度较慢。

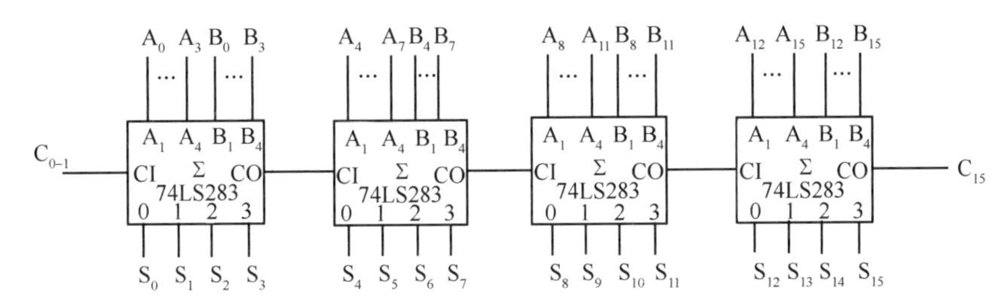

图 3.3.5　4 个 4 位超前进位全加器串联构成 16 位全加器

用 4 位超前加法计数器和超前进位扩展器组成 16 位超前进位加法器的方法是，用 4 个 4 位并行进位加法器串联组成 16 位加法器，虽然每片进位输出是采用超前进位的，但是片间进位仍是逐片传递的，所以进位速度仍然较慢。解决这个问题的一个比较好的办法是，把 4 位运算单元作为一组，用类似超前进位加法器快速进位形成的原理去形成各组间进位 C_3、C_7、C_{11}、C_{15}，从而实现各片间的快速进位。

4．用加法器设计组合逻辑电路

如果要产生的逻辑函数能化成输入变量与输入变量或者输入变量与常量在数值上相加的形式，这时用加法器来实现这个组合逻辑电路往往非常简单。

【例 3.3.1】 设计一个代码转换电路，将 8421 码转换成余 3 码。

解： 以 8421 码为输入，余 3 码为输出，即可列出代码转换真值表，如表 3.3.2 所示。仔细观察一下表 3.3.2 不难发现，输出与输入存在如下因果关系。

$$Y_3Y_2Y_1Y_0=A_3A_2A_1A_0+0011$$

其实这正是余 3 码的特征，其逻辑电路如图 3.3.6 所示。

表 3.3.2　真值表

输入（8421 码）				输出（余 3 码）			
A_3	A_2	A_1	A_0	Y_3	Y_2	Y_1	Y_0
0	0	0	0	0	0	1	1
0	0	0	1	0	1	0	0
0	0	1	0	0	1	0	1
0	0	1	1	0	1	1	0
0	1	0	0	0	1	1	1
0	1	0	1	1	0	0	0
0	1	1	0	1	0	0	1
0	1	1	1	1	0	1	0
1	0	0	0	1	0	1	1
1	0	0	1	1	1	0	0

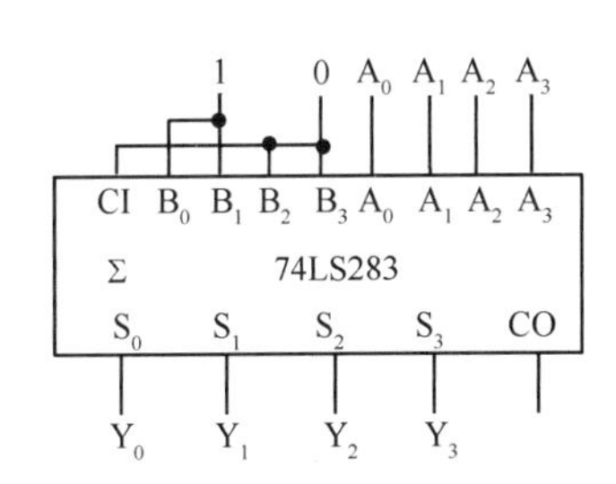

图 3.3.6　余 3 码的逻辑电路

3.3.2　编码器

编码就是用二进制码来表示每个给定的信息符号。完成编码的电路称为编码器。这种信息符号可以是数符 0,1,2,⋯,9；字符 A,B,C,⋯,Z,a,b,c,⋯,z；运算符“+”“–”“=”或其他符号。

1. 普通编码器

普通编码器就是在任何时刻只允许输入一个有效的编码信号，否则输出将发生混乱。例如，计数器的按键输入信号就属于这种。

现以 3 位二进制普通编码器为例，分析一下普通编码器的工作原理。

（1）输入/输出端。

输入是 8 个需要进行编码的信息符号，用 I_0、$I_1 \cdots I_7$ 表示，输出是用来进行编码的二进制代码，用 Y_0、Y_1、Y_2 表示，其示意图如图 3.3.7 所示。

现在分别用 000、001、010、011、100、101、110、111 表示 I_0、I_1、…、I_7。

（2）真值表。

由于编码器在任何时刻，只能对一个输入信号进行编码，即不允许有两个或两个以上输入信号同时存在的情况出现，也就是说，I_0、$I_1 \cdots I_7$ 是一组互相排斥的变量，因此真值表可以采用简化形式——编码表列出来，如表 3.3.3 所示。

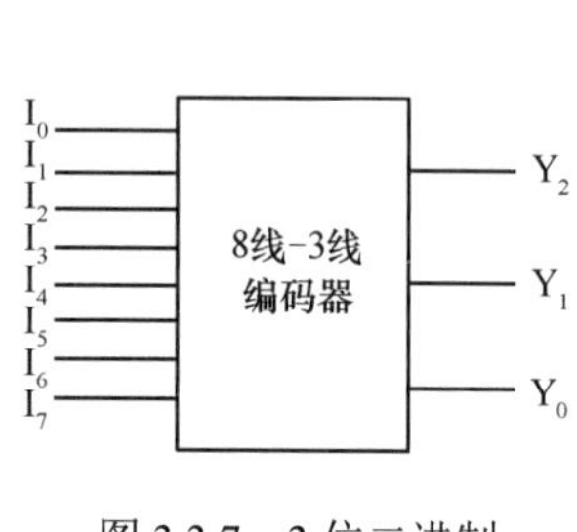

图 3.3.7　3 位二进制（8 线-3 线）编码器的示意图

表 3.3.3　3 位二进制编码器的编码表

输　入			输　出
Y_2	Y_1	Y_0	
0	0	0	I_0
0	0	1	I_1
0	1	0	I_2
0	1	1	I_3
1	0	0	I_4
1	0	1	I_5
1	1	0	I_6
1	1	1	I_7

（3）逻辑函数表达式。

由于 I_0、$I_1 \cdots I_7$ 互相排斥，因此只需要将函数值为 1 的变量加起来，便可以得到相应输出信号的最简与或逻辑函数表达式，即

$$\begin{cases} Y_2 = I_4 + I_5 + I_6 + I_7 \\ Y_1 = I_2 + I_3 + I_6 + I_7 \\ Y_0 = I_1 + I_3 + I_5 + I_7 \end{cases} \tag{3.3.25}$$

（4）逻辑图。

根据上述各表达式可直接画出图 3.3.8 所示的逻辑图。

由于编码器各个输出信号逻辑函数表达式的基本形式是有关输入信号的或运算，因此其逻辑图是由或门组成的阵列，这也是编码器基本电路结构的一个显著特点。

前面已经提到，在实际电路中，与非门、或非门、与或非门往往比与门、或门、与或门更容易实现。现将式（3.3.25）变换一下，即

$$\begin{aligned} Y_2 &= \overline{\overline{I_4 + I_5 + I_6 + I_7}} = \overline{\overline{I}_4 \cdot \overline{I}_5 \cdot \overline{I}_6 \cdot \overline{I}_7} \\ Y_1 &= \overline{\overline{I_2 + I_3 + I_6 + I_7}} = \overline{\overline{I}_2 \cdot \overline{I}_3 \cdot \overline{I}_6 \cdot \overline{I}_7} \\ Y_0 &= \overline{\overline{I_1 + I_3 + I_5 + I_7}} = \overline{\overline{I}_1 \cdot \overline{I}_3 \cdot \overline{I}_5 \cdot \overline{I}_7} \end{aligned} \tag{3.3.26}$$

根据式（3.3.26）构成的逻辑图如图 3.3.9 所示。

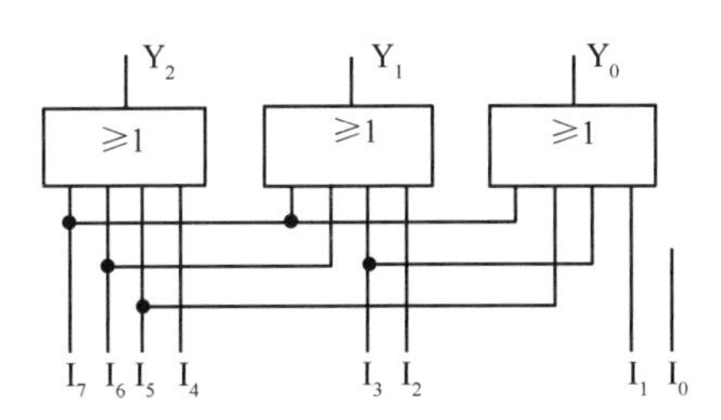

图 3.3.8　根据式（3.3.25）构成的逻辑图

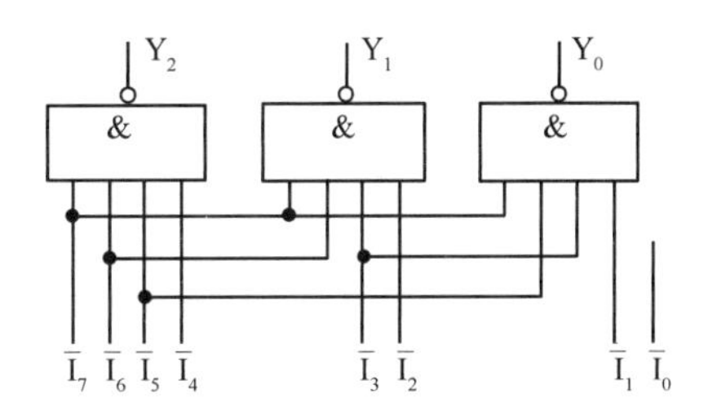

图 3.3.9　根据式（3.3.26）构成的逻辑图

2. 优先编码器

（1）3 位二进制优先编码器。

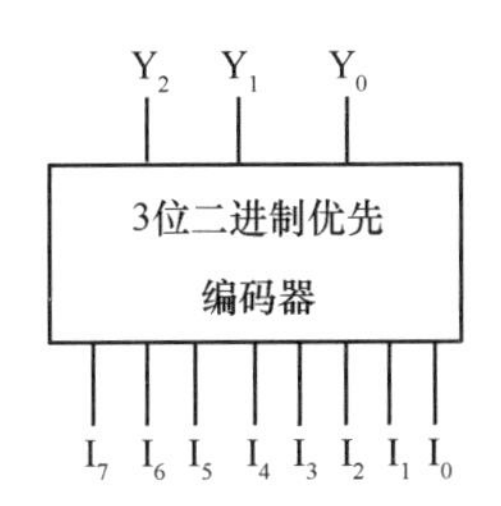

图 3.3.10　3 位二进制优先编码器示意图

① 优先编码的概念。普通编码器的输入信号都是互相排斥的。在优先编码器中则不同，允许几个信号同时输入，但是电路只对其中优先级别最高的信号进行编码，不处理级别低的信号，或者说级别低的信号不起作用，这样的电路称为优先编码器。至于优先级别的高低，则完全是由设计人员根据各个输入信号轻重缓急情况决定的。图 3.3.10 所示为 3 位二进制优先编码器示意图。图中 I_0～I_7 是要进行优先编码的 8 个输入信号，Y_0～Y_2 是用来进行优先编码的 3 位二进制代码。

② 真值表。在 I_0～I_7 这 8 个输入信号中，假设 I_7 优先级别最高，I_6 次之，以此类推，I_0 最低，并分别用 Y_2、Y_1、Y_0 取值为 000,001,⋯,111 表示 $I_0,I_1,\cdots,I_7$。根据优先级别高的输入信号排斥低的特点，即可列出优先编码器的简化真值表——3 位二进制优先编码表，如表 3.3.4 所示。优先编码表中“×”号表示被排斥，也就是有优先级别高的信号存在时，级别低的输入信号取值无论是 0 还是 1 都无所谓，对电路均无影响。

表 3.3.4　3 位二进制优先编码表

输　入								输　出		
I_7	I_6	I_5	I_4	I_3	I_2	I_1	I_0	Y_2	Y_1	Y_0
1	×	×	×	×	×	×	×	1	1	1
0	1	×	×	×	×	×	×	1	1	0
0	0	1	×	×	×	×	×	1	0	1
0	0	0	1	×	×	×	×	1	0	0
0	0	0	0	1	×	×	×	0	1	1
0	0	0	0	0	1	×	×	0	1	0
0	0	0	0	0	0	1	×	0	0	1
0	0	0	0	0	0	0	1	0	0	0

③ 逻辑函数表达式。由表 3.3.4 直接可得

$$\begin{cases} Y_2 = I_7 + \overline{I}_7 I_6 + \overline{I}_7\overline{I}_6 I_5 + \overline{I}_7\overline{I}_6\overline{I}_5 I_4 = I_7 + I_6 + I_5 + I_4 \\ Y_1 = I_7 + \overline{I}_7 I_6 + \overline{I}_7\overline{I}_6\overline{I}_5\overline{I}_4 I_3 + \overline{I}_7\overline{I}_6\overline{I}_5\overline{I}_4\overline{I}_3 I_2 = I_7 + I_6 + \overline{I}_5\overline{I}_4 I_3 + \overline{I}_5\overline{I}_4 I_2 \\ Y_0 = I_7 + \overline{I}_7\overline{I}_6 I_5 + \overline{I}_7\overline{I}_6\overline{I}_5\overline{I}_4 I_3 + \overline{I}_7\overline{I}_6\overline{I}_5\overline{I}_4\overline{I}_3\overline{I}_2 I_1 = I_7 + \overline{I}_6 I_5 + \overline{I}_6\overline{I}_4 I_3 + \overline{I}_6\overline{I}_4\overline{I}_2 I_1 \end{cases} \tag{3.3.27}$$

④ 逻辑图。根据上述逻辑函数表达式即可画出图 3.3.11 所示逻辑图。在图 3.3.11 中，I_0 的编码是隐含着的，当 I_1～I_7 均为 0 时，电路的输出就是 I_0 的编码。

（2）集成 8 线–3 线优先编码。

实际的集成优先编码器还要考虑其他一些辅助功能。图 3.3.12 所示为（74LS148）8 位二进制优先编码器逻辑图。它实际上就是在图 3.3.11 的基础上加一些辅助电路而得到的。电路中有 3 条输出线 $\overline{Y}_2$、$\overline{Y}_1$、$\overline{Y}_0$。该编码器以反码的形式出现，而不是以原码的形式进行编码。例如，对应数据线 I_7 的编码号：$Y_2Y_1Y_0$ 原码为 111，而反码应为 000；数据线 I_6 对应输出 $Y_2Y_1Y_0$ 的原码为 110，反码应为 001，以此类推。

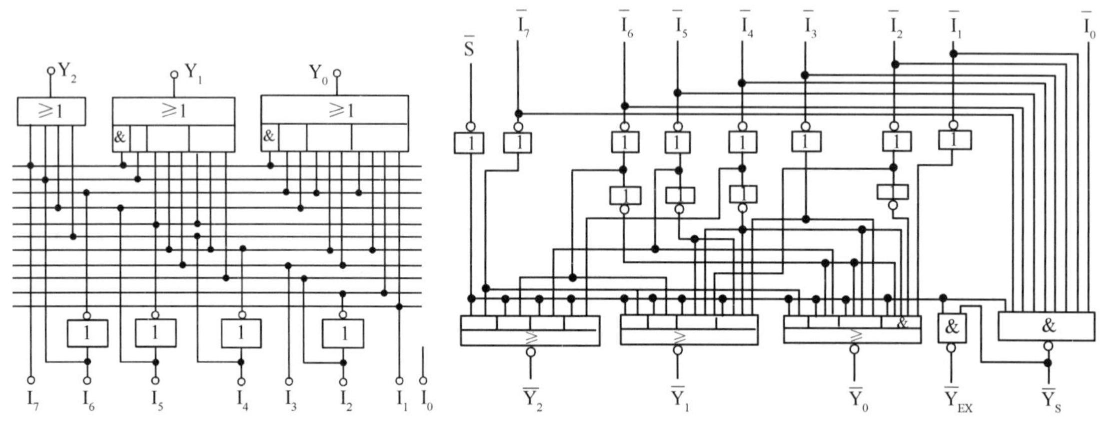

图 3.3.11　3 位二进制优先编码器逻辑图　　图 3.3.12　（74LS148）8 位二进制优先编码器逻辑图

电路设有“使能”输入 $\overline{S}$，当 $\overline{S}$=0 时，允许电路编码；当 $\overline{S}$=1 时，禁止电路编码。电路还设有“使能”输出 $\overline{Y}_S$ 和优先编码输出 $\overline{Y}_{EX}$。只有当数据输入出现 0 时，$\overline{Y}_S$ 为 1，$\overline{Y}_{EX}$ 为 0，表明编码器在对输入数据进行优先编码。74LS148 真值表如表 3.3.5 所示。

表 3.3.5　74LS148 真值表（功能表）

输入									输出				
$\overline{S}$	$\overline{I}_0$	$\overline{I}_1$	$\overline{I}_2$	$\overline{I}_3$	$\overline{I}_4$	$\overline{I}_5$	$\overline{I}_6$	$\overline{I}_7$	$\overline{Y}_2$	$\overline{Y}_1$	$\overline{Y}_0$	$\overline{Y}_{EX}$	$\overline{Y}_S$
1	×	×	×	×	×	×	×	×	1	1	1	1	1
0	1	1	1	1	1	1	1	1	1	1	1	1	0
0	×	×	×	×	×	×	×	0	0	0	0	0	1
0	×	×	×	×	×	×	0	1	0	0	1	0	1
0	×	×	×	×	×	0	1	1	0	1	0	0	1
0	×	×	×	×	0	1	1	1	0	1	1	0	1
0	×	×	×	0	1	1	1	1	1	0	0	0	1
0	×	×	0	1	1	1	1	1	1	0	1	0	1
0	×	0	1	1	1	1	1	1	1	1	0	0	1
0	0	1	1	1	1	1	1	1	1	1	1	0	1

由图 3.3.12 和式（3.3.27）不难得出，74LS148 的逻辑函数表达式为

$$\begin{cases} Y_2 = \overline{(I_4 + I_5 + I_6 + I_7)S} \\ Y_1 = \overline{(\overline{I}_4\overline{I}_5 I_2 + \overline{I}_4\overline{I}_5 I_3 + I_6 + I_7)S} \\ Y_0 = \overline{(\overline{I}_2\overline{I}_4\overline{I}_6 I_1 + \overline{I}_4\overline{I}_6 I_3 + \overline{I}_6 I_5 + I_7)S} \end{cases} \tag{3.3.28}$$

$$\overline{Y}_S = \overline{\overline{I}_0\overline{I}_1\overline{I}_2\overline{I}_3\overline{I}_4\overline{I}_5\overline{I}_6\overline{I}_7 S} \tag{3.3.29}$$

$$\overline{Y}_{EX} = \overline{\overline{Y}_S S} = \overline{\overline{\overline{I}_0\overline{I}_1\overline{I}_2\overline{I}_3\overline{I}_4\overline{I}_5\overline{I}_6\overline{I}_7 S} \cdot S}$$

$$= \overline{(I_0 + I_1 + I_2 + I_3 + I_4 + I_5 + I_6 + I_7 + \overline{S}) \cdot S} \qquad (3.3.30)$$

与 74LS148 同类的产品还有 74148、74LS348 等。图 3.3.13 所示为集成 8 线–3 线优先编码器的型号和外引线功能端排列图与逻辑功能示意图。

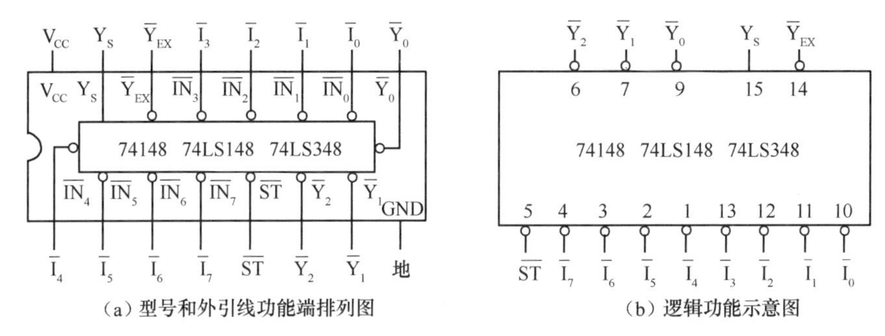

图 3.3.13　集成 8 线–3 线优先编码器的型号和外引线功能端排列图与逻辑功能示意图

(3) 优先编码器的扩展。

利用两片 8 线–3 线优先编码器便可构成 16 线–4 线优先编码器，如图 3.3.14 所示。

由图 3.3.14 可知，当 $\overline{A}_8 \sim \overline{A}_{15}$ 中任一个输入端为低电平时，如 $\overline{A}_{11}$=0，则片（1）的 $\overline{Y}_{EX}$=0，Z_3=1，$\overline{Y}_2\overline{Y}_1\overline{Y}_0$=100。同时片（1）的 Y_S=1，将片（2）封锁，使它的输出 $Y_2Y_1Y_0$=111。于是，在最后的输出端得到 $Z_3Z_2Z_1Z_0$=1011。如果 $\overline{A}_8 \sim \overline{A}_{15}$ 中同时有几个输入端为低电平，就只对其中优先权最高的信号编码。

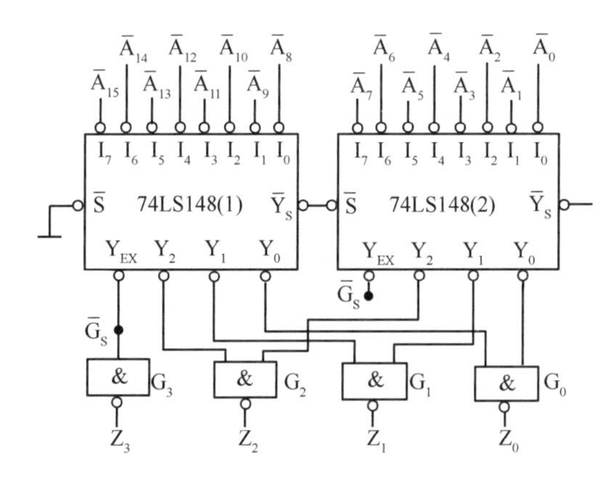

图 3.3.14　用两片 74LS148 接成的 16 线–4 线优先编码器

当 $\overline{A}_8 \sim \overline{A}_{15}$ 全部为高电平（没有编码输入信号）时，片（1）的 $\overline{Y}_S$=0，故片（2）的 $\overline{S}$=0，处于编码工作状态，对 $\overline{A}_0 \sim \overline{A}_7$ 输入的低电平信号优先权最高的一个进行编码。例如，$\overline{A}_5$=0，则片（2）的 $\overline{Y}_2\overline{Y}_1\overline{Y}_0$=010。而此时的片（1）的 $\overline{Y}_{EX}$=1，Z_3=0，片（1）的 $\overline{Y}_2\overline{Y}_1\overline{Y}_0$=111。于是，在最后输出得到了 $Z_3Z_2Z_1Z_0$=0101，完成对 A_5 进行编码。

3.3.3　数值比较器

比较既是一个十分重要的概念，也是一种最基本的操作，人们只能在比较中识别事物，计算机只能在比较中鉴别数据和代码。实现比较操作的电路称为比较器。在数值电路中，数值比较器的输入是要比较的二进制数，输出是比较的结果。

大家知道，要比较两个数值的大小，一般按如下方法进行。

$$A-B\begin{cases}>0 & A>B\\ =0 & A=B\\ <0 & A<B\end{cases}$$

然而，对于二进制数，情况更为特殊，因为一个二进制数有1位与多位之分，每一位只有0、1两种数值。不妨先弄清1位数值的比较，再考虑多位的情形。

1．1位数值比较器

（1）输入、输出信号及因果关系。

输入信号是两个要进行比较的1位二进制数，现用 A_i、B_i 表示，输出信号是比较的结果，有3种情况：$A_i>B_i$、$A_i=B_i$、$A_i<B_i$，现分别用F(A＞B)、F(A=B)、F(A＜B)表示，并约定当 $A_i>B_i$ 时，F(A＞B)=1；当 $A_i=B_i$ 时，F(A=B)=1；当 $A_i<B_i$ 时，F(A＜B)=1。

（2）真值表。

根据数值比较器的概念和输出的状态赋值，可列出表3.3.6所示的真值表。

表3.3.6 1位数值比较器真值表

A_i	B_i	F（A>B）	F（A=B）	F（A<B）
0	0	0	1	0
0	1	0	0	1
1	0	1	0	0
1	1	0	1	0

（3）逻辑函数表达式。

由表3.3.6可直接得到

$$\begin{cases}F(A>B)=A_i\overline{B}_i\\ F(A=B)=\overline{A}_i\overline{B}_i+A_iB_i=A_i\odot B_i\\ F(A<B)=\overline{A}_iB_i\end{cases}\tag{3.3.31}$$

（4）逻辑图。

根据上述逻辑函数表达式可画出图3.3.15所示的1位数值比较器逻辑图。

如果全用与非门和反相器实现，且输出取反，就可将逻辑函数表达式变换一下，再画出逻辑图。

$$\begin{cases}\overline{F}(A>B)=\overline{A_i\overline{B}_i}\\ \overline{F}(A=B)=\overline{\overline{A}_i\overline{B}_i+A_iB_i}=\overline{\overline{A_i\overline{B}_i+\overline{A}_iB_i}}\\ \qquad\qquad=\overline{\overline{A_i\overline{B}_i}\cdot\overline{\overline{A}_iB_i}}\\ \overline{F}(A<B)=\overline{\overline{A}_iB_i}\end{cases}\tag{3.3.32}$$

图3.3.16所示为用与非门和反相器实现的1位数值比较器逻辑图。

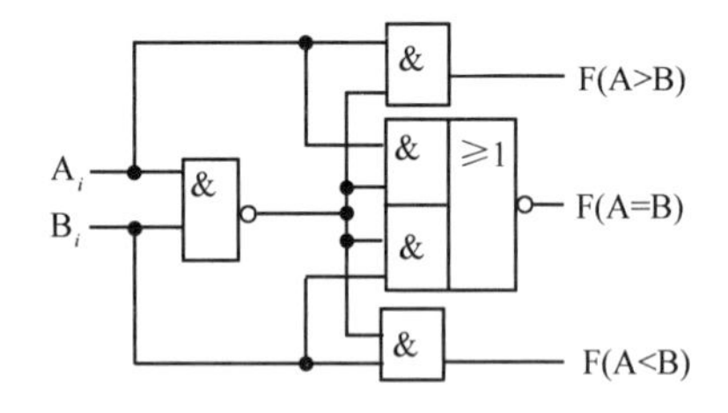

图3.3.15 1位数值比较器逻辑图

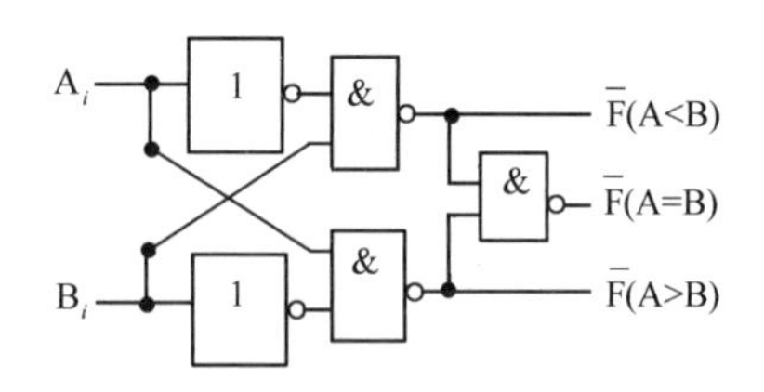

图3.3.16 用与非门和反相器实现的1位数值比较器逻辑图

2．多位数值比较器

在比较两个多位数的大小时，必须自高至低地逐位比较，而且只有在高位相等时，才需要进行低位比较。

例如，$A(A_3A_2A_1A_0)$和$B(B_3B_2B_1B_0)$是两个二进制数，将它们进行比较时，首先比较 A_3 和 B_3，若 $A_3>B_3$，则不管其他几位数值为何值，肯定A＞B；反之，若 $A_3<B_3$，则A＜B。若 $A_3=B_3$，就必须通过比较 A_2 和 B_2 的大小了。以此类推，定能比出最后结果来。

设输入比较变量$A(A_3A_2A_1A_0)$和$B(B_3B_2B_1B_0)$，其低4位比较的结果输入量为 $I_{A>B}$、$I_{A=B}$、$I_{A<B}$。

输出结果变量为 $F(A>B)$、$F(A=B)$、$F(A<B)$。其中，$F(A>B)$ 表示 $A>B$，$F(A=B)$ 表示 $A=B$，$F(A<B)$ 表示 $A<B$。因此输出逻辑函数表达式为

$$
\begin{cases}
F(A=B)=(A_3\odot B_3)(A_2\odot B_2)(A_1\odot B_1)(A_0\odot B_0)I_{A=B} \\
F(A<B)=\overline{A}_3B_3+(A_3\odot B_3)\overline{A}_2B_2+(A_3\odot B_3)(A_2\odot B_2)\overline{A}_1B_1+ \\
\qquad (A_3\odot B_3)(A_2\odot B_2)(A_1\odot B_1)\overline{A}_0B_0+ \\
\qquad (A_3\odot B_3)(A_2\odot B_2)(A_1\odot B_1)(A_0\odot B_0)I_{A<B} \\
F(A>B)=\overline{F(A=B)+F(A<B)}
\end{cases}
\tag{3.3.33}
$$

在工程上，常用与非门和反相器构成 4 位数值比较器，因此需对式（3.3.33）变换成如下表达式。

$$
\begin{cases}
F(A=B)=\overline{\overline{F(A=B)}}=\overline{\overline{A_3\odot B_3}+\overline{A_2\odot B_2}+\overline{A_1\odot B_1}+\overline{A_0\odot B_0}+\overline{I}_{A=B}} \\
F(A<B)=\overline{\overline{F(A<B)}}=\overline{\overline{\overline{A}_3B_3}[\overline{(A_3\odot B_3)}+\overline{\overline{A}_2B_2}][\overline{(A_3\odot B_3)}+\overline{(A_2\odot B_2)}+\overline{\overline{A}_1B_1}]} \\
\overline{[\overline{(A_3\odot B_3)}+\overline{(A_2\odot B_2)}+\overline{(A_1\odot B_1)\overline{A}_0B_0}][\overline{(A_3\odot B_3)}+\overline{(A_2\odot B_2)}+\overline{(A_1\odot B_1)}+\overline{(A_0\odot B_0)I_{A<B}}]}
\end{cases}
\tag{3.3.34}
$$

图 3.3.17（a）所示为 4 位比较器（CC14585）逻辑图。图 3.3.17（b）所示为 CMOS 集成比较器外线功能端排列图。

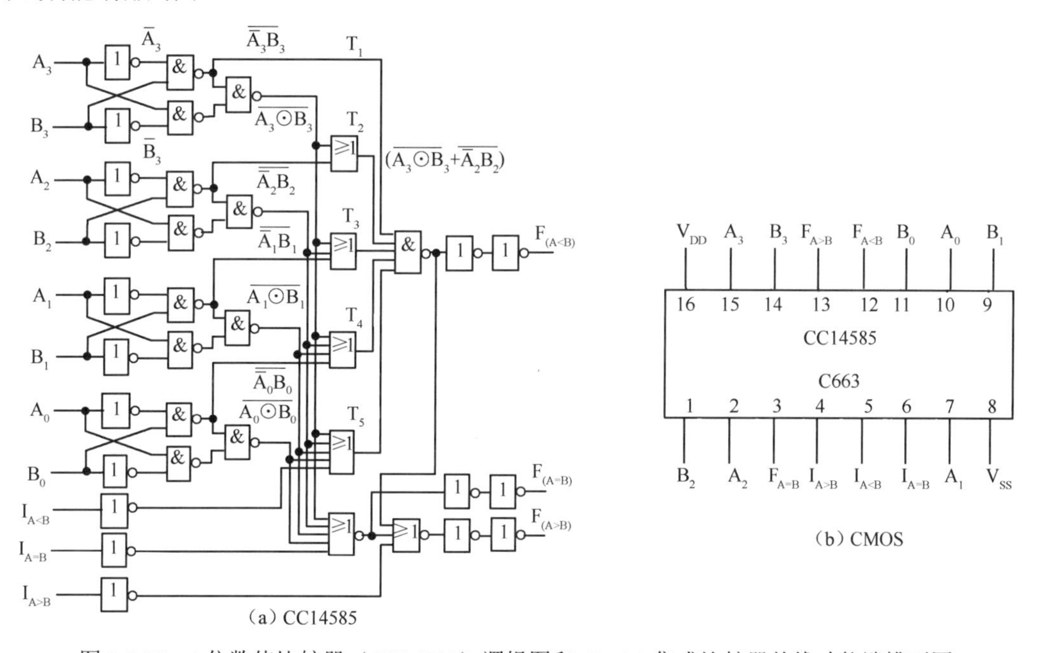

图 3.3.17　4 位数值比较器（CC14585）逻辑图和 CMOS 集成比较器外线功能端排列图

【例 3.3.2】试用两片 CC14585 组成一个 8 位数值比较器，如图 3.3.18 所示。

解： 根据多位数比较的规则，在高位相等时取决于低位的比较结果。同时由式（3.3.34）可知，在 CC14585 中只有两个输入的 4 位数相等时，输出才由 $I_{(A<B)}$ 和 $I_{(A=B)}$ 的输入信号决定。因此，在将两个数的高 4 位 $A_7A_6A_5A_4$ 和 $B_7B_6B_5B_4$ 接到第（2）片 CC14585 上，而将低 4 位 $A_3A_2A_1A_0$ 和 $B_3B_2B_1B_0$ 接到第（1）片 CC14585 上时，只需把第（1）片的 $F_{(A<B)}$ 和 $F_{(A=B)}$ 接到第（2）片的 $I_{(A<B)}$ 和 $I_{(A=B)}$ 就行了。

由式（3.3.34）中的第二式可知，在 CC14585 中 $F_{(A>B)}$ 信号是用 $F_{(A<B)}$ 和 $F_{(A=B)}$ 产生的，因此在扩展连接时，只需低位比较结果 $I_{(A<B)}$ 和 $I_{(A=B)}$ 就够了。由图 3.3.18 可知，$I_{(A>B)}$ 并未用来产生 $F_{(A>B)}$ 的输出信号，它仅仅是一个控制信号。当 $I_{(A>B)}$ 为高电平时，允许有 $F_{(A>B)}$ 信号输出；而当 $I_{(A>B)}$ 为低电平时，$F_{(A>B)}$ 输出端封锁在低电平。因此，在正常工作时应使 $I_{(A>B)}$ 端处于高电平。

注意：若用两片7485（或74LS85）组成一个8位数值比较器，因7485（或74LS85）属于TTL集成片，它与CC14585的内部结构稍有不同，其连接电路如图3.3.19所示。

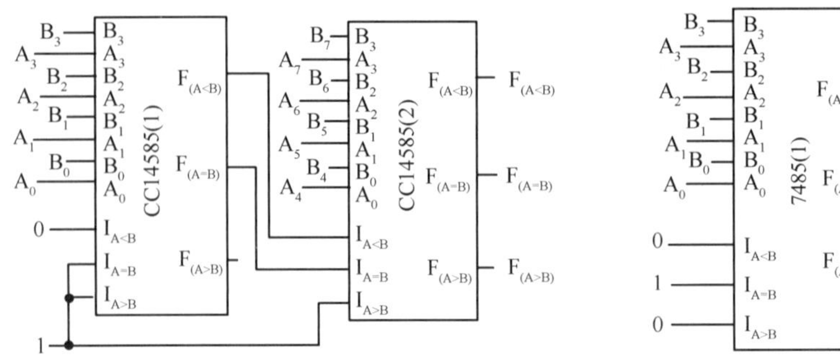

图3.3.18 用两片CC14585组成的8位数值比较器

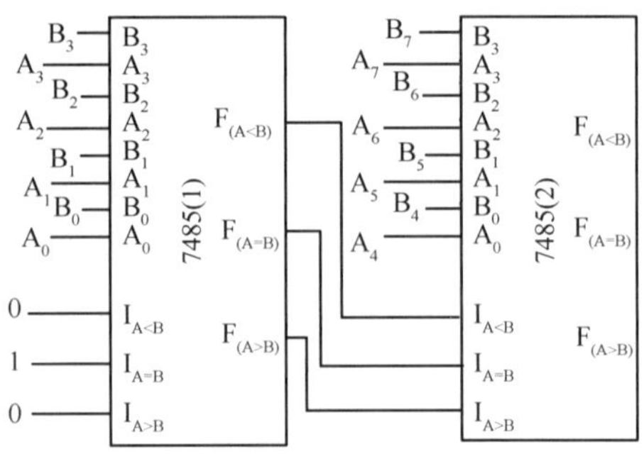

图3.3.19 用两片7485（或74LS85）组成的8位数值比较器

3.3.4 译码器

译码是编码的逆过程，即将二进制数码还原成给定的信息符号（数符、字符、运算符或代码等）。能完成译码功能的电路称为译码器。根据需要，输出信号可以是脉冲，也可以是高电平或低电平。译码器的种类很多，但它们的工作原理和分析方法大同小异。下面将分别介绍变量译码器、码制变换译码器和显示译码器，这3种是最典型、使用最广泛的译码器。

1. 变量译码器

（1）逻辑抽象。

变量译码器又称为二进制译码器，它的输入是一组二进制代码，输出是一组与输入代码一一对应的高、低电平信号。现以3线-8线译码器为例，说明变量译码器的工作原理。

设输入是3位二进制代码$A_2A_1A_0$，输出是其状态译码Y_0～Y_7。其示意图如图3.3.20所示。

（2）真值表。

表3.3.7给出了3位二进制（3线-8线）译码器的真值表。

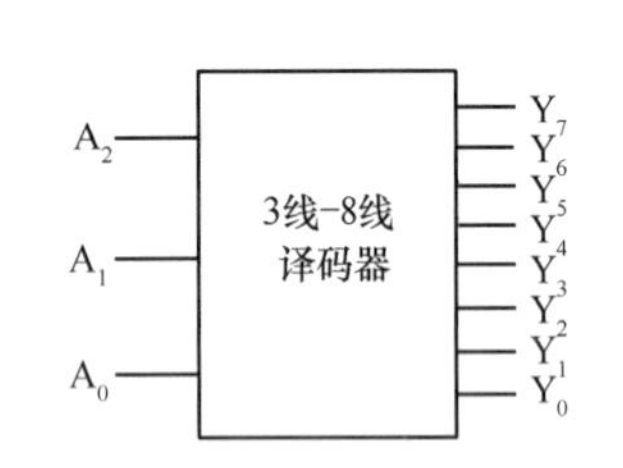

图3.3.20 3线-8线译码器示意图

表3.3.7 3线-8线译码器真值表

输入			输出							
A_2	A_1	A_0	Y_7	Y_6	Y_5	Y_4	Y_3	Y_2	Y_1	Y_0
0	0	0	0	0	0	0	0	0	0	1
0	0	1	0	0	0	0	0	0	1	0
0	1	0	0	0	0	0	0	1	0	0
0	1	1	0	0	0	0	1	0	0	0
1	0	0	0	0	0	1	0	0	0	0
1	0	1	0	0	1	0	0	0	0	0
1	1	0	0	1	0	0	0	0	0	0
1	1	1	1	0	0	0	0	0	0	0

（3）逻辑函数表达式。

由表3.3.7可直接得到

$$\begin{cases} Y_0 = \overline{A}_2\overline{A}_1\overline{A}_0 & Y_1 = \overline{A}_2\overline{A}_1 A_0 \\ Y_2 = \overline{A}_2 A_1\overline{A}_0 & Y_3 = \overline{A}_2 A_1 A_0 \\ Y_4 = A_2\overline{A}_1\overline{A}_0 & Y_5 = A_2\overline{A}_1 A_0 \\ Y_6 = A_2 A_1\overline{A}_0 & Y_7 = A_2 A_1 A_0 \end{cases} \tag{3.3.35}$$

（4）逻辑图。

实现上述逻辑功能常见的有二极管组成的电路和三极管组成的电路。图 3.3.21 所示为用二极管与阵列组成的 3 线–8 线译码器。图 3.3.22 所示为用与非门组成的 3 线–8 线译码器（74LS138）。

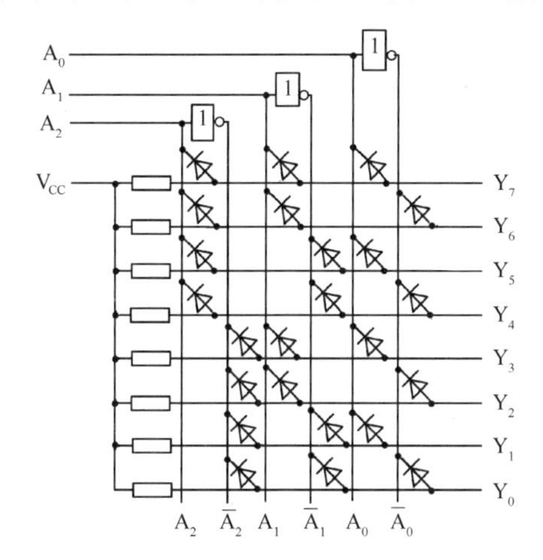

图 3.3.21　用二极管与阵列组成的 3 线–8 线译码器

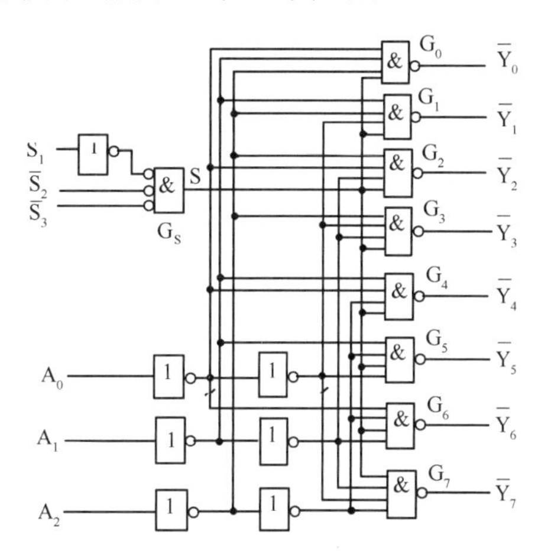

图 3.3.22　用与非门组成的 3 线–8 线译码器（74LS138）

74LS138 有一个附加控制门 G_S，当 G_S 输出 S 为高电平 1 时，译码器各与非门被打开。其逻辑函数表达式为

$$
\begin{cases}
Y_0 = \overline{\overline{A}_2\overline{A}_1\overline{A}_0} \\
\overline{Y}_1 = \overline{\overline{A}_2\overline{A}_1 A_0} \\
\overline{Y}_2 = \overline{\overline{A}_2 A_1\overline{A}_0} \\
\overline{Y}_3 = \overline{\overline{A}_2 A_1 A_0} \\
\overline{Y}_4 = \overline{A_2\overline{A}_1\overline{A}_0} \\
\overline{Y}_5 = \overline{A_2\overline{A}_1 A_0} \\
\overline{Y}_6 = \overline{A_2 A_1\overline{A}_0} \\
\overline{Y}_7 = \overline{A_2 A_1 A_0}
\end{cases}
\tag{3.3.36}
$$

由此可知，式（3.3.36）是在式（3.3.35）两边取反得到的。

74LS138 有 3 个附加控制端 S_1、$\overline{S}_2$、$\overline{S}_3$，它们作为附加控制门的 G_S 输入，其真值表如表 3.3.8 所示。

从表 3.3.8 中可以看出，只有当 S_1=1、$\overline{S}_2=\overline{S}_3$=0 时，S=1 为有效；否则，译码器被禁止，所有的输出被封锁在高电平上。这 3 个控制端也称“片选”输入端，利用它可以将多片连接起来以扩展译码器的功能。

表 3.3.8　74LS138 真值表

输　入			输　出	输　入			输　出
S_1	$\overline{S}_2$	$\overline{S}_3$	S	S_1	$\overline{S}_2$	$\overline{S}_3$	S
0	0	0	0	1	0	0	1
0	0	1	0	1	0	1	0
0	1	0	0	1	1	0	0
0	1	1	0	1	1	1	0

例如，用两片 3 线–8 线译码器（74LS138）组成 4 线–16 线译码器，输入的 4 位二进制 $D_3D_2D_1D_0$ 译成 16 个独立的低电平信号 $\overline{Z}_0 \sim \overline{Z}_{15}$。

用两片 3 线–8 线译码器（74LS138）组成 4 线–16 线译码器逻辑图如图 3.3.23 所示。当 D_3=0 时，片

（1）正常工作，片（2）被封锁，将 $D_3D_2D_1D_0$ 的0000～0111这8个代码译成 $\overline{Z}_0$ ～ $\overline{Z}_7$ 8个低电平信号。

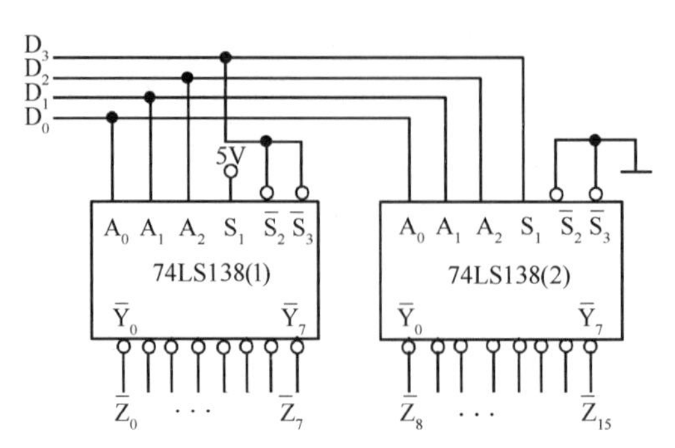

图3.3.23 两片3线-8线译码器（74LS138）组成4线-16线译码器逻辑图

当 D_3=1时，片（2）被选中，片（1）被封锁，将 $D_3D_2D_1D_0$ 的1000～1111这8个代码译成 $\overline{Z}_8$ ～ $\overline{Z}_{15}$ 这8个低电平信号。这样就用两片74LS138构成了4线-16线译码器。

2．码制变换译码器

二进制译码器是全译码的电路，它将每种输入二进制代码状态都翻译出来了。如果把输入信号当作逻辑变量，输出变量当成逻辑函数，那么每个输出信号就是输入变量的一个最小项。所以，二进制译码器在其输出端提供了输入变量的全部最小项。

二-十进制译码器就是最常见的码制变换译码器。它是将输入BCD码的10个代码译成10个高低电平输出信号。仿照4线-16线二进制译码器的译码方法，不难写出二-十进制译码器的逻辑函数表达式。

$$\begin{cases}\overline{Y}_0=\overline{\overline{A}_3\overline{A}_2\overline{A}_1\overline{A}_0} & \overline{Y}_1=\overline{\overline{A}_3\overline{A}_2\overline{A}_1A_0}\\ \overline{Y}_2=\overline{\overline{A}_3\overline{A}_2A_1\overline{A}_0} & \overline{Y}_3=\overline{\overline{A}_3\overline{A}_2A_1A_0}\\ \overline{Y}_4=\overline{\overline{A}_3A_2\overline{A}_1\overline{A}_0} & \overline{Y}_5=\overline{\overline{A}_3A_2\overline{A}_1A_0}\\ \overline{Y}_6=\overline{\overline{A}_3A_2A_1\overline{A}_0} & \overline{Y}_7=\overline{\overline{A}_3A_2A_1A_0}\\ \overline{Y}_8=\overline{A_3\overline{A}_2\overline{A}_1\overline{A}_0} & \overline{Y}_9=\overline{A_3\overline{A}_2\overline{A}_1A_0}\end{cases} \tag{3.3.37}$$

由上述逻辑函数表达式不难画出二-十进制译码器的逻辑图。图3.3.24所示为74LS42逻辑图、外引线排列图、逻辑功能示意图和国家标准符号。类似的产品还有7442、MC14028B等。

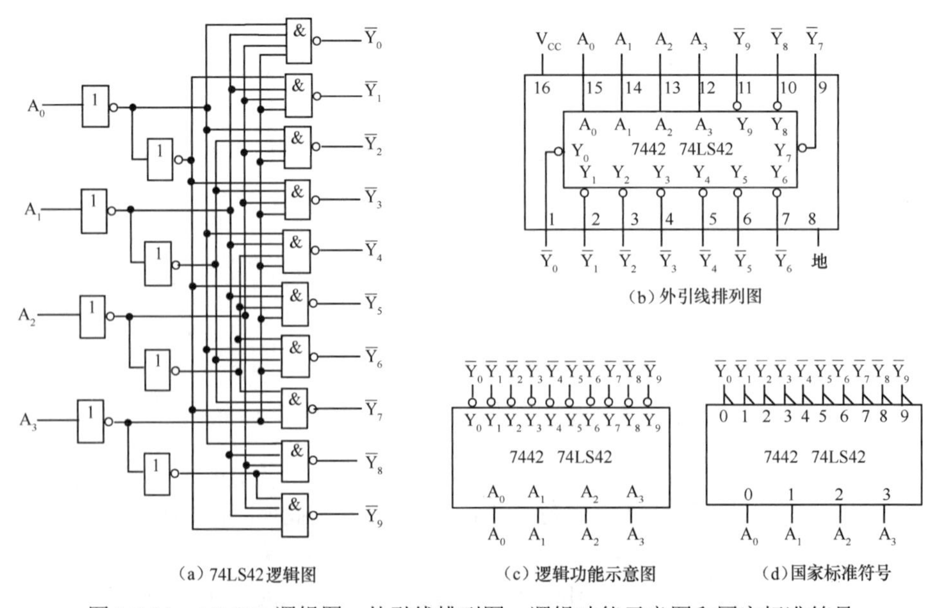

（a）74LS42逻辑图　（c）逻辑功能示意图　（d）国家标准符号

图3.3.24 74LS42逻辑图、外引线排列图、逻辑功能示意图和国家标准符号

3．显示译码器

在数字系统中，经常需要将数字、文字、符号的二进制代码翻译成人们习惯的形式并直观地显示出来，供人们读取或监视系统的工作情况。由于各种工作方式的显示器件对译码器的要求区别很大，而实际工作中又希望显示器和译码器配合使用，甚至直接利用译码器驱动显示器。因此，人们就把这种类型的译码器称为显示译码器。而要弄懂显示译码器，必须对最常用的显示器有所了解。下面先介绍两种常用的数码显示器。

（1）半导体显示器。

① 简单显示原理。某些特殊的半导体器件，如用磷砷化镓做成的 PN 结，当外加正向电压时，可以将电能转换成光能，从而发出清晰悦目的光线。利用这样的 PN 结，既可以封装成单个的发光二极管（LED），也可以封装成分段式（或者点阵式）的显示器件，如图 3.3.25 所示。

② 驱动电路。既可以用半导体三极管驱动，也可以用 TTL 与非门驱动，如图 3.3.26 所示。图中 VD 为发光二极管（或数码管中一段），当 G 导通或 VT 饱和导通时 VD 亮，R 为限流电阻。VD 的工作电压一般为 1.5～3V，工作电流只需几毫安到十几毫安。改变 R 的数值，可改变流经 VD 的电流，从而控制 VD 的亮度。

③ 基本特点。半导体显示器的特点是清晰悦目、工作电压低（1.5～3V）、工作电流为 5～20mA、体积小、寿命长（大于 1000h）、响应速度快（1～100ns）、颜色丰富（有红、绿、黄等色）、可靠等。

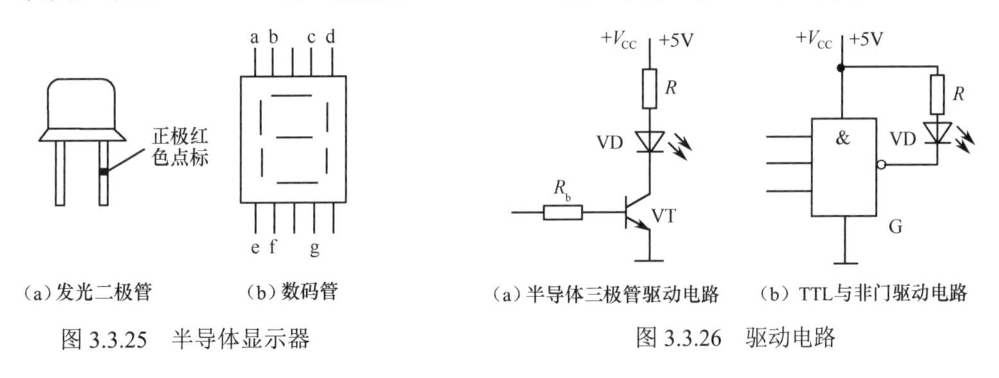

（a）发光二极管　（b）数码管

图 3.3.25　半导体显示器

（a）半导体三极管驱动电路　（b）TTL与非门驱动电路

图 3.3.26　驱动电路

（2）液晶显示器件。

液晶显示器件（LCD）是一种平板薄型显示器件，其驱动电压很低、工作电流极小，与 CMOS 电路组合起来可以组成微功耗系统，广泛地用于电子钟表、电子计数器、各种仪器和仪表中。

液晶是一种介于晶体和液体之间的有机化合物，常温下既有液体的流动性和连续性，又有晶体的某些光学特性。液晶显示器件本身不发光，在黑暗中不能显示数字，它依靠在外界电场作用下产生的光电效应，调制外界光线使液晶不同部位显示出反差，从而显示出字形。

（3）显示译码器。

设计显示译码器首先要考虑到显示器的字形，现以驱动七段发光二极管的二-十进制译码器为例，具体说明显示译码器的设计过程。

① 逻辑抽象。大家知道，十进制中 0～9 这 10 个字符可由七段组合而成，如图 3.3.27 所示。

现设输入变量为 A_3、A_2、A_1、A_0，组成 8421BCD 码，输出是驱动七段发光二极管显示字形的信号——Y_a、Y_b、Y_c、Y_d、Y_e、Y_f、Y_g。显示译码器的示意图如图 3.3.28 所示。

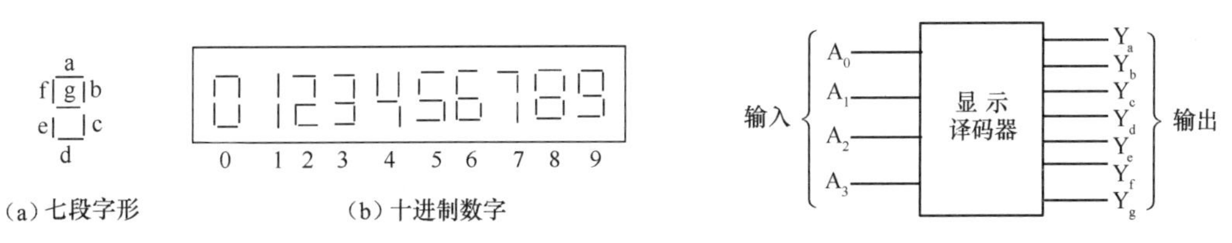

（a）七段字形　（b）十进制数字

图 3.3.27　七段字形与十进制数字

图 3.3.28　显示译码器示意图

若采用共阳极数码管，则 Y_a～Y_g 应为 0，即低电平有效；反之，若采用共阴极数码管，则 Y_a～Y_g 应为 1，即高电平有效。所谓有效，就是能驱动显示段发光。图 3.3.29 给出的是七段发光二极管内部的两种接法——共阳极和共阴极接法。图中 R 是外接限流电阻，V_{CC} 是外接电压。

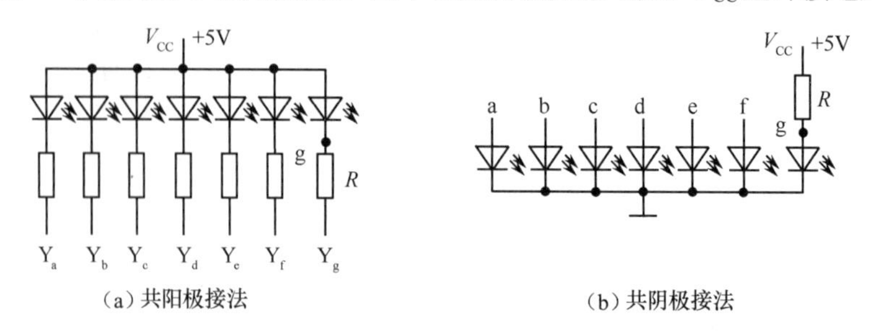

（a）共阳极接法　　（b）共阴极接法

图 3.3.29　七段发光二极管内部的两种接法

下面以共阳极接法进行讨论。

② 列真值表。假如采用共阳极数码管，其输入变量为 A、B、C、D，其真值表如表 3.3.9 所示。

表 3.3.9　显示译码器（采用阳极数码管）的真值表

A	B	C	D	a	b	c	d	e	f	g	显示
0	0	0	0	0	0	0	0	0	0	1	0
0	0	0	1	1	0	0	1	1	1	1	1
0	0	1	0	0	0	1	0	0	1	0	2
0	0	1	1	0	0	0	0	1	1	0	3
0	1	0	0	1	0	0	1	1	0	0	4
0	1	0	1	0	1	0	0	1	0	0	5
0	1	1	0	0	1	0	0	0	0	0	6
0	1	1	1	0	0	0	1	1	1	1	7
1	0	0	0	0	0	0	0	0	0	0	8
1	0	0	1	0	0	0	0	1	0	0	9

③ 画卡诺图。根据表 3.3.9，画出 a、b、c、d、e、f、g 各段的卡诺图，如图 3.3.30 所示。

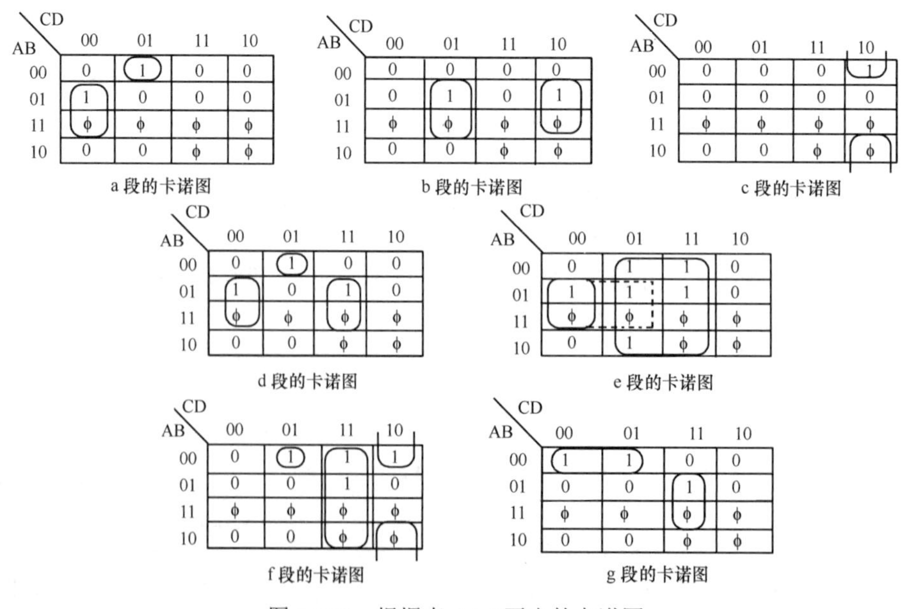

图 3.3.30　根据表 3.3.9 画出的卡诺图

注意：① 利用卡诺图化简，伪码对应的最小项是约束项；② e、f 两式本可以进一步化简，但从工程角度来考虑，尽量避免增加新项，这样可以节约一个与门，这点对于多变量输出非常重要，可以说这是多输出函数的一个特点。

④ 写逻辑函数表达式。根据图 3.3.30 所示卡诺图，写出 a、b、c、d、e、f、g 各段的逻辑函数表达式，即

$$\begin{cases} a = \bar{A}\bar{B}\bar{C}D + B\bar{C}\bar{D} = \overline{\overline{\bar{A}\bar{B}\bar{C}D} \cdot \overline{B\bar{C}\bar{D}}} \\ b = B\bar{C}D + BC\bar{D} = \overline{\overline{B\bar{C}D}\,\overline{BC\bar{D}}} \\ c = \bar{B}C\bar{D} = \overline{\overline{\bar{B}C\bar{D}}} \\ d = \bar{A}\bar{B}\bar{C}D + B\bar{C}\bar{D} + BCD = \overline{\overline{\bar{A}\bar{B}\bar{C}D}\,\overline{B\bar{C}\bar{D}}\,\overline{BCD}} \\ e = D + \bar{D}B\bar{C} = \overline{\bar{D}\,\overline{\bar{D}B\bar{C}}} \\ f = CD + \bar{B}C\bar{D} + \bar{A}\bar{B}\bar{C}D = \overline{\overline{CD}\,\overline{\bar{B}C\bar{D}}\,\overline{\bar{A}\bar{B}\bar{C}D}} \\ g = \bar{A}\bar{B}\bar{C} + BCD = \overline{\overline{\bar{A}\bar{B}\bar{C}}\,\overline{BCD}} \end{cases} \tag{3.3.38}$$

⑤ 画逻辑图。根据输出逻辑函数表达式（3.3.38）画逻辑图，如图 3.3.31 所示。

需要指出的是，由于采用了共阳极七段发光二极管显示器，因此图 3.3.31 所示译码器各输出端必须具有足够的吸收电流的能力，也即带灌电流的能力，以驱动有关显示段发光。因为共阳极结构的显示器，电源的正极接在阳极上，显示段发光时其电流由阴极流出进入译码器相应输出端形成灌电流负载，其接线图如图 3.3.32 所示。总之，显示译码器的输出级的电路结构形式与所选用显示器的结构形式相匹配，否则不仅不能正常工作，还会导致器件损坏。

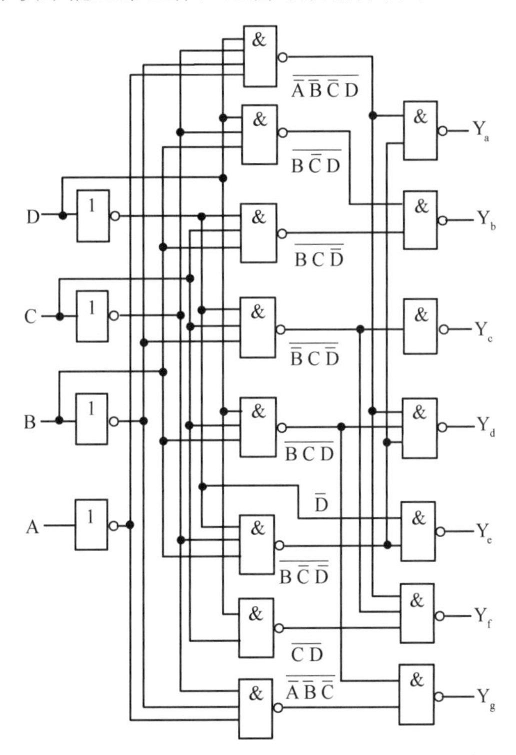

图 3.3.31　BCD 七段译码显示电路

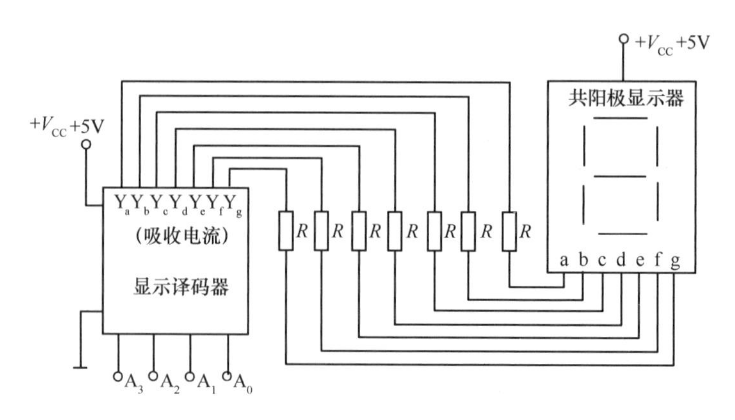

图 3.3.32 显示译码器与共阳极显示器接线图

（4）集成显示译码器。

由于显示器件的种类较多，应用又十分广泛，因此厂家生产用于显示驱动的译码器也有各种不同的规格和品种。例如，用来驱动七段字形显示器的 BCD 七段字形译码器，就有适用共阳极字形管的产品，如 OC 输出、无上拉电阻、0 电平驱动的 74247、74LS247 等；有适用共阴极字形管的产品，如 OC 输出、有 2kΩ 上拉电阻、1 电平驱动的 7448、74LS48、74248、74LS248 等和 OC 输出、无上拉电阻、1 电平驱动的 74249、74LS249、7449 等。

3.3.5 数据分配器

能够将 1 个输入数据，根据需要传送到 m 个输出端的任何一个输出端的电路，称为数据分配器，又称为多路分配器，其原理框图如图 3.3.33 所示。其功能犹如一个多路开关，将信号 D 分配到指定的数据通道上。

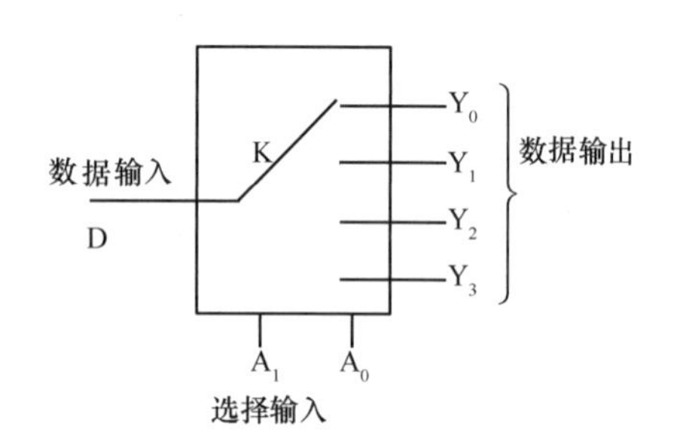

图 3.3.33 数据分配器原理框图

下面以 1 路-4 路数据分配器为例说明它的设计思路。

（1）逻辑抽象。

输入信号：1 路输入数据，用 D 表示；两个输入选择信号，用 A_0、A_1 表示。

输出信号：4 个数据输出端，用 Y_0、Y_1、Y_2、Y_3 表示。

具体设定如下。

当选择控制信号 A_1A_0=00 时，选中输出端 Y_0，即 Y_0=D。

当选择控制信号 A_1A_0=01 时，选中输出端 Y_1，即 Y_1=D。

当选择控制信号 A_1A_0=10 时，选中输出端 Y_2，即 Y_2=D。

当选择控制信号 A_1A_0=11 时，选中输出端 Y_3，即 Y_3=D。

（2）列真值表。

1 路-4 路数据分配器真值表如表 3.3.10 所示。

表 3.3.10 1 路-4 路数据分配器真值表

A_1	A_0	Y_0	Y_1	Y_2	Y_3	A_1	A_0	Y_0	Y_1	Y_2	Y_3
0	0	D	0	0	0	1	0	0	0	D	0
0	1	0	D	0	0	1	1	0	0	0	D

（3）写逻辑函数表达式。

由表 3.3.10 不难得出输出如下变量的逻辑函数表达式。

$$\begin{cases} Y_0 = D \cdot \overline{A}_1\overline{A}_0 \\ Y_1 = D \cdot \overline{A}_1 A_0 \\ Y_2 = D \cdot A_1\overline{A}_0 \\ Y_3 = D \cdot A_1 A_0 \end{cases} \quad \text{或者} \quad \begin{cases} Y_0 = \overline{\overline{D\overline{A}_1\overline{A}_0}} \\ Y_1 = \overline{\overline{D\overline{A}_1 A_0}} \\ Y_2 = \overline{\overline{DA_1\overline{A}_0}} \\ Y_3 = \overline{\overline{DA_1A_0}} \end{cases} \tag{3.3.39}$$

（4）画逻辑图。

根据逻辑函数表达式，画出逻辑图，如图 3.3.34 所示。

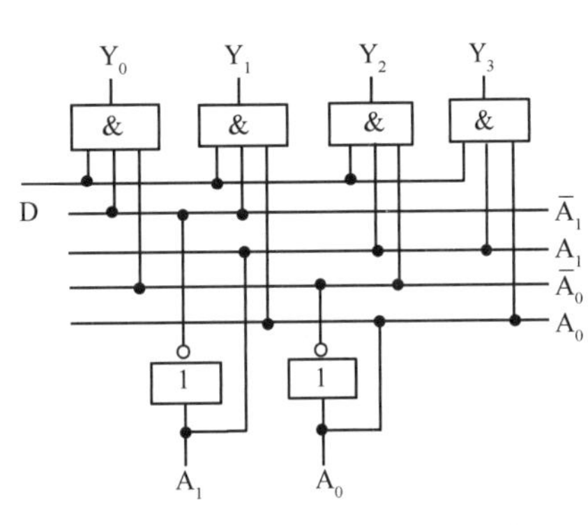

图 3.3.34　1 路-4 路数据分配器逻辑图

从图 3.3.34 中可以看出，数据分配器和译码器有着相同的基本电路结构形式——由与非门组成的阵列。在数据分配器中，D 是数据输入端，A_1、A_0 是选择信号控制端；在二进制译码器中，与 D 相应的是选通控制信号端，A_1、A_0 是输入的二进制代码。其实，集成数据分配器就是带选通控制端（也称为使能端）的二进制集成译码器。只要在使用时，把二进制译码器的选通控制端作为数据输入端、二进制代码作为选通控制端即可。例如，74LS139 是集成 2 线-4 线译码器，也是集成 1 路-4 路数据分配器；74LS138 是集成 3 线-8 线译码器，也是集成 1 路-8 路数据分配器，而且它们的型号也相同。

3.3.6　数据选择器

在多路数据传送过程中，能够根据需要将其中任意一路挑选出来的电路，称为数据选择器，也称为多路选择器或多路开关。它的功能与数据分配器相反，它是多输入、单输出。下面以 4 选 1 数据选择器为例说明它的设计思路。

1．4 选 1 数据选择器

（1）逻辑抽象。

输入信号：4 路数据，用 D_0、D_1、D_2、D_3 表示；两个选择控制信号，用 A_0、A_1 表示。

输出信号：用 Y 表示，它可以是 4 路输入数据中的任意一路；究竟是哪一路，完全由选择控制信号决定。

4 选 1 数据选择器框图如图 3.3.35 所示。并令

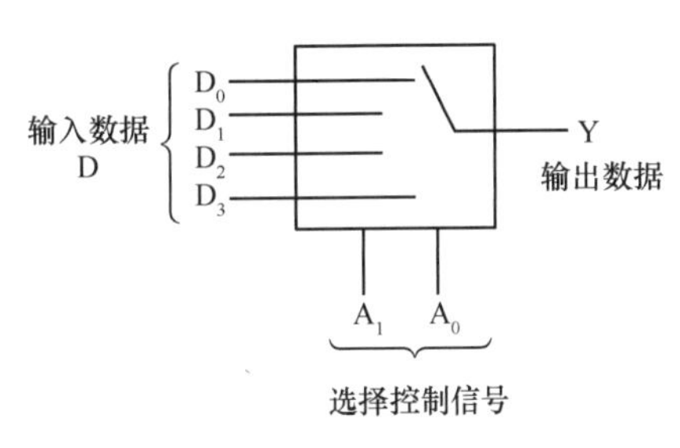

图 3.3.35　4 选 1 数据选择器框图

A_1A_0=00 时，Y=D_0；

A_1A_0=01 时，Y=D_1；

A_1A_0=10 时，Y=D_2；

A_1A_0=11 时，Y=D_3。

（2）列真值表。

根据以上分析，可列出表 3.3.11 所示的 4 选 1 数据选择器真值表。

（3）写逻辑函数表达式。

由表 3.3.11 可以得到如下逻辑函数表达式。

$$Y = D_0\overline{A}_1\overline{A}_0 + D_1\overline{A}_1A_0 + D_2A_1\overline{A}_0 + D_3A_1A_0$$

（4）画逻辑图。

根据逻辑函数表达式，画出逻辑图，如图 3.3.36 所示。图中 $\overline{ST}$ 为使能端，当 $\overline{ST}$=0 时，各与门打开，集成片处于正常工作；当 $\overline{ST}$=1 时，各与门被封锁，Y=0。

表 3.3.11　4选1数据选择器真值表

输　入			输　出
D	A_1	A_0	Y
D_0	0	0	D_0
D_1	0	1	D_1
D_2	1	0	D_2
D_3	1	1	D_3

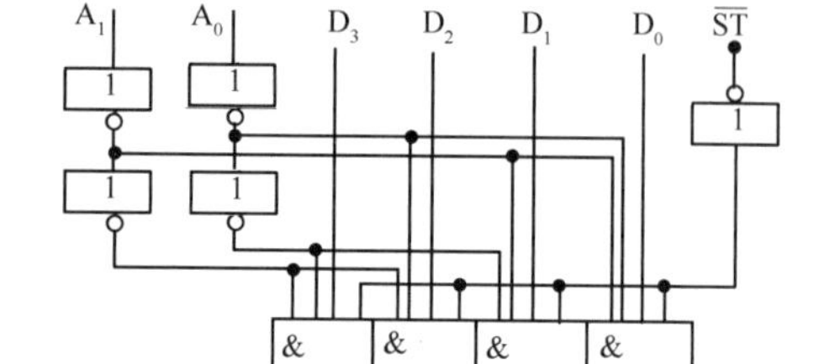

图 3.3.36　4选1数据选择器逻辑图

典型的集成4选1数据选择器有双4选1数据选择器74153和74LS153，它由两个4选1数据选择器组成。74153的逻辑符号如图3.3.37所示。

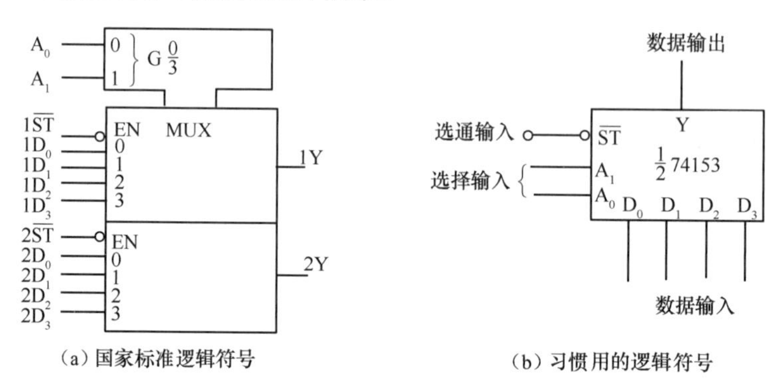

（a）国家标准逻辑符号　（b）习惯用的逻辑符号

图 3.3.37　74153的逻辑符号

2. 8选1数据选择器

从上面的分析可以推出，8选1数据选择器（74151）需要3个地址译码输入端、8个数据输入端。74151是具有互补输出的数据选择器，有原码和反码两种输出形式，其逻辑图、逻辑符号如图3.3.38所示，其真值表如表3.3.12所示。

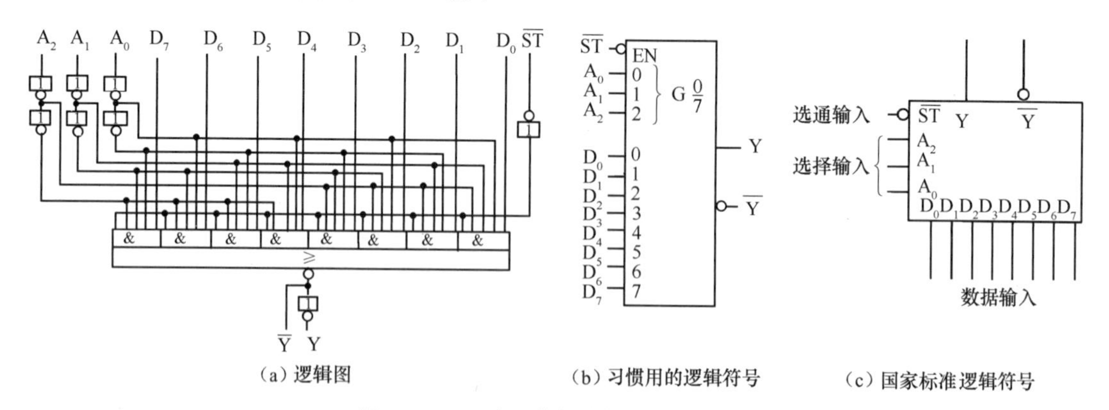

（a）逻辑图　（b）习惯用的逻辑符号　（c）国家标准逻辑符号

图 3.3.38　8选1数据选择器（74151）

表 3.3.12 74151 真值表

输入				输出		输入				输出	
$\overline{ST}$	A_2	A_1	A_0	Y	$\overline{Y}$	$\overline{ST}$	A_2	A_1	A_0	Y	$\overline{Y}$
1	ϕ	ϕ	ϕ	0	1	0	1	0	0	D_4	$\overline{D}_4$
0	0	0	0	D_0	$\overline{D}_0$	0	1	0	1	D_5	$\overline{D}_5$
0	0	0	1	D_1	$\overline{D}_1$	0	1	1	0	D_6	$\overline{D}_6$
0	0	1	0	D_2	$\overline{D}_2$	0	1	1	1	D_7	$\overline{D}_7$
0	0	1	1	D_3	$\overline{D}_3$						

3. 16 选 1 数据选择器

图 3.3.39 所示为 74150 逻辑图，它是一个 16 选 1 数据选择器。

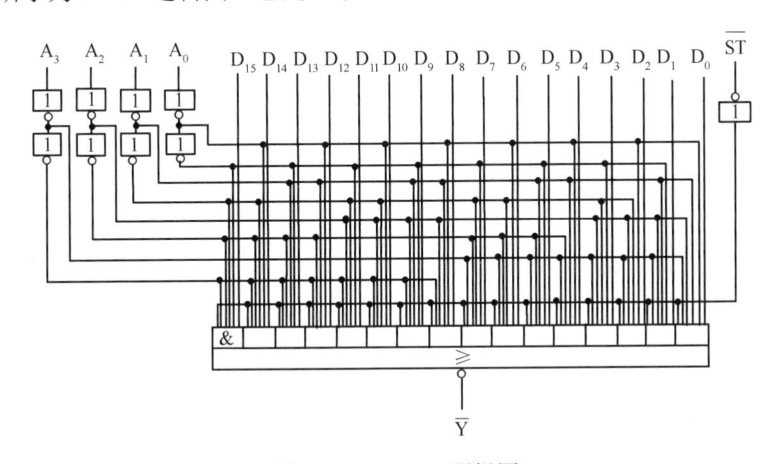

图 3.3.39 74150 逻辑图

4. 利用使能端 ST 扩展数据通道数

图 3.3.40 所示为 4 片 8 选 1 数据选择器扩展为 32 选 1 数据选择器逻辑图。在图 3.3.40 中，2 输入译码器的输出作为 8 选 1 数据选择器的“片选”信号。例如，当 A_4A_3=00 时，2 输入译码器 $\overline{Y}_0$ =0，使片 I 被选中，其余被禁止。由 $A_2A_1A_0$ 的状态从片 I 中选择 D_0～D_7 的某个数据作为输出。当 A_4A_3=01 时，片 II 被选中，其余被禁止，以此类推。

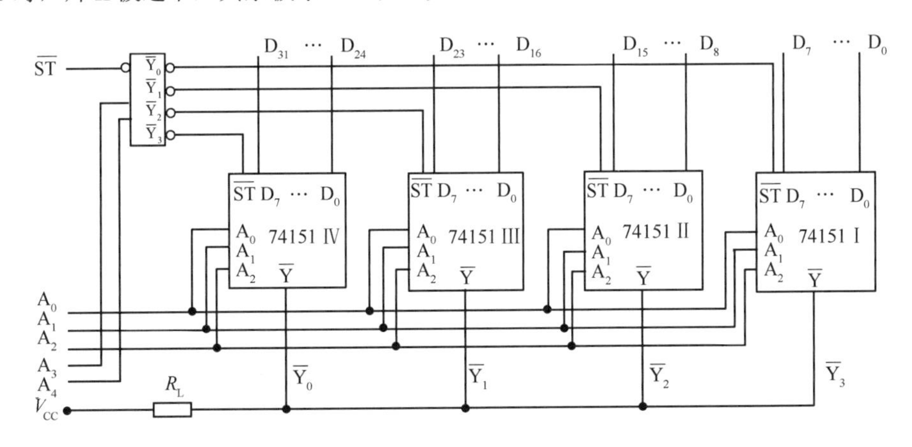

图 3.3.40 4 片 8 选 1 数据选择器扩展为 32 选 1 数据选择器逻辑图

由于 8 选 1 数据选择器为集电极开路输出，因此将各片的 $\overline{Y}$ 直接“线与”在一起（不能使用 Y 端）作为 32 选 1 数据选择器的输出。

图 3.3.41 所示为两片 16 选 1 数据选择器扩展为 32 选 1 数据选择器逻辑图。

由于 16 选 1 数据选择器（74150）的输出不是集电极开路输出结构，因此选择器的输出必须经一个附加“与非门”来实现与逻辑，此时输出的是原码，而不是反码，即

$$Y=\overline{\overline{Y}_1 \cdot \overline{Y}_2}=Y_1+Y_2$$

当 A_4=0 时，片 I 处于正常工作，片 II 禁止，此时 $Y=Y_1$。

当 A_4=1 时，片 II 处于正常工作，片 I 禁止，此时 $Y=Y_2$。

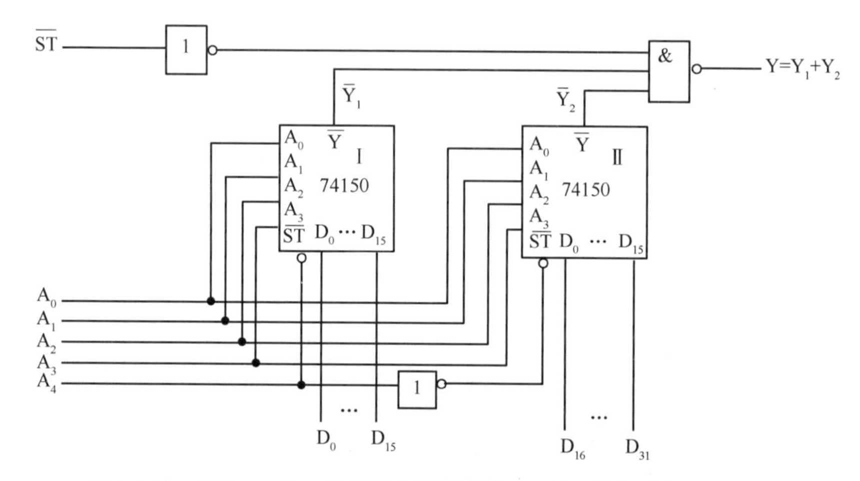

图 3.3.41 两片 16 选 1 数据选择器扩展为 32 选 1 数据选择器逻辑图

5．用数据选择器设计组合逻辑电路

由于数据选择器是以与或非或与非门为主体的组合逻辑电路，因此可以用它实现逻辑运算。

大家知道，一块具有 n 个地址端的数据选择器，具有对 2^n 个数据选择的功能。例如，n=3，可完成 8 选 1 的功能。根据 8 选 1 的数据选择器（如 74151 集成块）的真值表（表 3.3.12），可以写出逻辑函数表达式。

$$Y=\overline{A}_2\overline{A}_1\overline{A}_0D_0+\overline{A}_2\overline{A}_1A_0D_1+\overline{A}_2A_1\overline{A}_0D_2+\overline{A}_2A_1A_0D_3+A_2\overline{A}_1\overline{A}_0D_4+$$

$$A_2\overline{A}_1A_0D_5+A_2A_1\overline{A}_0D_6+A_2A_1A_0D_7=\sum_{i=0}^{7}m_iD_i$$

根据逻辑函数表达式画出它的卡诺图，如图 3.3.42 所示。

由卡诺图和逻辑函数表达式可知，采用 8 选 1 数据选择器可以实现任意 3 个输入变量的组合逻辑函数。

【例 3.3.3】 用 74151 实现逻辑函数：$F(A,B,C)=AB+AC+BC$。

解：首先将逻辑函数转化成标准与或式。

$$\begin{aligned}F(A,B,C)&=AB+AC+BC\\&=AB(C+\overline{C})+A(B+\overline{B})C+(A+\overline{A})BC\\&=\overline{A}BC+A\overline{B}C+AB\overline{C}+ABC\\&=\sum m^3(3,5,6,7)\end{aligned}$$

根据上式，只要将逻辑变量 A、B、C 依次接在 74151 选择控制输入端 A_2、A_1、A_0 上，使能端 $\overline{ST}$ 接地（0 电平），并将数据输入端 D_3、D_5、D_6、D_7 接高电平 1，其余接 0，就可以构成符合要求的函数发生器，如图 3.3.43 所示。

需要指出的是，若输入变量数 m 小于选择器的地址端数 n，即 $m<n$ 时，只需将高位地址端及相应的数据输入端接地即可。

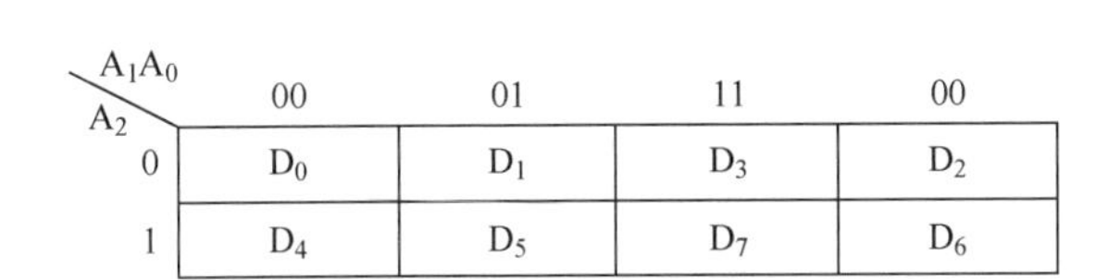

图 3.3.42　8 选 1 数据选择器卡诺图

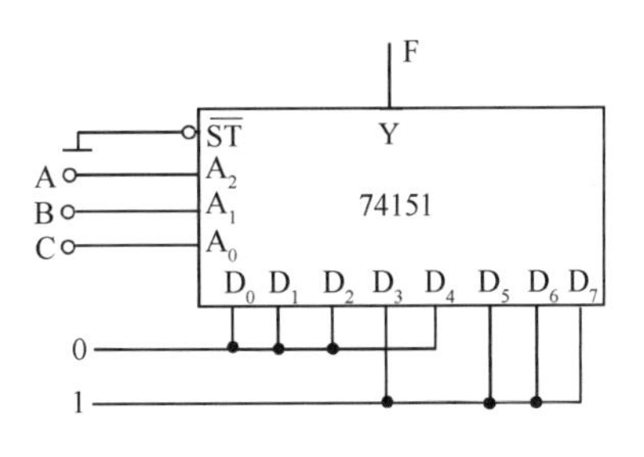

图 3.3.43　函数 F(A,B,C)逻辑图

若 $m > n$ 时，有如下 3 种解决方法。

（1）重新选择器件，使 m=n。例如，4 个输入变量为 A、B、C、D，此时不能再选用 8 选 1 数据选择器（74151），而必须选择 16 选 1 数据选择器（如 74150）。

（2）扩展法。若输入变量数 m 大于现有选择器地址端数 n 时，则可采用扩展法。为了说明这个问题，不妨举一例加以说明。

【例 3.3.4】 用 8 选 1 数据选择器（74151）实现 4 个变量函数：

$$F(A,B,C,D)=\sum m^4(1,5,6,7,9,11,12,13,14)$$

解：因为 74151 只有 3 个地址端，而函数 F 由 4 个逻辑变量构成，所以采用两片 8 选 1 数据选择器扩展为 16 选 1 数据选择器，如图 3.3.44 所示。

在图 3.3.44 中，将输入变量 A 接在 I 片的使能端 $\overline{ST}$，取反后又接在Ⅱ片的使能端 $\overline{ST}$ 上。输入变量 B、C、D 接至 8 选 1 数据选择器的地址端（A_2、A_1、A_0）上。

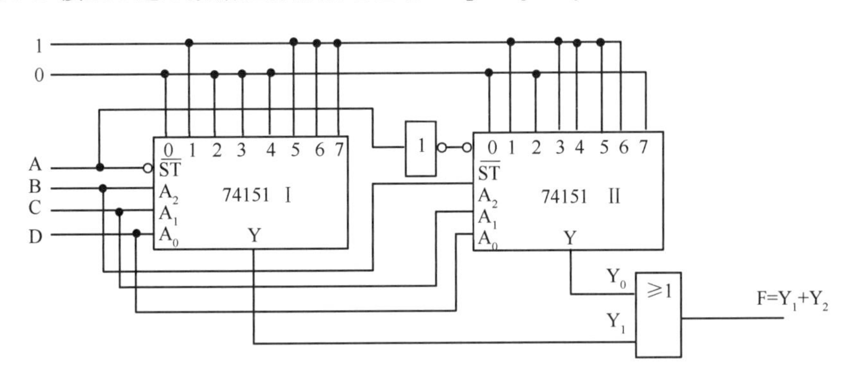

图 3.3.44　用两片 8 选 1 数据选择器扩展为 16 选 1 数据选择器逻辑图

当 A=0 时，片Ⅰ执行选择功能，片Ⅱ被封锁，在 B、C、D 输入变量作用下，输出 m_0～m_7 中的函数值。

当 A=1 时，片Ⅰ被封锁，片Ⅱ执行选择功能，在 B、C、D 输入变量作用下，输出 m_8～m_{15} 中的函数值。

根据逻辑函数表达式，将片Ⅰ数据输入端 D_1、D_5、D_6、D_7 及片Ⅱ数据输入端 D_1、D_3、D_4、D_5、D_6 接至高电平 1 上，其余接至低电平 0 上，即可构成所求的函数发生器的逻辑图。

（3）降维法。若输入变量数 m 大于现有选择器地址端数 n 时，则可以采用降维法。

所谓卡诺图的维数，就是指卡诺图的变量数。如果把某个或某些变量也作为卡诺图小方格内的值，就会减小卡诺图的维数，这种卡诺图称为降维卡诺图。作为降维图小方格的那些变量称为记图变量。

下面仍以例 3.3.4 为例，采用降维法来实现 4 变量函数。

$$F(A,B,C,D)=\sum m^4(1,5,6,7,9,11,12,13,14)$$

解：第一步，作函数卡诺图及降维卡诺图。

现选取 D 作为记图变量，根据逻辑函数表达式作卡诺图和降维卡诺图，如图 3.3.45 所示。

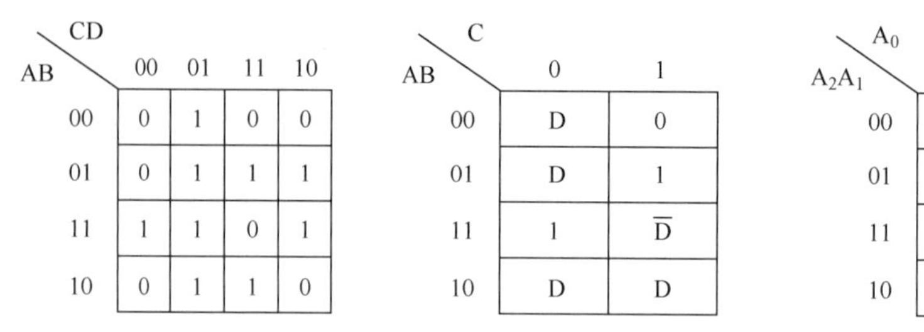

图 3.3.45 F 的卡诺图、降维卡诺图及 8 选 1 数据选择器的卡诺图

第二步，将降维卡诺图和 8 选 1 数据选择器的卡诺图进行比较，得

$$D_0=D，D_1=0，D_2=D，D_3=1，D_4=D,$$

$$D_5=D，D_6=1，D_7=\overline{D}$$

第三步，画出逻辑电路，如图 3.3.46 所示。

注意：关于降维卡诺图的绘图方法请参阅参考文献[5]。

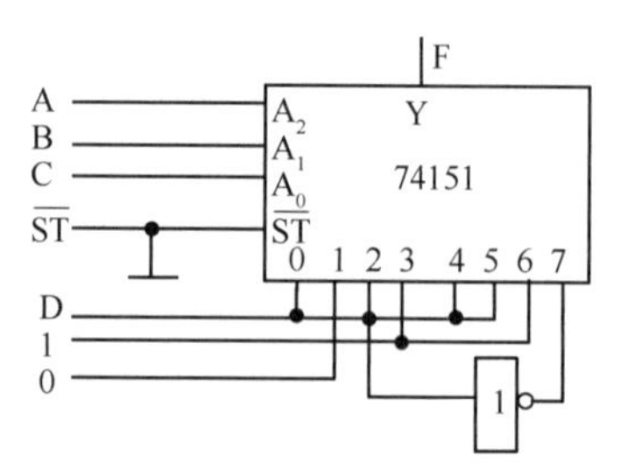

图 3.3.46 用降维法构成函数发生器示例

3.4 组合逻辑电路的 Verilog HDL 描述

在 1.4 节中已提到 Verilog HDL 语言的逻辑功能描述有结构级描述、数据流描述和行为级描述 3 种不同的方式，也分别称为结构级建模、数据流建模、行为级建模。这些不同的逻辑功能描述方法都有一些特定的语法规则和结构模型。

3.4.1 结构级建模

结构级建模根据逻辑电路的结构（逻辑电路图）、实例引用 Verilog HDL 中内置的基本门级元件、用户自定义的元件或其他模块，来描述电路结构图中的元件以及元件之间的连接关系。这里仅讨论引用门级元件的建模方法。

Verilog HDL 中内置了 12 个基本门级元件（Primitive，“原语”）模型，引用这些基本门级元件对逻辑图进行描述，也称为门级建模。Verilog HDL 中内置的基本门级元件主要分为 3 类，分别是多输入门、多输出门、三态门。

1. 多输入门

只允许有一个输出端，但可以有多个输入端的门级元件，如与门（and）、与非门（nand）、或非门（nor）、或门（or）、异或门（xor）、同或门（xnor）等。这 6 种逻辑门原语的名称、图形符号和逻辑表达式，如表 3.4.1 所示。

表 3.4.1 6 种逻辑门原语的名称图形符号和逻辑表达式

原语名称	图形符号	逻辑表达式
与门（and）	A, B — & — L	L=A&B
与非门（nand）	A, B — & ○ — L	L=~(A&B)

续表

原语名称	图形符号	逻辑表达式
或门（or）	A B ≥1 L	L=A|B
或非门（nor）	A B ≥1 L	L=~(A|B)
异或门（xor）	A B =1 L	L=A^B
同或门（xnor）	A B =1 L	L=A~^B

多输入门的一般引用格式为

gate_name <instance> (outputA, input1, input2,⋯, inputN);

其中，“game_name”为表 3.4.1 中 6 种原语名称之一，“instance”为自己命名的实例引用名，不需要声明，直接使用也可以省略。圆括号中列出了输入、输出端口，括号中位于左边的第一个端口必须为输出，其他端口均为输入，输入端口的数目可变。

2. 多输出门

允许有多个输出，但只有一个输入，如 buf、not，它们的逻辑符号如图 3.4.1 所示。

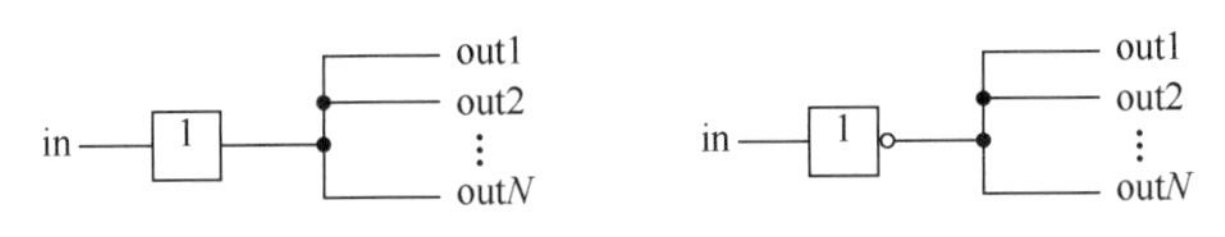

图 3.4.1　多输出门逻辑符号

实例引用的一般形式分别为

buf　B1 (out1, out2,⋯, in);

not　N1 (out1, out2,⋯, in);

其中，实例引用名 B1、N1 可以省略。圆括号最右边一个为输入端，其他的为输出端口。由真值表可知，not 输出与输入相反，buf 输出与输入相同。当输入为 x 或 z 时，两者输出都为 x。

3. 三态门

三态门的特点是有一个输出、一个数据输入和一个控制输入。根据控制输入信号是否有效，三态门的输出可能为高阻态 z。三态门共有 4 种模型，分别是 bufif0、bufif1、notif0、notif1，如图 3.4.2 所示。

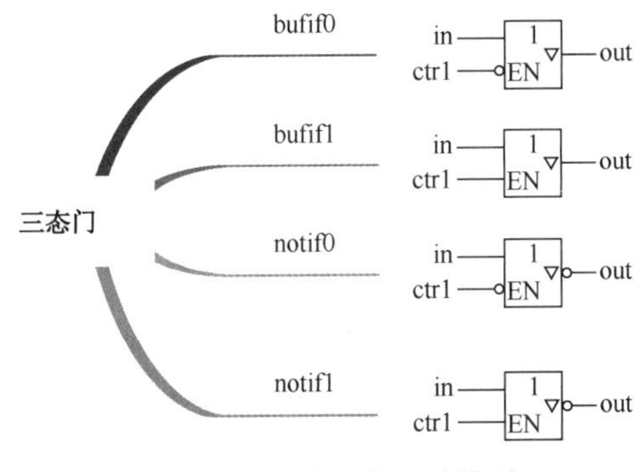

图 3.4.2　三态门的 4 种模型

这些门实例引用的一般形式分别为

bufif1　B1 (out, in, ctrl);

```
bufif0   B0 (out, in, ctr1);
notif1   N1 (out, in, ctrl);
notif0   N0 (out, in, ctrl);
```

其中，引用名 B1、B0、N1、N0 可以省略。

4．应用举例

【例 3.4.1】2 选 1 数据选择器的逻辑电路图如图 3.4.3 所示。采用 Verilog HDL 描述的模块结构，如图 3.4.4 所示。

解：由于该电路的输出端有两个驱动，因此定义输出的数据类型为 tri 类型的线网。该电路由一个高电平有效的三态缓冲器和一个低电平有效的三态缓冲器构成，这样就构成了 2 选 1 多路数据选择器结构级建模的完整 Verilog HDL 描述。

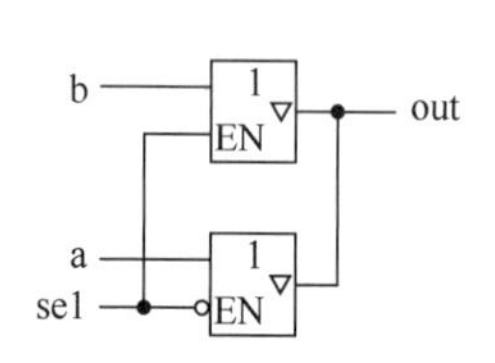

图 3.4.3　2 选 1 数据选择器的逻辑电路图

```
module _2to1muxtri (a,b,sel,out);
   input a,b,sel;
   output out;
   tri out;
   bufif1 (out,b,sel);
   bufif0 (out,a,sel);
endmodule
```

图 3.4.4　例 3.4.1 结构级建模

由此可知，结构级建模就是列出电路图结构中的元件，并按照网表连接。

用结构级建模方式描述电路的 Verilog HDL 代码具体过程如下。

第一步：给电路图的每个输入/输出引脚赋以端口名。

第二步：给电路图中每条内部连线取上各自的连线名。

第三步：给电路图中每个逻辑元件取一个编号，即“调用名”。

第四步：给所要描述的电路模块确定一个模块名。

第五步：用 module 定义模块名的结构描述，并将逻辑图中所有的输入/输出端口列入端口名表项中，再完成对各个端口的输入/输出类型说明。

第六步：依照电路图的连接关系，确定各单元之间端口信号的连接，完成对电路图内部的结构描述。

第七步：最后用 endmodule 结束模块描述全过程。

3.4.2　数据流建模

数据流建模能够在较高的抽象级别描述电路的逻辑功能。

数据流建模是指使用连续赋值语句，从关键词 assign 开始，由操作数和运算符组成逻辑函数表达式的方式来描述电路的逻辑功能。连续赋值语句的一般格式为

assign 变量名=表达式;

由于 assign 语句只能对 wire 型变量进行赋值，因此等号左边变量名的数据类型必须是 wire 型，assign 语句右边使用逻辑函数表达式。

【例 3.4.2】用数据流建模描述下列逻辑函数表达式。

$$Y = D_0 \cdot \overline{S} + D_1 \cdot S$$

解：逻辑函数表达式中含有与或非相应的运算，对应 Verilog 的运算符分别是&、|、~，非运算优先级最高，或运算优先级最低，因此可以写成 Y=D0&~S|D1&S；赋值语句左侧必须为 wire 型，声明 Y 为 wire 型。其 Verilog HDL 描述过程如图 3.4.5 所示。

```
module mux2to1_dataflow(D0, D1, S, Y );
  input D0, D1, S;
  output Y;
  wire Y ;

  assign Y = D0&~S|D1&S;

endmodule
```

图 3.4.5　例 3.4.2 数据流建模

【例 3.4.3】2 选 1 数据选择器逻辑电路图如图 3.4.6 所示，用数据流建模方式描述其逻辑功能。

解：根据电路图可知，当控制信号 S 为 1 时，选择一路输入；当控制信号 S 为 0 时，选择另一路输入。因此可以采用条件赋值语句，该条件赋值语句当 S=1，$Y=D_1$，否则 $Y=D_0$，模块其余部分的描述还是不变。在新的标准中，wire Y 的声明可以省略不写，输入/输出变量的默认类型就是 wire 型。其描述过程如图 3.4.7 所示。

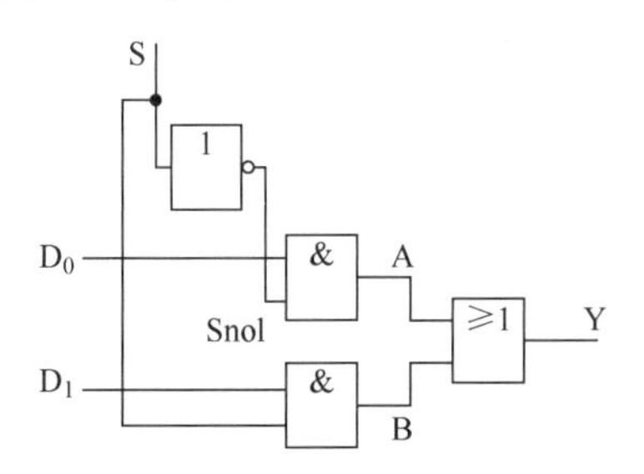

图 3.4.6　2 选 1 数据选择器逻辑电路图

```
module mux2x1_df ( D0 , D1 , S , L) ;
  input D0 , D1 , S ;
  output Y ;
  wire Y ;
  assign Y = S ? D1 : D0 ;
endmodule
```

图 3.4.7　例 3.4.3 数据流建模

3.4.3　行为级建模

Verilog HDL 中行为级建模主要使用关键词“initial 或 always”定义的两种结构类型的描述语句。一个模块内部可以包含多个 initial 或 always 语句。initial 是主要面向仿真的过程语句，不能用来描述硬件逻辑电路的功能；always 结构型语句内部包含一系列过程赋值语句，可以用来描述电路的逻辑功能。这里主要介绍 always 结构型语句。

1．always 结构型语句的构成

always 语句本身是一个无限循环语句，即不停地循环执行其内部的过程赋值语句，直到结束。在用它来描述硬件电路的逻辑功能时，通常在 always 后面紧跟着循环的控制条件，一般用法如图 3.4.8 所示。

图中@为事件控制运算符，用于挂起某个动作，直到事件发生。“事件控制表达式”也称为敏感事件列表，是后面 begin 和 end 之间的语句执行的条件。当事件发生或某一特定的条件变为“真”时，后面的过程赋值语句就会被执行。

敏感事件列表描述如图 3.4.9 所示。

```
always @ （事件控制表达式）
begin: 块名
块内局部变量的定义;
过程赋值语句1,  |
  ⋮             |  赋值语句左边
                |  必须为reg型变
                |  量
过程赋值语句n;  ↓
end
```

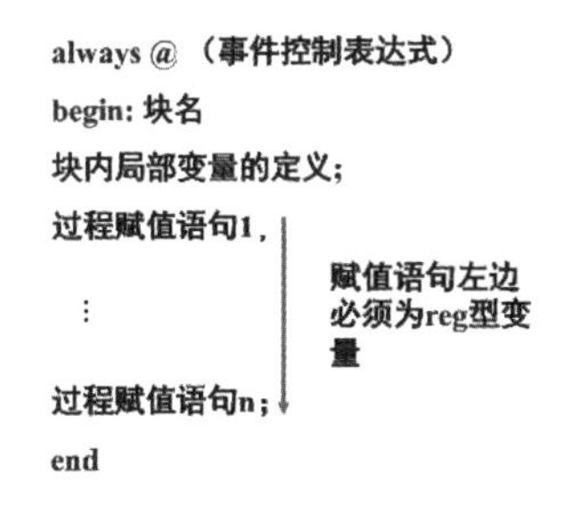

图 3.4.8　always 结构型语句

敏感事件列表
always @ (A or En)
always @ (A , En)
always @ (*)

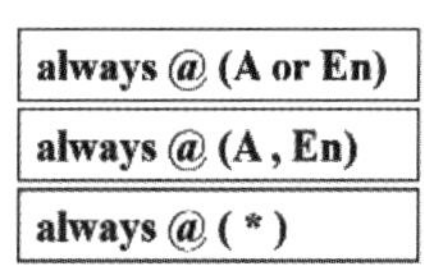

图 3.4.9　敏感事件列表描述

也就是说，输入变量 A 或 En 中的任一个发生变化，后面的过程赋值语句将会执行一次。Verilog

HDL 的 2001 和 2005 标准允许以逗号分隔多个不同的敏感事件，也可以用一个*来代替电平敏感变量列表中的所有输入信号。

对于组合逻辑电路，所有的输入信号都是敏感事件。“过程赋值语句”左边变量的数据类型必须被定义为 reg 型，右边变量可以是任意数据类型。如果 always 语句后面没有“事件控制表达式”：always@（ ），则认为循环条件总为真。begin 和 end 将多条过程赋值语句包围起来，组成一个顺序语句块。块内的语句按照排列顺序依次执行，最后一条语句执行完后挂起，语句处于等待状态，等待下一个事件发生。这里的“块名”是给顺序块取的名称，可以使用任何合法的标识符，为可选项。

always 结构型语句内的过程赋值语句有多种，这里仅介绍条件语句和多路分支语句。

2. 过程赋值语句

（1）条件语句。

条件语句就是判断条件是否成立，确定下一步的运算。它的一般格式为

```
if (condition_expr)
     true_statement;
else
     false_sta tement;
```

其功能与 C 语言的条件语句类似。if 后面的条件表达式一般为逻辑函数表达式或关系表达式。在执行 if 语句时，首先计算表达式的值，若结果为 0、x 或 z，则按“假”处理；若结果为 1，则按“真”处理，并执行相应的语句。

Verilog HDL 中有 3 种形式的 if 语句，如图 3.4.10 所示。

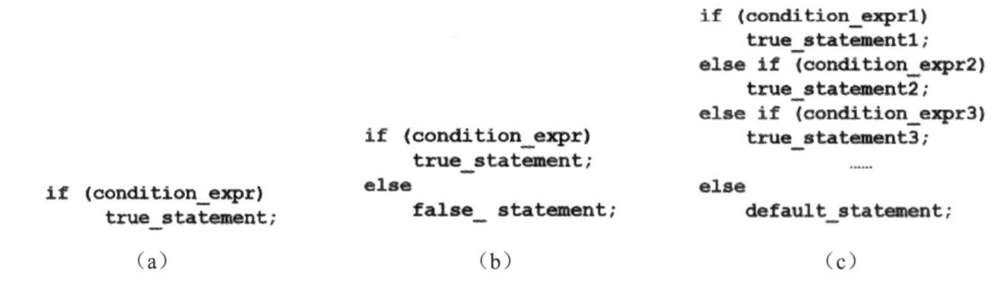

图 3.4.10 if 语句的 3 种形式

第三种形式，从第一个条件表达式 condition_expr1 开始依次进行判断，直到最后一个条件表达式被判断完毕，如果所有的条件表达式都不成立，才会执行 else 后面的语句。这种判断的先后次序隐含着一种优先级关系，在使用时应注意。

【例 3.4.4】使用 if-else 语句对 4 选 1 数据选择器的行为进行描述。4 选 1 数据选择器电路如图 3.4.11 所示。

解：4 选 1 数据选择器具有 4 种情况，因此需要进行 3 次条件判断，并且该条件判断语句必须包含在 always 结构型语句中。由于过程赋值语句只能给寄存器（reg）型变量赋值，因此输出变量 Y 的数据类型只能定义为 reg 型。其描述过程如图 3.4.12 所示。

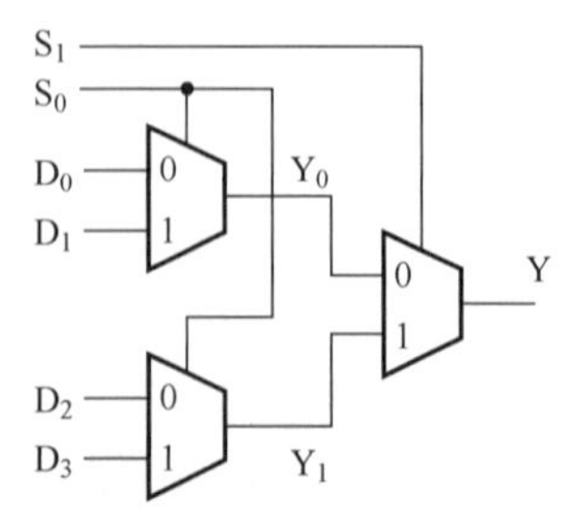

图 3.4.11 4 选 1 数据选择器电路

```
module mux4to1_bh(D, S, Y);
   input [3:0] D;  //输入端口
   input [1:0] S;  //输入端口
   output reg Y;
   always @(D, S)
    if (S == 2'b00)        Y = D[0];
       else if (S== 2'b01)  Y = D[1];
       else if (S== 2'b10)  Y = D[2];
       else                 Y = D[3];
endmodule
```

图 3.4.12 例 3.4.4 行为级建模

该电路的条件判断是对同一表达式进行多次判断，因此可以采用多路分支条件语句来实现。

（2）多路分支语句（case 语句）。

多路分支语句的一般形式如图 3.4.13 所示。

在执行时，首先计算 case_expr 的值；然后依次与各分支项中表达式的值进行比较。如果 case_expr 的值与 item_expr1 的值相等，就执行语句 statement1，依此类推；如果 case_expr 的值与所有列出来的分支项的值都不相等，就执行 default_statement。

每个分支项中的语句可以是单条语句，也可以是多条语句。如果是多条语句，必须在多条语句的最前面写上关键词 begin，在这些语句的最后写上 end。case 语句中列出的各个条件不存在优先权的差别。

case 语句有两种变体，即 casez 和 casex。在 casez 语句中，将 z 视为无关值，如果比较的双方有一方的某一位值是 z，就不予考虑该位的比较，即认为这一位的比较结果永远为“真”，因此只需要关注其他位的比较结果。在 casex 语句中，将 z 和 x 都视为无关值，对比较双方出现 z 或 x 的相应位均不予考虑。无关值也可以用“？”表示。

【例 3.4.5】用多路分支语句描述 4 选 1 数据选择器的逻辑功能，要求当 En=0 时，数据选择器工作；当 En=1 时，禁止工作，输出为 0。

解： 该例与前面题目相比增加了输入使能端 En，因此需要在 case 语句之外再增加条件判断，即两种语句嵌套使用。其描述过程如图 3.4.14 所示。

```
case (case_expr)
    item_expr1 : statement1;
            begin
                赋值语句1;
                ……
                赋值语句n;
            end
    item_expr2 : statement2;


    default : default_statement;
        //default语句可以省略
endcase
```

图 3.4.13　多路分支语句的一般形式

```
module mux4to1_bh (D, S, Y,En);
  input [3:0] D, [1:0] S;
  input  En;
  output  reg  Y;
  always @(D, S, En)  //2001, 2005 syntax
begin
  if (En==1)  Y = 0; //En=1时，输出为0
     else             //En=0时，选择器工作
         case (S)
            2'd0: Y = D[0];
            2'd1: Y = D[1];
            2'd2: Y = D[2];
            2'd3: Y = D[3];
         endcase
end
endmodule
```

图 3.4.14　例 3.4.5 行为级建模

行为级建模描述方式仅仅需要了解电路的逻辑功能，就可以利用各种语句描述电路功能，因此是一种较高级别的描述方式。

3.4.4　分层次的电路设计

前面已经学习了描述电路功能的 3 种方法，分别是结构级建模、数据流建模和行为级建模。我们可以使用这 3 种方法中的任何一种，或者混合使用这几种不同的方法来描述一个功能比较简单的电路模块。那么对于更为复杂的设计，如何将两个或多个子模块组合起来使用？这就是本节要解决的问题。

设计一个电路，通常有自顶向下（Top-Down）和自底向上（Bottom-Up）两种方法。图 3.4.15 所示为自顶向下的结构层次图。

在这种设计中，首先将最终设计目标定义为顶层模块；然后按一定方法将顶层模块划分为多个子模块；最后对各子模块分别进行逻辑设计。而在自底向上的设计中，首先由基本元件构成各子模块；然后将这些子模块组合起来构成顶层模块；最后得到满足设计要求的电路。

1．以加法器的设计为例进行说明

在组合逻辑电路中，为了实现多位二进制的加法运算，先用两个逻辑门实现半加器，再由

半加器构成 1 位全加器，最后 4 个全加器级联，构成 4 位二进制加法器。这里采用的是自底向上的设计方法。

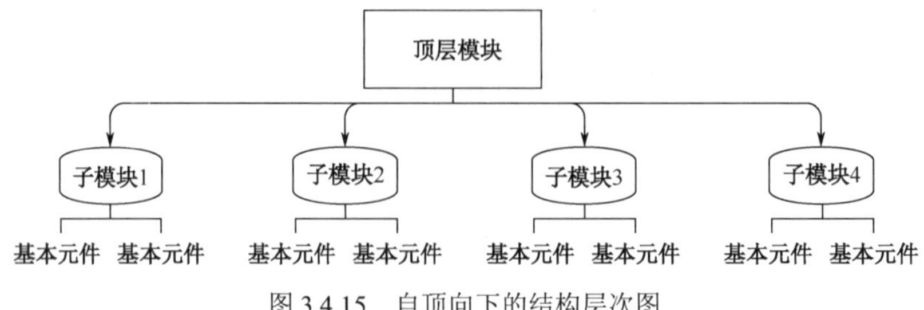

图 3.4.15　自顶向下的结构层次图

（1）用逻辑门来实现半加器。

用一个异或门和一个与门构成半加器电路，如图 3.4.16 所示。

通过实例引用异或门和与门，完成门级电路建模。用逻辑门来实现半加器的 Verilog HDL 描述过程如图 3.4.17 所示。

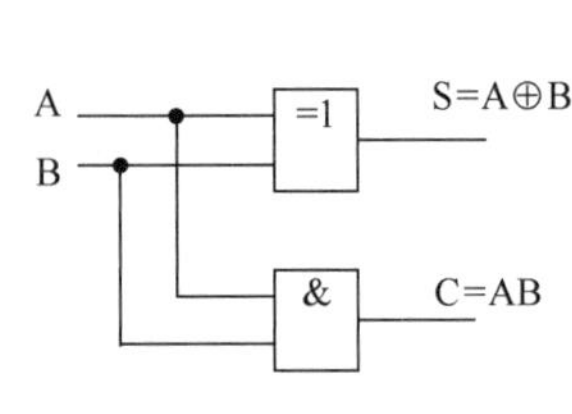

图 3.4.16　半加器电路

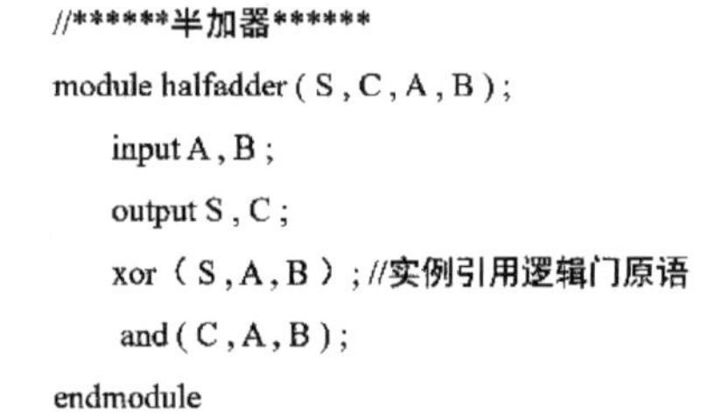

```
//******半加器******
module halfadder ( S , C , A , B ) ;
    input A , B ;
    output S , C ;
    xor（ S , A , B ）; //实例引用逻辑门原语
    and ( C , A , B ) ;
endmodule
```

图 3.4.17　用逻辑门来实现半加器的 Verilog HDL 描述过程

（2）由半加器构成 1 位全加器。

采用两个半加器和一个或门组成 1 位全加器，通过实例引用两个半加器模块和一个基本或门元件来实现。1 位全加器的 Verilog HDL 描述过程如图 3.4.18 所示。

```
//******1位全加器******
module fulladder ( Sum , Cout , A , B , Cin) ;
    input A , B , Cin ;
    output Sum , Cout ;
    wire S1 , D1 , D2 ; //内部节点
    halfadder  HA1( .A(A) , .B(B) , .S(S1) , .C(D1) ) ;
    halfadder  HA2( .A(S1) , .B(Cin) , .S(Sum) , .C(D2) ) ;
    or  g1(Cout , D2 , D1) ;
endmodule
```

图 3.4.18　1 位全加器的 Verilog HDL 描述过程

在父模块引用子模块时，通过模块名完成引用过程，并且引用名是不能省略的。本例中是通过模块名 halfadder 完成对半加器子模块的引用过程。HA1 为实例引用的名称，HA1 使用端口 A、B、S1、D1 来例化，这样就得到了输入为 A、B，输出为 S1、D1 的半加器模块。而第二个半加器模块 HA2 则使用另一组端口名（S1、Cin、Sum、D2）进行例化，或门元件的例化端口为 Cout、D2 和 D1。关于端口连线的问题，稍后说明。

（3）4 位加法器的顶层模块。

按照图 3.4.19 所示的 4 位二进制加法器结构，引用 4 个全加器模块。4 位加法器的 Verilog HDL 描述过程如图 3.4.20 所示。

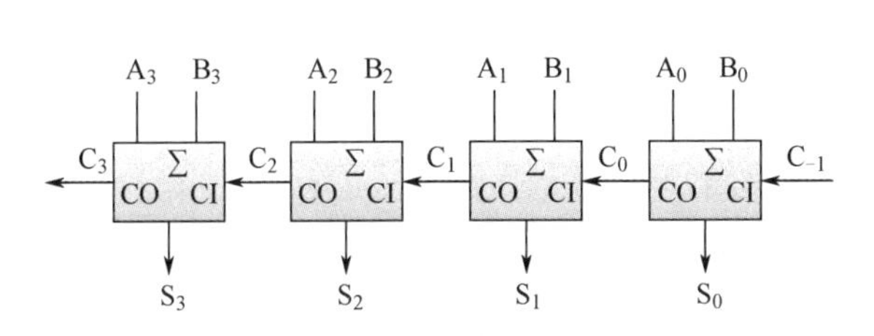

图 3.4.19　4 位二进制加法器结构

```
//******4位全加器******
module _4bit_adder ( S , C3 , A , B , C_1) ;
    input [3:0] A , B ;
    input C_1 ;
    output [3:0] S ;
    output C3 ;
    wire C0 , C1 , C2 ; //声明模块内部的连接线
    fulladder U0_FA( S[0] , C0 , A[0] , B[0] , C_1 ) ;
    fulladder U1_FA( S[1] , C1 , A[1] , B[1] , C0 ) ;
    fulladder U2_FA( S[2] , C2 , A[2] , B[2] , C1 ) ;
    fulladder U3_FA( S[3] , C3 , A[3] , B[3] , C2 ) ;
endmodule
```

图 3.4.20　4 位加法器的 Verilog HDL 描述过程

也就是说，4 位加法器是由 4 个 1 位全加器组成的，而每个 1 位全加器都是由半加器和或门元件构成的。可见，当一个模块被其他模块引用时，就形成层次化结构。这种层次表明了引用模块与被引用模块之间的关系。

2. 模块实例引用规则

模块实例引用的格式如图 3.4.21 所示。

module_name　instance_name（port_associations）；

⬇ 子模块名称　⬇ 实例引用名称　⬇ 父、子模块之间端口的关联方式

图 3.4.21　模块实例引用的格式

这是模块实例引用的语法格式。第一部分为子模块名称，第二部分为实例引用名称，后面圆括号中的第三部分为父、子模块之间端口的关联方式。端口关联通常有两种方法：端口位置关联法、端口名称关联法。端口位置关联指的是父模块与子模块的端口按照位置（端口排列次序）对应关联；端口名称关联指的是父模块与子模块之间的端口直接通过名称建立连接关系，不需要考虑排列次序。

（1）端口位置关联法。

例如，在前面 4 位加法器的顶层模块中，就使用了端口位置关联。端口位置关联法示例如图 3.4.22 所示。

开头是子模块的名称 fulladder，后面紧跟着的是实例引用名称，如 U0_FA、U1_FA 等。注意，实例引用名称在父模块中必须是唯一的。这里，父模块端口是按照排列次序和子模块端口建立连接关系的，对应关系如图 3.4.23 所示。

子模块声明语句

```
module fulladder ( Sum , Co , A , B,  Ci ) ;
```

实例引用模块

```
fulladder U0_FA( S[0] , C0 , A [0], B[0],  C_1 ) ;
```

图 3.4.22　端口位置关联法示例

父模块端口		子模块端口
s[0]	⟷	Sum
C0	⟷	Cout
A[0]	⟷	A
B[0]	⟷	B
C_1	⟷	Cin

图 3.4.23　父模块端口和子模块端口的对应关系

在父模块引用子模块时，可以使用一套新的端口，也可以使用原来的端口名称，但必须注意端口的排列顺序。对于端口数较少的电路，使用这种方法比较方便，但端口较多时，建议使用端口名称关联法。

（2）端口名称关联法。

前面1位全加器的模块中采用的是端口名称关联。下面以HA2的引用为例进行说明(图3.4.24)。

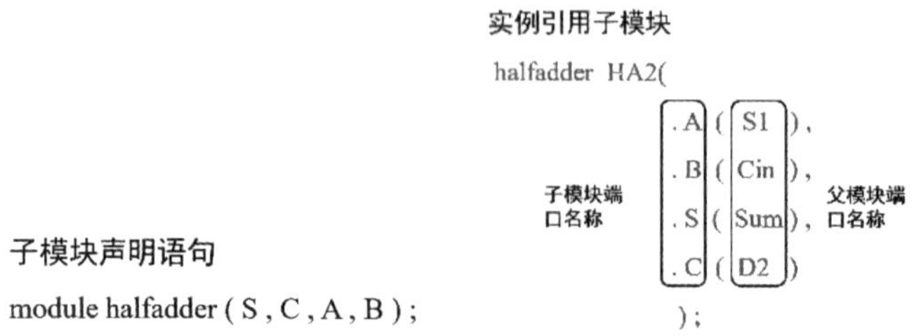

实例引用子模块

```
halfadder HA2(
    .A(S1),
    .B(Cin),
    .S(Sum),
    .C(D2)
);
```

子模块端口名称　父模块端口名称

子模块声明语句

```
module halfadder(S,C,A,B);
```

图3.4.24　端口名称关联法示例

这里带有圆点的名称.A、.B是定义子模块时使用的端口名称，类似于C语言中子函数的形参。写在圆括号内的名称，如S1、Cin是父模块中使用的新名称，类似于C语言中的实参。在用这种方法实例引用子模块时，直接通过名称建立模块端口的连接，不需要考虑排列顺序的问题。在进行实际项目开发时，通常使用这种方式。

另外，对于父模块中没有用到的一些端口，也允许空着不连接，但端口之间的分隔符（逗号）不能省略，必须保留。在进行逻辑综合时，未连接的输入端口会被设置成高阻态Z，未连接的输出端口表示该端口没有被使用。

（3）有关模块端口数据类型的规定。

在Verilog HDL中对层次化设计中端口的数据类型也做了一些规定：对于输入端口，在子模块中输入端口数据的数据类型只能是wire型，与之相连的父模块端口的数据类型可以是reg型或wire型。对于输出端口，在子模块中，输出端口可以是reg型或wire型，而与之相连的父模块端口只能是wire型。对于双端口，子模块和父模块的类型必须都是wire型。

3.5　组合逻辑电路中的竞争-冒险

3.5.1　竞争-冒险的概念及其产生原因

1．竞争-冒险的概念

在组合逻辑电路中，当多个输入信号状态改变时，输出端可能出现虚假信号——过渡干扰脉冲的现象，称为竞争-冒险。如果负载是对干扰脉冲信号十分敏感的电路（如第4章要介绍的触发器），就应采取措施消除竞争-冒险。

2．竞争-冒险的产生原因

当组合逻辑电路中多个输入信号状态的变化传输到电路各级集成门时，在时间上有先有后，这种先后所形成的时差称为竞争。竞争一般分为功能竞争和逻辑竞争两大类。如果输入端有$n(n>1)$个互相独立的信号发生变化，且由于变化的快慢不同，使到达某点有先有后而产生竞争，这种竞争称为功能竞争。如果输入信号中只有某一个输入变量发生变化，在电路中经过不同的路径达到某点的时间有先有后，而产生的竞争称为逻辑竞争。

竞争不一定带来冒险。我们将逻辑电路产生错误输出的竞争称为临界竞争（冒险竞争）；而不会使电路产生错误输出的竞争称为非临界竞争（安全竞争）。

下面举几个实例来分析竞争-冒险的产生原因。

例如，在图3.5.1中，因$Y=A\cdot B$，当AB取值为01或10时，Y的值是应恒等于0，然而在AB由01变为10的过程中却产生了干扰脉冲。出现这种现象的原因如下。

① 信号A、B不可能突变，状态改变都要经历一段极短的过渡时间。

② 信号 A、B 改变状态的时间有先有后，因为它们经过的传输路径长短不同，门电路的传输时间也不可能完全一样。

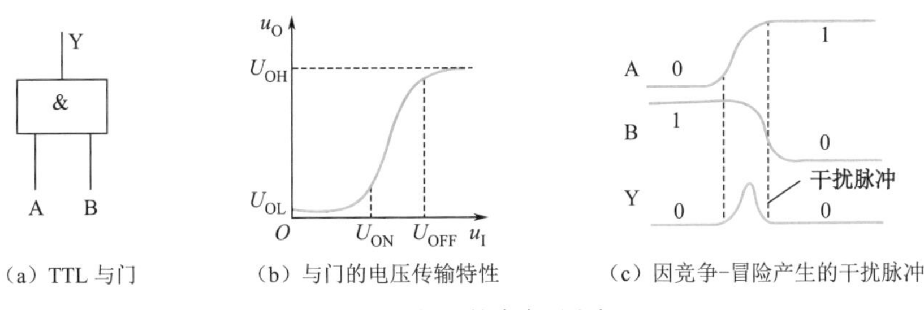

（a）TTL 与门　（b）与门的电压传输特性　（c）因竞争–冒险产生的干扰脉冲

图 3.5.1　与门的竞争–冒险

从而使信号 A 先上升到开门电平 U_{ON}，信号 B 后下降到关门电平 U_{OFF}，这样在与门的输出端 Y 就产生了正向干扰脉冲。这种竞争–冒险属于功能冒险，这种竞争属于临界竞争，如图 3.5.1 所示。当然，如果是 B 先下降到关门电平，A 后上升到开门电平，由于在信号改变状态过程中与门始终被封住了，显然不会产生干扰脉冲。这种竞争称为非临界竞争。

又如，在图 3.5.2 中，因 $Y = A\overline{B}$，当 $A\overline{B}$ 取值为 01 或 10 时，Y 的值恒为 0。换言之，当 AB 为 00 或 11 时，在不考虑传输线路的延迟和门电路的延迟，又不考虑脉冲的上升沿与下降沿的情况下，Y 的值恒为 0。然而门电路一般存在延迟。现设每个门电路的延迟时间为 t_{pd}，在图 3.5.2（b）中 A、B 输入信号作用下，输出 Y 在 t_1～t_3 会产生正脉冲（干扰脉冲）。这种竞争称为逻辑竞争。在 t_1～t_3 引起的冒险属于临界冒险。而在 t_4～t_5 虽然输入状态也发生了变化，但输出没有产生干扰脉冲，这种情况属于非临界冒险。

我们说电路中存在竞争–冒险，并不等于一定有干扰脉冲产生，然而在设计时，既不可能知道传输路径和门电路的延迟的准确数据，也无法知道各个波形上升时间和下降时间的微小差异，因此只能说有产生干扰脉冲的可能性，这也就是“冒险”一词的具体含义。

3. 电路举例

图 3.5.3 所示为二进制译码器。由前面分析可知，$Y_0 = \overline{A}\overline{B}$ 和 $Y_3 = AB$ 会产生功能竞争，而 $Y_1 = \overline{A}B$ 和 $Y_2 = A\overline{B}$ 会产生逻辑竞争。在输入信号发生变化时，均有产生干扰脉冲的可能（也就是说，存在冒险）。

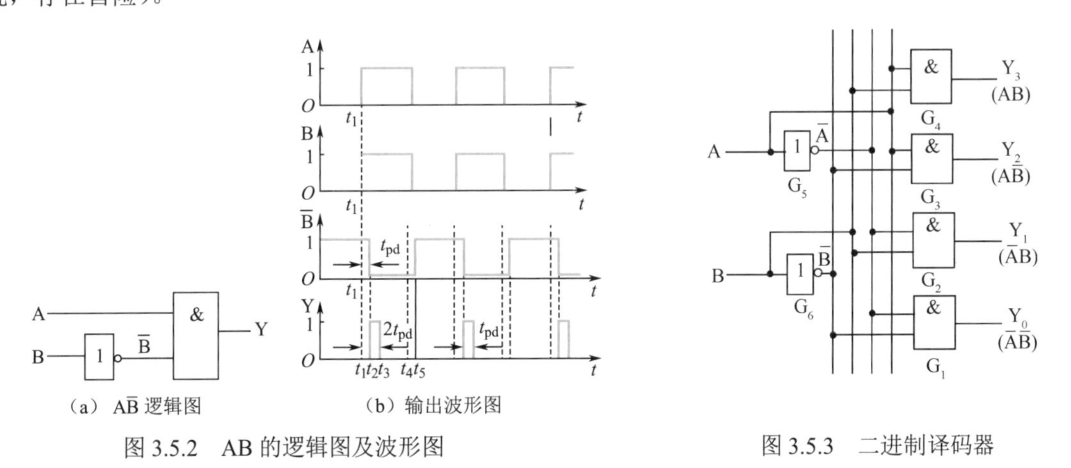

（a）$A\overline{B}$ 逻辑图　（b）输出波形图

图 3.5.2　AB 的逻辑图及波形图　　图 3.5.3　二进制译码器

3.5.2　消除竞争–冒险的方法

在设计组合逻辑电路时，要选用逻辑门延迟时间小的器件。例如，在图 3.5.3 所示的电路中，G_5、G_6 要选用高速器件。同时线路延时要小，且各路延时基本相同。这样不仅大大限制了逻辑竞争带来的冒险，还对限制功能竞争带来的冒险有好处。限制不等于消除，这样做有可能因逻辑竞争而产生的干扰脉冲变得极窄。

下面讨论对竞争-冒险的消除方法。检查一个组合逻辑电路中是否存在竞争-冒险，有多种方法，其中最直观的方法就是逐级列出电路的真值表，并找出哪些门的输入会发生竞争，然后判断是否会在整个电路的输出端产生干扰脉冲。如果可能产生，就有竞争-冒险；否则，就没有。在有竞争-冒险存在的情况下，而负载又是对干扰脉冲敏感的电路，就应设法消除。下面介绍几种方法。

1．引入封锁脉冲

为了消除因竞争-冒险所产生的干扰脉冲，可以引入一个负脉冲，在输入信号发生竞争的时间内，把可能产生干扰脉冲的门封住，图3.5.4中的负脉冲 P_1 就是这样的封锁脉冲。

从图3.5.4（b）中可以看出，封锁脉冲必须与输入信号的转换同步，而且它的宽度不应小于电路从一个稳态到另一个稳态所需的过渡时间 Δt。

2．引入选通脉冲

第二种可行的方法是在电路中引入一个选通脉冲，如图3.5.4中的 P_2。由于 P_2 的作用时间在电路到达新的稳定状态之后，因此 G_1、G_4 的输出端不再会有干扰脉冲出现。不过，这时 G_1、G_4 正常的输出信号也变成脉冲形式了，而且它们的宽度也与选通脉冲相同。例如，当输入信号变为11以后，Y_3 并不马上变成高电平，而要等到 P_2 出现时，它才给出一个正脉冲。

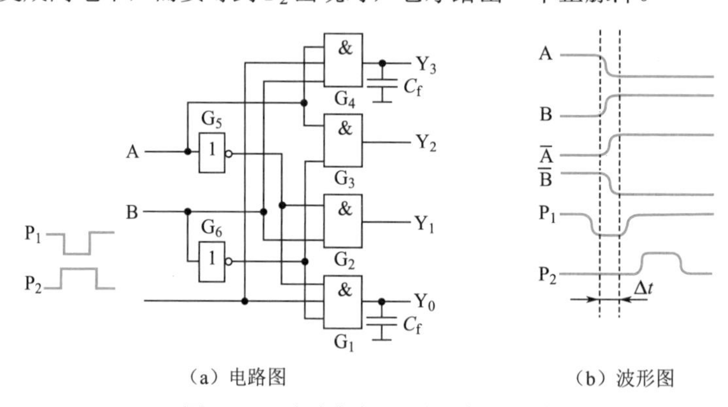

（a）电路图　　（b）波形图

图3.5.4　消除竞争-冒险现象的方法

3．接入滤波电容

因为竞争-冒险所产生的干扰脉冲一般很窄，所以可以采用在输出端并接一个不大的滤波电容的方法，消除干扰脉冲。图3.5.4（a）中的 C_f，就表示这种滤波电容。由于干扰脉冲通常与门电路的传输时间属于同一个数量级，因此在TTL电路中，只要 C_f 有几百皮法的数量，就足以把干扰脉冲削弱至开门电平以下。

4．修改逻辑设计增加冗余项

当竞争-冒险是由单个变量改变状态引起时，则可用增加冗余项的方法予以消除。例如，给定的逻辑函数表达式为

$$Y = AB + \overline{A}C$$

则可以画出它的逻辑图，如图3.5.5所示。不难发现，当B=C=1时，有

$$Y = AB + \overline{A}C = A \cdot 1 + \overline{A} \cdot 1 = A + \overline{A}$$

若A从1变为0（或从0变为1），则在门 G_4 的输入端会发生竞争，因此输出可能出现干扰脉冲。根据第1章介绍的吸收定律，增加冗余项BC，即将逻辑函数表达式改写为

$$Y = AB + \overline{A}C + BC$$

并在电路中也相应地增加门 G_5，则当A改变状态时，由于门 G_5 输出的低电平封住了门 G_4，因此不会再发生竞争-冒险。

在组合逻辑电路中，当单个输入变量改变状态时，分析有无竞争-冒险存在的一个简便方法，就是写出函数的与或表达式，画出函数的卡诺图。检查有无几何相邻的乘积项（两个不同的乘积项若包含了几何相邻的最小项，则这两个乘积项就称为是几何相邻的），若没有则无竞争-冒险；反之则有。$Y = AB + \overline{A}C$ 中之所以有竞争-冒险存在，是因为乘积项 AB 和 $\overline{A}C$ 是几何相邻的，如图 3.5.6 所示。AB 中的最小项 m_7=ABC 和 $\overline{A}C$ 中的最小项 $m_3 = \overline{A}B$ 是相邻的，如果在表达式中增加一项由这两个相邻最小项组成的乘积项 BC，即可消除由单个变量 A 改变状态时产生的竞争-冒险。

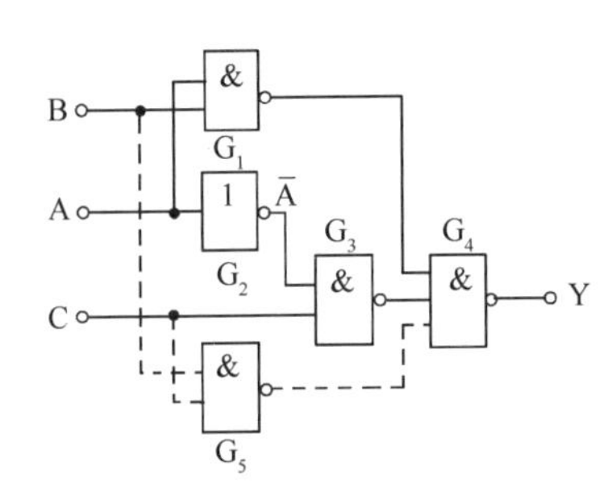

图 3.5.5　修改逻辑以消除竞争-冒险

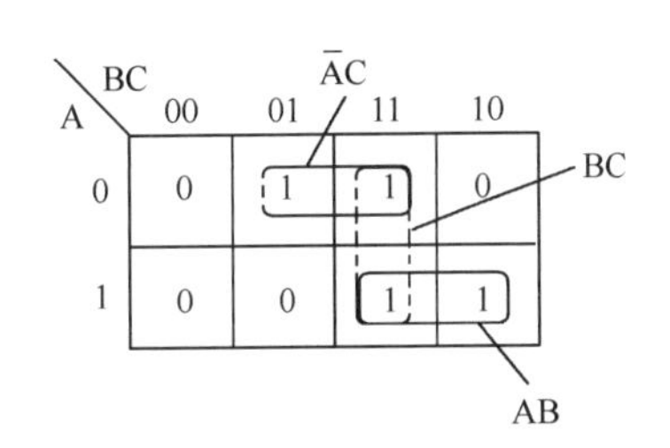

图 3.5.6　Y 的卡诺图

现在通过一个例子进行说明。

【例 3.5.1】 检查实现函数 $Y = \overline{A}\overline{B}\overline{C} + BD + AC\overline{D}$ 的组合逻辑电路中，单个变量改变状态时有无竞争-冒险，若有则用增加冗余项的方法消除。

解： 画出函数 Y 的卡诺图，如图 3.5.7 所示。分析单个变量改变状态时有无竞争-冒险。由图 3.5.7 可知，有竞争-冒险。因为乘积项 $\overline{A}\overline{B}\overline{C}$ 和 BD 相邻，$AC\overline{D}$ 和 BD 相邻。从前一相邻知道，当 $\overline{A} = \overline{C} = D = 1$ 时，$Y = B + \overline{B}$，B 改变状态时，输出端可能出现过渡干扰脉冲。从后一相邻知道，当 A=B=C=1 时，$Y = D + \overline{D}$，D 改变状态时，输出端也可能出现过渡干扰脉冲。

用增加冗余项的方法消除竞争-冒险。增加冗余项 $\overline{A}\overline{C}D$ 、ABC，即取 $Y = \overline{A}\overline{B}\overline{C} + BD + AC\overline{D} + \overline{A}\overline{C}D + ABC$。这样一来，逻辑函数表达式虽然不是最简的，但是“最好”的。因为当 B 或 D 改变状态时，电路的输出端不会出现过渡干扰脉冲。Y 的逻辑图如图 3.5.8 所示。

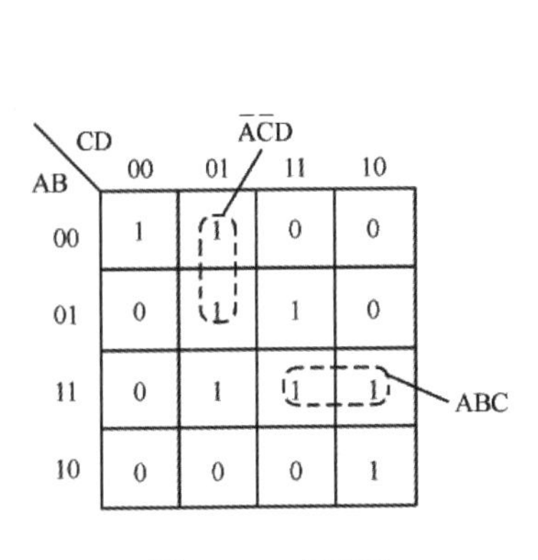

图 3.5.7　卡诺图

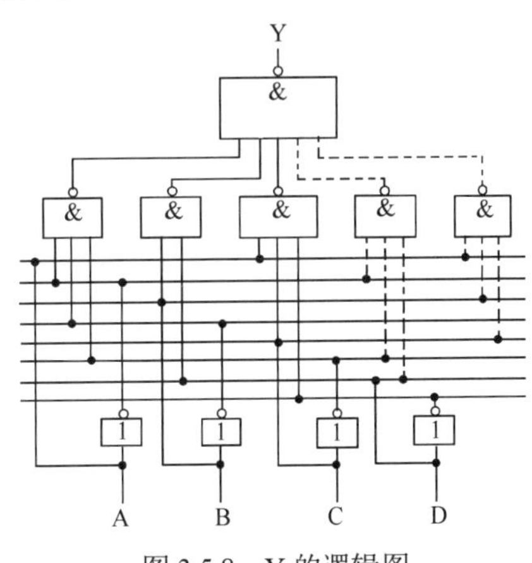

图 3.5.8　Y 的逻辑图

把上述 4 种方法稍加比较便可看出，前面两种方法比较简单，而且不增加器件数目。但它们有一个共同的局限性，即必须找到一个封锁脉冲或选通脉冲，而且对这个脉冲的宽度和产生的时间是有严格要求的。接入滤波电容的方法同样具备简单易行的优点，它的缺点是导致输出波形的边沿变坏，这在有些情况下是不可取的。至于修改逻辑设计的方法，如果运用得当，有时可以收到最理想的结果。例如，在图3.5.5所示电路中，如果门G_5在逻辑电路中本来就存在，那么只要把它的输出通过一根线引到G_4的一个输入端就行了。既不必增加门电路，也不会给电路带来任何不利的影响。然而，这样有利的条件并不是任何时候都存在的，有时必须另外增加电路器件才能实现，这就需要权衡一下这样做是否值得。

本章小结

（1）组合逻辑电路一般由若干个基本逻辑单元组合而成，它的特点是任何时刻输出信号仅仅取决于该时刻的输入信号，而与电路原来所处的状态无关。它的基础是逻辑代数和门电路。

（2）本章的重点内容就是组合逻辑电路的分析和设计方法。

组合逻辑电路的分析方法是根据逻辑图，分析得到该图的功能。其分析步骤如下。

① 根据逻辑图，分别用符号标注各级门的输出端。

② 逐级列出各级输出逻辑函数表达式，最后得出输出逻辑函数表达式。

③ 利用公式化简法或卡诺图化简法对逻辑函数表达式进行化简。

④ 列出真值表。

⑤ 说明给定逻辑电路的基本功能。

组合逻辑电路的设计方法是根据设计要求，设计出符合要求的逻辑电路。其设计步骤如下。

① 逻辑抽象：分析设计题目要求，确定输入变量和输出变量的数目，明确输出函数与输入变量之间的逻辑关系。

② 列出真值表。

③ 根据真值表写出逻辑函数表达式，利用公式化简法或卡诺图化简法化简逻辑函数表达式。

④ 根据最简逻辑函数表达式，画出逻辑图。

（3）组合逻辑电路的种类繁多，本章只列举了几种常见的组合逻辑电路，如编码器、译码器、比较器、分配器、数据选择器和加法器等。为了便于掌握上述几种电路的基本原理，介绍过程中均采用设计方法。同时最后得到的逻辑图尽量与74系列靠近。

（4）电路的逻辑功能有结构级建模、数据流建模和行为级建模3种建模方式。

（5）在设计和使用组合逻辑电路时遇到最棘手的问题是组合逻辑电路竞争-冒险问题。本章介绍了竞争-冒险的基本概念、产生原因及一般消除方法。

习题三 参考答案

习 题 三

3.1 写出图P3.1所示各电路输出信号的逻辑函数表达式，并说明其功能。

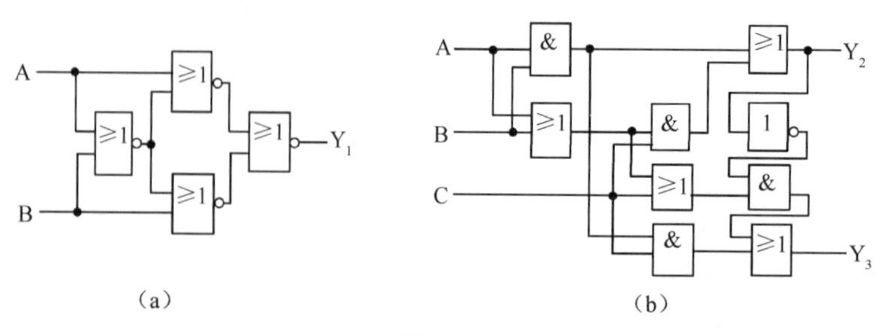

（a） （b）

图P3.1

3.2　写出图 P3.2 所示各电路输出信号的逻辑函数表达式，并说明其功能。

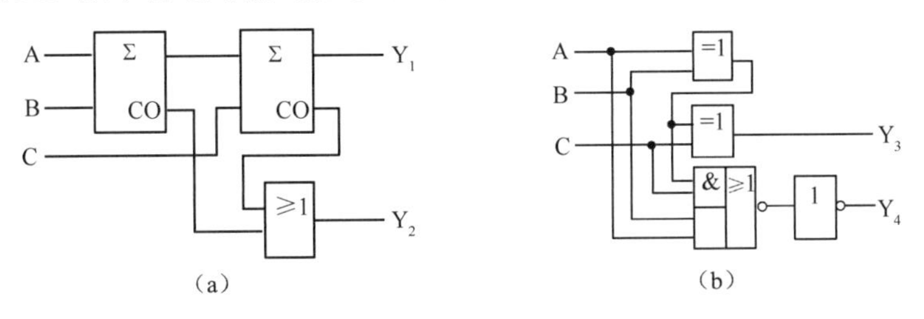

图 P3.2

3.3　分析图 P3.3 所示各电路的逻辑功能。

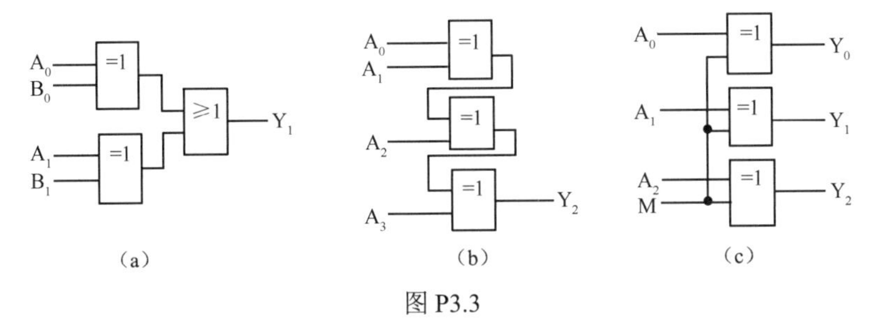

图 P3.3

3.4　写出图 P3.4 所示电路输出信号的逻辑函数表达式，列出真值表，并说明其功能。

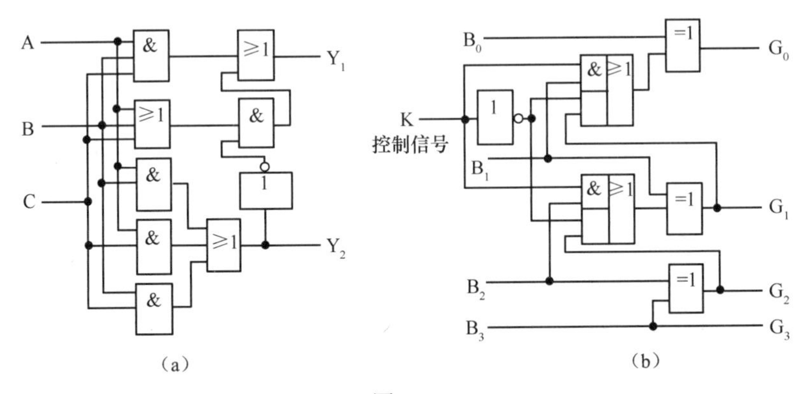

图 P3.4

3.5　写出图 P3.5 所示电路输出信号的逻辑函数表达式，并说明其功能，图中 A_1、A_0 为控制信号。

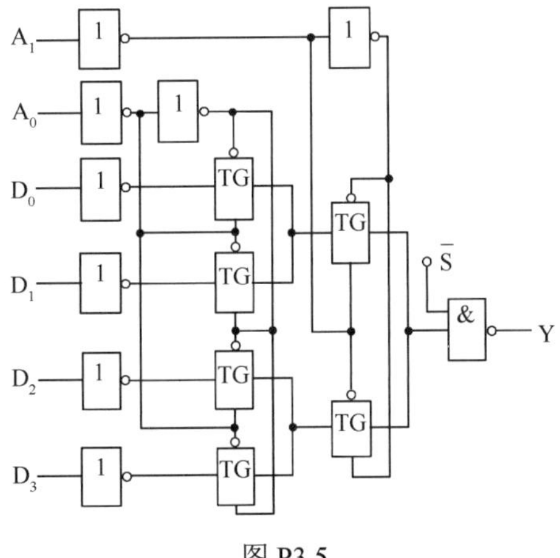

图 P3.5

3.6 化简下列函数，并用最少的与非门实现它们。

（1）$Y_1 = A\overline{B} + A\overline{C}D + \overline{A}C$

（2）$Y_2 = A\overline{B} + \overline{A}C + B\overline{C}\overline{D} + ABD$

（3）$Y_3 = \sum m(0,2,3,4,6)$

（4）$Y_4 = \sum m(0,2,8,10,1,14,15)$

3.7 化简下列有约束的函数，并用最少的与非门实现它们。

（1）$Y_1 = \sum m(0,1,2,5,8,9) + \sum a(10,11,12,13,14,15)$

（2）$\begin{cases} Y_2 = AB\overline{C} + A\overline{BC} + \overline{ABC}\overline{D} + A\overline{B}C\overline{D} \\ \overline{A}\overline{B}\overline{C}\overline{D} + ABCD = 0 \end{cases}$

（3）$\begin{cases} Y_3 = A\overline{B} + \overline{B}C \\ BC = 0 \end{cases}$

3.8 写出图 P3.6 所示电路输出信号的逻辑函数表达式，并判断能否化简，若能，则化简之，且用最少的与非门实现该函数。

3.9 分析图 P3.7 所示多功能逻辑运算电路输出信号 Y 与 A、B 的逻辑函数关系。图中 S_3、S_2、S_1、S_0 是输入控制信号，随着它们取值的变化，Y 与 A、B 的函数关系也会不同，可用列真值表的方法说明。

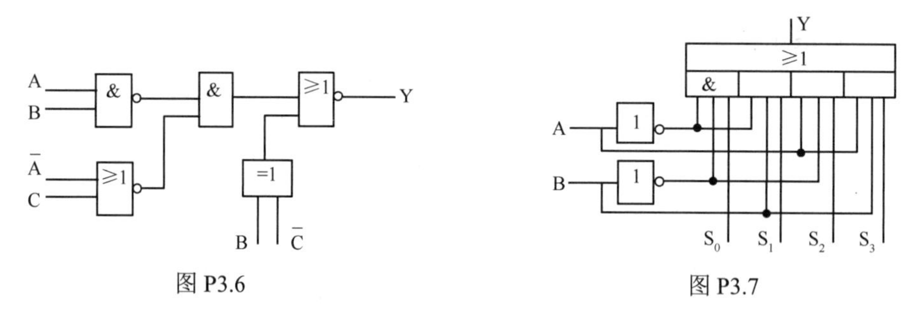

图 P3.6 图 P3.7

3.10 分别用与非门设计能实现下列功能的组合逻辑电路。

（1）四变量表决电路——输出与多数变量的状态一致。

（2）四变量不一致电路——4 个变量状态不相同时输出为 1，相同时输出为 0。

（3）四变量检奇电路——4 个变量中有奇数个 1 时输出为 1，否则输出为 0。

（4）四变量检偶电路——4 个变量中有偶数个 1 时输出为 1，否则输出为 0。

3.11 用与非门设计一个组合逻辑电路，要求见真值表（表 P3.1）。

表 P3.1

A_i	B_i	C_{i-1}	D_i	C_i	A_i	B_i	C_{i-1}	D_i	C_i
0	0	0	0	0	1	0	0	1	0
0	0	1	1	1	1	0	1	0	0
0	1	0	1	1	1	1	0	0	0
0	1	1	0	1	1	1	1	1	1

3.12 设计一个组合逻辑电路，其输入是一个 3 位二进制数 $B=B_2B_1B_0$，其输出是 Y_1=B+B、Y_2=B。Y_1、Y_2 也是二进制数。

3.13 设计一个组合逻辑电路，要求见图 P3.8 所示的波形图。

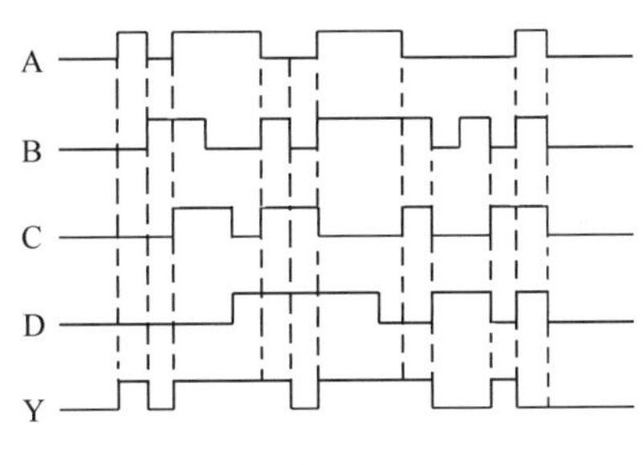

图 P3.8

3.14　画出用 3 片 4 位数值比较器组成 12 位数值比较器的连线图。

3.15　用与非门分别设计能实现下列代码转换的组合逻辑电路。

（1）将 8421 BCD 码转换为余 3 码。

（2）将 8421 BCD 码转换为典型格雷码。

3.16　用集成二进制译码器（74LS138）和与非门构成全加器。

3.17　用集成二进制译码器和与非门实现下列函数，选择合适的电路，画出连线图。

（1）$Y_1 = ABC + \bar{A}(B + C)$　　（2）$Y_2 = A\bar{B} + \bar{A}B$

（3）$Y_3 = \overline{(A + B)(\bar{A} + C)}$　　（4）$Y_4 = ABC + \overline{ABC}$

3.18　用集成二进制译码器和与非门实现下列函数，选择合适的电路，画出连线图。

（1）$Y_1 = \sum m(3,4,5,6)$　　（2）$Y_2 = \sum m(0,2,6,8,10)$

（3）$Y_3 = \sum m(7,8,13,14)$　　（4）$Y_4 = \sum m(1,3,4,9)$

3.19　用二-十进制编码器、译码器、发光二极管七段显示器组成一个 1 位数码显示电路。选择合适的器件，画出连线图。

3.20　用中规模集成电路，设计一个路灯控制电路，要求能在 4 个不同的地方，都可以独立地控制灯的亮灭。

3.21　用数据选择器（74153）分别实现下列函数。

（1）$Y_1 = \sum m(1,3,4,8)$　　（2）$Y_2 = \sum m(3,5,6,7)$

3.22　用数据选择器（74151）分别实现下列函数。

（1）$Y_1 = \sum m(0,2,3,5,6,8,10,12)$　　（2）$Y_2 = \sum m(0,2,4,5,6,7,89,14,15)$

（3）$Y_3\bar{D} = A\bar{B} + B\bar{C} + C\bar{D} + \bar{D}$　　（4）$Y_4 = \bar{B}\bar{D} + \bar{C}D + \overline{AC}$

3.23　用与非门实现下列函数，并检查在单个变量改变状态时，有无竞争-冒险，若有则设法消除。

（1）$Y_1 = \bar{A}\bar{B} + AC + B\bar{C}$　　（2）$Y_2 = \bar{A}B + \bar{B}\bar{C} + AC\bar{D}$

（3）$Y_3 = \bar{B}\bar{D} + \bar{A}\bar{C}\bar{D} + \bar{A}\overline{BC} + A\bar{B}\bar{C} + AC\bar{D}$

3.24　用卡诺图化简下列函数，并用与门、或门实现它们，但任何一个变量改变状态时，都不得有竞争-冒险。

（1）$Y_1 = \sum m(2,6,8,9,11,12,14)$　　（2）$Y_2 = \sum m(0,2,3,4,8,9,14,15)$

（3）$Y_3 = \sum m(0,2,4,10,12,14)$

第4章 触 发 器

【内容提要】

本章介绍构成数字系统中的另一种基本逻辑单元——触发器。首先介绍电平型基本RS触发器、同步触发器；然后介绍主从触发器、边沿触发器、CMOS触发器；最后介绍触发器的逻辑功能及描述方法，以及各类触发器的相互转换的方法。

4.1 概述

前面章节所述各种集成电路，均属于组合逻辑电路。在这些电路中，某一时刻的输出状态都由该时刻的输入状态决定。该时刻的输入状态发生变化，输出状态随之跟着改变，而与以前的输入无关。

数字系统中另一类电路称为时序逻辑电路。构成时序逻辑电路的基本电路是一种具有记忆功能的基本逻辑单元——触发器（Flip-Flop）。能够存储一位二值信号的基本单元电路统称为触发器。

为了实现记忆一位二值信号的功能，触发器必须具备以下两个基本特点。

第一，具有两个能自行保持的稳定状态，用来表示逻辑状态的0和1，或者二进制数的0和1。

第二，根据不同的输入信号可以置成1或0状态。

触发器有各种各样的分类方法。根据电路结构形式的不同，可以分为基本RS触发器、同步触发器、主从触发器、维持阻塞触发器、CMOS触发器等。这些不同的电路结构在状态变化过程中具有不同的动作特点，掌握这些动作特点对于正确使用这些触发器是十分必要的。

同时，由于控制方式的不同，触发器的逻辑功能在细节上又有所不同。因此，根据逻辑功能的不同又可将触发器分为RS触发器、D触发器、JK触发器、T触发器和T'触发器等。

此外，根据存储数据原理的不同，还把触发器分为静态触发器和动态触发器两大类。静态触发器是靠电路状态的自锁存储数据的；而动态触发器是通过在MOS管栅极输入电容上存储电荷来存储数据的。本章只介绍静态触发器。

4.2 电平型基本RS触发器

基本RS触发器（又称为SR锁存器）是各种触发器电路中结构形式最简单的一种，同时是许多复杂电路结构触发器的一个组成部分。

4.2.1 与非门构成的基本RS触发器

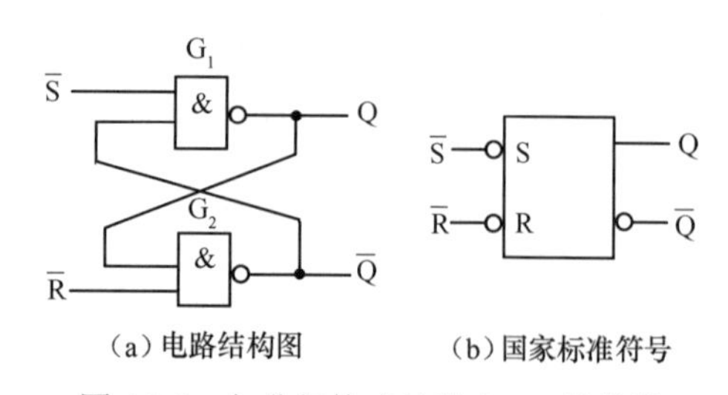

图4.2.1 与非门构成的基本RS触发器

由两个与非门交叉耦合所构成的基本RS触发器的电路结构图如图4.2.1（a）所示。两个门的输出端分别为Q和$\overline{Q}$，有时也称为1和0端。触发器有两个稳定状态：Q=1、$\overline{Q}$=0和Q=0、$\overline{Q}$=1。在正常工作时，Q和$\overline{Q}$是互为取反的关系。通常把Q端的状态定义为触发器的状态，即Q=1时，触发器处于1状态；Q=0时，触发器处于0状态。基本RS触发器有两个输入端，即$\overline{S}$端和$\overline{R}$

端，$\overline{S}$ 端为置 1 端，$\overline{R}$ 端为置 0 端。

下面讨论触发器输出与输入之间的逻辑关系。

假设 $\overline{S}$=0，$\overline{R}$=1。因为 G_1 门有一个输入端是 0，所以输出端 Q=1。若 G_2 门的两个输入端全为 1，则输出 $\overline{Q}$=0。可见，当 $\overline{S}$=0、$\overline{R}$=1 时，触发器被置成 1 状态，称触发器置 1。当置 1 端 $\overline{S}$ 由 0 返回 1 时，G_1 门的输出 Q 仍为 1，因为 $\overline{Q}$=0，使 G_1 门的输入端中仍有一个为 0。可见，当 $\overline{S}$=1、$\overline{R}$=1 时，不改变触发器的状态，即触发器保持原状态不变。

假设 $\overline{S}$=1，$\overline{R}$=0。因为 G_2 门有一个输入端是 0，所以输出端 $\overline{Q}$=1。若 G_1 门的两个输入端全是 1，则输出端 Q=0。可见，当 $\overline{S}$=1、$\overline{R}$=0 时，触发器置 0 状态。当置 0 端 $\overline{R}$ 返回 1 时，G_2 门的输出 $\overline{Q}$ 仍为 1，因为 Q=0，使 G_2 门的输入端中仍有一个为 0。

假设 $\overline{S}$=1，$\overline{R}$=1。前面已述，在置 1 信号（$\overline{S}$=0、$\overline{R}$=1）作用之后，当 $\overline{S}$ 返回 1 时，即 $\overline{S}=\overline{R}$=1，触发器保持 1 状态不变；在置 0 信号（$\overline{S}$=1、$\overline{R}$=0）作用之后，当 R 返回 1 时，即 $\overline{S}=\overline{R}$=1，触发器保持原来的 0 状态不变。

当 $\overline{S}=\overline{R}$=0 时，Q 和 $\overline{Q}$ 都变成 1，这是非正常工作情况，工作时应避免 $\overline{R}$、$\overline{S}$ 端同时为 0。此时，当 $\overline{S}$、$\overline{R}$ 同时由 0 变 1 时，输出状态不确定。

综上所述，当 $\overline{S}=\overline{R}$=1 时，触发器保持原状态不变；当 $\overline{S}$=0、$\overline{R}$=1 时，触发器置 1；当 $\overline{S}$=1、$\overline{R}$=0 时，触发器置 0。当正常工作时，应避免 $\overline{S}=\overline{R}$=0 的情况出现。将上述逻辑关系列成真值表，就得到表 4.2.1。因为触发器新的状态 Q^{n+1}（也称为次态）不仅与输入状态有关，而且与触发器原来的状态 Q^n（也称为初态）有关，所以把 Q^n 也作为一个变量（状态变量）列入真值表。这种含有状态变量的真值表称为触发器的特性表（或功能表）。

通常，$\overline{S}$ 端的置 1 信号和 $\overline{R}$ 端的置 0 信号都呈负脉冲形式。由于逻辑门存在传输延迟时间，因此输入信号的改变不能立即引起触发器状态的改变，而需要经过一定的延时，在触发器初始状态为 0 的情况下，当置 1 负脉冲到达时，经一级与非门的延迟时间 t_{pd} 之后，G_1 的输出由 0 变 1。由于 $\overline{R}$ 端保持在高电平，再经过一级与非门的延迟时间 t_{pd} 之后，G_2 的输出由 1 变 0。这样经两级与非门的延迟时间 $2t_{pd}$ 之后，G_2 的输出能维持 G_1 的输出，使之保持不变。由此可知，只要置 1 负脉冲的宽度大于 $2t_{pd}$，触发器将建立稳定的新状态（Q=1）。

值得注意的是，当触发器的 $\overline{S}$ 端和 $\overline{R}$ 端同时加上宽度相等的负脉冲时，在两个负脉冲作用期间，G_1 和 G_2 的输出都是 1。而当两个负脉冲同时消失时（同时由 0 变 1），若 G_1 的传输延迟时间 t_{pd1} 较 G_2 的传播延迟时间 t_{pd2} 小，触发器将建立稳定的 0 态；若 $t_{pd2}<t_{pd1}$，触发器将建立稳定的 1 态。通常两个门的传输延迟时间大小关系不可知，所以两个等宽的负脉冲从 $\overline{S}$ 端和 $\overline{R}$ 端同时消失后，触发器的状态将是一个稳定状态，但不可知，可能是 0 态，也可能是 1 态。为此，要防止 $\overline{S}=\overline{R}$=0 的情况发生，对 $\overline{S}$、$\overline{R}$ 的取值要加以限制。其约束条件为 $\overline{S}+\overline{R}$=1，即 SR=0。

根据表 4.2.1 和约束条件 SR=0，不难画出 Q^{n+1} 的卡诺图，如图 4.2.2 所示。

表 4.2.1　与非门构成的基本 RS 触发器的特性表

$\overline{S}$	$\overline{R}$	Q^n	Q^{n+1}	功能说明
1	1	0	0	保持（记忆）
		1	1	
0	1	0	1	置 1
		1	1	
1	0	0	0	置 0
		1	0	
0	0	0	1*	不定（失效）
		1	1*	

注：*表示 $\overline{S}$、$\overline{R}$ 的 0 状态同时消失以后状态不定。

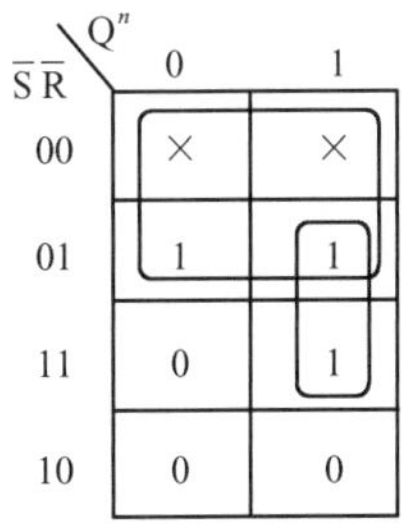

$\overline{S}\,\overline{R}$ \ Q^n	0	1
00	×	×
01	1	1
11	0	1
10	0	0

图 4.2.2　Q^{n+1} 卡诺图

由 Q^{n+1} 卡诺图可得次态方程为

$$\begin{cases} Q^{n+1}=\overline{\overline{S}}=+\overline{R}Q^n=S+\overline{R}Q^n \\ SR=0 \quad （约束条件） \end{cases} \tag{4.2.1}$$

在图 4.2.1（b）中，逻辑符号的 $\overline{S}$ 和 $\overline{R}$ 端各有一个小圆圈，它表示置 1 和置 0 信号都是低电平有效。

4.2.2 或非门构成的基本 RS 触发器

基本 RS 触发器也可以由或非门构成，如图 4.2.3 所示，其特性表如表 4.2.2 所示。

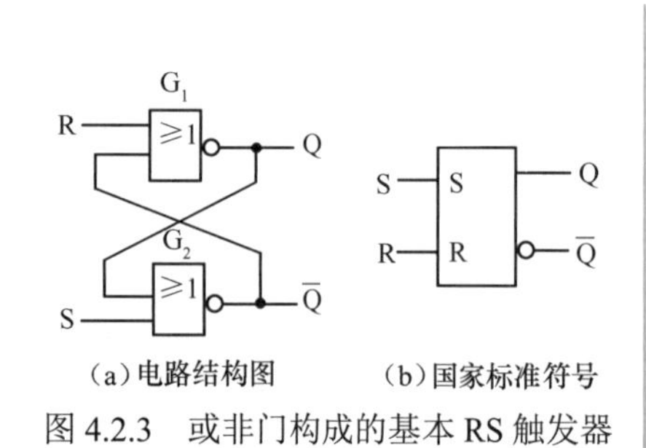

（a）电路结构图　（b）国家标准符号

图 4.2.3　或非门构成的基本 RS 触发器

表 4.2.2　或非门构成的基本 RS 触发器的特性表

S	R	Q^n	Q^{n+1}	功能说明
0	0	0	0	保持（记忆）
		1	1	
1	0	0	1	置 1
		1	1	
0	1	0	0	置 0
		1	0	
1	1	0	0^*	不定（失效）
		1	0^*	

注：*表示 S、R 的 1 状态同时消失后状态不定。

由图 4.2.3 和表 4.2.2 可知，或非门构成的基本 RS 触发器，置 0、置 1 信号是高电平有效。当 S=R=0 时，触发器保持原状态；当 S=1、R=0 时，触发器置 1；当 S=0、R=1 时，触发器置 0；当 R=S=1 时，触发器的两个输出端都为 0。若两个输入端由 1 同时返回 0 时，则触发器出现不确定状态。为了使触发器正常工作，应当避免这种情况出现。其约束条件为 RS=0。

根据表 4.2.2 和约束条件 SR=0，同理可画出 Q^{n+1} 的卡诺图，如图 4.2.4 所示。

SR \ Q^n	0	1
00	0	1
01	0	0
11	×	×
10	1	1

图 4.2.4　Q^{n+1} 的卡诺图

由 Q^{n+1} 的卡诺图可得次态方程为

$$\begin{cases} Q^{n+1}=S+\overline{R}Q^n \\ SR=0 （约束条件） \end{cases} \tag{4.2.2}$$

4.2.3 电平型基本 RS 触发器的动作特点

由以上分析可知，在基本 RS 触发器中，输入信号直接加在输出门上，在输入信号电平的全部作用时间里，都能直接改变输出端 Q 和 $\overline{Q}$ 的状态，这就是电平型基本 RS 触发器的动作特点。

由于这个缘故，也把 S($\overline{S}$) 称为直接置位端，把 R($\overline{R}$) 称为直接复位端，并且把基本 RS 触发器称为直接置位、复位触发器。

【例 4.2.1】在图 4.2.5（a）所示的基本 RS 触发器电路中，已知 S 和 R 的电压波形如图 4.2.5（b）所示，试画出 Q 和 $\overline{Q}$ 端对应的电压波形。

解： 实质上，这是一个用已知的 $\overline{R}$ 和 $\overline{S}$ 的状态确定 Q 和 $\overline{Q}$ 状态的问题。只要根据每个时间区间里 S 和 R 的状态去查触发器的特性表（表 4.2.1），即可找出 Q 和 $\overline{Q}$ 的相应状态，并画出它们的波形图。

对于这样简单的电路，从电路图上也能直接画出 Q 和 $\overline{Q}$ 端的波形图，而不必去查特性表。

从图 4.2.5（b）中可以看到，虽然在 t_3～t_4 和 t_7～t_8 期间输入端出现了 $\overline{S}=\overline{R}=0$ 的状态，但由于 S 首先回到了高电平，因此触发器的次态仍是可以确定的。

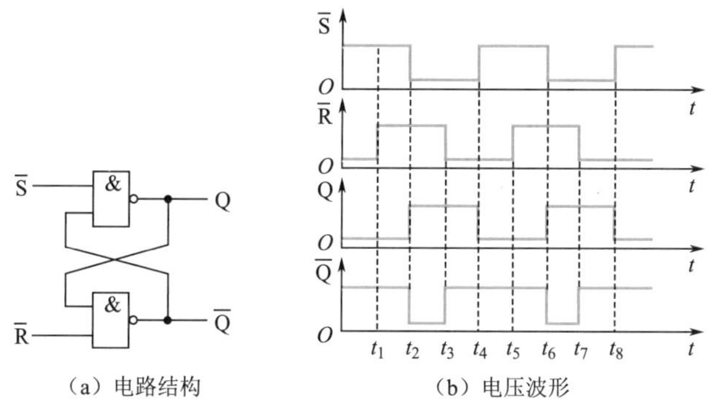

（a）电路结构　　（b）电压波形

图 4.2.5　例 4.2.1 的电路和电压波形

上述的基本 RS 触发器具有电路简单、操作方便等特点，被广泛地应用于键盘输入、开关消噪等场合。

4.3　时钟控制的电平触发器（同步触发器）

在数字系统中，为协调各部分的动作，常常要求某些触发器于同一时刻动作。为此，必须引入同步信号，使这些触发器只有在同步信号到达时才按输入信号改变状态。通常把这个同步信号称为时钟脉冲或时钟信号，简称时钟，用 CP（Clock Pulse）表示。时钟脉冲通常是周期性矩形波，如图 4.3.1 所示。由 0 变为 1 称为正边沿(或上升沿)，由 1 变为 0 称负边沿（下降沿）。

本节所述的时钟控制的电平触发器简称“时钟触发器”，又称为同步触发器。

图 4.3.1　时钟脉冲信号波形

4.3.1　同步 RS 触发器

实现时钟控制的最简单方式是采用图 4.3.2 所示的同步 RS 触发器。该电路由两部分组成：由与非门 G_1、G_2 组成的基本 RS 触发器和由与非门 G_3、G_4 组成的输入控制电路。

当 CP=0 时，门 G_3、G_4 截止，输入信号 S、R 不会影响输出端的状态，故触发器保持原状态不变。

当 CP=1 时，S、R 信号通过门 G_3、G_4 反相后加到由 G_1 和 G_2 组成的基本 RS 触发器上，使 Q 和 $\overline{Q}$ 的状态跟随输入状态的变化而改变。同步 RS 触发器的特性表如表 4.3.1 所示。

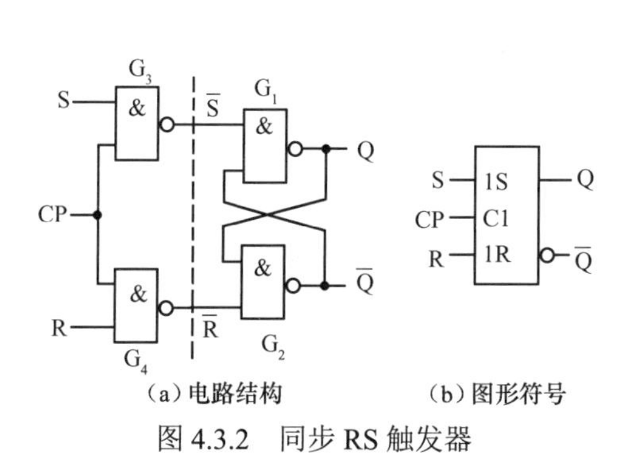

（a）电路结构　　（b）图形符号

图 4.3.2　同步 RS 触发器

表 4.3.1　同步 RS 触发器的特性表

CP	S	R	Q^n	Q^{n+1}	功能说明
0	×	×	0	0	保持原态（记忆）
			1	1	
1	0	0	0	0	
			1	1	
1	0	1	0	0	置 0
			1	0	
1	1	0	0	1	置 1
			1	1	
1	1	1	0	1^*	不定（失效）
			1	1^*	

注：*表示 CP 回到低电平后状态不定。

从表 4.3.1 中可以看出，只有 CP=1 时触发器的状态才受输入信号的控制，而且在 CP=1 时，这个特性表和基本 RS 触发器的特性表相同。输入信号同样需要遵守 SR=0 的约束条件。

在使用同步 RS 触发器的过程中，有时还需要在 CP 信号到来之前将触发器预先置成指定的状态。为此，在实用的同步 RS 触发器电路上往往还设置有专门的异步置位输入端和异步复位输入端，如图 4.3.3 所示。

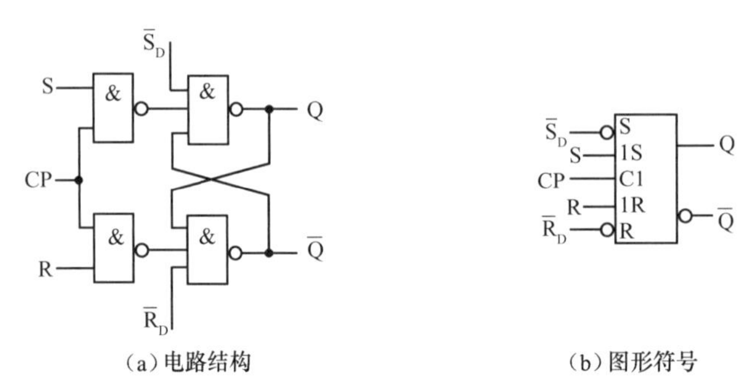

（a）电路结构　　（b）图形符号

图 4.3.3　带异步置位、复位端的同步 RS 触发器

只要在 $\overline{S}_D$ 或 $\overline{R}_D$ 加入低电平，即可立即将触发器置 1 和置 0，而不受时钟信号和输入信号控制。因此，将 $\overline{S}_D$ 称为异步置位（置 1）端，将 $\overline{R}_D$ 称为异步复位（置 0）端。触发器在时钟信号控制下正常工作时，应使 $\overline{S}_D$ 和 $\overline{R}_D$ 处于高电平。

此外，在图 4.3.3（a）所示电路的具体情况下，用 $\overline{S}_D$ 或 $\overline{R}_D$ 将触发器置位或复位，应当在 CP=0 的状态下进行，否则在 $\overline{S}_D$ 或 $\overline{R}_D$ 返回高电平以后预置的状态不一定能保持下来。

由于在 CP=1 的全部时间里 S 和 R 信号都能通过门 G_3 和 G_4 加到基本 RS 触发器上，因此在 CP=1 的全部时间里 S 和 R 的变化都将引起触发器输出端状态的变化。这就是同步 RS 触发器的动作特点。

根据这一动作特点可以想象到，若在 CP=1 的期间内输入信号多次发生变化，则触发器的状态也会发生多次翻转，这就降低了电路的抗干扰能力。

【例 4.3.1】已知同步 RS 触发器的输入信号波形，如图 4.3.4 所示，试画出 Q、$\overline{Q}$ 端的电压波形。设触发器的初始状态为 Q=0。

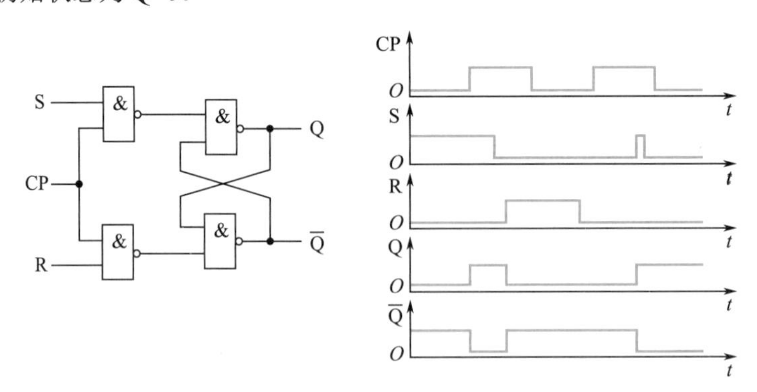

图 4.3.4　例 4.3.1 的输入电压波形图

解：由给定的输入电压波形可知，在第一个 CP 高电平期间，先是 S=1、R=0，输出被设置成 Q=1、$\overline{Q}$=0。随后输入变成了 S=R=0，因而输出状态保持不变。最后输入又变为 S=0、R=1，将输出置成 Q=0、$\overline{Q}$=1，故 CP 回到低电平以后触发器停留在 Q=0、$\overline{Q}$=1 的状态。

在第二个 CP 高电平期间，先是 S=R=0，则触发器的输出状态应保持不变。但由于在此期间 S 端出现了一个干扰脉冲，因此触发器被置成了 Q=1。

由表 4.3.1 可知，当 S=R=1 时会导致一个不正确的次态，正常工作时应保证 SR=0。根据表 4.3.1

和约束条件 SR=0，可以画出 Q^{n+1} 卡诺图（又称为次态图），如图 4.3.5 所示。图中把两个不确定的状态作为无关项处理。根据卡诺图可以得到同步 RS 触发器的特性方程和控制输入端约束条件。

$$\begin{cases} Q^{n+1} = S + \overline{R}Q^{n} \\ SR = 0 \text{（约束条件）} \end{cases} \tag{4.3.1}$$

特性方程是表示触发器次态与现态和现控制输入之间的关系的函数表达式。在正常工作时，同步 RS 触发器的 S 和 R 不能同时为 1，这是其特性方程成立的条件。

下面用波形图进一步说明同步 RS 触发器现态、现输入与次态间的关系。

已知同步 RS 触发器的 CP、S、R 的波形，触发器的初始态为 1，对应的输出 Q 和 $\overline{Q}$ 波形，如图 4.3.6 所示。第一个 CP 作用期间，S=0、R=1，使触发器置 0。第二个 CP 作用期间，S=R=0，触发器保持原状态 0。第三个 CP 作用期间，S=1、R=0，使触发器置 1。值得注意的是，第四个 CP 作用期间，S=R=1，故 Q=$\overline{Q}$=1，而当 CP 由 1 变 0 后，触发器可能处于 1 态，也可能处于 0 态，称状态不定。

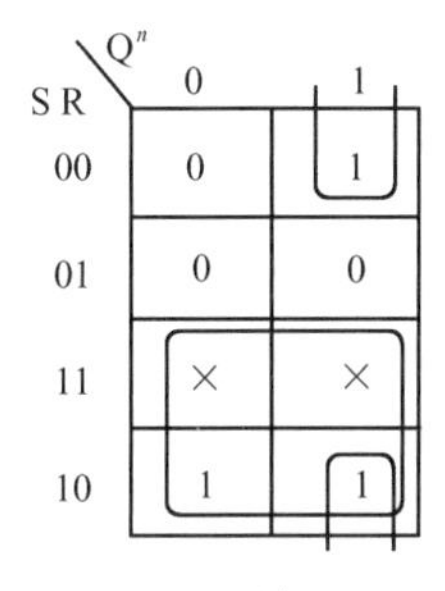

图 4.3.5　Q^{n+1} 卡诺图

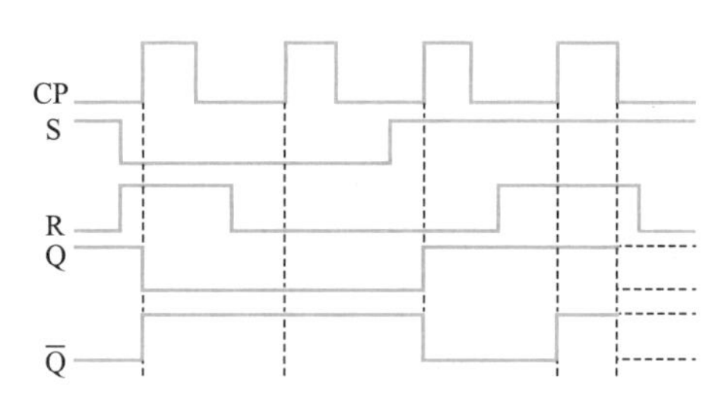

图 4.3.6　同步 RS 触发器波形图

4.3.2　同步 D 触发器

为了从根本上避免同步 RS 触发器 S、R 同时为 1 的情况出现，可以在 S 和 R 之间接一个非门，如图 4.3.7（a）所示。这种单端输入的触发器称为同步 D 触发器（又称为 D 锁存器），其逻辑符号如图 4.3.7（b）所示。

由图 4.3.7（a）可知，当 CP=0 时，G_3 和 G_4 门被封锁，其输出都是 1，与 D 信号无关，这时触发器保持原状态不变。当 CP=1 时，触发器接收输入端 D 的信息；若 D=1，则 Q^{n+1}=1；若 D=0，则 Q^{n+1}=0。同步 D 触发器特性表如表 4.3.2 所示。

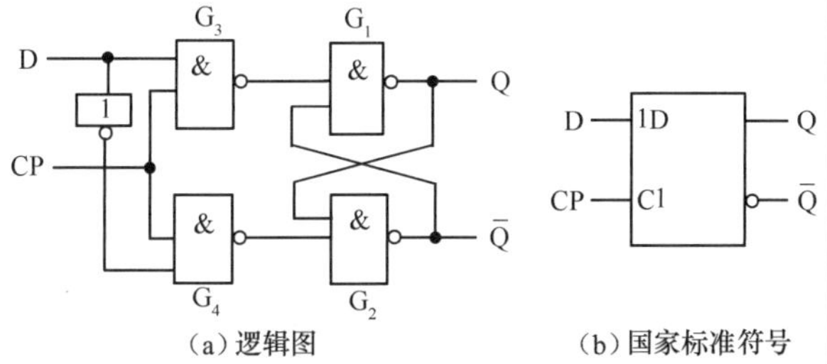

（a）逻辑图　（b）国家标准符号

图 4.3.7　同步 D 触发器

表 4.3.2　同步 D 触发器特性表

CP	D	Q^n	Q^{n+1}	功能说明
0	×	0	0	保持（记忆）
		1	1	
1	0	0	0	送 0
		1	0	
1	1	0	1	送 1
		1	1	

图 4.3.8 所示为同步 D 触发器次态卡诺图。根据次态卡诺图或特性表可以直接写出 D 触发器的特性方程为

$$Q^{n+1}=D \tag{4.3.2}$$

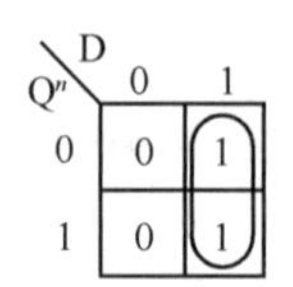

图4.3.8　同步D触发器次态卡诺图

由上述分析可知，同步D触发器的逻辑功能是：CP到来时（由0变1）将输入数据D存入触发器，CP过后（由1变0）触发器保存该数据不变，只有当下一个CP到来时，才将新的数据存入触发器而改变原存数据。正常工作时要求CP=1期间D端数据保持不变。

4.3.3　同步JK触发器

当同步RS触发器的控制输入端S=R=1时，触发器的新状态不确定，这一因素限制了触发器的应用。JK触发器解决了这一问题。JK触发器的J端相当于置1端，K端相当于置0端。同步JK触发器的逻辑图如图4.3.9（a）所示，图4.3.9（b）所示为国家标准符号。其特性表如表4.3.3所示。图4.3.10为同步JK触发器次态卡诺图。

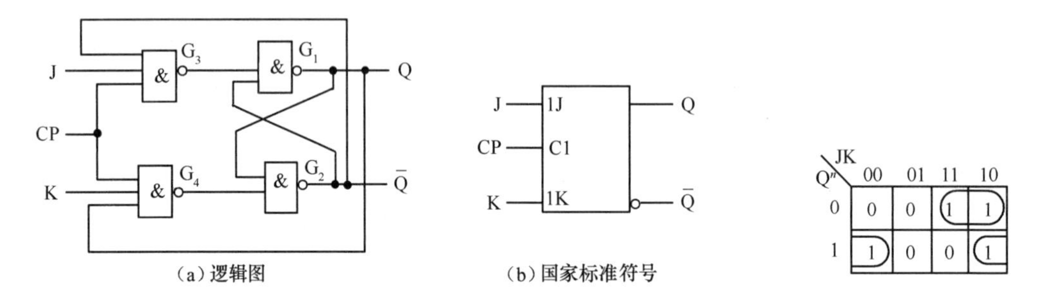

图4.3.9　同步JK触发器　　　　图4.3.10　同步JK触发器次态卡诺图

表4.3.3　同步JK触发器特性表

CP	J　K	Q^n	Q^{n+1}	功能说明
0	×　×	0	0	保持（记忆）
		1	1	
1	0　0	0	0	
		1	1	
1	0　1	0	0	置0
		1	0	
1	1　0	0	1	置1
		1	1	
1	1　1	0	1	翻转（计数）
		1	0	

值得注意的是，当同步JK触发器处于这种翻转（计数）状态时，必须严格限制CP高电平的脉宽，一般约限制在3个门的传输延迟时间和之内，显然这种要求是较为苛刻的。

对于特性表中的每一行，都可以根据逻辑图分析得到。当J=K=1时，$Q^{n+1}=\bar{Q}^n$，触发器处于翻转（计数）状态。其余情况与RS触发器一样。由次态卡诺图可以得到JK触发器特性方程为

$$Q^{n+1} = J\bar{Q}^n + \bar{K}Q^n \tag{4.3.3}$$

4.3.4　同步T触发器和T'触发器

将JK触发器的J端和K端连在一起，就得到了T触发器。图4.3.11示出了同步T触发器的逻辑

图、逻辑符号。同步 T 触发器特性表如表 4.3.4 所示。图 4.3.12 所示为同步 T 触发器次态卡诺图。

将 T 代入 JK 触发器的特性方程或是由次态卡诺图可得 T 触发器特性方程为

$$Q^{n+1} = T\overline{Q}^n + \overline{T}Q^n = T \oplus Q^n \tag{4.3.4}$$

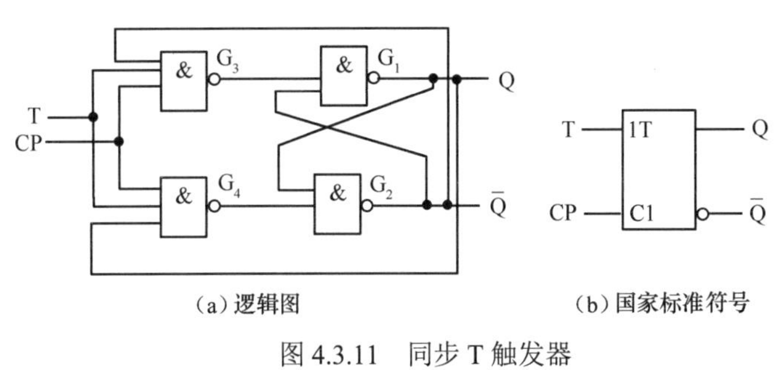

(a) 逻辑图　(b) 国家标准符号

图 4.3.11　同步 T 触发器

表 4.3.4　同步 T 触发器特性表

CP	T	Q^n	Q^{n+1}	功能说明
0	×	0	0	保持（记忆）
		1	1	
1	0	0	0	
		1	1	
1	1	0	1	翻转
		1	0	

T 触发器的逻辑功能为：当 T=0 时，触发器保持原态（$Q^{n+1}=Q^n$）；当 T=1 时，翻转（$Q^{n+1}=\overline{Q}^n$）。

若将 T 输入端恒接高电平，则称为 T′触发器。T′触发器是在 T=1 时的特例。

由于同步 T 触发器和 T′触发器均是同步 JK 触发器的特例，因此当它们处于翻转状态时都必须严格限制 CP 高电平的脉宽。

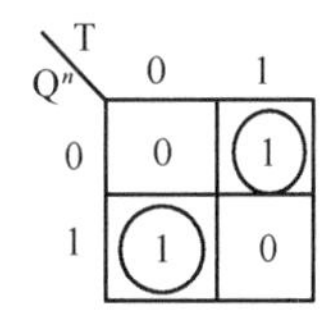

图 4.3.12　同步 T 触发器次态卡诺图

4.3.5　同步触发器的动作特点

1. 同步触发器的触发方式和动作特点

上述几种功能的同步触发器均属于电平触发方式，它们的动作特点是：当时钟 CP 为低电平时，与非门 G_3 和 G_4 被封锁，不管输入信号如何，G_3 和 G_4 输出均为高电平，所以由 G_1 和 G_2 构成的基本 RS 触发器保持原态。反之，当 CP 为高电平时，G_3 和 G_4 的封锁解除，这两个门的输出将决定于控制输入信号，基本 RS 触发器就可以根据控制输入信号改变状态，称为“透明”状态。

这里讨论的同步触发器，在 CP 高电平期间能够接收控制输入信号，改变状态的称为高电平触发方式。而在 CP 低电平期间能够接收控制输入信号，改变状态的称为低电平触发方式。

2. 同步触发器的空翻

同步触发器在 CP 为高电平期间，都能接收控制输入信号，如果输入信号发生多次变化，触发器也会发生相应的多次翻转，如图 4.3.13 所示。这种在 CP 为有效电平期间，因输入信号变化而引起触发器状态变化多于一次的现象，称为触发器的空翻。

由于空翻问题，同步触发器只能用于数据锁存，而不能实现计数、移位、存储等功能。为了克服空翻，又产生了无空翻的主从触发器和边沿触发器等新的结构，在后面分别介绍。

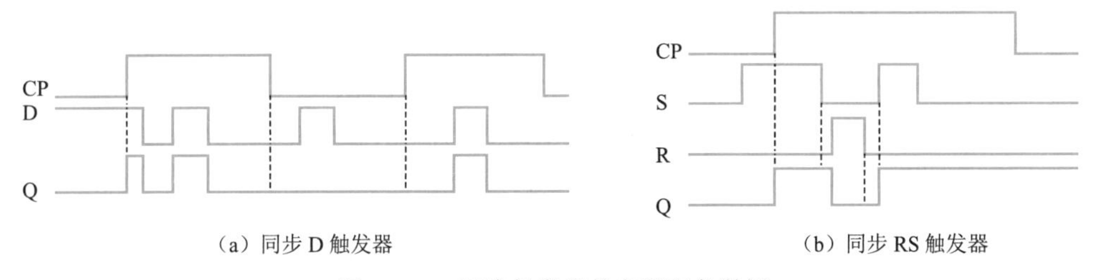

(a) 同步 D 触发器　(b) 同步 RS 触发器

图 4.3.13　同步触发器的空翻现象举例

4.4 主从触发器

为了提高触发器工作的可靠性，希望在每个 CP 周期里输出端的状态只能改变一次。为此，在同步 RS 触发器的基础上又设计出了主从结构触发器。

4.4.1 主从 RS 触发器

主从结构 RS 触发器（简称主从 RS 触发器）由两个同样的同步 RS 触发器组成，但它们的时钟信号相位相反，如图 4.4.1（a）所示。其中由与非门 G_1～G_4 组成的同步 RS 触发器称为从触发器，由与非门 G_5～G_8 组成的同步 RS 触发器称为主触发器。

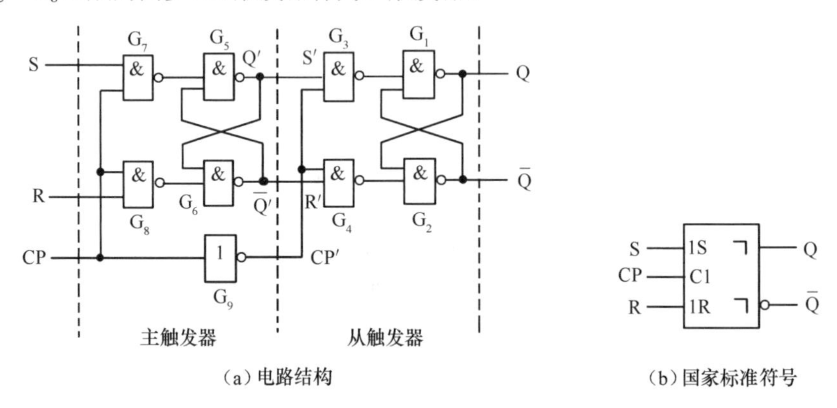

图 4.4.1 主从 RS 触发器

当 CP=1 时，门 G_7、G_8 被打开，门 G_3、G_4 被封锁，故主触发器根据 S 和 R 的状态翻转而从触发器保持原来的状态不变。

当 CP 由高电平返回低电平时，门 G_7、G_8 被封锁，此后无论 S、R 的状态如何改变，在 CP=0 的全部时间里主触发器的状态不再改变。与此同时门 G_3、G_4 被打开，从触发器按照与主触发器相同的状态翻转。因此，在 CP 的一个变化周期中触发器输出端的状态只可能改变一次。

例如，CP=0 时触发器的初始状态为 Q=0，当 CP 由 0 变成 1 以后，若 S=1、R=0，主触发器将被置 1，即 $Q'=1$、$\overline{Q}'=0$，而从触发器保持 0 状态不变。当 CP 回到低电平以后，从触发器的 CP′ 变成了高电平，它的输入 $S'=Q'=1$、$R'=\overline{Q}'=0$，因而被置成 Q=1。

图 4.4.1（b）中的“┐”表示“延迟输出”，即 CP 返回 0 以后输出状态才改变。因此，输出状态的变化发生在 CP 信号的下降沿。

将上述逻辑关系写成真值表，即得表 4.4.1 所示的主从 RS 触发器特性表。

从同步 RS 触发器到主从 RS 触发器的这一演变，克服了 CP=1 期间触发器输出状态可能多次翻转的问题。但由于主触发器本身是同步 RS 触发器，因此在 CP=1 期间 Q'和 $\overline{Q}'$ 的状态仍然会随 S、R 状态的变化而多次改变，而且输入信号仍需遵守约束条件 SR=0。

【例 4.4.1】在图 4.4.1 所示的主从 RS 触发器电路中，若 CP、S 和 R 的电压波形如图 4.4.2 所示，试求 Q 端和 $\overline{Q}$ 端的电压波形。设触发器的初态为 Q=0。

解： 首先根据 CP=1 期间 S、R 的状态可得到 Q'、$\overline{Q}'$ 的电压波形。然后，根据 CP 下降沿到达时 Q'、$\overline{Q}'$ 的状态即可画出 Q、$\overline{Q}$ 的电压波形。由图 4.4.2 可知，在第六个 CP 高电平期间，Q'和 $\overline{Q}'$ 的状态虽然改变了两次，但输出端的状态并不改变。

表 4.4.1　主从 RS 触发器特性表

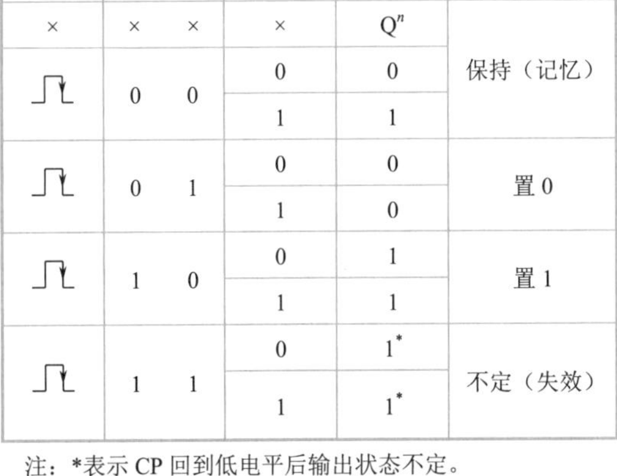

CP	S	R	Q^n	Q^{n+1}	功能说明
×	×	×	×	Q^n	保持（记忆）
⎍↓	0	0	0	0	
			1	1	
⎍↓	0	1	0	0	置 0
			1	0	
⎍↓	1	0	0	1	置 1
			1	1	
⎍↓	1	1	0	1^*	不定（失效）
			1	1^*	

注：*表示 CP 回到低电平后输出状态不定。

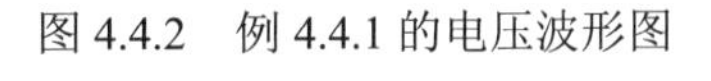

图 4.4.2　例 4.4.1 的电压波形图

4.4.2　主从 D 触发器

若将主从 RS 触发器按照图 4.4.3（a）电路进行改进，则可从根本上避免主从 RS 触发器 S、R 同时为 1 的情况出现。图 4.4.3 所示为主从 D 触发器的电路结构图和逻辑符号。

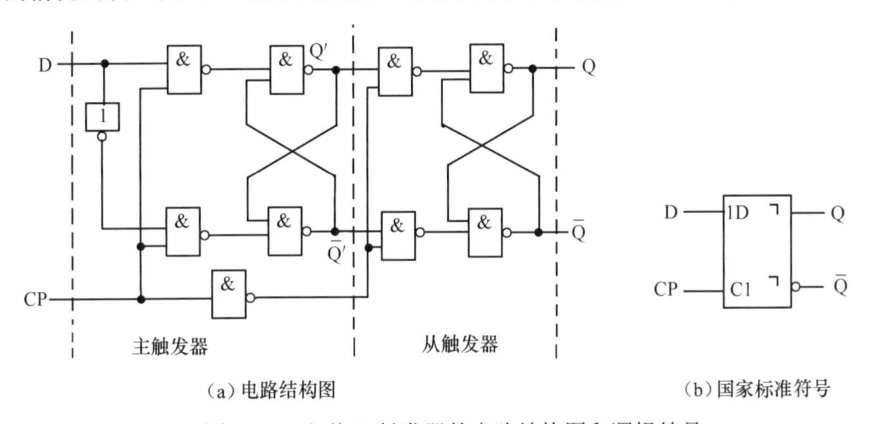

(a) 电路结构图　　(b) 国家标准符号

图 4.4.3　主从 D 触发器的电路结构图和逻辑符号

主从 D 触发器在一个时钟脉冲周期内的工作过程分两个阶段进行：CP=1 期间，主触发器打开，可以接收控制输入信号 D，从触发器因 CP=0 被封锁，其输出 Q 保持不变；CP 由 1 变 0 时，主触发器被封锁，而保持原状态不变。与此同时 $\overline{CP}$ 由 0 变 1，从触发器解除封锁，因此在 CP 的下降沿，从触发器将按照主触发器在 CP=1 时接收的状态去改变从触发器的状态，即整个触发器的状态。

若 CP 下降沿到达前 D=1，则 $Q^{n+1}=1$。

若 CP 下降沿到达前 D=0，则 $Q^{n+1}=0$。

由以上分析可知，主从 D 触发器状态改变是在时钟脉冲下降沿完成的，因而这种结构的触发器无空翻现象。

4.4.3　主从 JK 触发器

1．电路结构及工作原理

主从 JK 触发器的电路结构图和逻辑符号如图 4.4.4 所示。当 CP=1 时，J、K 的信息传送给主触发器，同时因 $\overline{CP}$=0，从触发器状态保持不变。在时钟脉冲下降沿到来时，因 CP=0，J、K 信息不能进入主触发器，而 $\overline{CP}$ 由 0 变 1，从触发器将主触发器的信息送到输出端。主从 JK 触发器的特性表（表中的 CP 用"⎍⎣"时段表示）、特性方程等与同步 JK 触发器相同。

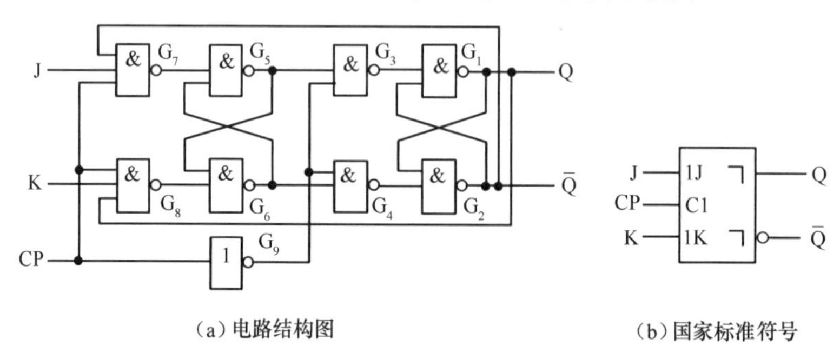

（a）电路结构图　　　（b）国家标准符号

图 4.4.4　主从 JK 触发器的电路结构图和逻辑符号

【例 4.4.2】在图 4.4.4 给出的主从 JK 触发器电路中，若 CP、J、K 的电压波形如图 4.4.5 所示，试画出 Q、$\overline{Q}$ 端对应的电压波形。假定触发器的初始状态为 Q^n=0。

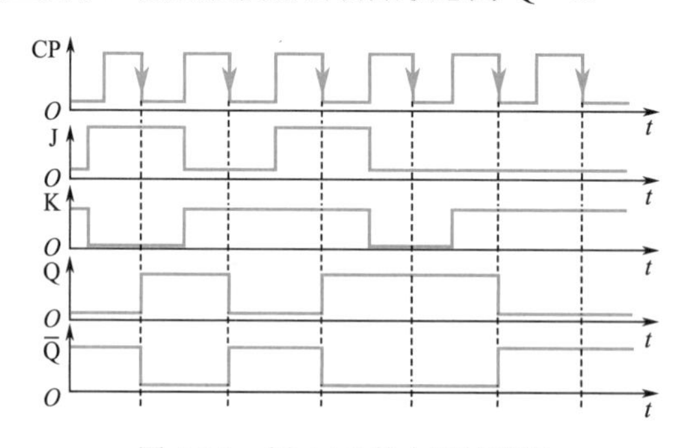

图 4.4.5　例 4.4.2 的电压波形图

解： 由于每一时刻 J、K 的状态均已由波形图给定，而且 CP=1 期间 J、K 的状态不变，因此只要根据 CP 下降沿到达时 JK 的状态就可逐段画出 Q 和 $\overline{Q}$ 端的电压波形了。可以看出，触发器输出端状态的改变均发生在 CP 信号的下降沿，而且即使 CP=1 时 J=K=1，CP 下降沿到来时触发器的次态也是确定的。

2．集成主从 JK 触发器

图 4.4.6 所示为集成主从 JK 触发器 74H72（T2072）的电路结构图和逻辑符号。设有直接置 0 端 $\overline{R}_D$ 和直接置 1 端 $\overline{S}_D$。为应用方便，74H72 的 J、K 端分别设有 3 个端子，其逻辑关系为

$$J=J_1 \cdot J_2 \cdot J_3 \qquad K=K_1 \cdot K_2 \cdot K_3 \tag{4.4.1}$$

74H72 功能表如表 4.4.2 所示。由表 4.4.2 可知，当 $\overline{S}_D=\overline{R}_D$=1 时，触发器按 J、K 值改变状态；当 $\overline{S}_D$=0，$\overline{R}_D$=1 时（$\overline{S}_D$ 端加负脉冲），无论 CP、J、K 为何值，触发器置 1；当 $\overline{S}_D$=1，$\overline{R}_D$=0 时，无论 CP、J、K 为何值，触发器置 0。值得注意的是，当 $\overline{S}_D=\overline{R}_D$=0 时，即在两个端子加负脉冲时，输出 Q 和 $\overline{Q}$ 同时为高电平，在负脉冲同时消失后新状态不定，这种情况应当避免。

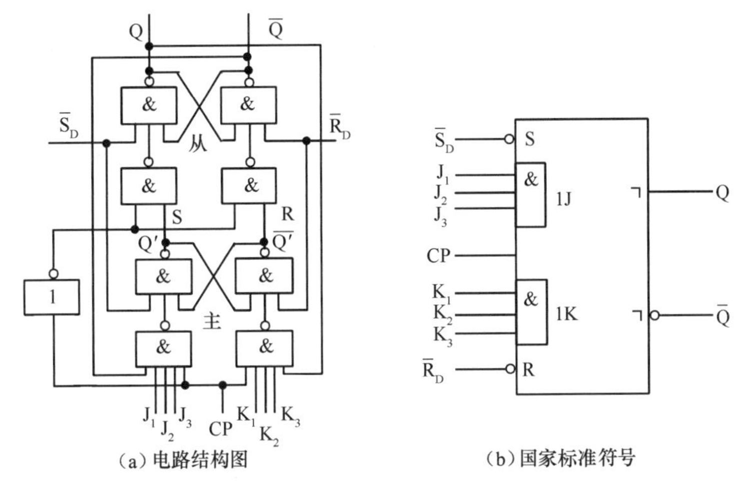

图 4.4.6 集成主从 JK 触发器 74H72（T2072）的电路结构图和逻辑符号

表 4.4.2 74H72 功能表

输入					输出		功能说明
$\bar{S}_D$	$\bar{R}_D$	CP	J	K	Q^{n+1}	$\bar{Q}^{n+1}$	
0	1	×	×	×	1	0	异步置位
1	0	×	×	×	0	1	异步复位
0	0	×	×	×	1	1	不允许
1	1	⎍↓	0	0	Q^n	$\bar{Q}^n$	保持（记忆）
1	1	⎍↓	0	1	0	1	置 0
1	1	⎍↓	1	0	1	0	置 1
1	1	⎍↓	1	1	Q^n	$\bar{Q}^n$	翻转（计数）

3. 主从 JK 触发器的一次变化现象

在前面分析主从 JK 触发器时，假定在 CP=1 期间 J、K 信号是不变的，因此在时钟脉冲的下降沿从触发器所达到的状态就是时钟上升沿时主触发器所接收的状态。但是若在 CP=1 期间 J、K 信号发生变化，情况则会发生变化。

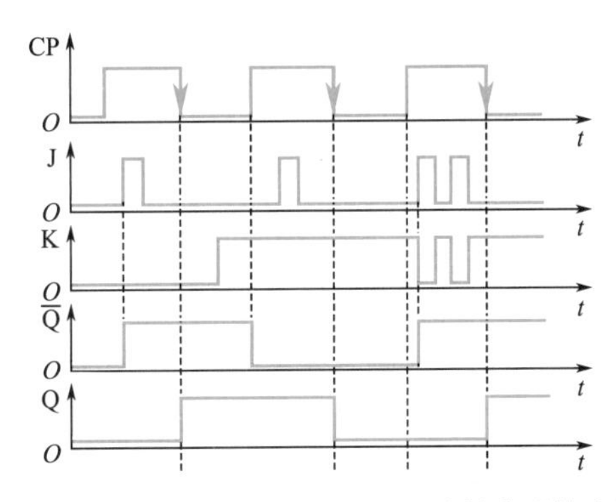

图 4.4.7 J、K 信号变化时主触发器及从触发器输出的波形

图 4.4.7 给出了 J、K 信号变化时主触发器及从触发器输出的波形。波形强调在 CP=1 期间 J 和 K 是变化的。下面分别讨论在 3 个时钟脉冲作用期间主触发器的输出变化规律。

设初始状态 Q=0、J=K=0，当第一个时钟脉冲出现时，由于 J=K=0，因此主触发器状态 Q′不变。但在第一个 CP 作用期间 J 端由 0 变成 1，故主触发器的状态 Q′随之变为 1。J 回到 0 后，Q′保持 1 不变。主触发器的状态在 CP 作用期间，由于 J、K 的变化而改变了一次。在时钟脉冲的下降沿从触发器接收主触发器的信息变成 1 状态（Q=1）。

当第二个时钟脉冲出现时，由于 J=0，K=1，因此主触发器变成 0 状态（Q′=0）。在时钟脉冲作用期间，由于原态 $\bar{Q}$=0，尽管J是变化的，但是不会影响主触发器的状态。在时钟脉冲的下降沿，从触发器接收主触发器的信号变成0状态（Q=0）。

当第三个时钟脉冲出现时，由于J=0，K=1，因此主触发器不改变原0状态。但在时钟脉冲作用期间，J和K均变化多次，由于原态为0，因此K的变化不影响主触发器的状态，只有J的变化能引起主触发器的变化，故当J由0变1时，主触发器变成1态，在该时钟脉冲作用期间，以后的J、K变化不再改变主触发器的状态了。对应时钟脉冲下降沿，从触发器变成1态（Q=1）。

综上所述，在时钟脉冲作用期间，J、K 的变化可能引起主触发器状态的改变，但只能改变一次。当Q=0时，只有J的变化可能使Q′由0变1，且只改变一次；当Q=1时，只有K的变化可能使Q′由1变0，且只改变一次。这种现象为主从JK触发器的一次变化现象。

4．主从JK触发器的动作特点

通过上面的分析可以看到，主从结构触发器有两个值得注意的动作特点。

（1）触发器的翻转分两步动作。第一步，在CP=1期间主触发器接收输入端（S-R、D或J-K）的信号，被置成相应的状态，而从触发器不动作；第二步，CP 下降沿到来时从触发器按照主触发器的状态翻转，所以Q、$\bar{Q}$ 端状态的改变发生在CP的下降沿。

（2）因为主触发器本身是一个同步RS触发器，所以在CP=1的全部时间里输入信号都将对主触发器起控制作用。

由于存在这样两个动作特点，在使用主从触发器时经常会遇到这样一种情况，就是在CP=1期间输入信号因受到干扰发生多次变化后，CP 下降沿到达时从触发器的状态不一定能按此刻输入信号的状态来确定，而必须考虑整个CP=1期间里输入信号的变化过程才能确定触发器的次态。即使是性能较好的主从JK触发器，也仍然存在一次翻转现象。

由此可知，主从结构的触发器在CP作用期间抗干扰能力不强，原因是在CP=1期间主触发器对干扰信号有记忆作用。为了克服这一缺点，人们相继研制成了各种边沿触发器。

4.5　边沿触发器

前面提到的同步触发器和主从触发器，在正常使用时，要求各输入信号在CP=1期间保持不变，否则触发器将接收干扰信号，且把干扰信号记忆下来，造成错误翻转。下面介绍的两种边沿触发器，只能在时钟脉冲的有效边沿（上升沿或下降沿）按输入信号决定的状态翻转，而在CP=1或CP=0期间输入信号的变化对触发器的状态无影响，不会产生空翻和误翻。

4.5.1　维持阻塞结构正边沿触发器

1．电路结构与工作原理

维持阻塞结构的触发器在TTL电路中用得比较多。

图4.5.1所示为维持阻塞结构的RS触发器的电路结构图。这个电路是在同步RS触发器的基础上演变而来的。

在图4.5.1中，若不存在①、②、③、④这4根连线，门 G_1～G_4 则是一个普通的同步RS触发器。假如能保证CP由低电平跳变为高电平以后无论S和R的状态如何改变S′和R′始终不变，则触发器的次态将仅仅取决于CP上升沿到时输入的状态。

为了达到这个目的，首先在电路中增加了 G_5、G_6 两个与非门和①、②两根连线，使 G_3 和 G_5 形成一个基本RS触发器，G_4 和 G_6 形成另一个基本RS触发器。如果没有③、④两根线存在，当CP由低电平变成高电平时，S或R端的低电平输入信号将立刻被存入这两个基本RS触发器中，此后即使S或R的低电平信号消失，S′和R′的状态也能维持不变。因此，把①称为置1维持线，把②

称为置 0 维持线。

由于工作过程中可能遇到 CP=1 期间先是 $\overline{S}$=0、$\overline{R}$=1，随后又变为 $\overline{S}$=1、$\overline{R}$=0 的情况（或者相反的变化情况），因此 G_3、G_5 和 G_4、G_6 组成的两个基本 RS 触发器可能先后被置成 S′=1、R′=1 的状态。而对于由 G_1～G_4 组成的同步 RS 触发器来说，S′和 R′同时为 1 的状态是不允许的。

为了避免出现这种情况，又在电路中增加了③、④两根连线。由于这两根线将 G_3 和 G_4 也接成了基本 RS 触发器，因此即使先后出现 S′=1、R′=1 的情况，G_3 和 G_4 组成的基本 RS 触发器也不会改变状态，从而保证了在 CP=1 的全部时间里 G_3 和 G_4 的输出不会改变。例如，当 CP 上升沿到达时 $\overline{S}$=0、$\overline{R}$=1，则 G_3 输出为低电平、G_4 输出为高电平。G_3 输出的低电平不仅将输出端的基本 RS 触发器置 1，还通过③这根线将 G_4 封锁，阻止 G_4 再输出低电平信号，因而也就阻止了输出端的基本 RS 触发器被置 0。为此，把③称为置 0 阻塞线，同时将④称为置 1 阻塞线，它的作用是在输出端的基本 RS 触发器置 0 以后，阻止 G_3 再输出低电平的置 1 信号。

为适应输入信号以单端形式给出的情况，将图 4.5.1 略加修改，则可构成单端输入的维持阻塞结构的上边沿 D 触发器，如图 4.5.2 所示。图中以 D 表示数据输入端。

当 D=1 时，CP 上升沿到达前 S′=1、R′=0，故 CP 上升沿到达后触发器置 1。

当 D=0 时，CP 上升沿到达前 S′=0、R′=1，因而 CP 上升沿到达后触发器被置 0。可见，它的特性表和特征方程与同步 D 触发器相同。

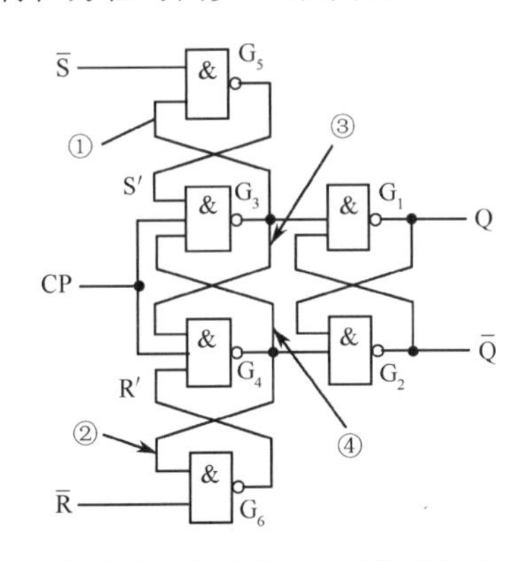

图 4.5.1　维持阻塞结构的 RS 触发器的电路结构图

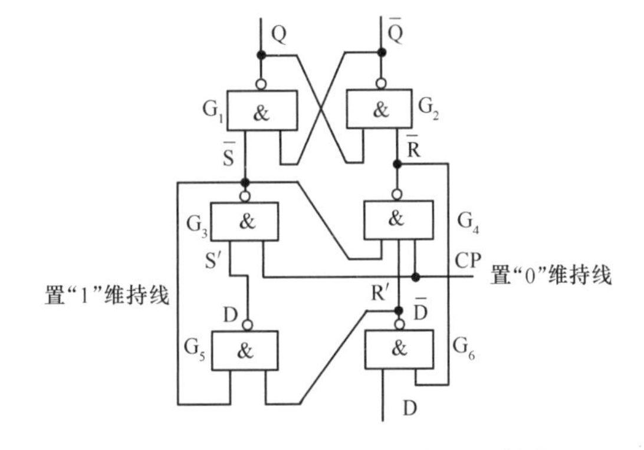

图 4.5.2　维持阻塞结构的上边沿 D 触发器

2. 集成维持阻塞 D 触发器

常用的集成维持阻塞 D 触发器有 7474（T1074）、74H74（T2074）、74S74（T3074）和 74LS74（T4074）等，这 4 种触发器均为双 D 触发器。它们具有相同的逻辑功能，具有相同的片脚排列，其逻辑符号如图 4.5.3 所示，其功能表如表 4.5.1 所示。为使用方便，它们还加有异步置 0 端 $\overline{R}_D$ 和异步置 1 端 $\overline{S}_D$。

若已知 7474 的 CP、$\overline{R}_D$、$\overline{S}_D$ 及 D 端波形，其初始状态为 1，则其对应的输出波形如图 4.5.4 所示。

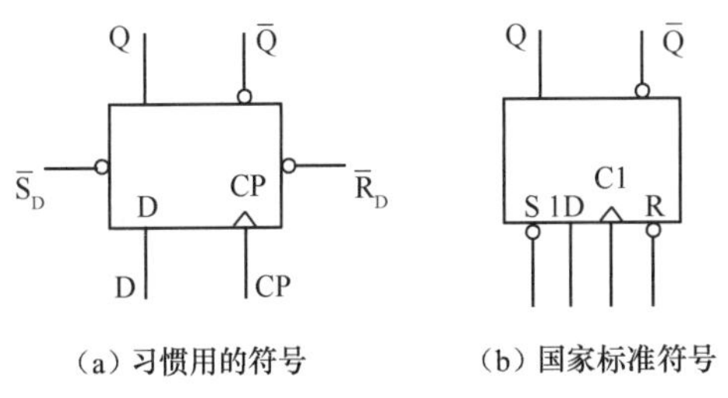

图 4.5.3　7474、74H74、74S74 和 74LS74 的逻辑符号

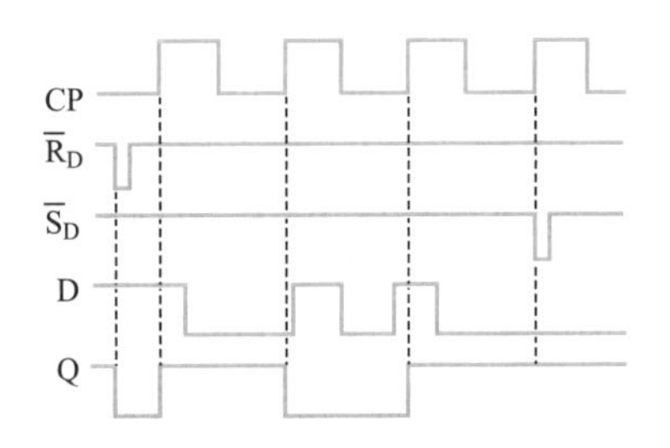

图 4.5.4　7474 的输出波形图

表 4.5.1 7474 等 4 种触发器功能表

$\bar{S}_D$	$\bar{R}_D$	CP	D	Q^{n+1}	$\bar{Q}^{n+1}$	功能说明
0	0	×	×	1	1	不允许
0	1	×	×	1	0	异步置 1
1	0	×	×	0	1	异步置 0
1	1	↑	1	1	0	送 1
1	1	↑	0	0	1	送 0

4.5.2 利用传输延迟时间的负边沿触发器

1. 电路结构及工作原理

图 4.5.5 所示为利用传输延迟时间的负边沿 JK 触发器的逻辑图和逻辑符号。它由两部分组成：G_1、G_2、G_3组成的与或非门和G_4、G_5、G_6组成的与或非门共同构成的 RS 触发器；G_7、G_8是引导门。时钟信号一路送给G_7、G_8；另一路送给G_2和G_6。值得注意的是，CP 信号是经G_7、G_8延时，所以送到G_3、G_5的时间比到达G_2、G_6的时间晚一个与非门的延迟时间（$1t_{pd}$），这就保证了触发器的翻转对准的是 CP 的负边沿。

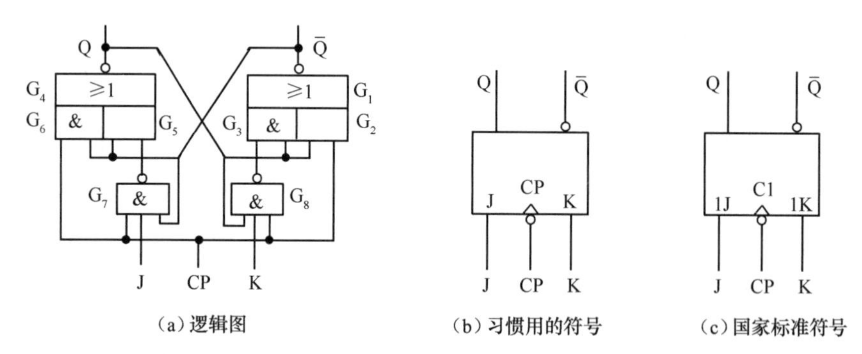

（a）逻辑图 （b）习惯用的符号 （c）国家标准符号

图 4.5.5 利用传输延迟时间的负边沿 JK 触发器的逻辑图和逻辑符号

利用传输延迟时间的负边沿 JK 触发器的逻辑功能、特性表、特性方程与主从 JK 触发器相同。其主要原理是利用电路内部门的延迟时间差异引导触发。假设 J=1、K=0、Q=0、$\bar{Q}$=1，CP 作用后，触发器应由 0 变 1。下面分析 CP 一个周期内触发器的状态变化情况。

（1）CP=0 时触发器状态不变，J、K 的变化对触发器的状态无影响。这是因为 CP=0，G_7、G_8被封锁，其输出皆为 1，触发器保持原状态。

（2）CP 由 0 变 1，触发器不翻转。因为 CP=1，直接作用到G_6，使G_6输出为 1，而 CP=1 使G_7的输出为 0，G_7的输出使G_5的输出为 0，G_5的输出 0 较G_6的输出 1 晚一个与非门的延迟时间到达G_4的输入端，G_4是一个或非门，所以 Q 仍为 0，触发器状态不变。

（3）CP=1 期间，因 Q=0 封锁了G_8，阻塞了 K 的变化对触发器状态的影响；因为 Q=1，所以G_6=1，使输出 Q 不变，仍为 0。故 CP=1 期间 J 的变化不影响输出状态。

（4）CP 由 1 变 0，触发器状态翻转。因 CP 由 1 变 0，使G_6的输出变 0，于是 Q 值便由G_5的输出决定。因为 J=1、K=0，所以G_5的输出为 0。由于G_5=G_6=0，因此G_4的输出 1，即触发器的状态由 0 变 1。当然，CP 由 1 变 0 也会使G_7输出变 1，进一步影响G_5的输出，但这是一个经与非门延迟后的信号，所以决定 Q 值的是G_5原来的输出（CP 下降沿之前的 J 值确定的值）。

利用传输延迟时间的负边沿 JK 触发器翻转后的状态取决于 CP 下降沿之前的 J、K 值。关于触发器的 J=0、K=1；J=1、K=1；J=0、K=0 的情况可以利用同样的方法分析，这里不再重复。

由上述分析可知，时钟脉冲下跳沿前一时刻的 J、K 值决定触发器的次态，时钟的其他时间 J、

K 值都可以变化，因而抗干扰能力强。

2. 集成负边沿 JK 触发器

属于这种类型的集成触发器常用的型号是双 JK 触发器 74S112（T3112）和 74LS112（T4112）等。它们二者的逻辑功能、片脚排列及逻辑符号完全一样。图 4.5.6 所示为 74S112 与 74LS112 的逻辑符号，其功能表如表 4.5.2 所示。

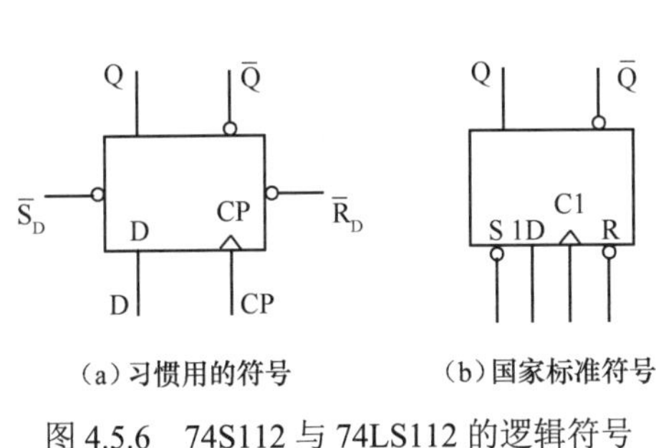

（a）习惯用的符号　（b）国家标准符号

图 4.5.6　74S112 与 74LS112 的逻辑符号

表 4.5.2　74S112 与 74LS112 功能表

$\bar{S}_D$	$\bar{R}_D$	CP	J	K	Q^{n+1}	$\bar{Q}^{n+1}$	功能说明
0	0	×	×	×	1	1	不允许
0	1	×	×	×	1	0	置 1
1	0	×	×	×	0	1	置 0
1	1	↓	0	0	Q^n	Q^n	保持
1	1	↓	0	1	0	1	送 0
1	1	↓	1	0	1	0	送 1
1	1	↓	1	1	Q^n	Q^n	翻转

当已知负边沿 JK 触发器的 $\bar{S}_D$、$\bar{R}_D$、J、K 信号及触发器的初始状态，便可画出输出波形，如图 4.5.7 所示。

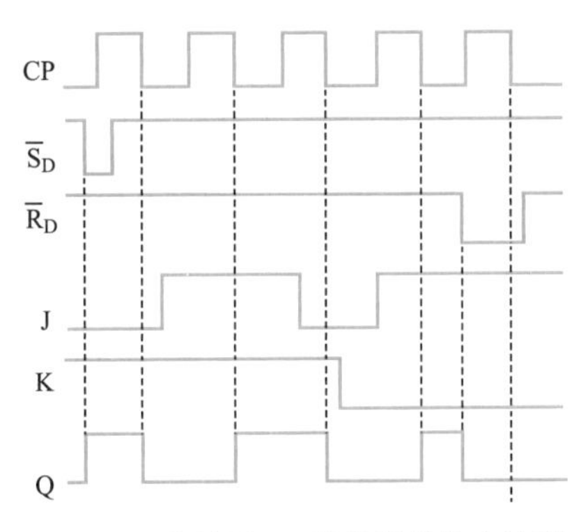

图 4.5.7　负边沿 JK 触发器的输出波形

3. 边沿触发器的动作特点

通过对上述边沿触发器工作过程的分析可以看出，它们具有共同的动作特点，即触发器的次态仅取决于 CP 信号的上升沿或下降沿到达时输入的逻辑状态，而在这以前或以后，输入信号的变化对触发器输出的状态没有影响。

这一特点有效地提高了触发器的抗干扰能力，因而也提高了电路的工作可靠性。

边沿触发器的动作特点在图形符号中以 CP 输入端处的“CP⌃○”或“CP⌃”表示。

4.6　CMOS 触发器

CMOS 触发器无论在电路结构上和具体应用上，与前面讨论的 TTL 触发器都有很大的不同。下面从 CMOS 型 D 触发器开始，讨论钟控 CMOS 主从 D 触发器和钟控 CMOS 主从 JK 触发器。

4.6.1　带使能端的 CMOS 型 D 触发器

带使能端的 CMOS 型 D 触发器是构成钟控 CMOS 主从 D 触发器和钟控 CMOS 主从 JK 触发器的基本电路。带使能端 CMOS 型 D 触发器由两个 CMOS 反相器和两个 CMOS 传输门构成，如图 4.6.1 所示。

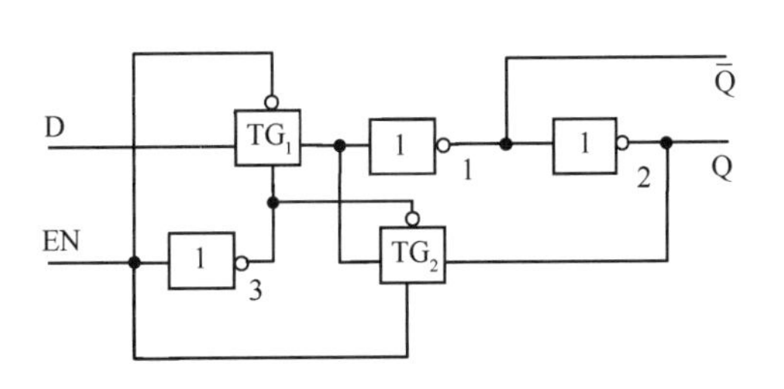

图 4.6.1　带使能端 CMOS 型 D 触发器

反相器 1 和反相器 2 通过传输门 TG_2 首尾相接构成 CMOS 基本触发器。TG_1 和 TG_2 对触发器进行工作控制，反相器 3 给传输门提供反相控制信号。

当EN=0时，传输门TG_1导通，输入D直接传输至输出端，使Q=D。此时TG_2截止，两个反相器1和反相器2之间被切断。这时电路实际上按组合逻辑电路工作，实现了输入至输出的传送功能。

当EN=1时，TG_1截止，D不能进入触发器，但TG_2导通，反相器1和反相器2形成一个没有外界输入的触发器，把EN=1之前的D输入存储起来。实现了数据D的存储功能，并保持不变。所以，当EN=0时，触发器接收输入数据D，且输出Q=D；当EN=1时，存储最后接收到的输入数据D，并且有保持功能。

4.6.2 CMOS主从D触发器

两个带使能端的CMOS型D触发器相连可以构成钟控型CMOS型D触发器，其中一个是主D触发器，另一个是从D触发器。CMOS主从D触发器如图4.6.2所示。图中主触发器由或非门G_1、G_2和传输门TG_2组成，从触发器由或非门G_3、G_4和传输门TG_4组成，传输门TG_1和TG_3分别是输入D和主、从触发器之间的控制门，传输门的两个互补控制信号由互补的时钟信号控制。S_D和R_D是异步置位和复位端，且高电平有效，与时钟CP和输入D无关。D是数据输入端，Q和$\overline{Q}$是输出端。图4.6.2中采用或非门而不用与非门是为了方便于直接置位和复位。

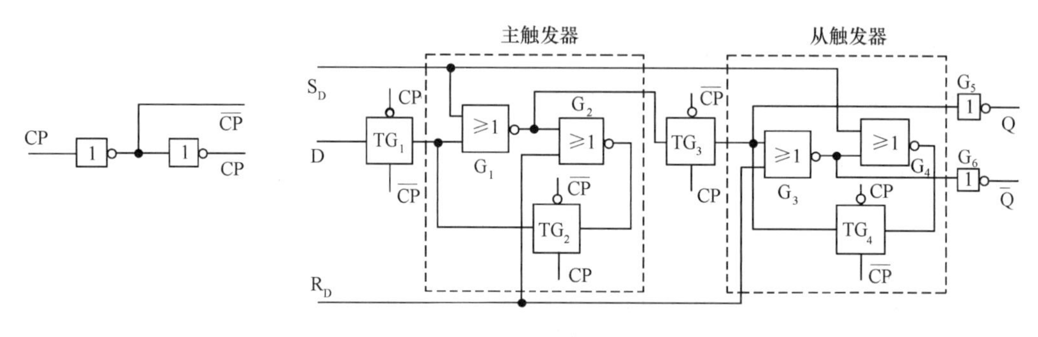

图4.6.2 CMOS主从D触发器

当S_DR_D=00时，或非门相当于反相器，每个触发器相当于带使能端的D触发器。

当CP=0时，传输门TG_1导通，TG_2截止，TG_3截止，TG_4导通。TG_3隔离主从触发器。主触发器通过TG_1接收输入信号D，经过或非门G_1和G_2两次反相后与D相同，锁存在主触发器中，从触发器因TG_4导通而闭环反馈，保持原来的状态不变。

当CP由0上升到1时，TG_1截止，TG_2导通，TG_3导通，TG_4截止，主触发器的状态通过TG_3传输到从触发器，使从触发器的输出与CP上升前的D一致。实现了上升沿触发的功能。所以称为主从型边沿触发器。

当CP=1时，主触发器中TG_1截止，主触发器处于保持状态，其输出不变。虽然此时从触发器输入传输门TG_3是导通的，但其输出也不变化。

由此可知，CMOS主从D触发器由互补的时钟信号控制，主从触发器工作时间是错开的，当CP=0时主触发器接收输入信号D，从触发器输出状态不变。当CP=1信号到来时，从触发器才按主触发器已翻转的状态进行翻转，而这时不管输入信号D如何变化，主触发器不会改变状态，避免了输入信号对输出状态的直接控制，提高了抗干扰的能力。

CMOS主从D触发器的状态方程与D触发器的状态方程相同，即

$$Q^{n+1}=D \tag{4.6.1}$$

CMOS主从D触发器具有功耗低、抗干扰能力强、电源适应范围宽等特点，应用十分广泛。常用的集成芯片有CD4013B、CD4042B等，国产芯片有CC4013B、CC4042B等。

4.6.3　CMOS 主从 JK 触发器

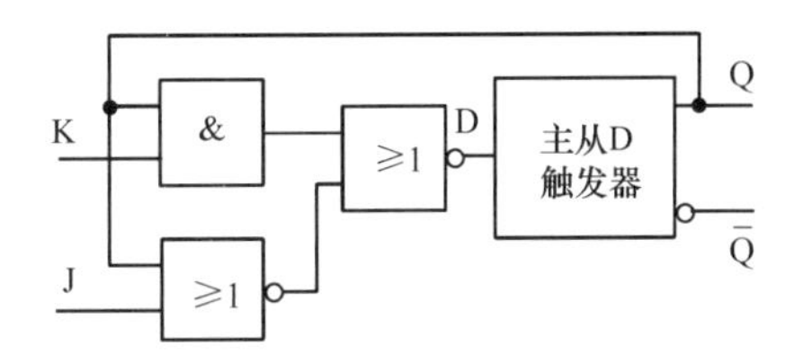

图 4.6.3　CMOS 主从 JK 触发器

CMOS 主从 JK 触发器是由 CMOS 主从 D 触发器增加一个输入网络构成的，如图 4.6.3 所示。

$$\begin{aligned}D &= \overline{\overline{J+Q}+KQ} = (J+Q)\overline{KQ} \\ &= (J+Q)(\overline{K}+\overline{Q}) = J\overline{K}+J\overline{Q}+\overline{K}Q+Q\overline{Q} \\ &= J\overline{K}+J\overline{Q}+\overline{K}Q = J\overline{Q}+\overline{K}Q \quad （冗余项定理）\end{aligned}$$

故有

$$Q^{n+1} = D = J\overline{Q}^n + \overline{K}Q^n \tag{4.6.2}$$

该触发器状态在 CP 上升沿时刻发生翻转，在 CP 高电平或低电平期间都保持不变。常用的集成芯片有 CD4027、CC4027，它们都是主从结构的触发器。

4.7　钟控触发器的逻辑功能及其描述方法

4.7.1　钟控触发器按逻辑功能的分类

从前几节中可以看到，由于每种钟控触发器电路的信号输入方式不同（有单端输入的，也有双端输入的），触发器的状态随输入信号翻转的规则不同，因此它们的逻辑功能也不完全一样。

按照逻辑功能的不同特点，通常将钟控触发器分为 RS 触发器、JK 触发器、T 触发器、T′触发器和 D 触发器等类型。

1. RS 触发器

凡在时钟信号作用下逻辑功能符合表4.7.1所示特性表所规定的逻辑功能者，均称为RS触发器。

如果把表 4.7.1 中所规定的逻辑关系写成逻辑函数式，则得到

$$\begin{cases}Q^{n+1} = \overline{S}\overline{R}Q^n + S\overline{R}\overline{Q}^n + S\overline{R}Q^n = S\overline{R} + \overline{S}\overline{R}Q^n \\ SR = 0 \text{（约束条件）}\end{cases}$$

利用约束条件将上式化简，于是得出

$$\begin{cases}Q^{n+1} = S + \overline{R}Q^n \\ SR = 0 \text{（约束条件）}\end{cases} \tag{4.7.1}$$

式（4.7.1）称为 RS 触发器的特性方程。

此外，还可以形象地用图 4.7.1 所示的状态转换图表示 RS 触发器的逻辑功能。图中以两个圆圈分别代表触发器的两个状态，用箭头表示状态转换的方向，同时在箭头的旁边注明转换的条件。这样一来，在描述触发器的逻辑功能时就有了特性表、特性方程和状态转换图 3 种可供选择的方法。

表 4.7.1　RS 触发器的特性表

S	R	Q^n	Q^{n+1}
0	0	0	0
0	0	1	1
0	1	0	0
0	1	1	0
1	0	0	1
1	0	1	1
1	1	0	不定
1	1	1	不定

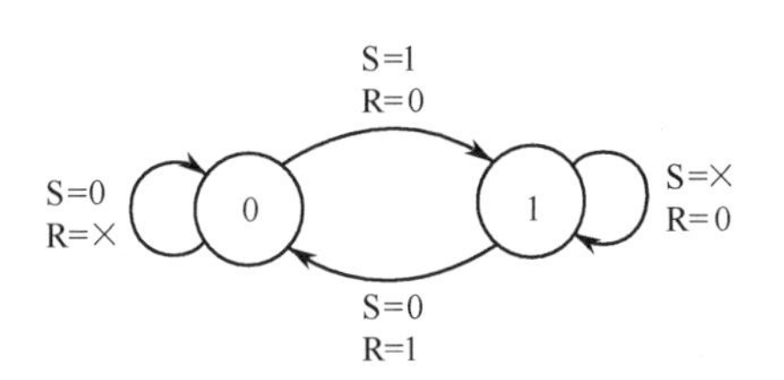

图 4.7.1　RS 触发器的状态转换图

2．JK 触发器

凡在时钟信号作用下逻辑功能符合表 4.7.2 所示特性表所规定的逻辑功能者，均称为 JK 触发器。根据表 4.7.2 可以写出 JK 触发器的特性方程，化简后得到

$$Q^{n+1}=J\bar{Q}^{n}+\bar{K}Q \tag{4.7.2}$$

JK 触发器的状态转换图如图 4.7.2 所示。

表 4.7.2　JK 触发器的特性表

J	K	Q^n	Q^{n+1}
0	0	0	0
0	0	1	1
0	1	0	0
0	1	1	0
1	0	0	1
1	0	1	1
1	1	0	1
1	1	1	0

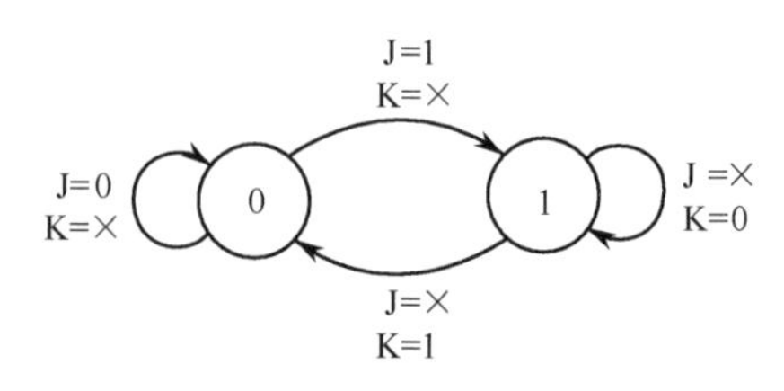

图 4.7.2　JK 触发器的状态转换图

3．T 触发器

在某些应用场合下，需要这样一种逻辑功能的触发器，当控制信号 T=1 时每来一个 CP 信号它的状态就翻转一次；而当 T=0 时，CP 信号到达后它的状态保持不变。具备这种逻辑功能的触发器称为 T 触发器。T 触发器的特性表如表 4.7.3 所示。

根据表 4.7.3 写出 T 触发器的特性方程为

$$Q^{n+1}=T^{n}\bar{Q}^{n}+\bar{T}Q^{n}=T+Q^{n} \tag{4.7.3}$$

T 触发器的状态转换图和逻辑符号如图 4.7.3 所示。

表 4.7.3　T 触发器的特性表

T	Q^n	Q^{n+1}
0	0	0
0	1	1
1	0	1
1	1	0

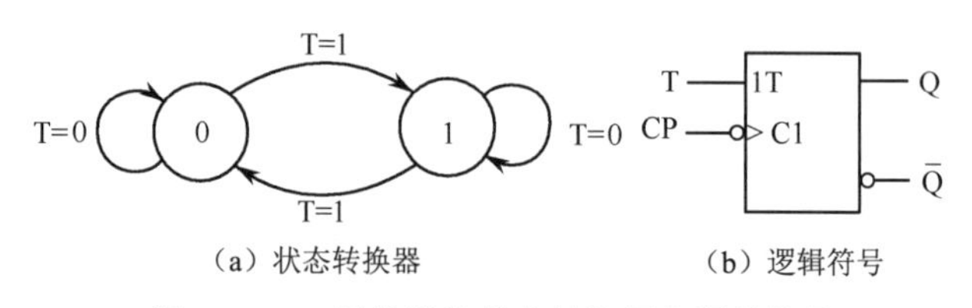

（a）状态转换器　　（b）逻辑符号

图 4.7.3　T 触发器的状态转换图和逻辑符号

事实上，只要将 JK 触发器的两个输入端连在一起作为 T 端，就可以构成 T 触发器。正因为如此，在触发器的定型产品中通常没有专门的 T 触发器。

当 T 触发器的控制端接至固定的高电平时（T 恒等于 1），则式（4.7.3）变为

$$Q^{n+1}=\bar{Q}^{n} \tag{4.7.4}$$

即每次 CP 信号作用后触发器必然翻转成与初态相反的状态。有时也把这种接法的触发器称为 T′触发器。其实 T′触发器只不过是处于一种特定工作状态下的 T 触发器而已。

4．D 触发器

凡在时钟信号作用下逻辑功能符合表 4.7.4 所示特性表所规定的逻辑功能者，称为 D 触发器。根据表 4.7.4 写出 D 触发器的特性方程为

$$Q^{n+1}=D \tag{4.7.5}$$

D 触发器的状态转换图如图 4.7.4 所示。

表 4.7.4　D 触发器的特性表

D	Q^n	Q^{n+1}
0	0	0
0	1	0
1	0	1
1	1	1

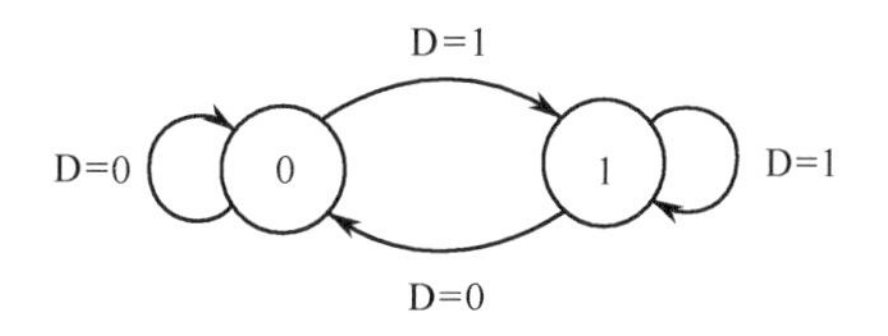

图 4.7.4　D 触发器的状态转换图

4.7.2　触发器的电路结构和逻辑功能的关系

前面已经从电路结构形式和逻辑功能这两个不同的角度对触发器做了分类介绍。

需要强调指出的是，触发器的逻辑功能和电路结构形式是两个不同的概念。所谓逻辑功能，是指触发器的次态和现态及输入信号之间在稳态下的逻辑关系，这种逻辑关系可以用特性表、特性方程或状态转换图给出。根据逻辑功能的不同特点，把触发器分为 RS、JK、T、D 等类型。

基本 RS 触发器、同步 RS 触发器、主从触发器、边沿触发器等是指电路结构的不同形式。由于电路结构形式的不同，带来了各不相同的动作特点。

同一种逻辑功能的触发器可以用不同的电路结构实现。反过来说，用同一种电路结构形式可以做成不同逻辑功能的触发器。因此，逻辑功能与电路结构并无固定的对应关系，更不要把两者混为一谈。

例如，在前面所讲的触发器电路中，图 4.3.2、图 4.4.1 和图 4.5.1 三个电路在逻辑功能上同属于 RS 触发器，它们在稳态下的逻辑功能相同，都符合表 4.7.1 所示的特性表。然而，由于电路结构形式不同，它们在状态翻转时各有不同的动作特点。

另外，同样是维持阻塞结构电路，既可做成图 4.5.1 所示的 RS 触发器、图 4.5.2 所示的 D 触发器，也可做成图 4.7.5 所示的 JK 触发器。双 JK 触发器集成电路 74LS109 采用的就是这种电路结构。

用 CMOS 传输门组成的边沿触发器同样可以实现不同的逻辑功能。图 4.7.6 给出了双 JK CMOS 触发器集成电路 CC4027 电路图。从其逻辑图可以写出

$$Q^{n+1}=D=\overline{\overline{J+Q^n}+KQ^n}=J\overline{Q}^n+\overline{K}Q$$

故符合 JK 触发器规定的逻辑功能。

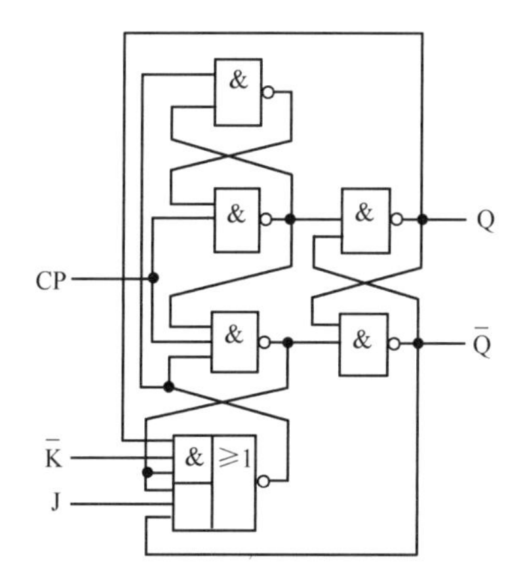

图 4.7.5　维持阻塞结构 JK 触发器（74LS109）电路图

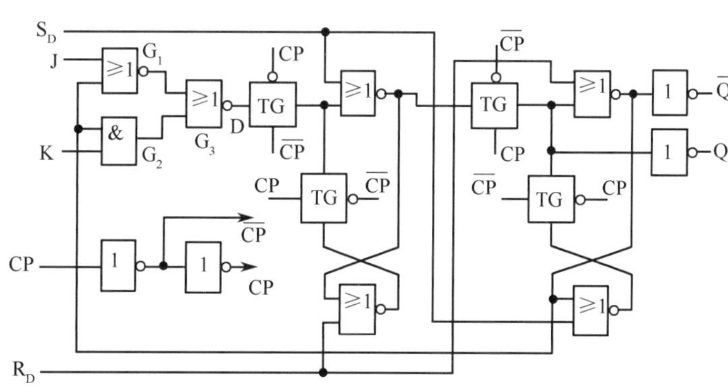

图 4.7.6　双 JK CMOS 触发器集成电路 CC4027 电路图

将JK、RS、T 3种类型触发器的特性表比较一下不难看出，其中JK触发器的逻辑功能最强，它包含了RS触发器和T触发器的所有逻辑功能。因此，在需要使用RS触发器和T触发器的场合完全可以用JK触发器来取代。在需要RS触发器时，只要将JK触发器的J、K端当作S、R端使用，就可以实现RS触发器的功能；在需要T触发器时，只要将J、K连在一起当作T端使用，就可以实现T触发器功能，如图4.7.7所示。因此，目前生产的钟控触发器定型产品中只有JK触发器和D触发器两大类。

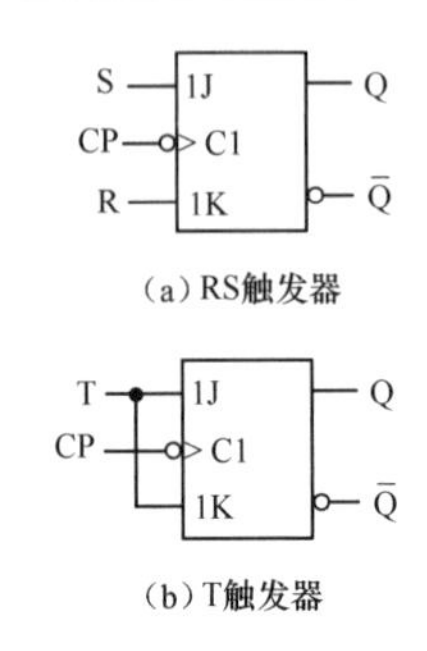

图4.7.7 JK触发器的变换

4.8 不同类型触发器之间的转换

在集成触发器产品中，常见的有D触发器和JK触发器。有时需要把一种类型的触发器转换成其他类型的触发器。

不同类型触发器之间的相互转换模型如图4.8.1所示。转换后的触发器由给定的触发器和变换逻辑组成。变换逻辑是组合逻辑电路。变换过程包括列特性表、写变换逻辑方程式及画逻辑图。下面通过两个实例说明变换过程。

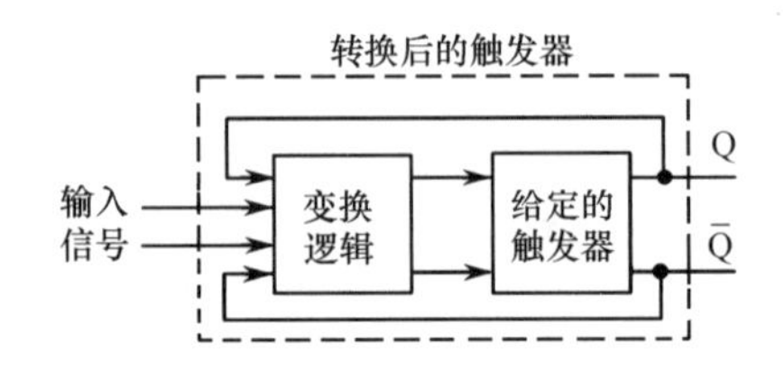

图4.8.1 不同类型触发器之间的相互转换模型

4.8.1 D型触发器转换成JK型触发器

将D型触发器转换成JK型触发器的具体步骤如下。

1．列特性表

列出JK触发器和D触发器的特性表，如表4.8.1所示。

2．写变换逻辑方程式

变换逻辑的输出是D，变换逻辑的输入是J、K和现态，D是现态及J、K的函数。列出D的卡诺图，如图4.8.2所示。由卡诺图得出

$$D = J\bar{Q}^n + \bar{K}Q^n = \overline{\overline{J\bar{Q}^n} \cdot \overline{\bar{K}Q^n}} \tag{4.8.1}$$

3．画逻辑图

用给定的D触发器及由四与非门构成的转换逻辑所组成的JK触发器，如图4.8.3所示。转换后的触发器翻转沿同给定触发器一致。

表4.8.1 JK触发器和D触发器的特性表

Q^n	Q^{n+1}	J	K	D
0	0	0	×	0
0	1	1	×	1
1	0	×	1	0
1	1	×	0	1

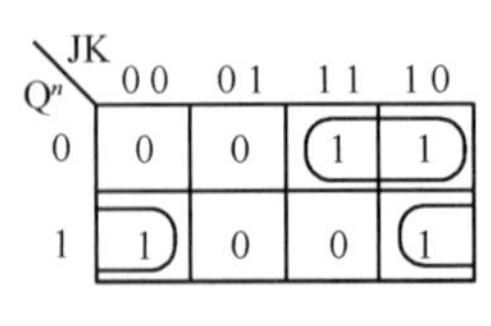

Q^n \ JK	00	01	11	10
0	0	0	1	1
1	1	0	0	1

图4.8.2 D的卡诺图

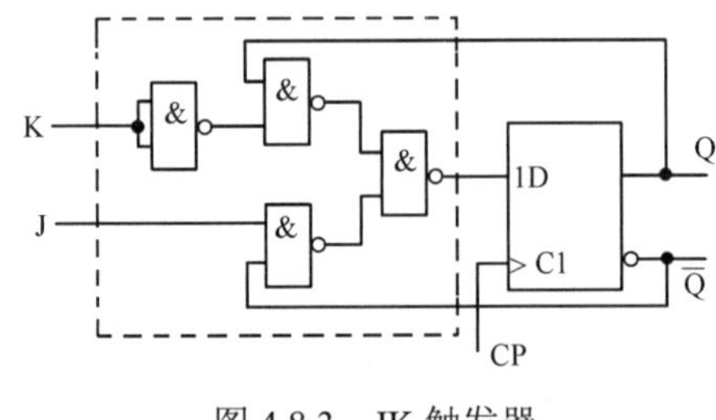

图4.8.3 JK触发器

4.8.2　JK 型触发器转换成 D 触发器

将 JK 型触发器转换成 D 触发器的步骤如下。

1．列特性表

列出 D 触发器和 JK 触发器的特性表，如表 4.8.2 所示。

2．写变换逻辑方程式

变换逻辑的输出是 J、K，J、K 是现态 Q^n 和 D 的函数。画出 J 和 K 的卡诺图，如图 4.8.4 所示。由卡诺图得出 J=D，K=$\overline{\text{D}}$。

3．画逻辑图

用给定的 JK 触发器外加一个非门即可构成 D 触发器，如图 4.8.5 所示。

表 4.8.2　D 触发器和 JK 触发器的特性表

Q^n	Q^{n+1}	D	J	K
0	0	0	0	×
0	1	1	1	×
1	0	0	×	1
1	1	1	×	0

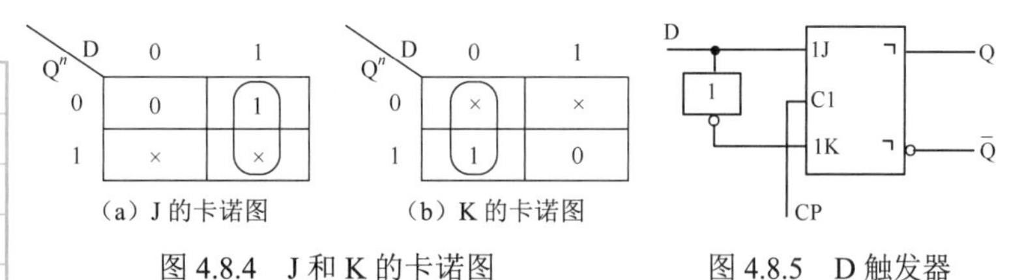

（a）J 的卡诺图　（b）K 的卡诺图

图 4.8.4　J 和 K 的卡诺图

图 4.8.5　D 触发器

4.9　触发器的动态参数

1．建立时间 t_{set}

为使触发器按预计情况翻转，要求输入信号在时钟脉冲有效边沿到来之前提前一段时间建立起来，这段提前时间称为建立时间 t_{set}。

对 7474 而言，控制输入信号 D 的建立必须领先 CP 上升沿 $2t_{set}$，手册指标为 $t_{set}\leqslant$20ns。

2．保持时间 t_h

在 CP 触发沿到达后，为保证触发器正确翻转，需要控制输入信号再保持一段时间，这段时间称为保持时间 t_h。

对于 7474 而言，在 CP 上升沿到来后，D 信号仍需保持 1 倍的 t_{pd}（触发器传输延迟时间）等待维持阻塞作用建立，手册给出 t_h=5ns。

3．最高时钟频率 f_{max}

当触发器接成 T′触发器时，使触发器可靠翻转达到最高时钟频率。

为保证触发器可靠翻转，时钟脉冲必须满足手册给出的下列极限参数。

（1）CP 高电平持续时间应大于其最小值 $t_{wH(min)}$。

（2）CP 低电平持续时间应大于其最小值 $t_{wL(min)}$。

对于 7474 而言，$t_{wH(min)}$=30ns，$t_{wL(min)}$=37ns，所以 T_{min}=30ns+37ns=67ns。最高时钟频率 f_{max}=1/T_{min}=15MHz。

4．传输延迟时间 t_{pd}

从时钟脉冲触发边沿算起，到触发器建立起新状态的这段时间，称为触发器的传输延迟时间，用 t_{pd} 表示。

（1）t_{PHL}：从 CP 触发沿到输出高电平端变为低电平的时间。

（2）t_{PLH}：从 CP 触发沿到输出低电平端变为高电平的时间。

$$t_{pd}=\frac{1}{2}(t_{PHL}+t_{PLH})$$

对于 7474 来说，$t_{PHL}\geqslant$40ns，$t_{PLH}\geqslant$25ns，则 t_{pd}=37.5ns。

本章小结

本章所讲的触发器是构成各种复杂数字系统的一种基本逻辑单元。

触发器逻辑功能的基本特点是可以保存一位二值信息。因此，又把触发器称为半导体存储单元或记忆单元。

由于输入方式及触发器状态随输入信号变化的规律不同，各种触发器在具体的逻辑功能上又有所差别。根据这些差异，将触发器分为 RS 型、JK 型、T 型、T′型、D 型等几种逻辑功能的类型。这些逻辑功能可以用特性表、特性方程或状态转换图描述。

此外，从电路结构形式上又可以把触发器分为基本 RS 触发器、同步触发器、主从触发器、维持阻塞触发器，以及利用 CMOS 传输门的边沿触发器、利用传输延迟时间的边沿触发器等不同类型。介绍这些电路结构的主要目的在于说明由于电路结构不同而带来的不同动作特点。只有了解这些不同的动作特点，才能正确地使用这些触发器。

特别需要指出的是，触发器的电路结构形式和逻辑功能是两个不同的概念，两者没有固定的对应关系。同一种逻辑功能的触发器可以用不同的电路结构实现；同一种电路结构的触发器可以做成不同的逻辑功能。不要把这两个概念混合起来。

当选用触发器电路时，不仅要知道它的逻辑功能，还必须知道它的电路结构类型。只有这样，才能把握住它的动作特点，做出正确的设计。

为了保证触发器在动态工作时能可靠地翻转，输入信号、时钟信号，以及它们在时间上的相互配合应满足一定的要求。这些要求表现在对建立时间、保持时间、时钟信号的宽度和最高工作频率的限制上。对于每个具体型号的集成触发器，可以从手册上查到这些动态参数，在工作时应符合这些参数所规定的条件。

习题四

习题四
参考答案

4.1 填空题

（1）触发器逻辑功能的基本特点是可以保存________________________。

（2）由于输入方式及触发器状态随输入信号变化的规律不同，各种触发器在具体的逻辑功能上又有所差别。根据这些差异，将触发器分为__________、__________、__________、__________、_________等几种逻辑功能的类型。这些逻辑功能可以用_________、_________或_________描述。

（3）图 P4.1（a）所示是由或非门构成的基本 RS 触发器。其特性方程（次态方程）为 Q^{n+1}=____________________；约束条件为____________________。

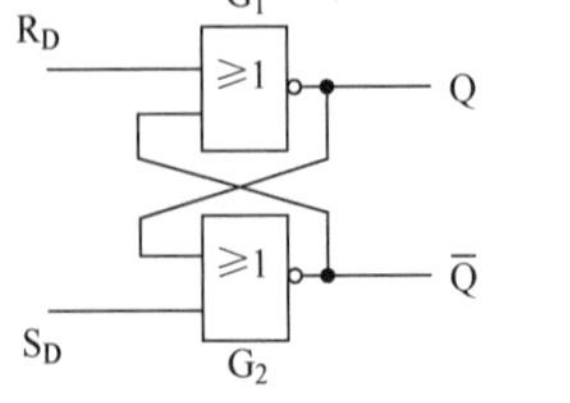

（a）基本 RS 触发器逻辑图

（b）带使能端 CMOS D 触发器逻辑图

图 P4.1

（4）主从结构 RS 触发器由两个________组成，但它们的时钟信号 CP 相位________。

（5）边沿触发器具有共同的动作特点，即触发器的次态仅取决于 CP 信号的_________或_________到达时输入的逻辑状态，而在这时刻之前或以后，输入信号的变化对触发器输出的状态没有影响。

（6）图 P4.1（b）是带使能端 CMOS D 触发器逻辑图。当 EN=0 时，传输门 TG_1__________，TG_2__________，使 Q=__________。

（7）同一种逻辑功能的触发器可以用不同的电路结构实现。反过来说，用同一种电路结构形式可以做成____________________的触发器。

（8）在 JK、RS、T 3 种类型触发器中，其中________触发器功能最强。在需要使用 RS 触发器时，只要将 JK 触发器的________当作 S、R 端使用，就可以实现 RS 触发器的功能；在需要使用 T 触发器时，只要将________连在一起当作 T 端使用，就可以实现 T 触发器功能。

（9）当 T 触发器的控制端接至固定的高电平时（T 恒等于 1），则特性方程为 Q^{n+1}=________。有时也将这种接法的触发器称为________触发器。

（10）触发器属于最简单的______电路。

4.2　画出由或非门组成的基本 RS 触发器输出端 Q、$\overline{Q}$ 的电压波形，输入端 S_D、R_D 的电压波形，如图 P4.2 所示。

4.3　试分析图 P4.3 所示电路的逻辑功能，列出真值表，写出逻辑函数表达式。

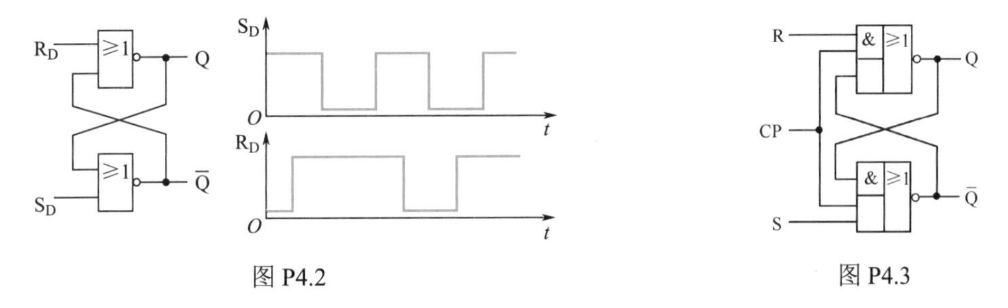

图 P4.2　　　　图 P4.3

4.4　图 P4.4 所示为一个防抖动输出的开关电路。当拨动开关 S 时，由于开关触点接通瞬间发生振颤，$\overline{S}_D$ 和 $\overline{R}_D$ 的电压波形如图 P4.4 中所示，试画出 Q、$\overline{Q}$ 端对应的电压波形。

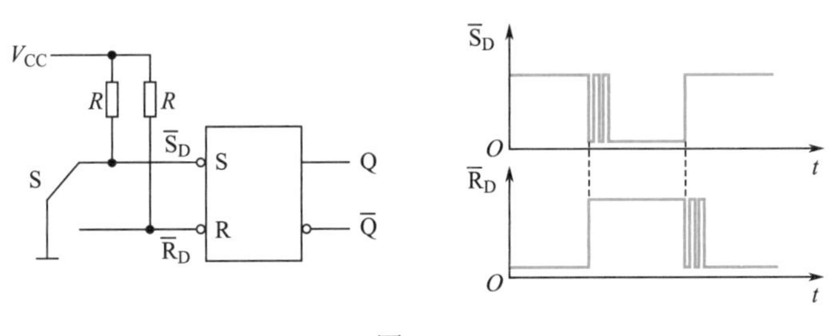

图 P4.4

4.5　在图 P4.5 所示电路中，若 CP、S、R 的电压波形如图 P4.5 中所示，试画出 Q 和 $\overline{Q}$ 端与之对应的电压波形。假定触发器的初始状态为 Q=0。

4.6　若将同步 RS 触发器的 Q 与 R 相连、$\overline{Q}$ 与 S 相连，如图 P4.6 所示，试画出在 CP 信号作用下 Q 和 $\overline{Q}$ 端的电压波形。已知 CP 信号的宽度 $t_w=4t_{pd}$，其中 t_{pd} 为门电路的平均传输延迟时间，假定 $t_{pd}\approx t_{PHL}\approx t_{PLH}$。假设触发器的初始状态为 Q=0。

4.7　若主从结构 RS 触发器各输入端的电压波形如图 P4.7 中所给出的，试画出 Q、$\overline{Q}$ 端对应的电压波形。假设触发器的初始状态为 Q=0。

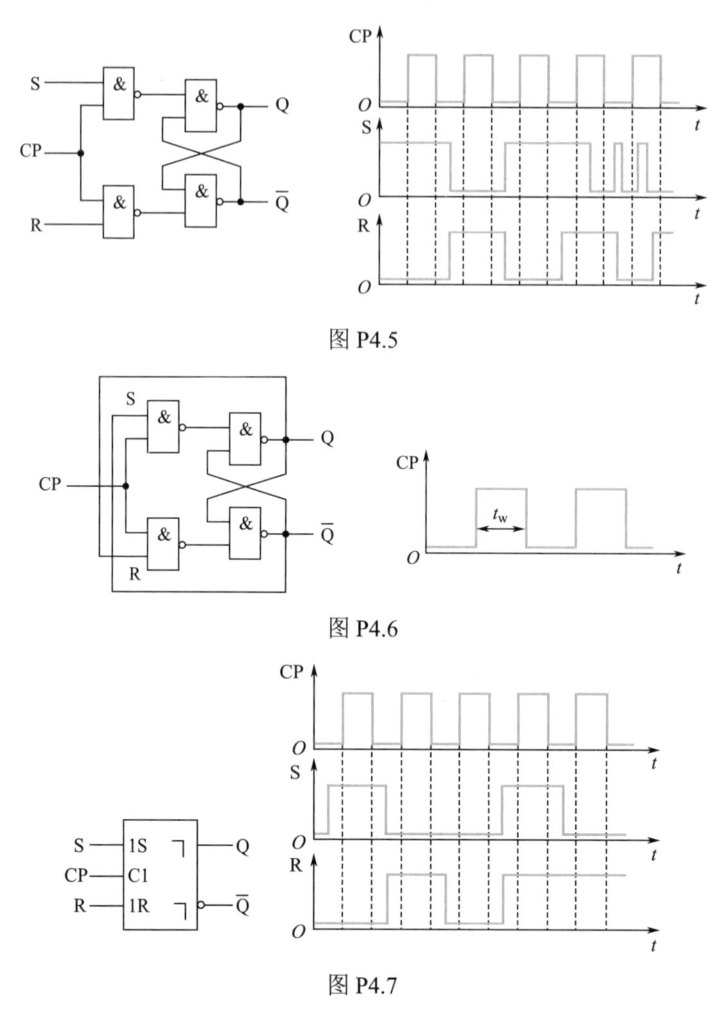

图 P4.5

图 P4.6

图 P4.7

4.8 若主从结构 RS 触发器的 CP、S、R、$\overline{R}_D$ 各输入的电压波形如图 P4.8 所示，$\overline{S}_D$=1，试画出 Q、$\overline{Q}$ 端对应的电压波形。假设触发器的初始状态为 Q=0。

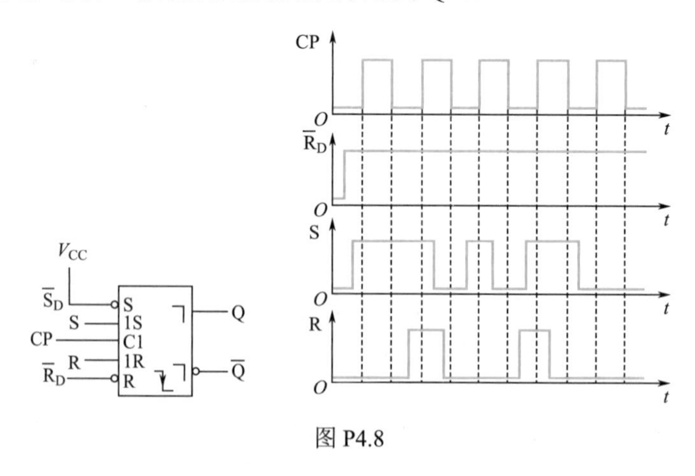

图 P4.8

4.9 已知主从结构 JK 触发器输入端 J、K 和 CP 的电压波形如图 P4.9 所示，试画出 Q、$\overline{Q}$ 端对应的电压波形。假设触发器的初始状态为 Q=0。

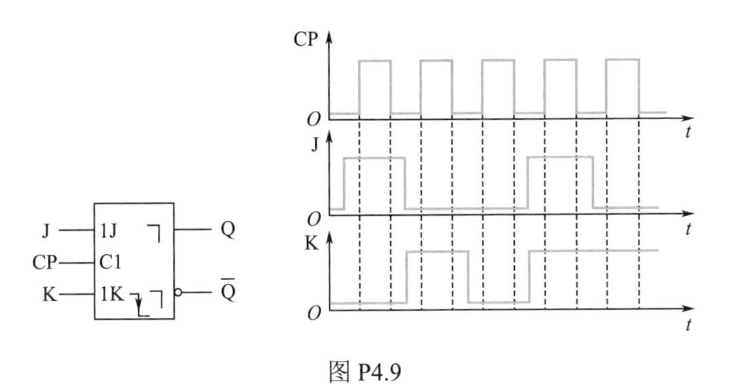

图 P4.9

4.10　若主从结构 JK 触发器 CP、$\overline{R}_D$、$\overline{S}_D$、J、K 端的电压波形如图 P4.10 所示，试画出 Q、$\overline{Q}$ 端对应的电压波形。假设触发器的初始状态为 Q=0。

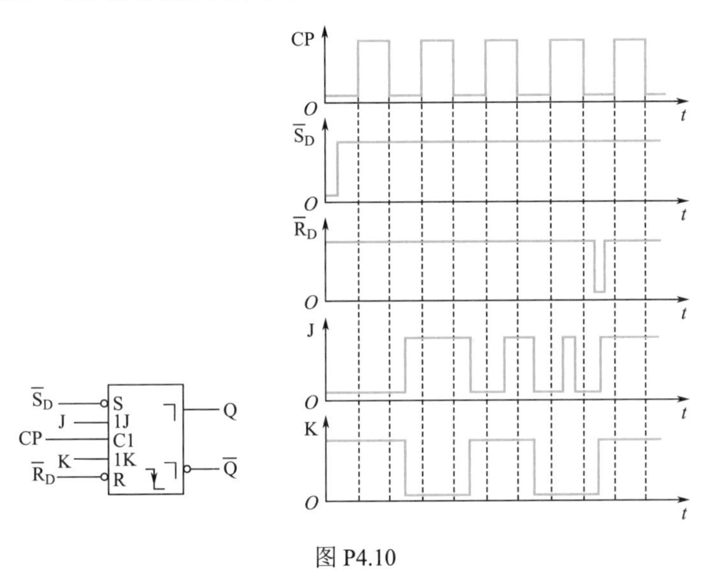

图 P4.10

4.11　已知维持阻塞结构 D 触发器各输入端的电压波形如图 P4.11 所示，试画出 Q、$\overline{Q}$ 端对应的电压波形。假设触发器的初始状态为 Q=0。

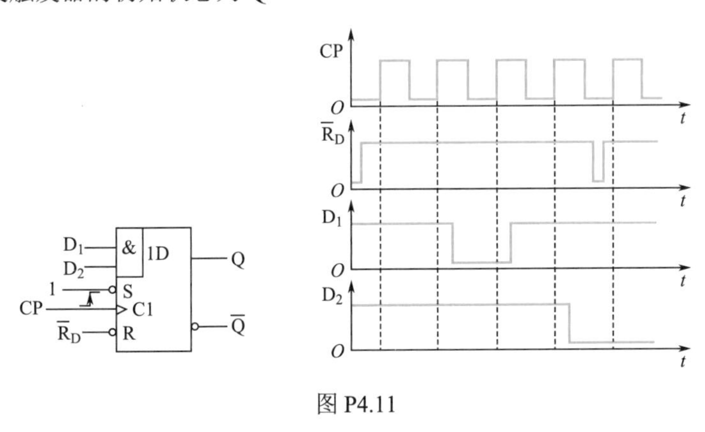

图 P4.11

4.12　已知 CMOS 边沿触发结构 JK 触发器各输入端的电压波形如图 P4.12 所示，试画出 Q、$\overline{Q}$ 端对应的电压波形。假设触发器的初始状态为 Q=0。

4.13　假设图 P4.13 中各触发器的初始状态皆为 Q=0，试画出在 CP 信号连续作用下各触发器输出端的电压波形。

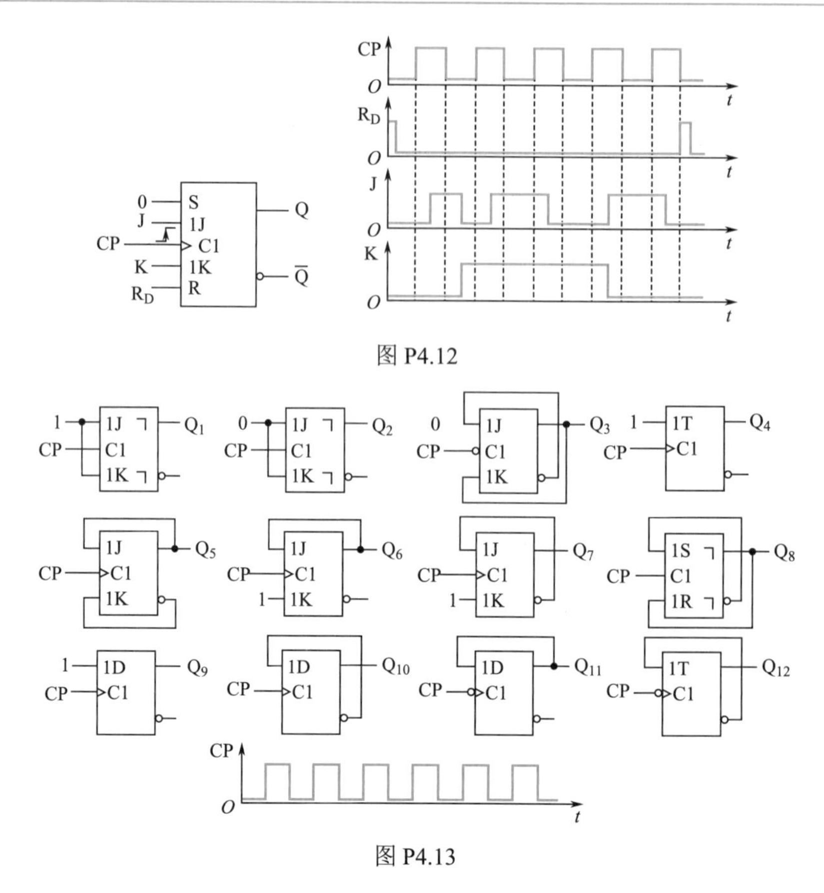

图 P4.12

图 P4.13

4.14　试写出图 P4.14（a）中各电路的次态函数（Q_1^{n+1}、Q_2^{n+1}、Q_3^{n+1}、Q_4^{n+1} 与现态和输入变量之间的函数式），并画出在图 P4.14（b）给定信号的作用下 Q_1、Q_2、Q_3、Q_4 的电压波形。假定各触发器的初始状态均为 Q=0。

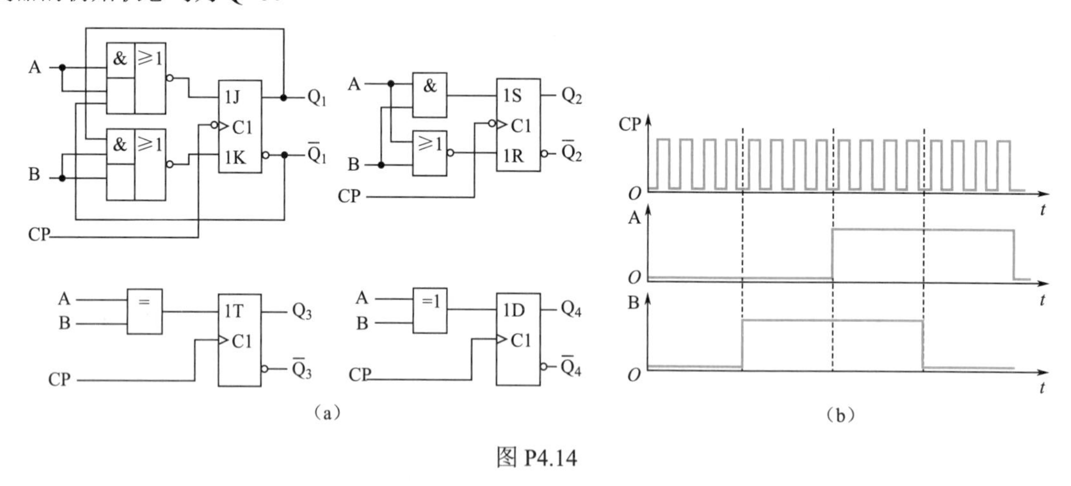

图 P4.14

4.15　在图 P4.15 所示的主从 JK 触发器电路中，CP 和 A 的电压波形如图 P4.15 中所示，试画出 Q 端对应的电压波形。假设触发器的初始状态为 Q=0。

4.16　图 P4.16 所示为用 CMOS 边沿触发器和或非门组成的脉冲分频电路。试画出在一系列 CP 脉冲作用下 Q_1、Q_2 和 Z 端对应的输出电压波形。假设各触发器的初始状态皆为 Q=0。

4.17　图 P4.17 所示为用维持阻塞结构 D 触发器组成的脉冲分频电路。试画出在一系列 CP 脉冲作用下输出端 Y 对应的电压波形。假设各触发器的初始状态均为 Q=0。

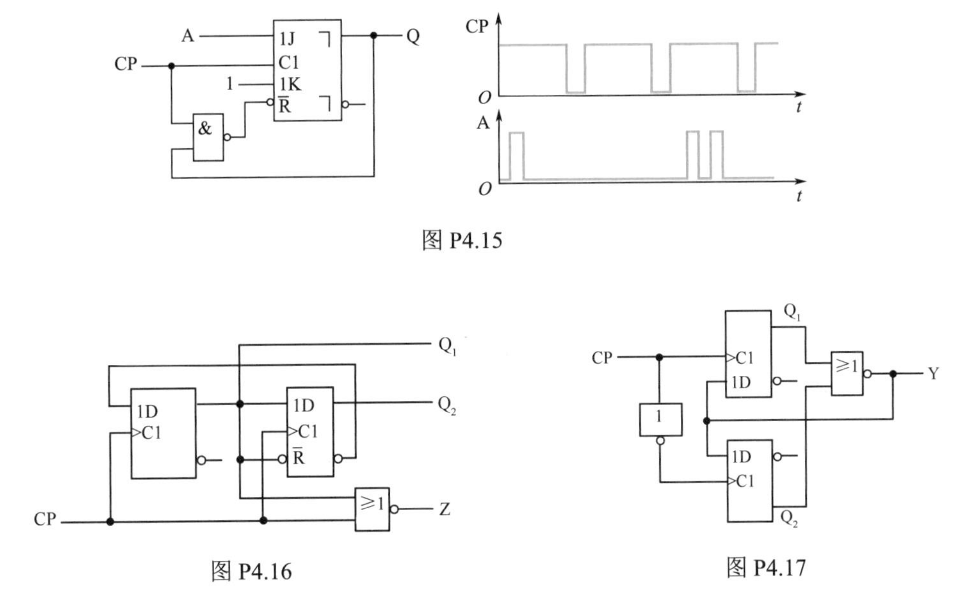

图 P4.15

图 P4.16

图 P4.17

4.18 试画出图 P4.18 所示电路输出端 Y、Z 的电压波形。输入信号 A 和 CP 的电压波形如图 P4.18 中所示。假设各触发器的初始状态均为 Q=0。

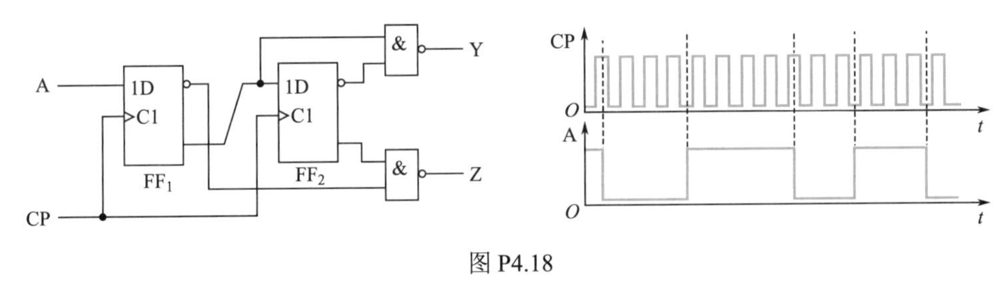

图 P4.18

4.19 试画出图 P4.19 所示电路输出端 Q_2 的电压波形。输入信号 A 和 CP 的电压波形与上题相同。假定触发器为主从结构，初始状态均为 Q=0。

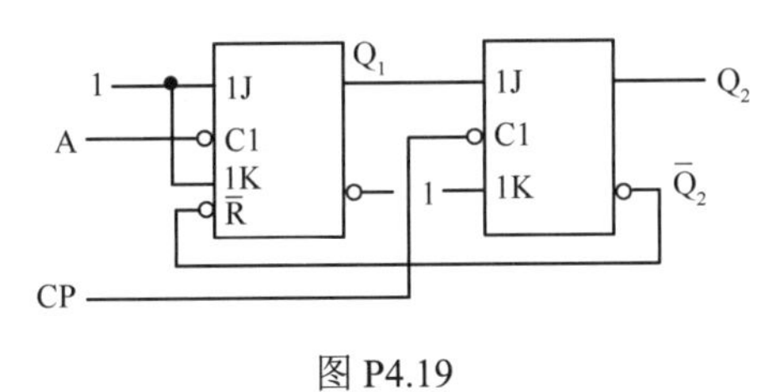

图 P4.19

4.20 试画出图 P4.20 所示电路在一系列 CP 信号作用下 Q_1、Q_2、Q_3 端输出电压的波形。触发器均为边沿触发结构，初始状态为 Q=0。

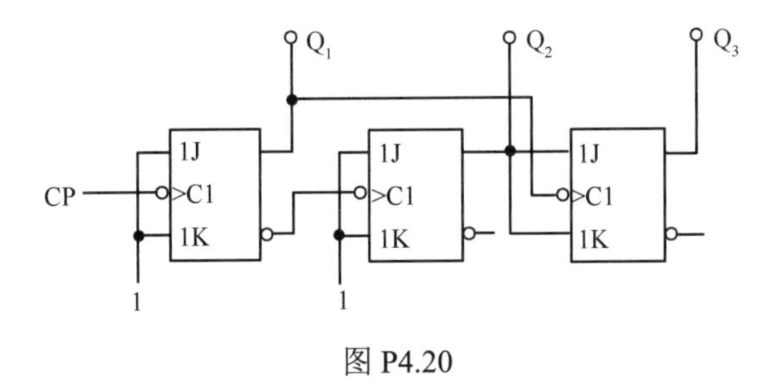

图 P4.20

4.21 试画出图 P4.21 中 CP、$\overline{R}_D$ 信号作用下 Q_1、Q_2、Q_3 的输出电压波形，并说明 Q_1、Q_2、Q_3 输出信号的频率与 CP 信号频率之间的关系。

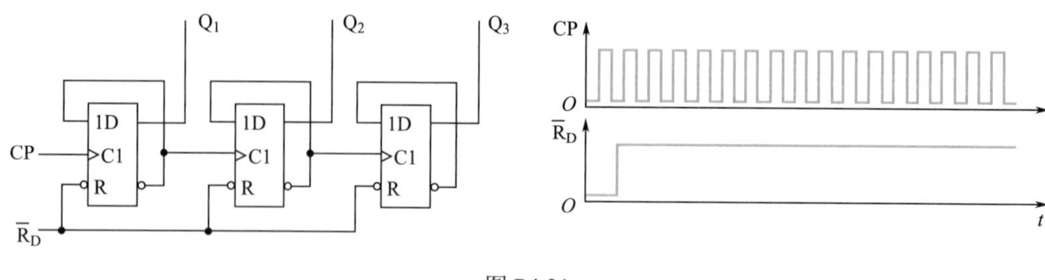

图 P4.21

4.22 设计一个 4 人抢答逻辑电路。具体要求如下。

（1）每个参赛者控制一个按钮，按动按钮发出抢答信号。

（2）竞赛主持人另有一个按钮，用于将电路复位。

（3）竞赛开始后，先按动按钮者将对应的一个发光二极管点亮，此后其他 3 人再按动按钮对电路不起作用。

第 5 章　时序逻辑电路

［内容提要］

本章系统讲授时序逻辑电路的工作原理、分析方法和设计方法。

首先讲述时序逻辑电路功能和电路结构上的特点，并详细介绍时序逻辑电路的分析方法和设计方法；然后介绍几种常用的时序逻辑电路（寄存器、移位寄存器和计数器等）及其应用；最后讨论时序逻辑电路中的竞争-冒险现象。

5.1　概述

总体来说，逻辑电路分为两大类：一类是组合逻辑电路，其特点是任何时刻电路的输出仅取决于该时刻的输入；另一类是时序逻辑电路，其特点是任一时刻的输出信号不仅取决于当时的输入信号，还取决于电路原来的状态，或者说还与以前的输入有关。组合逻辑电路在第 3 章中进行了详细的讲解，本章将重点讲授时序逻辑电路的工作原理和分析方法、设计方法。

为了进一步说明时序逻辑电路的特点，下面来分析一下图 5.1.1 给出的一个实例——串行加法器电路。

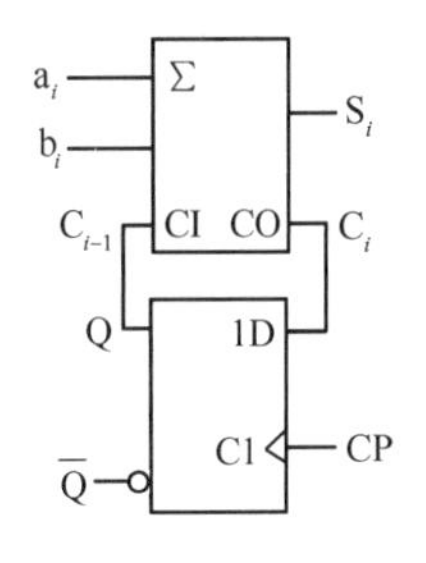

图 5.1.1　串行加法器电路

所谓串行加法器，是指在两个多位数相加时，采取从低位到高位逐位相加的方式完成相加运算。由于每一位（如第 i 位）相加的结果不仅取决于本位的两个加数 a_i 和 b_i，还与低一位是否有进位有关，因此完整的串行加法器电路除了应该具有将两个加数和来自低位的进位相加的能力，还必须具备记忆功能，这样才能把本位相加后的进位结果保存下来，以备在高一位的加法时使用。因此，图 5.1.1 所示的串行加法器电路包含了两个组成部分：一部分是全加器Σ；另一部分是由触发器构成的存储电路。前者执行 a_i、b_i 和 C_{i-1} 3 个数相加运算，后者负责记下每次相加后的进位结果。

通过这个简单的例子可以看出，时序电路在结构上有两个显著的特点。第一，时序电路通常包含组合逻辑电路和存储电路两个组成部分，而存储电路是必不可少的。第二，存储电路的输出状态必须反馈到组合逻辑电路的输入端，与输入信号一起，共同决定组合逻辑电路的输出。

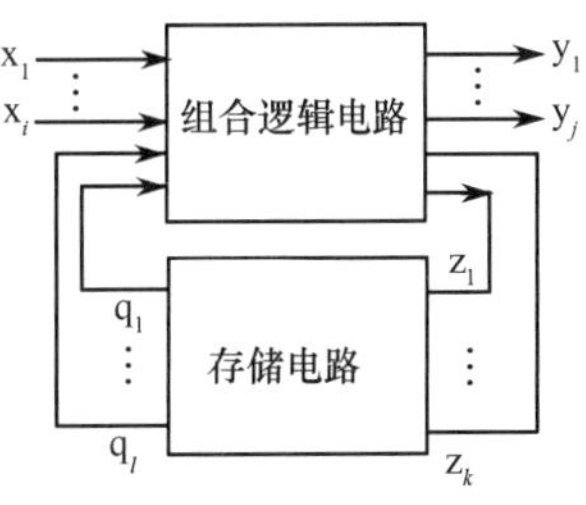

图 5.1.2　时序逻辑电路框图

时序逻辑电路框图如图 5.1.2 所示。图中的 $X(x_1,x_2,\cdots,x_i)$代表输入信号，$Y(y_1,y_2,\cdots,y_j)$代表输出信号，$Z(z_1,z_2,\cdots,z_k)$代表存储电路的输入信号，$Q(q_1,q_2,\cdots,q_l)$代表存储电路的输出。这些信号之间的逻辑关系可以用以下 3 个方程组来描述。

输出方程为

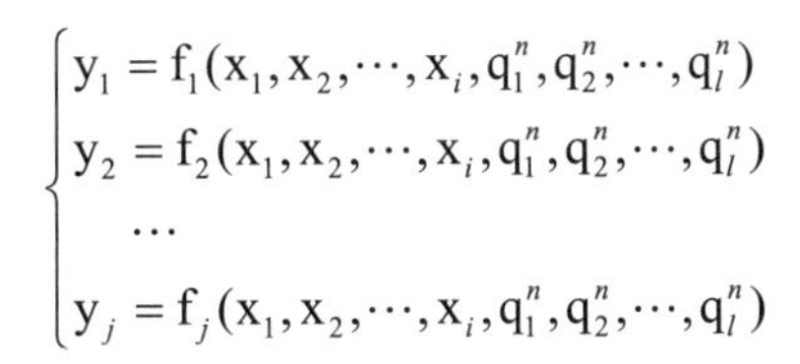

$$\begin{cases} y_1 = f_1(x_1,x_2,\cdots,x_i,q_1^n,q_2^n,\cdots,q_l^n) \\ y_2 = f_2(x_1,x_2,\cdots,x_i,q_1^n,q_2^n,\cdots,q_l^n) \\ \quad\cdots \\ y_j = f_j(x_1,x_2,\cdots,x_i,q_1^n,q_2^n,\cdots,q_l^n) \end{cases} \tag{5.1.1}$$

驱动方程（或激励方程）为

$$\begin{cases} z_1 = g_1(x_1, x_2, \cdots, x_i, q_1^n, q_2^n, \cdots, q_l^n) \\ z_2 = g_2(x_1, x_2, \cdots, x_i, q_1^n, q_2^n, \cdots, q_l^n) \\ \quad \cdots \\ z_k = g_k(x_1, x_2, \cdots, x_i, q_1^n, q_2^n, \cdots, q_l^n) \end{cases} \tag{5.1.2}$$

状态方程（或次态方程）为

$$\begin{cases} q_1^{n+1} = h_1(z_1, z_2, \cdots, z_k, q_1^n, q_2^n, \cdots, q_l^n) \\ q_2^{n+1} = h_2(z_1, z_2, \cdots, z_k, q_1^n, q_2^n, \cdots, q_l^n) \\ \quad \cdots \\ q_l^{n+1} = h_l(z_1, z_2, \cdots, z_k, q_1^n, q_2^n, \cdots, q_l^n) \end{cases} \tag{5.1.3}$$

其中，$q_1^n, q_2^n, \cdots, q_l^n$ 表示存储电路中每个触发器的现态，$q_1^{n+1}, q_2^{n+1}, \cdots, q_l^{n+1}$ 表示存储电路中每个触发器的次态。将式（5.1.1）～式（5.1.3）写成向量函数的形式，则得到

$$\mathbf{Y}=\mathbf{F}[X,Q^n]$$

$$\mathbf{Z}=\mathbf{G}[X,Q^n]$$

$$\mathbf{Q}^{n+1}=\mathbf{H}[Z,Q^n]$$

【例 5.1.1】试分析图 5.1.3 所示时序逻辑电路的逻辑功能，写出它的驱动方程、状态方程和输出方程。图中 FF_1、FF_2 为上升沿触发器。

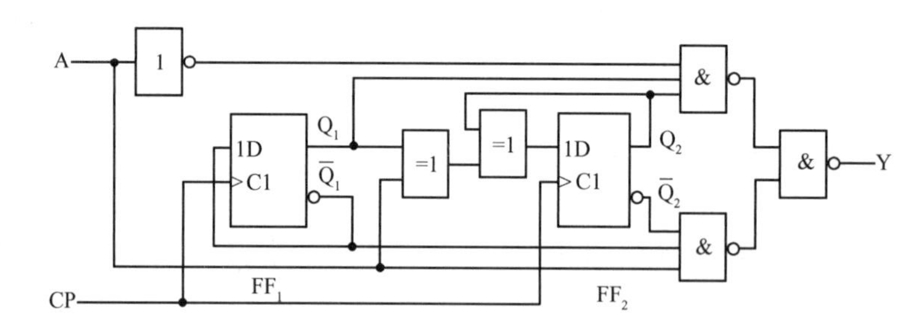

图 5.1.3 例 5.1.1 的时序逻辑电路

解： ① 首先从给定的电路图写出驱动方程为

$$D_1 = \overline{Q}_1^n，\quad D_2 = A \oplus Q_1^n \oplus Q_2^n \tag{5.1.4}$$

② 将式（5.1.4）代入 D 触发器的特性方程 Q^{n+1}=D 可得电路的状态方程为

$$Q_1^{n+1} = D_1 = \overline{Q}_1^n，\quad Q_2^{n+1} = D_2 = A \oplus Q_1^n \oplus Q_2^n \tag{5.1.5}$$

③ 由电路图写出输出方程为

$$Y = \overline{\overline{\overline{A} \cdot Q_1^n \cdot Q_2^n} \cdot \overline{A \cdot \overline{Q}_2^n \cdot \overline{Q}_1^n}} = \overline{A}Q_2^nQ_1^n + A\overline{Q}_2^n\overline{Q}_1^n \tag{5.1.6}$$

通过此例可知，一个时序逻辑电路的功能可以用三大方程比较清楚地描述出来，但仅从这一组方程式中还不能获得电路逻辑功能的完整印象，因此，对时序逻辑电路逻辑功能的描述还有一些其他的方法，这些将在 5.2 节中比较详细地讲述。

由于存储电路中触发器的动作特点不同，在时序电路中又有同步时序电路和异步时序电路之分。同步时序电路中各个触发器有统一的时钟脉冲，在时钟脉冲到来的有效边沿，触发器状态改变，从而时序电路状态变化，而且只改变一次，时钟脉冲过后，新的状态被记忆下来。由于时钟脉冲在电路中起着“同步”作用，因此称为同步时序电路。异步时序电路中各触发器没有统一的时钟脉冲，输入的变化直接导致电路状态的变化，电路中各触发器的状态变化并不都和时钟脉冲同步。

此外，有时还根据输出信号的特点将时序电路划分为米利（Mealy）型和摩尔（Moore）型两种。

在米利型电路中，输出信号不仅取决于存储电路的状态，还取决于输入变量；在摩尔型电路中输出信号仅仅取决于存储电路的状态。可见，摩尔型电路只不过是米利型电路的一种特例而已。

时序电路的研究方法与组合逻辑电路不同，在组合逻辑电路中用真值表描述一个组合逻辑问题，在时序电路中用状态表和状态图描述一个时序逻辑问题。

至于时序电路的设计方法，比较复杂也很重要，在本章中也将较为详细地介绍。

5.2　时序逻辑电路的状态转换表、状态转换图和时序图

时序电路的逻辑功能除了用前面提到的状态方程、输出方程和驱动方程等方程表示，还可以用状态转换表、状态转换图和时序图等形式表示。因为时序电路在每一时刻的状态都与在前一个时钟脉冲作用时电路的原状态有关，如果能把在一系列时钟信号操作下的电路状态转换的全过程都找出来，那么电路的逻辑功能和工作情况便一目了然了。状态转换表、状态转换图、时序图等都是描述时序电路状态转换全过程的方法，它们之间是可以相互转换的。

下面以例 5.1.1 题为例，说明时序逻辑电路的状态转换表、状态转换图和时序图的具体含义。

5.2.1　状态转换表

若将任何一级输入变量及电路初态的取值代入状态方程和输出方程，即可算出电路的次态和现态下的输出值，以得到的次态作为新的初态，和这时的输入变量取值一起再代入状态方程和输出方程进行计算，又得到一组新的次态和输出值。如此继续下去，把全部的计算结果列成真值表的形式，就得到了状态转换表（State Table）。

【例 5.2.1】试列出图 5.1.3 所示电路的状态转换表。

解：由图 5.1.3 可知，该电路有一个外输入逻辑变量 A（注意，不要把 CP 当作输入变量。时钟信号只是控制触发器状态转换的操作信号）。因此，该电路属于米利型电路。假设此时 A=0，电路的初态为 $Q_2^nQ_1^n$ =00，代入式（5.1.5）和式（5.1.6）后得到

$$\begin{cases} Q_2^{n+1} = 0 \\ Q_1^{n+1} = 1 \end{cases}$$

$$Y=0$$

将这一结果作为新的初态，即 $Q_2^nQ_1^n$ =01，重新代入式（5.1.5）和式（5.1.6），又得到一组新的次态和输出值。如此继续下去即可发现，当 $Q_2^nQ_1^n$ =11 时，次态 $Q_2^{n+1}Q_1^{n+1}$=00，返回了最初设定的初态。如此再继续下去，电路的状态和输出将按照前面的变化顺序反复循环，因此已无须再做下去了。同理，当 A=1 时也可得到相应的状态转换情况。这样就得到了表 5.2.1 所示的状态转换表。

特别需要说明的是，状态转换表一定要具备完整性，即最后还需检查一下得到的状态转换表是否包含电路所有可能出现的状态，若某些状态没有加入进来，则这些状态也必须加到表的下端，以便于进行电路自启动能力的检查。

有时也可将电路的状态转换表列成表 5.2.2 的形式。这种状态转换表给出了在一系列时钟信号作用下电路状态转换的顺序，比较直观。

从表 5.2.1 中很容易看出，电路当 A=0 时是一个加法计数器，在时钟信号连续作用下，Q_2Q_1 的数值从 00 到 11 递增。如果从 Q_2Q_1=00 状态开始加入时钟信号，那么 Q_2Q_1 的数值可以表示输入的时钟脉冲数目。当 A=1 时是一个减法计数器，在连续加入时钟脉冲时，Q_2Q_1 的数值是从 11 到 00 递减的。

表 5.2.1 图 5.1.3 电路的状态转换表

A	Q_2^n	Q_1^n	Q_2^{n+1}	Q_1^{n+1}	Y
0	0	0	0	1	0
0	0	1	1	0	0
0	1	0	1	1	0
0	1	1	0	0	1
1	0	0	1	1	1
1	1	1	1	0	0
1	1	0	0	1	0
1	0	1	0	0	0

表 5.2.2 图 5.1.3 电路状态转换表的另一种形式

CP 的顺序	A	Q_2	Q_1	Y
0	0	0	0	0
1	0	0	1	0
2	0	1	0	0
3	0	1	1	1
4	0	0	0	0
0	1	0	0	1
1	1	1	1	0
2	1	1	0	0
3	1	0	1	0
4	1	0	0	1

5.2.2 状态转换图

为了以更加形象的方式直观地显示出时序电路的逻辑功能，可以进一步把状态转换表的内容表示成状态转换图（State Diagram）的形式。

将状态转换表的形式表示为状态转换图，是以小圆圈表示电路的各个状态，圆圈中填入存储单元的状态值，圆圈之间用箭头表示状态转换的方向，在箭头旁注明输入变量取值和转换前的输出值，输入和输出用斜线分开，斜线上方写输入值，斜线下方写输出值。

【例 5.2.2】试画出图 5.1.3 所示电路的状态转换图。

解： 其状态转换图如图 5.2.1 所示。

图 5.2.1 图 5.1.3 所示电路的状态转换图

5.2.3 时序图

为便于以实验观察的方法检查时序电路的逻辑功能，还可以将状态转换表的内容画成时间波形的形式。在时钟脉冲序列作用下，电路状态、输出状态随时间变化的波形图称为时序图（Timing Diagram）。

【例 5.2.3】试画出图 5.1.3 所示电路的时序图（令 $Q_2^nQ_1^n=00$）。

解： 其时序图如图 5.2.2 所示。

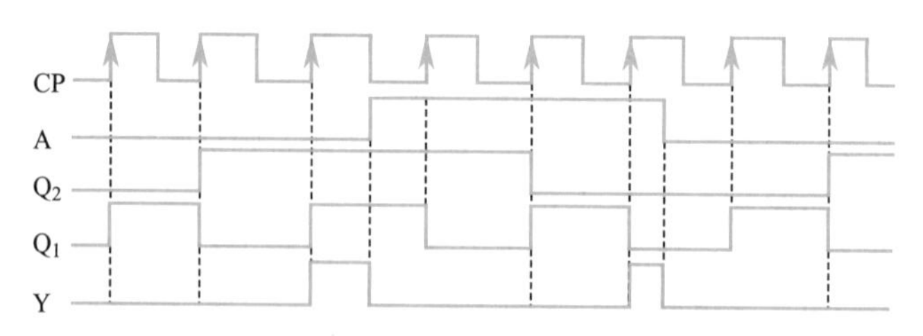

图 5.2.2 图 5.1.3 所示电路的时序图

利用时序图检查时序电路逻辑功能的方法不仅用于实验测试中，还用于数字电路的计算机模拟中。在画时序图时，需要特别注意的是，对于这种米利型时序逻辑电路在 Q_1、Q_2 的时序图画完之后，Y 的时序图按组合逻辑处理，方能正确画出。

5.3　同步时序逻辑电路的分析和设计方法

5.3.1　同步时序电路的分析方法

分析一个时序电路，就是要找出给定时序电路的逻辑功能。具体地说，即找出电路状态和输出状态在输入变量与时钟信号作用下的变化规律。

同步时序电路的分析是对“给定的逻辑图”，分析其在一系列输入和时钟脉冲的作用下，电路将产生怎样的新状态和输出，进而理解整个电路的功能。分析的关键是确定电路状态的变化规律，其核心问题是借助触发器的新状态（次态）表达式列出时序电路的状态转换表和状态转换图。

同步时序电路分析的一般步骤如下。

（1）从给定的逻辑图中写出每个触发器的驱动方程（存储电路中每个触发器输入信号的逻辑函数式）。

（2）把得到的这些驱动方程代入相应触发器的特性方程，得出每个触发器的状态方程，从而得到由这些状态方程组成的整个时序电路的状态方程组。

（3）根据逻辑图写出电路的输出方程。

（4）列状态转换表。状态转换表的已知条件是电路的外输入和各触发器的原状态；待求量是该时序电路的原状态所对应的外输出和各触发器的新状态。

（5）根据状态转换表画状态转换图（或时序图），并分析电路的逻辑功能。

（6）对该时序逻辑电路进行电路分析，检查自启动性能。

【例 5.3.1】分析图 5.3.1 所示的同步时序电路。图中 FF_1、FF_2 和 FF_3 是下降沿触发的 JK 触发器，输入端悬空时相当于 1 状态。

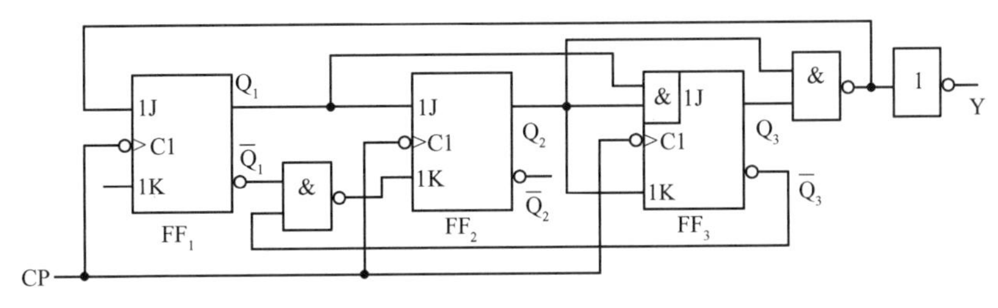

图 5.3.1　同步时序电路

解：① 由图 5.3.1 给定的逻辑图可写出电路的驱动方程为

$$\begin{cases} J_1 = \overline{Q_2^n Q_3^n}, & K_1 = 1 \\ J_2 = Q_1^n, & K_2 = \overline{\overline{Q_1^n}\ \overline{Q_3^n}} \\ J_3 = Q_1^n Q_2^n, & K_3 = Q_2^n \end{cases} \tag{5.3.1}$$

② 将式（5.3.1）代入 JK 触发器的特性方程 $Q^{n+1} = JQ^n + \overline{K}Q^n$，得到电路的状态方程为

$$\begin{cases} Q_1^{n+1} = \overline{Q_2^n Q_3^n}\ \overline{Q_1^n} \\ Q_2^{n+1} = Q_1^n \overline{Q_2^n} + \overline{Q_1^n}\ \overline{Q_3^n} Q_2^n \\ Q_3^{n+1} = Q_1^n Q_2^n \overline{Q_3^n} + \overline{Q_2^n} Q_3^n \end{cases} \tag{5.3.2}$$

③ 根据逻辑图写出输出方程为

$$Y = \overline{\overline{Q_2^n Q_3^n}} = Q_2^n Q_3^n \tag{5.3.3}$$

④ 进行计算，列状态转换表。

首先，这个电路没有输入逻辑变量，电路的次态和输出只取决于电路的初态，因此它属于摩尔型时序电路。

假设电路的初态为$Q_3^nQ_2^nQ_1^n=000$，将其代入式（5.3.2）和式（5.3.3），可得次态和输出值，而这个次态又作为下一个CP到来前的现态，这样依次进行下去，可得表5.3.1。

通过计算发现当$Q_3^nQ_2^nQ_1^n=110$时，其次态为$Q_3^{n+1}Q_2^{n+1}Q_1^{n+1}=000$，返回最初设定的状态，可见电路在7个状态中循环，它有对时钟信号进行计数的功能，模为7，即N=7，可称为七进制计数器。

此外，FF_3、FF_2、FF_1这3个触发器的输出Q_3、Q_2、Q_1应有8种状态组合，而进入循环的是7种，缺少$Q_3Q_2Q_1$=111这个状态，所以可以设初态为111，经计算，经过一个CP就可以转换为000，进入循环。这说明如果处于无效状态111，该电路能够自动进入有效状态，故称为具有自启动能力的电路。这一转换也应列入转换表，放在表的最下面。

表5.3.1 例5.3.1的状态转换表

CP的顺序	现态			次态			输出
	Q_3^n	Q_2^n	Q_1^n	Q_3^{n+1}	Q_2^{n+1}	Q_1^{n+1}	Y
0	0	0	0	0	0	1	0
1	0	0	1	0	1	0	0
2	0	1	0	0	1	1	0
3	0	1	1	1	0	0	0
4	1	0	0	1	0	1	0
5	1	0	1	1	1	0	0
6	1	1	0	0	0	0	1
7	0	0	0	0	0	1	0
0	1	1	1	0	0	0	1
1	0	0	0	0	0	1	0

⑤ 用状态转换图和时序图表示电路的逻辑功能。

例5.3.1电路的状态转换图及其时序图分别如图5.3.2和图5.3.3所示。

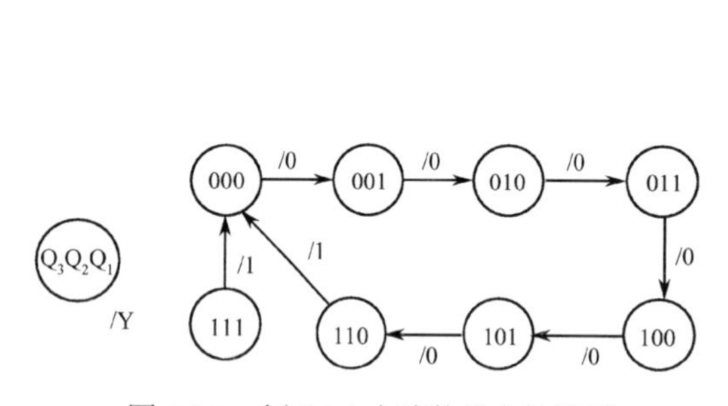

图5.3.2 例5.3.1电路的状态转换图

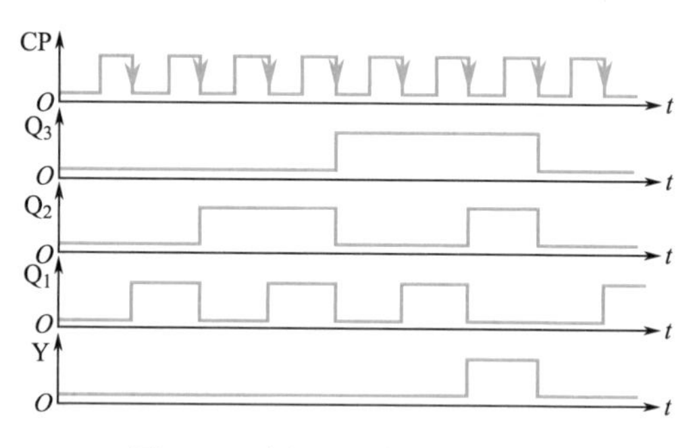

图5.3.3 例5.3.1电路的时序图

至此，给定同步时序电路的分析结束。

注意：因为此电路无外输入变量，所以状态转换图中斜线上方不用标变量。

【例5.3.2】画出图5.3.4所示的同步时序电路的状态转换表、状态转换图和X的输入序列为0110110时的时序图。所有触发器是主–从型JK触发器。

解：① 列出触发器的驱动方程（激励函数）为

$$J_0 = X，\quad K_0 = \overline{XQ_1^n}$$

$$J_1 = X\overline{Q_1^n} + XQ_0^n = X(Q_0^n + \overline{Q_1^n})，\quad K_1 = \overline{X} + \overline{Q_0^n} \cdot Q_1^n$$

② 列出状态方程（次态方程）为

$$Q_0^{n+1} = J_0\overline{Q_0^n} + \overline{K_0}Q_0^n,\quad Q_1^{n+1} = J_1\overline{Q_1^n} + \overline{K_1}Q_1^n$$

③ 列出输出方程（输出函数）为

$$Z = \overline{J_1 Q_1^n} = \overline{X} + \overline{Q_0^n} + \overline{Q_1^n}$$

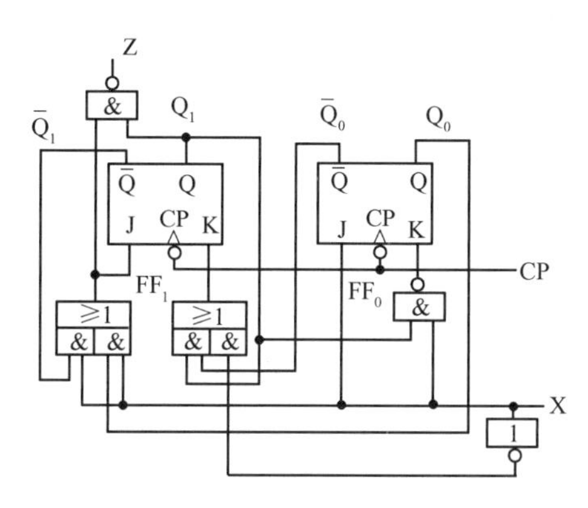

图 5.3.4　例 5.3.2 的时序逻辑电路

④ 列出状态转换表（设初态 Q_1Q_0=00）。

根据驱动方程、状态方程和输出方程列出状态转换表，如表 5.3.2 所示。

表 5.3.2　例 5.3.2 的状态转换表

输入	现状		触发器输入				输出	次态	
X	Q_1^n	Q_0^n	J_1	K_1	J_0	K_0	Z	Q_1^{n+1}	Q_0^{n+1}
0	0	0	0	1	0	1	1	0	0
0	0	1	0	1	0	1	1	0	0
0	1	0	0	1	0	1	1	0	0
0	1	1	0	1	0	1	1	0	0
1	0	0	1	0	1	1	1	1	1
1	0	1	1	0	1	1	1	1	0
1	1	0	0	1	1	0	1	0	1
1	1	1	1	0	1	0	0	1	1

⑤ 列出状态转换表，并画出状态转换图。

根据表 5.3.2，列出状态转换表，如表 5.3.3 所示；并画出状态转换图，如图 5.3.5 所示。

表 5.3.3　例 5.3.2 的状态转换表

X	$Q_1^n\ Q_0^n$			
	00	01	11	10
0	00/1	00/1	00/1	00/1
1	11/1	10/1	11/0	01/1
（$Q_1^{n+1}Q_0^{n+1}$/Z）				

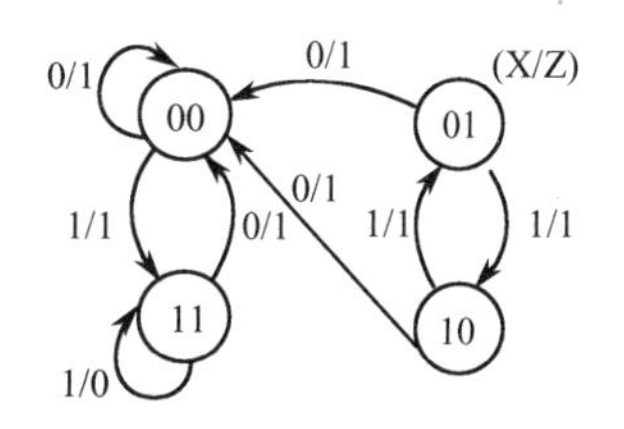

图 5.3.5　例 5.3.2 的状态转换图

⑥ 当 X 输入序列为 0110110 时，画时序图。

这里假设 Q_1Q_0 的初始状态为"11"。所选用的触发器为下降沿触发的主-从型 JK 触发器。

当 CP 第一脉冲下降沿 t_1 时刻来到时，因 X $Q_0^n Q_1^n$ 为"011"，根据表 5.3.3 可知，$Q_1^{n+1}Q_0^{n+1}$ 为"00"，

在时间 $t_1 \sim t_2$ 内，Q_1Q_0 维持“00”不变。

当 CP 第二脉冲下降沿 t_2 时刻来到时，因 $XQ_0^nQ_1^n$ 为“100”，同理可得，$Q_1^{n+1}Q_0^{n+1}$ 为“11”，在时间 $t_2 \sim t_3$ 内，Q_1Q_0 又维持“11”不变。以此类推，可以画出 Q_1Q_0 的整个时序图。

在画完 Q_1Q_0 的时序图之后，再画输出函数 Z 的时序图。在画 Z 的时序图时，应根据输出函数 $Z = \overline{X} + \overline{Q_0} + \overline{Q_1}$ 组合逻辑电路画时序逻辑电路的原则画出。只有当 X、Q_1、Q_0 全为高电平 1 时，输出才为低电平 0，其时序图如图 5.3.6 所示。

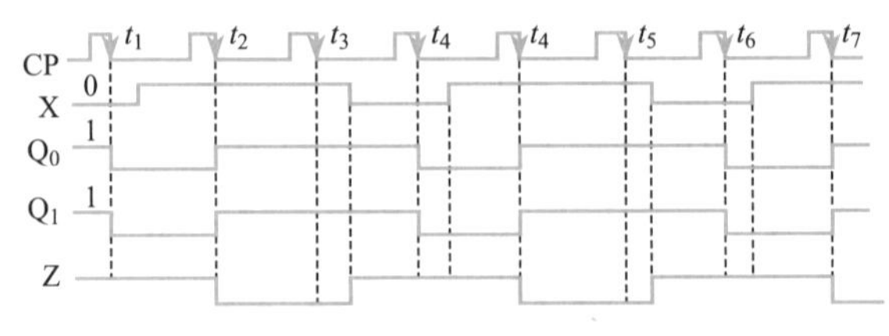

图 5.3.6　例 5.3.2 的时序图

5.3.2　同步时序电路的设计方法

同步时序电路的设计任务是根据实际提出的设计要求，设计出符合逻辑要求的逻辑电路，设计过程是分析过程的逆过程，但要比分析过程复杂。

本节通过一些实例介绍同步时序电路的设计步骤和设计过程。

1. 同步时序电路的设计步骤

在采用 SSI 电路来实现同步时序电路时，设计的主要步骤如图 5.3.7 所示的流程图。

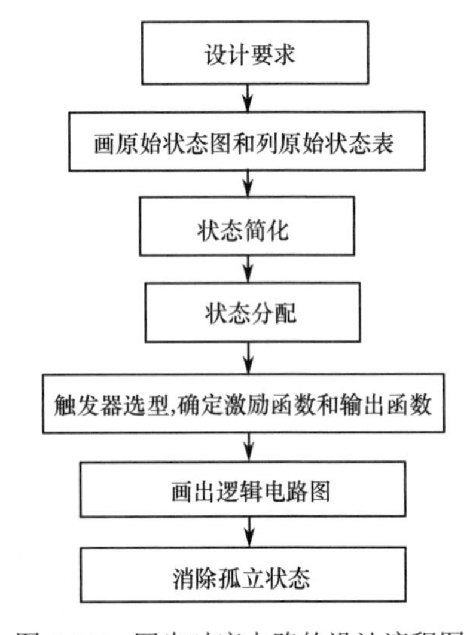

图 5.3.7　同步时序电路的设计流程图

（1）画原始状态图和列原始状态表。

一般所要设计的同步时序电路的逻辑功能是用文字或时序图来描述的，因此必须把它们变成相应的状态图或状态表。这种直接从文字描述得到的状态图或状态表称为原始状态图或原始状态表。这种图或表是否正确是时序电路设计最关键的一步，因为以后所有设计步骤均是在此基础上进行的。只有前一步正确，后面的工作才是有效的。

所以，在构成原始状态图及状态表的过程中，首先要保证状态图的正确性，确保状态没有遗漏，至于状态数目有多余状态存在，这是可以的，因为通过状态简化可以将多余状态去除。

建立原始状态图（或原始状态表）的具体过程如下。

① 弄清电路的输入条件和输出要求，从而确定输入、输出变量数和符号。

② 确定状态的数目及状态之间的关系，即从假设一个初始状态（用文字或数字表示）开始，根据输入条件确定其输出转移到下一个状态。注意，从每个状态出发，应把 n 个输入变量的 2^n 种可能转移的方向都要考虑到。这时所画出的状态图就是原始状态图。

③ 把原始状态图变换成原始状态表。

【例 5.3.3】试建立一个 1111 序列检测器的状态表：当连续 4 个或 4 个以上的高电平 1 输入检测器时，检测器便输出高电平 1，其他情况下输出低电平 0。

解：因为一个二进制序列 1111 是串行输入的，所以电路只有一个输入端 X。又因为电路在连续输入 4 个或 4 个以上高电平 1 时，输出才为高电平 1，所以电路也只有一个输出端 Z。根据题意电路应有记忆功能。

假设通电后，电路处于原始初态 S_0，由于只有一个输入变量 X，因此只有 $2^1=2$ 种可能转移方向。不妨假设 S_1 为电路收到一个高电平 1 的状态，S_2 为连续收到两个高电平 1 的状态，S_3 为连续收到 3 个高电平 1 的状态，S_4 为连续收到 4 个或 4 个以上高电平 1 的状态。由此可以得到状态图，如图 5.3.8 所示。

由题意可知，不管电路处于什么状态，只要电路接收到低电平 0，便立即转移到状态 S_0。根据状态图可得状态表，如表 5.3.4 所示。

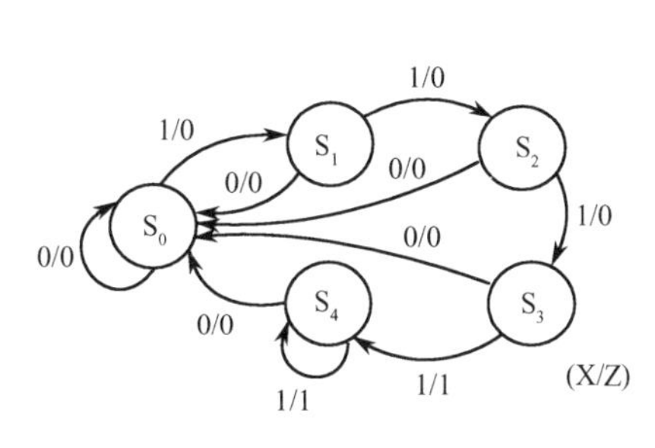

图 5.3.8　例 5.3.3 的状态图

表 5.3.4　例 5.3.3 的状态表

S^n	X	
	S^{n+1}/Z	
	0	1
S_0	$S_0/0$	$S_1/0$
S_1	$S_0/0$	$S_2/0$
S_2	$S_0/0$	$S_3/0$
S_3	$S_0/0$	$S_4/1$
S_4	$S_0/0$	$S_4/1$
（S^n/Z）		

【例 5.3.4】3 位二进制可逆计数器的设计。

解：它有一个控制输入变量 X，当 X=0 时，计数器正向计数；当 X=1 时，计数器逆向计数。

3 位二进制计数器应有 8 个状态，分别以 A、B、C、D、E、F、G、H 表示。当正向计数时，计数器的状态按 A→B→C→D→E→F→G→H 顺序变化。当电路处于 H 状态时，输出 Z=1。当反向计数时，计数器的状态按 H→G→F→E→D→C→B→A 顺序变化。当电路处于 A 状态时，输出 Z=1。图 5.3.9 所示为其原始状态图，表 5.3.5 所示为其原始状态表。

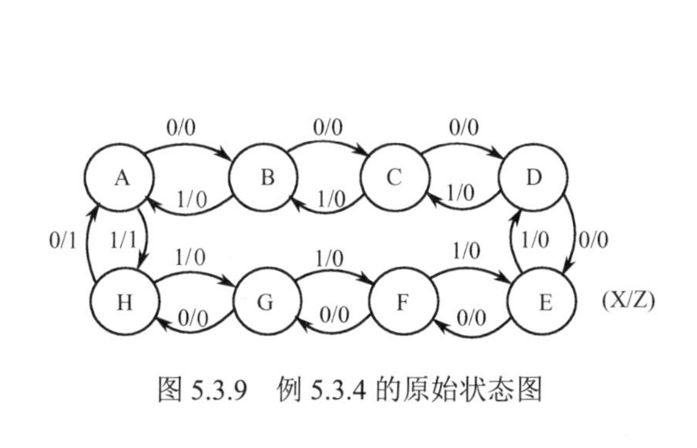

图 5.3.9　例 5.3.4 的原始状态图

表 5.3.5　例 5.3.4 的原始状态表

S^n	X	
	S^{n+1}/Z	
	0	1
A	B/0	H/1
B	C/0	A/0
C	D/0	B/0
D	E/0	C/0
E	F/0	D/0
F	G/0	E/0
G	H/0	F/0
H	A/1	G/0

（2）状态简化。

所谓状态简化，就是去掉多余项，保留有效项，从而使设计出来的电路得到简化。

① 状态合并的条件。下面通过两个例题来说明状态简化问题。

【例 5.3.5】对原始状态表 5.3.6 进行化简。

解：首先观察状态 D、E，可以发现它们有相同的次态和输出，所以 D、E 两个状态等效；然后观察状态 B、C，可以发现它们具有相同的输出，且当 X=1 时，它们的次态也相同，只不过当 X=0 时，它们的次态不一样，但它们形成“交错态”（状态 B 的次态是 C，状态 C 的次态是 B），所以 B、C 两个状态也等效。

对等效状态进行合并，把 B、C 两个状态合并为状态 B′，D、E 两个状态合并为状态 C′，A 状态命名为状态 A′。因此原始状态表可化简为表 5.3.7 所示的形式。

表 5.3.6 例 5.3.5 的原始状态表

Q^n	X（Q^{n+1}/Z）	
	0	1
A	C/1	B/0
B	C/1	E/0
C	B/1	E/0
D	D/1	B/1
E	D/1	B/1

表 5.3.7 例 5.3.5 的简化状态表

Q^n	X（Q^{n+1}/Z）	
	0	1
A′	B′/1	B′/0
B′	B′/1	C′/0
C′	C′/1	B′/1

【例 5.3.6】对原始状态表 5.3.8 进行化简。

解：首先，观察状态 B、C，可以发现它们具有相同的输出，而且当 X=1 时，它们的次态也相同，唯独当 X=0 时，它们对应的次态分别为 A 和 D。若 B 与 C 等效，则 A 与 D 必须等效。

其次，观察 A、D 两个状态，可以发现它们也具有相同的输出，而且当 X=0 时，它们的次态也相同，唯有当 X=1 时，它们对应的次态分别为 B 与 C。若 A 与 D 等效，则 B 与 C 必须等效。这就形成了“循环”。对于这种情况，A 与 D 等效，B 与 C 等效。

现令 A、D 合并为状态 A′，B、C 合并为状态 B′，可得简化状态表，如表 5.3.9 所示。

表 5.3.8 例 5.3.6 的原始状态表

Q^n	X（Q^{n+1}/Z）	
	0	1
A	A/0	B/0
B	A/1	C/0
C	D/1	C/0
D	A/0	C/0

表 5.3.9 例 5.3.6 的简化状态表

Q^n	X	
	0	1
A′	A′/0	B′/0
B′	A′/1	B′/0

从上述两例中可明显看出，两个状态要等效，前提条件是它们的输出要完全相同，然后它们的次态属于下列 3 种情况之一者为等效。

a．次态完全相同，如表 5.3.6 中的 D、E 两个状态。

b．次态形成“交错状态”，如表 5.3.6 中的 B、C 两个状态。

c．次态构成“循环”情况，如表 5.3.8 中的 A、D 和 B、C。

若对复杂的原始状态表进行简化，单凭观察法容易出差错。为了使简化有规律性地进行，可以采用隐含表进行简化。下面介绍利用隐含表简化的方法。

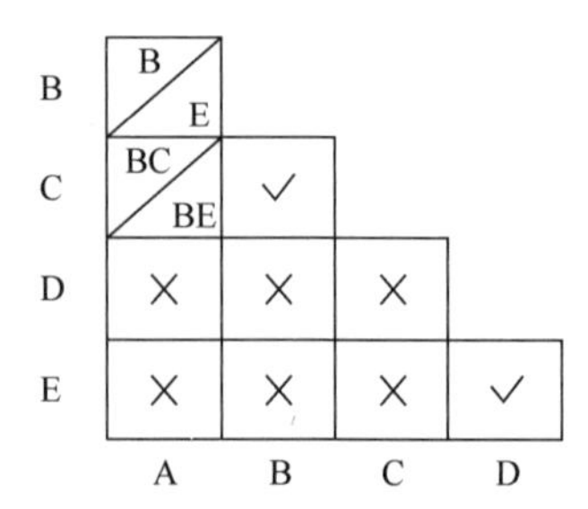

图 5.3.10 表 5.3.6 的隐含表

② 利用隐含表简化状态的方法。利用隐含表简化状态，首先必须根据原始状态表列出隐含表，如图 5.3.10 所示。其简化步骤可以分为 3 步进行，即顺序比较、关联比较、状态合并。

a．顺序比较。隐含表是一种直角三角形网格，两条直角边网格相同。图 5.3.10 是适用于 5 个状态（A、B、C、D、E）的隐含表，每条直角边的格数为 4，水平边的网格自左至右是 A、B、

C、D 顺序标注，垂直边的网格从上至下是 B、C、D、E 顺序标注。对隐含表所有的状态进行顺序比较，先由水平向的 A 同垂直向的 B、C、D、E 一一进行比较，然后由水平向的 B 同垂直向的 C、D、E 一一进行比较，以此类推。最后水平向的 D 和垂直向的 E 进行比较。将比较的结果标在网格内。这种顺序比较的结果会有以下 3 种情况。

第一种输出不相同，在相应的网格内打“×”，如 A-D、A-E、…、C-E，表示不等效。

第二种输出完全相同，次态也完全相同或呈“交错状态”，在相应的网格内打“√”，表示等效，如 B-C、D-E。

第三种输出完全相同，次态不相同且非交错态。此时将次态对填入相应的网格中，以便进一步比较。例如，在 A-B 网格中填入 BE、在 A-C 网格中填入 BC 和 BE。

b．关联比较。检查隐含表中所填次态对是否等效。例如，在 A-B 格内填的 BE，AB 是否等效要看 BE 是否等效，进一步检查 B-E 格，发现 BE 不等效，故 AB 不等效，并在 A-B 格内打上“/”。又如，AC 是否等效，要看 BC 和 BE 是否均等效，已知 BC 是等效的，但 BE 不等效，故 AC 不等效，并在 A-C 网格内打上“/”。

c．状态合并，求得简化后的状态表。经过上述两步后，已得出 B 与 C 等效，重新命名为 B′；D 与 E 等效重新命名为 C′，同时将 A 命名为 A′。因此得到简化后的状态表如表 5.3.10 所示。发现表 5.3.10 和表 5.3.7 完全一样。

【例 5.3.7】对原始状态表 5.3.11 进行状态化简。

表 5.3.10　用隐含表得到表 5.3.6 的简化状态表

Q^n	X	
	0	1
A′	B′/1	B′/0
B′	B′/1	C′/0
C′	C′/1	B′/1

表 5.3.11　例 5.3.7 的原始状态表

Q^n	X（Q^{n+1}/Z）	
	0	1
A	A/0	E/1
B	E/1	C/0
C	A/1	D/1
D	F/0	G/1
E	B/1	C/0
F	F/0	E/1
G	A/1	D/1

解：根据原始状态表列出隐含表，并根据隐含表化简步骤①和②进行填写，如图 5.3.11 所示。由图 5.3.11 可知，AF、BE 和 CG 为等效。

将 AF 命名为 A′，BE 命名为 B′，CG 命名为 C′，D 命名为 D′。

其简化后的状态表如表 5.3.12 所示。

B	×					
C	×	×				
D	AF/EG	×	×			
E	×	√	×	×		
F	√	×	×	G/E	×	
G	×	×	√	×	×	×
	A	B	C	D	E	F

图 5.3.11　例 5.3.7 的隐含表

表 5.3.12　例 5.3.7 的简化后的状态表

Q^n	X（Q^{n+1}/Z）	
	0	1
A′	A′/0	B′/1
B′	B′/1	C′/0
C′	A′/1	D′/1
D′	A′/0	C′/1

（3）状态分配。

所谓状态分配，就是对简化后的状态表中的各状态（一般用字符或数符表示）进行二进制编码。

大家知道，一个 n 位二进制数字一共有 2^n 种代码，若需要分配的状态数为 M，则需要的代码位数 n 应为

$$n \geqslant \log_2 M \tag{5.3.4}$$

从 2^n 个代码中取出 M 个代码表示 M 个状态，根据排列和组合知识，其编码方案数共有 $N=M!\,C^M_{2n}$。

编码方案的选择，将会影响电路的复杂程度。对异步时序电路而言，有时还会产生竞争-冒险现象，从而影响正常工作。

具体如何分配，这里只介绍一般原则。

① 当两个以上状态具有相同的次态时，它们的代码尽可能安排为相邻代码。所谓相邻代码，是指两个代码中只有一个变量取值不同，其余变量均相同。

② 同一个现态的各个次态应相邻分配。

③ 为了使输出电路结构简单，尽可能使输出相同的状态代码相邻。

通常以原则①为主，统筹兼顾。

【例 5.3.8】对表 5.3.4 所示状态表进行状态分配。

解：首先对表 5.3.4 进行简化，其简化后的状态表如表 5.3.13 所示。

按原则①有 S_2S_3、S_0S_1、S_0S_2、S_0S_3、S_1S_2、S_1S_3、S_2S_3。

按原则②有 S_0S_1、S_0S_2、S_0S_3。

按原则③有 $S_0S_1S_2$。

以原则①为主，兼顾原则②和③，于是可得状态分配表，如表 5.3.14 所示。

于是，很容易得到状态分配后的状态表，如表 5.3.15 所示。

表 5.3.13 简化后的状态表

S_n	X_n	
	0	1
S_0	$S_0/0$	$S_1/0$
S_1	$S_0/0$	$S_2/0$
S_2	$S_0/0$	$S_3/0$
S_3	$S_0/0$	$S_3/1$

表 5.3.14 状态分配表

Q_1^n	Q_2^n	
	0	1
0	S_0	S_1
1	S_3	S_2

表 5.3.15 状态分配后的状态表

$Q_1^n\ Q_2^n$	X_n ($Q_1^{n+1}Q_2^{n+1}/Z$)	
	0	1
00	00/0	01/0
01	00/0	11/0
11	00/0	10/0
10	00/0	10/1

（4）触发器选型，确定激励函数和输出函数。

当采用不同类型的触发器作为存储单元来设计电路时，也会影响到设计出来的电路是否最简洁，目前集成触发器的产品主要有 D 触发器及 JK 触发器两种，而 JK 触发器很容易转换成 T 触发器。因此，触发器的选型就是从这 3 种触发器中选择其中一个。触发器选型的原则就是使控制函数最简洁，从而使设计出来的电路最简洁。

① 触发器激励表的文字表示。为了便于讨论，将 D 触发器、JK 触发器及 T 触发器的激励表重列于表 5.3.16 中。该表的最后一列是触发器激励的文字表示，也是反映触发器激励情况的统一的激励表，用触发器的文字激励表来进行触发器选型很方便。在表 5.3.16 中，第一行为 $Q^n=0$ 到 $Q^{n+1}=0$ 时，触发器激励端（W_n）的文字激励符号为小写字母 r，表示触发器保持复位状态不变；第二行 $Q^n=0$ 到 $Q^{n+1}=1$ 时，W_n 的文字激励符号为大写字母 S，表示触发器状态翻转为置位；第三行为 $Q^n=1$ 到 $Q^{n+1}=0$ 时，W_n 的文字激励符号为大写字母 R，表示触发器状态翻转为复位；第四行为 $Q^n=1$ 到 $Q^{n+1}=1$ 时，W_n 的文字激励符号为小写字母 s，表示触发器保持置位状态不变。

表 5.3.16　触发器的激励表

Q^n	Q^{n+1}	J_n	K_n	D_n	T_n	W_n
0	0	0	×	0	0	r
0	1	1	×	1	1	S
1	0	×	1	0	1	R
1	1	×	0	1	0	s

② 触发器选型的原则。采用文字激励表以后，控制函数（或激励函数）的卡诺图就成了文字激励卡诺图。用文字激励卡诺图来选择触发器类型的原则如下。

a．在文字激励卡诺图中，若所有大写字母 S、R 能圈在一起，则选择 T 触发器。由表 5.3.16 可知，S 和 R 都对应 T 触发器的 1，T 触发器控制端的 1 圈在一起，所得到的控制函数必然是最简的，所以此时应选择 T 触发器。

b．在文字激励卡诺图中，若所有大写字母 S 和小写字母 s 能圈在一起，则选择 D 触发器。由表 5.3.16 可知，S 和 s 都对应 D 触发器的 1，D 触发器的控制端的 1 圈在一起，所得到的控制函数必然是最简的，所以此时应选择 D 触发器。

c．若大写字母 S 和大写字母 R 不能圈在一起，且大写字母 S 和小写字母 s 也不能圈在一起，则应选择 JK 触发器。

【例 5.3.9】现有 3 个文字激励卡诺图如图 5.3.12 所示，试确定该选用触发器的类型。

解：在图 5.3.12（a）中，字母 R 和 S 连在一起，故选择 T 触发器。

在图 5.3.12（b）中，字母 S 和 s 连在一起，故选择 D 触发器。

在图 5.3.12（c）中，字母 S 和 R 不连在一起，而字母 S 和 s 也不连在一起，故选择 JK 触发器。

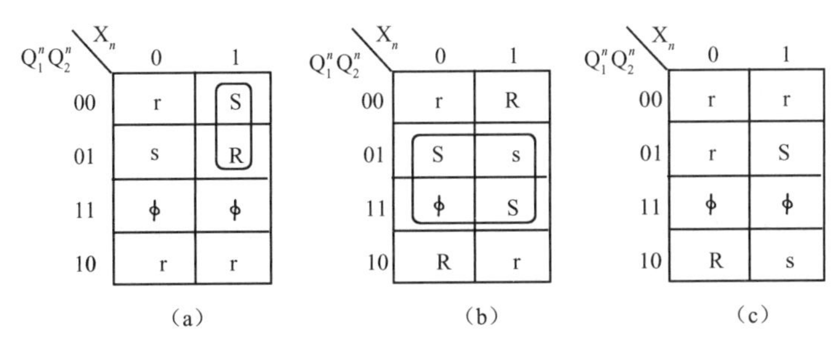

图 5.3.12　例 5.3.9 的 3 个文字激励卡诺图

③ 文字激励卡诺图的判读。选好触发器的类型后，在判读文字激励卡诺图时，可看作所选类型触发器的激励卡诺图，以此求得所需的控制方程（激励函数）。由表 5.3.16 可知，若选择 T 触发器，则大写字母 S、R 看作 1，小写字母 r 和 s 看作 0；若选择 D 触发器，则字母 S 和 s 看作 1，而字母 R 和 r 看作 0；若选择 JK 触发器，对应 J 控制端，则字母 S 看作 1，字母 r 看作 0，而字母 R 和 s 看作 ϕ，对应 K 控制端，则字母 R 看作 1，字母 s 看作 0，而字母 S 和 r 看作 ϕ。

在圈卡诺图时，与以前所述的圈 1 法相同，图中所有的 1 必圈到，ϕ 可圈也可不圈，而 0 不能圈。

再在另一张卡诺图上，把状态分配表中的输出函数的 Z 值填入卡诺图的方格中，即为 Z 的卡诺图。由 Z 的卡诺图便可以得输出函数 Z 的表达式。

【例 5.3.10】已知状态分配后的状态表（表 5.3.15），试确定触发器的类型并求出触发器的激励函数和输出函数。

解：根据表 5.3.15 不难得到触发器文字激励卡诺图 W_1、W_2，以及输出函数 Z 的卡诺图，如图 5.3.13 所示。

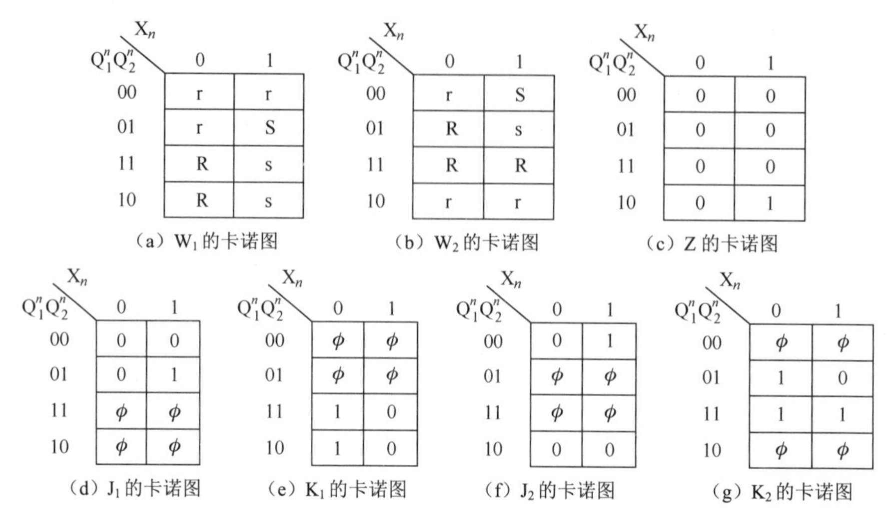

图 5.3.13　例 5.3.10 的文字激励卡诺图

根据图 5.3.13（a）、（b）可知，字母 R 和字母 S 不连在一起，而且字母 S 和字母 s 也不完全连在一起，故 W_1 选 JK 触发器。为了使触发器一致，W_2 也选用 JK 触发器。

由于触发器类型已经选定（JK 触发器），因此可以对图 5.3.13（a）、（b）进行判读，即可以得到 J_1、K_1 和 J_2、K_2 的卡诺图，分别如图 5.3.13（d）～（g）所示。

最后根据图 5.3.13（d）～（g）和（c）可以求得触发器的激励函数和输出函数 Z 表达式，即

$$\begin{cases} J_1 = X_n Q_2^n & J_2 = X_n \overline{Q_1^n} \\ K_1 = \overline{X_n} & K_2 = \overline{X_n} + Q_1^n = \overline{X_n \overline{Q_1^n}} \end{cases}$$

$$Z = X_n Q_1^n \overline{Q_2^n} \tag{5.3.5}$$

（5）画出逻辑电路图并消除孤立状态。

由控制函数和输出函数即可画出其逻辑电路。然后检查电路中的多余项，若是非孤立状态，则电路能自行启动；若是孤立状态，则必须设法消除，使其能进入有效工作状态，即电路能自行启动。

例如，已知 1111 序列检测器，它的原始状态图参见图 5.3.8，它的原始状态表参见表 5.3.4；状态化简后的状态表参见表 5.3.13，其状态分配表参见表 5.3.14，分配（编码）后的状态表参见表 5.3.15；它的文字激励卡诺图、触发器的激励函数卡诺图、输出函数卡诺图参见图 5.3.13。由卡诺图求得触发器的激励函数和输出函数参见式（5.3.5）。

最后根据式（5.3.5）画逻辑图，如图 5.3.14 所示。

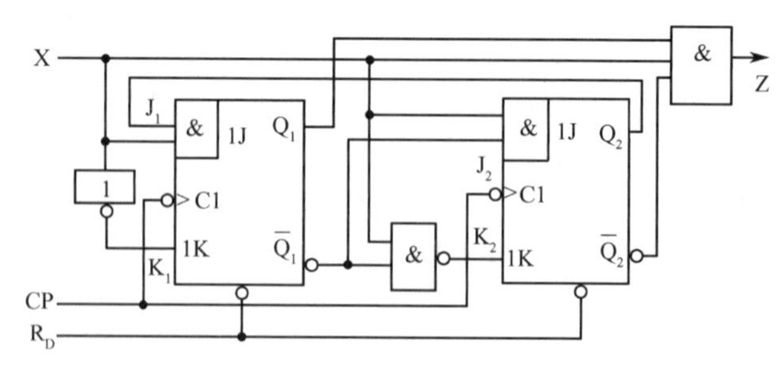

图 5.3.14　1111 序列检测器的逻辑图

由于电路中两个触发器组成的 4 个状态已全部利用，没有多余状态，因此不存在孤立状态。

2. 同步时序电路设计举例

设计 1110010 序列（巴克码）检测器。

根据题意，检测器应有一个输入端 x，一个输出端 F。当输入信息为 1110010 时，输出才为 1，

否则输出为 0。

（1）画原始状态图和列原始状态表。

为了记忆 1110010 这 7 位输入码，需要 7 个状态与之相对应，分别设为 B、C、D、E、F、G、H，并设起始状态为 A。

当输入第一个 1 后，电路进入状态 B，输入第二个 1 后，电路进入状态 C。若输入一个或两个 1 以后，接着输入的 x=0，则表示收到的已不是巴克码序列，因此应转到初始状态 A；若输入第三个 1 以后又输入一个 1，则可认为后面连续 3 个 1 是巴克码的前 3 位，因此应保持在状态 D；若在输入 1110 后面出现一个 1，说明前面接收的已不是巴克码，则应转到状态 B，表示接收到巴克码的第一位；在接收到 1110010 后，若再接收一个 0，则转到状态 A；若接收一个 1，则转到状态 B。据此分析，可得到其原始状态图和原始状态表分别如图 5.3.15 及表 5.3.17 所示。

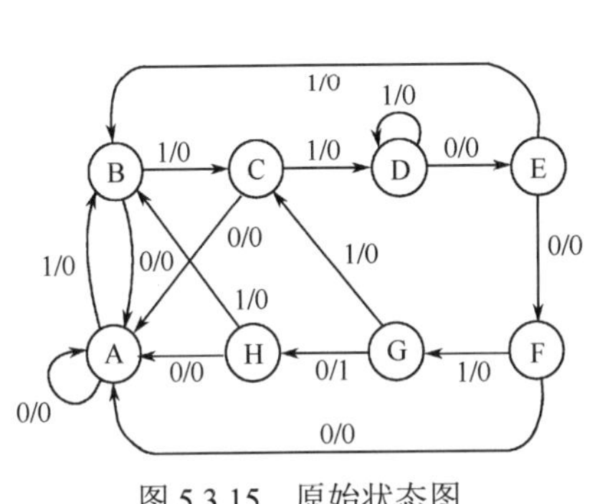

图 5.3.15　原始状态图

表 5.3.17　原始状态表

S_n	x_n	
	S_{n+1}/F_n	
	0	1
A	A/0	B/0
B	A/0	C/0
C	A/0	D/0
D	E/0	D/0
E	F/0	B/0
F	A/0	G/0
G	H/1	C/0
H	A/0	B/0

（2）状态化简。

利用观察法或隐含表法可以得到状态 A 和 H 等效，令其合并为 A，则得最小化状态表如表 5.3.18 所示。

（3）状态分配。

7 个状态需 3 个触发器 $Q_3Q_2Q_1$，根据状态相邻分配原则可得状态对相邻分配的优先次序如下。

按原则①有：BG、AB、AC、AF、AG、AE、BC、BF、BG、CD、CF、CG、FG。

按原则②有：AB、AC、AD、DE、BF、AG、AC。

据此得状态分配卡诺图如图 5.3.16 所示，从而得二进制码状态表如表 5.3.19 所示。

表 5.3.18　最小化状态表

S_n	x_n	
	S_{n+1}/F_n	
	0	1
A	A/0	B/0
B	A/0	C/0
C	A/0	D/0
D	E/0	D/0
E	F/0	B/0
F	A/0	G/0
G	A/1	C/0

Q_3Q_2	Q_1	
	0	1
00	A	B
01	E	F
11	D	
10	C	G

图 5.3.16　状态分配卡诺图

表 5.3.19　二进制码状态表

$Q_3^nQ_2^nQ_1^n$	x_n	
	$Q_3^{n+1}Q_2^{n+1}Q_1^{n+1}/F_n$	
	0	1
0 0 0	0 0 0 / 0	0 0 1 / 0
0 0 1	0 0 0 / 0	1 0 0 / 0
1 0 0	0 0 0 / 0	1 1 0 / 0
1 1 0	0 1 0 / 0	1 1 0 / 0
0 1 0	0 1 1 / 0	0 0 1 / 0
0 1 1	0 0 0 / 0	1 0 1 / 0
1 0 1	0 0 0 / 1	1 0 0 / 0

（4）触发器选型，确定控制函数和输出函数。

由二进码状态表即可得文字激励卡诺图和输出函数 F 的卡诺图如图 5.3.17 所示。由此可知，宜选用 JK 触发器，并可得到控制函数和 F 为

$$J_3 = xQ_1；\quad J_2 = xQ_3\overline{Q_1}；\quad J_1 = x\overline{Q_3} + \overline{Q_2}\,\overline{Q_3}$$

$$K_3 = \overline{x}；\quad K_2 = Q_1 + x\overline{Q_3}；\quad K_1 = \overline{Q_2} + x = \overline{\overline{x}Q_2}$$

$$F = \overline{x}Q_3Q_1$$

（5）画出逻辑电路图。

由控制函数和输出逻辑函数表达式可画出 1110010 序列信号检测器电路，如图 5.3.18 所示。

xQ_3	Q_2Q_1			
	00	01	11	10
00	r	r	r	r
01	R	R	ϕ	R
11	s	s	ϕ	s
10	r	S	S	r

（a）W_3

xQ_3	Q_2Q_1			
	00	01	11	10
00	r	r	R	s
01	r	r	ϕ	s
11	S	r	ϕ	s
10	r	r	R	R

（b）W_2

xQ_3	Q_2Q_1			
	00	01	11	10
00	r	R	R	S
01	r	R	ϕ	r
11	r	R	ϕ	r
10	S	R	s	S

（c）W_1

xQ_3	Q_2Q_1			
	00	01	11	10
00	0	0	0	0
01	0	1	ϕ	0
11	0	0	ϕ	0
10	0	0	0	0

（d）F

图 5.3.17　文字激励卡诺图和输出函数 F 的卡诺图

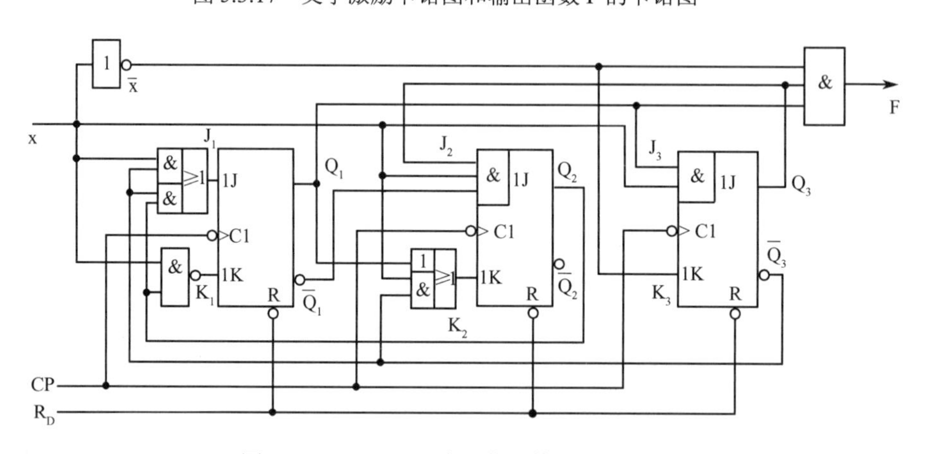

图 5.3.18　1110010 序列信号检测器电路

（6）消除孤立状态。

若由于某种原因，使逻辑电路进入多余状态 $Q_3Q_2Q_1$=111 时，则由控制函数和输出逻辑函数表达式可知，如果 x=0，那么

$$J_3=0；\ J_2=0；\ J_1=0；\ F=1$$

$$K_3=1；\ K_2=1；\ K_1=1$$

从而使次态 $Q_3Q_2Q_1$=000。如果 x=1，那么

$$J_3=1；\ J_2=0；\ J_1=0；\ F=0$$

$$K_3=0;\ K_2=1;\ K_1=0$$

使次态 $Q_3Q_2Q_1=101$。

其中，000 和 101 都是有效工作循环状态，故所设计的逻辑电路能自行启动，没有孤立状态。其完全的状态图如图 5.3.19 所示。

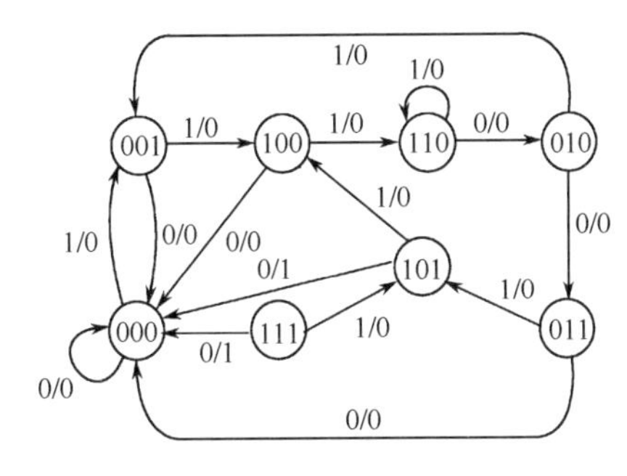

图 5.3.19 完全的状态图

5.4 异步时序电路的分析和设计方法

时序电路分为同步时序电路和异步时序电路两种，它们的区别如下。

（1）同步时序电路状态的变化与时钟脉冲同步，而异步时序电路中没有统一的时钟脉冲，电路的状态随输入信号的改变而相应变化。即使异步时序电路存在时钟脉冲，但此时钟脉冲只是一个输入变量。

（2）同步时序电路的每个状态都是“稳定状态”，而异步时序电路的状态分为“稳定”的和“不稳定”的两种。在异步时序电路中，要求只有在电路处于稳定状态时输入信号才能发生变化。也就是说，每次输入信号发生变化后，必须等电路进入稳定状态，才允许输入信号再次发生变化。

（3）在同步时序电路中，任一时刻，几个输入变量可以同时变化；而在异步时序电路中，每个时刻仅允许一个输入信号发生变化，以避免电路中可能出现的竞争现象。

异步时序电路的上述（2）、（3）两点的工作方式称为基本工作方式。后面讨论的异步时序电路均按此基本方式工作。

根据输入信号的不同，异步时序电路又分为脉冲型异步时序电路和电位型异步时序电路两种。由于篇幅所限，关于电位型异步时序电路本章不予介绍，感兴趣的读者请参考其他有关资料。

5.4.1 脉冲型异步时序电路的分析方法

1. 脉冲型异步时序电路的特点

（1）在脉冲型异步时序电路中，记忆部分也由触发器组成，但时钟脉冲并不一定送到各位触发器的时钟端。

（2）输入都以脉冲的形式出现。以 0 表示没有输入脉冲，以 1 表示有输入脉冲。

（3）在同一个时间内，输入脉冲只在一个输入端上出现，不允许两个脉冲同时输入。对 n 个输入端，其输入信号的组合共有 $n+1$ 种，其中 n 种是有效的输入组合，剩下一种是无效输入。例如，若有 x_1、x_2、x_3 三个输入端，则其输入组合为 000、001、010、100 共 4 种，其中 000 表示没有脉冲输入，它不会使电路的状态发生变化，因此是无效输入组合；001 表示 x_3 端输入脉冲；010 表示 x_2 端输入脉冲；100 表示 x_1 端输入脉冲。其他如 011、101、110、111 是不允许出现的输入组合，用 ϕ 表示。

（4）在第一个输入脉冲引起的整个电路的响应完全结束后，才允许第二个输入脉冲到来，否则电路的状态将不可预测。

2．脉冲型异步时序电路的分析

分析步骤：与分析同步时序电路相似。但必须注意的是，仅在每个触发器的时钟输入端有脉冲信号时，触发器的状态才有可能发生变化。因此，在分析时，必须把 CP 端的信号也作为一个控制函数，并在状态转换表或时序图中标出 CP 端有无规定的正跳变或负跳变。

【例 5.4.1】分析图 5.4.1 所示电路的逻辑功能。

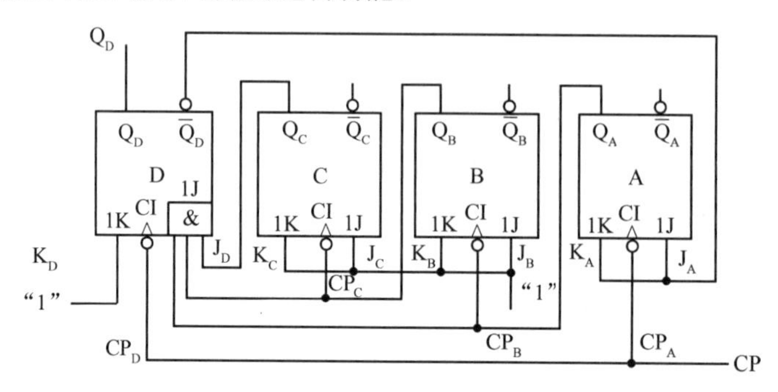

图 5.4.1 例 5.4.1 电路

解：① 求控制函数。

$$J_A=K_A=\overline{Q_D^n}，CP_A=CP$$

$$J_B=K_B=1，CP_B=Q_A$$

$$J_C=K_C=1，CP_C=Q_B$$

$$J_D=Q_A^nQ_B^nQ_C^n，K_D=1，CP_D=CP$$

② 求状态方程（次态方程）。

$$Q_A^{n+1}=J_A\overline{Q_A^n}+\overline{K_A}Q_A^n=\overline{Q_D^n}\,\overline{Q_A^n}+\overline{\overline{Q_D^n}}\,Q_A^n=Q_A^n\odot Q_D^n$$

$$Q_B^{n+1}=\overline{Q_B^n}$$

$$Q_C^{n+1}=\overline{Q_C^n}$$

$$Q_D^{n+1}=J_D\overline{Q_D^n}+\overline{K_D}\,\overline{Q_n^n}=Q_A^nQ_B^nQ_C^n\overline{Q_D^n}$$

③ 列出状态转换表。由上述方程列出状态转换表，如表 5.4.1 所示。

表 5.4.1 例 5.4.1 状态转换表

S_n	Q_D^n	Q_C^n	Q_B^n	Q_A^n	J_DK_D	J_CK_C	J_BK_B	J_AK_A	CP_D	CP_C	CP_B	CP_A	Q_D^{n+1}	Q_C^{n+1}	Q_B^{n+1}	Q_A^{n+1}	S_{n+1}
0	0	0	0	0	01	11	11	11	↓	×	×	↓	0	0	0	1	1
1	0	0	0	1	01	11	11	11	↓	×	↓	↓	0	0	1	0	2
2	0	0	1	0	01	11	11	11	↓	×	×	↓	0	0	1	1	3
3	0	0	1	1	01	11	11	11	↓	↓	↓	↓	0	1	0	0	4
4	0	1	0	0	01	11	11	11	↓	×	×	↓	0	1	0	1	5
5	0	1	0	1	01	11	11	11	↓	×	↓	↓	0	1	1	0	6
6	0	1	1	0	01	11	11	11	↓	×	×	↓	0	1	1	1	7
7	0	1	1	1	11	11	11	11	↓	↓	↓	↓	1	0	0	0	8
8	1	0	0	0	01	11	11	00	↓	×	×	↓	0	0	0	0	0
9	1	0	0	1	01	11	11	00	↓	×	↓	↓	0	0	0	1	1
10	1	0	1	0	01	11	11	00	↓	×	×	↓	0	0	1	0	2
11	1	0	1	1	01	11	11	00	↓	↓	↓	↓	0	0	1	1	3

续表

S_n	Q_D^n	Q_C^n	Q_B^n	Q_A^n	J_DK_D	J_CK_C	J_BK_B	J_AK_A	CP_D	CP_C	CP_B	CP_A	Q_D^{n+1}	Q_C^{n+1}	Q_B^{n+1}	Q_A^{n+1}	S_{n+1}
12	1	1	0	0	01	11	11	00	↓	×	×	↓	0	1	0	0	4
13	1	1	0	1	01	11	11	00	↓	×	↓	↓	0	1	0	1	5
14	1	1	1	0	01	11	11	00	↓	×	×	↓	0	1	1	0	6
15	1	1	1	1	11	11	11	00	↓	↓	↓	↓	0	1	1	1	7

表 5.4.1 中用↓表示该 CP 端有触发信号的下降沿（负跳变）作用，用×表示该 CP 端无触发信号的下降沿作用。例如，表 5.4.1 中第二行，原状态 $Q_D^nQ_C^nQ_B^nQ_A^n$ =0001，在 CP 作用下，CP_A 和 CP_D 因直接与 CP 相连，所以其有下降沿作用，标以↓，使 Q_A^{n+1}=0（因 J_AK_A=11）、Q_D^{n+1}=0（J_DK_D=01）；而 Q_A 端从 1→0，使 CP_B 端受到下降沿作用，故也标以↓，使 Q_B^{n+1}=1（因 J_BK_B=11）；Q_B 从 0→1，它在 CP_C 端产生上升沿（正跳变）作用，故标以×，Q_C 保持原状态不变。以此类推，可得表中其他各行。

④ 由状态转换表可得状态转换图。如图 5.4.2 所示，这里 CP 是一个输入信号。由此状态转换图可知，该电路仅存在一个正常工作循环，是一个模 9 加法计数电路。

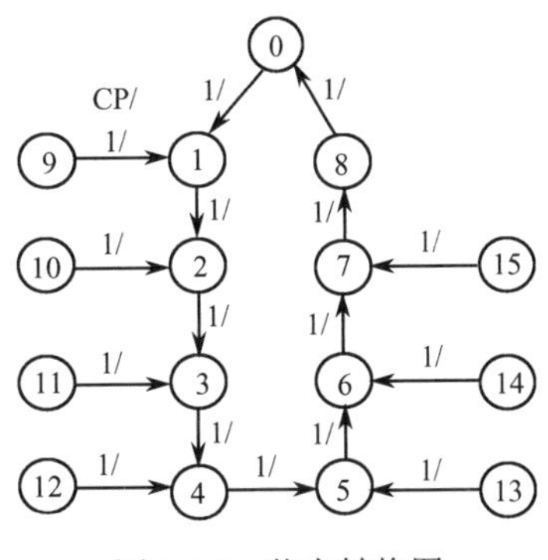

图 5.4.2　状态转换图

5.4.2　脉冲型异步时序电路的设计方法

脉冲型异步时序电路的设计步骤与同步时序电路的设计步骤大致相同。但需要注意的是，必须考虑 CP 端有无触发脉冲的作用。现举例说明如下。

设计一个“x_1-x_2-x_3”序列检测器。它有 x_1、x_2 和 x_3 三个输入端，一个输出端 Z，x_1、x_2 和 x_3 各为串行的随机输入信号，它们不会有两个或两个以上同时为 1。仅在 x_1、x_2 和 x_3 分别依次来正脉冲时，电路输出 Z 才为 1，其余情况 Z 均为 0。

1. 根据题意作原始状态转换图

这是一个米利型时序电路，其输出 Z 与输入信号有关。

假设 S_0 为起始状态，S_1 为收到 x_1 后的状态，S_2 为收到 x_1-x_2 后的状态，若接着输入 x_3，则输出 Z=1，并且电路状态进入 S_3，依此可得原始状态转换图，如图 5.4.3（a）所示。

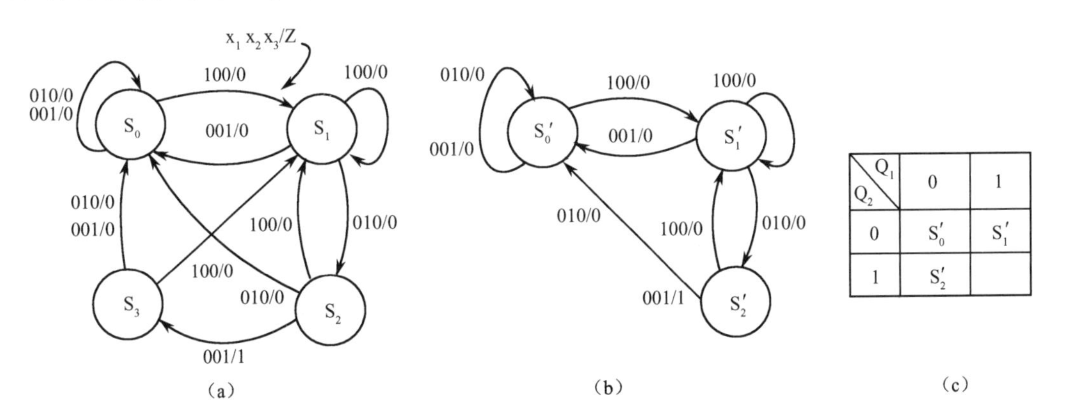

图 5.4.3　原始状态转换图、简化后的状态转换图和状态分配表

2．状态化简

由观察法可知，状态 S_0 与状态 S_3 是等价的，令其合并为 S'_0，且令 $S_1 \to S'_1$，$S_2 \to S'_2$，则得简化后的状态转换图如图 5.4.3（b）所示。

3．状态分配

按照状态分配的基本原则，令 S'_0 与 S'_2 相邻，S'_0 与 S'_1 相邻，得状态分配表如图 5.4.3（c）所示。

4．触发器选型，确定控制函数/时钟函数和输出函数

与同步时序电路不同，这里没有统一的 CP。并且认为，若状态不变，则可看作 CP 端没有触发脉冲作用，即 CP=0，此时可令控制函数 $W=\phi$（即无关项）；若触发器状态改变，则 CP 端一定有触发脉冲作用，即 CP=1。

根据脉冲型异步时序电路的这个特点，首先由简化后的状态转换图及状态分配表列出二进制码状态转换表，如表 5.4.2 所示。

表 5.4.2　二进制码状态转换表

$Q_2^n Q_1^n$	$x_1^n x_2^n x_3^n$ $Q_2^{n+1} Q_1^{n+1}/Z$			
	000	100	010	001
00	00/0	01/0	00/0	00/0
01	01/0	01/0	10/0	00/0
11	ϕ/ϕ	ϕ/ϕ	ϕ/ϕ	ϕ/ϕ
10	10/0	01/0	00/0	00/1

由此可得，CP_2、CP_1、W_2、W_1 及 Z 的卡诺图如图 5.4.4 所示。由于没有外输入时，触发器状态不变，因此当 $x_1x_2x_3=000$ 时，$CP_2=0$，$CP_1=0$。由卡诺图可得

$$CP_2=Q_1x_2+Q_2x_3+Q_2x_2+Q_2x_1$$

$$CP_1=Q_1x_2+Q_1x_3+Q_1x_1$$

$$T_2=1\ (J_2=K_2=1)$$

$$T_1=1\ (J_1=K_1=1)$$

$$Z=Q_2x_3$$

Q_2Q_1 \ $x_1x_2x_3$	000	001	011	010	110	111	101	100
00	0	0	ϕ	0	ϕ	ϕ	ϕ	0
01	0	0	ϕ	1	ϕ	ϕ	ϕ	0
11	ϕ	ϕ	ϕ	ϕ	ϕ	ϕ	ϕ	ϕ
10	0	1	ϕ	1	ϕ	ϕ	ϕ	1

(a) CP_2

Q_2Q_1 \ $x_1x_2x_3$	000	001	011	010	110	111	101	100
00	0	0	ϕ	0	ϕ	ϕ	ϕ	1
01	0	1	ϕ	1	ϕ	ϕ	ϕ	0
11	ϕ	ϕ	ϕ	ϕ	ϕ	ϕ	ϕ	ϕ
10	0	0	ϕ	0	ϕ	ϕ	ϕ	1

(b) CP_1

Q_2Q_1 \ $x_1x_2x_3$	000	001	011	010	110	111	101	100
00	ϕ	ϕ	ϕ	ϕ	ϕ	ϕ	ϕ	ϕ
01	ϕ	ϕ	ϕ	S	ϕ	ϕ	ϕ	ϕ
11	ϕ	ϕ	ϕ	ϕ	ϕ	ϕ	ϕ	ϕ
10	ϕ	R	ϕ	R	ϕ	ϕ	ϕ	R

(c) W_2

图 5.4.4　CP_2、CP_1、W_2、W_1 及 Z 的卡诺图

Q_2Q_1 \ $x_1x_2x_3$	000	001	011	010	110	111	101	100
00	ϕ	ϕ	ϕ	ϕ	ϕ	ϕ	ϕ	S
01	ϕ	R	ϕ	R	ϕ	ϕ	ϕ	ϕ
11	ϕ	ϕ	ϕ	ϕ	ϕ	ϕ	ϕ	ϕ
10	ϕ	ϕ	ϕ	ϕ	ϕ	ϕ	ϕ	S

（d）W_1

Q_2Q_1 \ $x_1x_2x_3$	000	001	011	010	110	111	101	100
00	0	0	ϕ	0	ϕ	ϕ	ϕ	0
01	0	0	ϕ	0	ϕ	ϕ	ϕ	0
11	ϕ	ϕ	ϕ	ϕ	ϕ	ϕ	ϕ	ϕ
10	0	1	ϕ	0	ϕ	ϕ	ϕ	0

（e）Z

图 5.4.4　CP_2、CP_1、W_2、W_1 及 Z 的卡诺图（续）

5. 画出逻辑电路图

由于 T′触发器可由 JK 触发器组成，因此根据上面各式可画出逻辑电路图如图 5.4.5（a）所示。

6. 检查有无孤立状态

本电路 Q_2Q_1=11 为无效状态，现检查在不同输入下无效状态的转换情况。经分析，可得这时的部分状态转换表，如表 5.4.3 所示。从而可得完整的状态转换图，如图 5.4.5（b）所示。所以本电路可自行启动。

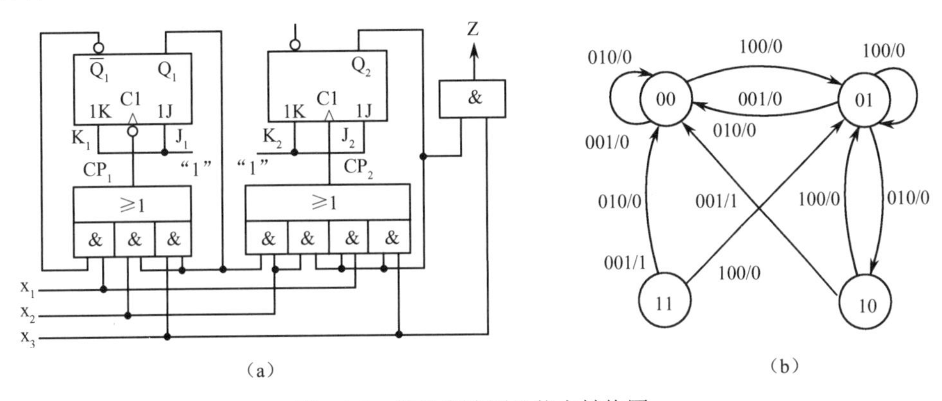

图 5.4.5　逻辑电路图及状态转换图

表 5.4.3　部分状态转换表

x_1	x_2	x_3	Q_2^n	Q_1^n	CP_2	CP_1	Q_2^{n+1}	Q_1^{n+1}	Z
1	0	0	1	1	1	0	0	1	0
0	1	0	1	1	1	1	0	0	0
0	0	1	1	1	1	1	0	0	1

5.5　常用的时序逻辑电路

常用的集成化的时序逻辑电路有寄存器、移位寄存器、计数器、顺序脉冲发生器、序列信号发生器等。下面进行一一介绍。

5.5.1　寄存器和移位寄存器（Register and Shift Register）

1. 寄存器

寄存器用于寄存一组二值代码，它被广泛地应用于各类数字系统和数字计算机中。

因为一个触发器能储存一位二值代码，所以用 N 个触发器组成的寄存器能储存一组 N 位的二值代码。

对寄存器的触发器只要求它们具有置1、置0功能即可，因而无论是用同步RS结构的触发器，还是用主从结构或边沿触发结构的触发器，均可以组成寄存器。

74LS273是一个由8个D触发器组成的带清除端的寄存器，图5.5.1（a）、（b）所示分别为它的逻辑图和引脚排列图。图5.5.1（c）所示为每个D触发器的功能表。数据存储是通过时钟脉冲（CP）同步进行的。在时钟脉冲（CP）由低电平上升到高电平时（↑），在D端满足建立时间要求的信息被送到相应触发器的Q端，使$Q_i^{n+1}=D_i^n$。

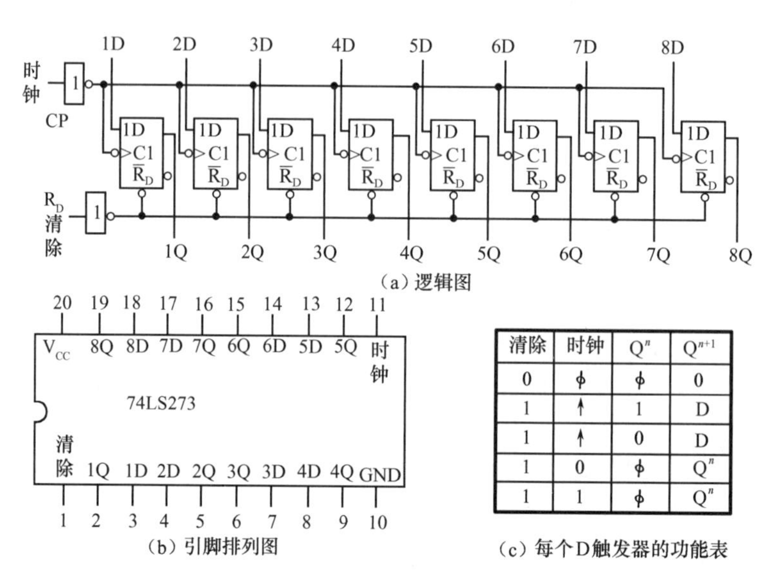

（a）逻辑图

（b）引脚排列图

清除	时钟	Q^n	Q^{n+1}
0	ϕ	ϕ	0
1	↑	1	D
1	↑	0	D
1	0	ϕ	Q^n
1	1	ϕ	Q^n

（c）每个D触发器的功能表

图5.5.1　8个D触发器组成的带清除端的寄存器（74LS273）

若清除端R_D为高电平（$\overline{R}_D=0$）时，使触发器全部清0，寄存器状态为00000000，其清除功能与时钟脉冲（CP）无关。

工作电压V_{CC}=5V，GND为接地。除此之外，每位具有互补输出，使用比较灵活方便。

为了增加使用的灵活性，在有些寄存器电路中还附加了一些控制电路，使寄存器又增添了异步置0、输出三态控制和保持等功能。这里所说的保持，是指CP信号到达时触发器不随D端的输入信号而改变状态，保持原来的状态不变。例如，CMOS电路CC4076就属于这样一种寄存器，它的逻辑图如图5.5.2所示。

CC4076是三态输出的4位寄存器，能寄存4位2值代码。

当$LD_A+LD_B=1$时，电路处于装入数据的工作状态，输入数据D_0、D_1、D_2、D_3经与或门G_5、G_6、G_7、G_8分别加到FF_0、FF_1、FF_2、FF_3这4个触发器的输入端。在$\overline{CP}$信号的下降沿（CP信号的上升沿）到达后，将输入数据存入对应的触发器中。

当$LD_A+LD_B=0$时，电路处于保持状态。这时每个触发器的Q端经与或门接回到自己的输入端，故$\overline{CP}$下降沿到达后触发器接收的是原来Q端的状态，即保持原来的状态不变。

当$\overline{EN}_A=\overline{EN}_B=0$时，门$G_1$输出高电平，使输出端的三态缓冲器$G_{10}$～$G_{13}$处于工作状态，$Q_0$～$Q_3$经反相以后出现在输出端$Q_0$～$Q_3$。如果$\overline{EN}_A$和$\overline{EN}_B$任何一个为高电平，那么$G_1$输出为低电平，使$G_{10}$～$G_{13}$处于高阻态，将触发器与输出端的联系切断。

此外，在CC4076上还设置有异步复位端$\overline{R}_D$，用于将寄存器中的数据直接清除，而不受时钟脉冲信号的控制。

2. 移位寄存器

移位寄存器除了具有存储代码的功能，还具有移位功能。所谓移位功能，是指寄存器里存储的代码能在移位脉冲的作用下依次左移或右移。因此，移位寄存器不但可以用来寄存代码，而且可以用来实现数据的串行-并行转换、数值的运算及数据处理等。

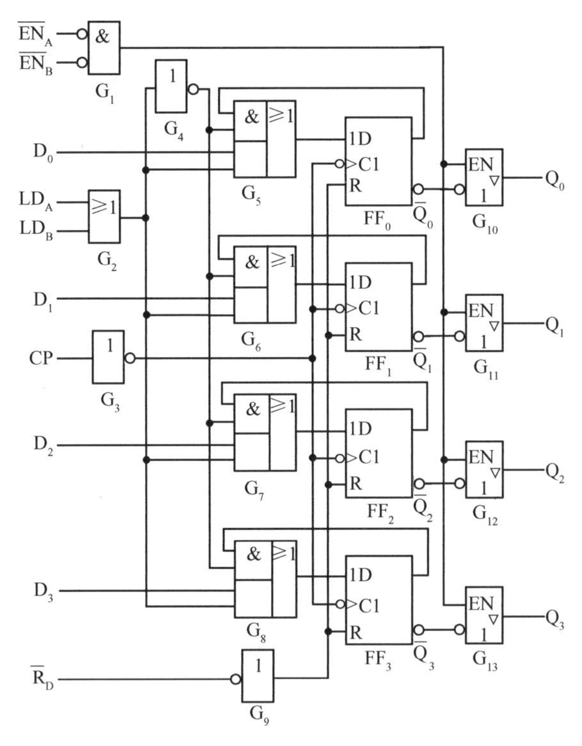

图 5.5.2　CC4076 的逻辑图

图 5.5.3 所示是由边沿触发结构的 D 触发器组成的 4 位移位寄存器。其中，第一个触发器 FF_0 的输入端接收输入信号，其余的每个触发器输入端均与前边一个触发器的 Q 端相连。

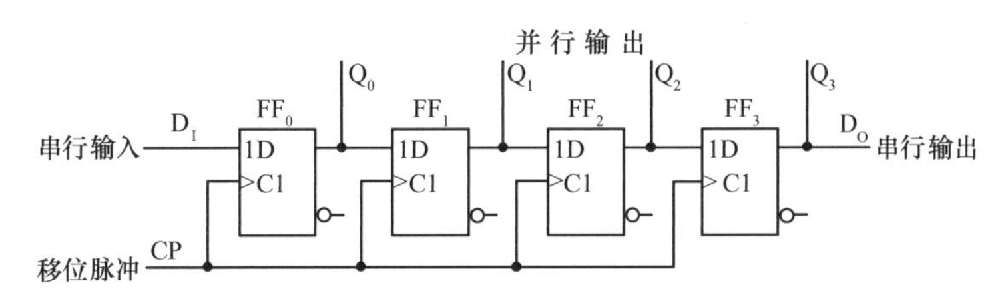

图 5.5.3　由边沿触发结构的 D 触发器组成的 4 位移位寄存器

因为从 CP 上升沿到达开始到输出端新状态的建立需要经过一段传输延迟时间，所以当 CP 的上升沿同时作用于所有的触发器时，它们的输入端（D 端）的状态还没有改变。于是，FF_1 按 Q_0 原来的状态翻转，FF_2 按 Q_1 原来的状态翻转，FF_3 按 Q_2 原来的状态翻转。同时，加到寄存器输入端 D_I 的代码存入 FF_0。总的效果相当于移位寄存器中原有的代码依次右移了一位。

例如，在 4 个时钟周期内输入代码依次为 1011，而移位寄存器的初始状态为 $Q_0Q_1Q_2Q_3$=0000，那么在移位脉冲（也就是触发器的时钟脉冲）的作用下，移位寄存器中代码的移动情况如表 5.5.1 所示。图 5.5.4 给出了各触发器输出端在移位过程中的电压波形图。

可以看出，经过 4 个 CP 信号之后，串行输入的 4 位代码全部移入了移位寄存器中，同时在 4 个触发器的输出端得到了并行输出的代码。因此，利用移位寄存器可以实现代码的串行-并行转换。

图5.5.3属于右移移位寄存器。若将它改装一下，串行输入D_I接在FF_3的输入端，而FF_3的输出端接至FF_2数据输入端，FF_2的输出端接至FF_1的数据输入端，FF_1的输出端接至FF_0的数据输入端，FF_0的Q_0作为输出端。这样图5.5.3就改装成了左移移位寄存器。

为便于扩展逻辑功能和增加使用的灵活性，在定型生产的移位寄存器集成电路上有的又附加了左/右移控制、数据并行输入、保持、异步置零（复位）等功能。图5.5.5给出的4位双向移位寄存器（74LS194A）就是一个典型的例子。

表5.5.1　移位寄存器中代码的移动情况

CP的顺序	输入D_1	Q_0	Q_1	Q_2	Q_3
0	0	0	0	0	0
1	1	1	0	0	0
2	0	0	1	0	0
3	1	1	0	1	0
4	1	1	1	0	1

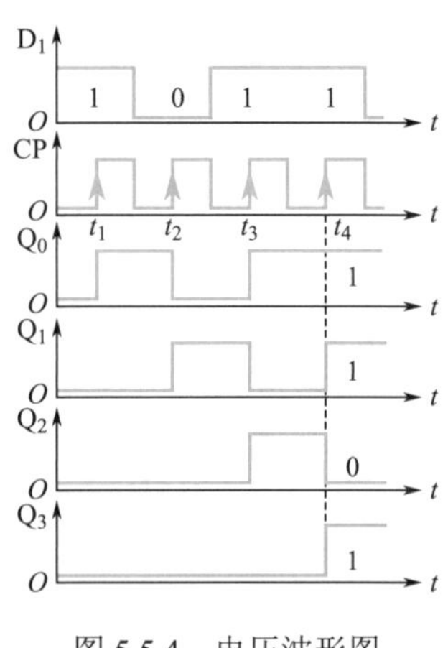

图5.5.4　电压波形图

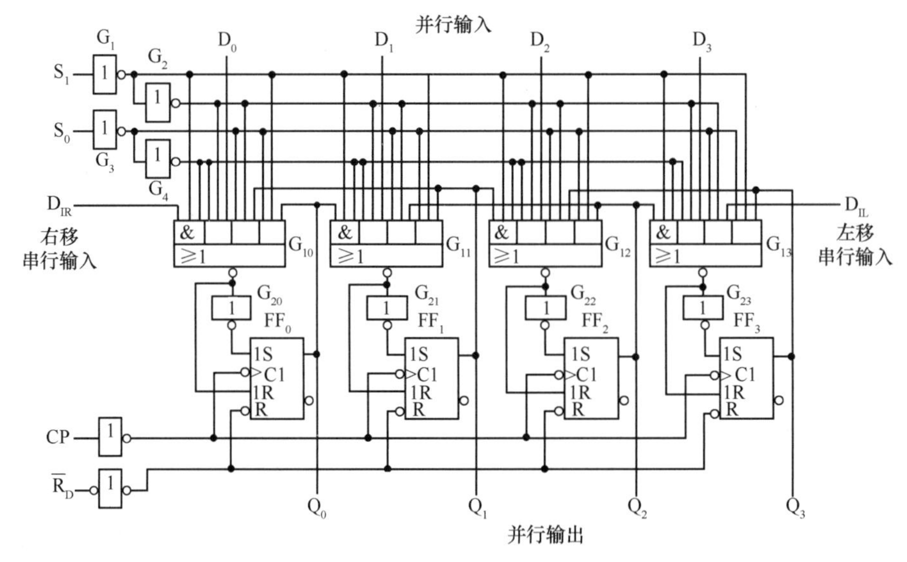

图5.5.5　4位双向移位寄存器（74LS194A）的逻辑图

74LS194A由4个触发器FF_0、FF_1、FF_2、FF_3和各自的输入控制电路组成。图中的D_{IR}为数据右移串行输入端，D_{IL}为数据左移串行输入端，D_0～D_3为数据并行输入端，Q_0～Q_3为数据并行输出端。移位寄存器的工作状态由控制端S_1和S_0的状态指定。G_1、G_2、G_3、G_4组成地址译码器。

现以第一位触发器FF_0为例，说明其工作状态。由图5.5.5可知，FF_0的输入控制电路是由门G_{10}和G_{20}组成的具有互补输出的4选1数据选择器。它的互补输出作为FF_0的输入信号。

当S_1S_0=00时，选择器最右边的与门被打开，其他3个门被封锁，此时Q_0^n被选中，使触发器FF_0的输入为$S=Q_0^n$、$R=\overline{Q}_0^n$，故CP上升沿到达时FF_0被置成$Q_0^{n+1}=Q_0^n$。因此，移位寄存器维持原状态不变，即工作在“保持不变”。

当 S_1S_0=01 时，选择器最左边的门被打开，其他 3 个与门被封锁，此时 D_{IR} 被选中，使触发器 FF_0 的输入为 $S=D_{IR}$、$R=\overline{D_{IR}}$，故 CP 上升沿到达时 FF_0 被置成 $Q_0^{n+1}=D_{IR}$。移位寄存器工作在右移状态。需要注意的是，D_{IR} 的高位数据先输入。

当 S_1S_0=10 时，选择器 G_{10} 右边第二个与门被打开，其他 3 个门被封锁，此时 Q_1^n 被选中，使触发器 FF_0 的输入为 $S=Q_1^n$、$R=\overline{Q}_1^n$，故 CP 上升沿到达时 FF_0 被置成 $Q_0^{n+1}=Q_1^n$。移位寄存器工作在左移状态。需要注意的是，D_{IL} 的最低位数据先输入。

当 S_1S_0=11 时，选择器 G_{10} 左边第二个与门被打开，其他 3 个与门被封锁，此时数据 D_0 被选中，使触发器 FF_0 的输入为 $S=D_0$、$R=\overline{D}_0$，故 CP 上升沿到达时 FF_0 被置成 $Q_0^{n+1}=D_0$。移位寄存器处于数据并行输入状态。需要注意的是，D_i 与 Q_i 要对应。

此外，当 $\overline{R}_D$=0 时，FF_0～FF_3 将同时被置成 Q=0，所以工作时应使 $\overline{R}_D$ 处于高电平。

其他 3 个触发器的工作原理与 FF_0 基本相同，不再赘述。根据上述分析可列出 74LS194A 的功能表，如表 5.5.2 所示。

用 74LS194A 接成多位双向移位寄存器的接法十分简单。图 5.5.6 所示为用两片 74LS194A 接成 8 位双向移位寄存器的连接图。这时只需将其中一片的 Q_3 接至另一片的 D_{IR} 端，而将另一片的 Q_0 接到这一片的 D_{IL}，同时把两片的 S_1、S_0、CP 和 $\overline{R}_D$ 分别并联就行了。

表 5.5.2　4 位双向移位寄存器 74LS194A 的功能表

$\overline{R}_D$	S_1	S_0	工作状态
0	×	×	置零
1	0	0	保持
1	0	1	右移
1	1	0	左移
1	1	1	并行输入

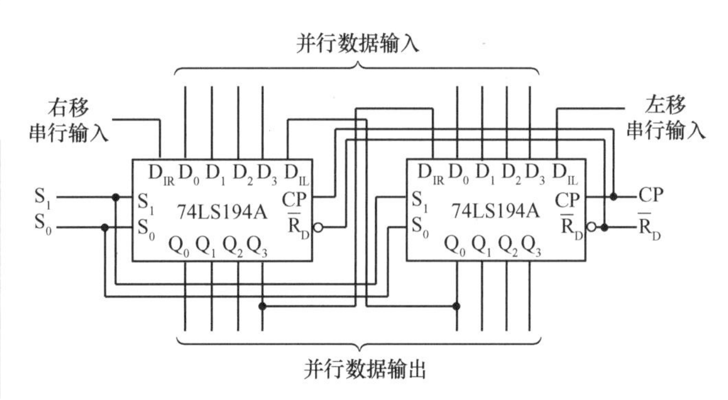

图 5.5.6　用两片 74LS194A 接成 8 位双向移位寄存器的连接图

【例 5.5.1】试分析图 5.5.7 所示电路的逻辑功能，并指出在图 5.5.8 所示的时钟信号及 S_1、S_0 状态作用下，t_4 时刻输出 Y 与两组并行输入的二进制数 M、N 在数值上的关系。假设 M、N 的状态始终未变。

解：该电路由两片 4 位加法器（74LS283）和 4 片移位寄存器（74LS194A）组成。两片 74LS283 接成了一个 8 位并行加法器，4 片 74LS194A 分别接成了两个 8 位的单向移位寄存器。由于两个 8 位移位寄存器的输出分别加到了 8 位并行加法器的两组输入端，因此图 5.5.7 所示电路是将两个 8 位移位寄存器中的内容相加的运算电路。

由图 5.5.7 可知，当 $t=t_1$，CP_1 和 CP_2 的第一个上升沿同时到达，因此这时 $S_1=S_0=1$，所以移位寄存器处在数据并行输入工作状态，M、N 的数值便被分别存入两个移位寄存器中。

当 $t=t_2$ 以后，M、N 同时右移 1 位。若 m_0、n_0 分别是 M、N 的最低位，则右移 1 位相当于两个数各乘以 2。

当 $t=t_4$ 时，M 又右移了 2 位，N 又右移了 1 位，所以这时上面一个移位寄存器中的数为 M×8，下面一个移位寄存器中的数为 N×4。两个数经加法器相加后得到

$$Y=M\times 8+N\times 4$$

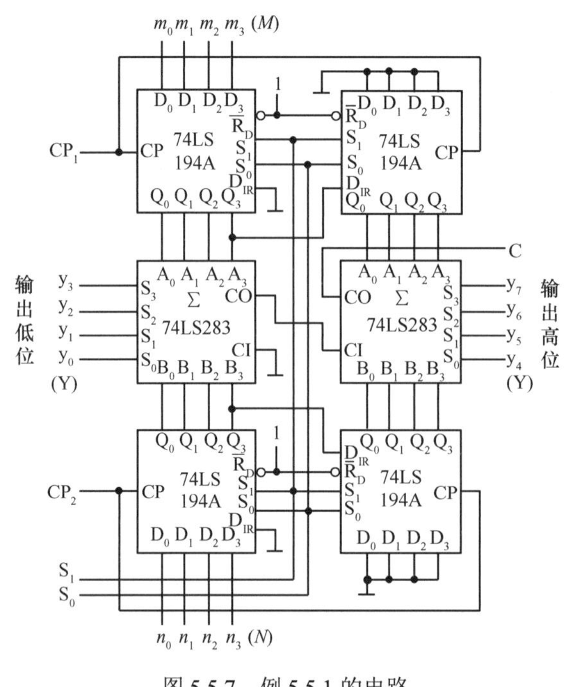

图 5.5.7　例 5.5.1 的电路

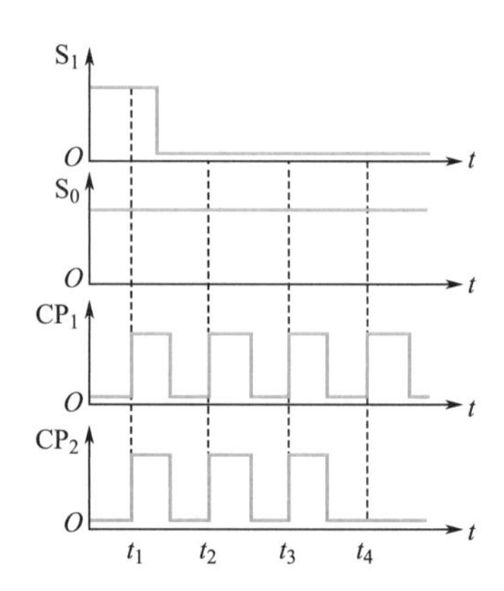

图 5.5.8　例 5.5.1 电路的波形图

5.5.2　计数器

计数器是数字电路中的基本逻辑部件。它的功能是记录输入脉冲的个数。它所能记忆的最大脉冲个数称为该计数器的模。

计数器应用十分广泛，在计算机中，用作时序发生器、时间分配器、分频器、程序计数器、指令计数器等；在数字仪表中，用作压力、温度、时间等物理量的 A/D、D/A 转换；在数字频率计中，用作测量信号的频率、脉宽宽度和脉冲周期；在日常生活用品中，用于石英钟表、计数器等；在运动场上，用于准确测量和记录短跑运动员 100m 跑的成绩等。

计数器的种类繁多。按工作方式，可分为异步计数器与同步计数器；按编码方式，可分为二进制计数器、十进制计数器、*N* 进制计数器；按功能可分为加法计数器、减法计数器和可逆计数器等。

1．异步计数器

（1）异步二进制加法计数器。

异步计数器在“加 1”计数时是采用从低位到高位逐位进位的方式工作的。因此，其中的各触发器不是同步翻转的。

图 5.5.9 所示为下降沿动作的异步二进制加法计数器。它由 4 个下降沿触发器的 JK 触发器构成。因为 J=K=1，所以 JK 触发器变成 T′触发器。大家知道，对于 T′触发器，只要触发器时钟端由 1→0，触发器就必定翻转。因为是异步，不妨从低位 FF_0 开始。当 $t=t_1$ 时，因为 CP_0 由 1→0，所以 FF_0 翻转，若设触发器的初态为 $Q_3Q_2Q_1Q_0$=0000，则此时 Q_0 由 0→1。当 $t=t_2$ 时，又因为 CP_0 由 1→0，所以 Q_0 由 1→0……很容易得到 Q_0 的时序图，如图 5.5.10 所示。再看触发器 FF_1，因 FF_1 的时钟端直接接至 Q_0 端（FF_0 的输出端），只有当 Q_0 的下降沿到来时，FF_1 才能翻转。这样一来，Q_1 的时序图很容易画出。依次画出 Q_2、Q_3 的时序图，如图 5.5.10 所示。由时序图可知，当 CP_0 第 16 个脉冲过后，$Q_3Q_2Q_1Q_0$ 全部复 0，且为更高位提供一个下降沿。

根据图 5.5.9 可以列出状态转换表，画出状态转移图。因为由图 5.5.9 可以直接得出它的时序图，并由时序图得出它的功能，上述几步也就没有必要进行。

用上升沿触发的 T′触发器同样可以组成异步二进制加法计数器，但每级触发器的进位脉冲应改

由 $\overline{Q}$ 端输出。

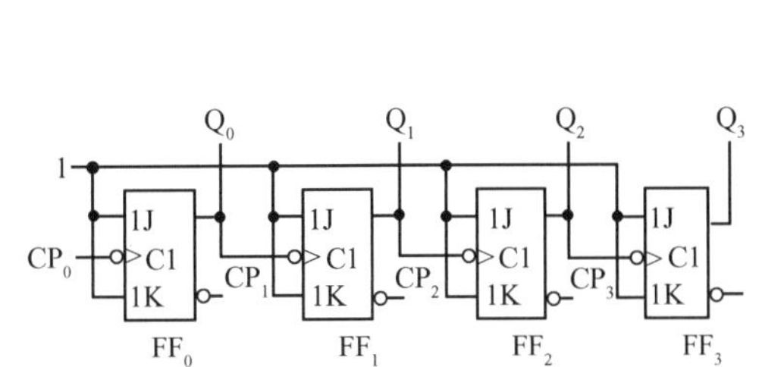

图 5.5.9　下降沿动作的异步二进制加法计数器

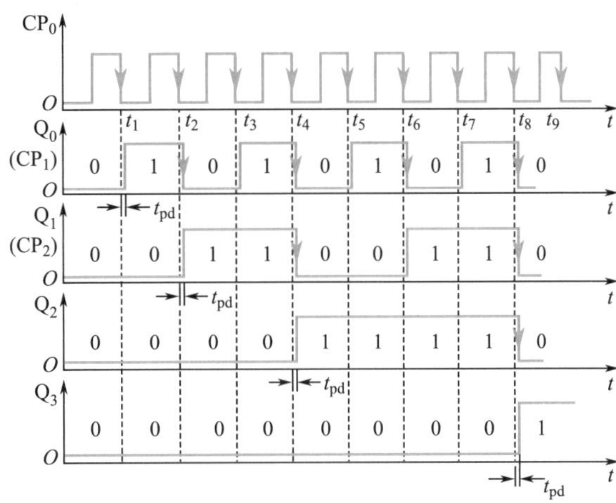

图 5.5.10　图 5.5.9 电路的时序图

（2）异步二进制减法计数器。

图 5.5.11 所示为下降沿动作的异步二进制减法计数器。由图 5.5.11 可知，最低位与图 5.5.9 相同，但其他各触发器的 CP 时钟端与它低 1 位的 T′触发器的 $\overline{Q}$ 端相连。

我们可以用同样的方法（相对于异步二进制加法计数器而言）画出图 5.5.11 电路的时序图，如图 5.5.12 所示。由图 5.5.12 可知，图 5.5.11 所示电路属于减法器。

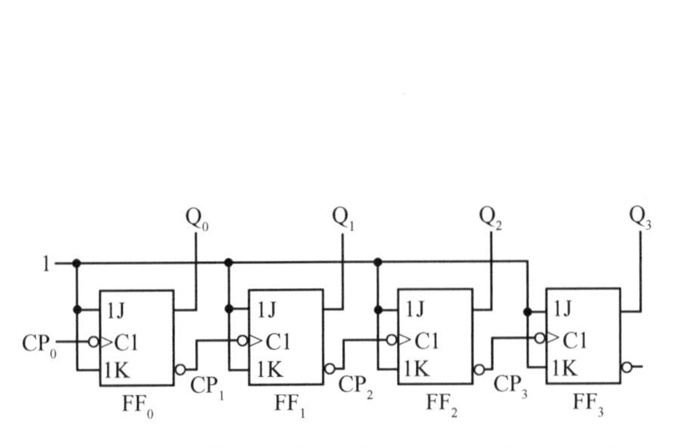

图 5.5.11　下降沿动作的异步二进制减法计数器

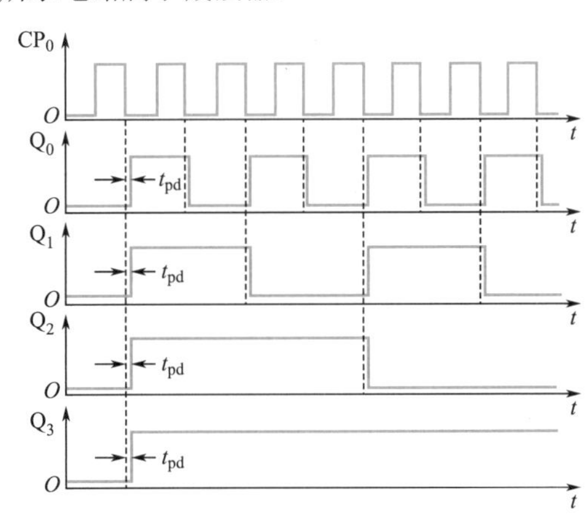

图 5.5.12　图 5.5.11 电路的时序图

同样，用上升沿触发的 T′触发器同样可以组成异步二进制减法计数器，但每一级触发器的进位脉冲应改由 Q 端输出。

（3）异步十进制计数器。

异步十进制加法计数器是在 4 位异步二进制加法计数器的基础上加以修改而得到的。修改时要解决的问题是如何使 4 位二进制计数器在计数过程中跳过从 1010 到 1111 这 6 个状态。

图 5.5.13 所示为异步十进制加法计数器的典型电路。假定所用的触发器为 TTL 电路，J、K 端悬空时相当于接逻辑 1 电平。

如果计数器从 $Q_3Q_2Q_1Q_0$=0000 开始计数，由图可知，在输入第 8 个计数脉冲以前，FF_0、FF_1 和 FF_2 的 J 与 K 始终为 1，即工作在 T′触发器状态，因而工作过程和异步二进制加法计数器相同。在此期间虽然 Q_0 输出的脉冲也送给了 FF_3，但由于每次 Q_0 的下降沿到达时 $J_3=Q_1Q_2=0$，因此 FF_3

一直保持0状态不变。

当第8个计数脉冲输入时，由于$J_3=K_3=1$，因此Q_0的下降沿到达以后FF_3由0变为1。同时，J_1随$\overline{Q}_3$变为0状态。第9个计数脉冲输入以后，电路状态变成$Q_3Q_2Q_1Q_0=1001$。第10个计数脉冲输入后，FF_0翻成0，同时Q_0的下降沿使FF_3置0，Q_1因$J_1=\overline{Q}_3=0$，维持0状态不变。于是，电路从1001返回0000，跳过了1010～1111这6个状态，成为十进制计数器。

将上述过程用电压波形表示，即得图5.5.14所示的时序图。

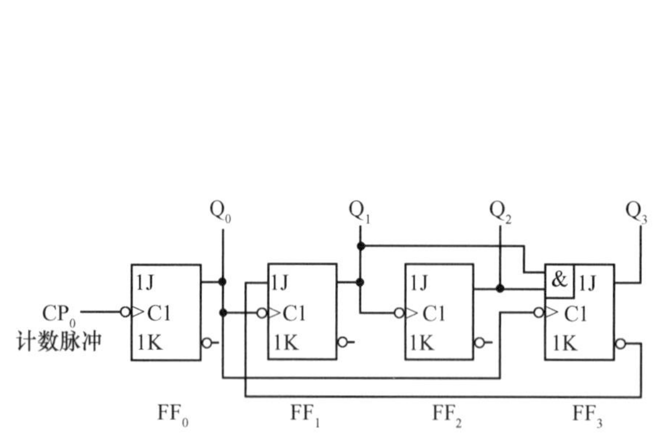

图5.5.13　异步十进制加法计数器的典型电路

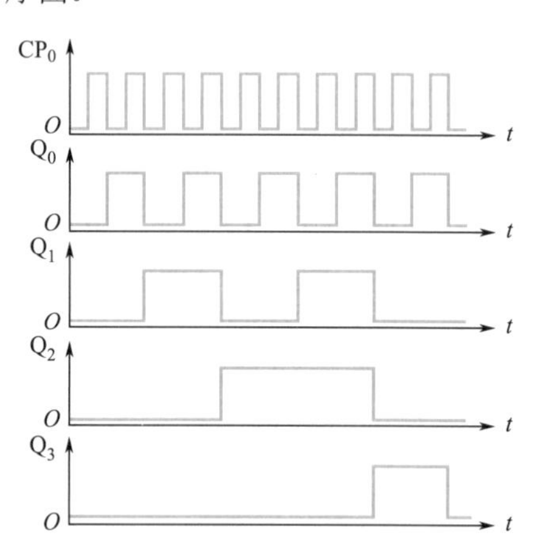

图5.5.14　图5.5.13电路的时序图

通过这个例子可以看到，在分析一些比较简单的异步时序电路时，可以采取从物理概念出发直接画波形图的方法分析它的功能，而不一定要按前面介绍的异步时序电路的分析方法去写方程式。

2．同步计数器

通过上述介绍可知，异步计数器结构简单，特别是用T′触发器构成的异步计数器不需要附加其他电路。但是，因为触发器翻转时存在时间延迟，且逐级传递，所以运算速度慢，工作频率不能太高，有时还会出现竞争-冒险现象。

同步计数器各触发器的翻转是与时钟脉冲同步的，所以工作速度快，工作频率高。但是它带来的缺点是电路较复杂。

（1）同步二进制加法计数器。

目前生产的同步计数器芯片基本上分为二进制和十进制两种。首先讨论同步二进制加法计数器。

根据二进制加法运算规则，可知在一个多位二进制数的末位上加1的情形。例如：

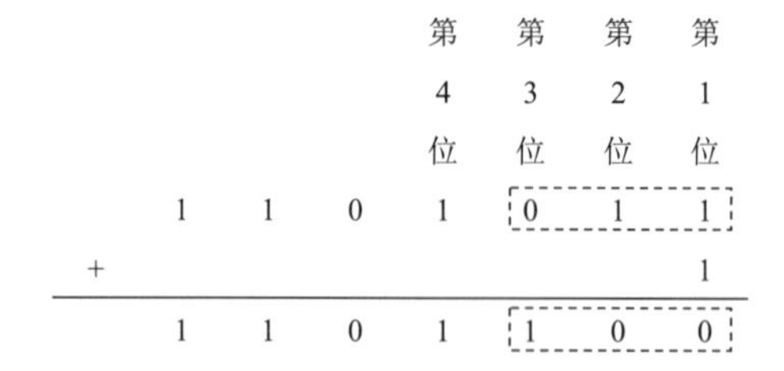

对于最低位，在每加1时状态都会改变。对于其他高位，如第i位，在低于i位的各位不全为1，则第i位维持原状态不变；若低于i位的各位全为1，则第i位状态必须改变（由0→1或由1→0）。在上面的竖式中，第2位、第3位状态改变，而第4位和4位以上的各位状态均不改变。

在实际应用中，同步计数器一般用JK触发器改装成T触发器或T′触发器组成。若用T触发器构成（图5.5.15），则每次CP信号到达时应使该翻转的那些触发器输入控制端$T_i=1$，不该翻转的$T_i=0$。若用T′触发器构成，则每次计数脉冲到达时只能加到该翻转的那些触发器的CP输入端上，而不能加给那些不该翻转的触发器。

由此可知，当计数器用 T 触发器构成时，第 i 位触发器输入端的逻辑式应为

$$T_i = Q_{-1}^n Q_{-2}^n \cdots Q_1^n Q_0^n = \prod_{j=0}^{i-1} Q_j^n \quad (i=1,2,\cdots,n-1) \tag{5.5.1}$$

只有最低位例外，按照计数规则，每次输入计数脉冲时它都要翻转，故 $T_0=1$。最低位触发器实际上属于 T′触发器。

图 5.5.15 所示电路就是按式（5.5.1）接成的 4 位同步二进制加法计数器。由图 5.5.15 可知，各触发器的驱动方程为

$$\begin{cases} T_0 = 1 \\ T_1 = Q_0^n \\ T_2 = Q_0^n Q_1^n \\ T_3 = Q_0^n Q_1^n Q_2^n \end{cases} \tag{5.5.2}$$

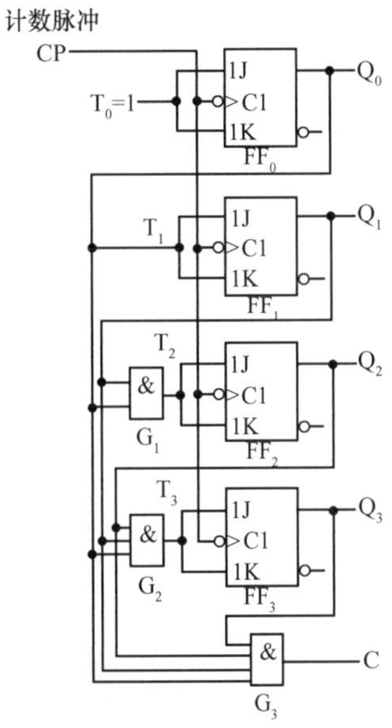

将式（5.5.2）代入 T 触发器的特性方程式得到电路的状态方程为

$$\begin{cases} Q_0^{n+1} = \overline{Q}_0^n \\ Q_1^{n+1} = Q_0^n \overline{Q}_1^n + \overline{Q}_0^n Q_1^n \\ Q_2^{n+1} = Q_0^n Q_1^n \overline{Q}_2^n + \overline{Q_0^n Q_1^n} Q_2^n \\ Q_3^{n+1} = Q_0^n Q_1^n Q_2^n \overline{Q}_3^n + \overline{Q_0^n Q_1^n Q_2^n} Q_3^n \end{cases} \tag{5.5.3}$$

电路的输出方程为

$$C = Q_0^n Q_1^n Q_2^n Q_3^n \tag{5.5.4}$$

图 5.5.15　用 T 触发器构成的同步二进制加法计数器

根据式（5.5.3）和式（5.5.4）求出电路的状态转换表，如表 5.5.3 所示。当第 16 个计数脉冲到达时，C 端电位的下降沿可作为向高位计数器电路进位的输出信号。

表 5.5.3　图 5.5.15 电路的状态转换表

电路状态	计数顺序				等效十进制数	进位输出 C
	Q_3	Q_2	Q_1	Q_0		
0	0	0	0	0	0	0
1	0	0	0	1	1	0
2	0	0	1	0	2	0
3	0	0	1	1	3	0
4	0	1	0	0	4	0
5	0	1	0	1	5	0
6	0	1	1	0	6	0
7	0	1	1	1	7	0
8	1	0	0	0	8	0
9	1	0	0	1	9	0
10	1	0	1	0	10	0
11	1	0	1	1	11	0
12	1	1	0	0	12	0
13	1	1	0	1	13	0
14	1	1	1	0	14	0
15	1	1	1	1	15	1
16	0	0	0	0	0	0

图 5.5.16 和图 5.5.17 所示分别为图 5.5.15 电路的状态转换图和时序图。从图 5.5.17 中可以看出，若计数输入脉冲的频率为 f_0，则 Q_0、Q_1、Q_2 和 Q_3 端输出脉冲的频率将依次为 $\frac{1}{2}f_0$、$\frac{1}{4}f_0$、$\frac{1}{8}f_0$ 和 $\frac{1}{16}f_0$。针对计数器的这种分频功能，也把它称为分频器。

此外，每输入 16 个计数脉冲，计数器工作一个循环，并在输出端 Q_3 产生一个进位输出信号，所以又把这个电路称为十六进制计数器。计数器中能计到的最大数称为计数器的容量，它等于计数器所有各位全为 1 时的数值。n 位二进制计数器的容量等于 2^n-1。

在实际生产的计数器芯片中，往往还附加了一些控制电路，以增加电路的功能和使用的灵活性。图 5.5.18 所示为中规模集成的 4 位同步二进制加法计数器（74161）的逻辑图。这个电路除了具有二进制加法计数功能，还具有预置数、保持和异步置零等附加功能。图中 $\overline{LD}$ 为预置数控制端，D_0～D_3 为置数数据输入端，C 为进位输出端，$\overline{R}_D$ 为异步置零（复位）端，EP 和 ET 为工作状态控制端。

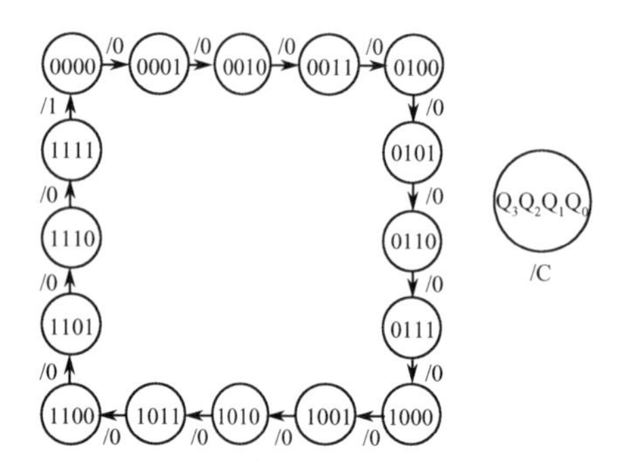

图 5.5.16 图 5.5.15 电路的状态转换图

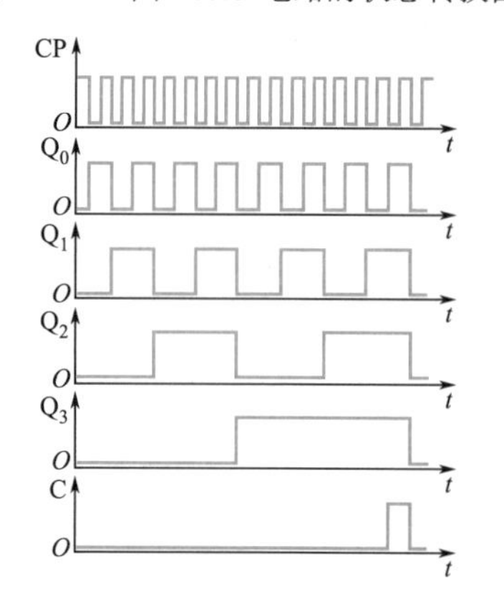

图 5.5.17 图 5.5.15 电路的时序图

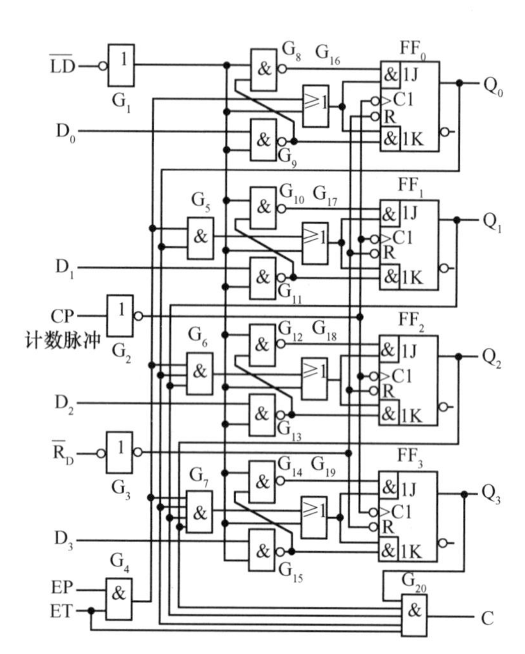

图 5.5.18 中规模集成的 4 位同步二进制加法计数器（74161）的逻辑图

表 5.5.4 所示为 74161 的功能表。它给出了当 EP 和 ET 为不同取值时电路的工作状态。

表 5.5.4 4 位同步二进制计数器 74161 的功能表

CP	$\overline{R}_D$	$\overline{LD}$	EP	ET	工作状态
×	0	×	×	×	异步清零
↑	1	0	×	×	同步置数
×	1	1	0	1	保持
×	1	1	×	0	保持（但 C=0）
↑	1	1	1	1	计数

由图 5.5.18 可知，当 $\bar{R}_D=0$ 时，所有触发器将同时被置零，而且置零操作不受其他输入端状态的影响。

当 $\bar{R}_D=1$、$\overline{LD}=0$ 时，电路工作在预置数状态。这时门 G_{16}～G_{19} 的输出始终是 1，所以 FF_0～FF_3 输入端 J、K 的状态由 D_0～D_3 的状态决定。例如，若 $D_0=1$，则 $J_0=1$、$K_0=0$，CP 上升沿到达后 FF_0 被置 1。

当 $\bar{R}_D=\overline{LD}=1$ 而 EP=0、ET=1 时，由于这时门 G_{16}～G_{19} 的输出均为 0，即 FF_0～FF_3 均处在 J=K=0 的状态，因此 CP 信号到达时它们保持原来的状态不变。同时 C 的状态得到保持。若 ET=0，则 EP 不论为何状态，计数器的状态也将保持不变，但这时进位输出 C=0。

当 $\bar{R}_D=\overline{LD}$=EP=ET=1 时，电路工作在计数状态，与图 5.5.15 所示电路的工作状态相同。从电路的 0000 状态开始连续输入 16 个计数脉冲时，电路将从 1111 状态返回 0000 状态，C 端从高电平跳变至低电平。可以利用 C 端输出的高电平或下降沿作为进位输出信号。

74LS161 在内部电路结构形式上与 74161 有些区别，但外部引线的配置、引脚排列及功能表都和 74161 的相同。

（2）同步二进制减法计数器。

根据二进制减法运算规则，可知在一个多位二进制数的末位上减 1 的情况。例如：

$$\begin{array}{r} 1\quad 1\quad 0\quad 1\quad \boxed{1\quad 0\quad 0} \\ -\qquad\qquad\qquad\qquad\qquad 1 \\ \hline 1\quad 1\quad 0\quad 1\quad \boxed{0\quad 1\quad 1} \end{array}$$

观察竖式最低位，在每减 1 时状态都会改变。对于第 i 位（i=2,3,⋯），若低于 i 位的各位不全为 0，则第 i 位维持原状态不变；若低于 i 位的各位全为 0，则第 i 位必须改变状态（由 1→0 或 0→1）。

若用 T 触发器来组成同步二进制减法计数器，则每次 CP 信号到来时应使该翻转的那些触发器输入控制端 $T_i=1$，不该翻转的 $T_i=0$。于是

$$T_i=\bar{Q}_{i-1}\bar{Q}_{i-2}^n\cdots\bar{Q}_1^n\bar{Q}_0^n=\prod_{j=0}^{i-1}\bar{Q}_j^n\quad (i=1,2,3,\cdots,n-1) \tag{5.5.5}$$

只有最低位例外，按照计算规则，每次输入计数脉冲时它都要翻转，故 $T_0=1$。最低位触发器实际已成了 T′触发器。

图 5.5.19 所示为按式（5.5.5）接成的 4 位同步二进制减法计数器。由图 5.5.19 可知，各触发器的驱动方程为

$$\begin{cases} T_0=1 \\ T_1=\bar{Q}_0^n \\ T_2=\bar{Q}_0^n\bar{Q}_1^n \\ T_3=\bar{Q}_0^n\bar{Q}_1^n\bar{Q}_2^n \end{cases} \tag{5.5.6}$$

（3）同步二进制可逆计数器。

将同步二进制加法计数器（图 5.5.15）和减法计数器（图 5.5.19）综合起来，由控制门进行转换，即可使计数器成为既能作为加法计数，又能作为减法计数的可逆计数器。图 5.5.20 所示为 4 位同步二进制可逆计数器的逻辑图。图中 S 为加减控制端。

当 S=1 时，下面 3 个与非门被封锁，上面 3 个与非门被打开，进行加法计数；当 S=0 时，上面 3 个与非门被封锁，下面 3 个与非门被打开，进行减法计数。

除了能做加/减计数，像图 5.5.21 所示的单时钟同步十六进制加/减计数器（74LS191）还有一些附加功能。图中的 $\overline{LD}$ 为预置数控制端。当 $\overline{LD}=0$ 时，电路处于预置数状态。D_0～D_3 的数据立刻被置入 FF_0～FF_3 中，而不受时钟输入信号 CP_I 的控制。因此，它的预置数是异步式的。

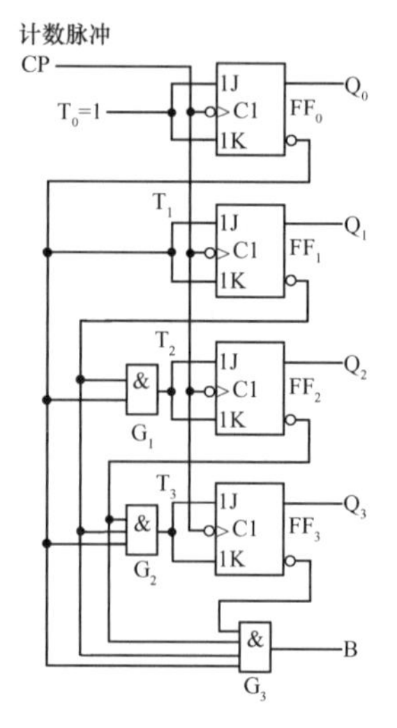

图 5.5.19 用 T 触发器接成的 4 位同步二进制减法计数器

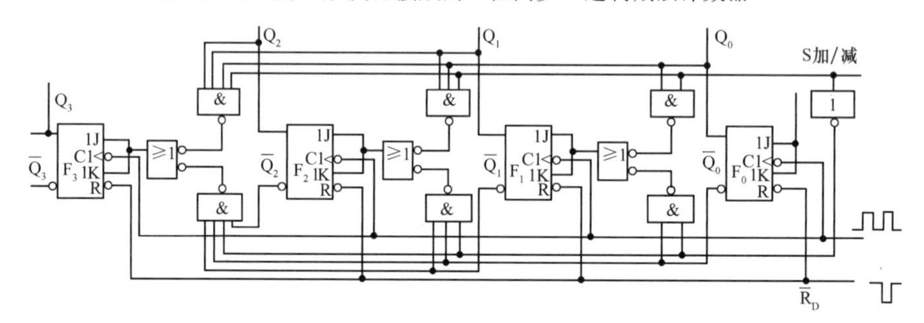

图 5.5.20 4 位同步二进制可逆计数器的逻辑图

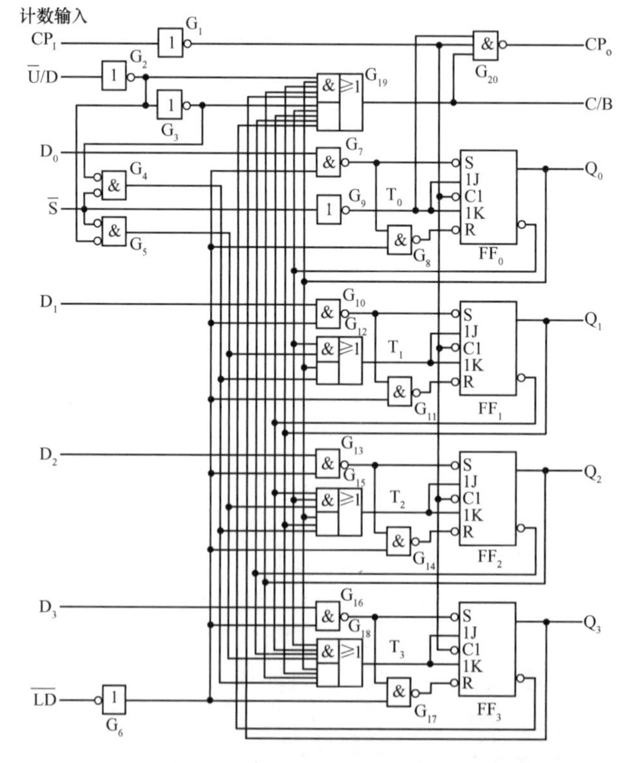

图 5.5.21 单时钟同步十六进制加/减计数器（74LS191）

图中$\overline{S}$是使能控制端，当$\overline{S}$=1 时，T_0～T_3全部为 0，故F_0～F_1保持不变。图中 C/B 是进位/借位信号输出端（也称为最大/最小输出端）。当计数器做加法计数（$\overline{U}/D$=0）且$Q_3Q_2Q_1Q_0$=1111 时，C/B=1，有进位输出；当计数器做减法计数（$\overline{U}/D$=1）且$Q_3Q_2Q_1Q_0$=0000 时，C/B=1，有借位输出。图中CP_O是串行时钟输出端。当 C/B=1 时，在下一个CP_I上升沿到达前CP_O端有一个负脉冲输出。

74LS191（74HC191）的功能表如表 5.5.5 所示。图 5.5.22 所示为 74LS191 的时序图。由时序图可以比较清楚地看到CP_O和CP_I的时间关系。

表 5.5.5　同步十六进制加/减计数器 74LS191 的功能表

CP_I	$\overline{S}$	$\overline{LD}$	$\overline{U}/D$	工作状态
×	1	1	×	保持
×	×	0	×	异步置数
↑	0	1	0	加法计数
↑	0	1	1	减法计数

由于图 5.5.21 所示电路只有一个时钟信号（也就是计数输入脉冲）输入端，电路的加、减由$\overline{U}/D$的电平决定，因此称这种电路结构为单时钟结构。

若加法计数脉冲和减法计数脉冲来自两个不同的脉冲源，则需要使用双时钟结构的加/减计数器计数。图 5.5.23 所示为双时钟十六进制加/减计数器（74LS193）电路结构图。

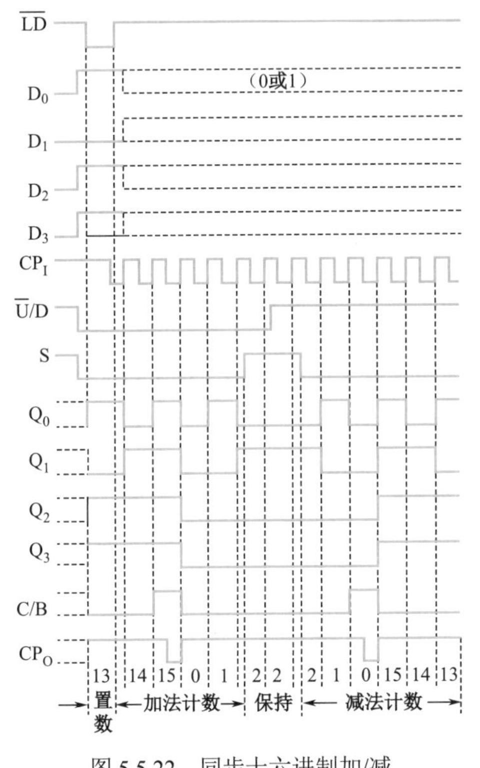

图 5.5.22　同步十六进制加/减计数器 74LS191 的时序图

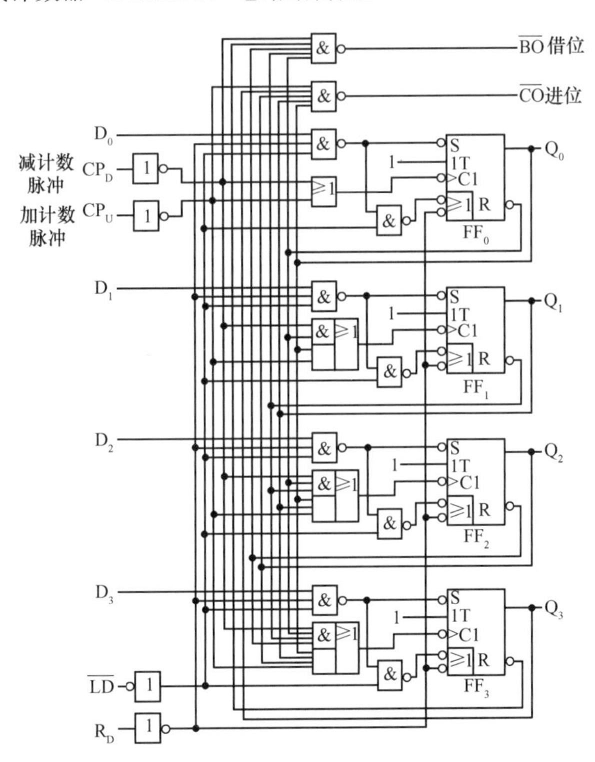

图 5.5.23　双时钟十六进制加/减计数器（74LS193）电路结构图

图 5.5.23 中的 4 个触发器FF_0～FF_3均工作在 T=1 状态（T′触发器），只要有时钟信号加到触发器上，它就翻转。当CP_U端有计数脉冲输入时，计数器做加法计数；当CP_D端有计数脉冲输入时，计数器做减法计数。加到CP_U和CP_D上的计数脉冲在时间上应该错开。

74LS193 也具有异步置零和预置数功能。当 R_D=1 时，将使所有触发器置成 Q=0 的状态，而不受计数脉冲控制。当 $\overline{LD}$=0（同时令 R_D=0）时，将立即把 D_0～D_3 的状态置入 FF_0～FF_3 中，与计数脉冲无关。

3．同步 *N* 进制的计数器

前面比较详细地介绍了同步二进制计数器。它是最基本的计数器，其应用十分广泛。它可以构成 2^n（n 为大于或等于 1 的正整数）进制的计数器。所谓 *N* 进制，这里定义为 2^n 进制以外的任何正整数进制。当然也包括常用的十进制，因为它们的设计方法是相同的。

除了同步二进制计数器和十进制计数器有集成化的产品，一般 *N* 进制的计数器没有现成的集成化产品。在实际应用中，往往要重新设计。对于 *N* 为不同值的计数器，设计方法也不相同，有时序逻辑电路基本设计法、修改法、反馈复位法、置数法、多片计数器组合法等。

（1）同步计数器的基本设计法。

同步计数器的基本设计法与 5.3.2 节介绍的同步时序电路的设计方法相同，因为同步计数器也是同步时序电路的一种。下面举例说明。

【例 5.5.2】设计 8421 码同步十进制计数器。

解：根据题意，同步十进制计数器只需将时钟脉冲信号 CP 作为输入信号，一个输出端 F。当计满 10 个脉冲后，输出才为 1，否则输出为 0。

① 建立状态转换图（图 5.5.24）。为了记忆 10 个数码，需要 10 个状态与之相对应，分别设为 S_0、S_1、S_2、S_3、S_4、S_5、S_6、S_7、S_8、S_9，并设起始状态为 S_0。

当输入第 1 个脉冲后，电路进入状态 S_1；输入第 2 个脉冲后，电路进入状态 S_2；以此类推，输入第 10 个脉冲后，电路返回状态 S_0，并输出一个进位脉冲。

② 确定触发器的数量和类型。现要求设计的计数器有效状态为 10 个，即 *M*=10，触发器的数目 *N* 应满足

$$2^N \geqslant M$$

按题意要求需要 4 个 JK 触发器改装 T 触发器。

③ 状态分配（状态编码）。状态分配表如表 5.5.6 所示。

④ 画状态转换表。根据表 5.5.6 和图 5.5.24 画出状态转换表，如图 5.5.25 所示。

表 5.5.6　状态分配表

Q_3Q_2	Q_1Q_0			
	00	01	11	10
00	S_0	S_1	S_3	S_2
01	S_4	S_5	S_7	S_6
11	ϕ	ϕ	ϕ	ϕ
10	S_8	S_9	ϕ	ϕ

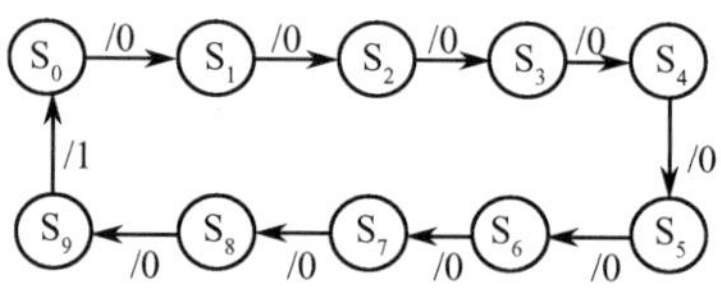

图 5.5.24　例 5.5.2 的状态转换图

⑤ 求激励函数和输出函数。在选择 T 触发器作为存储单元后，根据状态转换表可以画出激励控制变量 T_0、T_1、T_2、T_3 和输出变量 F 的卡诺图，如图 5.5.26 所示。由图 5.5.26 可得

$$\begin{cases} T_0 = 1 \\ T_1 = \overline{Q_3^n} Q_0^n \\ T_2 = Q_1^n Q_0^n \\ T_3 = Q_3^n Q_0^n + Q_2^n Q_1^n Q_0^n \\ F = Q_3^n Q_0^n \end{cases} \tag{5.5.7}$$

$Q_3^nQ_2^n$ \ $Q_1^nQ_0^n$	00	01	11	10
00	0001/0	0010/0	0100/0	0011/0
01	0101/0	0110/0	1000/0	0110/0
11	ϕ	ϕ	ϕ	ϕ
10	1001/0	0000/1	ϕ	ϕ

（$Q_3^{n+1}Q_2^{n+1}Q_1^{n+1}Q_0^{n+1}$ /F）

图 5.5.25　例 5.5.2 的状态转换表

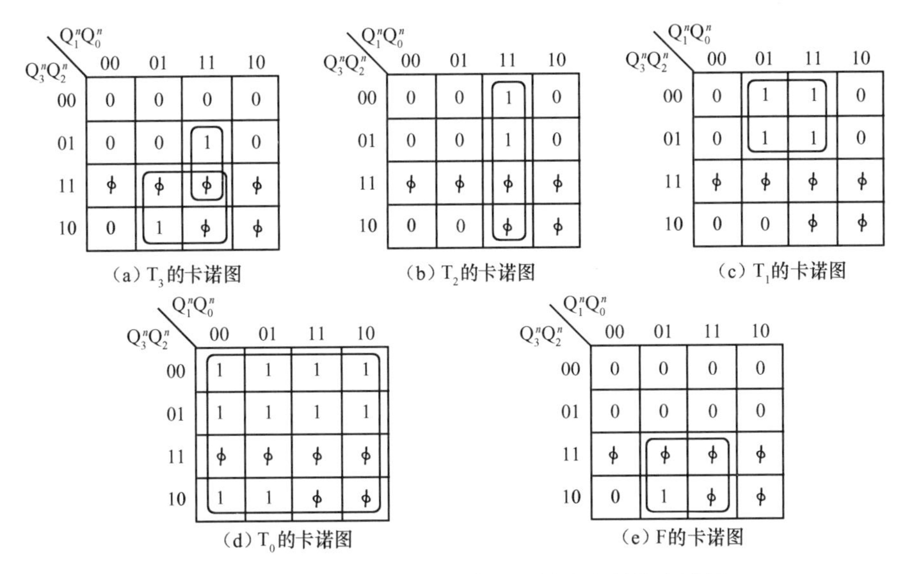

(a) T_3的卡诺图　(b) T_2的卡诺图　(c) T_1的卡诺图

(d) T_0的卡诺图　(e) F的卡诺图

图 5.5.26　触发器激励控制变量和输出变量的卡诺图

⑥ 画逻辑图。根据式（5.5.7）画出逻辑图，如图 5.5.27 所示。

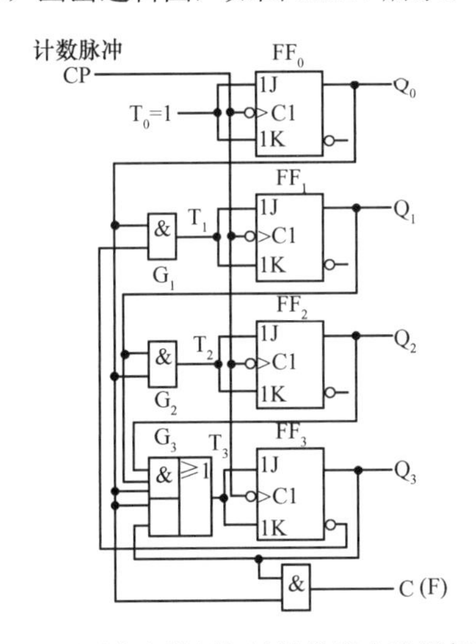

图 5.5.27　同步十进制加法计数器电路逻辑图

⑦ 检查电路的自启动。根据求得的各触发器的驱动方程，再找出 6 个设为无关项的次态，检查它们的次态是否全部进入电路的循环圈中。若全部进入，则电路能自启动；只要有一个状态的次态不能进入，电路就不能自启动。

本例的 6 个无效状态的次态，如表 5.5.7 所示。

表 5.5.7　6 个无效状态的次态

Q_3^n	Q_2^n	Q_1^n	Q_0^n	T_3	T_2	T_1	T_0	Q_3^{n+1}	Q_2^{n+1}	Q_1^{n+1}	Q_0^{n+1}	F
1	0	1	0	0	0	0	1	1	0	1	1	0
1	0	1	1	1	1	0	1	0	1	1	0	1
1	1	0	0	0	0	0	1	1	1	0	1	0
1	1	0	1	1	0	0	1	0	1	0	0	1
1	1	1	0	0	0	0	1	1	1	1	1	0
1	1	1	1	1	1	0	1	0	0	1	0	1

根据表 5.5.7 和图 5.5.24 得到图 5.5.28 所示的状态转换图。

可见，该计数器能够自启动。

因为同步十进制加法计数器应用很多，所以有它的定型产品。图 5.5.29 所示为中规模集成的同步十进制加法计数器（74160）的逻辑图。它在图 5.5.27 电路的基础上又增加了同步置数、异步置零和保持的功能。图中 $\overline{LD}$、$\overline{R}_D$、D_0～D_3、EP 和 ET 等各输入端的功能和用法与图 5.5.18 电路（74161）中对应的输入端相同，这里不再重复。74160 的功能表也与 74161 的功能表（表 5.5.4）相同，所不同的仅在于 74160 是十进制而 74161 是二进制。

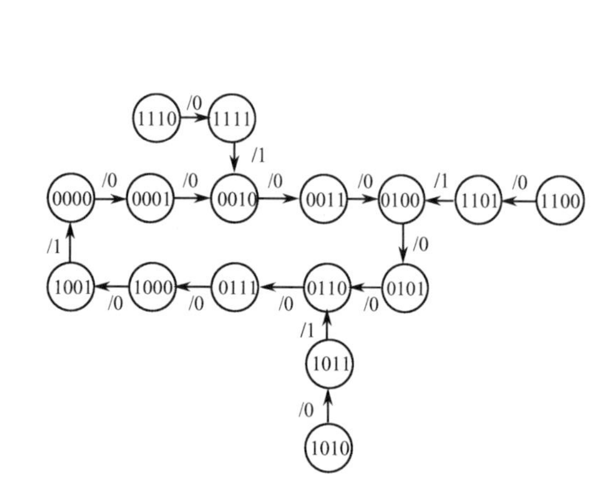

图 5.5.28　例 5.5.2 状态转换图

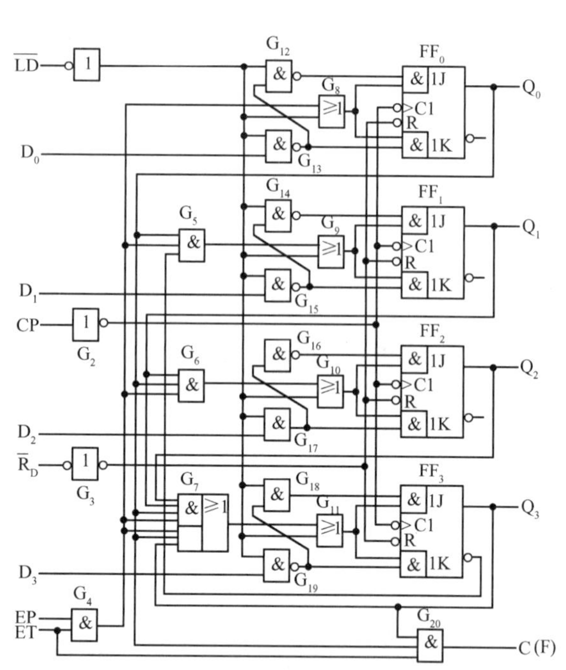

图 5.5.29　中规模集成的同步十进制加法计数器（74160）的逻辑图

（2）修改法设计 N 进制计数器

在由 JK 触发器构成的同步 4 位二进制计数器的基础上，通过改动部分触发器的驱动方程可以修改电路状态转换的顺序，得到模值小于 16 的任意进制的计数器，这种方法称为修改法。修改法既适用于加法计数器，也适用于减法计数器。

用修改法设计 N 进制加法计数器的指导思想：在时钟 CP 的作用下电路自 S_0 状态开始，$S_1, S_2, \cdots$ 的状态顺序出现，电路的 S_{N-1} 状态出现后，设法修改触发器的驱动方程，使触发器的下一个状态不是进入 S_N，而是返回 S_0，于是实现了 N 进制的计数。

这种方法的修改原则列于表 5.5.8 中。表中“（J）修改”表示触发器 S_{N-1} 状态为 0，S_N 状态为 1 时，需修改触发器的 J 端，使该触发器的 J 端在 S_{N-1} 状态出现后变为 0，这样触发器的下一个状态就不会是 1，而仍然为 0，满足了状态转换的要求；“（K）修改”表示触发器的 S_{N-1} 状态为 1，S_N 仍为 1 时，需修改触发器的 K 端，使 K 在 S_{N-1} 时由 0 变为 1，保证该触发器的下一个状态返回 0，以满足状态转换的要求。

由表 5.5.8 可知，当触发器在 S_N 状态下为 0 时，就不需要修改。

修改法的具体步骤如下。

① 按所需设计电路的进制数，写出电路的 S_{N-1}、S_N 状态，根据修改原则确定是否需要修改，哪一个触发器需要修改，按哪种修改法修改。

表 5.5.8　用修改法设计 N 进制加法计数器的修改原则

状态	Q			
S_{N-1}	0	1	0	1
S_N	0	0	1	1
修改情况	不修改	不修改	（J）修改	（K）修改

② 令

$$P=\prod Q^{(1)}\Big|_{S_{N-1}}$$

即在 S_{N-1} 状态出现时，令 P=1，$\prod Q^{(1)}\Big|_{S_{N-1}}$ 表示在 S_{N-1} 状态下 Q^n 为 1 的项的乘积。

③ 进行（J）修改，令

$$J_i=(Q_{i-1}\cdots Q_1Q_0)\,\overline{P}$$

即在 S_{N-1} 状态出现后，使 $J_i\equiv0$，以保证第 n 个脉冲来后，$Q_i^{n+1}=0$。

④ 进行（K）修改，令

$$K_i=(Q_{i-1}\cdots Q_1Q_0)+P$$

即在 S_{N-1} 状态出现后，使 $K_i\equiv1$，以保证下个脉冲来后，Q_i 的状态返回 0。

需要注意的是，对 K_i 式，P 中含有的 Q_i 因子可删掉。若 K_i 是最高位，则可令 K_i=P。

⑤ 补充完整各触发器的驱动方程（注意，不需修改的驱动方程同二进制加法计数的驱动方程）。

⑥ 画逻辑电路图。

【例 5.5.3】用修改法设计同步十四进制加法计数器。

解：① 同步十四进制加法计数器的 S_{N-1}、S_N 状态，如表 5.5.9 所示。由表 5.5.9 可知，FF_1 需（J）修改，FF_2、FF_3 需（K）修正。

表 5.5.9　S_{N-1}、S_N 状态表

状态	Q_3	Q_2	Q_1	Q_0
S_{N-1}	1	1	0	1
S_N	1	1	1	0
修改情况	（K_3）	（K_2）	（J_1）	/

② 令

$$P=Q_3Q_2Q_0$$

③ 进行（J）修改

$$J_1=Q_0\overline{P}=Q_0\overline{Q_3Q_2Q_0}=Q_0\overline{Q_3Q_2}$$

④ 进行（K）修改

$$K_2=Q_1Q_0+P=Q_1Q_0+Q_3Q_2Q_0=Q_1Q_0+Q_3Q_0$$

因为 K_3 为最高位，得

$$K_3=P=Q_3Q_2Q_0$$

又因为 K_3 式中含有的 Q_3 因子可删去，所以

$$K_3=Q_2Q_0$$

⑤ 完整的驱动方程为

$$\begin{cases}J_0=1\\K_0=1\end{cases}\quad\begin{cases}J_1=Q_0^n\overline{Q_3^nQ_2^n}\\K_1=Q_0^n\end{cases}\quad\begin{cases}J_3=Q_1^nQ_0^n\\K_3=Q_1^nQ_0^n+Q_3^nQ_0^n\end{cases}\quad\begin{cases}J_3=Q_2^nQ_1^nQ_0^n\\K_3=Q_2^nQ_0^n\end{cases}$$

⑥ 逻辑电路图（略）。

用修改法将同步二进制减法计数器修改为同步 N 进制减法计数器的指导思想：当计数器出现 S_0 状态（全 0 状态）时，下一个状态按二进制计数规律应为全 1 状态，但若按 N 进制，如十进制计数时，则 S_0 的下一个状态应为 S_{N-1}，即 1001 状态。因此修改法的关键是要把 S_0 的全为 1 的次态 1111 改为 S_{N-1} 状态 1001，显然需考虑对 FF_1、FF_2 进行修改。若能把 FF_1 和 FF_2 的 J 端在 S_0 状态下的 1 改为 0，则上述设想即可实现，电路由二进制变为十进制计数。由此可得，其修改原则如表 5.5.10 所示。

表 5.5.10　修改原则

状态	Q_i	
S_{N-1}	1	0
修改情况	不修改	（J）修改

修改法的具体步骤如下。

① 按设计电路的要求，写出电路的 S_{N-1} 状态，以确定哪一位触发器需要修正。

② 令

$$P=\prod \overline{Q}^{(1)}\Big|_{S_0}$$

函数 P 的含义为，在 S_0 状态下，取 Q^n=0 的项求反后的乘积。

③ 进行（J）修改。令所需修改的触发器的 J_i 端为 0，即令

$$J_i=(\overline{Q}_{i-1}\cdots\overline{Q}_1\overline{Q}_0)\overline{P}$$

需注意的是，若 S_{N-1} 为

$$Q_n\overline{Q}_{n-1}\cdots\overline{Q}_{n-x}\ Q_{n-x-1}\cdots Q_1Q_0$$

的形式，其中 $\overline{Q}_{n-1}\cdots\overline{Q}_{n-x}$ 是紧靠最高位 Q_n 的 $\overline{Q}$ 因子乘积项，则最高项 J_n 式和次最高项 J_{n-1} 式中含有上式中的 $\overline{Q}$ 因子均可删去。

④ 补充完整各触发器的驱动方程，不需要修改的驱动方程与二进制计数时的驱动方程相同。

⑤ 画逻辑电路图。

【例 5.5.4】设计同步十进制减法计数器。

解： ① 确定电路的 S_{n-1} 状态及所需修改的触发器。

同步十进制减法计数器的状态为

$$S_0\rightarrow S_9\rightarrow S_8\rightarrow S_7\rightarrow\cdots\rightarrow S_1\rightarrow S_0$$

S_{N-1} 状态为 S_9（1001）。由修改原则可知 J_1、J_2 端需修正。

② 令 $P=\overline{Q}_3\overline{Q}_2\overline{Q}_1\overline{Q}_0$。

③ 进行（J）修改

$$J_1=\overline{Q}_0\overline{\overline{Q}_3\overline{Q}_2\overline{Q}_1\overline{Q}_0}=\overline{Q}_0\overline{\overline{Q}_3\overline{Q}_2}$$

$$J_2=\overline{Q}_1\overline{Q}_0\overline{\overline{Q}_3\overline{Q}_2\overline{Q}_1\overline{Q}_0}=\overline{Q}_1\overline{Q}_0Q_3$$

因为 J_2 为次最高项，而 $S_9=Q_3\overline{Q}_2\overline{Q}_1Q_0$，所以 J_2 式中的 $\overline{Q}_1$ 可删去。于是

$$J_2=\overline{Q}_0Q_3$$

K_3 为最高项，K_3 式中含有的 $\overline{Q}_2\overline{Q}_1$ 因子也可删去，因此

$$K_3=\overline{Q}_0$$

④ 完整的驱动方程为

$$\begin{cases}J_0=1\\K_0=1\end{cases}\quad\begin{cases}J_1=\overline{\overline{Q}_0^n\overline{Q}_3^n}\\K_1=\overline{Q}_0^n\end{cases}\quad\begin{cases}J_2=\overline{Q}_0^nQ_3^n\\K_2=\overline{Q}_1^n\overline{Q}_0^n\end{cases}\quad\begin{cases}J_3=\overline{Q}_2^n\overline{Q}_1^n\overline{Q}_0^n\\K_3=\overline{Q}_0^n\end{cases}$$

⑤ 画逻辑电路图（略）。

（3）用反馈复位法设计 *N* 进制计数器。

利用异步复位端 R_D 设计 *N* 进制计数器的方法称为反馈复位法。在 4 位二进制计数器的基础上，利用这种方法可以很方便地得到模值小于 16 的任意进制的计数器。

反馈复位法的指导思想是：在时钟 CP 的作用下，电路自 S_0 状态开始，S_1，S_2，…，S_{N-1} 状态顺序出现，当电路的 S_N 状态出现时，通过译码门设法得到一个低电平信号，并将此信号送至各触发器的 $\overline{R}_D$ 端，迫使所有的触发器清零，即电路返回 S_0 状态。由于门和触发器的传输时间为 ns 量级，因此电路的 S_N 状态自出现到消失只有很短的瞬间，电路的稳定状态只有 S_0，S_1，…，S_{N-1} 共 *N* 个，即实现了 *N* 进制的计数。

【例 5.5.5】采用反馈复位法将同步十进制计数器（74160）接成同步六进制计数器。74160 的逻辑图如图 5.5.29 所示。74160 的功能表与 74161 的功能表（表 5.5.4）相同。

解：因为 74160 兼有异步置零功能，利用它可以实现。

图 5.5.30 所示为采用异步置零法接成的六进制计数器，$\overline{LD}=1$，EP=ET=1。当计数器计至 $Q_3Q_2Q_1Q_0$=0110（S_N）状态时，担任译码器的与非门 G 输出低电平信号给 $\overline{R}_D$ 端，将计数器置零，回到 0000 状态。图 5.5.30 电路的状态转换图如图 5.5.31 所示。

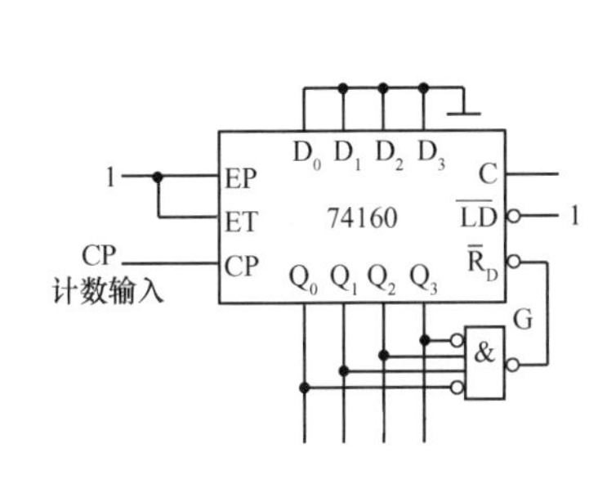

图 5.5.30 采用异步置零法接成的六进制计数器

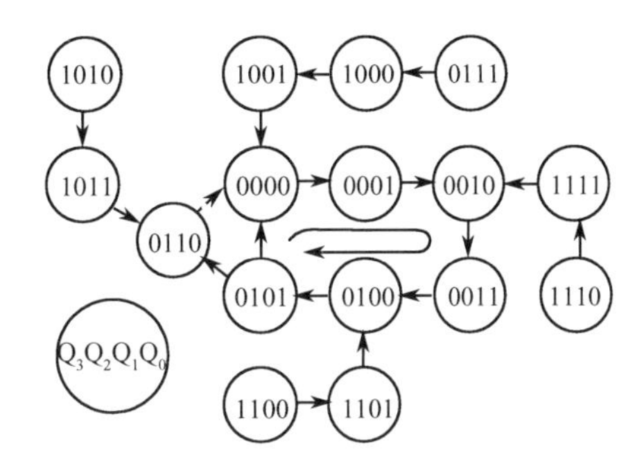

图 5.5.31 图 5.5.30 电路的状态转换图

由于异步置零信号随着计数器被置零而立即消失，因此置零信号持续时间极短。若触发器的复位速度有快有慢，则可能动作慢的触发器还未来得及复位，置零信号就已经消失，导致电路误动作。因此，这种接法的电路可靠性不高。

为了克服这个缺点，时常采用图 5.5.32 所示的改进电路。图 5.5.32 中的与非门 G_1 起译码器的作用，当电路进入 0110 状态时，它输出低电平信号。与非门 G_2 和 G_3 组成了基本 RS 触发器，以它的 $\overline{Q}$ 端输出的低电平作为计数器的置零信号。

若计数器从 0000 状态开始计数，则第 6 个计数输入脉冲上升沿到达时计数器进入 0110 状态，G_1 输出低电平，将基本 RS 触发器置 1，$\overline{Q}$ 端的低电平立刻将计数器置零。这时虽然 G_1 输出的低电平信号随之消失，但基本 RS 触发器的状态仍保持不变，因而计数器的置零信号得以维持。直到计数脉冲回到低电平以后，基本 RS 触发器被置零，$\overline{Q}$ 端的低电平信号才消失。可见，加到计数器 $\overline{R}_D$ 端的置零信号宽度与输入计数脉冲高电平持续时间相等。

同时，进位输出脉冲也可以从基本 RS 触发器的 Q 端引出。这个脉冲的宽度与计数脉冲高电平宽度相等。

在有的计数器产品中，将 G_1、G_2、G_3 组成的附加电路直接制作在计数器芯片上，这样在使用时就不用外接附加电路了。

（4）用置数法设计 N 进制计数器。

置数法与置零法不同，它是通过给计数器预先置入某个数值的方法跳越 $M-N$ 个状态，从而获得 N 进制计数器的。置数操作可以在电路的任何一个状态下进行。这种方法适用于有预置数功能的计数器电路。但是，由于计数器电路有同步预置数和异步预置数两种方法，因此预置数的方法也有不同。

对于同步式预置数的计数器（如 74160、74161），$\overline{LD}=0$ 的信号应从 S_i 状态译出，待下一个 CP 信号到来时，才将要置入的数据置入计数器中。稳定的状态循环中包含有 S_i 状态。而对于异步式预置数的计数器（如 74LS190、74LS191），只要 $\overline{LD}=0$ 信号一出现，立即会将数据置入计数器中，而不受 CP 信号的控制，因此 $\overline{LD}=0$ 信号应从 S_{i+1} 状态译出。S_{i+1} 状态只在极短的瞬间出现，稳定的状态循环中不包含这个单独的状态，S_{i+1} 状态存在于预置数状态中，如图 5.5.33 中虚线所示。

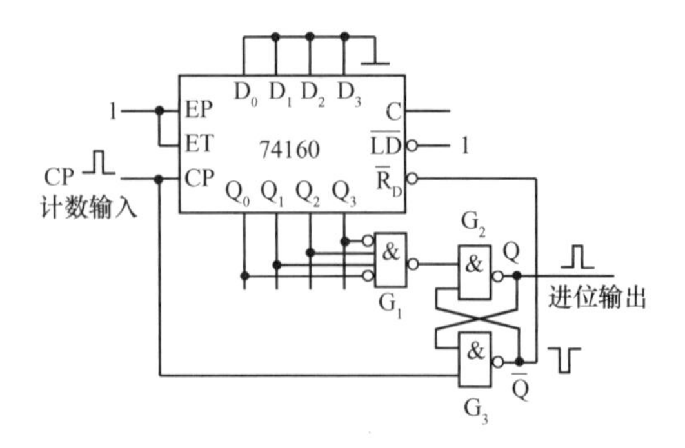

图 5.5.32　图 5.5.30 电路的改进电路

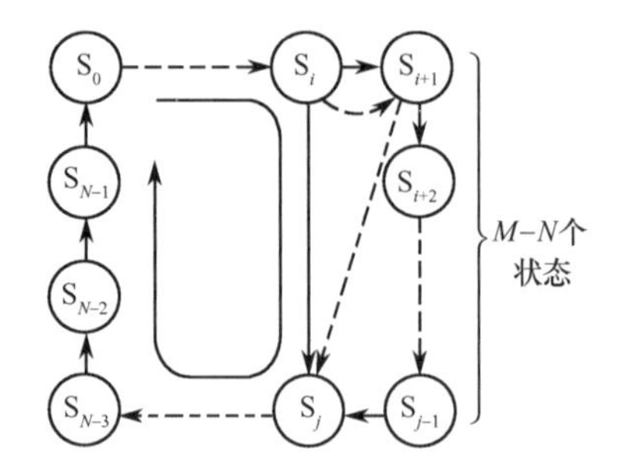

图 5.5.33　利用置数法获得任意进制计数器的状态转换图

【例 5.5.6】采用置数法将同步十进制计数器（74160）接成同步六进制计数器。

解： 因为 74160 有同步式预置数功能，利用它可以实现。

采用置数法时可以从计数循环中的任何一个状态置入适当的数值而跳越 $M-N$ 个状态，得到 N 进制计数器。图 5.5.34 中给出了两个不同的方案。其中图 5.5.34（a）的接法是用 $Q_3Q_2Q_1Q_0$=0101 状态译码产生 $\overline{LD}$=0 信号，下一个 CP 信号到达时置入 0000 状态，从而跳过 0110～1001 这 4 个状态，得到六进制计数器，如图 5.5.33 中实线所示。

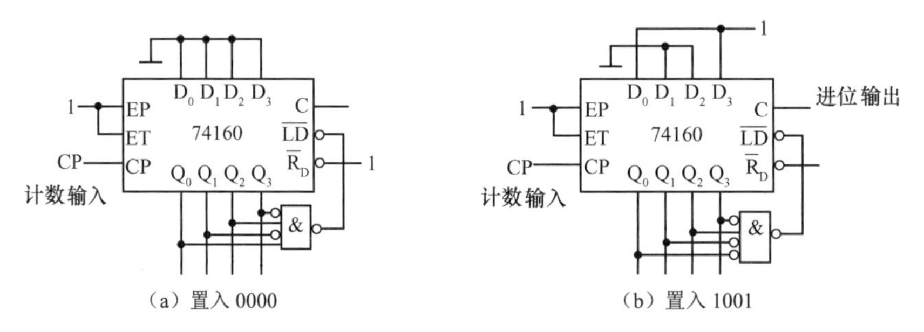

图 5.5.34　用置数法将 74160 接成六进制计数器

从图 5.5.33 中可以发现，图 5.5.34（a）所示电路所取的 6 个循环状态中没有 1001 状态。因为进位输出信号 C 是由 1001 状态译码产生的，所以计数过程中 C 端始终没有输出信号。图 5.5.30 所示电路也存在同样的问题。这时的进位输出信号只能从 Q_2 端引出。

若采用图 5.5.34（b）所示电路的方案，则可以从 C 端得到进位输出信号。在这种接法下，是用 0100 状态译码产生 $\overline{LD}$=0 信号，下一个 CP 信号到来时置入 1001（如图 5.5.35 中虚线所示），因而循环状态中包含了 1001 状态，每个计数循环都会在 C 端给出一个进位脉冲。

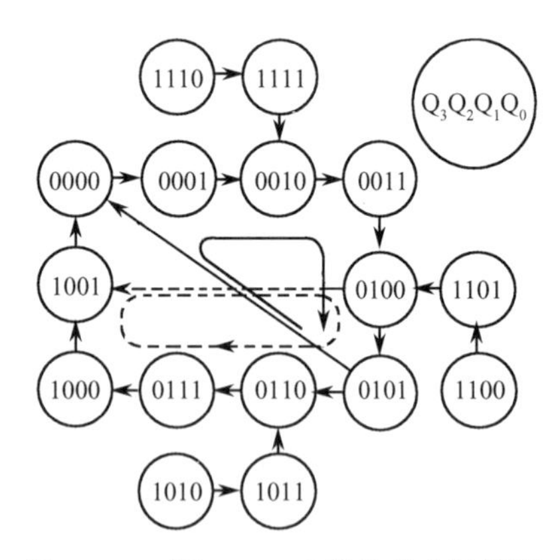

图 5.5.35　图 5.5.34 电路的状态转换图

由于 74160 的预置数是同步式的，即 $\overline{LD}$=0 以后，还要等下一个 CP 信号到来时才置入数据，而这时 $\overline{LD}$=0 的信号已稳定地建立了，因此不存在异步置零法中因置零信号持续时间过短而可靠性不高的问题。

（5）利用多片计数器组合法设计任意进制计数器（简称组合法）。

如果要设计的计数器的模 N 大于已给定的计数器的模 M（也就是 $N>M$），常采用多片计数器组合的方法来构成。

【例 5.5.7】试用两片同步十进制计数器（74160）接成二十九进制计数器。

解：因为 N=29 是一个素数，所以必须用整体置零法或整体置数法构成二十九进制计数器。

图 5.5.36 所示为整体异步置零方式的接法。首先将两片 74160 以并行进位方式连成一个百进制计数器。当计数器从全 0 状态开始计数，计入 29 个脉冲时，经与非门 G_1 译码产生低电平信号 $\overline{R}_D$ 立刻将两片 74160 同时置零，于是便得到了二十九进制计数器。需要注意的是，计数过程中第（2）片 74160 不出现 1001 状态，因而它的 C 端不能给出进位信号。而且门 G_1 输出的脉冲持续时间极短，也不宜作为进位输出信号。若要求输出进位信号持续时间为一个时钟信号周期，则应从电路的 28 状态译出。当电路计入 28 个脉冲后，门 G_2 输出变为低电平，当第 29 个计数脉冲到达后，门 G_2 的输出跳变为高电平。

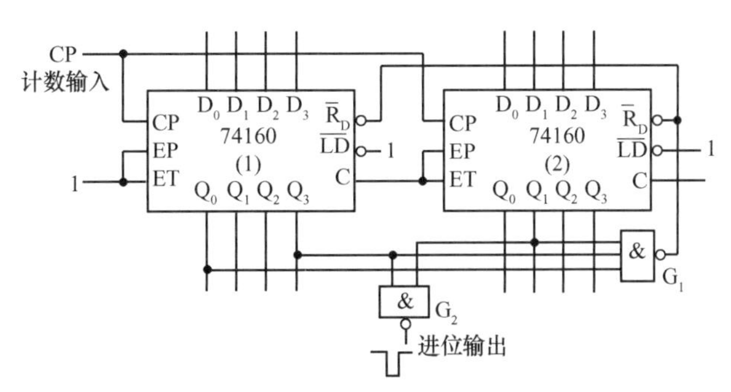

图 5.5.36　整体异步置零方式的接法

通过这个例子可以看到，整体置零法不仅可靠性较差，而且往往要另加译码电路才能得到需要的进位输出信号。

采用整体置数方式可以避免整体置零法的缺点。图 5.5.37 所示为采用整体同步置数法接成的二十九进制计数器。首先仍需将两片 74160 接成百进制计数器；然后将电路的 28 状态译码产生 $\overline{LD}$=0 信号，同时加到两片 74160 的 $\overline{LD}$ 上，在下一个计数脉冲（第 29 个输入脉冲）到达时，将 0000 同时置入两片 74160 中，从而得到二十九进制计数器。进位信号可以直接由与非门 G 的输出端引出。

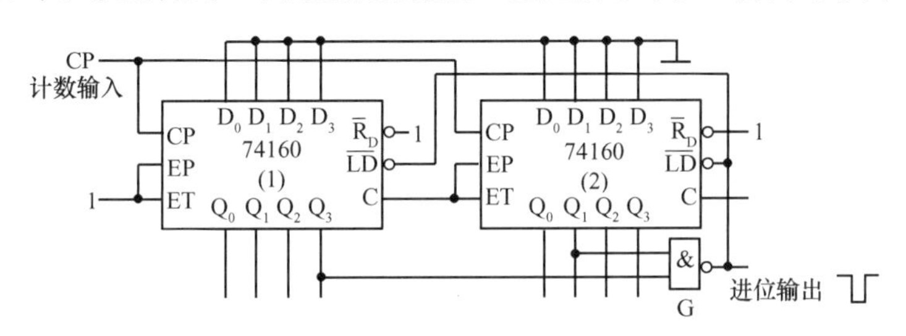

图 5.5.37　采用整体同步置数法接成的二十九进制计数器

二十四进制（24 小时为 1 天）、三十进制（小月 30 天为 1 月）、三十一进制（大月 31 天为 1 个月）、六十进制（60 秒为 1 分钟、60 分钟为 1 小时）等均可以采用此方法来实现。

另外，在锁相环路中，其分频比为数百到数万倍，也是采用多片计数器组成程序分频器。

4．移位寄存器型计数器

（1）环形计数器。

如果按图 5.5.38 所示的那样将移位寄存器首尾相接，即 D_0=Q_3，那么在连续不断地输入时钟信号时，寄存器中的数据将循环右移。

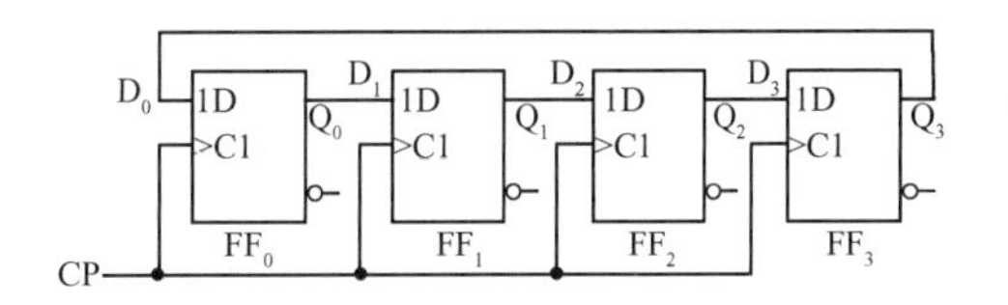

图 5.5.38　环形计数器电路

例如，电路的初始状态为 $Q_0Q_1Q_2Q_3$=1000，则不断输入时钟信号时电路的状态将按 1000→0100→

0010→0001→1000 的次序循环变化。因此，用电路的不同状态能够表示输入时钟信号的数目。也就是说，可以把这个电路作为时钟信号脉冲的计数器。

根据移位寄存器的工作特点，不必列出环形计数器的状态方程即可直接画出图 5.5.39 所示的状态转换图。如果取由 1000、0100、0010 和 0001 所组成的状态循环为所需的有效循环，那么同时存在着其他几种无效循环。而且，一旦脱离有效循环之后，电路将不会自动返回有效循环中去，所以图 5.5.38 所示的环形计数器是不能自启动的。为了确保它能正常工作，必须首先通过串行输入端或并行输入端将电路置成有效循环中的某个状态，然后再开始计数。

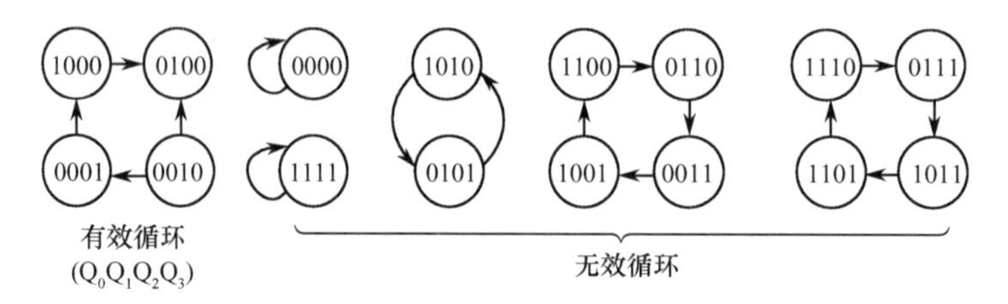

图 5.5.39　图 5.5.38 电路的状态转换图

考虑到使用的方便，在许多场合下需要计数器能自启动，即当电路进入任何无效状态后，都能在时钟信号作用下自动返回有效循环中去。通过在输出与输入之间接入适当的反馈逻辑电路，可以将不能自启动的电路修改为能够自启动的电路。图 5.5.40 所示为能自启动的 4 位环形计数器电路。

根据图 5.5.40 得到它的状态方程为

$$
\begin{cases}
Q_0^{n+1} = \overline{Q_0^n + Q_1^n + Q_2^n} \\
Q_1^{n+1} = Q_0^n \\
Q_2^{n+1} = Q_1^n \\
Q_3^{n+1} = Q_2^n
\end{cases}
\tag{5.5.8}
$$

并可画出电路的状态转换图，如图 5.5.41 所示。

环形计数器的突出优点是电路结构极其简单，而且在有效循环的每个状态只包含一个 1（或 0）时，可以直接以各触发器输出端的 1 状态表示电路的一个状态，不需要另外加译码电路。

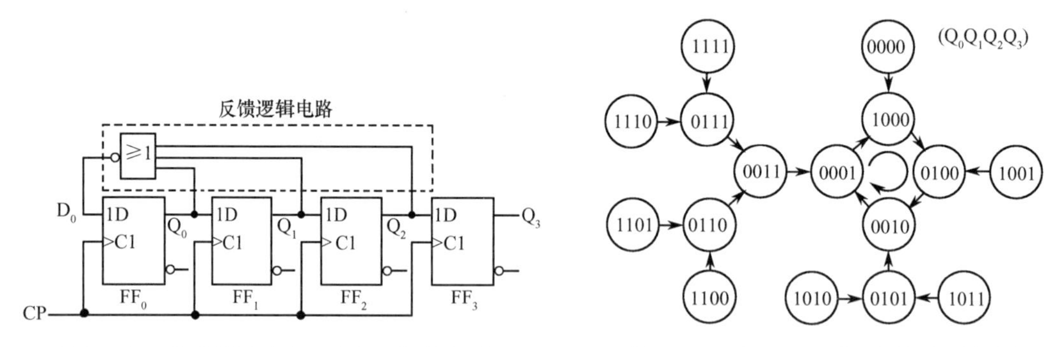

图 5.5.40　能自启动的 4 位环形计数器电路　　图 5.5.41　图 5.5.40 电路的状态转换图

它的主要缺点是没有充分利用电路的状态。用 n 位移位寄存器组成的环形计数器只用了 n 个状态，而电路总共有 2^n 个状态，这显然是一种浪费。

（2）扭环形计数器。

为了在不改变移位寄存器内部结构的条件下提高环形计数器的电路状态利用率，只能从改变反馈逻辑电路上想办法。

事实上，任何一种移位寄存器型计数器的结构均可表示为图 5.5.42 的一般形式。其中反馈逻辑电路的函数表达式可写为

$$D_0=F\left(Q_0,Q_1,\cdots,Q_{n-1}\right) \tag{5.5.9}$$

环形计数器是反馈逻辑函数中最简单的一种，即 $D_0=Q_{n-1}$。若将反馈逻辑函数取为 $D_0=\overline{Q}_{n-1}$，则得到的电路如图 5.5.43 所示。这个电路称为扭环形计数器（也称为约翰逊计数器）。若将它的状态转换图画出，则如图 5.5.44 所示。不难看出，它有两个循环状态，若取图中左边的一个为有效循环，则余下的一个就是无效循环了。显然，这个计数器不能自启动。

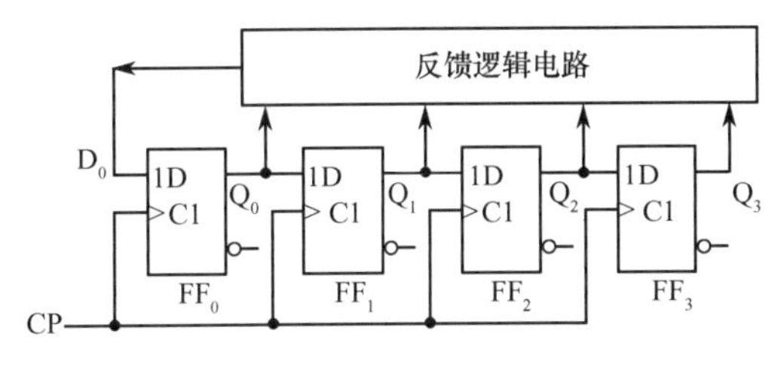

图 5.5.42　移位寄存器型计数器的一般结构形式

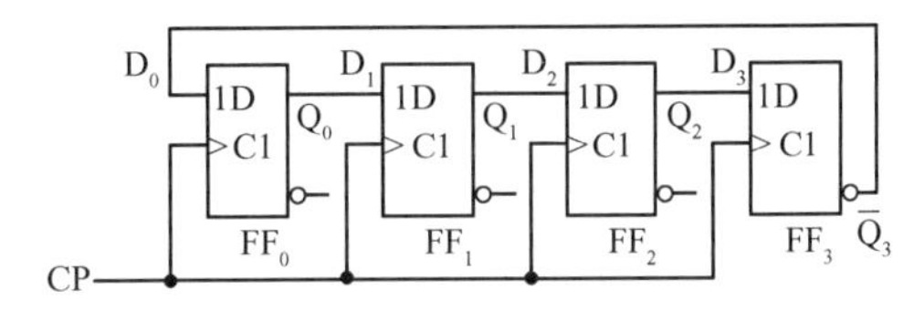

图 5.5.43　扭环形计数器电路

为了实现自启动，可将图 5.5.43 所示电路的反馈逻辑函数稍加修改，令 $D_0=Q_1\overline{Q}_2+\overline{Q}_3$，于是就得到了图 5.5.45 所示的电路和图 5.5.46 所示的状态转换图。

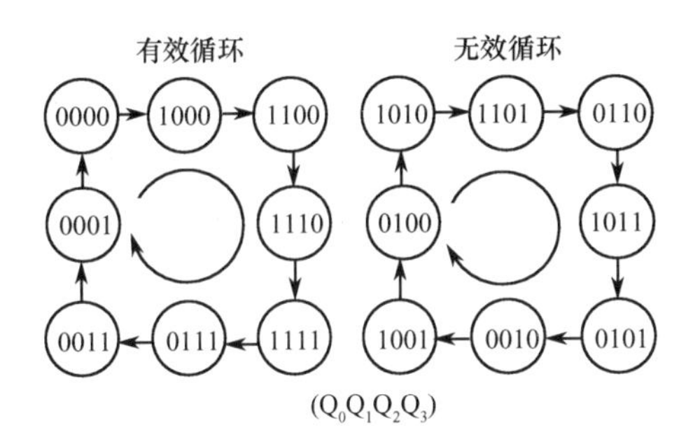

图 5.5.44　图 5.5.43 电路的状态转换图

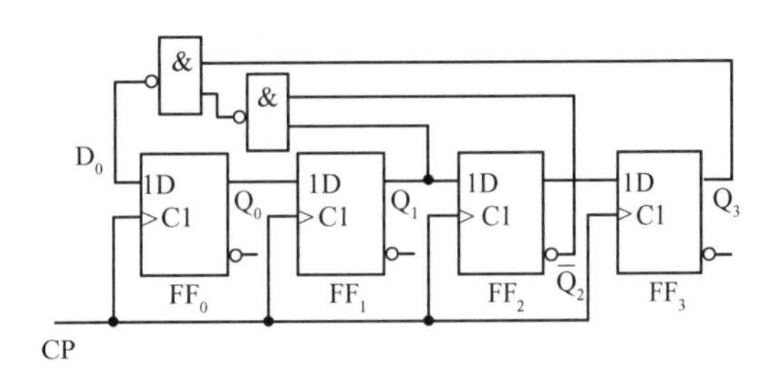

图 5.5.45　能自启动的扭环形计数器电路

不难看出，用 n 位移位寄存器构成的扭环形计数器可以得到含 $2n$ 个有效状态的循环，状态利用率较环形计数器提高了一倍。而且，如果采用图 5.5.46 中的有效循环，由于电路在每次状态转换时只有一位触发器改变状态，因此在将电路状态译码时不会产生竞争-冒险现象。

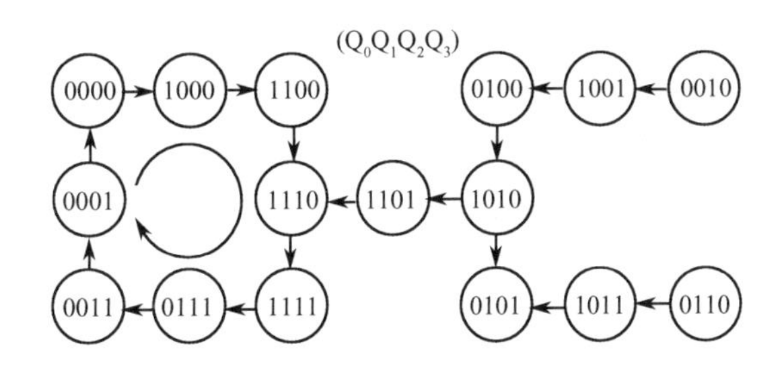

图 5.5.46　图 5.5.45 电路的状态转换图

*5.5.3　顺序脉冲发生器

在一些数字系统中，有时需要系统按照事先规定的顺序进行一系列的操作。这就要求系统的控制部分能给出一组在时间上有一定先后顺序的脉冲信号，再用这组脉冲形成所需要的各种控制信号。顺序脉冲发生器就是用来产生这样一组顺序脉冲的电路。

顺序脉冲发生器可以用移位寄存器构成。当环形计数器工作在每个状态中只有一个 1 的循环状态时，它就是一个顺序脉冲发生器，如图 5.5.47 所示。由图 5.5.47 可知，当 CP 端不断输入系列脉冲时，Q_0～Q_3端将依次输出正脉冲，并不断循环。

这种方案的优点是不必附加译码电路，结构比较简单；缺点是使用的触发器数目比较多，同时必须采用能自启动的反馈逻辑电路。

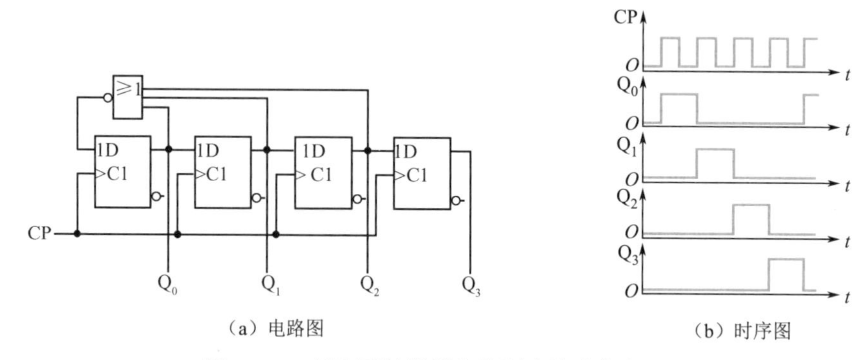

（a）电路图 （b）时序图

图 5.5.47 用环形计数器作为顺序脉冲发生器

在顺序脉冲数较多时，可以用计数器和译码器组成顺序脉冲发生器，如图 5.5.48 所示。图 5.5.48（a）所示电路是有 8 个顺序脉冲输出的顺序脉冲发生器的例子。图中的 3 个触发器 FF_0、FF_1 和 FF_2 组成 3 位二进制计数器，8 个与门组成 3 线–8 线译码器。只要在计数器的输入端 CP 加入固定频率的脉冲，便可在 P_0～P_7 端依次得到输出脉冲信号，如图 5.5.48（b）所示。

由于使用了异步计数器，在电路状态转换时 3 个触发器在翻转时有先有后，因此当两个以上触发器同时改变状态时，将发生竞争–冒险现象，并有可能在译码器的输出端出现尖峰脉冲，如图 5.5.48（b）所示。

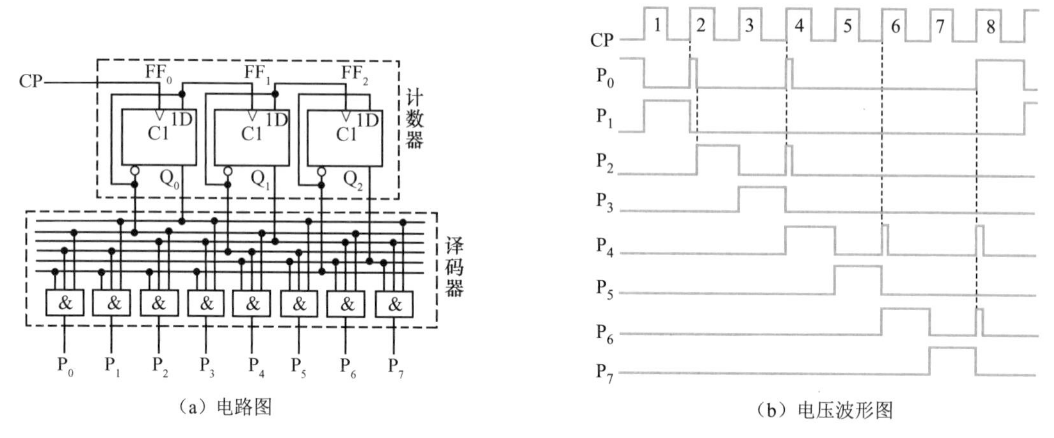

（a）电路图 （b）电压波形图

图 5.5.48 用计数器和译码器构成的顺序脉冲发生器

例如，在计数器的状态 $Q_2Q_1Q_0$ 由 001 变为 010 的过程中，由于 FF_0 先翻转为 0 而 FF_1 后翻转为 1，因此在 FF_0 已经翻转而 FF_1 未翻转的瞬间计数器将出现 000 状态，使 P_0 端出现尖峰脉冲。其他类似的情况请读者自行分析。

为了消除输出端的尖峰脉冲，可以采用 3.4.2 节中介绍的几种方法。在使用中规模集成的译码器时，由于电路上大多数均设有控制输入端，可以作为选通脉冲的输入端使用，因此采用选通的方法极易实现。图 5.5.49（a）所示电路是用 4 位同步二进制计数器（74LS161）和 3 线–8 线译码器（74LS138）构成顺序脉冲发生器电路。图中以 74LS161 的低 3 位输出 Q_0、Q_1、Q_2 作为 74LS138 的 3 位输入信号。

由 74LS161 的功能表（表 5.5.4）可知，为了使电路工作在计数状态，$\overline{R}_D$、$\overline{LD}$、EP 和 ET 均应接高电平。由于它的低 3 位触发器是按八进制计数器连接的，因此在连续输入 CP 信号的情况下，$Q_2Q_1Q_0$ 的状态将按 000 一直到 111 的顺序反复循环，并在译码器输出端依次输出 $\overline{P}_0 \sim \overline{P}_7$ 的顺序脉冲。

虽然 74LS161 中的触发器是在同一时钟信号操作下工作的，但由于各触发器的传输延迟时间不可能完全相同，因此在将计数器的状态译码时仍然存在竞争-冒险现象。为了消除竞争-冒险现象，可以在 74LS138 的 S_1 端加入选通脉冲。选通脉冲的有效时间应与触发器的翻转时间错开。例如，图 5.5.49（a）中选取 $\overline{CP}$ 作为 74LS138 的选通脉冲，即得到图 5.5.49（b）所示的输出电压波形。

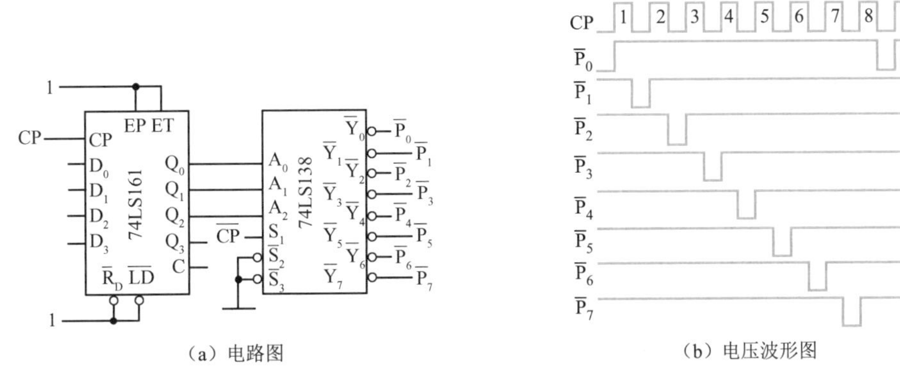

（a）电路图　　（b）电压波形图

图 5.5.49　用中规模集成电路构成的顺序脉冲发生器

如果将图 5.5.48（a）中的计数器改成 4 位扭环形计数器，并取用有效循环，构成图 5.5.50 所示的顺序脉冲发生器，那么可以从根本上消除竞争-冒险现象。因为扭环形计数器在计数循环过程中任何两个相邻状态之间仅有一个触发器状态不同，所以在状态转换过程中任何一个译码器的门电路都不会有两个输入端同时改变状态，即不存在竞争现象。

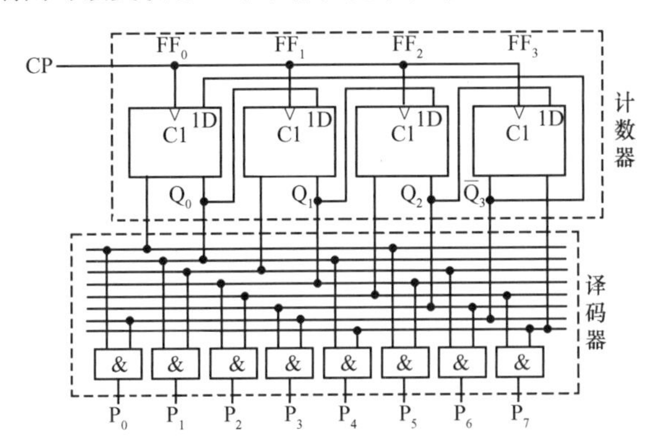

图 5.5.50　用扭环形计数器构成的顺序脉冲发生器

*5.5.4　序列信号发生器

在数字信号的传输和数字系统的测试中，有时需要用到一组特定的串行数字信号。通常把这种串行数字信号称为序列信号。产生序列信号的电路称为序列信号发生器。

序列信号发生器的构成方法有多种。其中一种比较简单、直观的方法是用计数器和数据选择器组成的。例如，需要产生一个 8 位的序列信号 00010111（时间顺序为自左向右），则可用一个八进制计数器和一个 8 选 1 数据选择器组成，如图 5.5.51 所示。其中，八进制计数器取自 74LS161（4 位二进制计数器）的低 3 位，74LS152 是 8 选 1 数据选择器。8 选 1 数据选择器的逻辑图如图 5.5.52 所示。

当 CP 信号连续不断地加到计数器上时，$Q_2Q_1Q_0$ 的状态（也就是加到 74LS152 上的地址输入代码，$A_2A_1A_0$）便按照表 5.5.11 所示的顺序不断循环，D_0～D_7 状态就循环不断地依次出现在 $\overline{Y}$ 端。只要令 $D_0=D_1=D_2=D_4=1$、$D_3=D_5=D_6=D_7=0$，就可在 $\overline{Y}$ 端得到不断循环的序列信号 00010111。在需要修改序列信号时，只要修改加到 D_0～D_7 的高、低电平即可实现，而不需要对电路结构做任何改动。因此，使用这种电路既灵活又方便。

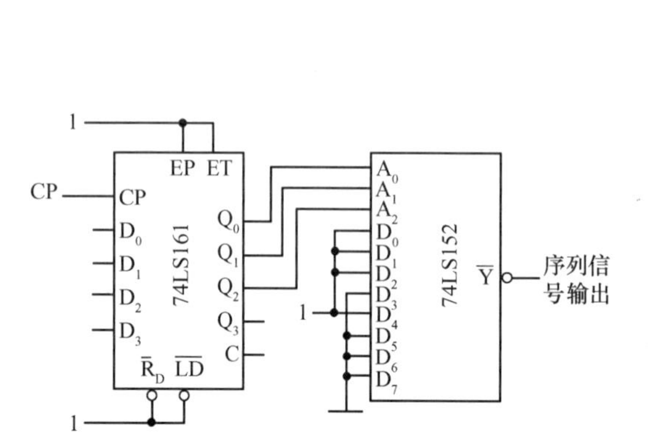

图 5.5.51　用计数器和数据选择器构成的序列信号发生器

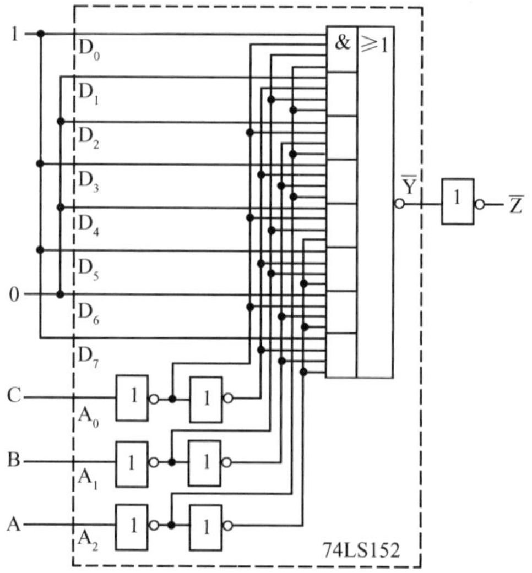

图 5.5.52　8 选 1 数据选择器的逻辑图

表 5.5.11　图 5.5.51 电路的状态转换表

CP 顺序	Q_2 （A_2	Q_1 A_1	Q_0 A_0）	$\overline{Y}$
0	0	0	0	D_0（0）
1	0	0	1	D_1（0）
2	0	1	0	D_2（0）
3	0	1	1	D_3（1）
4	1	0	0	D_4（0）
5	1	0	1	D_5（1）
6	1	1	0	D_6（1）
7	1	1	1	D_7（1）
8	0	0	0	D_0（0）

此外，构成序列信号发生器的另一种常见方法是采用带反馈逻辑电路的移位寄存器。如果序列信号的位数为 m，移位寄存器的位数为 n，就应取 $2^n \geqslant m$。例如，若仍然要求产生 00010111 这样一组 8 位的序列信号，则可用 3 位的移位寄存器加上反馈逻辑电路构成所需的序列信号发生器，如图 5.5.53 所示。移位寄存器从 Q_2 端输出的串行输出信号就应当是所要求的序列信号。

根据要求产生的序列信号，即可列出移位寄存器应具有的状态转换表，如表 5.5.12 所示。再从状态转换的要求出发，得到对移位寄存器输入端 D_0 取值的要求，如表 5.5.12 所示。表中也给出了 D_0 与 Q_2、Q_1、Q_0 之间的函数关系。利用图 5.5.54 所示的卡诺图将 D_0 的函数式化简，得到 $D_0 = Q_2\overline{Q}_1Q_0 + \overline{Q}_2Q_1 + \overline{Q}_2\overline{Q}_0$，图 5.5.54 中的反馈逻辑电路就是按上式接成的。

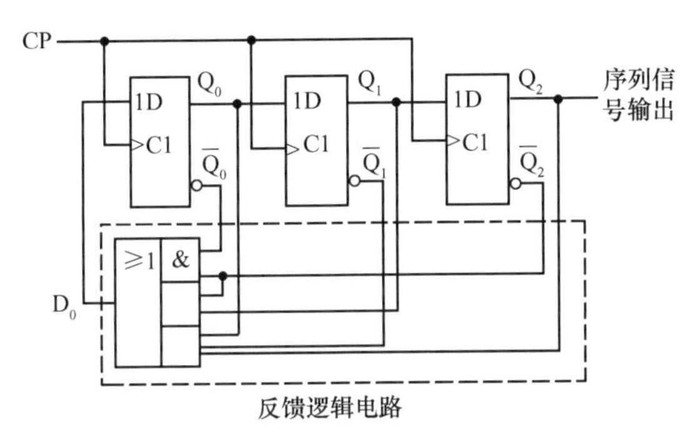

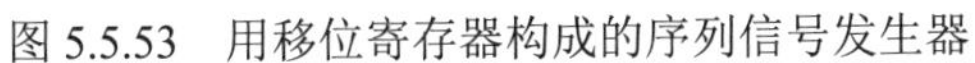
图 5.5.53　用移位寄存器构成的序列信号发生器

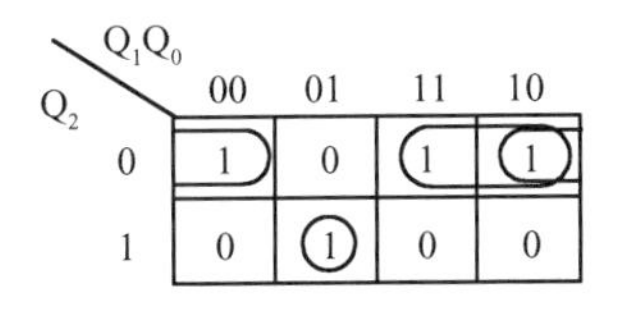

图 5.5.54　图 5.5.53 中 D_0 的卡诺图

表 5.5.12　图 5.5.53 电路的状态转换表

CP 顺序	Q_2	Q_1	Q_0	D_0
0	0	0	0	1
1	0	0	1	0
2	0	1	0	1
3	1	0	1	1
4	0	1	1	1
5	1	1	1	0
6	1	1	0	0
7	1	0	1	0
8	0	0	0	1

*5.6　时序逻辑电路中的竞争-冒险现象

因为时序逻辑电路通常都包含组合逻辑电路和存储电路两个组成部分，所以它的竞争-冒险现象也包含两个方面。

一方面是其中的组合逻辑电路部分可能发生的竞争-冒险现象。产生这种现象的原因已在 3.4.1 节中讲过。这种由于竞争而产生的尖峰脉冲并不影响组合逻辑电路的稳态输出，但如果它被存储电路中的触发器接收，就可能引起触发器的误翻转，造成整个时序电路的误动作，这种现象必须绝对避免。消除组合逻辑电路中竞争-冒险现象的方法已在 3.4.2 节中进行了介绍，这里不再重复。

另一方面是存储电路（或者说是触发器）工作过程中发生的竞争-冒险现象，这也是时序逻辑电路所特有的一个问题。

在讨论触发器的动态特性时曾经指出，为了保证触发器可靠地翻转，输入信号和时钟信号在时间配合上应满足一定的要求。然而，当输入信号和时钟信号同时改变，而且途经不同路径到达同一触发器时，便产生了竞争。竞争的结果有可能导致触发器误动作，这种现象称为存储电路（或触发器）的竞争-冒险现象。

例如，在图 5.6.1 给出的八进制异步计数器电路中，就存在着这种存储电路的竞争-冒险现象。

计数器由 3 个主从 JK 触发器 FF_1、FF_2、FF_3 和两个反相器 G_1、G_2 组成。其中，FF_1 工作在 $J_1=K_1=1$ 的状态，每次 CP_1 的下降沿到达时它都要翻转。FF_2 同样工作在 $J_2=K_2=1$ 的状态，所以每次 $\overline{Q}_1$ 由高电平跳变为低电平时都要翻转。FF_3 的情况要复杂一些。由于 CP_3 取自 Q_1（经过两级反相器延迟），而 $J_3=K_3=Q_2$，F_2 的时钟信号又取自 $\overline{Q_1}$，因此当 FF_1 由 0 变成 1 时，FF_3 的输入信号和时钟电平同时改变，导致了竞争-冒险现象的发生。

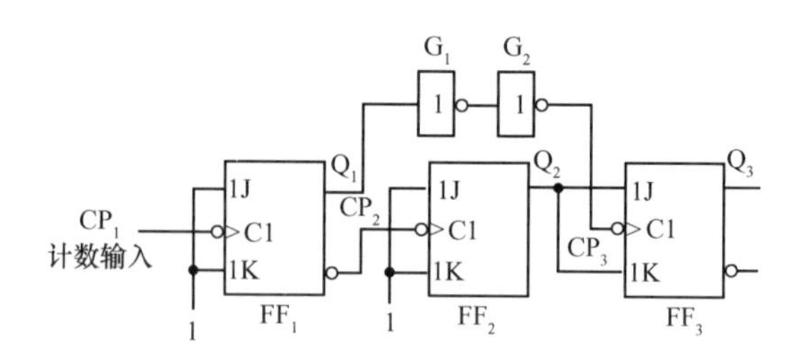

图 5.6.1 存储电路的竞争-冒险现象的例子

如果 Q_1 从 0 变成 1 时 Q_2 的变化首先完成，CP_3 的上升沿随后才到，那么在 $CP_3=1$ 的全部时间里 J_3 和 K_3 的状态将始终不变，就可以根据 CP_3 下降沿到达时 Q_2 的状态决定 FF_3 是否该翻转。由此可得到表 5.6.1 所示的状态转换表和图 5.6.2 中以实线表示的状态转换图。显然这是一个八进制计数器。

反之，如果 Q_1 从 0 变成 1 时 CP_3 的上升沿首先到达 FF_3，而 Q_2 的变化在后，则 $CP_3=1$ 的期间里 J_3 和 K_3 的状态可能发生变化，这就不能简单地凭 CP_3 下降沿到达时 Q_2 的状态来决定 Q_3 的次态了。例如，在 $Q_1Q_2Q_3$ 从 011 变成 101 时，FF_1 从 0 变成 1。由于 CP_3 首先从低电平变成了高电平而 Q_2 原来的 1 状态尚未改变，因此在很短的时间里出现了 J_3、K_3、CP_3 同时为高电平的状态，使 FF_3 的主触发器翻转成 0 状态。在下一个计数脉冲到达后，产生 CP_3 的下降沿，虽然这时 Q_2 已变为 0 状态，使 $J_3=K_3=0$，但由于 FF_3 的主触发器已经是 0 状态了，从触发器仍要翻转为 0 状态，使 $Q_1Q_2Q_3=000$。于是又得到另一个状态转换表，如表 5.6.2 所示。对应的状态转换图将如图 5.6.2 中的虚线所示。若在设计时无法确切知道 CP_3 和 Q_2 哪一个先改变状态，则不能确定电路状态转换的规律。

表 5.6.1 图 5.6.1 电路的状态转换表

计数顺序	电路状态		
	Q_1	Q_2	Q_3
0	0	0	0
1	1	1	0
2	0	1	1
3	1	0	1
4	0	0	1
5	1	1	1
6	0	1	0
7	1	0	0
8	0	0	0

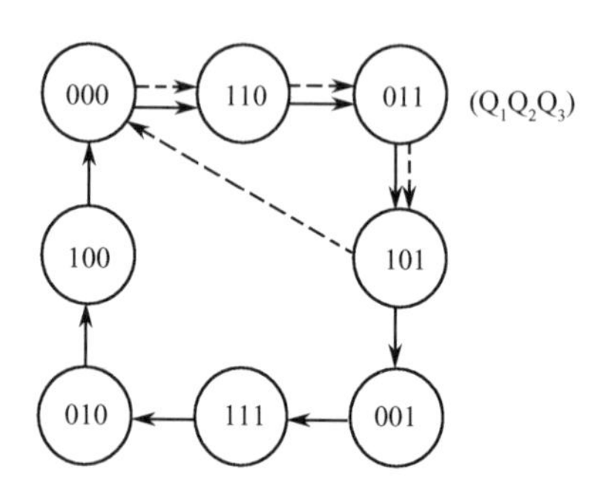

图 5.6.2 图 5.6.1 电路的状态转换图

表 5.6.2 图 5.6.1 电路的另一个状态转换表

计数顺序	电路状态		
	Q_1	Q_2	Q_3
0	0	0	0
1	1	1	0
2	0	1	1
3	1	0	1
4	0	0	0

为了确保 CP_3 的上升沿在 Q_2 的新状态稳定建立以后才到达 FF_3，可以在 Q_1 到 CP_3 的传输通道上增加延迟环节。图 5.6.1 中的两个反相器 G_1 和 G_2 就是做延迟环节用的。只要 G_1 和 G_2 的传输延迟时间足够长，一定能使 Q_2 的变化先于 CP_3 的变化，保证电路按八进制计数循环正常工作。

在同步时序电路中，由于所有的触发器都在同一时钟操作下动作，而在此之前每个触发器的输入信号均已处于稳定状态，因此可以认为不存在竞争现象。所以，一般认为存储电路的竞争-冒险现象仅发生在异步时序电路中。

在有些规模较大的同步时序电路中，由于每个门的带负载能力有限，因此经常是先用一个时钟信号同时驱动几个门电路，然后由这几个门电路分别去驱动若干触发器。由于每个门的传输延迟时间不同，严格地讲，系统已不是真正的同步时序电路了，因此仍有可能发生存储电路的竞争-冒险现象。

图 5.6.3（a）中的移位寄存器就是这样的一个例子。由于触发器的数目较多，因此采用分段供给时钟信号的方式。触发器 FF_1～FF_{12} 的时钟信号 CP_1 由门 G_1 供给，FF_{13}～FF_{24} 的时钟信号 CP_2 由门 G_2 供给。如果 G_1 和 G_2 的传输延迟时间不同，那么 CP_1 和 CP_2 之间将产生时间差，发生时钟偏移现象。

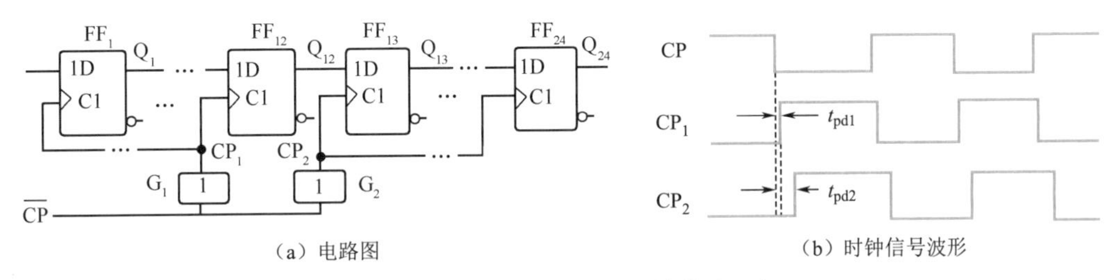

（a）电路图　　（b）时钟信号波形

图 5.6.3　移位寄存器中的时钟偏移现象

时钟信号偏移有可能造成移位寄存器的误动作。例如，G_1 的传输延迟时间 t_{pd1} 比 G_2 的传输延迟时间 t_{pd2} 小得多[图 5.6.3（b）]，则当 $\overline{CP}$ 输入一个负跳变时 CP_1 的上升沿将先于 CP_2 的上升沿到达，使 FF_{12} 先于 FF_{13} 动作。如果两个门的传输延迟时间之差大于 FF_{12} 的传输延迟时间，那么 CP_2 的上升沿到 FF_{13} 时 FF_{12} 已经翻转为新状态了。这时 FF_{13} 接收的是 FF_{12} 的新状态，而把 FF_{12} 原来的状态丢失了，移位的结果是错误的。

相反，如果 CP_2 领先于 CP_1 到达，就不会发生错误移位的现象。

假如使用的是维持阻塞结构触发器，则对输入信号还要求有一段保持时间 t_H，因而能计算出对时钟信号偏移的限制为

$$(t_{pd2}-t_{pd1})<(t_{PLH}-t_H) \tag{5.6.1}$$

为了提高电路的工作可靠性，防止错误移位现象的发生，应挑选延迟时间长的反相器作为 G_1，延迟时间短的作为 G_2。但这种做法显然是不方便的。实际上可以利用增加 FF_{12} 的 Q 端到 FF_{13} 的 D 端之间的传输延迟时间来解决。其具体的做法可以在 FF_{12} 的 Q 端与 FF_{13} 的 D 端之间串接一级反相器[图 5.6.4（a）]，也可以在 FF_{12} 的 Q 端与地之间接一个很小的电容[图 5.6.4（b）]。

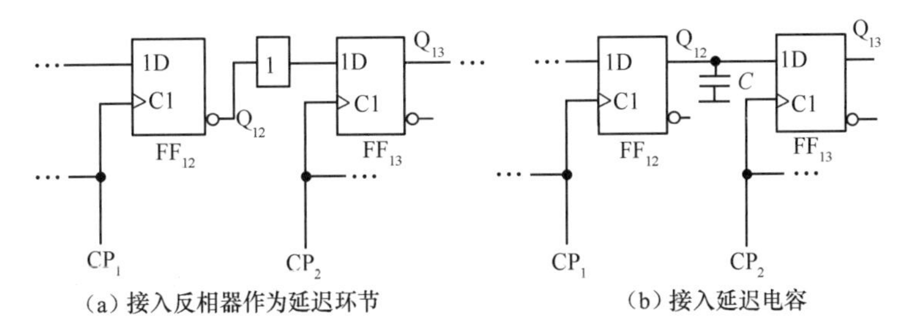

（a）接入反相器作为延迟环节　　（b）接入延迟电容

图 5.6.4　防止移位寄存器错移的方法

本章小结

（1）时序逻辑电路是由组合逻辑电路和存储电路构成的。存储电路的状态不仅与当前的输入信号有关，还与电路原状态有关。而输出变量可以表示为输入变量和记忆电路输出的函数关系。当输入变量和记忆电路的状态确定后，一般情况下输出变量按组合逻辑电路进行处理。

（2）时序电路有同步时序电路和异步时序电路之分。同步时序电路在时钟信号的触发下同步工作。而异步时序电路没有统一的时钟脉冲，即使有时钟脉冲，此时时钟信号也是作为输入信号处理的。

异步时序电路又分为脉冲型异步时序电路和电位型异步时序电路两种。

（3）同步时序电路与脉冲型异步时序电路的分析方法基本相同，其分析步骤如下。

① 根据时序电路的逻辑图写出触发器的驱动方程（激励函数）、状态方程（次态方程）和输出方程。

② 列出状态转换表。

③ 画出状态转换图。

④ 用文字描述逻辑电路的功能（或者画出触发器次态和输出变量的时序图）。

（4）同步时序电路与脉冲型异步时序电路的设计方法大致相同，它是分析方法的逆过程，但比分析方法要复杂。其设计步骤如下。

① 逻辑抽象。根据题意，确定输入变量和输出变量的数量和符号。确定状态数和状态符号（一般用字符或数符表示）及状态之间的逻辑关系。画出原始状态图和列出原始状态表。这一步是设计的关键。

② 状态简化。

③ 状态分配。

④ 触发器选型，确定激励函数、列出次态方程及确定输出函数；对异步时序电路还需确定各触发器时钟信号。

⑤ 画出逻辑图。

⑥ 消除孤立状态。

（5）常用的时序电路有寄存器、移位寄存器、计数器、顺序脉冲发生器和序列信号发生器等。

① 寄存器的功能是存储二进制代码，它由具有记忆功能的触发器构成。

② 移位寄存器不仅具有存储代码的功能，而且具有移位功能。移位功能就是使寄存器里存储的代码在指令脉冲的作用下左移或右移。

③ 在数字系统中使用最多的时序电路是计数器，计数器不仅用于对脉冲进行计数，还可用于分频、定时、产生节拍脉冲和脉冲序列及进行数字运算等。计数器的种类繁多，有同步计数器和异步计数器之分。不管是同步计数器还是异步计数器，均有加法、减法和可逆计数器之分。二进制加法、减法计数器是最基本的计数器，由它可以修改成任意进制的计数器（含十进制计数器）。

任意进制（N进制）的计数器设计方法诸多，有基本设计法、修改法、反馈复位法、置数法和多片计数器组合法等。

④ 顺序脉冲发生器就是用来产生一组顺序脉冲的电路。

⑤ 序列信号发生器就是用来产生一组特定的串行数字信号的电路。

（6）由于时序电路通常包含组合逻辑电路和存储电路两部分，因此时序电路中的竞争-冒险现象也有两个方面：一方面组合逻辑电路因竞争-冒险而产生尖峰脉冲，如果被存储电路接收，引起触发器翻转，那么电路将发生误动作；另一方面存储电路本身也存在竞争-冒险问题。存储电路中的竞争-冒险现象的实质是由于触发器的输入信号和时钟信号同时改变而在时间上配合不当，从而可能导致触发器误动作。因为这种现象一般只出现在异步时序电路中，所以在设计较大的时序系统时多数都采用同步时序电路。

习　题　五

5.1　填空题

（1）一个 5 位二进制加法计数器，由 00000 状态开始，问经过 169 个输入脉冲后，此计数器的状态为__________。

（2）某寄存器由 D 触发器构成，有 4 位代码要存储，此寄存器必有______个触发器。

（3）在异步时序电路中，各触发器状态的变化不是同时发生的，所以____________统一的时钟 CP。

（4）描述同步时序电路有 3 组方程，指的是__________、__________和__________。

（5）在设计时序电路时，对原始状态表中的状态化简，其目的是______________。

（6）在设计同步时序电路时，常利用文字卡诺图来选型。

若大 R 和大 S 能圈在一起，应选__________触发器。

若大 S 和小 s 能圈在一起，应选__________触发器。

若大 R 和大 S 不能圈在一起，大 S 与小 s 也不能圈在一起，应选__________触发器。

（7）移位寄存器除__________功能之外，还有__________功能。

（8）__________就是用来产生一组按照事先规定的顺序脉冲的电路。

（9）时序逻辑电路产生竞争-冒险现象包含两个方面：一方面是__________逻辑电路部分可能发生的竞争-冒险现象；另一方面是__________工作过程中发生的竞争-冒险现象。

（10）图 P5.1 所示为用计数器和数据选择器组成的序列信号发生器，其序列信号输出 $\overline{Y}$ =__________。

5.2　试分析图 P5.2 所示时序电路的逻辑功能，写出电路的驱动方程、状态方程和输出方程，画出电路的状态转换图。图中 A 为输入逻辑变量。

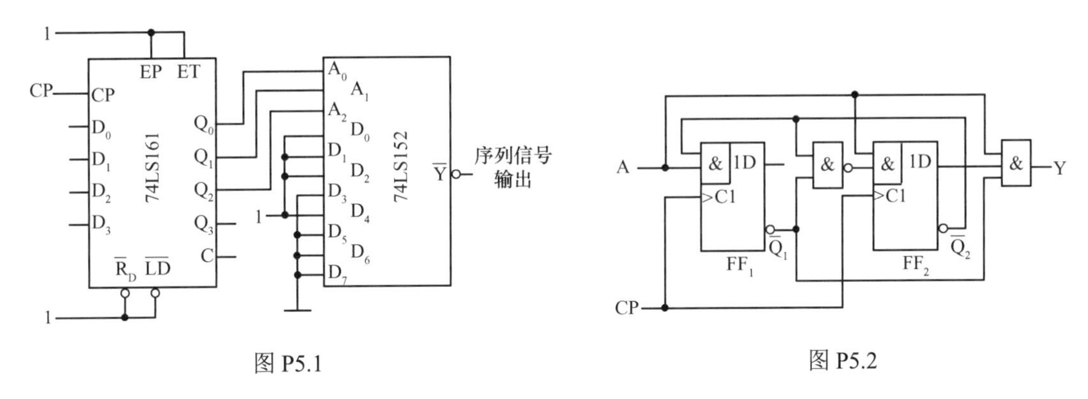

图 P5.1　　　　图 P5.2

5.3　试分析图 P5.3 所示时序电路的逻辑功能，写出电路的驱动方程、状态方程和输出方程，画出电路的状态转换图，检查电路能否自启动。

5.4　试分析图 P5.4 所示时序电路的逻辑功能，画出电路的状态转换图，检查电路能否自启动，说明电路实现的功能。图中 A 为输入逻辑变量。

5.5　分析图 P5.5 所示的时序逻辑电路，写出电路的驱动方程、状态方程和输出方程，画出电路的状态转换图，说明电路能否自启动。

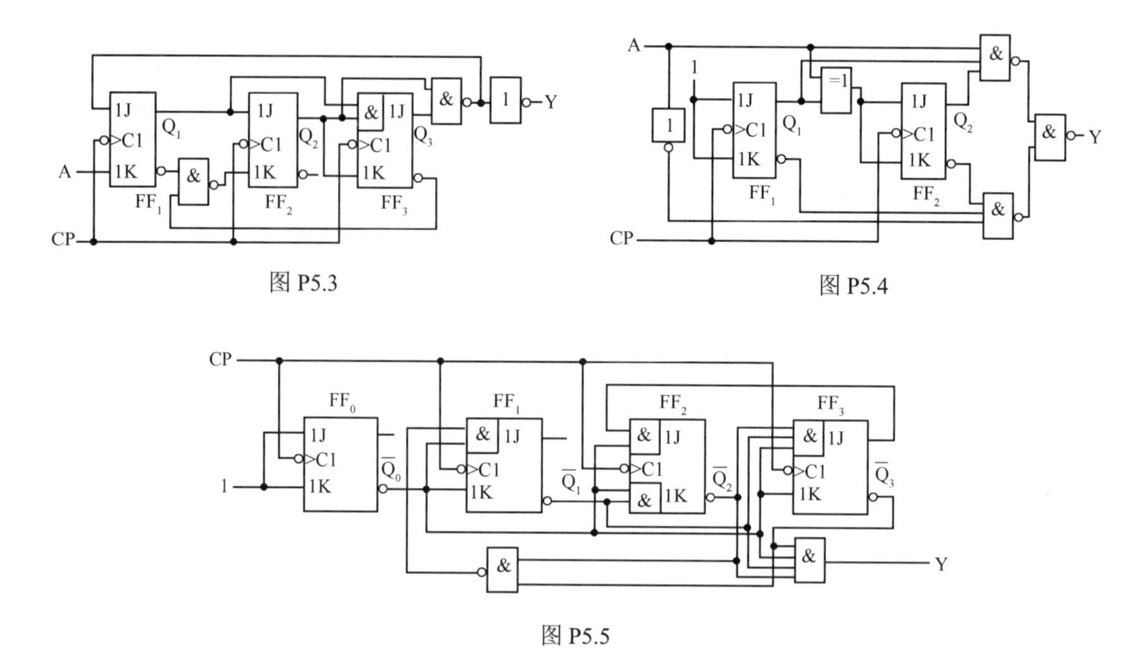

图 P5.3

图 P5.4

图 P5.5

5.6　分析图 P5.6 所示的时序逻辑电路，并画出在时钟 CP 作用下 Q_2 的输出波形（设初始态为全 0 状态），说明 Q_2 输出与时钟 CP 之间的关系。

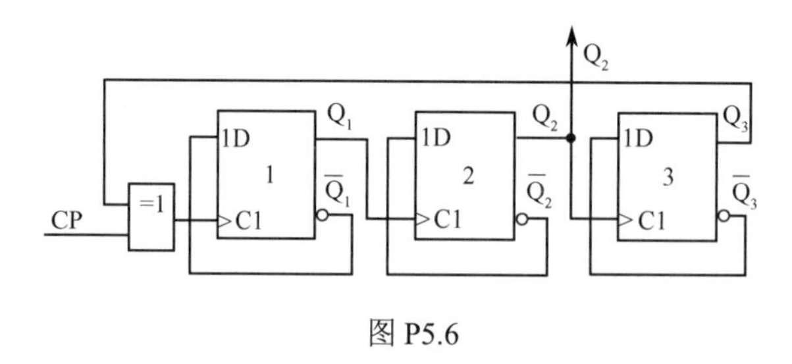

图 P5.6

5.7　分析图 P5.7 所示的计数器电路，并说明这是几进制计数器。十进制计数器（74160）的功能表与 74LS161 的功能表基本相同，具体参见表 5.5.4。

5.8　分析图 P5.8 所示的计数器电路，画出电路的状态转换图，并说明这是几进制的计数器。十六进制计数器（74LS161）的功能表如表 5.5.4 所示。

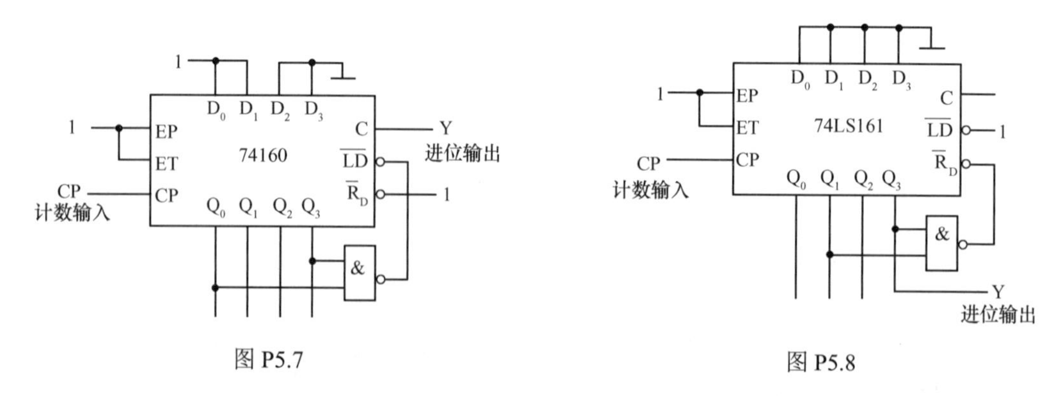

图 P5.7

图 P5.8

5.9　试用 4 位同步二进制计数器（74LS161）接成十二进制计数器，标出输入、输出端。可以附加必要的门电路。74LS161 的功能表参见表 5.5.4。

5.10　试分析图 P5.9 所示的计数器在 M=1 和 M=0 时各为几进制。74LS160 的功能表参见 74LS161 的功能表（表 5.5.4）。

5.11　图 P5.10 所示电路是可变进制计数器。试分析当控制变量 A 为 1 和 0 时电路各为几进制计数器。74LS161 的功能表参见表 5.5.4。

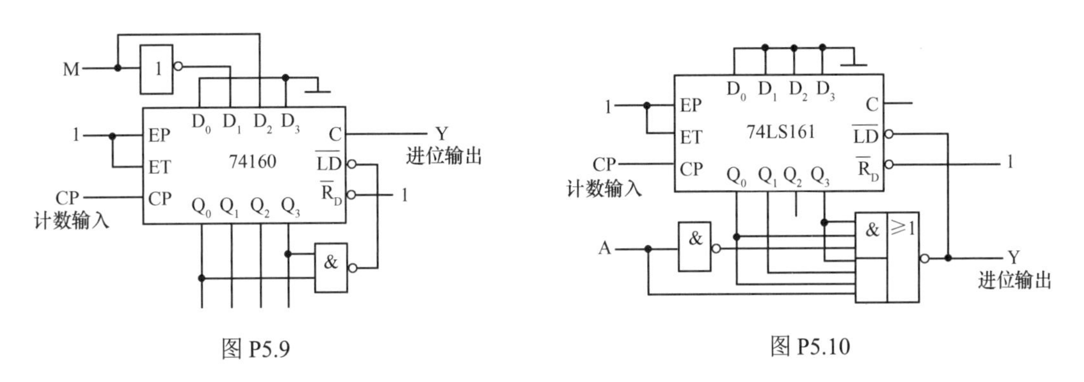

图 P5.9　　　　图 P5.10

5.12　分析图 P5.11 所示的计数器电路，画出电路的状态转换图，说明这是几进制计数器。74LS90 的功能表如表 P5.1 所示。

5.13　试分析图 P5.12 所示计数器电路的分频比（Y 与 CP 的频率之比）。74LS161 的功能表参见表 5.5.4。

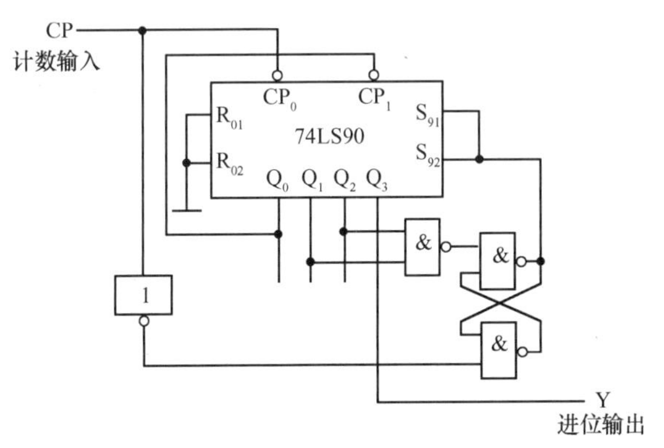

图 P5.11

表 P5.1

输入					输出功能			
CP	R_{01}	R_{02}	S_{91}	S_{92}	Q_3	Q_2	Q_1	Q_0
ϕ	H	H	L	ϕ	L	L	L	L
ϕ	H	H	ϕ	L	L	L	L	L
ϕ	ϕ	ϕ	H	H	H	L	L	H
↓	ϕ	L	ϕ	L	计数			
↓	L	ϕ	L	ϕ	计数			
↓	L	ϕ	ϕ	L	计数			
↓	ϕ	L	L	ϕ	计数			

图 P5.12

5.14　图 P5.13 电路是两片同步十进制计数器（74LS160）组成的计数器。试分析这是多少进制计数器，两片之间是几进制。74LS160 的功能表参见表 5.5.4。

5.15　分析图 P5.14 给出的电路，说明这是多少进制计数器，两片之间是几进制。74LS161 的功能表参见表 5.5.4。

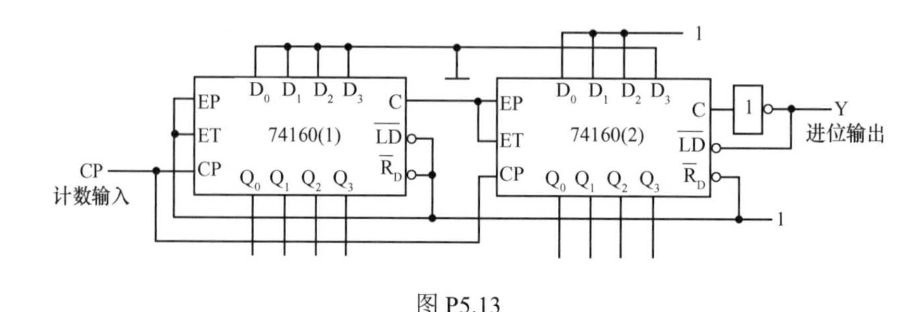

图 P5.13

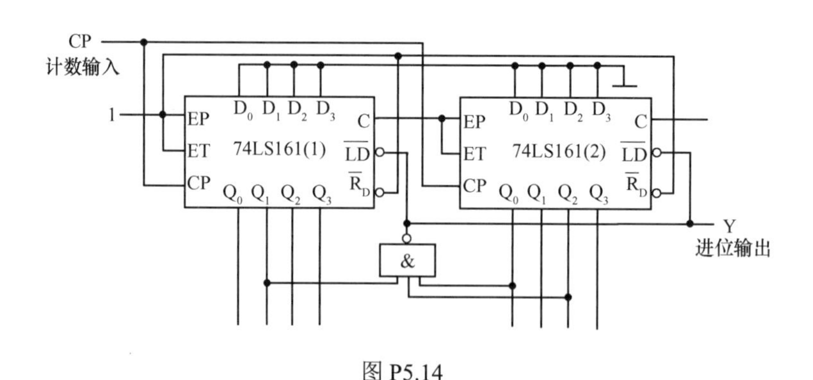

图 P5.14

5.16 用同步十进制计数器（74LS160）设计一个三百六十五进制的计数器。要求各位间为十进制关系。允许附加必要的门电路。74LS160 的功能表参见表 5.5.4。

5.17 设计一个数字电路，要求能用七段数码管显示从 0 时 0 分 0 秒到 23 时 59 分 59 秒之间的任意时刻。

5.18 分析图 P5.15 所示电路，请画出在时钟 CP 作用下 f_0 的输出波形，并说明 f_0 和时钟 CP 之间的关系。

5.19 图 P5.16 所示电路是用二—十进制优先编码器（74LS147）和同步十进制计数器（74LS160）组成的可控分频器。试说明当输入控制信号 A、B、C、D、E、F、G、H、I 分别为低电平时由 Y 端输出的脉冲频率各为多少。已知 CP 端输入脉冲的频率为 10kHz。74LS160 的功能表参见表 5.5.4。

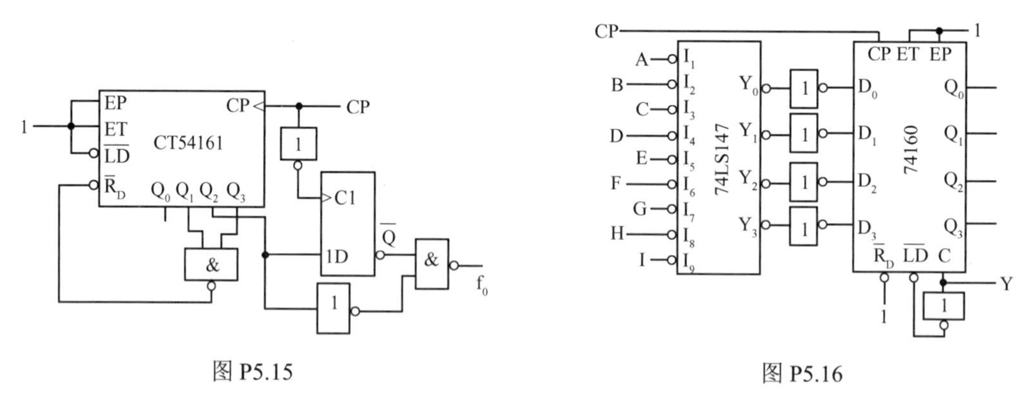

图 P5.15　　图 P5.16

5.20 试用同步十进制可逆计数器（74LS190）和二—十进制优先编码器（74LS147）设计一个工作在减法计数状态的可控分频器。要求在控制信号 A、B、C、D、E、F、G、H 分别为 1 时，分频比对应为 1/2、1/3、1/4、1/5、1/6、1/7、1/8、1/9。74LS190 的逻辑图和功能表请查阅有关资料。可以附加必要的门电路。

5.21 图 P5.17 是一个移位寄存器型计数器，试画出它的状态转换图，说明这是几进制计数器，能否自启动。

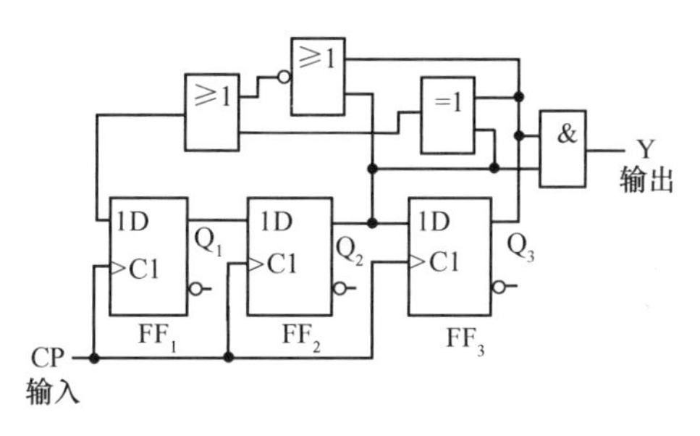

图 P5.17

5.22　试利用同步十六进制计数器（74LS161）和 4 线–16 线译码器（74LS154）设计节拍脉冲发生器，要求从 12 个输出端顺序、循环地输出等宽的负脉冲。74LS154 的逻辑图及说明查看有关器件手册。74LS161 的功能表参见表 5.5.4。

5.23　分析图 P5.18 所示时序电路，写出状态方程、驱动方程、输出方程，并画出在时钟 CP 作用下，输出 a、b、c、d、e、f 及 F 各点的波形，说明该电路完成什么逻辑功能。

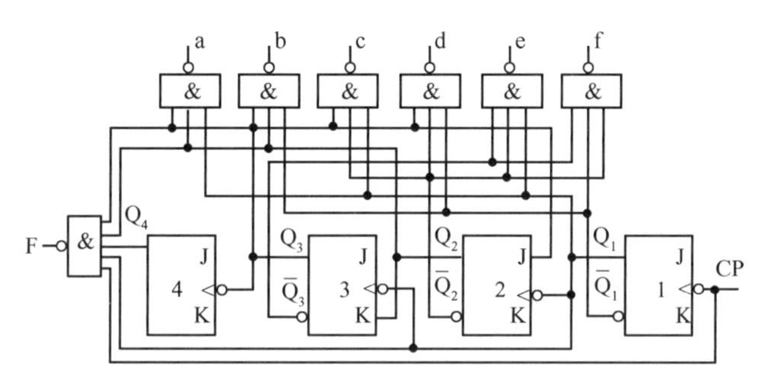

图 P5.18

5.24　设计一个序列信号发生器电路，使之在一系列 CP 信号作用下能周期性地输出“1010110111”的序列信号。

5.25　设计一个灯光控制逻辑电路。要求红、绿、黄 3 种颜色的灯在时钟信号作用下按表 P5.2 规定的顺序转移状态。表中的 1 表示“亮”，0 表示“灭”。要求电路能自启动，并尽可能采用中规模集成电路芯片。

5.26　设计一个控制步进电动机三组六状态工作的逻辑电路。如果用 1 表示电动机绕组导通，0 表示电动机绕组截止，那么 3 个绕组 A、B、C 的状态转换图如图 P5.19 所示。图中 M 为输入控制变量，当 M=1 时为正转，当 M=0 时为反转。

表 P5.2

CP 顺序	红	黄	绿
0	0	0	0
1	1	0	0
2	0	1	0
3	0	0	1
4	1	1	1
5	0	0	1
6	0	1	0
7	1	0	0
8	0	0	0

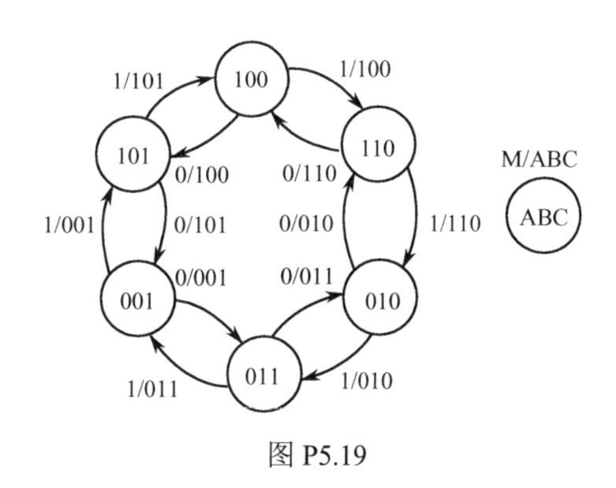

图 P5.19

第 6 章　脉冲信号的产生与整形

[内容提要]

本章主要介绍矩形脉冲波的产生和整形电路。

在脉冲整形电路中，介绍最常用的两类整形电路：施密特触发器和单稳态触发器电路。在脉冲振荡电路中，介绍多谐振荡器电路的几种常见形式，如对称式和非对称式多谐振荡器、环形振荡器、施密特触发器构成的多谐振荡器、石英晶体振荡器及压控振荡器。

无论是矩形脉冲的整形电路，还是产生电路，都可以利用 555 集成电路来构成。故本章一开始将详细介绍 555 集成电路的结构和工作原理。

6.1　概述

数字电路中的信号都是脉冲信号，这种脉冲信号的产生、整形与变换电路的作用是：产生各种不同脉宽和幅值的脉冲波形，或者对不同脉宽和幅值的脉冲波形进行整形与变换，或者完成连续模拟信号与脉冲信号之间的相互变换等。

数字电路中使用的脉冲信号大多是矩形脉冲波，矩形脉冲波形的好坏，将直接影响数字电路的正常工作。矩形脉冲波形图如图 6.1.1 所示。为了描述矩形脉冲波形的好坏，对矩形脉冲波定义了下列一些描述参数。

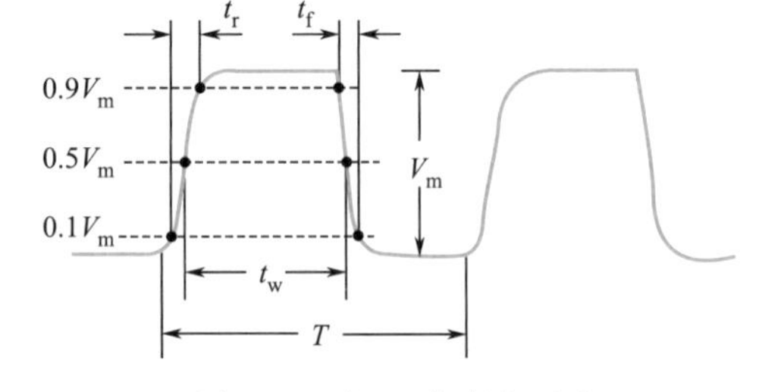

图 6.1.1　矩形脉冲波形图

（1）脉冲幅值 V_m：脉冲波形变化时电压幅值变化的最大值。

（2）脉冲宽度 t_W：从脉冲波形的上升沿上升至 $0.5V_m$ 开始，到下降沿下降至 $0.5V_m$ 为止的时间间隔。

（3）上升时间 t_r：在脉冲波的上升沿，从 $0.1V_m$ 上升至 $0.9V_m$ 所需的时间。

（4）下降时间 t_f：在脉冲波形的下降沿，从 $0.9V_m$ 下降至 $0.1V_m$ 所需的时间。

（5）脉冲周期 T：在周期性重复的脉冲序列中，相邻两个脉冲的时间间隔。

（6）脉冲频率 f：在周期性重复的脉冲序列中，单位时间内脉冲重复的次数，即 $f=1/T$。

（7）占空比 D：脉冲波形的脉冲宽度 t_w 与脉冲周期 T 之比，即 $D=t_W/T$。

此外，在将脉冲整形或产生电路用于具体的数字系统时，有时可能还会有一些特殊的要求，如脉冲周期和幅度的稳定性等。这时还需要增加一些相应的参数来说明。

6.2　时基集成电路的结构和工作原理

6.2.1　555 时基电路的结构、特点和封装

常见的数字或模拟集成电路型号的阿拉伯数字仅表示其编号，而 555 时基电路的后 3 个“5”却有具体的内涵，故各生产厂家无一例外地在型号中加以保留。这是因为在该集成基片上的基准电

压电路是由 3 个误差极小的 5kΩ 电阻组成的，分压精度高。

555 时基电路大量应用于电子控制、电子检测、仪器仪表、家用电器、音响报警、电子玩具等诸多方面，可用作振荡器、脉冲发生器、延时发生器、定时器、方波发生器、单稳态触发振荡器、双稳态多谐振荡器、自由多谐振荡器、锯齿波产生器、脉宽调制器、脉位调制器等。

555 时基电路之所以得到这样广泛的应用，是因为它具有如下几个特点。

（1）555 在电路结构上是由模拟电路和数字电路组合而成的，它将模拟功能与逻辑功能兼容为一体，能够产生精确的时间延迟和振荡。它拓宽了模拟集成电路的应用范围。

（2）该电路采用单电源。双极型 555 的电压范围为 4.5～15V；而 CMOS 型的电源适应范围更宽，为 2～18V。这样，它就可以和模拟运算放大器和 TTL 或 CMOS 数字电路共用一个电源。

（3）555 可独立构成一个定时电路，且定时精度高。

（4）555 的最大输出电流达 200mA，带负载能力强，可直接驱动小电机、喇叭、继电器等负载。

555 时基电路的封装外形图一般有两种：一种是做成 8 脚圆形 TO-99 型，如图 6.2.1（a）所示；另一种是 8 脚双列直插式封装，如图 6.2.1（b）所示。556 双时基电路内含两个相同的时基电路，其封装外形如图 6.2.2 所示，是双列直插 14 脚封装。

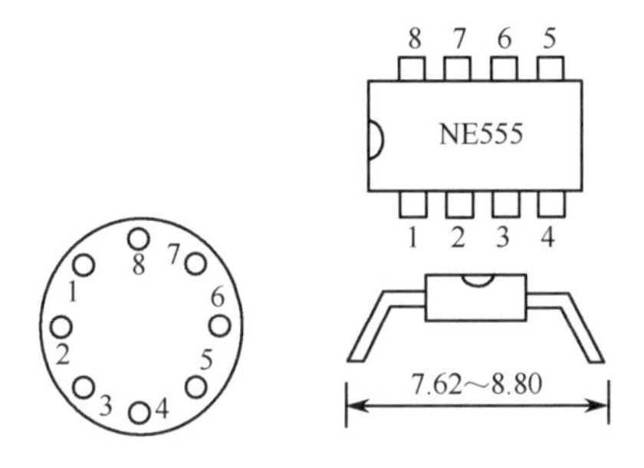

（a）8脚圆形TO-99型　（b）8脚双列直插式

1—地；2—触发；3—输出；4—复位；5—控制电压；6—阈值电压；7—放电；8—电源+V_{DD}

图 6.2.1　555 时基电路的封装

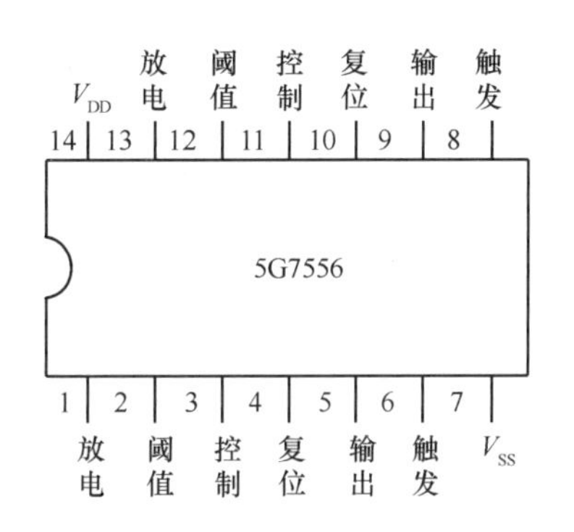

图 6.2.2　556 双时基电路的封装外形

CMOS 型 555/556 时基电路与双极型的 555/556 时基电路的引脚排列完全相同，国产型号的 555/556 时基电路与国外产品的引脚排列也一致，易于互换。

同时应指出的是，CMOS 型 555/556 时基电路在绝大多数场合都可直接替代双极型 555/556 时基电路，但 CMOS 型 555/556 时基电路的驱动电流较双极型的要小，且多数电参数都有所改善，如静态电流 300μA，阈值端、触发端和复位端等的输入阻抗高达 10^{10}Ω，电源电压的适应范围也加宽为 2～18V。

6.2.2　555 时基电路的工作原理

1．双极型 555 时基电路的工作原理

尽管世界各大半导体或器件公司、厂家都在生产各自型号的 555/556 时基电路，但其内部电路大同小异，且都具有相同的引脚功能端。图 6.2.3 给出了美国无线电公司生产的 CA555 时基电路的内部等效电路。

鉴于各种双极型的 555 时基电路的内部电路大同小异，下面以 CA555 时基电路为例，分析其内部电路和工作原理。从图 6.2.3 中可以看到，VT_1～VT_4、VT_5、VT_7 组成上比较器 A_1，VT_{13} 的基极接分压器的下端接在由 3 个 5kΩ 电阻组成的分压器的上端，电压为 $\frac{2}{3}V_{CC}$；VT_9～VT_{13} 组成下比较器 A_2，VT_{13} 的基极接分压器的下端，参考电位为 $\frac{1}{3}V_{CC}$。在电路设计时，要求组成分压器的 3 个

5kΩ 电阻的阻值严格相等，以便给出比较精确的两个参考电位$\frac{1}{3}V_{CC}$和$\frac{2}{3}V_{CC}$。VT_{14}～VT_{17}与一个R_{10}（4.7kΩ）的正反馈电阻组成一个双稳态触发电路。VT_{18}～VT_{21}组成一个推挽式功率输出级，能输出约 200mA 的电流。VT_8为复位放大级，VT_6是一个能承受 50mA 以上电流的放电晶体三极管。双稳态触发电路的工作状态由比较器 A_1、A_2 的输出决定。

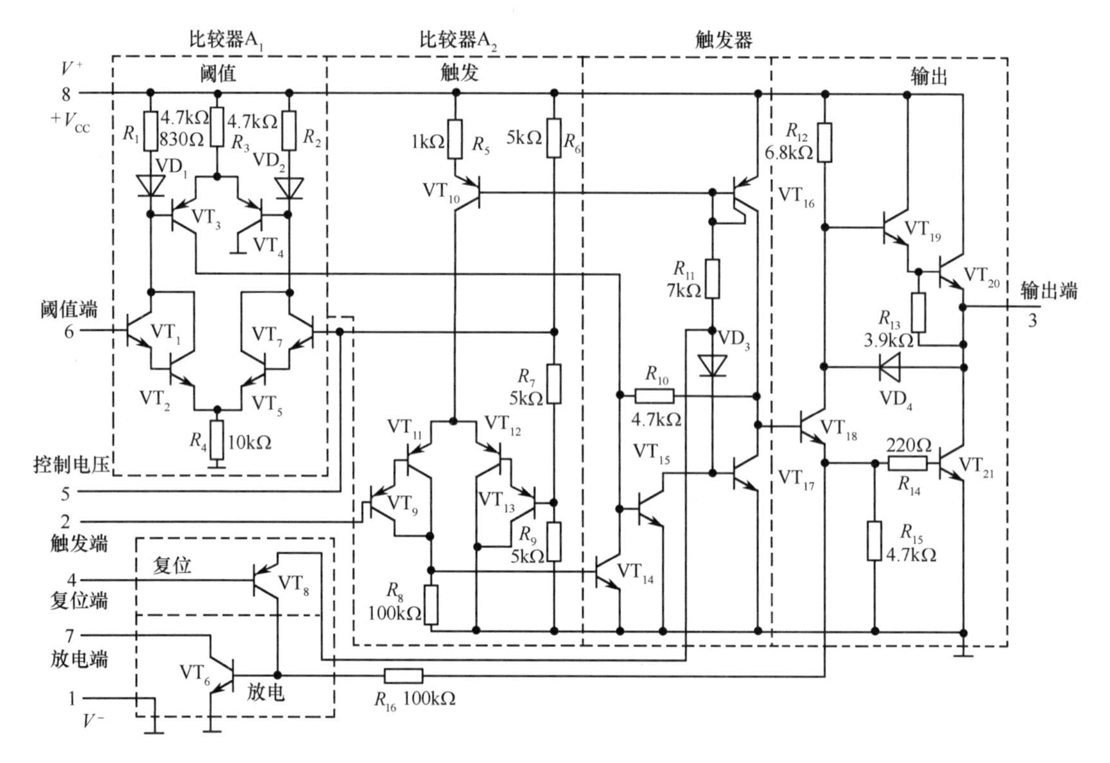

图 6.2.3 美国无线电公司生产的 CA555 时基电路的内部等效电路

555 时基电路的工作过程：当 2 端，即比较器 A_2 的反相输入端加进电位低于$\frac{1}{3}V_{CC}$的触发信号时，则 VT_9、VT_{11}导通，给双稳态触发器中的 VT_{14}提供一偏流，使 VT_{14}饱和导通，它的饱和压降V_{ces}钳制 VT_{15}的基极，使其处于低电平，使 VT_{15}截止，VT_{17}饱和导通，从而使 VT_{18}截止，VT_{19}导通，VT_{20}完全饱和导通，VT_{21}截止。因此，输出端 3 输出高电平。此时，不管 6 端（阈值电压）为何种电平，由于双稳态触发器（VT_{14}～VT_{17}）中的 4.7kΩ 电阻 R_{10}的正反馈作用（VT_{15}的基极电流是通过该电阻提供的），3 端输出高电平状态一直保持到 6 端出现高于$\frac{2}{3}V_{CC}$且 2 脚出现高于$\frac{1}{3}V_{CC}$的电平为止。

当触发信号消失后，即比较器 A_2 反相输入端 2 端的电位高于$\frac{1}{3}V_{CC}$，则 VT_9、VT_{11}截止，VT_{14}因无偏流而截止，此时若 6 端无触发输入，则 VT_{17}的 V_{ces}饱和压降通过 4.7kΩ 电阻 R_{10}维持 VT_{15}截止，使 VT_{17}饱和稳态不变，故输出端 3 仍维持高电平。同时，VT_{18}的截止使 VT_6也截止，放电端 7 不放电。

当触发信号加到 6 端时，且电位高于$\frac{2}{3}V_{CC}$时，则 VT_1、VT_2、VT_3 皆导通。此时，若 2 脚无外加触发信号使 VT_9、VT_{14}截止，则 VT_3的集电极电流供给 VT_{15}偏流，使该级饱和导通，导致 VT_{17}截止，进而 VT_{18}导通，VT_{19}、VT_{20}都截止，VT_{21}饱和导通，故 3 端输出低电平。当 6 端的触发信号消失后，即该端电位降至低于$\frac{2}{3}V_{CC}$时，则 VT_1、VT_2、VT_3 皆截止，使 VT_{15} 得不到偏流。此时，若 2 端仍无触发信号，则 VT_{15} 通过 R_{10}（4.7kΩ）电阻得到偏流，使 VT_{15} 维持饱和导通，VT_{17} 处于截止的稳态，使输出端 3 维持在低电平状态。同时，VT_{18} 的导通，使放电级 VT_6 饱和导通。

通过上面两种状态的分析可以发现，只要 2 端的电位低于$\frac{1}{3}V_{CC}$，必定使输出端 3 为高电平；而当 6 端的电位高于$\frac{2}{3}V_{CC}$时，且同时 2 端的电位高于$\frac{1}{3}V_{CC}$时，才能使输出端 3 有低电平输出。

4 端为复位端。当在该端加有触发信号，即其电位低于导通的饱和压降 0.3V 时，VT_8 导通，其发射极电位低于 1V，因有 VD_3 接入，VT_{17} 为截止状态，VT_{18}、VT_{21} 饱和导通，输出端 3 为低电平。此时，不管 2 端、6 端为何电位，均不能改变这种状态。因 VT_8 的发射极通过 VD_3 及 VT_{17} 的发射极到地，所以 VT_8 的发射极电位任何情况下不会比 1.4V 电压高。因此，当复位端 4 的电位高于 1.4V 时，VT_8 处于反偏状态而不起作用。也就是说，此时输出端 3 的电平只取决于 2 端、6 端的电位。

根据上面的分析，图 6.2.3 所示电路可简化为图 6.2.4 所示的等效功能电路。显然，555 时基电路（或者 556 时基电路）内含两个比较器 A_1 和 A_2、一个触发器、一个驱动器和一个放电晶体管。两个比较器分别被电阻 R_1、R_2 和 R_3 构成的分压器设定的$\frac{2}{3}V_{CC}$和$\frac{1}{3}V_{CC}$参考电压所限定。

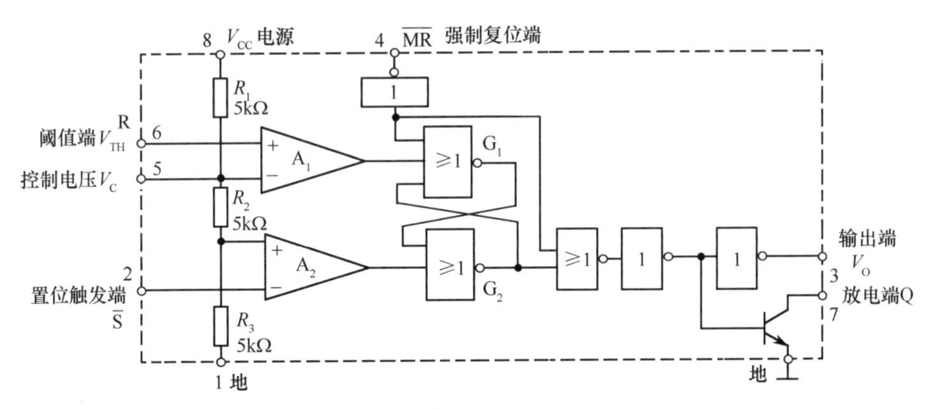

图 6.2.4　CA555 时基电路的内部等效功能电路

为进一步理解其电路功能，并灵活应用 555 时基电路，下面简要说明其作用机制。

由图 6.2.4 可知，3 个 5kΩ 电阻组成的分压器使内部的两个比较器构成一个电平触发器，上触发电平为$\frac{2}{3}V_{CC}$，下触发电平为$\frac{1}{3}V_{CC}$。在 8 端控制端外接一个参考电源 V_{CC}，可以改变上、下触发电平值。比较器 A_1 的输出端与或非门 G_1 的输入端相接，比较器 A_2 的输出端接到或非门 G_2 的输入端。当加到比较器 A_1 同相端 6 端的触发信号，只有当电位高于反相端 5 端的电位时，RS 触发器才翻转；而加到比较器 A_2 反相端 2 端的触发信号，只有当电位低于 A_2 同相端的电位$\frac{1}{3}V_{CC}$时，RS 触发器才翻转。

通过上面对图 6.2.3 和图 6.2.4 的分析，可得出双极型 555 时基电路各功能端的真值表，如表 6.2.1 所示。其逻辑关系为 $Q^{n+1}=S+\overline{R}Q^n$。

表 6.2.1　双极型 555 时基电路各功能端的真值表

引脚	2（$\overline{S}$）	6（R）	4（$\overline{MR}$）	3（V_O）	7（Q）
电平	$\leqslant\frac{1}{3}V_{CC}$	*	＞1.4V	高电平	悬空状态

续表

引脚	2（$\bar{S}$）	6（R）	4（$\overline{MR}$）	3（V_O）	7（Q）
电平	$>\frac{1}{3}V_{CC}$	$\geqslant\frac{2}{3}V_{CC}$	>1.4V	低电平	低电平
电平	$>\frac{1}{3}V_{CC}$	$<\frac{2}{3}V_{CC}$	>1.4V	保持原电平	保持
电平	*	*	<0.3V	低电平	低电平

注：*表示任意电平。

从表6.2.1中可以看出，$\bar{S}$、R、$\overline{MR}$的输入不一定是逻辑电平，也可以是模拟电平，因此该时基电路兼有模拟电路和数字电路的特色。

2．CMOS型555时基电路的工作原理

CMOS型555时基电路在大多数应用场合，都可直接替代标准的双极型555时基电路。它与所有CMOS型电路一样，具有输入阻抗高、功耗极小、电源适应范围宽等优点，特别适用于低功耗、长延时等场合。例如，它的静态电流仅300μA，电源电压范围可达2～18V，复位触发端R（阈值电压V_{TH}）、置位触发端$\bar{S}$和强制复位端$\overline{MR}$的输入阻抗均达$10^{10}\Omega$，大多数电参数都有所改善。但它的输出驱动能力较低，不能直接驱动要求较大电流的电感性负载。

CMOS型556时基电路与双极型556时基电路一样，其内部包含两个相同的时基电路单元。556时基电路采用14脚双列直插陶瓷或塑料封装，555时基电路仍采用8脚封装。

下面以CMOS型5G7556（同美国英特锡尔公司的ICM7556）时基电路进行分析。

图6.2.5所示为5G7556（ICM7556）的内部等效电路。为简化电路，作为偏置用的电流源在图6.2.5中用双圈表示。用典型的双-单转换差分放大级P_1、P_2和N_1、N_2组成上比较器A_1，I_{s1}是它的偏置电流源。下比较器A_2由P_3、P_4和N_3、N_4差分放大级组成，偏置电流源为I_{s2}。比较器A_1和A_2的输出分别接到P_5和N_7的栅极。显然，当阈值电位端R的电位高于N_2的栅极电位$\frac{2}{3}V_{DD}$时，N_1漏极电位下降，使P_5电流加大，与非门2输入为高电平1，并经与非门1的正反馈作用，使与非门2的输入维持高电平1状态，经与非门3和P_6后，输出端V_O为低电平0状态。同理，当置位端S为低电位时，即下比较器A_2的反相端电平低于$\frac{1}{3}V_{DD}$时，P_4漏极电位升高，进而使N_7电流加大，与非门2输入电位为低电平0，并经与非门1正反馈维持与非门2输入为低电平，经与非门3后，使输出V_O为高电平1。我们再看强制复位端$\overline{MR}$的复位情况。当$\overline{MR}$为低电平0时，因N_5不导通致使i_{s3}电流源无通路，而经N_6使N_7的漏极为高电平，即与非门2输入为1，经与非门3、N_8，使输出V_O为低电平0。在强制复位状态，不管P_5和N_7的栅极电位如何变化，电路的输出端V_O不发生改变。当$\overline{MR}$恢复为高电平1时，R和S的输入变化才继续影响电路的状态。

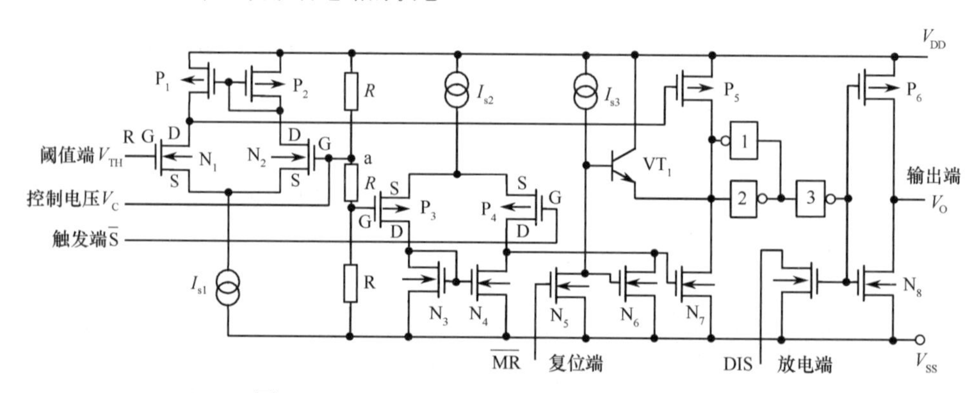

图6.2.5　5G7556（ICM7556）的内部等效电路

通过前面的分析，便可画出 CMOS 型 555 时基电路的等效功能框图，如图 6.2.6 所示。图中包含两个 CMOS 电压比较器 A_1 和 A_2、一个 RS 触发器、两个反相器、一个 N 沟道 MOS 场效应管构成的放电开关 SW、3 个阻值均为 200kΩ 的分压电阻网络，以及输出缓冲级。3 个电阻组成的分压网络为上比较器 A_1 和下比较器 A_2 分别提供 $\frac{2}{3}V_{DD}$ 和 $\frac{1}{3}V_{DD}$ 的偏置电压。当上比较器 A_1 的同相输入端 R 的电位高于反相输入端电位 $\frac{2}{3}V_{DD}$ 时，A_1 输出为高电平，RS 触发器翻转，输出端 V_O 为逻辑 0 电平。也就是说，当 $V_{TH}>\frac{2}{3}V_{DD}$ 时，V_O 为 0 电平，处于复位状态；而当置位触发端 $\overline{S}$ 的电位，即 $V_{SS}\leqslant\frac{1}{3}V_{DD}$ 时，A_2 输出为 1，RS 触发器置位，输出端 V_O 为 1 电平。可见，图 6.2.6 所示的功能框图相当于一个置位-复位触发器。在 RS 触发器中，还设置了一个强制复位端 $\overline{MR}$，即不管阈值端 R 和置位触发端 $\overline{S}$ 处于何种电平，只要使 $\overline{MR}$ 为 0，则 RS 触发器的输出必为 0，从而使输出端 V_O 为 0 电平。此时称为主复位状态或强制复位状态。

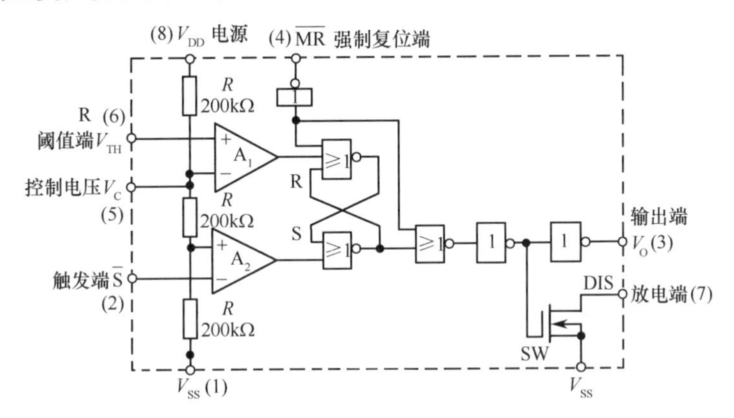

图 6.2.6　CMOS 型 555 时基电路的等效功能框图

图 6.2.6 中的 NMOS 晶体管的漏极，即 DIS（放电）端，为外接定时电容提供放电通路。当电路处于复位状态时，N 管栅极处于高电位而饱和导通，DIS 端相当于对地短路，外接电容通过该管放电，NMOS 管放电时的导通电阻 R_{on} 约为 50Ω；而当电路处于置位状态时，该管截止，断开状态的阻抗一般大于 50MΩ，对外部电容的充电影响极小。

CMOS 型 555/556 时基电路的 4 种工作状态情况，与表 6.2.1 所示的双极型 555 的功能端真值表类同。

6.2.3　双极型 555 时基电路和 CMOS 型 555 时基电路的性能比较

由于双极型 555 时基电路和 CMOS 型 555 时基电路的制作工艺和流程不同，生产出的 555 时基电路的性能指标是有差异的。表 6.2.2 列出了二者的主要电参数指标。

双极型 555 时基电路和 CMOS 型 555 时基电路的共同点如下。

（1）二者的功能大体相同，外形和引脚排列一致，在大多数应用场合可直接替换。

（2）均使用单一电源，适应电压范围大，可与 TTL、HTL、CMOS 型数字逻辑电路等共用电源。

（3）555 的输出为全电源电平，可与 TTL、HTL、CMOS 型等电路直接接口。

（4）电源电压变化对振荡频率和定时精度的影响小。对定时精度的影响仅 0.05%/V，且温度稳定性好，温度漂移不高于 50ppm/℃（0.005%/℃）。

双极型 555 时基电路与 CMOS 型 555 时基电路的差异如下。

（1）CMOS 型 555 时基电路的功耗仅为双极型的几十分之一，静态电流仅为 300μA 左右，为微功耗电路。

（2）CMOS 型 555 时基电路的电源电压可低至 2～3V；各输入功能端电流均为 pA（微微安）量级。

（3）CMOS 型 555 时基电路的输出脉冲的上升沿和下降沿比双极型的要陡，转换时间短。

（4）CMOS 型 555 时基电路在传输过渡时间中产生的尖峰电流小，仅为 2～3mA；而双极型 555 时基电路的尖峰电流高达 300～400mA，如图 6.2.7 所示。

表 6.2.2 双极型与 CMOS 型 555 时基电路的主要电参数指标

名称	符号	双极型	CMOS 型	单位
电源电压	V_{DD}（V_{CC}）	4.5～15	3～15	V
静态电流	I_{DD}（I_{CC}）	10	0.2	mA
定时精度		1	1	%/V
置位电流	I_S	1μA	1pA	μA/pA
主复位电流	I_{MR}	100μA	50pA	μA/pA
复位电流	I_R	1μA	100pA	μA/pA
驱动电流	I_V	200	与 V_{DD} 大小有关	mA
放电电流	I_{DIS}	200	与 V_{DD} 大小有关	mA
最高工作频率	f_{max}	300	500	kHz

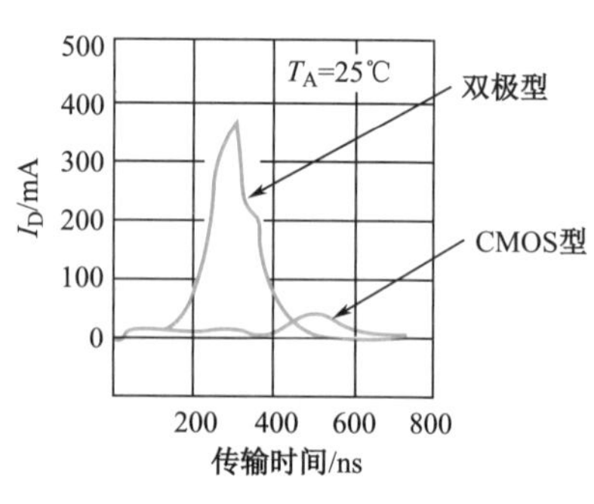

图 6.2.7 CMOS 型 555 和双极型 555 时基电路在传输过渡时间的电流比较

（5）CMOS 型 555 时基电路的输入阻抗比双极型 555 时基电路的输入阻抗要高出几个数量级，高达 $10^{10}\Omega$。

（6）CMOS 型 555 时基电路的驱动能力差，输出电流仅为 1～3mA，而双极型 555 时基电路的输出驱动电流可达 200mA。

通过上面对两种型号的 555 时基电路的比较，读者在进行电路设计和应用时，应视具体情况选择型号。一般来说，在要求定时长、功耗小、负载轻的场合，宜选用 CMOS 型的 555 时基电路；而在负载重、要求驱动电流大、电压高的场合，宜选用双极型的 555 时基电路，此外，由于双极型 555 时基电路的冲击峰值电流大，在电路中应加电源滤波电容，且容量要大。双极型 555 时基电路的输入阻抗远比 CMOS 型 555 时基电路的输入阻抗低，一般要在 555 时基电路的电压控制端加一个去耦电容（0.01～0.1μF），而 CMOS 型 555 时基电路可不加。CMOS 型 555 时基电路的输入阻抗高达 $10^{10}\Omega$ 数量级，很适合长延时电路，RC 时间常数一般很大。

关于驱动能力，双极型 555 时基电路可直接驱动低阻负载，如感性的继电器、小电动机及扬声器等。CMOS 型 555 时基电路只可直接驱动高阻抗负载。若驱动大的负载，可在输出端加接小功率放大晶体管来弥补，如图 6.2.8 所示。

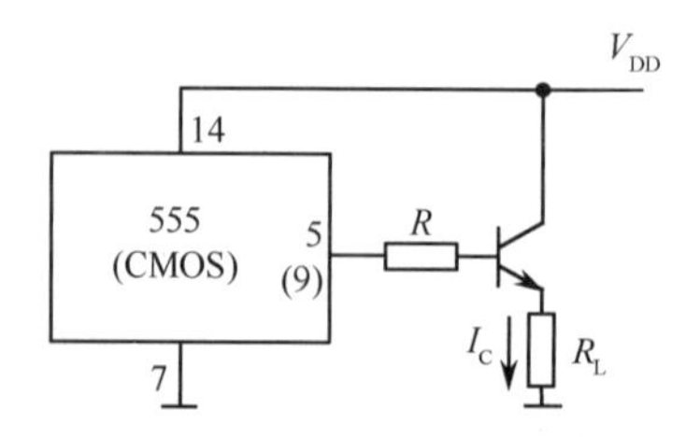

图 6.2.8 CMOS 型 555 时基电路扩大驱动电流方法

6.3　施密特触发器

施密特触发器是一种脉冲信号整形电路，在数字电路中应用十分广泛，其中一个重要的应用就是它可将边沿变化缓慢的输入信号波（正弦波、锯齿波等）整形为良好的矩形波。实际上，施密特触发器是一种特殊的双稳态时序电路，与一般双稳态触发器比较，它具有如下两个明显的特点。一是施密特触发器属于电平触发，对于缓慢变化的信号同样适用，因此是一种优良的波形整形电路。只要输入信号电平达到触发电平，输出信号就会发生突变，从一个稳态转变到另一个稳态，并且稳态的维持时间依赖于外加触发信号。二是对正向和负向增长的输入信号，电路有不同的阈值电平，这就是施密特触发器的滞后特性或回差特性，该特性提高了它的抗干扰能力。

施密特触发器的逻辑符号和电压传输特性如图6.3.1所示。实际上，它是一个具有滞后特性的反相器。在图6.3.1中，V_{T+}为正向阈值电平或上限触发电平；V_{T-}为负向阈值电平或下限触发电平。它们之间的差值称为回差电压（滞后电压），用ΔV_T表示，即

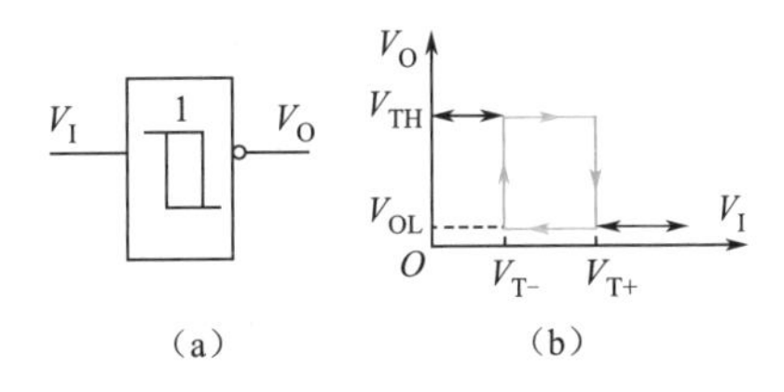

图6.3.1　施密特触发器的逻辑符号和电压传输特性

$$\Delta V_T=V_{T+}-V_{T-}$$

6.3.1　集成施密特触发器

早期的施密特触发器是由分立元件构成的，如图6.3.2所示。下面简单说明其工作原理。

当触发器输入端不加输入信号，或者输入v_I的电位较低时，只要使v_{BE1}<0.5V，则VT_1截止，其集电极输出v_{c1}为高电平，通过电阻R_1和R_2分压，使VT_2饱和，VT_2集电极输出v_O为低电平，这是一种稳定工作状态。当输入v_I高于某一个电平时，只要使VT_1饱和，v_{c1}输出为低电平，通过R_1和R_2分压，使VT_2截止，VT_2集电极输出v_O为高电平，这是另一种稳定工作状态。

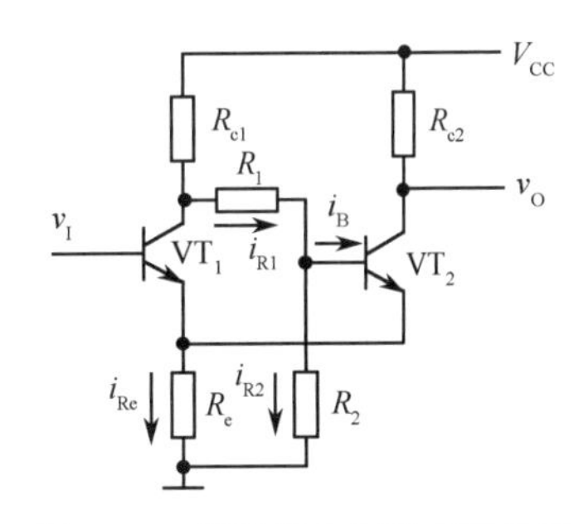

图6.3.2　射极耦合双稳态触发器（施密特触发器）

目前，用分立元件构成施密特触发器已很少采用，一般采用集成施密特触发器或555时基电路来构成。而集成施密特触发器有TTL集成施密特触发器和CMOS集成施密特触发器两大类。TTL集成施密特触发器的典型产品有7413、7432等。CMOS集成施密特触发器有CC40106等。

由于TTL集成施密特触发器输入部分有与的逻辑功能，输出部分有反相器，因此又称为与非门施密特触发器。在集成电路手册中归类在与非门一类中，一般没有单列。

1．TTL集成施密特触发器（7413）

7413是带施密特触发器的双4输入与非门，其中每个与非门的电路结构如图6.3.3所示。由图6.3.3可知，每个与非门由四部分构成。

（1）二极管VD_1～VD_4和电阻R_1构成与门输入级，实现与逻辑功能；VD_5～VD_8是阻尼二极管，防止负脉冲干扰。

（2）VT_1、VT_2和R_2～R_4构成施密特触发器，VT_1和VT_2通过射极电阻R_4耦合实现正反馈，加速状态转换。

（3）VT_3、VD_9、R_5、R_6构成电平偏移级，其主要作用是在VT_2饱和时，利用V_{BE3}和VD_9的电平偏移，保证VT_4截止。

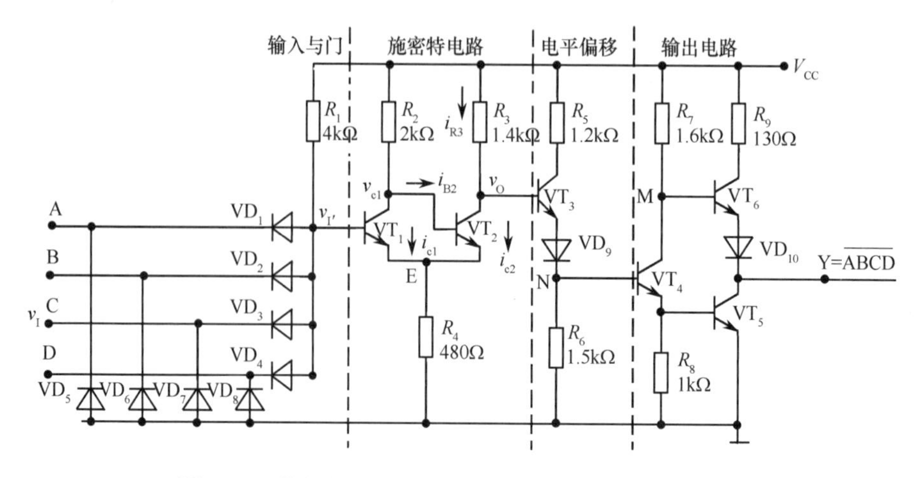

图 6.3.3　带与非门的 TTL 集成施密特触发器的电路结构

（4）VT_4、VT_5、VT_6、VD_{10} 和 R_7～R_9 构成有推拉输出级结构，既实现逻辑非的功能，又增强其带负载的能力。

假设二极管导通压降为 0.7V，当输入端电压 v_I 使 $v_I'-v_E=v_{BE1}<0.7V$ 时，VT_1 截止，VT_2 饱和导通。若 v_I 逐步上升至 $v_{BE1}>0.7V$ 时，VT_1 导通，同时产生一个正反馈过程：

$$v_{I'}\uparrow \rightarrow i_{c1}\uparrow \rightarrow v_{c1}\downarrow \rightarrow i_{c2}\downarrow \rightarrow v_E\downarrow \rightarrow v_{BE1}\uparrow \rightarrow i_{c1}\uparrow$$

从而使 VT_1 迅速饱和导通，VT_2 迅速截止。

若 v_I' 从高电平逐渐下降，并且降至 v_{BE1} 只有 0.7V 左右时，i_{c1} 开始减少，又引起另一个正反馈过程：

$$v_{I'}\downarrow \rightarrow i_{c1}\downarrow \rightarrow v_{c1}\uparrow \rightarrow i_{c2}\uparrow \rightarrow v_E\uparrow \rightarrow v_{BE1}\downarrow \rightarrow i_{c1}\downarrow$$

使电路迅速返回 VT_1 截止、VT_2 饱和导通状态。

正是因为电路中的这两个正反馈过程，使输出端电压 v_O 的上升沿和下降沿都很陡，具有良好的脉冲边沿特性。通过电路计算，该施密特触发器的 V_{T-}、V_{T+}、ΔV_T 分别为

$$V_{T+}=1.7V \qquad V_{T-}=0.8V \qquad \Delta V_T=0.9V$$

2. CMOS 集成施密特触发器（CC40106）

CMOS 集成施密特触发器（CC40106）电路如图 6.3.4 所示。电路中的核心电路是由 VT_1～VT_6 组成的施密特触发电路。图中 VT_1、VT_2、VT_3 是 PMOS 管，VT_4、VT_5、VT_6 是 NMOS 管，VT_1、VT_2、VT_4、VT_5 构成反相器。

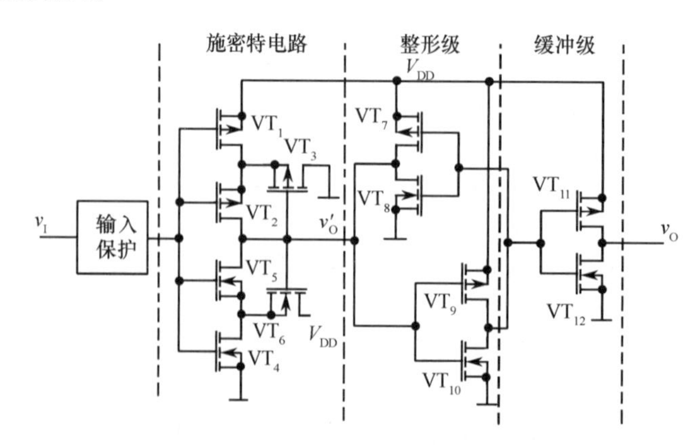

图 6.3.4　CMOS 集成施密特触发器（CC40106）电路

假设 PMOS 管开启电压为 $V_{GS(th)P}$，NMOS 管开启电压为 $V_{GS(th)N}$。当 v_I=0 时，VT_1、VT_2 导通，VT_4、VT_5 截止，此时 v'_O 为高电平，使 VT_3 截止、VT_6 导通，并工作在源极输出状态。因此，VT_5 源极电位 v_{S5} 较高，$v_{S5} \approx V_{DD}-V_{GS(th)N}$。

当输入电压 v_I 逐渐升高，在 $v_I > V_{GS(th)N}$ 后，VT_4 导通。由于 v_{S5} 很高，即使有 $v_I > V_{DD}/2$，VT_5 仍不会导通。当 v_I 继续升高，直到 VT_1、VT_2 的栅源电压 $|V_{GS1}|$、$|V_{GS2}|$ 减少到 VT_1，VT_2 趋于截止时，VT_1 和 VT_2 的内阻开始急剧增大，从而使 v'_O 和 v_{S5} 开始下降，最终达到（v_I-v_{S5}）$\geq V_{GS(th)N}$，于是 VT_5 开始导通并产生正反馈过程：

$$v'_O \downarrow \rightarrow v_{S5} \downarrow \rightarrow v_{GS5} \uparrow \rightarrow R_{ONS} \downarrow \text{（}VT_5\text{ 导通内阻）}$$

从而使 VT_5 迅速导通并进入低压降的电阻区。与此同时，随着 v'_O 的下降 VT_3 导通，进而使 VT_1、VT_2 截止，v'_O 下降为低电平。

因此，在 $V_{DD} \gg V_{GS(th)N}+|V_{GS(th)P}|$ 的条件下，v_I 上升过程的转换电平 V_{T+} 比 $\frac{1}{2}V_{DD}$ 高得多，而且 V_{DD} 越高，V_{T+} 也随之升高。同理，在 $V_{DD} \gg V_{GS(th)N}+|V_{GS(th)P}|$ 的条件下，v_I 下降过程中的转换电平 V_{T-} 要比 $\frac{1}{2}V_{DD}$ 低得多，其转换过程与 v_I 上升过程类似。

$VT_7 \sim VT_{10}$ 组成两个首尾相接的反相器，构成整形电路。在 v_O' 上升和下降过程中，通过这两级反相器的正反馈作用，使输出电压波形边沿得到进一步改善，VT_{11} 和 VT_{12} 组成输出缓冲级，提高了电路带负载的能力，还有把内部电路与外部负载隔离的作用。

对于集成施密特触发器 CC40106，由于电路内部器件参数差异较大，V_{T+} 和 V_{T-} 的数值对不同的芯片差别较大，V_{T+}、V_{T-} 不仅受 V_{DD} 的影响，而且在 V_{DD} 一定的情况下，V_{T+} 和 V_{T-} 的值对不同器件也不完全相同，这是应用中要注意的问题。

6.3.2　用 555 定时器接成的施密特触发器

由 555 时基电路及 R_A、R_B、RP 少数元件构成的可调阈值电压的施密特触发器（图 6.3.5），可视为由比较器驱动施密特触发电路，其输出有两个端口：一个是③脚输出的矩形脉冲，另一个是放电端（DIS）⑦脚输出的放电波形（外接电容器）。

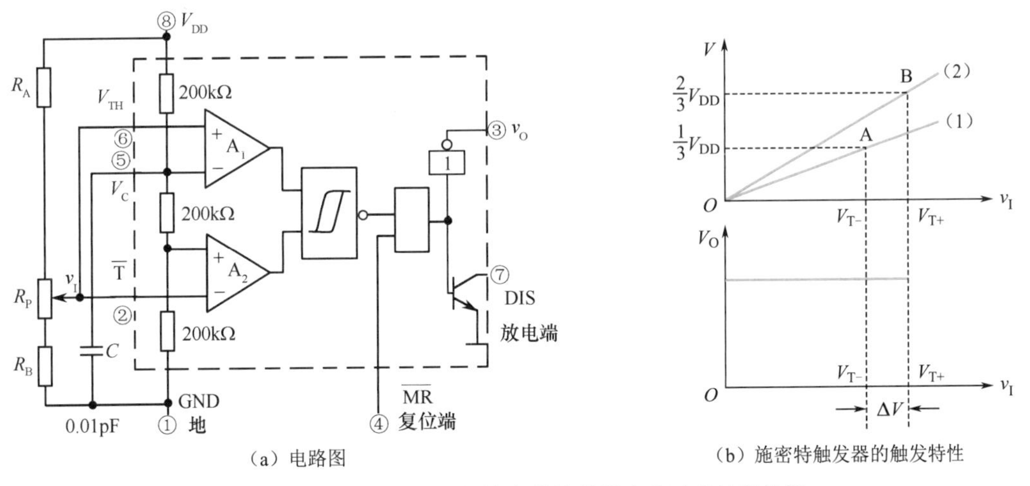

（a）电路图　　（b）施密特触发器的触发特性

图 6.3.5　可调阈值电压的施密特触发器电路及其触发特性

假设分压电路中的电位器 R_P 中轴点输入的信号为 v_I，调节 RP 会使输入信号有一定的变化范围，根据 555 时基电路的触发复位和置位特性，其输出端 v_O（③脚）会有如下变化。

（1）当输入触发信号 $v_I < V_{T-}$[图 6.3.5（b）]时，设②脚的电平为低电平 0，⑥脚也为低电平 0，则 555 处于置位状态，③脚输出呈高电位 1。

（2）当 $V_{T-} < v_I < V_{T+}$，即②脚为高电平$\left(>\frac{1}{3}V_{DD}\right)$，⑥脚仍为低电平$\left(<\frac{2}{3}V_{DD}\right)$时，③脚输出仍呈高电位，此种状态属于双稳状态（维持原状态不变）。

（3）当 $v_I > V_{T+}\left(\frac{2}{3}V_{DD}\right)$时，555 转呈复位状态，即③脚输出为低电平 0。

由以上分析及图 6.3.5（b）可知，555 时基电路的触发和传输特性，其信号的上升特性和下降特性不重叠，而存在回差电压 ΔV，故这种触发电路称为施密特电路。

6.3.3 施密特触发器的应用

1. 脉冲整形与变换

施密特触发器用于波形变换和整形，有着极为广泛的应用。图 6.3.6（a）是由 555 时基电路构成的基本触发电路。图 6.3.6（b）～（d）是对不同输入信号的整形、变换波形。

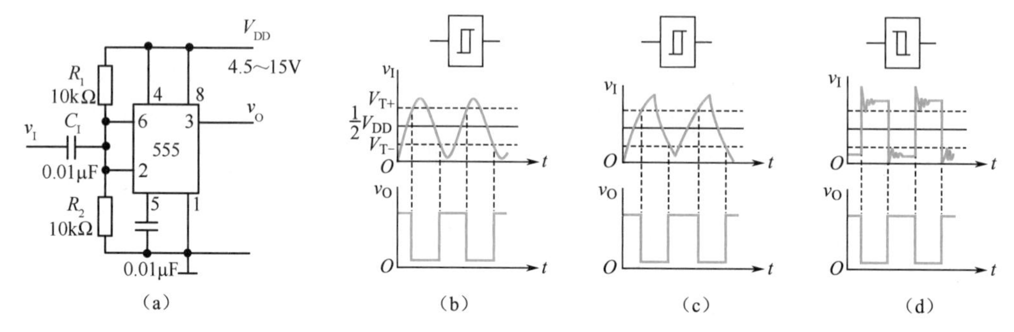

图 6.3.6 施密特触发器用于整形变换电路

由 6.2 节可知，555 时基电路可看成一个 R-S 电平型触发器，它的置位电平不大于$\frac{1}{3}V_{DD}$，而其复位电平不小于$\frac{2}{3}V_{DD}$（阈值电平）。因此，设置 $R_1=R_2=10\text{k}\Omega$，使 2、6 脚的偏置电压在$\frac{1}{2}V_{DD}$，介于两个阈值电平之间。

如图 6.3.6（b）所示，当输入的正弦波电压的瞬时电平低于$\frac{1}{3}V_{DD}$时，555 置位，输出呈高电平；而当瞬时输入电压高于$\frac{2}{3}V_{DD}$时，555 复位，输出呈低电平。在输出端得到规则的矩形脉冲，对波形进行了整形、变换。

脉冲信号在传输过程中前后沿产生了缓慢变化或振荡，使用施密特触发器可进行整形，如图 6.3.6（c）、（d）所示。

由于施密特触发器两个阈值电平为$\frac{1}{3}V_{DD}$和$\frac{2}{3}V_{DD}$，因此存在$\frac{1}{3}V_{DD}$回差电压。

2. 脉冲波幅度鉴别

施密特触发器输出状态决定于输入信号 v_I 的幅值，只有当输入信号 v_I 的幅值大于它的 V_{T+}的脉冲时，电路才输出一个脉冲，而幅度小于 V_{T+}的脉冲，电路则无脉冲输出，如图 6.3.7 所示。

3. 脉冲展宽电路

脉冲展宽电路的原理图和工作波形图如图 6.3.8 所示。图 6.3.8（a）中电容器 C 与集电极开路门反相器的输出端并联到施密特触发器输入端，与 R 组成积分电路。当输入 v_I 为高电平时，OC 开路门输出低电平，电容器 C 不能充电，$v_C=0$，施密特触发器输出 v_O 为高电平。若 v_I 为低电平，OC 开路门输出为高电平，但电容电压 v_C 不能跳变，V_{CC} 通过 R 对 C 充电，v_C 按指数规律上升。当 v_C 上升至稍大于 V_{T+} 时，施密特触发器输出才能从高电平跳变为低电平。显然，v_O 的脉宽比 v_I 的脉宽展宽了。展宽的大小与 RC 值有关。改变 RC 值的大小就可以改变施密特触发器输出脉冲的宽度。

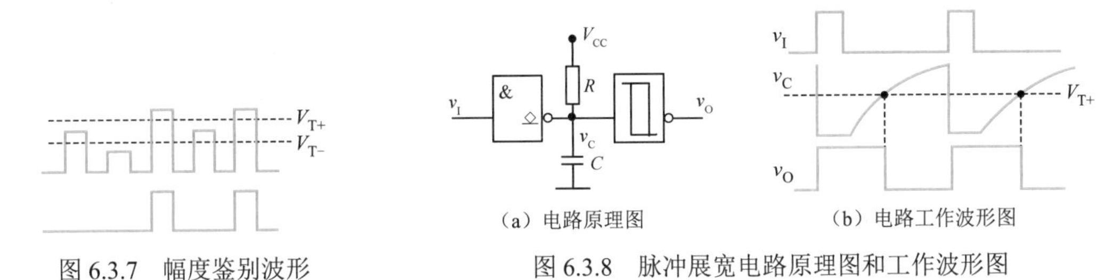

图 6.3.7 幅度鉴别波形

图 6.3.8 脉冲展宽电路原理图和工作波形图

6.4 单稳态触发器

单稳态触发器的工作特性具有如下几个显著特点。

第一，它有稳态和暂稳态两个不同的工作状态。

第二，在外界触发脉冲作用下，能从稳态翻转到暂稳态，在暂稳态维持一段时间以后，再自动返回稳态。

第三，暂稳态维持时间的长短取决于电路本身的参数，与触发脉冲的宽度和幅度无关。

由于具备这些特点，单稳态触发器被广泛应用于脉冲整形、延时（产生滞后于触发脉冲的输出脉冲）及定时（产生固定时间宽度的脉冲信号）等。

6.4.1 用门电路组成的单稳态触发器

单稳态触发器的暂稳态通常都是靠 RC 电路的充、放电过程来维持的。根据 RC 电路的不同接法（接成微分电路形式或积分电路形式），又把单稳态触发器分为微分型单稳态触发器和积分型单稳态触发器两种。

1. 微分型单稳态触发器

图 6.4.1 所示为用 CMOS 门电路和 RC 微分电路构成的微分型单稳态触发器。

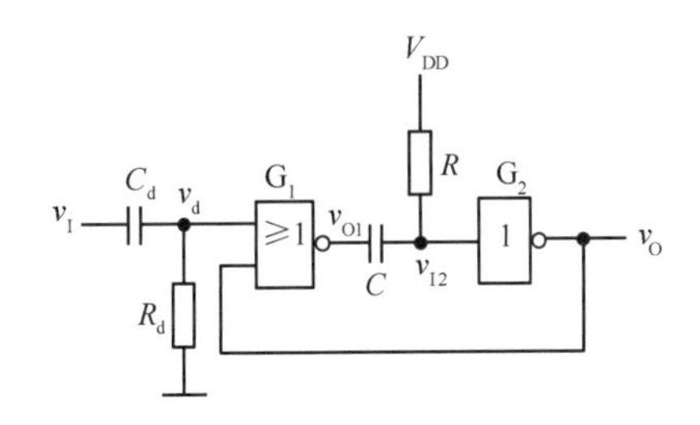

图 6.4.1 用 CMOS 门电路和 RC 微分电路构成的微分型单稳态触发器

对于 CMOS 门电路，可以近似地认为 $V_{OH}\approx V_{DD}$、$V_{OL}\approx 0$，而且通常 $V_{TH}\approx\frac{1}{2}V_{DD}$。在稳态下 $v_I=0$、$v_{I2}=V_{DD}$，故 $v_O=0$、$v_{O1}=V_{DD}$，电容 C 上没有电压。

当触发脉冲 v_I 加到输入端时，在 R_d 和 C_d 组成的微分电路输出端得到很窄的正、负脉冲 v_d。当 v_d 上升到 V_{TH} 以后，将引发如下的正反馈过程：

$$v_d\uparrow\rightarrow v_{O1}\downarrow\rightarrow v_{I2}\downarrow\rightarrow v_O\uparrow$$

使 v_{O1} 迅速跳变为低电平。由于电容上的电压不可能发生突跳，因此 v_{I2} 同时跳变至低电平，并使 v_O 跳变为高电平，电路进入暂稳态。这时即使 v_d 回到低电平，v_O 的高电平仍将维持。

与此同时，电容 C 开始充电。随着充电过程的进行，v_{I2} 逐渐升高，当升至 $v_{I2}=V_{TH}$ 时，又引发另外一个正反馈过程：

$$v_{I2}\uparrow \rightarrow v_O\downarrow \rightarrow v_{O1}\uparrow$$

如果这时触发脉冲已消失（v_d已回到低电平），那么 v_{O1}、v_{I2}迅速跳变为高电平，并使输出返回 v_O=0 的状态。同时，电容 C 通过电阻 R 和门 G_2的输入保护电路向 V_{DD}放电，直至电容上的电压为 0，电路恢复到稳定状态。

根据以上分析，即可画出电路中各点的电压波形，如图 6.4.2 所示。

为了定量地描述单稳态触发器的性能，经常使用输出脉冲宽度 t_W、输出脉冲幅度 V_m、恢复时间 t_{re}、分辨时间 t_d 等参数。

由图 6.4.2 可知，输出脉冲宽度 t_W等于从电容 C 开始充电到 v_{I2}上升至 V_{TH}的这段时间。电容 C 充电的等效电路如图 6.4.3 所示。图中的 R_{ON}是或非门 G_1 输出低电平时的输出电阻。在 $R_{ON} \ll R$ 的情况下，等效电路可以简化为简单的 RC 串联电路。

根据对 RC 电路过渡过程的分析可知，在电容充、放电过程中，电容上的电压 v_C从充、放电开始到变化至某一数值 V_{TH}所经过的时间可以用下式计算。

$$t = RC\ln\frac{v_C(\infty)-v_C(0)}{v_C(\infty)-V_{TH}} \tag{6.4.1}$$

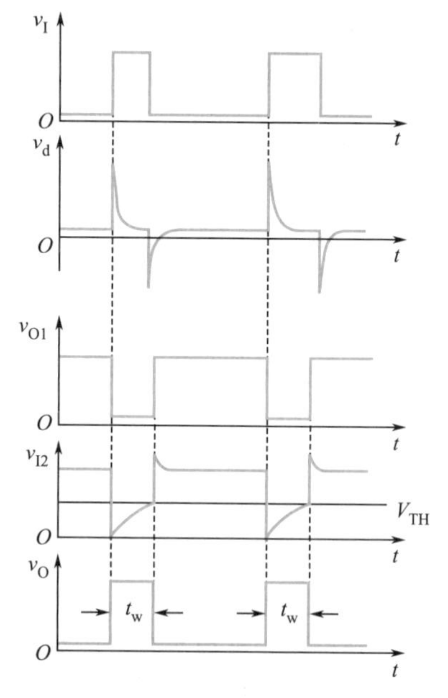

图 6.4.2　图 6.4.1 电路的电压波形图

式中：$v_C(0)$为电容电压的起始值；$v_C(\infty)$为电容电压充、放电的终了值。

由图 6.4.2 可知，图 6.4.1 所示电路中电容电压从 0 充至 V_{TH} 的时间即 t_W。将 $V_{TH}=\frac{1}{2}V_{DD}$、$v_C(0)=0$、$v_C(\infty)=V_{DD}$代入式（6.4.1）得到

$$t_W=RC\ln\frac{V_{DD}-0}{V_{DD}-V_{TH}}=RC\ln2=0.69RC \tag{6.4.2}$$

输出脉冲的幅度为

$$V_m=V_{OH}-V_{OL}\approx V_{DD} \tag{6.4.3}$$

在 v_O返回低电平以后，还要等到电容 C 放电完毕电路才恢复为起始的稳态。一般认为经过 3～5 倍于电路时间常数的时间以后，RC 电路已基本达到稳态。图 6.4.1 所示电路中电容 C 放电的等效电路，如图 6.4.4 所示。图中的 VD_1是反相器 G_2输入保护电路中的二极管。如果 VD_1的正向导通电阻比 R 和门 G_1的输出电阻 R_{ON}小得多，那么恢复时间为

$$t_{re}\approx(3\sim5)RVD_1C \tag{6.4.4}$$

分辨时间 t_d是指在保证电路能正常工作的前提下，允许两个相邻触发脉冲之间的最小时间间隔，故有

$$t_d=t_W+t_{re} \tag{6.4.5}$$

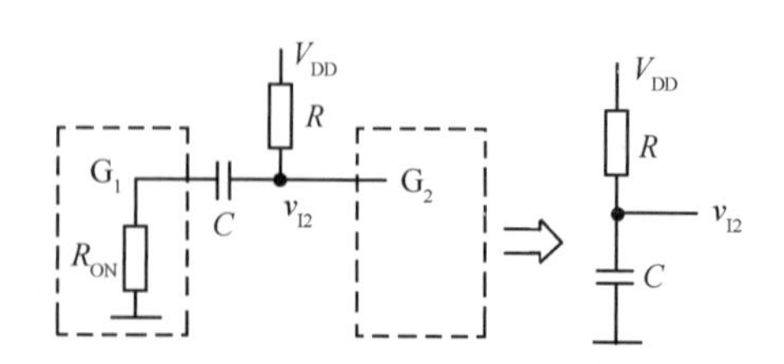

图 6.4.3　电容充电的等效电路

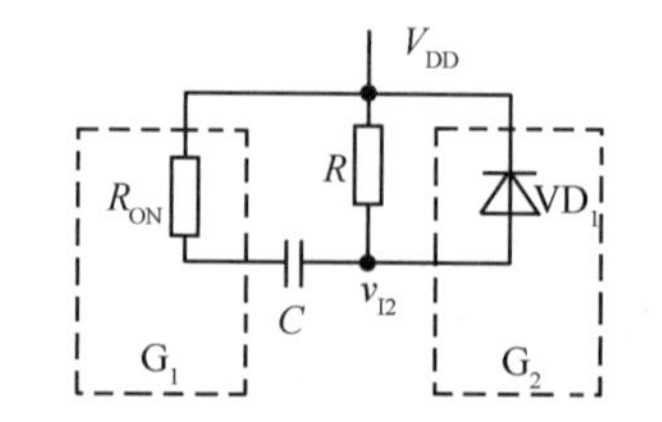

图 6.4.4　电容放电的等效电路

微分型单稳态触发器可以用窄脉冲触发。在 v_d 的脉冲宽度大于输出脉冲宽度的情况下，电路仍能工作，但是输出脉冲的下降沿较差。因为在 v_O 返回低电平的过程中 v_d 输入的高电平还存在，所以电路内部不能形成正反馈。

2. 积分型单稳态触发器

图 6.4.5 所示为用 TTL 与非门和反相器及 RC 积分电路组成的积分型单稳态触发器。为了保证 v_{O1} 为低电平时 v_A 在 V_{TH} 以下，电阻 R 的阻值不能取得很大。这个电路用正脉冲触发。

稳态下由于 $v_I=0$，因此 $v_O=V_{OH}$，$v_A=v_{O1}=V_{OH}$。当输入正脉冲以后，v_{O1} 跳变为低电平。但由于电容 C 上的电压不能突变，因此在一段时间里 v_A 仍在 V_{TH} 以上。所以，在这段时间里 G_2 的两个输入端电压同时高于 V_{TH}，使 $v_O=V_{OL}$，电路进入暂稳态。同时，电容 C 开始放电。

然而，这种暂稳态不能长久地维持下去，随着电容 C 的放电，v_A 不断降低至 $v_A=V_{TH}$ 后，v_O 回到高电平。当 v_I 返回低电平以后，v_{O1} 又重新变成高电平 V_{OH}，并向电容 C 充电。经过恢复时间 t_{re}（从 v_I 回到低电平的时刻算起）以后，v_A 恢复为高电平，电路达到稳态。电路中各点的电压波形，如图 6.4.6 所示。

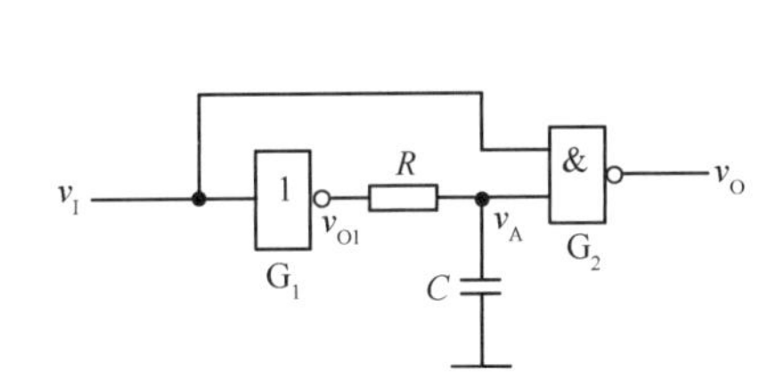

图 6.4.5　用 TTL 与非门和反相器及 RC 积分电路组成的积分型单稳态触发器

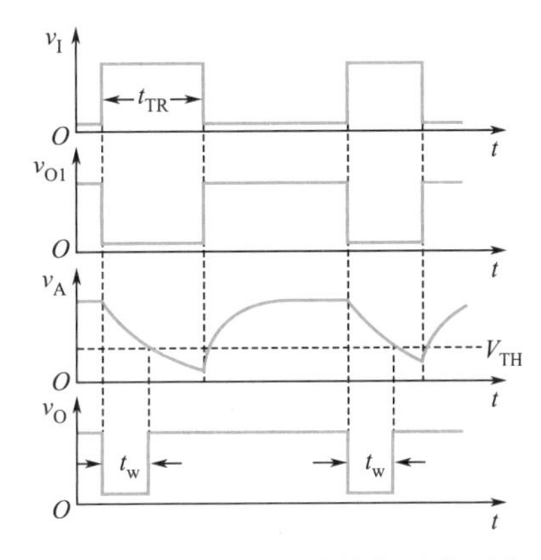

图 6.4.6　图 6.4.5 电路的电压波形图

由图 6.4.6 可知，输出脉冲的宽度等于从电容 C 开始放电的一刻到 v_A 下降至 V_{TH} 的时间。为了计算 t_W，需要画出电容 C 放电的等效电路，如图 6.4.7（a）所示。鉴于 v_A 高于 V_{TH} 期间 G_2 的输入电流非常小，可以忽略不计，因而电容 C 放电的等效电路可以简化为（$R+R_O$）与 C 串联，这里的 R_O 是 G_1 输出为低电平时的输出电阻。

将图 6.4.7（b）中曲线给出的 $v_C(0)=V_{OH}$、$v_C(\infty)=V_{OL}$ 代入式（6.4.1），即可得

$$t_W=(R+R_O)C\ln\frac{V_{OL}-V_{OH}}{V_{OL}-V_{TH}} \tag{6.4.6}$$

输出脉冲的幅度为

$$V_m=V_{OH}-V_{OL} \tag{6.4.7}$$

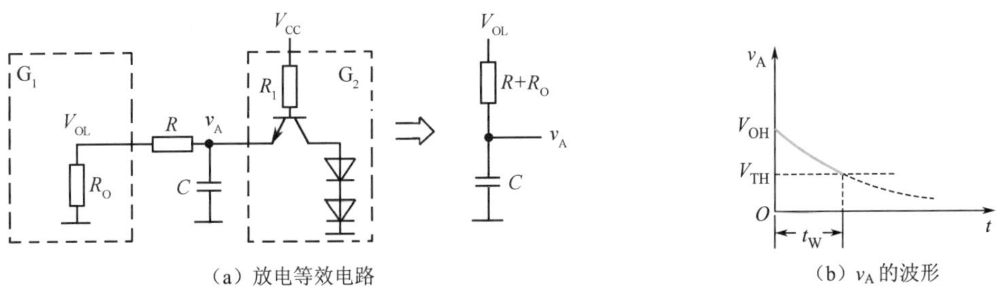

（a）放电等效电路　　（b）v_A 的波形

图 6.4.7　图 6.4.5 电路中电容 C 放电的等效电路和 v_A 的波形

恢复时间等于 v_{O1} 跳变为高电平后电容 C 充电至 V_{OH} 所经过的时间。若取充电时间常数的 3～5 倍时间为恢复时间，则得

$$t_{re} \approx (3 \sim 5)(R+R'_O)C \tag{6.4.8}$$

式中：R'_O 为 G_1 输出高电平时的输出电阻。这里为简化计算而没有计入 G_2 输入电路对电容充电过程的影响，所以算出的恢复时间是偏于安全的。

这个电路的分辨时间应为触发脉冲的宽度 t_{TR} 和恢复时间之和，即

$$t_d = t_{TR} + t_{re} \tag{6.4.9}$$

与微分型单稳态触发器相比，积分型单稳态触发器具有抗干扰能力较强的优点。因为数字电路中的噪声多为尖峰脉冲的形式（幅度较大而宽度极窄的脉冲），而积分型单稳态触发器在这种噪声作用下，不会输出足够宽度的脉冲。

积分型单稳态触发器的缺点是输出波形的边沿比较差，这是由于电路的状态转换过程中没有正反馈作用的缘故。此外，这种积分型单稳态触发器必须在触发脉冲的宽度大于输出脉冲宽度时方能正常工作。

6.4.2　集成单稳态触发器

鉴于单稳态触发器的应用十分普遍，在 TTL 电路和 CMOS 电路的产品中，都生产了集成单稳态触发器器件。

使用这些器件时只需要很少的外接元件和连线，而且由于器件内部电路一般还附加了上升沿与下降沿触发的控制和置零等功能，使用极为方便。此外，由于将元器件集成于同一芯片上，并且在电路上采取了温漂补偿措施，因此电路的温度稳定性比较好。

集成单稳态触发器因其按触发方式的不同，可分为非重复触发单稳触发器和可重复触发单稳态触发器。所谓非重复触发单稳态触发器，是指单稳态触发器一旦被触发进入暂稳态后，再加入触发信号不会影响单稳态触发器的工作过程，必须在暂稳态结束之后，才能再接受触发信号转入暂稳态。所谓可重复触发单稳态触发器，是指单稳态触发器被触发进入暂稳态后，再加入触发脉冲，单稳态触发器将重新被触发，使输出脉冲再继续维持一个脉冲宽度。常用的非重复触发单稳态触发器有 74121、74LS121、74LS221 等。常用可重复触发单稳态触发器有 74LS122，74LS123 等，其中 74LS122、74LS123 还带有复位端。

图 6.4.8 所示为 TTL 非重复触发集成单稳态触发器 74LS121 简化的原理性逻辑图。它是在普通微分型单稳态触发器的基础上附加输入控制电路和输出缓冲电路而形成的。

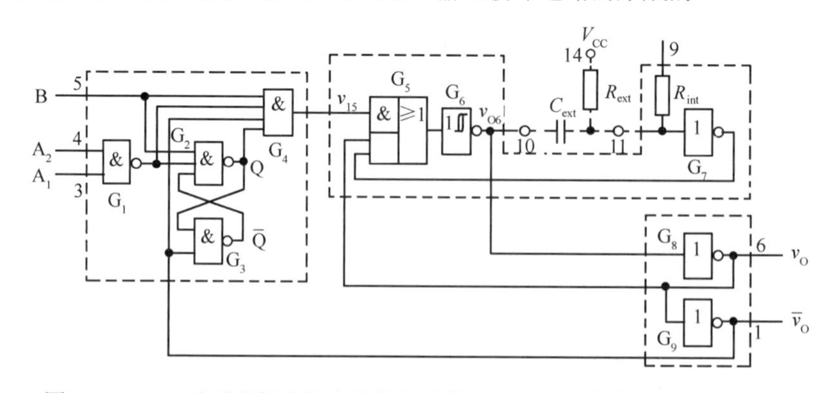

图 6.4.8　TTL 非重复触发集成单稳态触发器 74LS121 简化的原理性逻辑图

门 G_5、G_6、G_7 和外接电阻 R_{ext}、外接电容 C_{ext} 组成微分型单稳态触发器。如果把 G_5 和 G_6 合在一起视为一个具有施密特触发特性的或非门，那么这个电路与图 6.4.1 所讨论过的微分型单稳态触发器基本相同。它用门 G_4 给出的正脉冲触发，输出脉冲的宽度由 R_{ext} 和 C_{ext} 的大小决定。

门 G_1～G_4 组成的输入控制电路用于实现上升沿触发或下降触发的控制。当需要用上升沿触发时，触发脉冲由 B 端输入，同时 A_1 或 A_2 当中至少要有一个接至低电平。当触发脉冲的上升沿到达时，因为门 G_4 的其他 3 个输入端均处于高电平，所以 v_{15} 也随之跳变为高电平，并触发单稳态电路使之进入暂稳态，输出端跳变为 v_O=1、$\overline{v}_O$=0。与此同时，v_O 的低电平立即将门 G_2 和 G_3 组成的触发器置零，使 v_{15} 返回低电平。可见，v_{15} 的高电平持续时间极短，与触发脉冲的宽度无关。这就可以保证在触发脉冲宽度大于输出脉冲宽度时输出脉冲的下降沿仍然很陡。因此，74LS121 具有边沿触发的性质。

在需要用下降沿触发时，触发脉冲则应由 A_1 或 A_2 输入（另一个应接高电平），同时将 B 端接高电平。触发后电路的工作过程和上升沿触发时相同。

表 6.4.1 所示为 74LS121 的功能表，图 6.4.9 所示为 74LS121 在触发脉冲作用下的波形图。

表 6.4.1　74LS121 的功能表

输入			输出	
A_1	A_2	B	v_O	$\overline{v}_O$
0	×	1	0	1
×	0	1	0	1
×	×	0	0	1
1	1	×	0	1
1	↓	1	⊓	⊔
↓	1	1	⊓	⊔
↓	↓	1	⊓	⊔
0	×	↑	⊓	⊔
×	0	↑	⊓	⊔

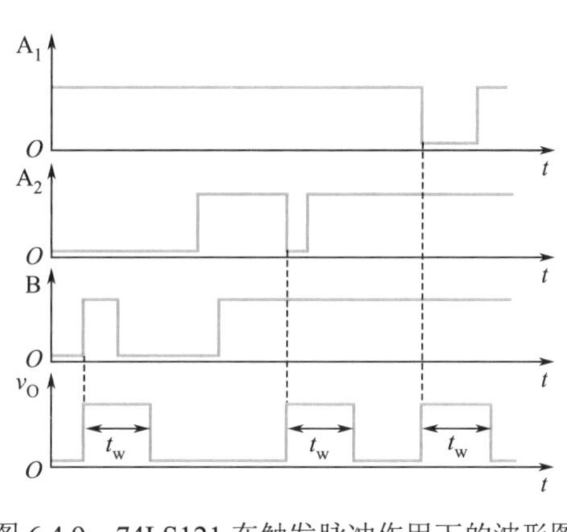

图 6.4.9　74LS121 在触发脉冲作用下的波形图

输出缓冲电路由反相器 G_8 和 G_9 组成，用于提高电路的带负载能力。

根据门 G_6 输出端和门 G_7 输入端的电路结构可以求出计算输出脉冲宽度的公式，即

$$t_W \approx R_{ext}C_{ext}\ln 2 = 0.69R_{ext}C_{ext} \tag{6.4.10}$$

通常 R_{ext} 的取值为 2～30kΩ，C_{ext} 的取值为 10pF～10μF，得到的 t_W 范围为 20ns～200ms。

6.4.3　用 555 时基电路构成的单稳态触发器

在 555 时基电路的外部加接几个阻容元件，就可接成单稳态触发器电路。它所形成的单脉冲持续宽度可以从几微秒到几小时，精密度可达 0.1%。

由 555 时基电路组成的单稳态触发器如图 6.4.10 所示。本节以 CMOS 型 555 时基电路为例进行说明，图中所标示的各功能端也与此对应。由图 6.4.10 可知，构成单稳态触发器电路仅外接了一个由电阻 R_a 和电容 C 组成的定时网络。

图 6.4.10 中强制复位端 $\overline{MR}$（4 脚）接 V_{DD}，阈值端 V_{TH}（6 脚）与放电端 DIS（7 脚）并接至 RC 定时网络的中点。图 6.4.10 的简化电路如图 6.4.11（a）所示，图 6.4.11（b）所示为单稳态触发器的波形图。

为分析方便起见，设当电源 V_{DD} 加上后，置位端 $\overline{S}$（2 脚）无触发信号，即在稳态状态，输出 v_O 为低电平。触发器输出高电平，放电管 VT_1 导通，定时电容 C 上的电压 v_C=0。由于 555 时基电路的 6 脚、7 脚短接，因此比较器 A_1 的同相输入端也被钳制，等于 VT_1 的饱和压降 V_{ces} 的电位。时

基电路内的 3 个 200kΩ 电阻组成的分压网络，使比较器 A_1 的反相端和比较器 A_2 的同相端分别偏置在 $\frac{2}{3}V_{DD}$ 和 $\frac{1}{3}V_{DD}$，这两个电位就是比较器翻转与否的门限电压值。当 $\overline{S}$ 端（2 脚）加进低于 $\frac{1}{3}V_{DD}$ 的负向脉冲时，比较器 A_2 输出为高电平 1，触发器被置位，输出为低电平，放电管 VT_1 截止。同时，555 时基电路的输出端（3 脚）变为高电平，即 $v_O=1$。此时，电路处于置位阶段，进入暂稳态。当 $\overline{S}$ 端的输入脉冲消失后，比较器 A_2 虽然输出为 0，但触发器的输出仍保持不变，故 555 时基电路的输出端仍为高电平 1。而在暂稳期间，由于 VT_1 截止，V_{DD} 通过 R_a 对电容器 C 充电，电容器 C 上的电压呈指数形式上升，为

$$v_C(t)=V_{DD}(1-e^{-t/R_aC}) \tag{6.4.11}$$

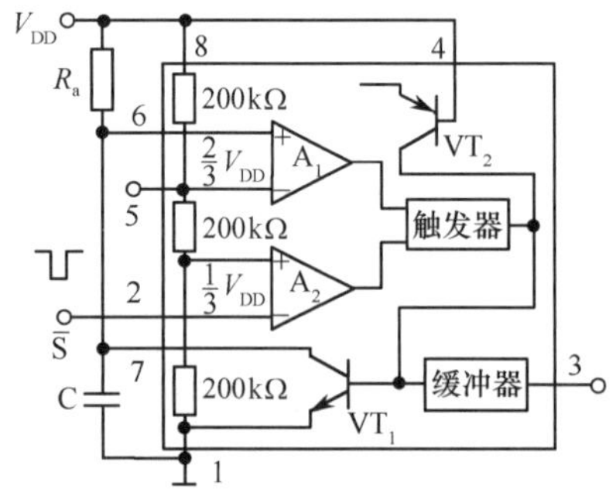

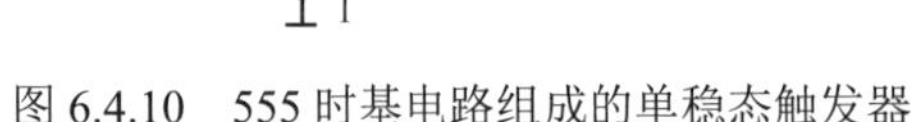

图 6.4.10　555 时基电路组成的单稳态触发器

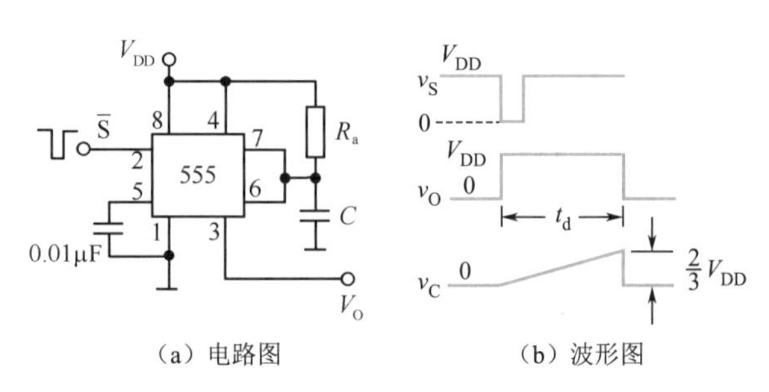

图 6.4.11　单稳态触发器

当 C 上的电压充电到 $\frac{2}{3}V_{DD}$ 时，即比较器 A_1 的同相端的电压达到 $\frac{2}{3}V_{DD}$ 时，A_1 输出为高电平 1，触发器 555 的 3 脚被复位，且 VT_1 的基极电位变为高电平 1，VT_1 再次饱和导通，电容 C 上的电荷经 VT_1 迅速放电至低电平 0，电路又复原至稳态。图 6.4.11（b）给出了它的波形图。

在暂稳状态，$v_O(t)$从 0 上升到 $\frac{2}{3}V_{DD}$ 的时间为 t_d，则有

$$\frac{2}{3}V_{DD}=V_{DD}(1-e^{-t_d/R_aC}) \tag{6.4.12}$$

由式（6.4.12）可得，输出为高电平的时间为

$$t_d=-R_aC\ln(\frac{1}{3}) \quad 或 \quad t_d=1.1R_aC \text{（s）} \tag{6.4.13}$$

由式（6.4.13）可知，图 6.4.11 的单稳态模式的延迟时间 t_d 与外加工作电压 V_{DD} 无关，而取决于定时网络的时间常数。实际上，电源电压的变化对定时精度是有影响的，约为 1%/V。尽管电源电压的变化对充电速率和两个比较器的门限都有影响，但由于时基单元内部的分压网络等的设置，使其在暂稳态内的影响因相互抵消而减至最小。

6.4.4　单稳态触发器的应用

利用单稳态触发器在触发信号作用下由稳态进入暂稳态，暂稳态持续一定的时间后自动返回稳态的特点，可应用于脉冲波形整形、定时和延时、高/低通滤波等电路。

1．脉冲波形整形

单稳态触发器输出脉冲波形的脉宽 t_W 决定于电路本身的参数，输出脉冲的幅值 V_m 决定于输出高低电平之差。因此，单稳态触发器输出的脉冲波形的脉宽和幅值是一定的。如果某个脉冲波形的脉宽或幅值不符合使用要求时，可用单稳态触发器进行整形，得到脉宽和幅值符合要求的脉冲波形。

图 6.4.12（a）是利用单稳态触发器的定时元件进行定时，由暂稳态自动返回稳态将触发脉冲的

脉宽展宽为 t_W。图 6.4.12（b）也是利用单稳态触发器的定时元件进行定时，由暂稳态自动返回稳态将触发脉冲的脉宽缩小为 t_W。而图 6.4.12（c）是利用单稳态触发器的定时元件进行定时，由暂稳态自动返回稳态将触发脉冲中不需要的窄脉冲进行屏蔽阻塞，使输出脉冲不含这些不需要的窄脉冲，使其脉冲宽度为 t_W。

2．构成定时电路

利用单稳态触发器输出脉冲宽度由 RC 定时元件决定，且输出脉宽一定的特点，可以实现定时。如图 6.4.13 所示，利用非重复触发单稳态触发器定时，使其后接的与门定时打开或封锁与门，打开时可定时让测量脉冲通过，与门关闭时，阻塞测量脉冲通过。若与门后面增加计数显示电路，则可测量在定时时间内，被测信号 v_F 通过的脉冲个数，进而测量被测信号的频率。这也是构成数字频率计的一个基本电路。

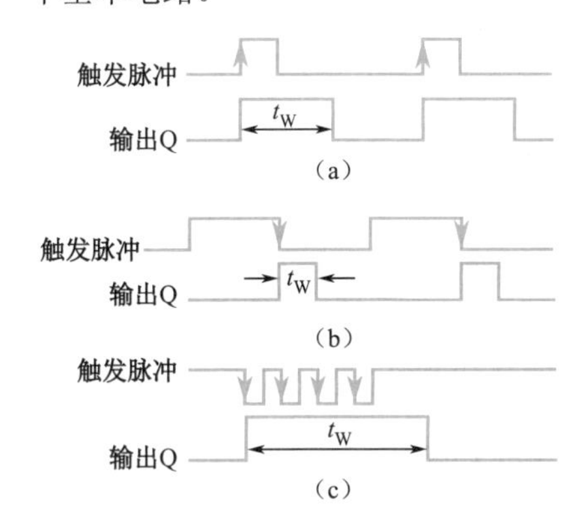

图 6.4.12　单稳态触发器的脉冲波形整形

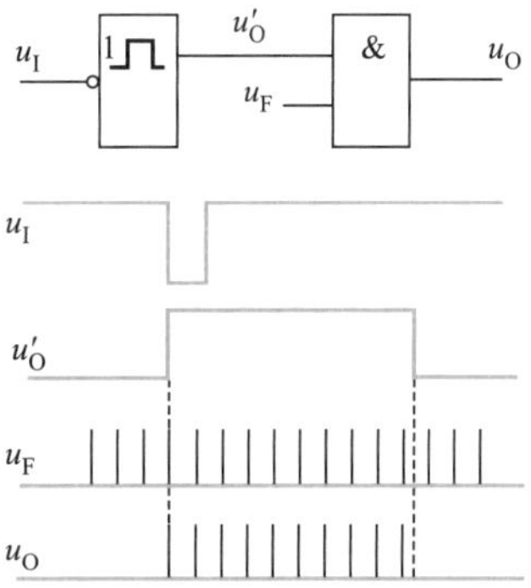

图 6.4.13　非重复触发单稳态触发器构成定时电路

3．构成延时电路

用非重复触发单稳态触发器 74LS121 构成的精密单稳态延时电路，如图 6.4.14（a）所示。其工作波形图如图 6.4.14（b）所示。

由图可知，输出脉冲 E 对输入触发脉冲 B 的延迟时间 t_W 由下式计算。

$$t_W=0.7R_{ext}C_{ext} \tag{6.4.14}$$

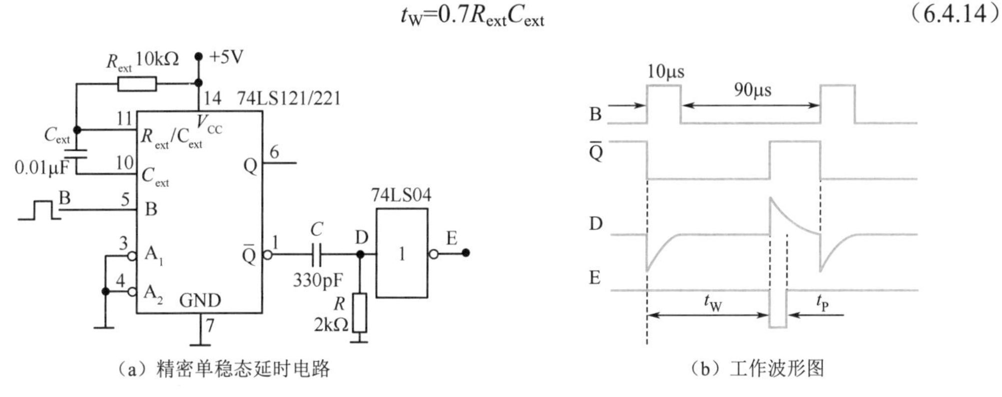

图 6.4.14　74LS121 构成的精密单稳态延时电路及其工作波形图

输出脉冲 E 的宽度 t_P 则由 C 和 R 组成的微分电路的时间常数决定。

该电路的延迟时间比较精确，外接电容 C_{ext} 的取值范围为 10pF～10μF，外接电阻 R_{ext} 的取值范围为 2～30kΩ，因此延迟时间 t_W 为 14ns～210ms。

*4．构成多谐振荡器

用两片非重复触发单稳态触发器（74LS121）构成的多谐振荡器（详见 6.5 节），如图 6.4.15 所示。设电路初始为 0 态，即 $Q_2=0$，$\overline{Q}_2=1$。若 v_{I2} 为高电平，而 v_{I1} 产生负跳变（可用反相器实现），则第（1）片满足触发条件，由稳态进入暂稳态，Q_1 输出正脉冲，$\overline{Q}_1$ 输出负脉冲，脉宽为 $t_{W1}=0.7R_1C_1$。当第（1）片暂稳态结束时，Q_1 高电平变为低电平，第（2）片满足触发条件，由稳态进入暂稳态，Q_2 端输出正脉冲，$\overline{Q}_2$ 端输出负脉冲，脉冲宽度 $t_{W2}=0.7R_2C_2$。当该脉冲消失时，$\overline{Q}_2$ 由低变高，而 $\overline{Q}_2$ 端反馈至第（1）片的 B 端，而此时 v_{I1} 已变为低电平，第（1）片又满足触发条件，只要 v_{I1} 为低电平、v_{I2} 为高电平的状态能维持不变，电路就不会停振，输出端 Q_2 是一串矩形脉冲，电路进行多谐振荡。

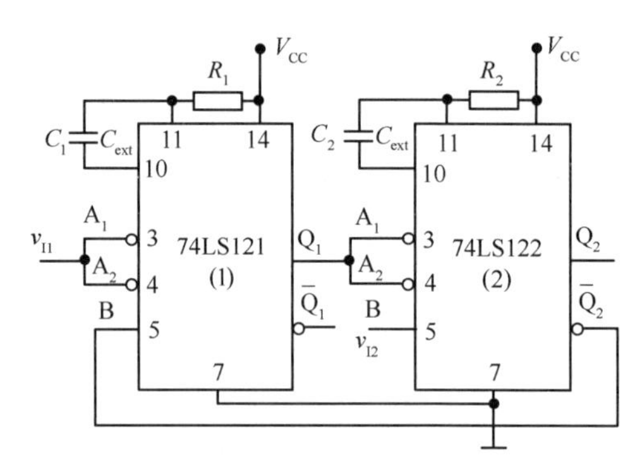

图 6.4.15 74LS121 构成的多谐振荡器

该电路的振荡周期为

$$t_W=t_{W1}+t_{W2}=0.7(R_1C_1+R_2C_2) \tag{6.4.15}$$

5．构成高/低通滤波器

用可重复触发单稳态触发器（74LS123）构成的高/低通滤波器，如图 6.4.16（a）所示。若输入信号 v_I 是含有不同的频率成分的信号，其中高频信号的周期为 T_H，低频信号的周期为 T_L。若使电路满足 $T_H<0.45R_{ext}C_{ext}<T_L$，则当 v_I 为低频时，触发器工作在非重复触发方式，输出脉宽为 t_{W1}。当 v_I 为高频时，触发器工作在可重复触发方式，输出脉宽为 t_{W2}。输出端 Q 的波形图如图 6.4.16（b）所示。再将 Q、$\overline{Q}$ 和输入信号 v_I 分别经过两个与门组成的组合逻辑电路，使其输出 $v_{O1}=Qv_I$ 和输出 $v_{O2}=\overline{Q}\cdot v_I$，则其 v_{O1} 输出的是输入信号 v_I 中的高频信号，v_{O2} 输出的是输入信号 v_I 中的低频信号。

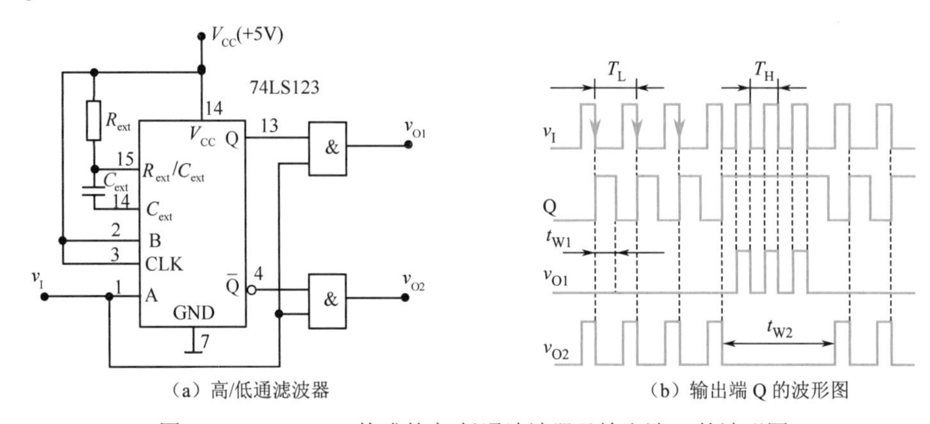

（a）高/低通滤波器　　（b）输出端 Q 的波形图

图 6.4.16 74LS123 构成的高/低通滤波器及输出端 Q 的波形图

集成单稳态触发器除了 TTL 型，CMOS 型有 CC4098（双单稳）、CC14528（双单稳）、CC4047 等芯片，与 TTL 型具有同样的功能。

值得特别指出的是，在应用单稳态触发器时，必须使输入信号的脉宽小于单稳态触发器的输出信号的脉宽。也就是说，单稳态触发器定时元件确定的脉宽必须大于输入信号的脉宽。这一条无论对非重复触发单稳态触发器和可重复触发单稳态触发器都是适用的。

6.5 多谐振荡器

多谐振荡器是一种自激振荡器，在接通电源后，不需要外加触发信号便能自动产生矩形脉冲。由于矩形波中含有丰富的高次谐波分量，因此习惯上又把矩形波振荡器称为多谐振荡器。

6.5.1　对称式多谐振荡器

图 6.5.1 所示为对称式多谐振荡器的典型电路。它是由两个反相器 G_1、G_2 经耦合电容 C_1、C_2 连接起来的正反馈振荡回路。

为了产生自激振荡，电路不能有稳定状态。也就是说，在静态下（电路没有振荡时）它的状态必须是不稳定的。从图 6.5.2 所示的反相器的电压传输特性中可以看出，若能设法使 G_1、G_2 工作在电压传输特性的转折区或线性区，则它们将工作在放大状态，即电压放大倍数 $A_u=\left|\dfrac{\Delta v_O}{\Delta v_I}\right|>1$。这时只要 G_1 和 G_2 的输入电压有极微小的扰动，就会被正反馈回路放大而引起振荡，因此图 6.5.1 所示电路的静态将是不稳定的。

为了使反相器静态时工作在放大状态，必须给它们设置适当的偏置电压，它的数值介于高、低电平之间。这个偏置电压可以通过在反相器的输入端与输出端之间接入反馈电阻 R_F 来得到。

由图 6.5.3 可知，若忽略门电路的输出电阻，则利用叠加定理可求出输入电压为

$$v_1=\frac{R_{F1}}{R_1+R_{F1}}(V_{\infty}-V_{BE})+\frac{R_1}{R_1+R_{F1}}v_0 \tag{6.5.1}$$

这就是从外电路求得的 v_O 与 v_I 的关系。式（6.5.1）表明，v_O 与 v_I 之间是线性关系，其斜率为

$$\frac{\Delta v_0}{\Delta v_1}=\frac{R_1+R_{F1}}{R_1}$$

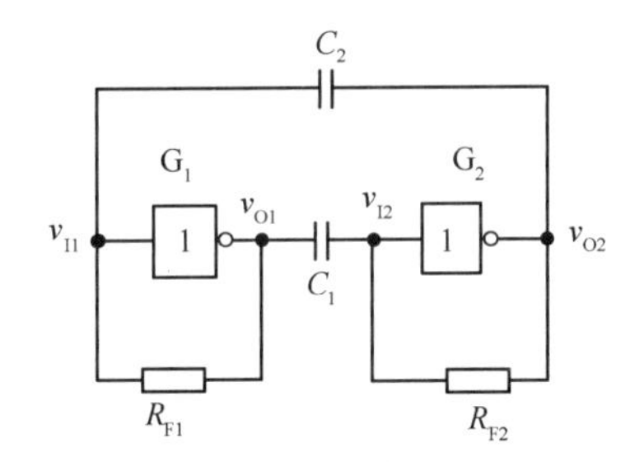

图 6.5.1　对称式多谐振荡器的典型电路

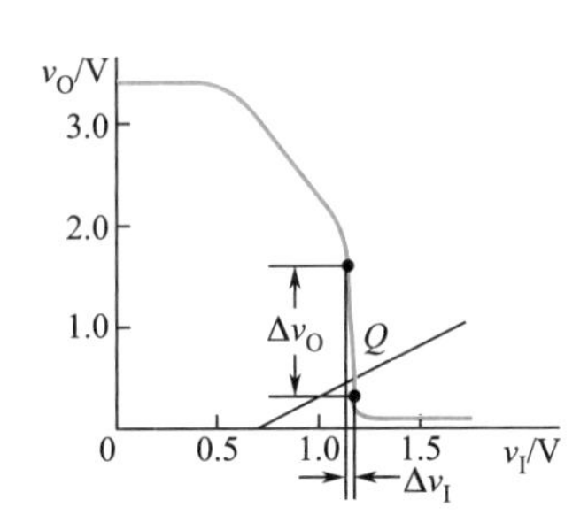

图 6.5.2　对称式多谐振荡器的反相器的电压传输特性

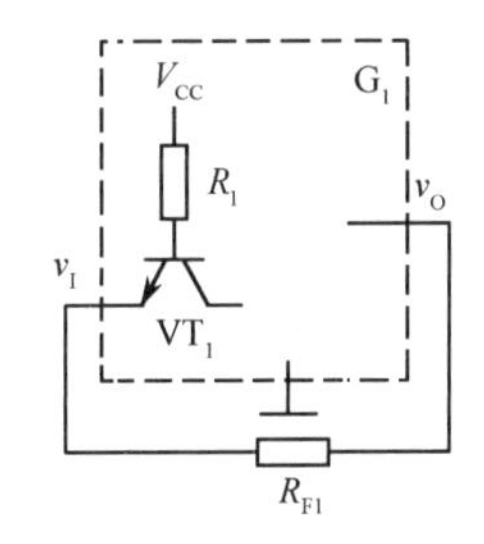

图 6.5.3　计算对称式多谐振荡器的反相器静态工作点的等效电路

而且 v_O=0 时与横轴相交在

$$v_1=\frac{R_{F1}}{R_1+R_{F1}}(V_{CC}-V_{BE})$$

的地方。这条直线与电压传输特性的交点就是反相器的静态工作点。只要恰当地选取 R_{F1} 值，定能使静态工作点 Q 位于电压传输特性的转折区，如图 6.5.2 所示。计算结果表明，对于 74 系列的门电路，R_{F1} 的阻值应取 0.5～1.9kΩ。

下面具体分析一下图 6.5.1 所示电路接通电源后的工作情况。

假定由于某种原因（如电源波动或外界干扰）使 v_{I1} 有微小的正跳变，则必然会引起如下的正反馈过程：

$$v_{I1}\uparrow\rightarrow v_{O1}\downarrow\rightarrow v_{I2}\downarrow\rightarrow v_{O2}\uparrow$$

使 v_{O1} 迅速跳变为低电平、v_{O2} 迅速跳变为高电平，电路进入第一个暂稳态。同时，电容 C_1 开始充电而 C_2 开始放电。图 6.5.4 给出了 C_1 充电和 C_2 放电的等效电路。图 6.5.4（a）中的 R_{E1} 和 V_{E1} 是根据戴维南定理求得的等效电阻与等效电压源。它们分别为

$$R_{E1}=\frac{R_1 R_{F2}}{R_1+R_{F2}} \tag{6.5.2}$$

$$V_{E1}=V_{OH}+\frac{R_{F2}}{R_1+R_{F2}}(V_{CC}-V_{OH}-V_{BE}) \tag{6.5.3}$$

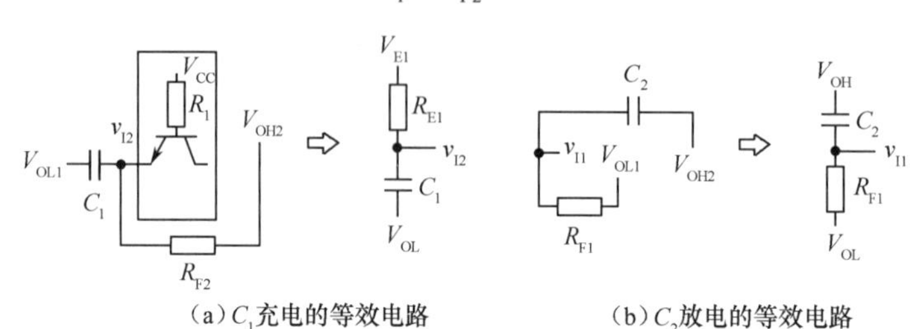

图 6.5.4　图 6.5.1 电路中电容充、放电的等效电路

因为 C_1 同时经 R_1 和 R_{F2} 两条支路充电，所以充电速度较快，v_{I2} 首先上升到 G_2 的阈值电压 V_{TH}，并引起如下的正反馈过程：

$$v_{I2}\uparrow \rightarrow v_{O2}\downarrow \; v_{I1}\downarrow \; v_{O1}\uparrow$$

从而使 v_{O2} 迅速跳变至低电平，而 v_{O1} 迅速跳变至高电平，电路进入第二个暂稳态。同时，C_2 开始充电而 C_1 开始放电。由于电路的对称性，这一过程与上面所述 C_1 充电、C_2 放电的过程完全对应，当 v_{I1} 上升到 V_{TH} 时电路又将迅速地返回 v_{O1} 为低电平而 v_{O2} 为高电平的第一个暂稳态。因此，电路便不停地在两个暂稳态之间往复振荡，在输出端产生矩形输出脉冲。电路中各点电压的波形如图 6.5.5 所示。

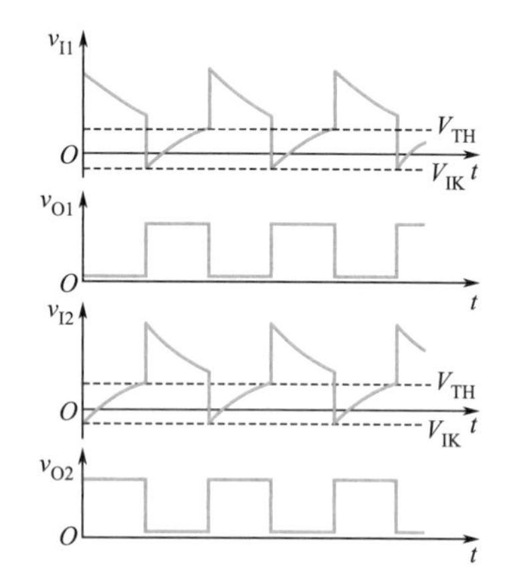

图 6.5.5　电路中各点电压的波形

从上面的分析可以看到，第一个暂稳态的持续时间 t_1 等于 v_{I2} 从 C_1 开始充电到上升至 V_{TH} 的时间。由于电路的对称性，总的振荡周期必然等于 t_1 的两倍。只要找出 C_1 充电的起始值、终了值和转换值，就可以代入式（6.5.4）求出 t_1 值了。

考虑到 TTL 门电路输入端反向钳位二极管的影响，在 v_{I2} 产生负跳变时只能下跳至输入端负的钳位电压 V_{IK}，所以 C_1 充电的起始值为 $v_{I2}(0)=V_{IK}$。假定 $V_{OL}\approx 0$，则 C_1 上的电压 v_{C1} 也就是 v_{I2}。于是，得到 $v_{C1}(0)=V_{IK}$，$v_{C1}(\infty)=V_{E1}$，转换电压即 V_{TH}，故得

$$t_1=R_{E1}C_1\ln\frac{V_{E1}-V_{IK}}{V_{E1}-V_{TH}} \tag{6.5.4}$$

在 $R_{F1}=R_{F2}=R_F$、$C_1=C_2=C$ 的条件下，图 6.5.1 所示电路的振荡周期为

$$T=2t_1=2R_E C\ln\frac{V_E-V_{IK}}{V_E-V_{TH}} \tag{6.5.5}$$

式中：R_E 和 V_E 由式（6.5.2）和式（6.5.3）给出。

如果 G_1、G_2 为 74LS 系列反相器，取 $V_{OH}=3.4V$、$V_{IK}=-1V$、$V_{TH}=1.1V$，在 $R_F \ll R$ 的情况下，式（6.5.5）可近似地简化为

$$T\approx 2R_F C\ln\frac{V_{OH}-V_{IK}}{V_{OH}-V_{TH}}\approx 1.3R_F C \tag{6.5.6}$$

以供近似估算振荡周期时使用。

6.5.2　非对称式多谐振荡器

如果仔细研究一下图 6.5.1 不难发现，这个电路还能进一步简化。因为静态时 G_1 工作在电压传输特性的转折区，所以只要把它的输出电压直接接到 G_2 的输入端，G_2 即可得到一个介于高、低电平之间的静态偏置电压，从而使 G_2 的静态工作点也处于电压传输特性的转折区上，因此可以把 C_1 和 R_{F2} 去掉。只要在反馈环路中保留电容 C_2，电路就仍然没有稳定状态，而只能在两个暂稳态之间往复振荡。这样就得到了图 6.5.6 所示的非对称式多谐振荡器电路。

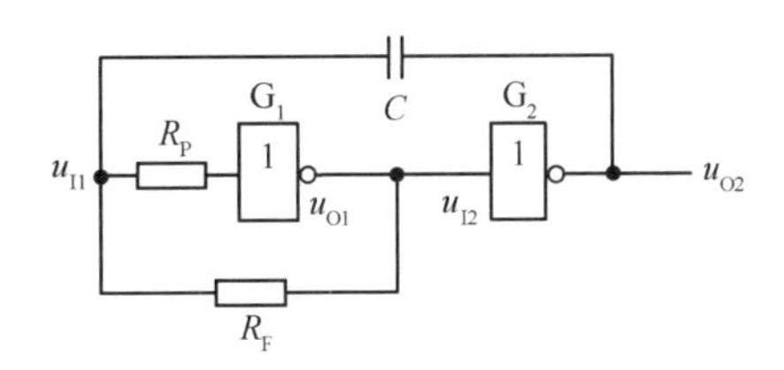

图 6.5.6　非对称式多谐振荡器电路

6.5.3　环形振荡器

利用闭合回路中的正反馈作用可以产生自激振荡，利用闭合回路中的延迟负反馈作用同样能产生自激振荡，只要负反馈信号足够强。

环形振荡器就是利用延迟负反馈产生振荡的。它是利用门电路的传输延迟时间将奇数个反相器首尾相接而构成的。

图 6.5.7 所示为一个最简单的环形振荡器。它由 3 个反相器首尾相连而组成。从图 6.5.7 中不难看出，这个电路是没有稳定状态的。因为在静态（假定没有振荡时）下任何一个反相器的输入和输出都不可能稳定在高电平或低电平，而只能处于高、低电平之间，所以处于放大状态。

假定由于某种原因 v_{I1} 产生了微小的正跳变，则经过 G_1 的传输延迟时间 t_{pd} 后 v_{I2} 产生一个幅度更大的负跳变，再经过 G_2 的传输延迟时间 t_{pd} 使 v_{I3} 得到更大的正跳变。然后又经过 G_3 的传输延迟时间 t_{pd} 在输出端 v_O 产生一个更大的负跳变，并反馈到 G_1 的输入端。因此，经过 $3t_{pd}$ 以后，v_{I1} 又自动跳变为低电平。可以推想，再经过 $3t_{pd}$ 以后 v_{I1} 又将跳变为高电平。如此周而复始，就产生了自激振荡。

根据以上分析得到的图 6.5.7 所示电路的工作波形图，如图 6.5.8 所示。由图 6.5.8 可知，振荡周期为 $T=6t_{pd}$。

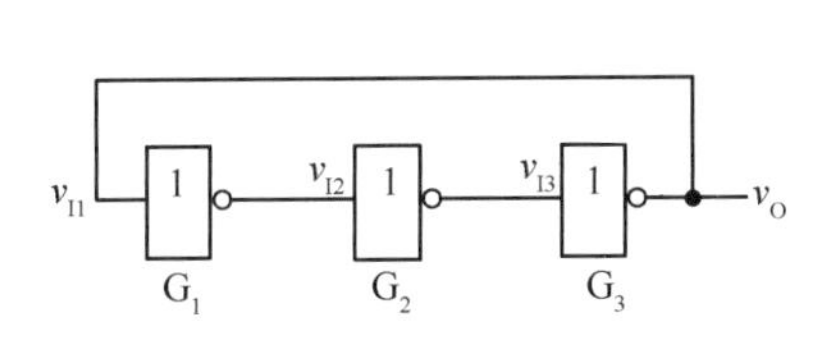

图 6.5.7　最简单的环形振荡器

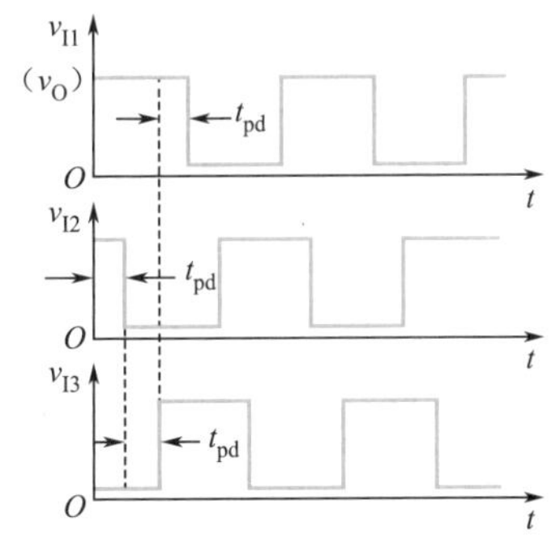

图 6.5.8　工作波形图

基于上述原理可知，将任何大于等于 3 的奇数个反相器首尾相连地接成环形电路，都能产生自激振荡，而且振荡周期为

$$T=2nt_{pd} \tag{6.5.7}$$

式中：n 为串联反相器的个数。

用这种方法构成的振荡器虽然很简单，但不实用。因为门电路的传输延迟时间极短，TTL 电路

只有几十纳秒，CMOS 电路也不过一二百纳秒，所以想获得稍低一些的振荡频率是很困难的，而且频率不易调节。为了克服上述缺点，可以在图 6.5.7 所示电路的基础上附加 RC 延迟环节，组成带 RC 延迟电路的环形振荡器，如图 6.5.9（a）所示。

接入 RC 电路以后不仅增加了门 G_2 的传输延迟时间 t_{pd2}，有助于获得较低的振荡频率，而且通过改变 R 和 C 的数值可以很容易实现对振荡频率的调节。

为了进一步加大 G_2 和 RC 延迟电路的传输延迟时间，在实用的环形振荡器电路中又将电容 C 的接地端改接到 G_1 的输出端上，如图 6.5.9（b）所示。例如，当 v_{I2} 处发生负跳变时，经过电容 C 使 v_{I3} 首先跳变到一个负电平，然后从这个负电平开始对电容 C 充电，这就加长了 v_{I3} 从开始充电到上升为 V_{TH} 的时间，等于加大了 v_{I2} 到 v_{I3} 的传输延迟时间。

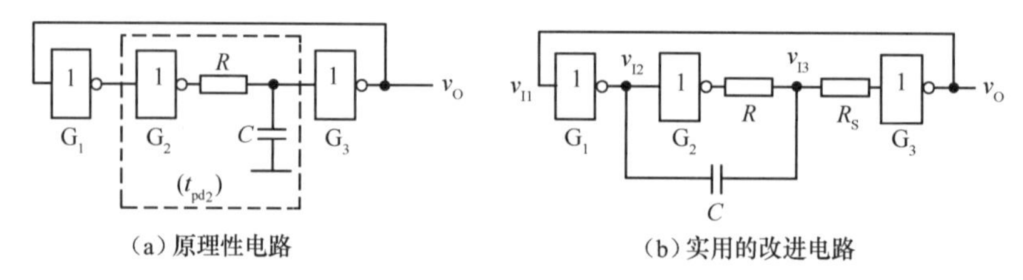

图 6.5.9 带 RC 延迟电路的环形振荡器

通常 RC 电路产生的延迟时间远远大于门电路本身的传输延迟时间，所以在计算振荡周期时可以只考虑 RC 电路的作用而将门电路固有的传输延迟时间忽略不计。

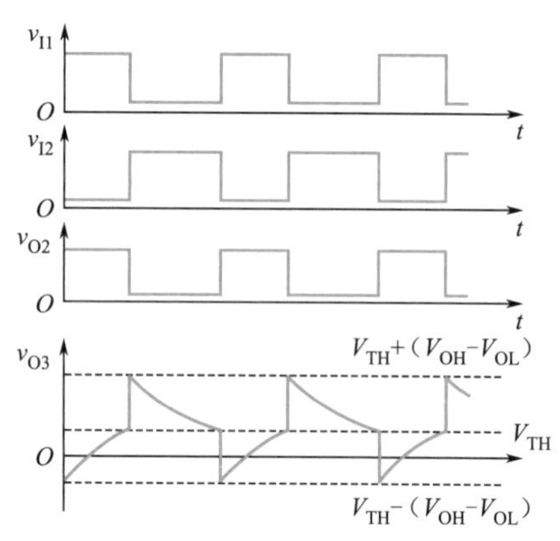

图 6.5.10 电路中各点的波形

另外，为防止 v_{I3} 发生负跳变时流过反相器 G_3 输入端钳位二极管的电流过大，还在 G_3 输入端串接了保护电阻 R_S。电路中各点的波形如图 6.5.10 所示。

图 6.5.11 给出了电容 C 充、放电的等效电路。求得电容的充电时间 T_1 和放电时间 T_2 为

$$T_1 = R_E C \ln \frac{V_E - [V_{TH} - (V_{OH} - V_{OL})]}{V_E - V_{TH}} \tag{6.5.8}$$

$$T_2 = RC \ln \frac{V_{TH} + (V_{IH} - V_{OL}) - V_{OL}}{V_{TH} - V_{OL}}$$

$$= RC \ln \frac{V_{OH} + V_{TH} - 2V_{OL}}{V_{TH} - V_{OL}} \tag{6.5.9}$$

其中

$$V_E = V_{OH} + (V_{CC} - V_{BE} - V_{OH}) \frac{R}{R_1 + R_1 + R_S} \tag{6.5.10}$$

$$R_E = \frac{R(R_1 + R_S)}{R + R_1 + R_S} \tag{6.5.11}$$

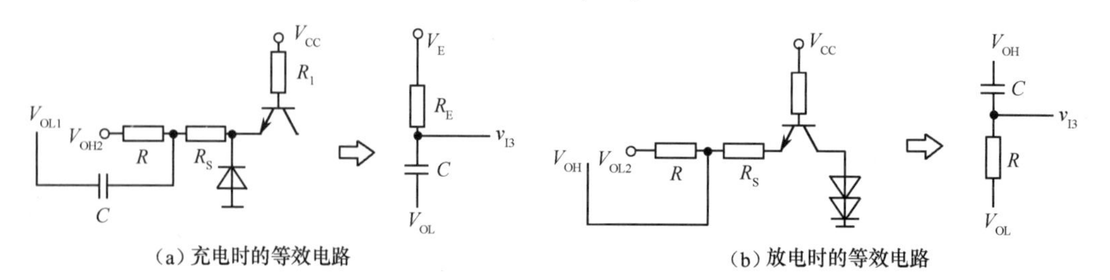

图 6.5.11 图 6.5.9（b）电路中电容 C 充、放电的等效电路

若 $R_1+R_S \gg R$，$V_{OL}\approx 0$，则 $V_E \approx V_{OH}$，$R_E \approx R$，故式（6.5.8）和式（6.5.9）可简化为

$$T_1 \approx RC\ln\frac{2V_{OH}-V_{TH}}{V_{OH}-V_{TH}} \tag{6.5.12}$$

$$T_2 \approx RC\ln\frac{V_{OH}+V_{TH}}{V_{TH}} \tag{6.5.13}$$

因此图 6.5.9（b）所示电路的振荡周期近似等于

$$T = T_1 + T_2 \approx RC\ln(\frac{2V_{OH}-V_{TH}}{V_{OH}-V_{TH}} \cdot \frac{V_{OH}+V_{TH}}{V_{TH}}) \tag{6.5.14}$$

假设 V_{OH}=3V，V_{TH}=1.4V，代入式（6.5.14）可得

$$T \approx 2.2RC \tag{6.5.15}$$

式（6.5.15）可用于近似估算振荡周期。但使用时应注意它的假设条件是否满足，否则计算结果会带来较大误差。

6.5.4　用施密特触发器构成的多谐振荡器

前面已经讲过，施密特触发器最突出的特点是它的电压传输特性有一个滞回区。由此可以想到，若能使它的输入电压在 V_{T+}与 V_{T-}之间不停地往复变化，则在输出端可以得到矩形脉冲波。

实现上述设想的方法很简单，只要将施密特触发器的反相输出端经 RC 积分电路接回输入端即可，如图 6.5.12 所示。

当接通电源以后，因为电容上的初始电压为零，所以输出为高电平，并开始经电阻 R 向电容 C 充电。当充到输入电压为 $v_I=V_{T+}$时，输出跳变为低电平，电容 C 又经过电阻 R 开始放电。

当放电至 $v_I=V_{T-}$时，输出电位又跳变成高电平，电容 C 重新开始充电。如此周而复始，电路便不停地振荡。v_I 和 v_O 的电压波形如图 6.5.13 所示。

若使用的是 CMOS 施密特触发器，而且 $V_{OH}\approx V_{DD}$、$V_{OL}\approx 0$，则依据图 6.5.13 所示的电压波形得到计算振荡周期的公式为

$$T = T_1 + T_2 = RC\ln(\frac{V_{DD}-V_{T-}}{V_{DD}-V_{T+}}) + RC\ln(\frac{V_{T+}}{V_{T-}}) = RC\ln(\frac{V_{DD}-V_{T-}}{V_{DD}-V_{T+}}\cdot\frac{V_{T+}}{V_{T-}}) \tag{6.5.16}$$

通过调节 R 和 C 的大小，即可改变振荡周期。此外，在这个电路的基础上稍加修改就能实现对输出脉冲占空比的调节，电路的接法如图 6.5.14 所示。在这个电路中，因为电容的充电和放电分别经过两个电阻 R_1 和 R_2，所以只要改变 R_1 和 R_2 的比值，就能改变占空比。

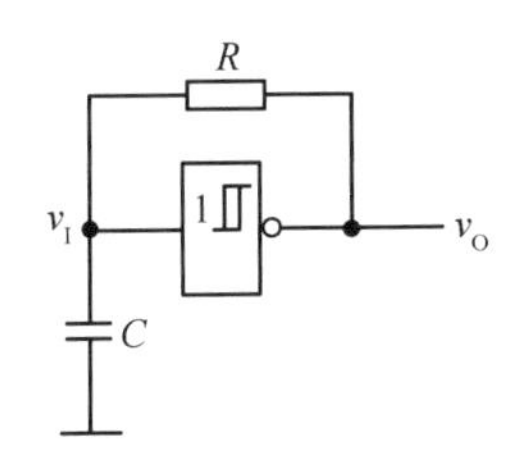

图 6.5.12　用施密特触发器构成的多谐振荡器

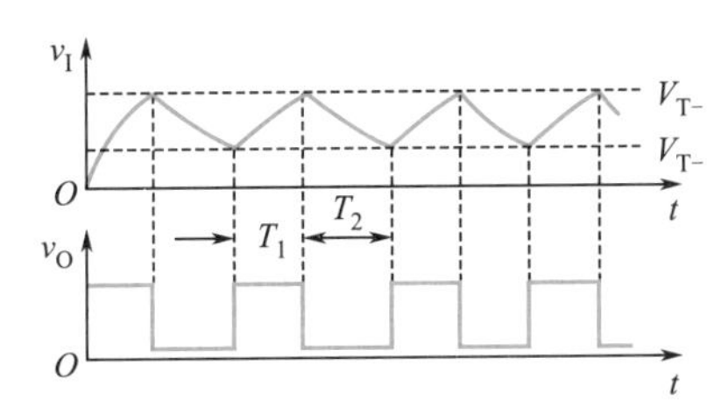

图 6.5.13　多谐振荡器电路的电压波形

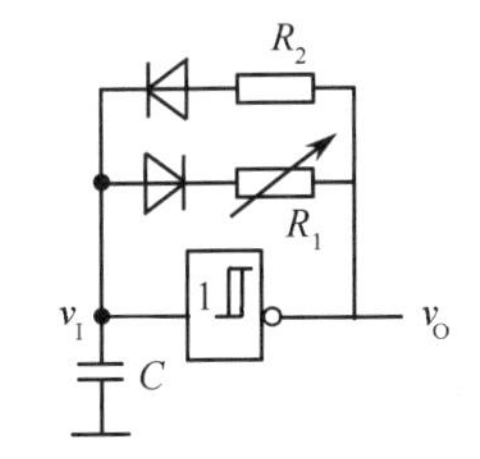

图 6.5.14　脉冲占空比可调的多谐振荡器电路的接法

6.5.5　石英晶体多谐振荡器

在许多应用场合下都对多谐振荡器的振荡频率稳定性有严格的要求。例如，在将多谐振荡器作为数字钟的脉冲源使用时，它的频率稳定性直接影响着计时的准确性。在这种情况下，前面所讲的几种多谐振荡器电路难以满足要求。因为在这些多谐振荡器中，振荡频率主要取决于门电路输入电

压在充、放电过程中达到转换电平所需的时间，所以频率稳定性不可能很高。

不难看到，第一，这些振荡器中门电路的转换电平 V_{TH} 本身就不够稳定，容易受电源电压和温度变化的影响；第二，这些电路的工作方式容易受干扰，造成电路状态转换时间的提前或滞后；第三，在电路状态临近转换时电容的充、放电已经比较缓慢，在这种情况下转换电平微小的变化或轻微的干扰都会严重影响振荡周期。因此，在对频率稳定性有较高要求时，必须采取稳频措施。

目前普遍采用的一种稳频方法是，在多谐振荡器电路中接入石英晶体，组成石英晶体多谐振荡器。图 6.5.15 给出了石英晶体的符号和电抗频率特性。把石英晶体与对称式多谐振荡器中的耦合电容串联起来，就组成了图 6.5.16 所示的石英晶体多谐振荡器。

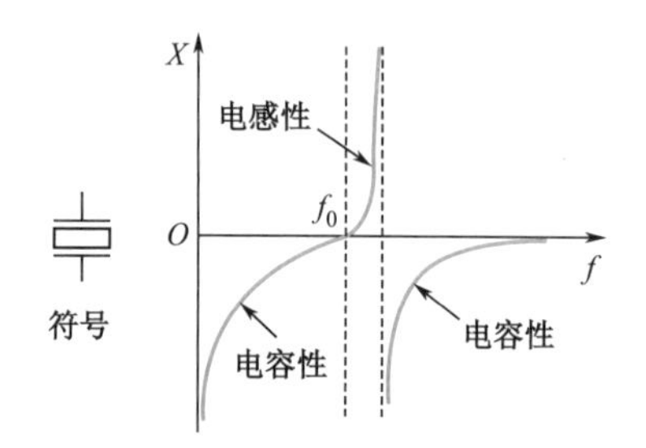

图 6.5.15　石英晶体的符号和电抗频率特性

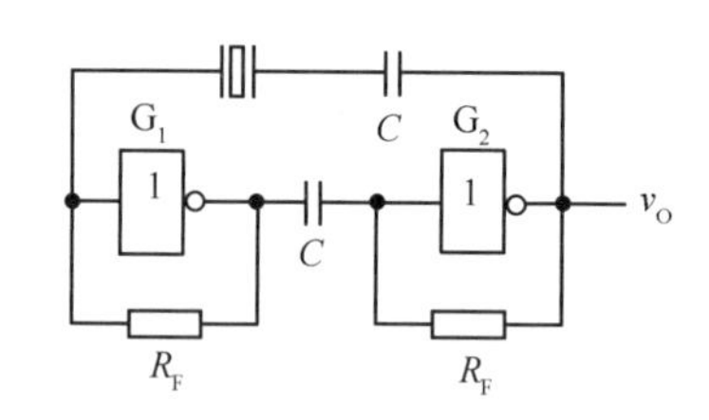

图 6.5.16　石英晶体多谐振荡器

由石英晶体的电抗频率特性可知，当外加电压的频率为 f_0 时它的阻抗最小，所以把它接入多谐振荡器的正反馈环路中以后，频率为 f_0 的电压信号最容易通过它，并在电路中形成正反馈，而其他频率信号经过石英晶体时被衰减。因此，振荡器的工作频率也必然是 f_0。

由此可见，石英晶体多谐振荡器的振荡频率取决于石英晶体的固有谐振频率 f_0，而与外接电阻、电容无关。石英晶体多谐振荡器的谐振频率由石英晶体的结晶方向和外形尺寸所决定，具有极高的频率稳定性。它的频率稳定度（$\Delta f_0/f_0$）可达 10^{-6}～10^{-5}，足以满足大多数数字系统对频率稳定度的要求。具有各种谐振频率的石英晶体已被制成标准化和系列化的产品出售。

在图 6.5.16 中，若 G_1 和 G_2 两个反相器用 TTL 电路 7404，R_F=1kΩ，C=0.05μF，则其工作频率可达几十兆赫。

在非对称多谐振荡器电路中，也可以接入石英晶体构成石英晶体多谐振荡器，以达到稳定频率的目的。电路的振荡频率也等于石英晶体的谐振频率，与外接电阻和电容的参数无关。

6.5.6　用 555 时基电路构成的多谐振荡器

如图 6.5.17 所示，将 555（或 $\frac{1}{2}$556）与 3 个电阻、电容元件按图连接，便构成无稳态多谐振荡器。与单稳态模式的不同之处仅在于触发器（2 脚）接在充、放电回路的 C 上，而不是受外部触发控制。

当加上 V_{DD} 电压后，由于 C 上端电压不能突变，因此 555 处于置位状态，输出端（3 脚）呈高电平 1，而内部的放电管 VT_1 截止，V_{DD} 通过 R_A、R_B 对电容 C 充电，2 脚电位随 C 上端电压的升高呈指数上升，如波形图 6.5.17（b）所示。

当 C 上的电压随时间增加，达到 $\frac{2}{3}V_{DD}$ 阈值电平（6 脚）时，上比较器 A_1 翻转，使 RS 触发器置位，经缓冲级倒相，输出 v_O 呈低电平 0。此时，放电管 VT_1 饱和导通，C 上的电荷经 R_B 至 VT_1 放电。当 C 放电使其电压降至 $\frac{1}{3}V_{DD}$ 触发电平（2 脚）时，比较器 A_2 翻转，RS 触发器复位，经倒相后，使输出端（3 脚）呈高电平 1。此时，放电管 VT_1 截止，电源经 R_A、R_B 对 C 充电。以上过程重复出现，形成无稳态多谐振荡。

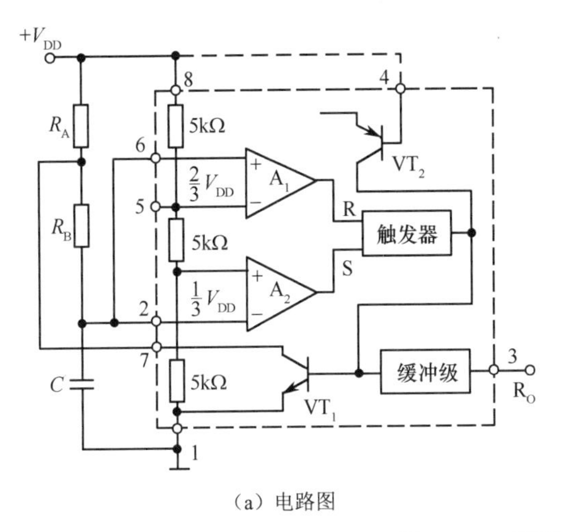

（a）电路图

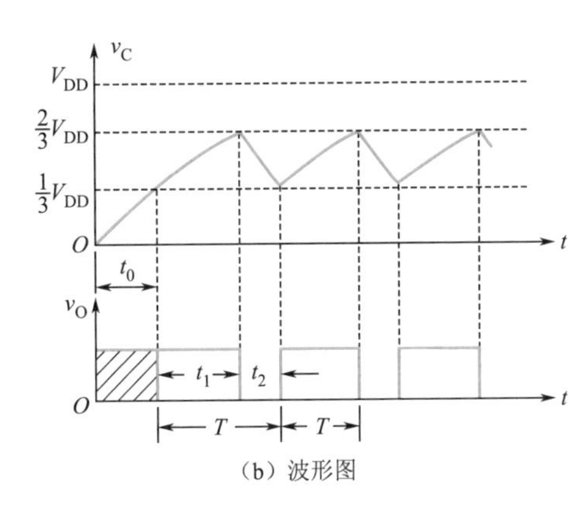

（b）波形图

图 6.5.17　无稳态多谐振荡器

从上面对多谐振荡过程的分析不难看出，输出脉冲的持续时间 t_1 就是 C 上的电压从 $\frac{1}{3}V_{DD}$ 充电到 $\frac{2}{3}V_{DD}$ 所需的时间，故 C 两端电压的变化规律为

$$v_C(t)=V_{DD}(1-e^{-t/(R_A+R_B)C})+\frac{1}{3}V_{DD}e^{-t/(R_A+R_B)C}$$

假设 $\tau_1=(R_A+R_B)C$，则上式简化为

$$v_C(t)=V_{DD}(1-\frac{2}{3}e^{-t/\tau_1})$$

从上式中求得
$$t_1=-\tau_1\ln\frac{1}{2}=0.693\tau_1$$

一般简写为
$$t_1=0.693(R_A+R_B)C$$

电路的间歇期 t_2 就是 C 两端的电压从 $\frac{2}{3}V_{DD}$ 放电到 $\frac{1}{3}V_{DD}$ 所需的时间，即

$$v_C(t)=\frac{2}{3}V_{DD}e^{-t/R_BC}$$

从上式中求得 t_2，并设 $\tau_2=R_BC$，则

$$t_2=-\tau_2\ln\frac{1}{2}=0.693\tau_2$$

一般简写为
$$t_2=0.693R_BC$$

电路的振荡周期 T 为

$$T=t_1+t_2=0.693(\tau_1+\tau_2)=0.693(R_A+2R_B)C \tag{6.5.17}$$

振荡频率 $f=1/T$，即

$$f=1.443/(R_A+2R_B)C\ (\text{Hz}) \tag{6.5.18}$$

输出振荡波形的占空比 D 为

$$D=t_1/T=(R_A+R_B)/(R_A+2R_B) \tag{6.5.19}$$

当 $R_B \gg R_A$ 时，则 $D\approx 50\%$，即输出振荡波形为方波。

由上面有关公式的推导，不难得出以下结论。

（1）振荡周期与电源电压 V_{DD} 无关，而取决于充电和放电的总时间常数，即仅与 R_A、R_B 和 C 的值有关。

（2）振荡波的占空比与 C 的大小无关，而仅与 R_A、R_B 的大小比值有关。

*6.5.7 压控振荡器

压控振荡器（Voltage Controlled Oscillator，VCO）是一种频率可控的振荡器，它的振荡频率随输入控制电压的变化而改变。这种振荡器广泛地用于自动检测、自动控制及通信系统中，目前已生产了多种压控振荡器的集成电路产品。从工作原理上看，这些压控振荡器大致可以分为3种类型：施密特触发器型、电容交叉充放电型和定时器型。

1. 施密特触发器型压控振荡器

前面讲过，若将反相输出的施密特触发器的输出电压经RC积分电路反馈到输入端，就能构成多谐振荡器。若改用一个由输入电压 v_I 控制的电流源对输入端的电容 C 反复充、放电，如图6.5.18（a）所示，则充、放电时间将随输入电压而改变。这样就可以用输入电压 v_I 控制振荡频率了。

从图6.4.18（b）所示的电压波形可以看出，当充、放电电流 I_O 增大时，充电时间 T_1 和放电时间 T_2 随之减小，故振荡周期缩短、振荡频率增加。若电容充电和放电的电流相等，则电容两端的电压 v_A 将是对称的三角波。

例如，LM566就是根据上述原理设计的集成压控振荡器，它的简化结构框图如图6.5.19所示。图中用三极管 VT_4、VT_5 和外接电阻 R_{ext} 产生受 v_I 控制的电流源 I_O，用三极管 VT_1、VT_2、VT_3 和二极管 VD_1、VD_2 组成电容 C_{ext} 充、放电的转换控制开关。下面简略地分析一下它的工作过程。

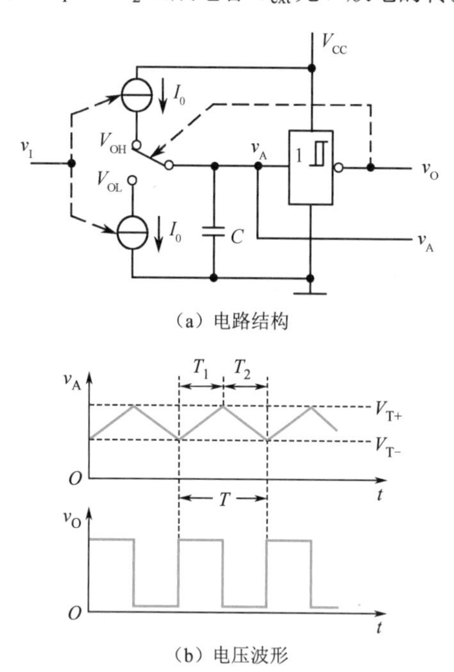

图6.5.18 施密特触发器型压控振荡器原理电路和电压波形

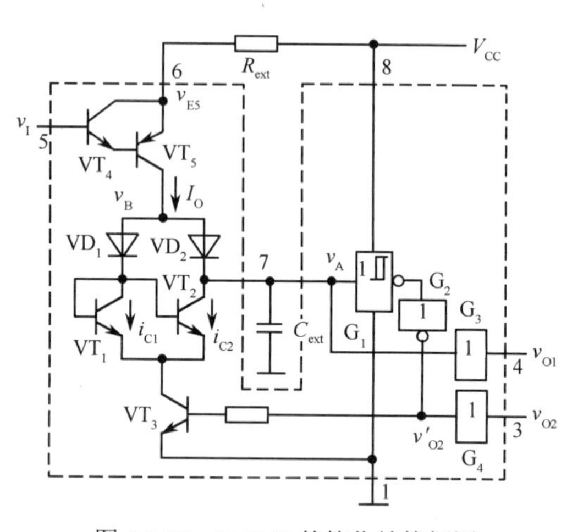

图6.5.19 LM566的简化结构框图

当电路接通电源时，因为 v_A=0，所以反相器 G_2 的输出 v'_{O2} 为低电平，使 VT_3 截止，I_O 经过 VD_2 开始向外接电容 C_{ext} 充电。随着充电的进行 v_A 线性升高。

当 v_A 升至 V_{T+} 时，施密特触发器 G_1 的输出状态转换，使 v'_{O2} 跳变为高电平，VT_3 导通。VT_3 导通使 v_B 下降，导致 VD_2 截止，C_{ext} 经 VT_2 开始放电。因为 VT_1 和 VT_2 是镜像对称接法，两管的 v_{BE} 始终是相等的，所以在基极电流远小于集电极电流的情况下，必有 $i_{C2} \approx i_{C1} \approx I_O$。随着 C_{ext} 的放电，v_A 线性下降。

当 v_A 下降至 V_{T-} 时，施密特触发器的输出跳变为高电平，v'_{O2} 跳变为低电平，VT_3 截止，I_O 又重

新开始向 C_{ext} 充电。

这样，C_{ext} 反复地用 I_O 充、放电，在 v_{O1} 输出三角波，而在 v_{O2} 输出矩形波。

假定 VT_4 和 VT_5 的发射结压降相等，即$|v_{BE4}|=|v_{BE5}|$，则 VT_5 发射极电位 v_{E5} 将与 v_I 相等，因此得到

$$I_O=\frac{V_{CC}-v_I}{R_{ext}}$$

假设 C_{ext} 的充电时间为 T_1，又知充电过程中电容两端电压 v_A 的变化量为 $\Delta V_T=V_{T+}-V_{T-}$，由此可得

$$\Delta V_T=\frac{I_O T_1}{C_{ett}},\quad T_1=\frac{C_{ext}\Delta V_T}{I_O}$$

因为充电时间与放电时间相等，所以振荡周期为

$$T=2T_1=\frac{2C_{ext}\Delta V_T}{I_O}=\frac{2R_{ext}C_{ext}\Delta V_T}{V_{CC}-v_I}$$

在 LM566 中，$\Delta V_T=\frac{1}{4}V_{CC}$，代入上式后得出

$$T=\frac{R_{ext}C_{ext}V_{CC}}{2(V_{CC}-v_I)}\tag{6.5.20}$$

振荡频率为

$$f=\frac{1}{T}=\frac{2(V_{CC}-v_I)}{R_{ext}C_{ext}V_{CC}}\tag{6.5.21}$$

式（6.5.21）表明，振荡频率 f 和输入控制电压 v_I 呈线性关系。LM566 的外接电阻一般取 2～20kΩ，最高振荡频率达 1MHz。当 V_{CC}=12V 时，v_I 在 $\frac{3}{4}V_{CC}$～V_{CC} 范围内的非线性误差在 1%以内。LM566 还具有较高的输入电阻和较低的输出电阻，v_I 端的输入电阻约为 1MΩ，两个输出端的输出电阻各为 50Ω 左右。

此外，LM566 输出的三角波和矩形波最低点的电平都比较高，使用时应多加注意。例如，当 V_{CC}=12V 时，三角波的最低点约在 3.5V 以上，矩形波的最低点约在 6V 左右。图 6.5.17 中标注的 1～8 是器件外部引脚的编号。

上述结果表明，在外接电容 C_{ext} 值选定以后，振荡频率与 I_O 成正比。

集成锁相环 CC4046 中的压控振荡器就是按照图 6.5.20 所示的原理设计的。图中的 I_O 是由受输入电压 v_I 控制的镜像电流源产生的，电路结构如图 6.5.21 所示。图中 VT_2 和 VT_3 两个 P 沟道增强型 MOS 管的参数相同，且 V_{GS} 相等，所以它们的漏极电流相同，即 $I_O=I_{D2}$。由图可知

$$I_O=I_{D2}=\frac{v_I-v_{GS1}}{R_{ext1}}+\frac{V_{DD}-v_{GS2}}{R_{ext2}}\tag{6.5.22}$$

式中：v_{GS1}、v_{GS2} 分别为 VT_1、VT_2 的栅–源电压。在 v_{GS1}、v_{GS2} 变化很小的条件下，I_O 与 v_I 近似地呈线性关系，因而振荡频率也近似地与 v_I 呈线性关系。

当 v_I=0 时，VT_1 截止，这时由 R_{ext2} 提供一个固定的偏流 I_O，使振荡器能维持一个初始的自由振荡频率。在不接 R_{ext2} 的情况下，v_I=0 时，$I_O\approx0$，电路停止振荡。

图 6.5.21 中的 INH 输入端为禁止端。当 INH=1 时，VT_4 截止，I_O=0，电路停止工作。在正常工作时，必须使 INH=0。

由于 v_I 变化时 v_{GS1} 不可能一点不改变，因此 I_O 与 v_I 之间的线性关系是近似的，非线性误差较大。

将 CC4046 用作压控振荡器时外电路的连接方法，如图 6.5.22 所示。R_{ext1} 的取值通常为 10kΩ～1MΩ。当 v_I 在 0～V_{DD} 之间变化时，输出脉冲的频率范围为 0～1.5MHz。当 V_{DD}=5V 时，在 v_I=(2.5±0.3)V 的范围内非线性误差小于 0.3%；而当 V_{DD}=10V 时，在 v_I=(5±2.5)V 的范围内非线性误差小于 0.7%。

图 6.5.22 中标注的数字为器件引脚的编号。

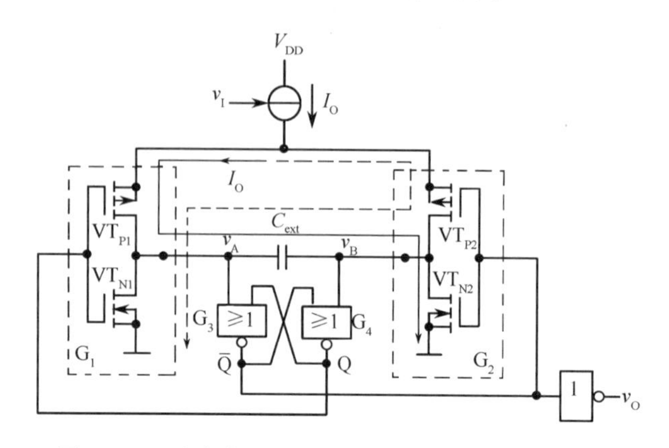

图 6.5.20　电容交叉充、放电型压控振荡器的原理图

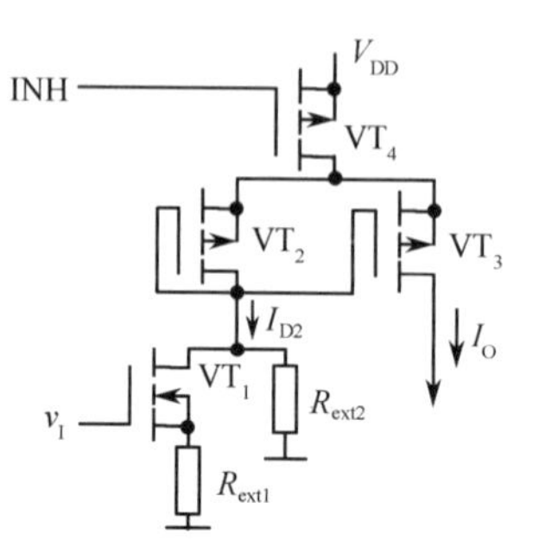

图 6.5.21　CC4046 中的压控振荡器的电路结构

2. 电容交叉充、放电型压控振荡器

用 CMOS 电路构成的电容交叉充、放电型压控振荡器的原理图，如图 6.5.20 所示。它由一个基本 RS 触发器（由或非门 G_3、G_4 组成）和两个反相器 G_1、G_2，以及外接电容 C_{ext} 构成。图中 G_1 和 G_2 用作电容充、放电的转换控制开关，而 G_1 和 G_2 的输出状态由触发器的状态来决定。

电路的工作过程：假设接通电源后触发器处于 Q=0 的状态，则 VT_{P1} 和 VT_{N2} 导通，而 VT_{N1} 和 VT_{P2} 截止，电流 I_O 经 VT_{P1} 和 VT_{N2} 自左而右地向电容 C_{ext} 充电。随着充电过程的进行 v_A 逐渐升高。

当 v_A 升至 G_3 的阈值电压 V_{TH} 时，触发器状态翻转为 Q=1，于是 VT_{P1} 和 VT_{N2} 截止而 VT_{N1} 和 VT_{P2} 导通。电流 I_O 转而经 VT_{P2} 和 VT_{N1} 自右而左地向电容 C_{ext} 充电。随着充电过程的进行 v_B 逐渐升高。

当 v_B 上升到 G_4 的阈值电压 V_{TH} 以后，触发器又翻转为 Q=0 的状态，C_{ext} 重新自左而右地充电。如此周而复始，在输出端 v_O 就得到了矩形输出脉冲。

图 6.5.23 给出了图 6.5.20 电路的各点电压波形。由图 6.5.20 可知，当 G_1 由 VT_{P1} 导通、VT_{N1} 截止转换为 VT_{P1} 截止、VT_{N1} 导通的瞬间，由于电容上的电压不能突跳，因此 v_B 也将随着 v_A 发生负突跳。但由于 VT_{N2} 的衬底和漏极之间存在寄生二极管，因此 v_B 只能下跳至 $-V_{DF}$（V_{DF} 为寄生二极管的正向导通压降）。

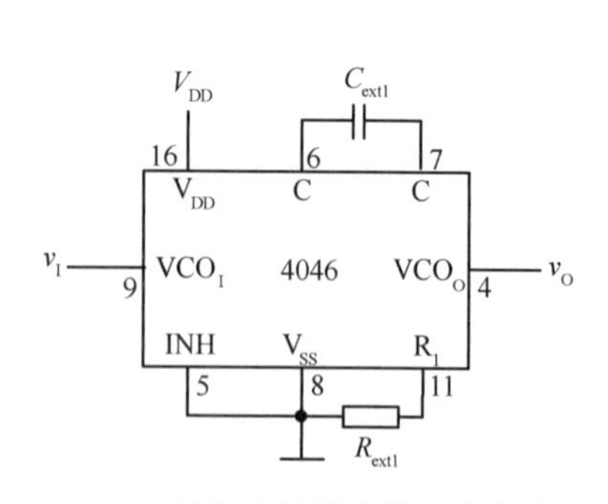

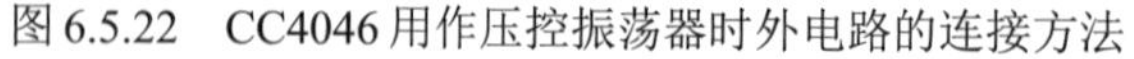

图 6.5.22　CC4046 用作压控振荡器时外电路的连接方法

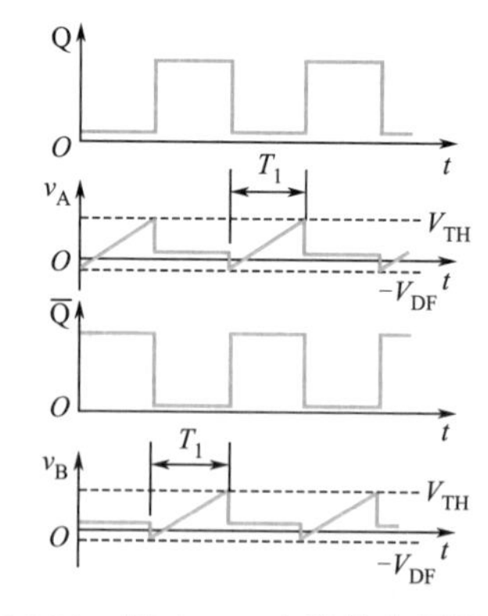

图 6.5.23　图 6.5.20 电路的电压波形图

由图 6.5.23 可知，每次充电过程电容上电压的变化为

$$\Delta v_C = V_{TH} + V_{DF}$$

而充电电流为 I_O。所以充电时间为

$$T_1=\frac{C_{\text{ext}}\Delta v_{\text{C}}}{I_{\text{O}}}=\frac{C_{\text{ext}}(V_{\text{TH}}+V_{\text{DF}})}{I_{\text{O}}}$$

振荡周期为

$$T=2T_1=\frac{2C_{\text{ext}}(V_{\text{TH}}+V_{\text{DF}})}{I_{\text{O}}} \tag{6.5.23}$$

振荡频率为

$$f=\frac{1}{T}=\frac{I_{\text{O}}}{2C_{\text{ext}}(V_{\text{TH}}+V_{\text{DF}})} \tag{6.5.24}$$

3. 定时器型压控振荡器

现以 LM331 为例介绍定时器型压控振荡器的基本原理。图 6.5.24 所示为 LM331 的电路结构简化框图。电路由两部分组成：一部分是用触发器、电压比较器（A_1、A_2）和放电管 VT_3 构成的定时电路；另一部分是用基准电压源、电压跟随器 A_3 和镜像电流源构成的电流源及开关控制电路。

如果按照图 6.5.24 接上外围的电阻、电容元件，就可以构成精度相当高的压控振荡器。下面具体分析一下它的工作过程。

刚接通电源时 C_L、C_T 两个电容上没有电压，若输入控制电压 v_I 为大于零的某个数值，则比较器 A_1 的输出为 1，而比较器 A_2 的输出为 0，触发器被置成 Q=1 状态。Q 端的高电平使 VT_2 导通，v_O=0。同时镜像电流源输出端开关 S 接到引脚 1 一边，电流 I_O 向 C_L 开始充电。而 $\overline{Q}$ 端的低电平使 VT_3 截止，所以 C_T 同时开始充电。

当 C_T 上的电压 vC_T 上升到 $\frac{2}{3}V_{CC}$ 时，则触发器被置成 Q=0，VT_2 截止，v_O=1。同时开关 S 转接到地，C_L 开始向 R_L 放电。而 $\overline{Q}$ 变为高电平后使 VT_3 导通，C_T 通过 VT_3 迅速放电至 $v_{C_T}\approx 0$，并使比较器 A_2 的输出为 0。

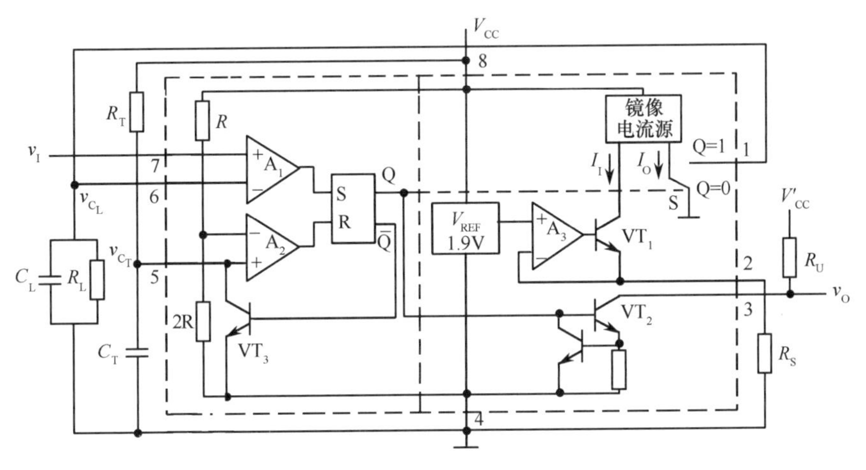

图 6.5.24　LM331 的电路结构简化框图

当 C_L 放电到 $v_{C_L}\leqslant v_I$ 时，比较器 A_1 输出为 1，重新将触发器置成 Q=1，于是 v_O 又跳变成低电平，C_L 和 C_T 开使充电，重复上面的过程。如此反复，便在 v_O 端得到矩形输出脉冲。

在电路处于振荡状态下，当 C_L、R_L 的数值足够大时，v_{C_L} 必然在 v_I 值附近做微小的波动，可以认为 $v_{C_L}=v_I$。而且在每个振荡周期中，C_L 的充电电荷与放电电荷必须相等（假定在此期间 v_I 数值未变），据此就可以计算振荡频率了。

首先计算 C_L 的充电时间 T_1。它等于 Q=1 的持续时间，也就是电容 C_T 上的电压从 0 充电到 $\frac{2}{3}V_{CC}$ 的时间，故得

$$T_1 = R_T C_T \ln \frac{V_T - 0}{V_{CC} - \frac{2}{3}V_{CC}} = R_T C_T \ln 3 = 1.1 R_T C_T \qquad (6.5.25)$$

C_L在充电期间获得的电荷为

$$Q_1 = (I_O - I_{R_L})T_1 = (I_O - \frac{v_I}{R_L})T_1$$

式中，I_{R_L}为流过电阻R_L上的电流。

若振荡周期为T、放电时间为T_2，则$T_2=T-T_1$。又由于C_L的放电电流为$I_{R_L}=v_I/R_L$，因此放电期间C_L释放的电荷为

$$Q_2 = I_{R_L}T_2 = \frac{v_I}{R_L}(T - T_1)$$

根据Q_1与Q_2相等，即得

$$(I_O - \frac{v_I}{R_L})T_1 = \frac{v_I}{R_L}(T - T_1)$$

$$T = \frac{I_O R_L T_1}{v_I}$$

故电路的振荡频率为

$$f = \frac{1}{T} = \frac{v_I}{I_O R_L T_1}$$

将$I_O = \frac{V_{REF}}{R_S}$，$T_1=1.1R_TC_T$代入上式，而且知道$V_{REF}=1.9V$，故得

$$f = \frac{R_S}{2.09 R_T C_T R_L} v_I \text{ Hz} \qquad (6.5.26)$$

可见，f与v_I成正比关系。它们之间的比例系数称为电压/频率变换系数（或V/F变换系数）K_V，即

$$K_V = \frac{R_S}{2.09 R_T C_T R_L} \qquad (6.5.27)$$

LM331在输入电压的正常变化范围内输出信号频率和输入电压之间保持良好的线性关系，非线性误差可减小到0.01%。输出信号频率的变化范围为0～100kHz。因此，常把LM331这类器件称为精密V/F转换电路。

本章小结

本章重点讨论了用于产生和整形矩形脉冲波形的常用集成电路，如555时基电路、施密特触发器、单稳态触发器、多谐振荡器等电路的构成、工作原理及应用。

（1）555时基电路是一种性能优良、应用灵活的模拟和数字混合集成电路，应用它可以很方便地构成施密特触发器、单稳态触发器、多谐振荡器等各种脉冲波的产生与整形的应用电路，这些电路在数字电路中应用十分广泛。

（2）施密特触发器和单稳态触发器可以构成各种脉冲波的整形和变换电路。这些电路可以把非脉冲波变换为脉冲波，把发生畸变的脉冲波整形为规则的脉冲波，还可以构成定时电路和延时电路。这些电路在数字电路中得到广泛的应用。

（3）多谐振荡器是一种自激振荡电路，可以用555定时器、施密特触发器、单稳态触发器和门电路构成。但在对于频率稳定度要求很高的场合，必须应用石英晶体构成多谐振荡器，可以作为数

字电路中的高精度时基信号应用。

（4）压控振荡器是一种频率可控的振荡器，其振荡频率随输入控制电压变化而变化。应用压控振荡器可构成 V/F 转换电路，把变化的模拟信号的波形变换为不同频率的脉冲信号，在自动检测、自动控制、数字通信等领域中有广泛的应用。

习题六
参考答案

习　题　六

6.1　填空题

（1）脉冲宽度 t_W 定义为从脉冲波形的上升沿上升至________V_m 开始，到下降沿下降至________V_m 为止的时间间隔。

（2）555 时基电路型号后 3 个“5”有具体的内涵，这是因为在 TTL 型集成基片上基准电压电路是由 3 个误差极小的________电阻组成的；而 CMOS 型集成基片的基准电压电路的 3 个电阻的阻值却为________kΩ。

（3）双极型 555 时基电路内含________个比较器、________个触发器、________驱动器和________个放电晶体管。

（4）施密特触发器具有两个重要特点：一是施密特触发器属于________触发，对于缓慢变化的信号同样适用，因此是一种优良的波形整形电路；二是具有________特性，提高了它的抗干扰能力。

（5）单稳态触发器有稳态和暂稳态两个不同的工作状态。暂稳态维持时间的长短取决于________，与触发脉冲的________和________无关。

（6）对称式多谐振荡器的振荡周期为 $T=2R_FC\ln\dfrac{V_{OH}-V_{IK}}{V_{OH}-V_{TH}}\approx$________$R_FC$。

（7）石英晶体多谐振荡器如图 P6.1 所示。它是利用石英晶体________谐振特性。

（8）压控振荡器是一种频率可控的振荡器，它的振荡频率随输入________的变化而变化。

6.2　施密特触发器如图 P6.2 所示，如果要求回差电压等于 2.4V，试问 R_{E1}、R_{E2} 的比值是多少？阻值取多大为宜？

6.3　施密特触发器如图 P6.2 所示，如果 R_{E1}=50Ω、R_{E2}=100Ω，试求该电路的上限阈值电压 V_{T+}、下限阈值电压 V_{T-}及回差电压 ΔV。

6.4　555 定时器构成的施密特触发器，当控制输入端外加 6V 电压时，其上限阈值电压 V_{T+}、下限阈值电压 V_{T-}及回差电压 ΔV 是多少？

6.5　TTL 集成施密特触发与非门的两个输入端 A 和 B 的波形如图 P6.3 所示，试画出其输出端波形（上、下阈值电压标注在图上）。

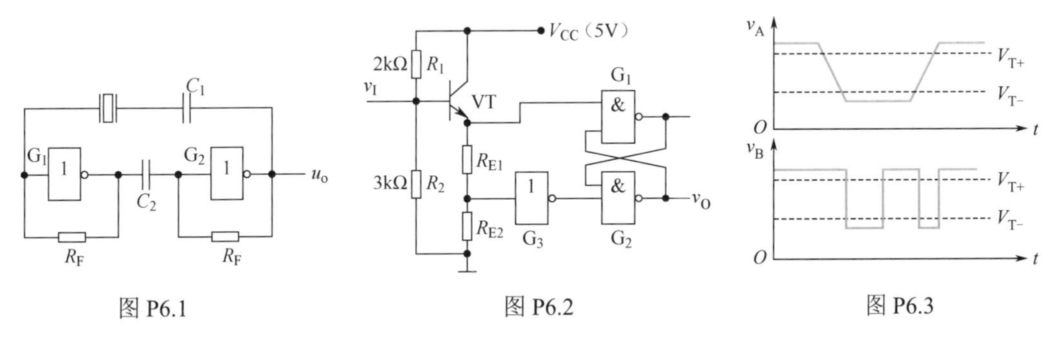

图 P6.1　　图 P6.2　　图 P6.3

6.6　TTL 与非门构成的多谐振荡器如图 P6.4 所示，其中 R=510Ω、R_S=120Ω、C=2000pF，试完成下列问题。

（1）定性地画出 a、b、d、e、f 各点的电压波形。

（2）计算振荡周期及频率。

6.7 用 TTL 与非门构成的环形振荡器如图 P6.5 所示，试分析其工作原理，并画出各个与非门输出端的波形。

6.8 石英晶体多谐振荡器的振荡频率由哪个参数决定？若要得到多个其他频率的信号，如何解决？

6.9 在 555 定时器构成的多谐振荡器电路中，若 R_A=1.8kΩ、R_B=3.6kΩ、C=0.02μF，试计算脉冲频率及占空比。

6.10 试用 555 定时器设计一个脉冲电路，该电路振动 20s 停 10s，如此循环下去。该电路输出脉冲的振荡周期 T 为 1s，占空比等于 1/2。电容 C 的容量一律取 10μF。

6.11 图 P6.6 是用 TTL 与非门组成的微分型单稳电路，V_I 是一个输入为 2μs 的负脉冲。试绘出 a、b、d、e、f 各点的电压波形，并计算出脉冲宽度 t_W。已知 R_1=4.7kΩ、C_1=50pF、R_2=470Ω、C_2=0.1μF。

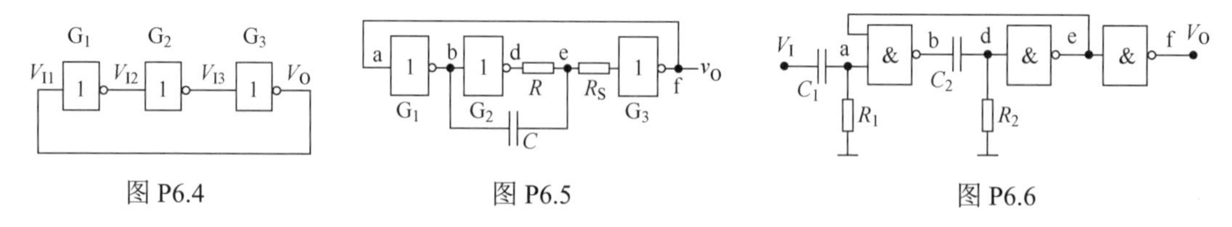

图 P6.4　　图 P6.5　　图 P6.6

6.12 图 P6.7 中的两个电路都是微分型单稳态触发器，图 P6.7（a）中的 R 值较小，且一端接地，使门 1 处于截止状态；图 P6.7（b）中的 R 值较大，且一端接正电源。试分别画出两个电路的输入和输出波形图。设电路的时间常数 RC 比 V_I 的脉宽小许多。

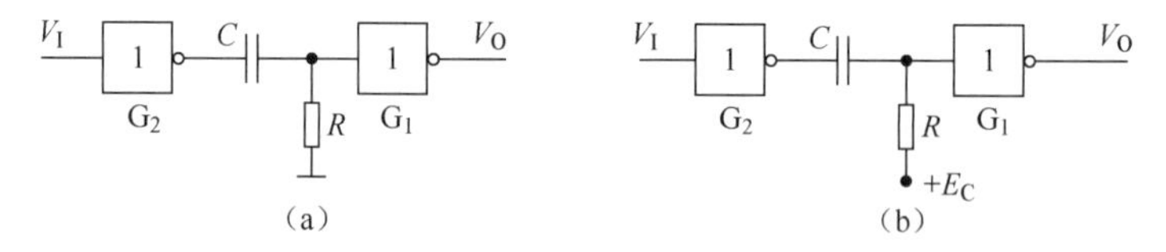

图 P6.7

6.13 利用集成单稳态触发器（74121）设计一个逻辑电路。它的输入波形及要求产生的输出波形如图 P6.8 所示。

6.14 利用集成单稳态触发器（74121）产生脉宽为 500ns 的负脉冲（输入信号上升边触发），试画出电路图。

6.15 试确定图 P6.9 所示的微分型单稳态触发器的最高工作频率。

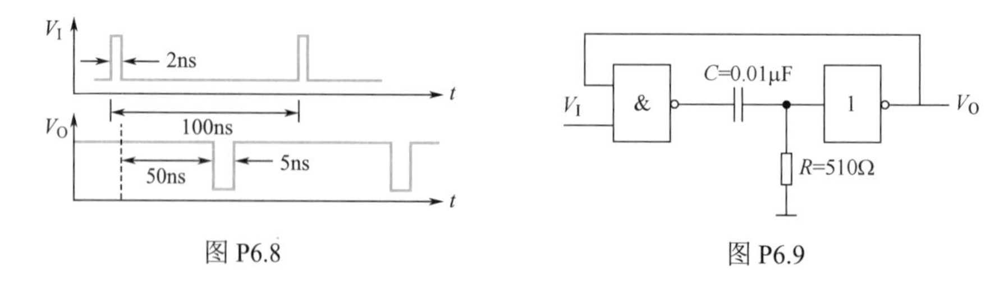

图 P6.8　　图 P6.9

6.16 图 P6.10 所示为 555 定时器构成的单稳态触发器，已知 V_{CC}=10V，R=33kΩ，C=0.1μF。求：

（1）输出电压 V_O 的脉冲宽度 t_W；

（2）对应画出 V_I、V_O、V_C 的波形。

6.17 试用 555 定时器设计一个单稳态触发器，要求输出脉冲宽度在 1～10s 的范围内连续可调，取定时电容 C=10μF。

6.18　试用 555 定时器设计一个输入 V_I 和输出 V_O 波形如图 P6.11 所示的电路。

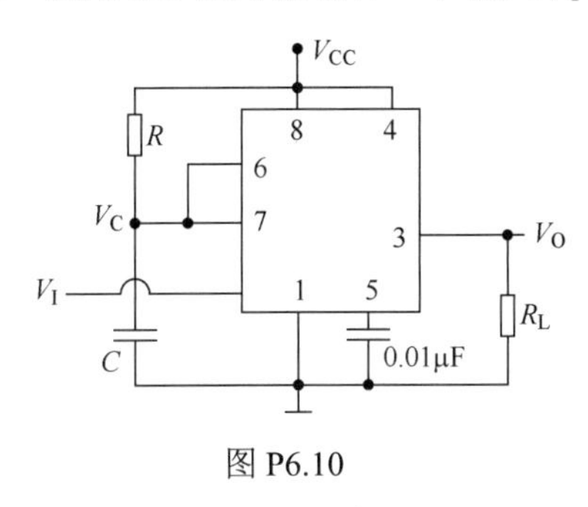

图 P6.10

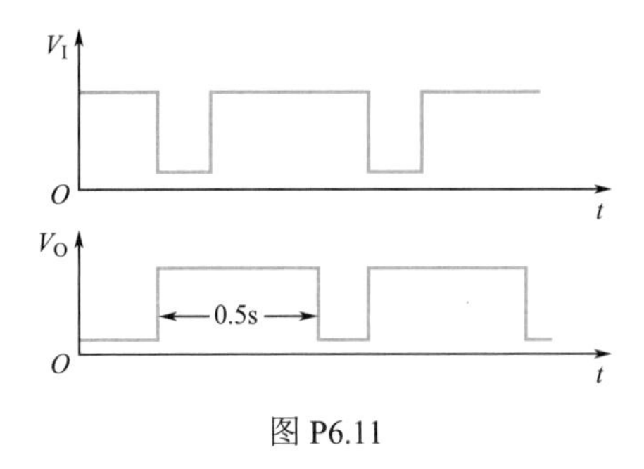

图 P6.11

第7章 半导体存储器及可编程逻辑器件

[内容提要]

本章介绍各种半导体存储器的基本结构、工作原理和使用方法。

在只读存储器（ROM）章节中，介绍只读存储器的总体电路结构及掩模只读存储器、可编程只读存储器（PROM）、可擦可编程只读存储器（EPROM）、电擦除可编程只读存储器（EEPROM）、快闪存储器（Flash Memory）的工作原理和特点。

在随机存储器（RAM）章节中，介绍随机存储器的总体电路结构框图及静态随机存储器（SRAM）、动态随机存储器（DRAM）的工作原理和特点。

然后介绍存储器容量的扩展方法及用存储器实现组合逻辑函数的概念和方法。

最后介绍可编程逻辑器件（PLD）电路的表示方法以及可编程逻辑阵列（PLA）、可编程通用阵列逻辑（GAL）、复杂可编程逻辑器件（CPLD）、现场可编程门阵列（FPGA）等的基本结构、工作原理及特点。

7.1 概述

半导体存储器是一种能存储大量二值信息（或称为二值数据）的半导体器件，其功能是在数字系统中存放不同程序的操作指令及各种需要计算处理的数据。半导体存储器是电子计算机及一些数字系统中不可缺少的组成部分。

半导体存储器从存、取功能上可以分为只读存储器（Read-Only Memory，ROM）和随机存储器（Random Access Memory，RAM）两大类。

只读存储器（ROM）又分为掩模只读存储器、可编程只读存储器（Programmable Read-Only Memory，PROM）和可擦可编程只读存储器（Erasable Programmable Read-Only Memory，EPROM）几种不同类型。

随机存储器（RAM）根据所采用的存储单元工作原理的不同，又分为静态随机存储器（Static Random Access Memory，SRAM）和动态随机存储器（Dynamic Random Access Memory，DRAM）。

从制造工艺上又可以把半导体存储器分为双极型和MOS型。MOS电路（尤其是CMOS电路）具有功耗低、集成度高的优点，目前大容量的存储器都是采用MOS工艺制作。

可编程逻辑器件（Programmable Logic Device，PLD）是20世纪70年代发展起来的一种新型逻辑器件，是目前数字系统设计的主要硬件基础。常见的PLD大致上可以分为简单可编程逻辑器件（Simple Programmable Logic Device，SPLD）、复杂可编程逻辑器件（Complex Programmable Logic Device，CPLD）和现场可编程门阵列（Field Programmable Gate Array，FPGA）三大类。FPGA也是一种可编程逻辑器件，但由于在电路结构上与早期应用的PLD不同，因此采用FPGA这个名称，以示区别。

可编程逻辑器件按照编程工艺又可分为4类：熔丝（Fuse）或反熔丝（Antifuse）编程器件；UEPROM编程器件；EEPROM编程器件；SRAM编程器件。前3类器件为非易失性器件，它们在编程后，配置数据保持在器件上；第四类器件为易失性器件，每次掉电后配置数据会丢失，因而在每次通电时需要重新进行数据配置。

7.2　存储器

7.2.1　只读存储器

只读存储器（ROM）属于非易失性器件，断电后所存储的数据不消失。在只读存储器中的掩模只读存储器、可编程只读存储器、可擦可编程只读存储器（EPROM），一旦数据写入，正常工作时所存储的数据是固定不变的，只能读出，不能随时写入。电信号可擦可编程只读存储器（EEPROM）、快闪存储器（Flash Memory）在正常工作时所存储的数据可以读出，也可以随时写入，断电后所存储的数据不消失。只读存储器（ROM）的电路结构框图如图 7.2.1 所示。

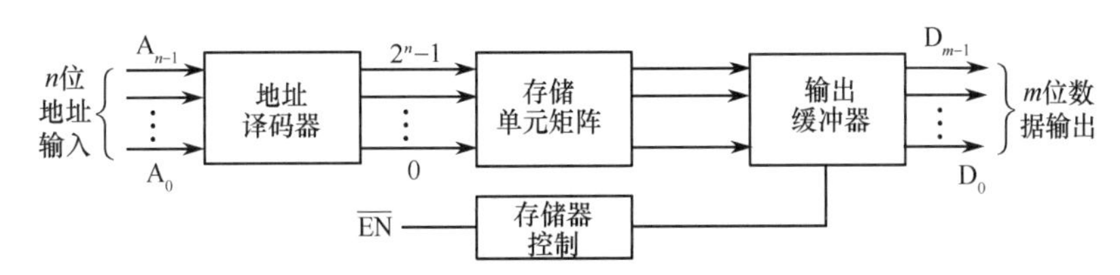

图 7.2.1　只读存储器（ROM）的电路结构框图

ROM 的内部电路由存储单元矩阵、地址译码器、输出缓冲器和存储器控制等组成。

半导体存储器的核心部分是存储体本身，它由若干个存储单元组成。每个存储单元又包含若干个基本存储单元，构成一个存储单元矩阵。例如，一个存储单元若有 8 个基本存储单元，可用来存放字长为 8 位的一个字的信息。而每个基本存储单元存放的即是这个字中的 1 位二值数据。所以，工程中常用字数乘以字长来表示存储器的存储容量。例如，4K×8 位、64K×8 位等。存储容量和存取速度是衡量半导体存储器性能的重要指标。组成 ROM 基本存储单元的元件可以是电阻、半导体二极管、三极管和 MOS 管等。每个存储单元或基本存储单元有一个对应的地址编码，以其对应的地址编码来寻找。若按编址形式，存储单元可分为两种方式：①字结构方式（一旦被地址选中，读出一个存储单元的信息），译码器采用线选法；②位结构方式（一旦被地址选中，读出一个基本存储单元的信息），译码器采用重合选择法。

地址译码器的作用是将输入的地址代码译成相应的控制信号，利用这个控制信号从存储单元矩阵中把指定的单元选出，并把其中的数据送到输出缓冲器。

输出缓冲器的作用有两个：一是能提高存储器的带负载能力；二是实现对输出状态的三态控制，以便与系统的总线连接。

1. 掩模只读存储器

掩模只读存储器所存储的数据是按照用户的要求而专门设计的，由用户向生产厂家定做，在出厂时内部存储的数据就已经被“固化”在里边了，只能读出，不能写入。存储单元可以用二极管构成，也可以用双极型三极管或 MOS 管构成。每个单元能存放 1 位二值代码（0 或 1），每个或一组存储单元有一个对应的地址代码。

例如，一个由 MOS 管构成具有 2 位地址输入码 A_1、A_0 和 4 位数据输出 D_0～D_3 的掩模只读存储器电路图，如图 7.2.2 所示。

地址线 A_1、A_0(2^2=4)给出 4 个不同的地址代码，地址译码器将地址线 A_1、A_0(2^2=4)给出 4 个不同的地址代码译成 4 根字线 W_0～W_3 上的电平控制信号，如图 7.2.2 所示。例如，当 A_1A_0=“00”时，$\overline{A_1}\,\overline{A_0}$ = “11”，与字线 W_3 连接的二极管 VD_7 和 VD_8 导通，W_3=0；与字线 W_2 连接的二极管 VD_5 导通，W_2=0；与字线 W_1 连接的二极管 VD_4 导通，W_1=0；由于 $\overline{A_1}\,\overline{A_0}$ = “11”，与字线 W_0 连接的二极管 VD_1 和 VD_2

截止，W_0=1，则有 $W_3W_2W_1W_0$=“0001”。同理，可以分析得到，当 A_1A_0=“01”时，有 $W_3W_2W_1W_0$=“0010”；当 A_1A_0=“10”时，有 $W_3W_2W_1W_0$=“0100”；当 A_1A_0=“11”时，有 $W_3W_2W_1W_0$=“1000”。字线 W_0～W_3 上的电平信号控制用 MOS 管构成的掩模只读存储器存储单元矩阵，图中 D_0～D_3 称为位线（或数据线），当 W_0～W_3 4 根线上给出电平信号时，都会在 D_0～D_3 4 根线上输出一个 4 位二值代码。

图 7.2.2 所示为用 MOS 管构成的掩模只读存储器存储单元矩阵。字线与位线的交叉点上接有 MOS 管时相当于存储了数据 1，没有接 MOS 管时相当于存储了数据 0。当 A_1A_0 给定地址代码后，经译码器译码，W_0～W_3 4 根线中某一根字线上的高电平，使接在这根字线上的 MOS 管导通，并使与这些 MOS 管漏极相连的位线为低电平，经输出缓冲器反相后，在数据输出端得到高电平，输出=1。

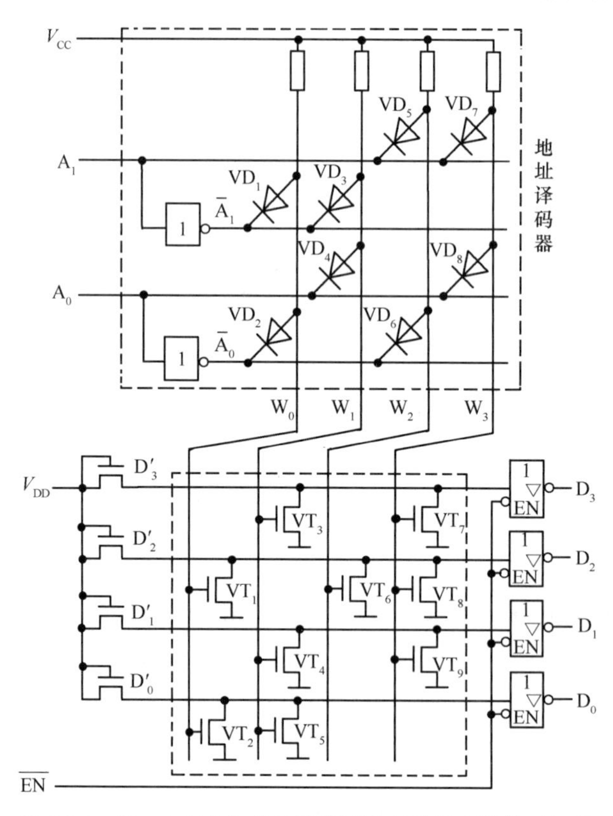

图 7.2.2 用 MOS 管构成的掩模只读存储器存储单元矩阵

例如，当 $\overline{EN}$=0，A_1A_0=“00”时，有 $W_3W_2W_1W_0$=“0001”。字线 W_0=1，存储单元矩阵中 VT_1 和 VT_2 导通接地，D'_2=0 和 D'_0=0 为低电平，经反相输出有 D_2=1 和 D_0=1；字线 $W_3W_2W_1$=“000”，VD_3～VD_9 截止。VT_3 和 VT_7 截止，D'_3=1 为高电平，经反相输出有 D_3=0。VT_4 和 VT_9 截止，D'_1=1 为高电平，经反相输出有 D_1=0。因此当 $\overline{EN}$=0，A_1A_0=“00”时，有 D_3～D_0=“0101”。同理，可以分析得到表 7.2.1 所示的图 7.2.2 掩模只读存储器中的数据表。

表 7.2.1 图 7.2.2 掩模只读存储器中的数据表

地址线		字线				位线（数据线）			
A_1	A_0	W_3	W_2	W_1	W_0	D_3	D_2	D_1	D_0
0	0	0	0	0	1	0	1	0	1
0	1	0	0	1	0	1	0	1	1
1	0	0	1	0	0	0	1	0	0
1	1	1	0	0	0	1	1	1	0

2. 可编程只读存储器

可编程只读存储器（PROM）的总体结构与掩模只读存储器相同，所不同的是在出厂时已经在存储单元矩阵的所有交叉点上全部制作了存储元件。存储元件通常有两种电路形式：一种是由二极管组成的结破坏型电路；另一种是由晶体三极管组成的熔丝型电路，结构示意图如图 7.2.3 所示。

在结破坏型可编程只读存储器中，每个存储单元都有两个对接的二极管。这两个二极管将字线与位线断开，相当于每个存储单元都存有信息 0，如图 7.2.3（a）所示，位线 D 通过 R_2 接地，D=0。如果将某个单元的字线和位线接通，即将该单元改写为 1，如图 7.2.3（a）所示，字线 W 和位线 D 接通。$+V_{CC}$ 通过 R_1 连接到位线 D，D=1。接通字线 W 和位线 D 需要在位线 D 和字线 W 之间加上一个高电压与大电流，使二极管 VD_1 的 PN 结击穿短路，字线 W 和位线 D 接通，该单元被改写为 1。

在熔丝型可编程只读存储器中，存储单元矩阵中的每个存储单元都有一个晶体三极管。该三极管的基极和字线 W 相连，发射极通过一段镍铬熔丝和位线 D 相连，相当于每个存储单元都存有信息 1，如图 7.2.3（b）所示。$+V_{CC}$ 通过 R_1 连接到 VT_1 的基极，VT_1 正偏导通，字线 W 和位线 D 接通。$+V_{CC}$ 通过 R_1 和 VT_1 的 PN 结连接到位线 D，D=1。在正常工作电流下，熔丝不会烧断，该单元存有信息 1。

如果在某个存储单元的字线和位线之间通过几倍的工作电流，该单元的熔丝立刻会被烧断。这时字线、位线断开，该单元被改写为 0[图 7.2.3（b）]，熔丝烧断，字线 W 和位线 D 断开，位线 D 通过 R_2 接地，D=0。

可编程只读存储器的存储单元一旦由 0 改写为 1 或由 1 改写为 0，就变成固定结构，因此只能进行一次编程。所以，可编程只读存储器（PROM）也称为一次可编程序只读存储器。

图 7.2.4 所示为一个 4×4 位熔丝型 PROM 结构示意图。它由存储单元矩阵、地址译码驱动器及读/写控制电路组成。图中存储单元矩阵由 4×4 个存储单元组成。出厂时每个存储单元的三极管和熔丝保持完好，相当于每个存储单元都存有信息 1。

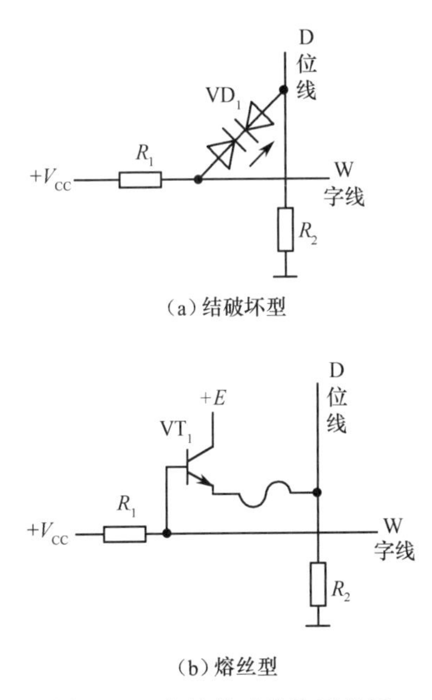

图 7.2.3　存储单元结构示意图

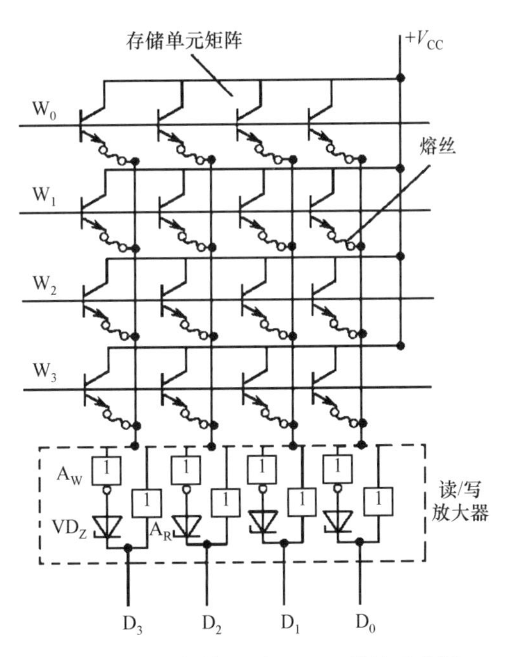

图 7.2.4　4×4 位熔丝型 PROM 结构示意图

在产品的开发设计过程中，设计人员可以通过编程器将所需内容（程序和数据）自行写入 PROM 中得到所要求的 ROM。

3．可擦可编程只读存储器

最早研究成功并投入使用的可擦可编程只读存储器（EPROM）是用紫外线照射进行擦除的，因此，现在一提到 EPROM，就是指这种用紫外线擦除的可编程只读存储器（Ultra-Violet Erasable Programmable Read-Only Memory，UVEPROM）。

EPROM 采用 MOS 型电路结构，其存储单元通常由叠栅型 MOS 管组成。叠栅型 MOS 管通常采用增强型场效应管结构。叠栅注入 MOS 管（Stacked-gate Injection Metal-Oxide- Semiconductor，SIMOS 管）的结构原理图和符号如图 7.2.5 所示。

以叠栅 NMOS 管为例，图中叠栅型 MOS 管有两个重叠的栅极：一个在上面，称为控制栅，其作用与普通 MOS 管的栅极相似；另一个埋在二氧化硅绝缘层内，称为浮置栅。如果浮置栅上没有电荷，叠栅型 MOS 管的工作原理就与普通 MOS 管相似。当控制栅上的电压大于它的开启电压时，即在栅极加上正常的高电平信号时，漏源之间可以有电流产生，SIMOS 管导通。如果浮置栅上有电子，这些电子产生负电场。这时要使管子导通，控制栅必须加较大正电压以克服负电场的影响。换言之，如果浮置栅上有电子，管子的开启电压就会增加，在栅极加上正常的高电位信号时 SIMOS 管将不会导通。

浮置栅上的电荷是靠漏源及栅源之间同时加一较大电压（如 20～25V 编程电压，正常工作电压只有 5V）而产生的。当源极接地时，漏极的大电压使漏源之间形成沟道。沟道内的电子在漏源间强电场的作用下获得足够的能量。同时借助于控制栅正电压的吸引，一部分电子穿过二氧化硅薄层进入浮置栅。当高压电源（如 20～25V 编程电压）去掉后，由于浮置栅被绝缘层包围，它所获得的电子很难泄漏，因此可以长期保存。浮置栅上注入了电荷的 SIMOS 管相当于写入了数据 1，未注入电荷的 SIMOS 管相当于存入数据 0。

当浮置栅带上电子后，如果要想擦去浮置栅上的电子，可采用强紫外线或 X 射线对叠栅进行照射，当浮置栅上的电子获得足够的能量后，就会穿过绝缘层返回衬底中。

由 SIMOS 管组成的 256×1 位 EPROM 如图 7.2.6 所示，写入数据时漏极和控制栅极的控制电路没有画出。256 个存储单元排列成 16×16 矩阵。输入地址的高 4 位加到行地址译码器上，从 16 行存储单元中选出要读的一行。输入地址的低 4 位加到列地址译码器上，再从选中的一行存储单元中选出要读的一位。若这时 EN=0，则这一位数据便出现在输出端上。

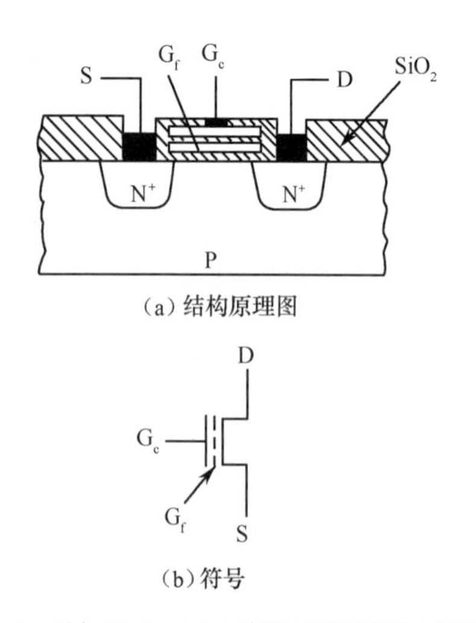

图 7.2.5　叠栅注入 MOS 管的结构原理图和符号

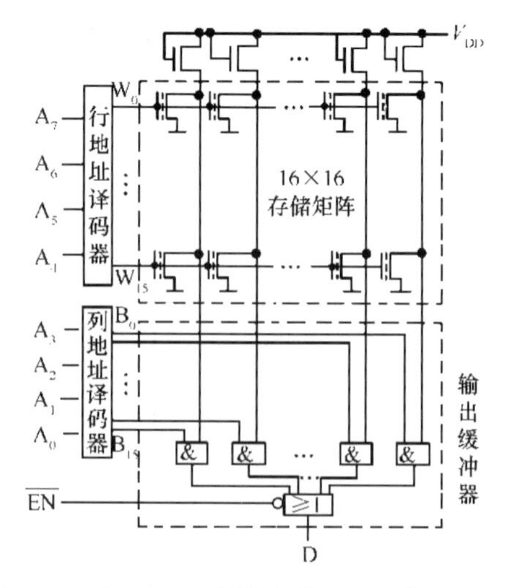

图 7.2.6　由 SIMOS 管组成的 256×1 位 EPROM

4．电擦除可编程只读存储器

电擦除可编程只读存储器 EEPROM（也有写成 E^2PROM）是一种可以用电信号擦除和改写的可编程只读存储器。EEPROM 的擦除和改写电流很小，在普通工作电源条件下即可进行，擦除时不需要将器件从系统上拆卸下来。EEPROM 不仅可以整体擦除存储单元内容，还可以进行逐字擦除和逐字改写。EEPROM 的电路结构与 UVEPROM 的主要区别是构成存储单元的 MOS 管的结构不同。EEPROM 的存储单元采用浮置栅型场效应管（Floating gate Tunnel Oxide，Flotox 管），其结构和符号如图 7.2.7 所示。Flotox 管也属于 N 沟道增强型的 MOS 管。这种场效应管有两个浮置栅，漏极上方有一个隧道二极管。在第二栅极与漏极之间电压 V_g 提供的电场作用下，漏极电荷通过隧道二极管流向第一浮栅，使管子导通，起到编程作用。若 V_g 的极性相反，浮栅上的电荷将反向流入漏极，起到擦除作用。由于编程和擦除所需电流极小，因此 V_g 可采用芯片的普通工作电源。EEPROM 的存储单元如图 7.2.8 所示。EEPROM 具有只读存储器（ROM）的非易失性，也可以像随机存储器（RAM）一样随机的进行读/写，每个存储单元可以重复进行 1 万次改写，存储的信息可以保留 20 年。但其缺点是擦、写的时间较长。

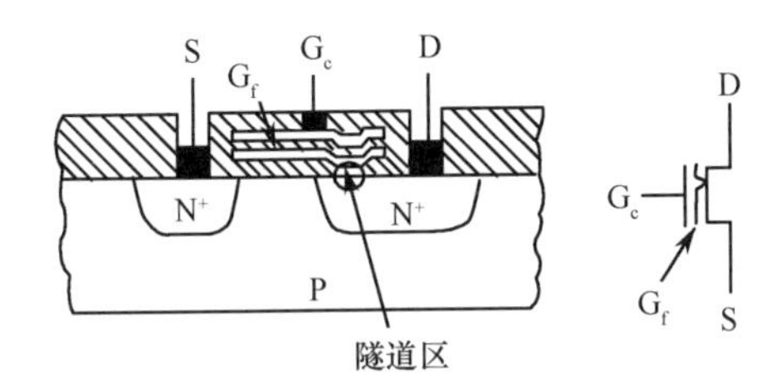

图 7.2.7　Flotox 管的结构和符号

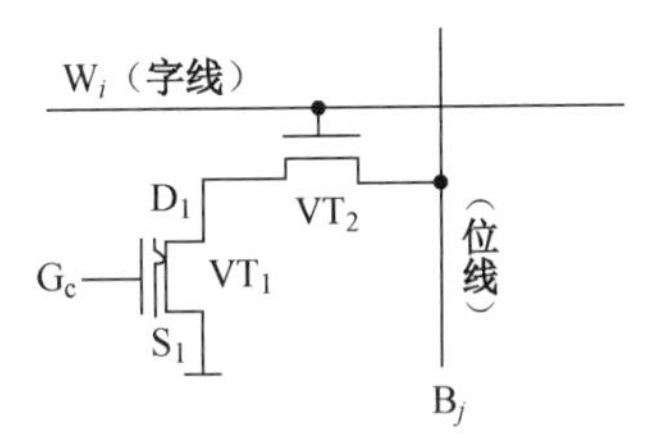

图 7.2.8　EEPROM 的存储单元

5．快闪存储器

快闪存储器（Flash Memory）也是一种电信号擦除的可编程只读存储器。快闪存储器采用了一种类似于 EPROM 的单管叠栅结构的存储单元，其结构示意图和符号如图 7.2.9 所示。

快闪存储器采用的叠栅 MOS 管的结构与 EPROM 中的 SIMOS 管极为相似，两者最大的区别是浮置栅与衬底间氧化层的厚度不同。在 EPROM 中这个氧化层的厚度一般为 30～40μm，而在快闪存储器中仅为 10～15μm。而且浮栅与源区重叠的部分是由源区的横向扩散形成的，面积极小，因而浮置栅-源区间的电容要比浮置栅-控制栅间的电容小得多。

快闪存储器的存储单元如图 7.2.10 所示。在读出状态下，字线给出+5V 的逻辑高电平，存储单元公共端 V_{SS} 为 0 电平。若浮置栅上没有充电，则叠栅 MOS 管导通，位线上输出低电平；若浮置栅上充有负电荷，则叠栅 MOS 管截止，位线上输出高电平。

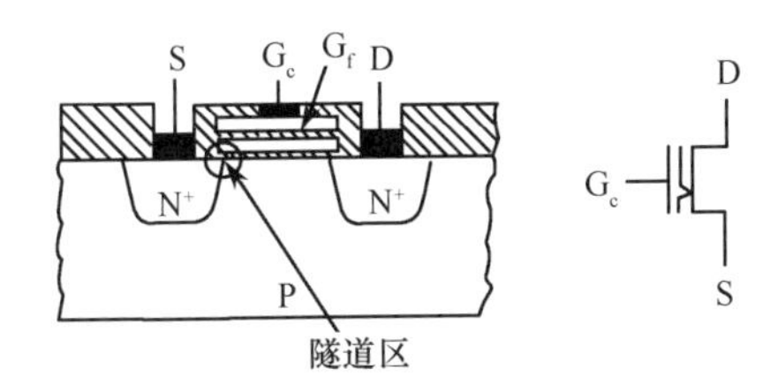

图 7.2.9　快闪存储器结构示意图和符号

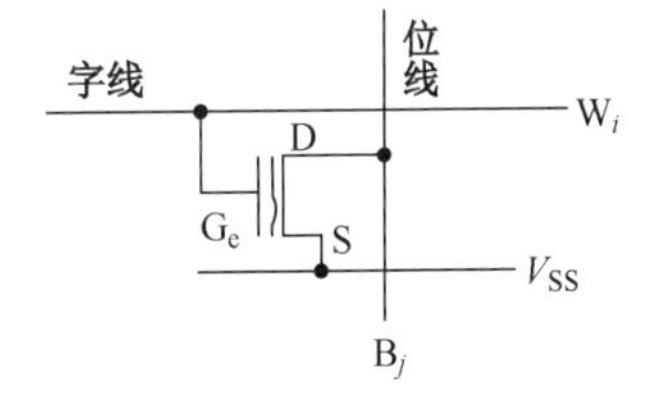

图 7.2.10　快闪存储器的存储单元

快闪存储器的写入方法和 EPROM 相同，即利用雪崩注入的方法使浮栅充电。快闪存储器的擦除操作是利用隧道效应进行的，类似于 EEPROM 写入 0 时的操作。由于片内所有叠栅 MOS 管的源极是连在一起的，因此全部存储单元同时被擦除，这一点是不同于 EEPROM 的。

7.2.2 随机存储器

随机存储器也称为随机读/写存储器，简称RAM。在随机存储器工作时可以随时从任何一个指定地址读出数据，也可以随时将数据写入任何一个指定的存储单元中去。它的优点是读、写方便，使用灵活；缺点是一旦断电，所存储的数据将随之丢失，即存在数据易失性的问题。RAM电路通常由存储单元矩阵、地址译码器和读/写控制电路（也称为输入/输出电路）几部分组成。随机存储器的电路结构框图如图7.2.11所示。

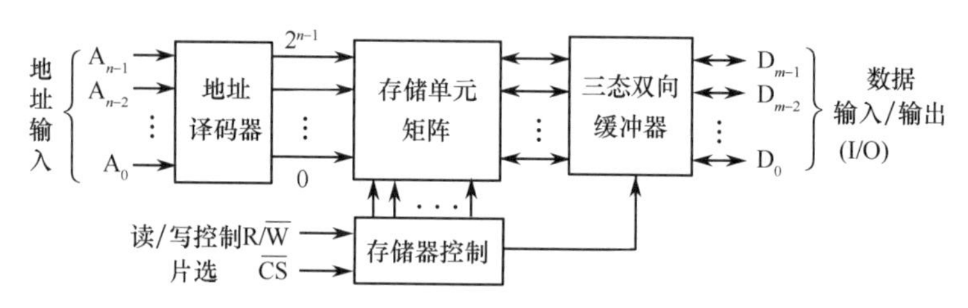

图7.2.11 随机存储器的电路结构框图

存储单元矩阵由许多存储单元排列而成，每个存储单元能存储1位二进制数据（1或0），在译码器和读/写控制电路的控制下既可以写入1或0，又可将所存储的数据读出。

地址译码器将输入的地址代码译成一条字线的输出信号，使连接在这条字线上的存储单元与相应的读/写控制电路接通，然后对这些单元进行读或写。

读/写控制电路用于对电路的工作状态进行控制，当读/写控制信号$R/\overline{W}=1$时，执行读操作，将存储单元里的内容送到输入/输出端（I/O）上。当$R/\overline{W}=0$时，执行写操作，输入/输出线上的数据写入存储器中。多数RAM集成电路是用一根读/写控制线控制其读/写操作的。但也有些RAM集成电路是用两个输入端分别进行读和写控制的。此外，在读/写控制电路中另加有片选输入端$\overline{CS}$，当$\overline{CS}=0$时，RAM为正常工作状态；当$\overline{CS}=1$时，所有输入/输出端均为高阻态，不能对RAM进行读/写操作。利用片选输入端$\overline{CS}$可以使多片RAM集成电路组合扩展成更大容量的存储器。

输入/输出电路通常由三态门组成，由$R/\overline{W}$信号及$\overline{CS}$信号控制，实现输入（写入）或输出（读出）功能。

RAM根据存储单元工作原理的不同又分为静态随机存储器（SRAM）和动态随机存储器（DRAM）两大类。

1. 静态随机存储器

静态随机存储器（SRAM）的存储单元是在静态触发器的基础上附加控制线或门控管而构成的。它们是靠电路状态的自保功能存储数据的。由于使用的器件不同，静态存储单元又分为MOS型和双极型两种。其基本的电路结构如图7.2.12所示。

图7.2.12（a）是用6个N沟道增强型MOS管组成的静态存储单元。图中的VT_1～VT_4组成基本RS触发器，用于记忆1位二值代码。VT_5和VT_6是门控管，作为模拟开关使用，以控制触发器的Q、$\overline{Q}$和位线B_j、B_j之间的联系。VT_5、VT_6的开关状态由字线X_i的状态决定。当X_i=1时，VT_5、VT_6导通，触发器的Q和$\overline{Q}$端与位线B_j、B_j接通；当X_i=0时，VT_5、VT_6截止，触发器与位线之间的联系被切断。VT_7、VT_8是每列存储单元公用的两个门控管，用于和读/写缓冲放大器之间的连接。VT_7、VT_8的开关状态由列地址译码器的输出Y_j来控制，当Y_j=1时导通，当Y_j=0时截止。

存储单元所在的一行和所在的一列同时被选中以后，X_i=1，Y_j=1，VT_5、VT_6、VT_7、VT_8均处于导通状态。Q、$\overline{Q}$和位线B_j、$\overline{B}_j$接通。若这时$\overline{CS}=0$、$R/\overline{W}=1$，则读/写缓冲放大器的A_1接通、A_2和A_3截止，Q端的状态经A_1送到I/O端，实现数据读出。若CS=0、$R/\overline{W}=0$，则读/写缓冲放大器的A_1截止、A_2和A_3导通，加到I/O端的数据被写入存储单元中。图7.2.12（b）所示为6个CMOS

管组成的静态存储单元。图 7.2.12（c）所示为双极型 RAM 的静态存储单元。

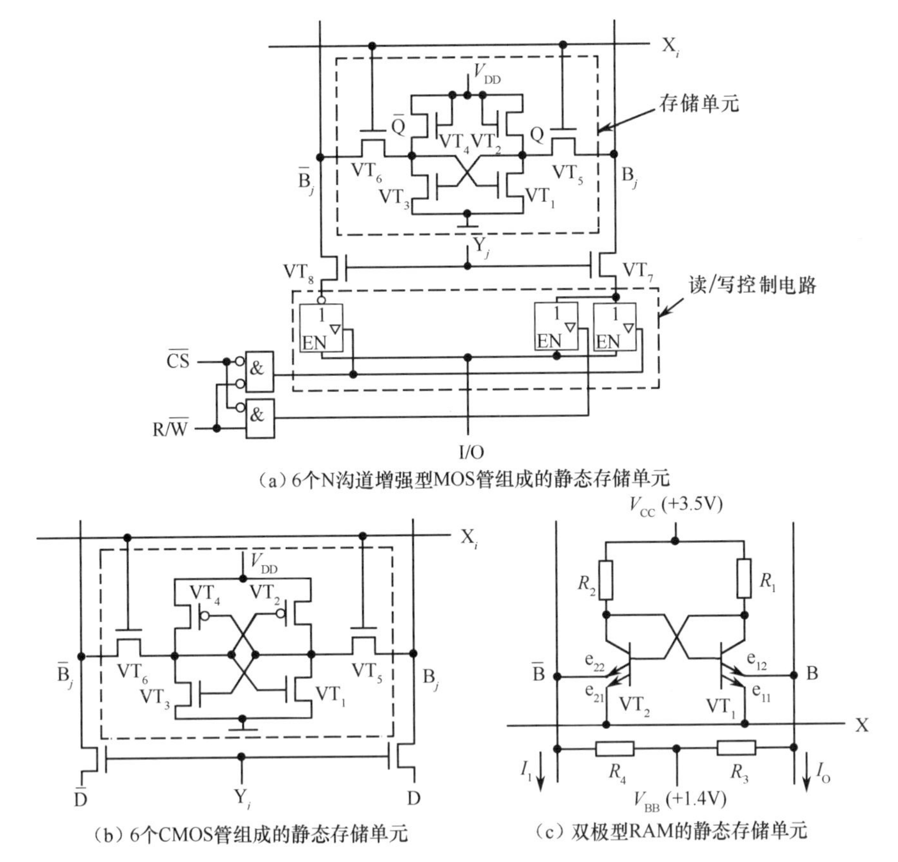

图 7.2.12　SRAM 基本的电路结构

2．动态随机存储器

动态随机存储器（DRAM）的存储单元是利用 MOS 管栅极电容能够存储电荷的原理制成的。电路结构比较简单，但由于栅极电容的容量很小（只有几皮法），而漏电流不可能为零，因此电荷的存储时间有限。为了及时补充泄漏掉的电荷以避免存储信号丢失，必须定时给栅极电容补充电荷。通常把这种操作称为刷新或再生。因此，工作时必须辅以比较复杂的刷新电路。

早期采用的动态存储单元为四管电路或三管电路。这两种电路的优点是外围控制电路比较简单，读出信号也比较大；而缺点是电路结构仍不够简单，不利于提高集成度。单管动态存储单元是所有存储单元中电路结构最简单的一种。虽然它的外围控制电路比较复杂，但由于在提高集成度上所具有的优势，使它成为目前所有大容量 DRAM 首选的存储单元。单管动态 MOS 存储单元的电路结构图如图 7.2.13 所示。

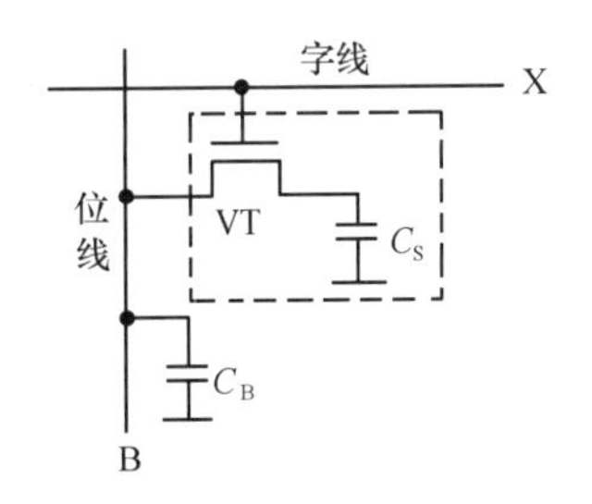

图 7.2.13　单管动态 MOS 存储单元的电路结构图

存储单元由一个 N 沟道增强型 MOS 管 VT 和一个电容 C_S 组成。在进行写操作时，字线给出高电平，使 VT 导通，位线上的数据便经过 VT 被存入 C_S 中。在进行读操作时，字线同样应给出高电平，并使 VT 导通。这时 C_S 经 VT 向位线上的电容 C_B 提供电荷，使位线获得读出的信号电平。因为在实际的存储器电路中位线上总是同时接有很多存储单元，使 $C_B \gg C_S$，所以位线上读出的电压信号很小。因此，需要在 DRAM 中设置灵敏的读出放大器，一方面将读出信号加以放大；另一方面将存储单元里原来存储的信号恢复。

7.2.3　存储容量的扩展

当使用一片 ROM 或 RAM 器件不能满足对存储容量的要求时，就需要将若干片 ROM 或 RAM 组合起来，形成一个容量更大的存储器。存储器容量扩展的方法有位扩展方式和字扩展方式两种。存储器的扩展主要工作是地址线、数据线和控制信号线的连接。

1. 位扩展方式

如果每片 ROM 或 RAM 中的字数已经够用而每个字的位数不够用时，应采用位扩展的连接方式，将多片 ROM 或 RAM 组成位数更多的存储器。

位扩展的连接方法是：根据所需扩展的位数确定 RAM/ROM 芯片数；将所有芯片的地址线、片选线 $\overline{CE}$、RAM 的 $\overline{OE}$ 读线、$\overline{WE}$ 写线或 ROM 的 $\overline{EN}$ 使能线分别并联起来；每个芯片的 I/O 端作为扩展后的整个 RAM 输入/输出数据端的一部分。

图 7.2.14（c）给出了一个用两片 128K×8 位的 RAM 构成的 128K×16 位的 RAM 电路。芯片型号是 DS1245W（3.3V SRAM），芯片封装如图 7.2.14（a）、（b）所示。芯片采用 JEDEC 标准 32 引脚 DIP 封装或电源罩模块（Power Cap Module，PCM）34 引脚封装，芯片引脚端 A_0～A_{16} 为地址输入，DQ_0～DQ_7 为数据输入/输出，$\overline{CE}$ 为芯片使能（片选线），$\overline{WE}$ 为写使能，$\overline{OE}$ 为输出使能，V_{CC} 为电源（+3.3V），GND 为地，NC 为空脚。

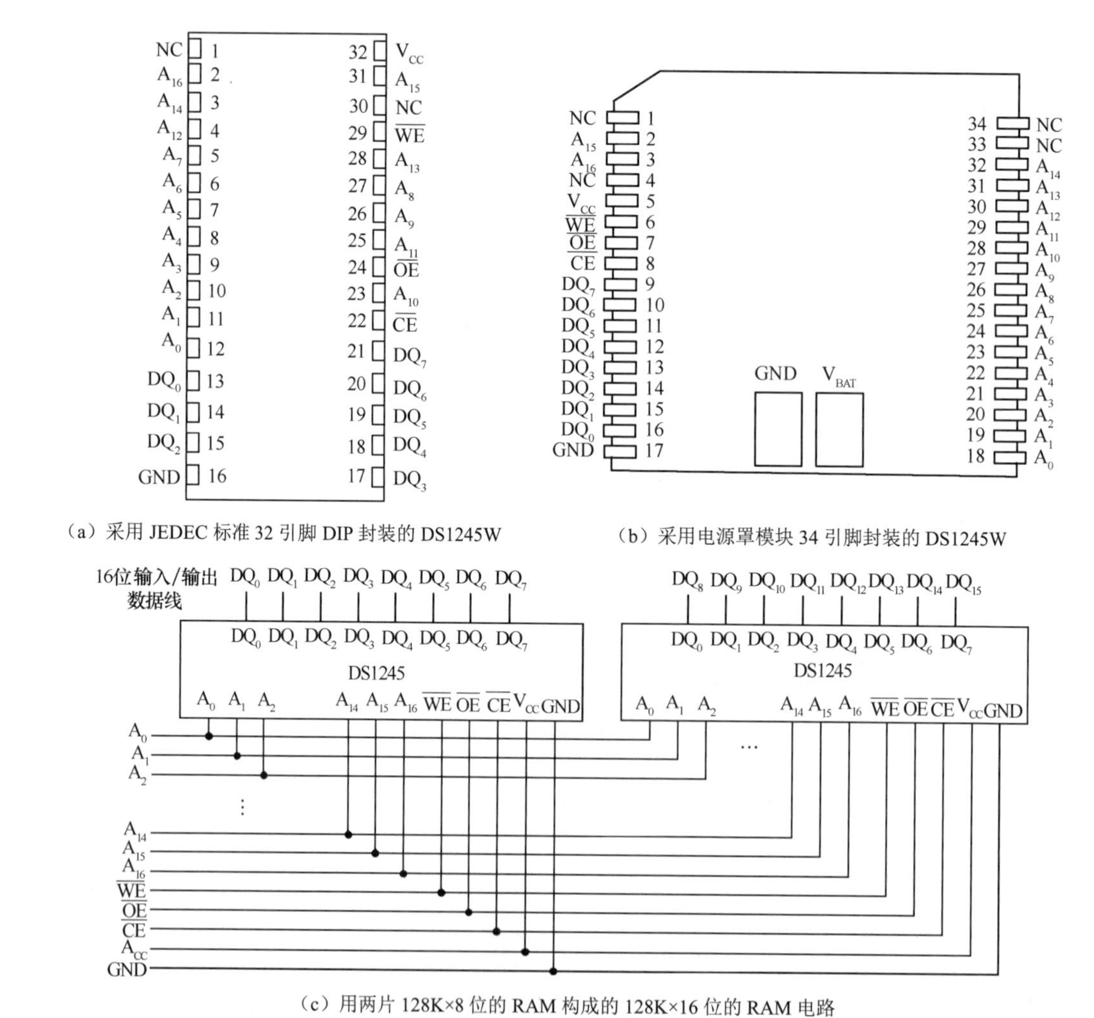

（a）采用 JEDEC 标准 32 引脚 DIP 封装的 DS1245W

（b）采用电源罩模块 34 引脚封装的 DS1245W

（c）用两片 128K×8 位的 RAM 构成的 128K×16 位的 RAM 电路

图 7.2.14　位扩展方式电路实例

在组成的 128K×16 位的 RAM 电路中存储单元的地址范围为“$A_{16}A_{15}A_{14}$～$A_3A_2A_1A_0$”=“000～0000”（最低位地址）～“$A_{16}A_{15}A_{14}$～$A_3A_2A_1A_0$”=“111～1111”（最高位地址），数据输入/输出线为 DQ_0～DQ_{15} 共 16 位。

2．字扩展方式

若每片存储器的数据位数够用而字数不够用时，则需要采用字扩展方式，将多片存储器（RAM 或 ROM）芯片接成一个字数更多的存储器。

字扩展的连接方法是：根据所需扩展的字数确定 RAM/ROM 芯片数；将所有芯片的地址线、输入/输出数据端 I/O 线、RAM 的 $\overline{OE}$ 读线、$\overline{WE}$ 写线或 ROM 的 $\overline{EN}$ 使能线分别并联起来；各芯片的片选线 $\overline{CE}$ 根据扩展后的存储器的存储空间地址分布（各存储芯片的存储映像），分别与高位地址译码器的输出相连接。

图 7.2.15（c）给出了一个用两片 512K×8 位的 RAM 构成的 1024K×8 位的 RAM 电路。芯片型号是 DS1250W（3.3V SRAM），芯片封装如图 7.2.15（a）、（b）所示。芯片采用 JEDEC 标准 32 引脚 DIP 封装或电源罩模块（Power Cap Module（PCM））34 引脚封装，芯片引脚端 A_0～A_{18} 为地址输入，DQ_0～DQ_7 为数据输入/输出，$\overline{CE}$ 为芯片使能（片选线），$\overline{WE}$ 为写使能，$\overline{OE}$ 为输出使能，V_{CC} 为电源（+3.3V），GND 为地，NC 为空脚。

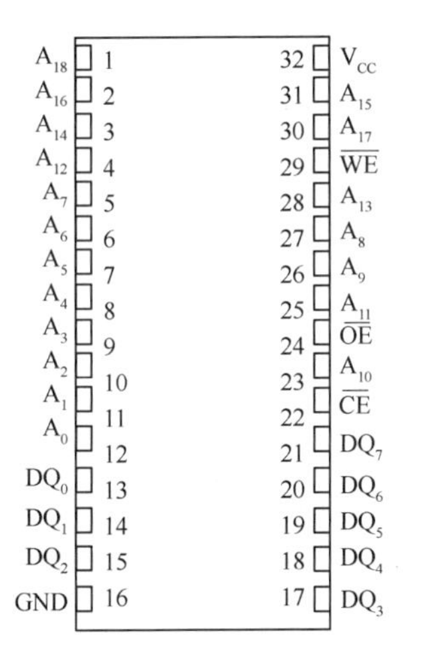

（a）采用 JEDEC 标准 32 引脚 DIP 封装的 DS1250W

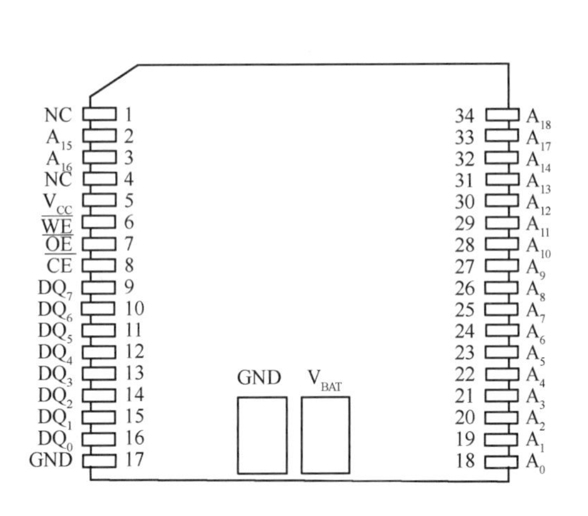

（b）采用电源罩模块 34 引脚封装的 DS1250W

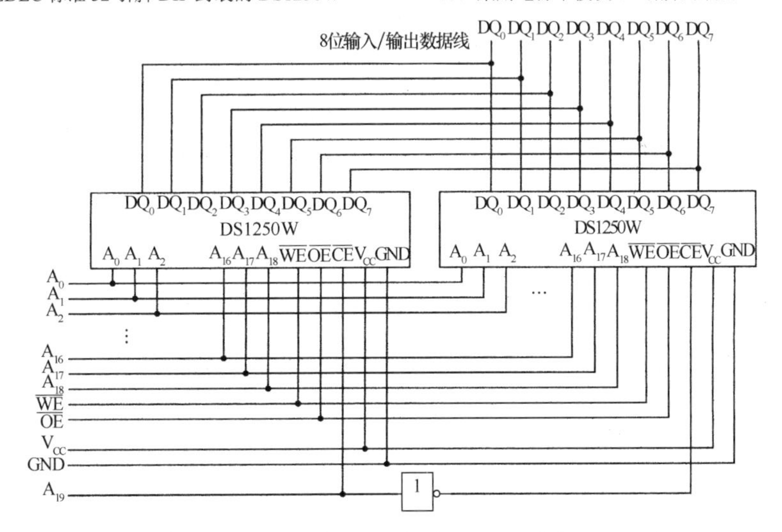

（c）用两片 512K×8 位的 RAM 构成的 1024K×8 位的 RAM 电路

图 7.2.15　字扩展方式电路实例

在组成的1024K×8位的RAM电路中存储单元的地址范围为：第1片DS1250W RAM中存储单元的地址范围为"$A_{19}A_{18}A_{17}$～$A_2A_1A_0$"="000～000"（最低位地址），"$A_{19}A_{18}A_{17}$～$A_2A_1A_0$"="011～111"（最高位地址）。数据输入/输出线DQ_0～DQ_7共8位。第2片DS1250W RAM中存储单元的地址范围为"$A_{19}A_{18}A_{17}$～$A_2A_1A_0$" = "100～000"（最低位地址），"$A_{19}A_{18}A_{17}$～$A_2A_1A_0$" = "111～111"（最高位地址）。数据输入/输出线DQ_0～DQ_7共8位。

两个芯片的地址不同之处在于最高位地址线A_{19}的取值不同，当A_{19}=0时，芯片1的片选线$\overline{CE}$=0有效，芯片1工作；A_{19}=0经反相器反相使芯片2的片选线$\overline{CE}$=1，芯片2不工作。当A_{19}=1时，芯片1的片选线$\overline{CE}$=1，芯片1不工作；A_{19}=1经反相器反相使芯片2片选线$\overline{CE}$=0，芯片2工作。

7.2.4 用存储器实现组合逻辑函数

将多个输入和多个输出的组合逻辑电路框图与存储器的电路框图进行比较，可以发现将存储器的地址线作为输入变量，将存储器的数据线作为输出变量，可以实现多输入、多输出的组合逻辑电路功能，即可以用存储器实现组合逻辑函数。

表7.2.2所示为一个ROM的数据表。如果把输入地址A_1和A_0视为两个输入逻辑变量，同时把输出数据D_0、D_1、D_2和D_3视为一组输出逻辑变量，那么D_0、D_1、D_2和D_3就是一组A_0、A_1的组合逻辑函数。表7.2.2也就是这组多输出组合逻辑函数的真值表。

表7.2.2 一个ROM的数据表

A_1	A_0	D_0	D_1	D_2	D_3	A_1	A_0	D_0	D_1	D_2	D_3
0	0	0	1	0	1	1	0	0	1	1	0
0	1	1	0	1	1	1	1	1	1	0	0

另外，从图7.2.2中也可以看到，其中译码器的输出包含了输入变量全部的最小项，而每位数据输出又都是若干个最小项之和，因而任何形式的组合逻辑函数均能通过向ROM中写入相应的数据来实现。

不难推想，用具有n位输入地址、m位数据输出的ROM可以获得一组（最多为m个）任何形式的n变量组合逻辑函数，只要根据函数的形式向ROM中写入相应的数据即可。这个原理也适用于ROM。

【例7.2.1】 试用ROM设计一个八段字符显示的译码器，其真值表如表7.2.3所示。

解：由表7.2.3可知，应取输入地址为4位、输出数据为8位的（16×8位）ROM来实现这个译码电路。以地址输入端A_3、A_2、A_1、A_0作为BCD代码的D、C、B、A 4位的输入端，以数据输出端D_0～D_7作为a～h的输出端（图7.2.16），即可得到所要求的译码器。

如果制成掩模只读存储器，那么可依照表7.2.3画出存储矩阵的连接电路，如图7.2.16所示。图中以节点上接入二极管表示存入0，未接入二极管表示存入1。从表7.2.3中可以看出，由于数据中0的数目比1的数目少得多，因此用接入二极管表示存入0比用接入二极管表示存入1要节省器件。

如果使用EPROM实现这个译码器，那么只要把表7.2.3中左边的D、C、B、A当作输入地址代码，右边的a、b、c、d、e、f、g当作数据，依次对应地写入EPROM即可。

表 7.2.3　例 7.2.1 的真值表

输入				输出								字形
D	C	B	A	a	b	c	d	e	f	g	h	
0	0	0	0	1	1	1	1	1	1	0	1	0.
0	0	0	1	0	1	1	0	0	0	0	1	1.
0	0	1	0	1	1	0	1	1	0	1	1	2.
0	0	1	1	1	1	1	1	0	0	1	1	3.
0	1	0	0	0	1	1	0	0	1	1	1	4.
0	1	0	1	1	0	1	1	0	1	1	1	5.
0	1	1	0	1	0	1	1	1	1	1	1	6.
0	1	1	1	1	1	1	0	0	0	0	1	7.
1	0	0	0	1	1	1	1	1	1	1	1	8.
1	0	0	1	1	1	1	1	0	1	1	1	9.
1	0	1	0	1	1	1	1	1	0	1	0	a
1	0	1	1	0	0	1	1	1	1	1	0	b
1	1	0	0	0	0	0	1	1	0	1	0	c
1	1	0	1	0	1	1	1	1	0	1	0	d
1	1	1	0	1	1	0	1	1	1	1	0	e
1	1	1	1	1	0	0	0	1	1	1	0	F

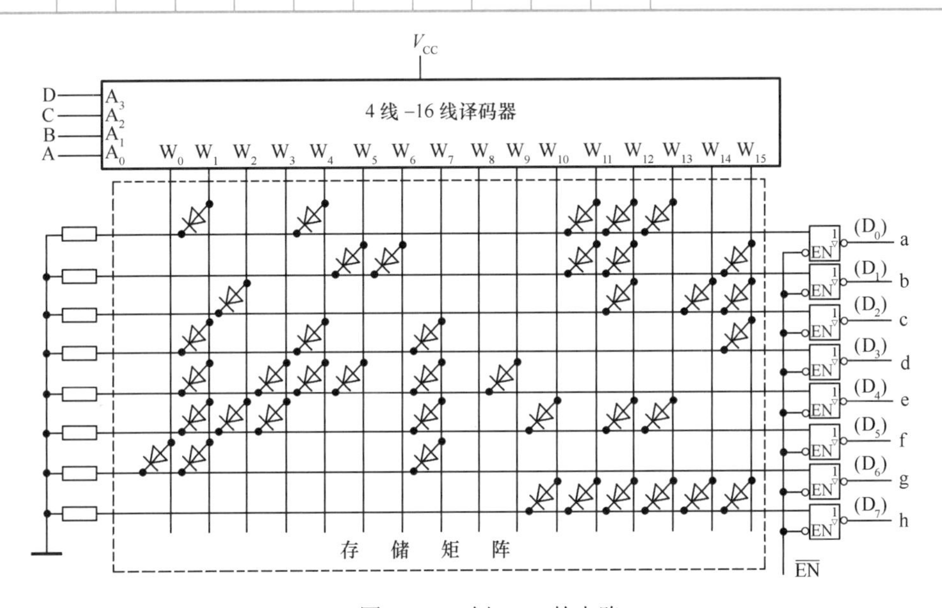

图 7.2.16　例 7.2.1 的电路

【例 7.2.2】　试用 ROM 产生如下的一组多输出逻辑函数。

$$\begin{cases} Y_1 = \bar{A}BC + \bar{A}\bar{B}C \\ Y_2 = A\bar{B}C\bar{D} + BC\bar{D} + \bar{A}BCD \\ Y_3 = ABC\bar{D} + \bar{A}\bar{B}\bar{C}\bar{D} \\ Y_4 = \bar{A}\bar{B}C\bar{D} + ABCD \end{cases} \tag{7.2.1}$$

解：将式（7.2.1）化为最小项之和的形式得到

$$\begin{cases} Y_1 = \overline{A}BC\overline{D} + \overline{A}BCD + \overline{A}\overline{B}C\overline{D} + \overline{A}\overline{B}CD \\ Y_2 = A\overline{B}C\overline{D} + \overline{A}BC\overline{D} + ABC\overline{D} + \overline{A}BCD \\ Y_3 = ABC\overline{D} + \overline{A}B\overline{C}\overline{D} \\ Y_4 = \overline{A}\overline{B}C\overline{D} + ABCD \end{cases} \tag{7.2.2}$$

或写为

$$\begin{cases} Y_1 = m_2 + m_3 + m_6 + m_7 \\ Y_2 = m_6 + m_7 + m_{10} + m_{14} \\ Y_3 = m_4 + m_{14} \\ Y_4 = m_2 + m_{15} \end{cases} \tag{7.2.3}$$

取有4位地址输入、4位数据输出的16×4位ROM，将A、B、C、D 4个输入变量分别接至地址输入端A_3、A_2、A_1、A_0，按照逻辑函数的要求存入相应的数据，即可在数据输出端D_3、D_2、D_1、D_0得到Y_1、Y_2、Y_3、Y_4。

因为每个输入地址对应一个A、B、C、D的最小项，并使地址译码器的一条输出线（字线）为1，而每位数据输出都是若干字线输出的逻辑或，故可按照式（7.2.3）列出ROM存储矩阵内应存入的数据表，如表7.2.4所示。

表7.2.4　例7.2.2中ROM的数据表

最小项	函数				
	Y_1	Y_2	Y_3	Y_4	
$\overline{A}\overline{B}\overline{C}\overline{D}(m_0)$	0	0	0	0	W_0 0000
$\overline{A}\overline{B}\overline{C}D(m_1)$	0	0	0	0	W_1 0001
$\overline{A}\overline{B}C\overline{D}(m_2)$	1	0	0	1	W_2 0010
$\overline{A}\overline{B}CD(m_3)$	1	0	0	0	W_3 0011
$\overline{A}B\overline{C}\overline{D}(m_4)$	0	0	1	0	W_4 0100
$\overline{A}B\overline{C}D(m_5)$	0	0	0	0	W_5 0101
$\overline{A}BC\overline{D}(m_6)$	1	1	0	0	W_6 0110
$\overline{A}BCD(m_7)$	1	1	0	0	W_7 0111
$A\overline{B}\overline{C}\overline{D}(m_8)$	0	0	0	0	W_8 1000
$A\overline{B}\overline{C}D(m_9)$	0	0	0	0	W_9 1001
$A\overline{B}C\overline{D}(m_{10})$	0	1	0	0	W_{10} 1010
$A\overline{B}CD(m_{11})$	0	0	0	0	W_{11} 1011
$AB\overline{C}\overline{D}(m_{12})$	0	0	0	0	W_{12} 1100
$AB\overline{C}D(m_{13})$	0	0	0	0	W_{13} 1101
$ABC\overline{D}(m_{14})$	0	1	1	0	W_{14} 1110
$ABCD(m_{15})$	0	0	0	1	W_{15} 1111
	D_3	D_2	D_1	D_0	地址 / 数据

如果使用EPROM实现上述一组逻辑函数，那么只要按表7.2.4将所有的数据写入对应的地址单元即可。

在使用可编程只读存储器或掩模只读存储器时，还可以根据表7.2.4画出存储矩阵的结点连接图，如图7.2.17所示。为了简化作图，在接入存储器件的矩阵交叉点上画一个圆点，以代替存储器件。图7.2.17中以接入存储器件表示存1，以不接存储器件表示存0。

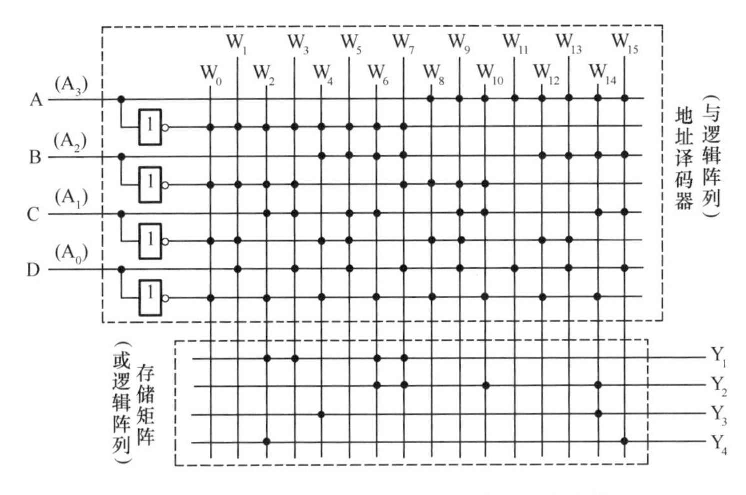

图 7.2.17　例 7.2.2 的 ROM 存储矩阵的结点连接图

7.3　简单可编程逻辑器件

简单可编程逻辑器件（SPLD）中又可分为可编程逻辑阵列（Programmable Logic Array，PLA）、可编程阵列逻辑（Programmable Array Logic，PAL）、通用可编程阵列逻辑（Generic Array Logic，GAL）几种类型。

可编程逻辑阵列（PLA）是一种基于“与-或阵列”的一次性编程器件。它由可编程的与阵列、可编程的或阵列和输出电路组成。它的与、或阵列均可编程，具有结构规整、使用灵活等特点。

可编程阵列逻辑（PAL）也是一种基于“与-或阵列”的一次性编程器件。它由可编程的与阵列、固定的或阵列和输出电路组成。

通用可编程阵列逻辑（GAL）是在可编程阵列逻辑的基础上改进和发展而来的一种简单可编程逻辑器件。它的基本结构仍然由可编程的与阵列、固定的或阵列和输出电路组成。但是它是一种电可擦写、可重复编程的 PLD，且 GAL 器件有一个可编程的输出逻辑宏单元（OLMC），通过对 OLMC 配置可以得到多种形式的输出和反馈。比较有代表性的 GAL 芯片有 GAL16V8、GAL20V8 和 GAL22V10，这几种 GAL 几乎能够仿真所有类型的 PAL 器件，并具有 100%的兼容性。在实际应用中，GAL 可完全取代 PAL 器件。

7.3.1　可编程逻辑器件的基本结构及电路的表示方法

1. 可编程逻辑器件的基本结构

可编程逻辑器件的种类较多，不同厂商生产的可编程逻辑器件的结构差别较大。可编程逻辑器件的基本结构如图 7.3.1 所示。可编程逻辑器件由输入缓冲电路、与阵列、或阵列、输出缓冲电路四部分组成。其中，输入缓冲电路主要用来对输入信号进行预处理，以适应各种输入情况，如产生输入变量的原变量和反变量；“与阵列”和“或阵列”是可编程逻辑器件的主体，能够有效地实现“积之和”形式的布尔逻辑函数；输出缓冲电路主要用来对输出信号进行处理，用户可以根据需要选择各种灵活的输出方式（组合方式、时序方式），并可将反馈信号送回输入端，以实现复杂的逻辑功能。

2. 可编程逻辑器件电路的表示方法

（1）可编程逻辑器件连接的表示法。可编程逻辑器件（PLD）中阵列交叉点上有 3 种连接方式：硬线连接、接通连接和断开连接，如图 7.3.2 所示。图中硬线连接是固定连接方式，是不可编程的，而接通和断开连接是可编程的。

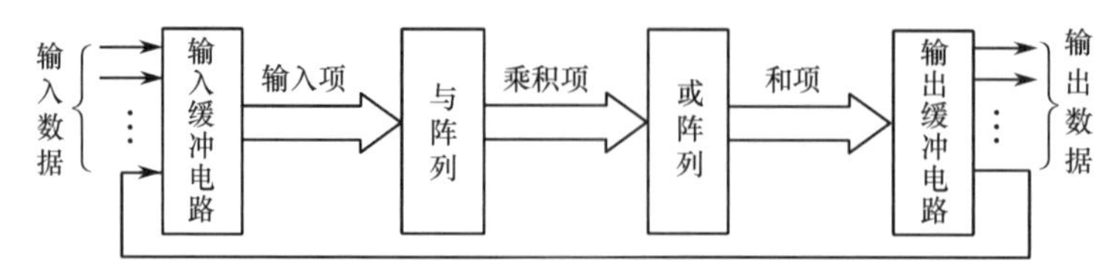

图 7.3.1 可编程逻辑器件的基本结构

（a）硬线连接（固定连接）（b）接通连接（编程连接）（c）断开连接（不连接）

图 7.3.2 可编程逻辑器件（PLD）中阵列交叉点上的 3 种连接方式

（2）输入/反馈缓冲单元表示法。PLD 的输入缓冲器和反馈缓冲器都采用互补的输出结构，以产生原变量和反变量两个互补的信号，如图 7.3.3 所示。图中 A 是输入，B 和 C 是输出，真值表如表 7.3.1 所示。

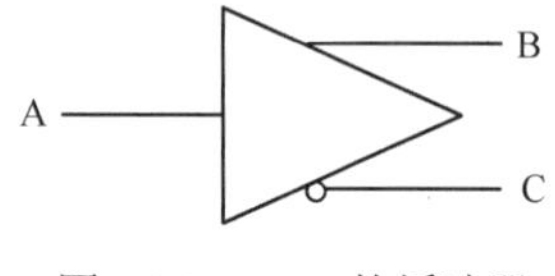

图 7.3.3 PLD 的缓冲器

表 7.3.1 PLD 的缓冲器真值表

A	B	C
0	0	1
1	1	0

由表 7.3.1 可知，B=A，C=$\overline{A}$。

（3）PLD 与门表示法。与阵列是 PLD 中的基本逻辑阵列，它们由若干个与门组成，每个与门都是多输入、单输出形式。以 3 输入与门为例，其 PLD 表示法如图 7.3.4 所示，图中 D=ABC。

图 7.3.5 所示为 4 输入端与门电路，P=ABD。

图 7.3.6 所示为 4 输入端与门电路，P=A$\overline{A}$B$\overline{B}$=0。

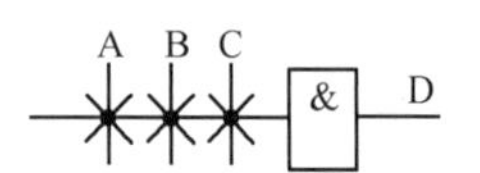

图 7.3.4 3 输入端的 PLD 与门电路

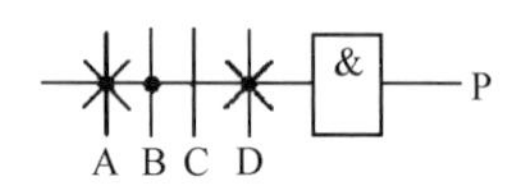

图 7.3.5 4 输入端与门电路 1

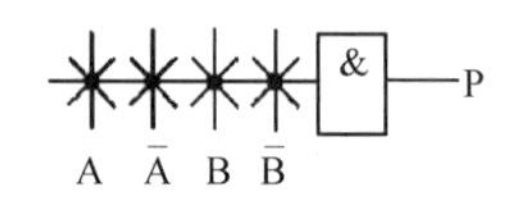

图 7.3.6 4 输入端与门电路 2

（4）PLD 或门表示法。或阵列也是 PLD 中的基本逻辑阵列，它们由若干个或门组成，每个或门都是多输入、单输出形式。以 4 输入或门为例，其 PLD 表示法如图 7.3.7 所示，图中 $Y=P_1+P_3+P_4$。

例如，一个 PLD 异或门电路如图 7.3.8 所示。图中 $F=X_1\overline{X}_2+\overline{X}_1X_2=X_1\oplus X_2$。

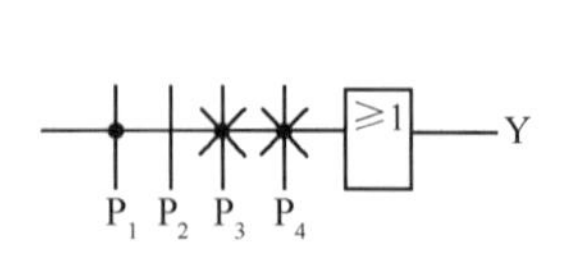

图 7.3.7 4 输入端的 PLD 或门电路

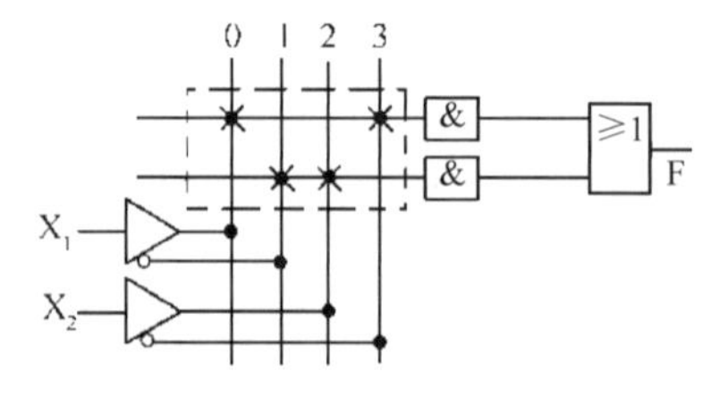

图 7.3.8 PLD 异或门电路

7.3.2 可编程逻辑阵列

可编程逻辑阵列（Programmable Logic Array，PLA）在 PLD 的发展历程中首先得到应用。它由一个可编程的与阵列、一个可编程的或阵列和一个输出电路组成。在前面讲过的逻辑代数中我们已经知道，任何一个逻辑函数的表达式都可以变换为与或形式，因而都可以用一级与逻辑电路和一级或逻辑电路来实现。PLA 就是根据这个基本原理设计而成的。

PLA 电路的基本结构可以用图 7.3.9 所示电路来说明。这是一个熔丝型的 PLA 电路，通过对与逻辑阵列编程产生所需要的乘积项，再通过对或逻辑阵列编程将这些乘积项相加，就得到了所需要的逻辑函数。这个电路的与阵列有 4 个变量输入端，或阵列有 4 个逻辑函数输出端，可以用来实现 4 个各种不同形式的 4 变量逻辑函数。

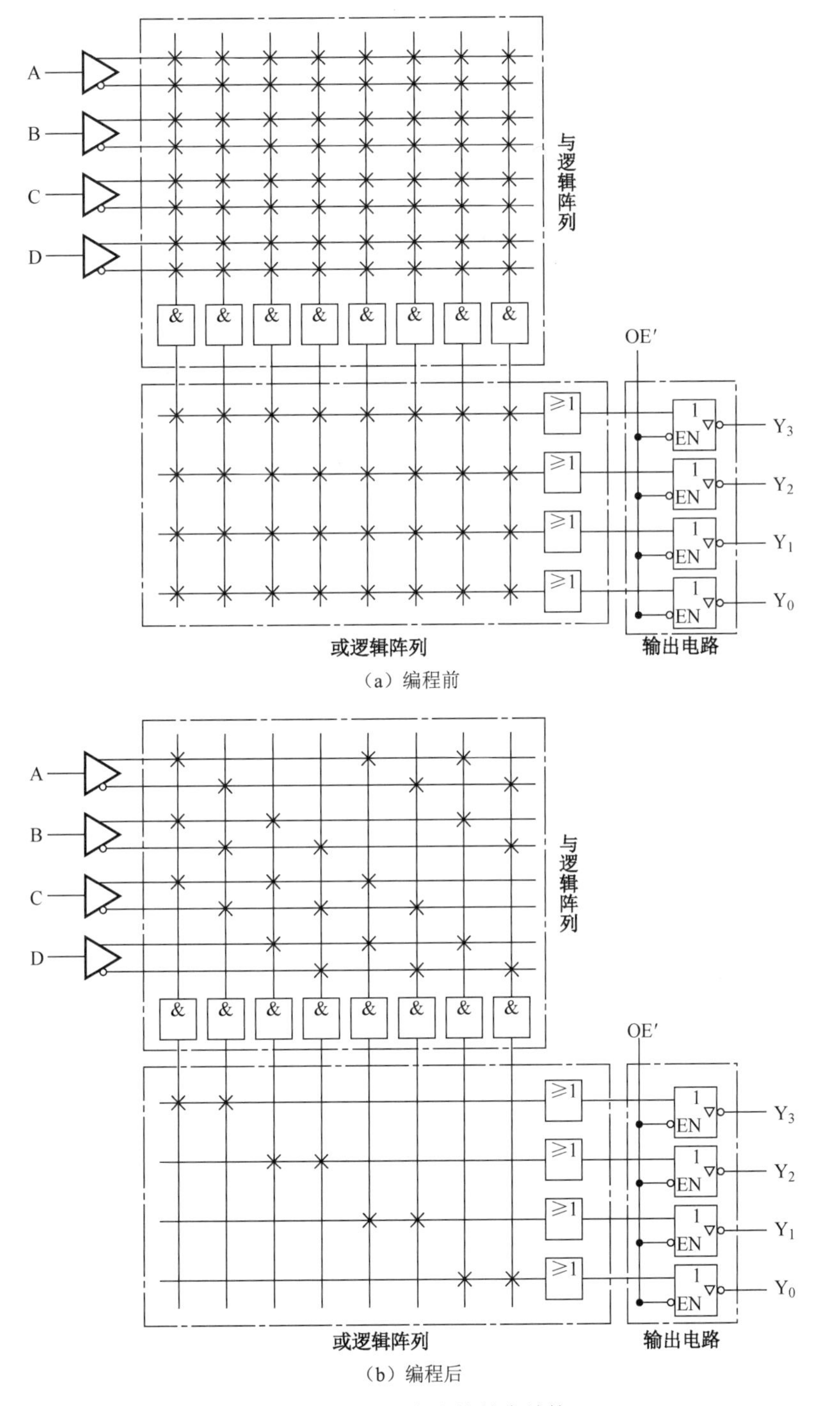

图 7.3.9　PLA 电路的基本结构

图 7.3.9（a）中的电路是编程前的情况，这时与阵列和或阵列的所有交叉点上的熔丝都是接通的（图中用×表示）。图 7.3.9（b）则是编程后的电路。在编程操作过程中，根据需要实现逻辑函数，将不需要导通的熔丝熔断，只保留需要导通的那些熔丝。由图 7.3.9 可知，这个 PLA 实现的一组逻辑函数为

$$\begin{cases} Y_3 = ABC + \overline{A}\,\overline{B}\,\overline{C} \\ Y_2 = BCD + \overline{B}\,\overline{C}\,\overline{D} \\ Y_1 = ACD + \overline{A}\,\overline{C}\,\overline{D} \\ Y_0 = ABD + \overline{A}\,\overline{B}\,\overline{D} \end{cases} \tag{7.3.1}$$

在图 7.3.10 所示的 PLA 电路中，采用了叠栅隧道 MOS 管作为可编程连接元件。由图 7.3.10（a）可知，在阵列的每个交叉点上都接有一个叠栅隧道 MOS 管。在编程过程中，根据要求实现的逻辑函数，在应当处于断路状态交叉点上的那些 MOS 管的浮置栅上，充以足够的负电荷，使之断路；同时令需要“接通”的交叉点上的那些 MOS 管的浮置栅充分放电，使之接通。在图 7.3.10（b）中，只有 $VT_1 \sim VT_6$ 这 6 个 MOS 管的浮置栅没有充上负电荷，处于接通状态，于是在与门的两个输出端就分别得到了乘积项 AB 和 $\overline{A}\,\overline{B}$，并在或逻辑阵列的输出端得到了逻辑函数 $Y = AB + \overline{A}\,\overline{B}$。

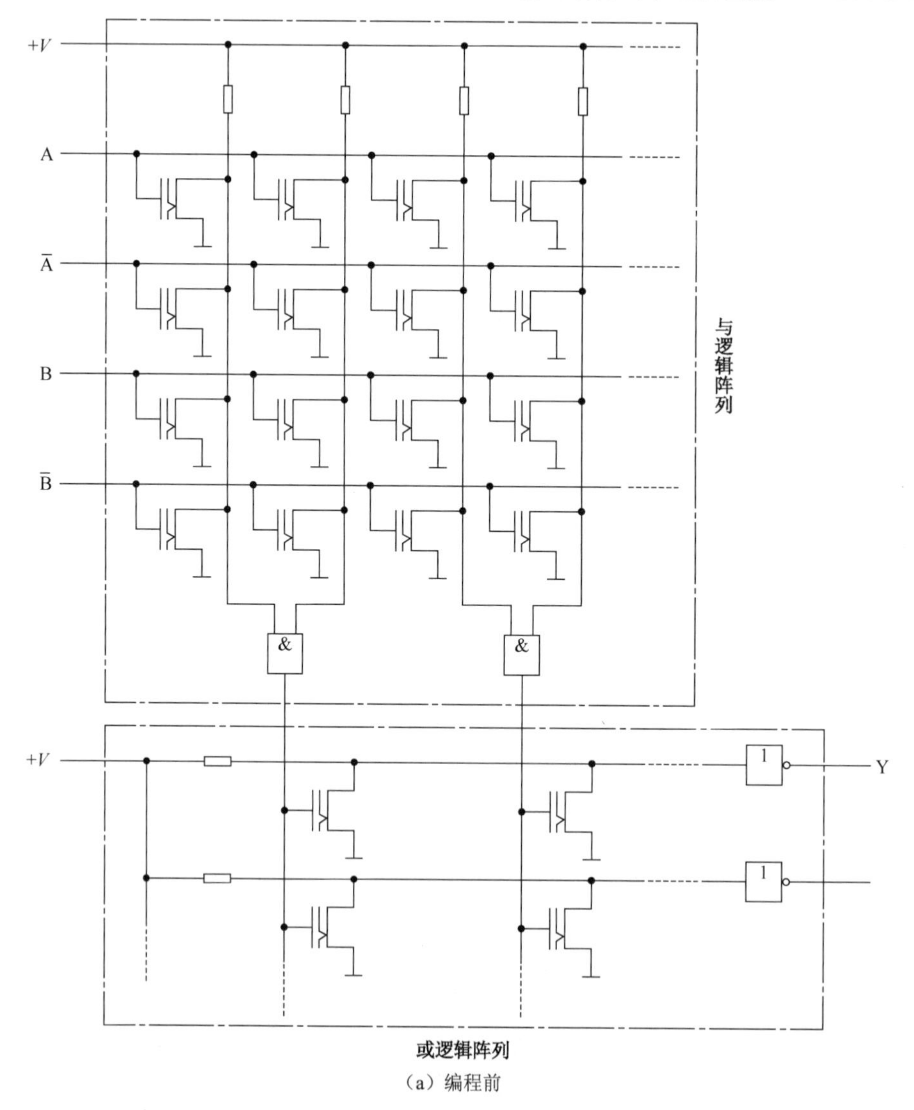

（a）编程前

图 7.3.10　采用叠栅隧道 MOS 管型可编程连接元件的 PLA

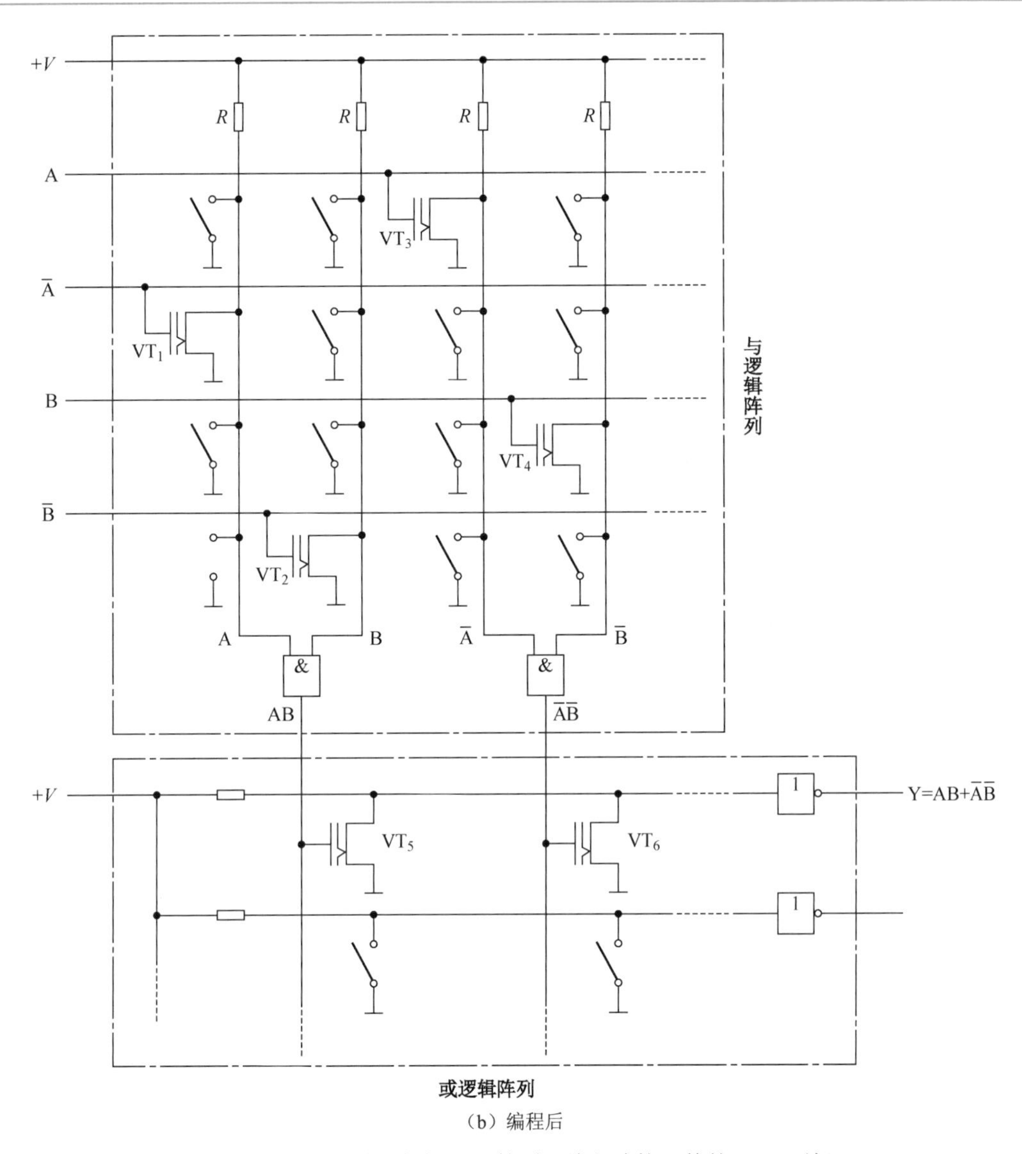

（b）编程后

图 7.3.10 采用叠栅隧道 MOS 管型可编程连接元件的 PLA（续）

从对 PLA 进一步分析中不难发现，既然与逻辑阵列产生的最小项是可编程的，就可以将或逻辑阵列的输入做成固定连接的，而不需要再对或逻辑阵列编程了。因为只要通过对接至或逻辑阵列中或门的各个输入端的乘积项编程，就可以生成所需要的逻辑函数了。将或逻辑阵列作成固定连接以后，既压缩了电路规模，又简化了编程工作。于是就产生了一种“与逻辑阵列可编程而或逻辑阵列是固定的”PLD，这就是下面要介绍的 PAL、GAL 电路，它们的基本原理都源于 PLA，是从 PLA 发展、演化而来。

7.3.3 通用可编程阵列逻辑

1. 通用可编程阵列逻辑器件的基本结构

通用可编程阵列逻辑（GAL）是在 PAL 的基础上改进和发展而来的一种简单可编程逻辑器件。它的基本结构由可编程的与阵列、固定的或阵列和输出电路组成。但是它在 PAL 的基础上做了两个重要的改进。一个是在可编程连接元件上，采用了可以用电压信号擦除重新编程的叠栅 MOS 管。因此，在 PLD 发展过程中，GAL 是最早推出的一种可重复编程的 SPLD。另一个是在输出电路部分改用了逻辑功能更加丰富的输出逻辑宏单元（Output Logic Macro Cell，OLMC）。同时，为了便于逻辑关系的表述，把与或阵列中的或门也划入了OLMC的框图之中。通过对OLMC的编程，可以将输出电路结构设置成各种不同的工作模式，这也就是在其名称中使用“通用”字样的含义。GAL器件几乎能够仿真所有类型的PAL器件，并具有100%的兼容性。在实际应用中，GAL可完全取代PAL器件。因此，本节只介绍GAL器件的相关内容。普通型GAL器件有GAL16V8/A/B、GAL20V8/A/B。下面以GAL16V8为例，介绍GAL器件的基本结构。

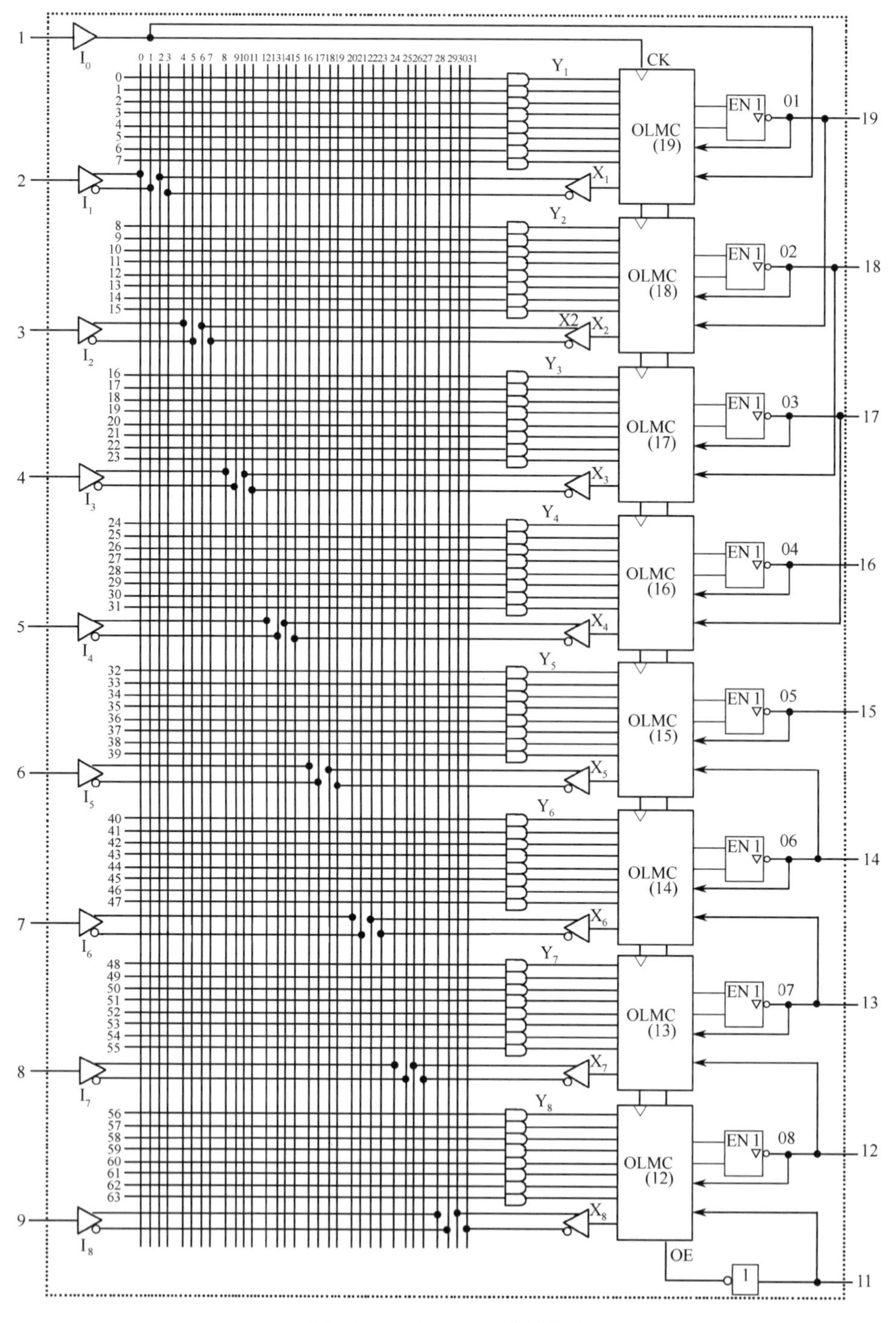

图 7.3.11　GAL16V8 逻辑图

从图 7.3.11 中可以看出，GAL16V8 有 9 个输入缓冲器、8 个输出逻辑宏单元（Output Logic Macro Cell，OLMC）、8 个三态输出缓冲器和 8 个输出反馈缓冲器，一个 32×64 位的可编程与逻辑阵列（I_1～I_8 8 个输入的正负信号和 X_1～X_8 8 个输出反馈的正负信号 2×2×8=32，每个 OLMC 有 8 个与门输入 8×8=64）。32×64 位的可编程与逻辑阵列的每个交叉点上设有 EECMOS 编程单元。这种编程单元的结构和工作原理与 EEPROM 的存储单元相同。可编程与阵列由 8×8 个与门构成。每个与门的输入端既可以接收 8 个固定的输入信号（2～9 引脚），也可以接收将输出端（12～19 引脚）配置成输入模式的 8 个信号。因此，GAL16V8 最多有 16 个输入信号，8 个输出信号。组成或逻辑阵列的 8 个或门分别包含于 8 个 OLMC 中，它们和与逻辑阵列的连接是固定的。

2. 输出逻辑宏单元

输出逻辑宏单元（OLMC）的结构图如图 7.3.12 所示。

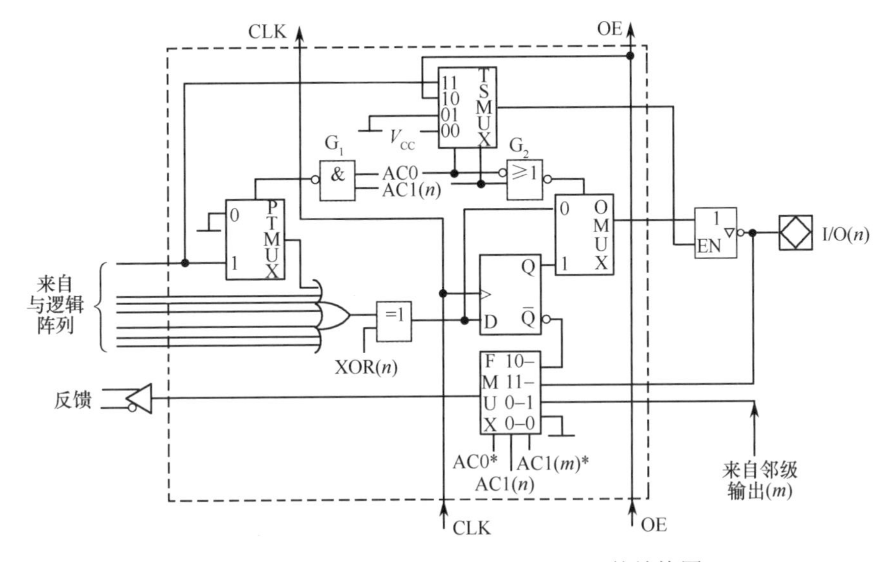

图 7.3.12　输出逻辑宏单元（OLMC）的结构图

由图 7.3.12 可知，OLMC 是由一个 8 输入或门、一个异或门、一个 D 触发器和 4 个数据选择器组成的。8 输入或门接收来自可编程与阵列的 7 或 8 个与门输出，完成乘积项或运算。异或门用来控制输出极性。当 XOR(n)=0 时，异或门输出极性不变；当 XOR(n)=1 时，异或门输出极性与原来相反。D 触发器作为状态存储器，使 GAL 器件能够适用于时序逻辑电路。4 个多路数据选择器是 OLMC 的关键器件，它们分别是 2 选 1 乘积项数据选择器（PTMUX）、输出三态控制数据选择器（TSMUX）、2 选 1 输出控制数据选择器（OMUX），以及 4 选 1 反馈控制数据选择器（FMUX）。PTMUX 根据 AC0、AC1(n)的状态，对输入数据进行选择，它可以选择“地”或第一乘积项作为 8 输入或门的一个输入信号。OMUX 对输出数据进行选择，分别选择异或门输出端（称为组合型输出）及 D 触发器输出端（称为寄存型输出）送输出三态门，以便适用于组合逻辑电路和时序电路。TSMUX 根据 AC0、AC1(n)的状态，分别选择第一乘积项、外接 OE 信号、“地”或 V_{CC} 作为输出三态门的控制信号，使输出三态门或受第一乘积项控制，或者受外接 OE 信号控制，或者常闭（选“地”），或者常开（选 V_{CC}）。FMUX 根据 $AC0^*$、AC1(n)和 $AC1(m)^*$的状态，分别选择 D 触发器的 Q 端、三态门输出端、邻级输出端及“地”信号作为反馈输入信号，送回与阵列输入端。以上 4 个数据选择器均可通过 GAL 器件的控制字编程控制，使 GAL 器件可以方便地实现各种不同的输出功能。

3. GAL器件的结构控制字

GAL器件的输出形式取决于它的输出逻辑宏单元中的控制信号AC0、AC1(n)及XOR(n)。在GAL器件中，这些控制信号的取值是由它的结构控制字编程确定的。GAL16V8的结构控制字如图7.3.13所示。

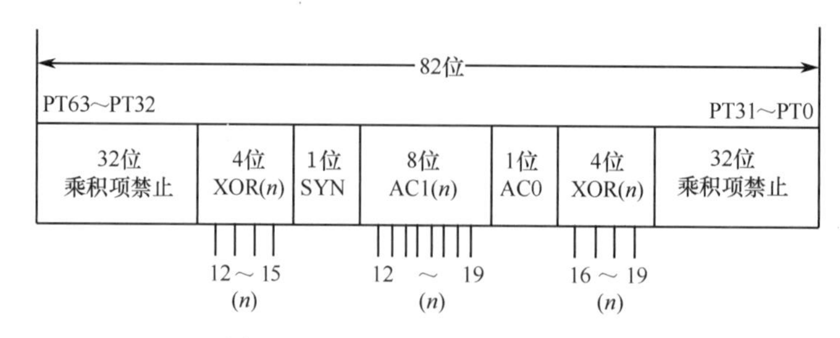

图7.3.13 GAL16V8的结构控制字

结构控制字各位功能如下。

同步位SYN：1位，确定GAL器件的输出将具有寄存器型输出或纯组合型输出。此外，在上下两个输出逻辑宏单元[GAL16V8的OLMC（12）和OLMC（19）]中，用$\overline{\text{SYN}}$代替AC0，SYN代替AC1(m)作为FMUX的输入，以便保持与PAL器件的兼容性。在开始配置GAL器件时，这是应选择的第一位。

结构控制位AC0：1位，这一位对于8个OLMC是公共的，它与每个OLMC(n)各自的AC1(n)配合，控制上述各数据选择器。

结构控制位AC1(n)：8位，每个OLMC(n)都有自己的AC1(n)，其中n对应于它的输出引脚号。在GAL16V8中，n=12～19，在GAL20V8中，n=15～22。

极性控制位XOR(n)：8位，XOR(n)通过OLMC中间的异或门控制逻辑操作结果的输出极性。当XOR(n)=0时，输出信号O(n)低有效；当XOR(n)=1时，输出信号O(n)高有效。

乘积项PT禁止位：共64位，分别控制逻辑图中与阵列的64个乘积项（PT0～PT63）以便屏蔽某些不用的乘积项。

4. 输出逻辑宏单元的组态

表7.3.2列出了控制信号SYN、AC0、AC1(n)及XOR(n)与OLMC(n)的配置关系。图7.3.14给出了输出逻辑宏单元（OLMC）5种工作模式下的简化电路。

表7.3.2 控制信号SYN、AC0、AC1(n)及XOR(n)与OLMC(n)的配置关系

SYN	AC0	AC1(n)	XOR(n)	工作模式	输出极性	备 注
1	0	1	—	专用输入	—	1脚和11脚为数据输入，三态门禁止
1	0	0	0	专用组合输出	低电平有效	1脚和11脚为数据输入，三态门被选通
			1		高电平有效	
1	1	1	0	反馈组合输出	低电平有效	1脚和11脚为数据输入，三态门选通信号是第一乘积项，反馈信号取自I/O端
			1		高电平有效	
0	1	1	0	时序电路中的组合输出	低电平有效	1脚接CLK，11脚接OE，至少另有一个OLMC为寄存器输出模式
			1		高电平有效	
0	1	0	0	寄存器输出	低电平有效	1脚接CLK，11脚接OE
			1		高电平有效	

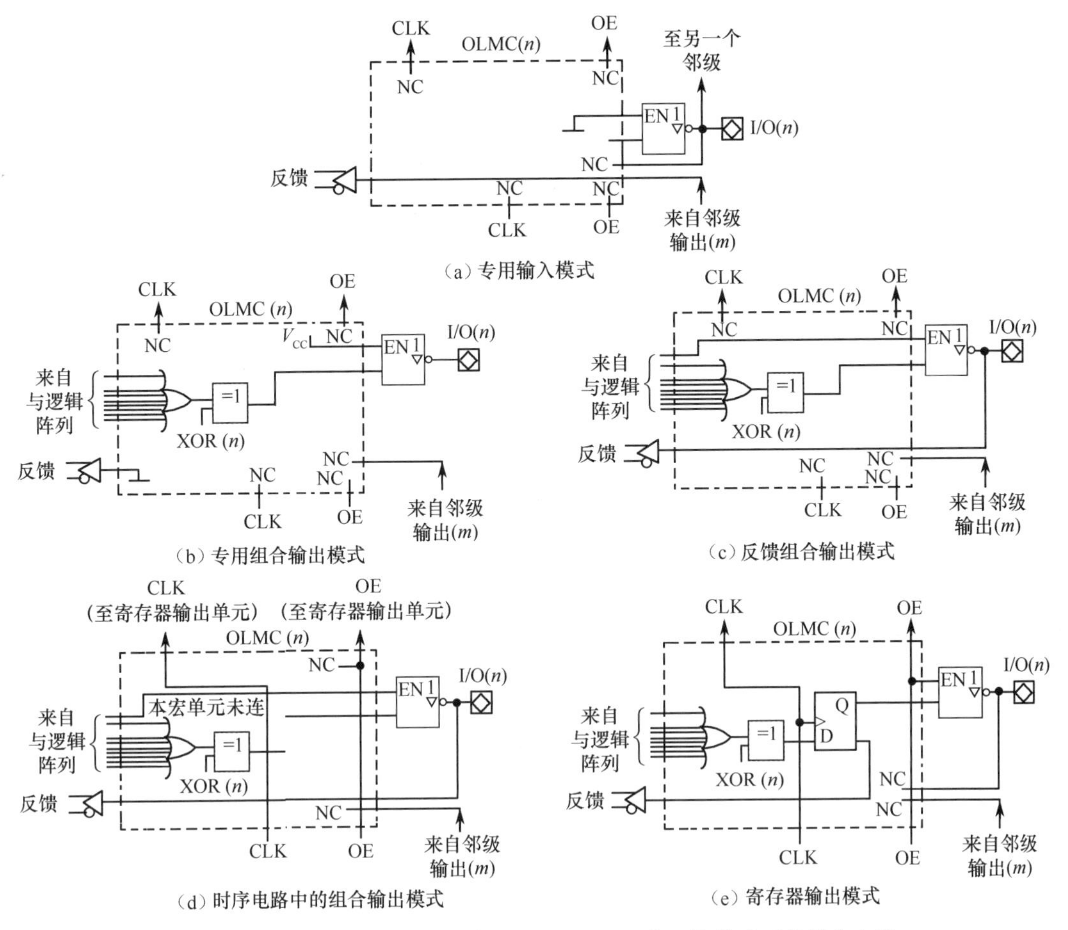

图 7.3.14　输出逻辑宏单元（OLMC）5 种工作模式下的简化电路

5. GAL 器件行地址映射图

GAL 器件是提供行地址映射图（行地址图）供编程时使用，GAL16V8 的行地址分配图如图 7.3.15 所示。当对 GAL16V8 器件编程时，用户可用的行地址共有 36 个，现分别介绍如下。

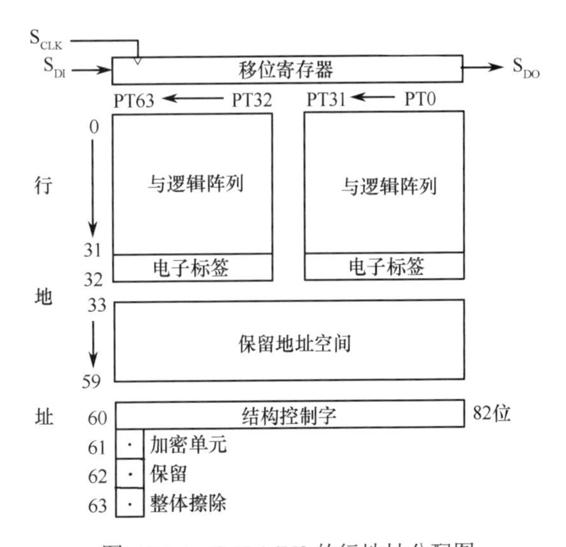

图 7.3.15　GAL16V8 的行地址分配图

行地址 0～31：32 个行地址对应于逻辑图（图 7.3.11）上与阵列的 32 个输入。每个行地址单元有 64 位，对应于与阵列的 64 个乘积项。用户编程实现阵列的逻辑功能。

行地址 32：电子标签，共 64 位。该电子标签可供用户存放各种备查的信息，如设计者姓名、设计标题、器件的编号、电路的名称、编程日期、编程次数等。电子标签字（32 行）不受加密位的影响，该单元只有在门阵列整体擦除时才能一起被擦除。

行地址 33～59：GAL 器件制造厂家保留的地址空间，用户不可以使用。

行地址 60：结构控制字，共 82 位，用于设定 8 个 OLMC 的工作模式和 64 个乘积项的禁止。前面已经做过介绍。

行地址 61：保密单元，1 位，用来防止未经许可抄袭阵列的编程设计。保密单元一旦被编程，就禁止对门阵列（0～31）做进一步的编程或验证。这样就无法测出原始的电路结构。

行地址 62：备用。

行地址 63：整体擦除单元，1 位。在器件编程期间访问行 63，就可执行整体擦除功能。整体擦除后器件恢复到未使用的状态。整体擦除由编程硬件自动执行，不需要特别的擦除操作。

7.4 复杂可编程逻辑器件

复杂可编程逻辑器件（Complex Programmable Logic Device，CPLD）一般包含 3 种结构：可编程逻辑宏单元（Logic Macro Cell）、可编程 I/O 单元和可编程内部连线。部分 CPLD 器件还集成了 RAM、FIFO 或双口 RAM 等存储器，以适应 DSP 应用设计的要求。由于 CPLD 内部采用固定长度的金属线进行各逻辑块的互连，因此设计的逻辑电路具有时间可预测性，避免了分段式互连结构时序不完全预测的缺点。目前 CPLD 不仅具有电擦除特性，而且出现了边界扫描及在线可编程等高级特性。本节以 Xilinx 公司的 XC9500 系列为例，介绍 CPLD 器件。

Xilinx 公司的 XC9500 系列 CPLD 器件的 t_{PD} 最快达 3.5ns，宏单元数达 288 个，可用门数达 6400 个，系统时钟可达到 200MHz。XC9500 系列器件采用快闪存储（Fast Flash）技术，产品均符合 PCI 总线规范；含 JTAG 测试接口电路，具有可测试性：具有在系统可编程（In System Programmble，ISP）能力。XC9500 系列器件分为 XC955 5V 器件、XC955XL 3.3V 器件和 XC9500XV 2.5V 器件 3 种类型，XC9500 系列可提供从最简单的 PAL 综合设计到最先进的实时硬件现场升级的全套解决方案。

7.4.1 XC9500 系列器件结构

XC9500 系列器件结构框图如图 7.4.1 所示。从图 7.4.1 中可以看出，XC9500 系列器件内包含有多个功能块（Function Block，FB）、输入/输出块（IOB）、Fast CONNECT 开关矩阵、JTAG 控制器和在系统可编程控制器。每个 FB 提供具有 36 个输入和 18 个输出的可编程逻辑；IOB 提供器件输入和输出的缓冲；Fast CONNECT 开关矩阵将所有输入信号及 FB 的输出连到 FB 的输入端。对于每个 FB，有 12 个或 18 个（取决于封装的引脚数）输出及相关的输出使能信号直接驱动 IOB。

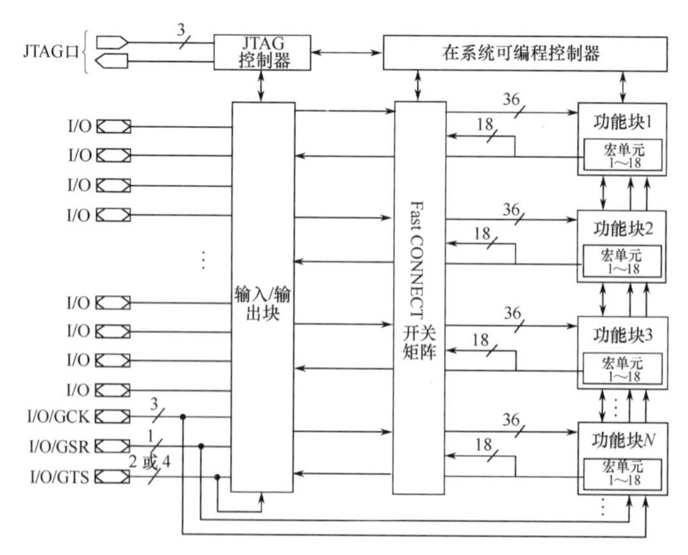

图 7.4.1 XC9500 系列器件结构框图

7.4.2　功能块

XC 9500 功能块（FB）如图 7.4.2 所示。每个功能块 FB 由 18 个独立的宏单元组成，每个宏单元可实现一个组合逻辑电路或寄存器的功能。FB 能接收来自 Fast CONNECT 的输入、全局时钟、输出使能和复位/置位信号。FB 产生 18 个输出信号驱动 Fast CONNECT 开关矩阵，这 18 个信号和相应的输出使能信号也可以驱动 IOB。

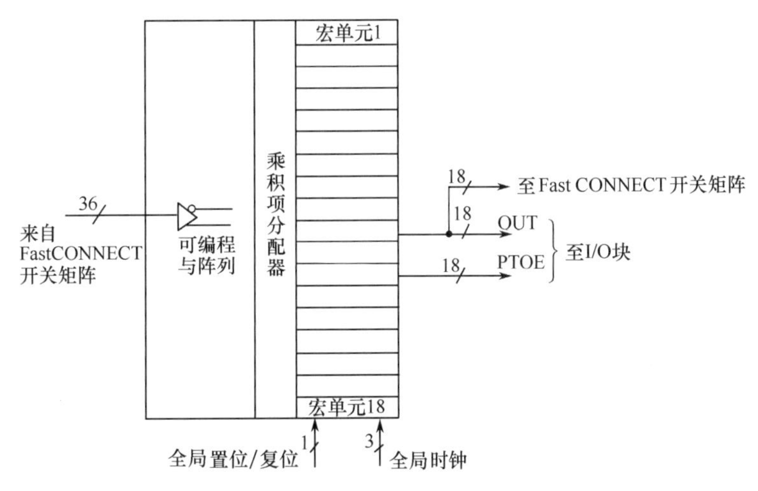

图 7.4.2　XC9500 功能块（FB）

FB 利用一个积之和的表达式（与或阵列）来实现 FB 的逻辑。36 个输入连同其互补信号共 72 个信号在可编程与阵列中可形成 90 个乘积项。乘积项分配器可分配任何数目的乘积项到每个宏单元。

每个 FB 支持局部反馈通道，它允许任何数目的 FB 输出驱动到它本身的可编程与阵列，而不是输出到 FB 的外部。这一特性便于实现非常快速的计数器或状态机。

7.4.3　宏单元

XC9500 器件的每个宏单元（Macro Cell）可以单独配置成组合逻辑或时序逻辑功能，宏单元和相应的 FB 逻辑如图 7.4.3 所示。来自与阵列的 5 个直接乘积项用作原始的数据输入（到 OR 或 XOR 门）来实现组合逻辑功能，也可用作时钟、复位/置位和输出使能的控制输入。乘积项分配器的功能与每个宏单元如何选择利用这 5 个直接乘积项有关。

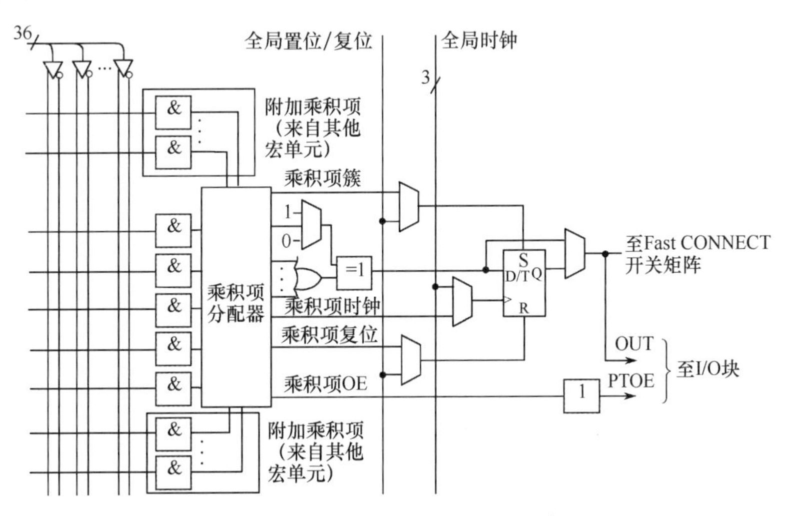

图 7.4.3　宏单元和相应的 FB 逻辑

宏单元的寄存器可以配置成 D 触发器或 T 触发器，也可以被旁路，使宏单元只作为组合逻辑使用。每个寄存器均支持非同步的复位和置位，在加电期间，所有的用户寄存器都被初始化为用户定义的预加载状态（默认值为 0）。所有的全局控制信号，包括时钟、复位/置位和输出使能信号，对每个单独的宏单元都是有效的。如图 7.4.4 所示，宏单元寄存器的时钟来源于 3 个全局时钟的任意一个或乘积项时钟。GCK 及 $\overline{\text{GCK}}$ 可以在器件内直接使用。GSR 输入被提供用来允许用户寄存器被置位到用户定义的状态。

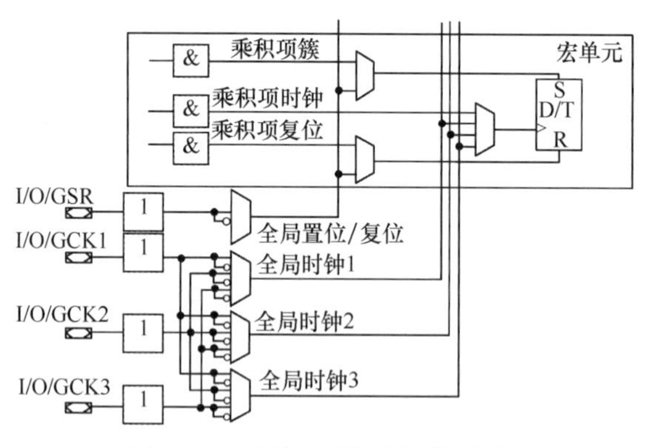

图 7.4.4　宏单元时钟和置位/复位

7.4.4　乘积项分配器

乘积项分配器（Product Term，PT）控制 5 个直接的乘积项如何分配到每个宏单元。如图 7.4.5 所示，所有 5 个直接项可以驱动 OR 函数。乘积项分配器可以重新分配 FB 内其他的乘积项来增加宏单元的逻辑能力，每个宏单元可最多有 15 个乘积项，此时将有一个小的增量延时 t_{PTA}，如图 7.4.6 所示。乘积项分配器也可以重新分配 FB 内来自任何宏单元的乘积项，将部分积之和组合到数个宏单元，如图 7.4.7 所示。

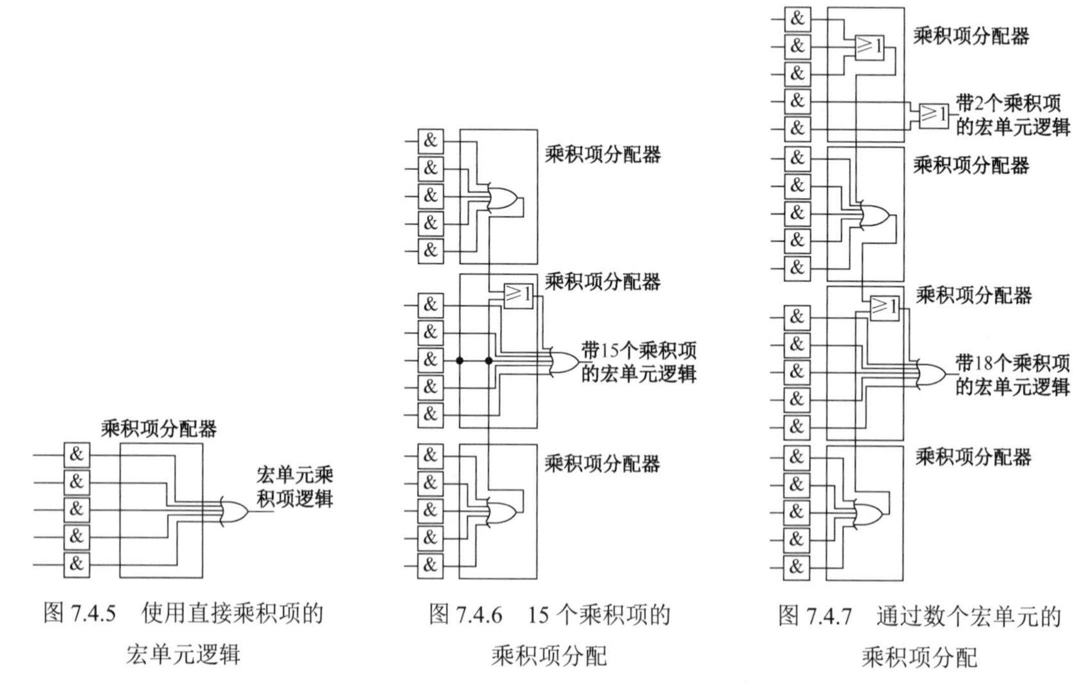

图 7.4.5　使用直接乘积项的宏单元逻辑

图 7.4.6　15 个乘积项的乘积项分配

图 7.4.7　通过数个宏单元的乘积项分配

乘积项分配器的内部逻辑如图 7.4.8 所示。

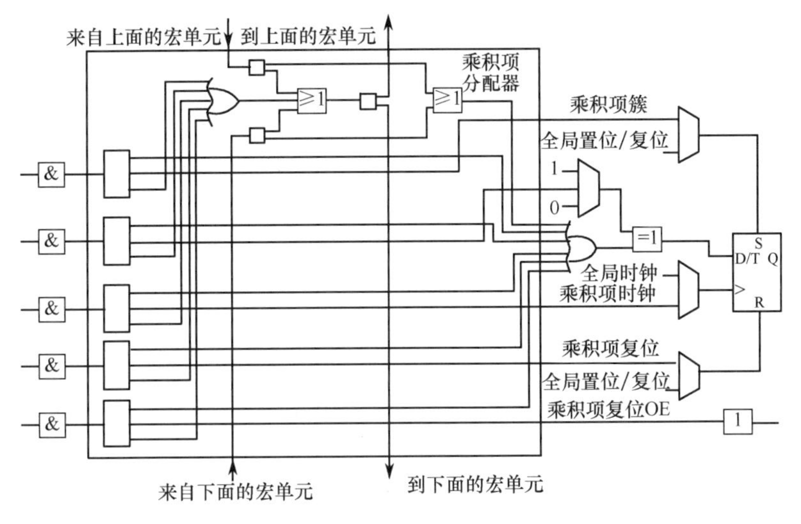

图 7.4.8　乘积项分配器的内部逻辑

7.4.5　Fast CONNECT 开关矩阵

Fast CONNECT 开关矩阵信号连接到 FB 的输入端，如图 7.4.9 所示。所有 IOB（对应于用户输入引脚）和所有 FB 的输出驱动 Fast CONNECT 开关矩阵。开关矩阵的所有输出都可通过编程选择以驱动 FB，每个 FB 则最多可接收 36 个来自开关矩阵的输入信号。所有从开关矩阵到 FB 的信号延时是相同的。

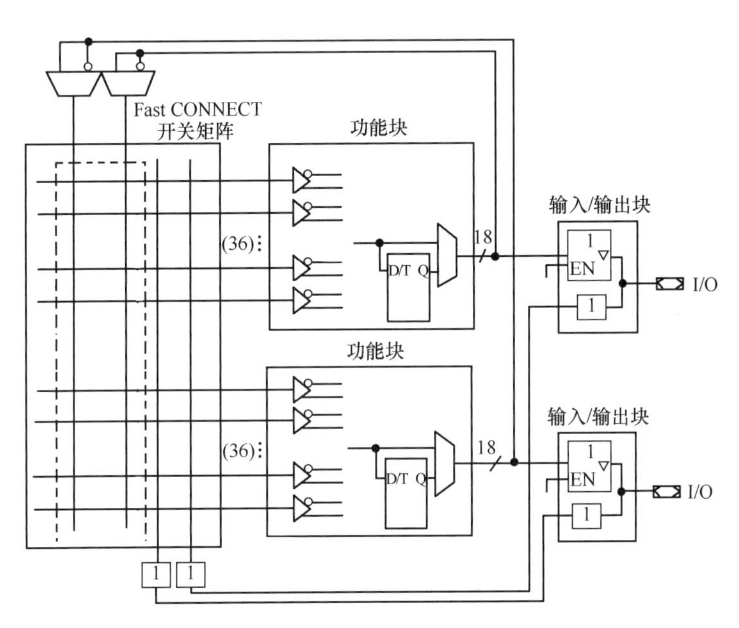

图 7.4.9　Fast CONNECT 开关矩阵

7.4.6　输入/输出块

输入/输出块（IOB）提供内部逻辑电路到用户 I/O 引脚之间的接口。每个 IOB 包括一个输入缓冲器、输出驱动器、输出使能数据选择器和用户可编程接地控制，如图 7.4.10 所示。

图 7.4.10 中输出使能信号由输出使能数据选择器提供，它可由以下 4 个选项之一产生：①来自宏单元的乘积项信号 PTOE；②全局输出使能信号（全局 OE1～OE4）中的任意一个；③高电平 1；④低电平 0。图 7.4.10 中只有一个输出使能信号，它对应的是宏单元数小于 144 个的器件；当器件

的宏单元数达到 144 个时应有两个输出使能信号；当宏单元数大于等于 180 个时，则有 4 个输出使能信号。

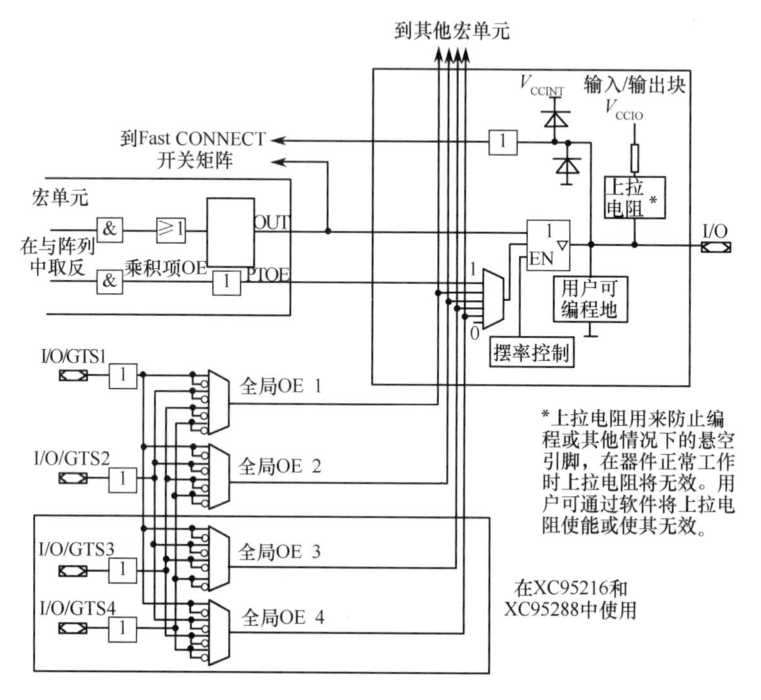

图 7.4.10　输入/输出块和输出使能

每个 IOB 提供用户编程接地引脚，允许将器件 I/O 引脚配置为附加的接地引脚。把关键处设置的编程接地引脚与外部的地连接，可以减少由大量瞬时转换输出产生的系统噪声。

控制上拉电阻（典型值为 10kΩ）接到每个器件的 I/O 引脚，用来防止器件在非正常工作时引脚出现悬浮情况。在器件编程模式和系统加电期间这个电阻是有效的，擦除器件时它也是有效的。在正常运行器件时这个电阻将无效。

输出驱动器具有支持 24mA 输出驱动的能力，在器件中的所有输出驱动器可以配置为 5V TTL 电平或 3.3V 电平。

7.4.7　JTAG 边界扫描接口

XC9500 器件完全支持 IEEE 1149.1 边界扫描（JTAG）。每个器件支持 Extest、Intest、Smple/preload、Bypass、Usercode、Idcode 和 Highz 指令。所有的系统内编程、擦除和校验指令作为完全兼容的扩充 1149.1 指令集被执行。

IEEE 边界扫描标准 1149.1（JTAG）是利用软件来减少成本的测试标准，此标准的主要好处是它能够把印制电路板测试问题转换为软件容易执行的构造好的有效方案。该标准定义了硬件结构和利用它的机构。JTAG 标准定义了用来执行互连测试的指令和内部自测试的程序。专门扩充的标准，允许执行维修和诊断应用及编程重新配置器件的算法。

按边界扫描连接的所有器件共享 TCK 和 TMS 信号。系统的 TDI 信号连接到边界扫描链中的第一个器件，来自第一个器件的 TDO 信号连接到扫描链中第二个器件的 TDI 信号，以此类推。链中最后一个器件的 TDO 输出到连接到系统的 TDO 引脚。

XC9500 器件通过标准的 JTAG 协议实现在系统内编程。系统内编程提供快速和有效的设计重复，而不需要进行拆装。XILINX 开发系统提供编程的数据序列，对器件进行编程可以利用提供的下载电缆、第三方 JTAG 开发系统、JTAG 兼容的板级测试仪或仿真 JTAG 指令系列的简单微处理器接口。

7.5　现场可编程门阵列（FPGA）

在前面所介绍的各种 SPLD 和 CPLD 电路中，都采用了与或逻辑阵列加上输出逻辑单元的结构形式。而现场可编程门阵列（Field Programmable Gate Array，FPGA）则采用了完全不同的电路结构形式。FPGA 由多个可配置逻辑块（Configurable Logic Block，CLB）、输入/输出块（Input/Output Block，IOB）及可编程互连网络（Programmable Interconnect，PI）组成。FPGA 的功能由逻辑结构的配置数据决定，在工作时，这些配置数据存放在片内的 SRAM 或熔丝图上。使用 SRAM 的 FPGA 器件，在工作前需要从芯片外部加载配置数据，这些配置数据可以存放在片外的 EPROM 或其他存储体上，人们可以控制加载过程，在现场修改器件的逻辑功能。

美国 Xilinx 公司在 1984 年首先推出了大规模可编程集成逻辑器件 FPGA。Xilinx 的 FPGA 根据其基本结构 IOB、CLB 及 PI 的结构不同，分为 XC2000、XC3000 和 XC4000 系列及在此基础上发展起来的 Spartan、Virtex 系列。

XC2000 与 XC3000 系列的 FPGA 结构基本相同，XC3000 系列器件内有 1500～7500 个逻辑单元，触发器数量为 256～1320 个，最大可用 I/O 引脚数为 64～176 个。

XC4000 系列器件内带有高速片内 RAM 18～270Kbit，器件内有 1368～20102 个逻辑单元，13000～250000 个系统门，触发器数量为 1536～18400 个，最大可用 I/O 引脚数为 192～448 个。

Spartan 系列器件带有片内 RAM 3～25Kbit，器件内有 238～1862 个逻辑单元，5000～40000 个系统门，触发器数量为 360～2016 个，最大可用 I/O 引脚数为 77～205 个。

Virtex 系列器件带有片内 RAM 57～524Kbit，器件内有 1728～27648 个逻辑单元，58000～1120000 个系统门，触发器数量为 1536～24576 个，最大可用 I/O 引脚数为 180～660 个。

以 Xilinx 公司的产品为例，介绍 FPGA 的基本组成原理及其开发系统的实际应用。

7.5.1　FPGA 的基本结构

FPGA 器件采用逻辑单元阵列（Logic Cell Array，LCA）结构，它由 3 个可编程基本模块阵列组成，即输入/输出块（Input/output Block，IOB）阵列、可配置逻辑块（Configurable Logic Block，CLB）阵列及可编程互连网络（Programmable Interconnect，PI）。图 7.5.1 所示为 LCA 型 FPGA 的基本结构示意图。

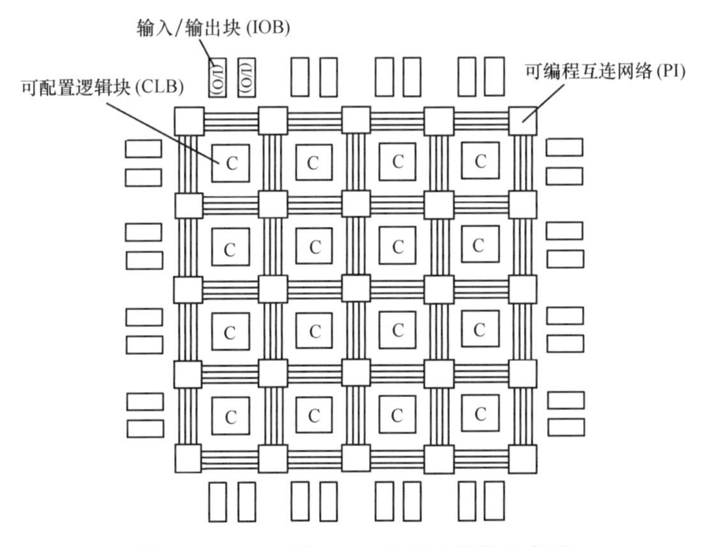

图 7.5.1　LCA 型 FPGA 的基本结构示意图

从图 7.5.1 中可以看出，LCA 结构的 FPGA，其输入/输出块（IOB）排列在芯片周围，它是可配置逻辑块（CLB）与外部引脚的接口。可配置逻辑块（CLB）以矩阵形式排列在芯片中心。每个 CLB 可独立完成简单的逻辑功能，构成基本的逻辑功能单元。各 CLB 之间通过互连网络 PI 编程连接，以实现更复杂的逻辑功能。不同系列的 FPGA 的 IOB、CLB 及 PI 的结构不同。

Spartan 系列器件的基本结构示意图如图 7.5.2 所示。与 LCA 型的 FPGA 结构基本相同。配置逻辑功能块（CLB）的可编程逻辑单元，由分层的通用布线通道（Routing Channel）连接，由输入/输出块（IOB）围绕来实现。其中，CLB 提供实现逻辑功能的逻辑单元；IOB 提供引脚到内部信号线的接口；布线通道则提供 CLB 和 IOB 的互连通道。

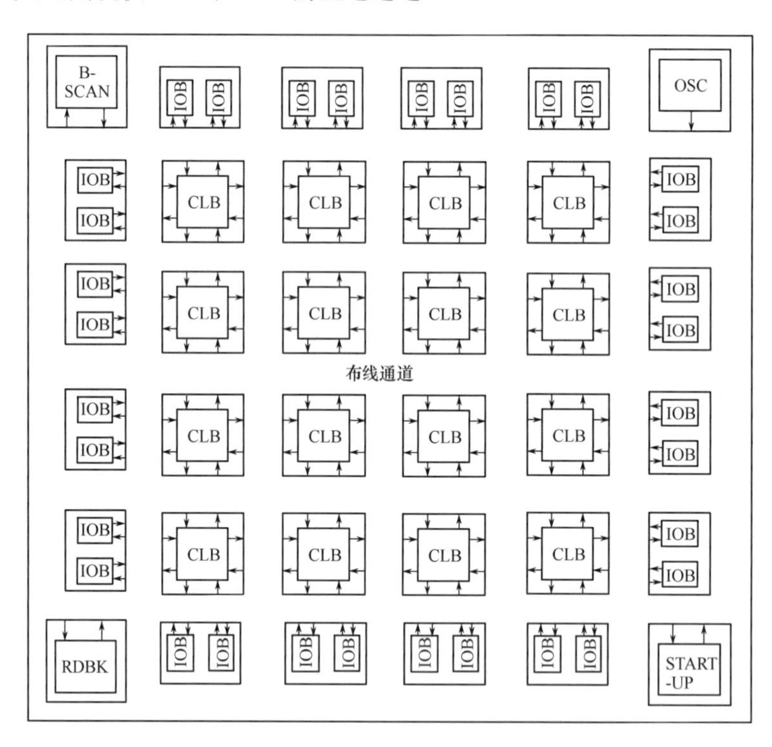

图 7.5.2　Spartan 系列器件的基本结构示意图

Virtex 系列器件的基本结构示意图如图 7.5.3 所示。可配置逻辑块（CLB）提供构造逻辑的功能单元，输入/输出块（IOB）提供封装引脚到 CLB 的接口，CLB 之间的互连通过一个通用布线矩阵（General Routing Matrix，GRM）来完成。GRM 是一个由水平和垂直布线通道节点构成的布线开关阵列。结构中还包括与 GRM 电路连接的专用的块 RAM，每个块 RAM 的大小为 4096 位，用于时钟分布延时补偿和时钟域控制的时钟延时锁定环（Delay- Locked Loop，DLL）。

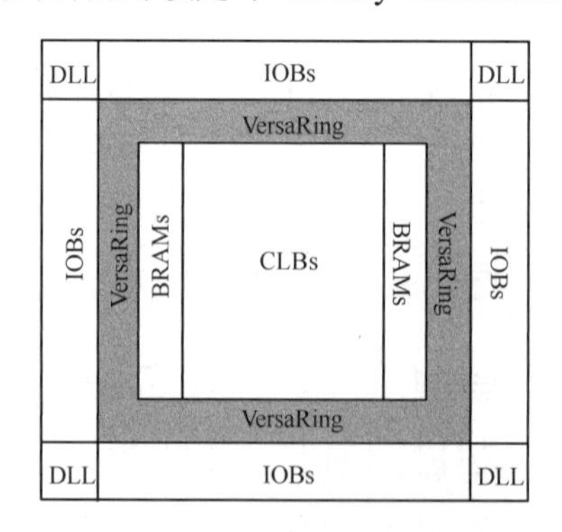

图 7.5.3　Virtex 系列器件的基本结构示意图

7.5.2 可配置逻辑块结构

可配置逻辑块（CLB）是 FPGA 的核心。

1. XC3000 系列器件的可配置逻辑块结构

XC3000 系列器件的可配置逻辑块（CLB）结构如图 7.5.4 所示。

由图 7.5.4 可知，XC3000 系列 CLB 由三部分组成：一个组合逻辑块、两个触发器存储单元和一组内部连线控制逻辑。组合逻辑块有 5 个输入变量，其内部是静态存储阵列（SRAM），每个静态存储单元电路如图 7.5.5 所示。在图 7.5.5 中，两个 CMOS 反相器构成一个静态存储单元，MOS 管构成三态传输门。通常，MOS 管不导通，存储单元与数据线之间呈高阻状态，保证存储单元不受数据线的影响。当需要读出或写入时，MOS 管导通，用于将数据线上的信息存入存储单元（称为写入），或者将存储单元的内容送至数据线输出（称为读出）。

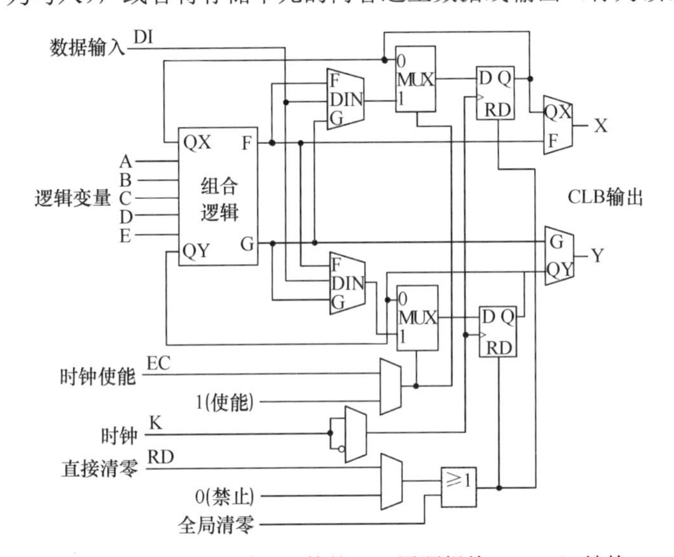

图 7.5.4 XC3000 系列器件的可配置逻辑块（CLB）结构

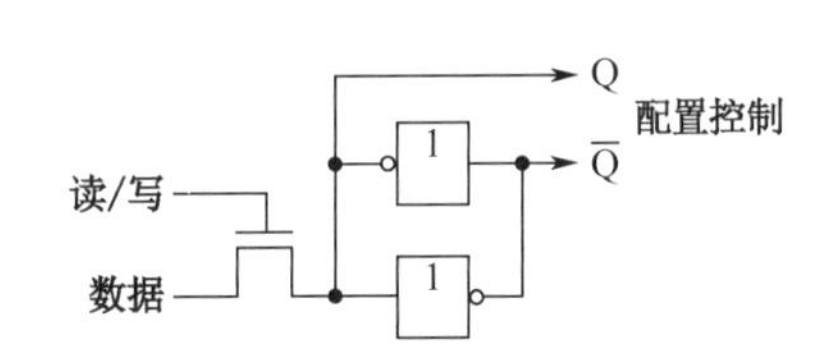

图 7.5.5 FPGA 的静态存储单元电路

组合逻辑块中的 SRAM 阵列组成一个查找表型的函数发生器。它可以通过编程实现用户所需要的逻辑函数。在 CLB 中，n 个输入变量的逻辑函数真值表存储在 SRAM 中。SRAM 的地址端与输入变量直接相连，SRAM 的输出端即为逻辑函数的输出，其工作原理与用 PROM 实现逻辑函数类似。

每个 CLB 根据内部连线控制不同，可配置成 3 种不同模式：F 模式、FG 模式和 FGM 模式。图 7.5.6 所示为 XC3000 系列 CLB 的 3 种模式示意图。

在 F 模式中，F 和 G 输出同一个函数，其 5 个输入变量：A、D、E 及由程序控制选择的 B 或 QX 和 QY，以及 C 或 QX 和 QY。在 FG 模式中，F 和 G 各输出一个函数，其输入变量均为 4 个：A，B 或 QX 和 QY 中一个，C 或 QX 和 QY 中一个，D、E 中一个。具体选哪一个变量由编程决定。在 FGM 模式中，F 和 G 输出同一个函数，组合逻辑块输出的两个 4 变量（A、D，B 或 QX 和 QY 中一个，C 或 QX 和 QY 中一个）逻辑函数 F′和 G′，经 2 选 1 数据选择器输出，其中 E 为 2 选 1 数据选择器控制端信号。

由图 7.5.4 可知，XC3000 系列 CLB 的输出端 X、Y 可以由程序控制选择 F 端或 G 端直接输出，称为组合型输出。此外，也可以经过触发器由触发器 Q 端输出，称为寄存器输出。

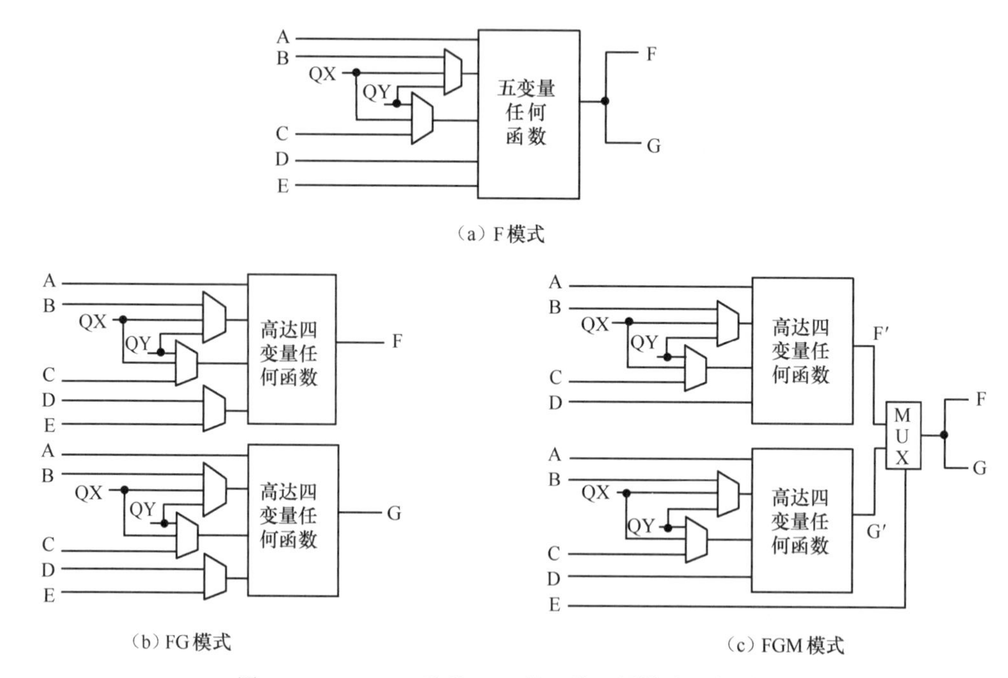

(a) F模式

(b) FG模式

(c) FGM模式

图 7.5.6 XC3000 系列 CLB 的 3 种配置模式示意图

2. XC4000 系列器件的可配置逻辑块结构

XC4000 系列器件的可配置逻辑块（CLB）结构如图 7.5.7 所示。它有 3 个组合逻辑块（F′、G′和 H′），其中 F′和 G′是两个独立的 4 输入函数发生器，可实现 F_1～F_4、G_1～G_4 4 变量任意逻辑函数。函数发生器（H′）可实现 F′、G′和 H_1 3 输入的任意逻辑函数。3 个组合逻辑块（F′、G′和 H′）可实现 9 变量逻辑函数。两个 D 触发器共用一个时钟信号，时钟信号允许选择高电平或低电平有效，输入信号可以在 F′、G′、H′及直接输入信号 DIN 中选择，时钟使能 EC 端和直接置位/复位端 S/R 受程序控制。XC4000 系列器件的 CLB 具有专用快速进位通道，通过程序可以配置成快速进位逻辑，可以实现任意长度的高速序列信号发生器、计数器、加法器、减法器等算术运算电路。XC4000 系列器件的 CLB 具有片内 RAM 功能，可以实现 32×1 或 16×2 的 RAM 配置，在程序控制下，可以对 G′、F′函数发生器进行写入操作。

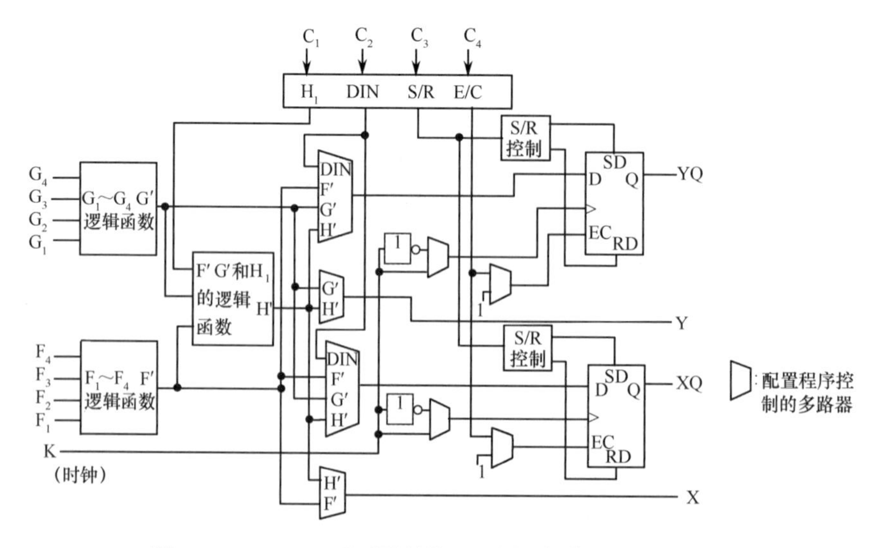

图 7.5.7 XC4000 系列器件的可配置逻辑块（CLB）结构

3. Spartan 系列器件的可配置逻辑块结构

Spartan 系列器件的可配置逻辑块（CLB）结构如图 7.5.8 所示。从图 7.5.8 中可以看出，CLB 中包含 3 个用作函数发生器的查找表（F-LUT、G-LUT 和 H-LUT）、两个触发器和两组信号数据选择器。F-LUT 和 G-LUT 两个 16×1 位存储器查找表用来实现 4 输入的函数发生器，可实现 F_1～F_4 或 G_1～G_4 4 输入的任何布尔函数。H-LUT 能实现 3 输入的布尔函数，其中两个输入是 F-LUT 的输出或 CLB 的输入端 SR 和 G-LUT 的输出或 CLB 的输入端 DIN，它们受可编程数据选择器控制。另一个来自 CLB 的输入端 H_1。因此，CLB 可实现最高达 9 个变量的函数。CLB 中的 3 个 LUT 还可组合实现任意 5 输入的布尔函数。

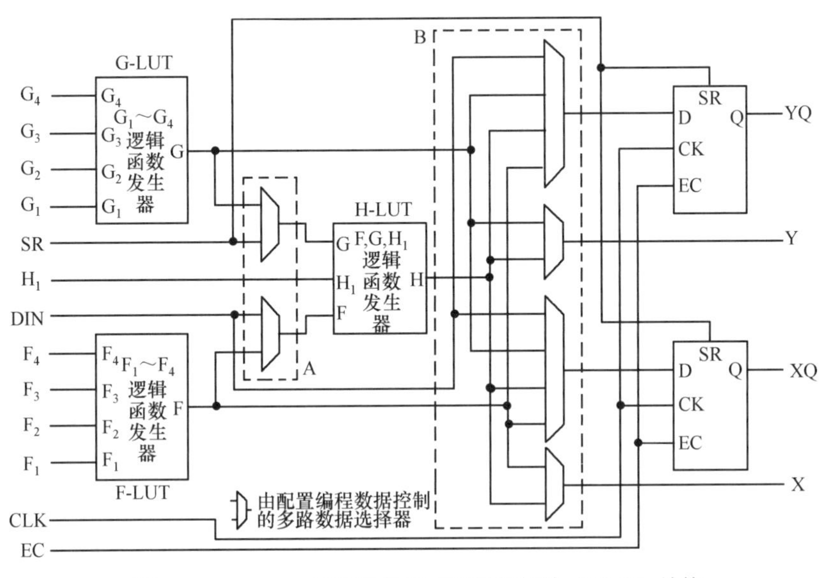

图 7.5.8　Spartan 系列器件的可配置逻辑块（CLB）结构

每个 CLB 包含两个触发器，可以存储函数发生器的输出信号。CLB 的输入 DIN 可直接连到两个触发器的输入端，H_1 也可通过 H-LUT 驱动两个触发器的任意一个。两个 D 触发器有共同的时钟（CLK）、时钟使能（EC）和置位/复位（SR）输入，两个触发器还受一个全局初始信号 GSR 的控制。触发器和函数发生器还可单独使用。CLB 存储单元还可以配置为锁存器，两个锁存器有共同的时钟（CLK）和时钟使能（EC）输入。

图 7.5.8 中虚线框 A 所示是 H-LUT 输入控制数据选择器，虚线框 B 所示数据选择器的输出可作为触发器的驱动源，也可作为组合输出（X 和 Y）。每个触发器的输入由一个 4 选 1 的数据选择器驱动，这 4 个信号包括 3 个 LUT 的输出和直接输入信号 DIN。

CLB 的输入端有 4 个数据选择器。如图 7.5.9 所示，4 个全局控制信号（C_1～C_4）通过这些数据选择器驱动 CLB 内部的 4 个控制信号（H_1、DIN、SR 和 EC）。

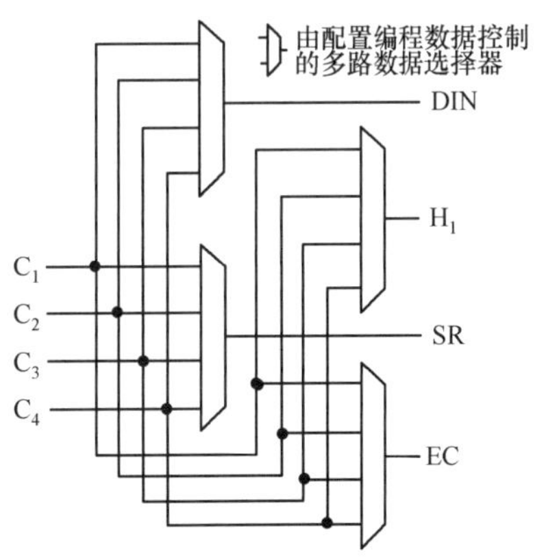

图 7.5.9　CLB 全局控制信号接口

每个 CLB 的函数发生器（F-LUT 和 G-LUT）可被配置成随机存储器（RAM）。随机存储器的配置有两种模式：单端口 RAM 和双端口 RAM。在这两种模式中，写操作均为同步（边沿触发），读操作均为异步的。单端口 RAM 的逻辑图如图 7.5.10 所示。CLB 单端口 RAM 有 3 种配置方式：16×1 位、（16×1 位）×2 和 32×1 位。在 16×1 位 RAM 阵列配置方式中一个 4 位地址线决定了读/写时的 RAM 阵列中的位置。另外，还有一个输入用于写数据，一个输出用于读数据。在（16×1 位）×2 RAM 阵列配置方式中，是将两个 16×1 位的单端口 RAM 阵列组合在一起。每个 16×1 位的 RAM 阵列都有一个数据输入线、一个数据输出线和一个地址解码器。两个 16×1 位的 RAM 阵列可独立寻址。在 32×1 位 RAM 阵列配置方式中，一个数据输入线用于写数据，一个数据输出线用于读数据，另有一个 5 位的地址解码器用于寻址 RAM 阵列。单端口 RAM 信号如表 7.5.1 所示。

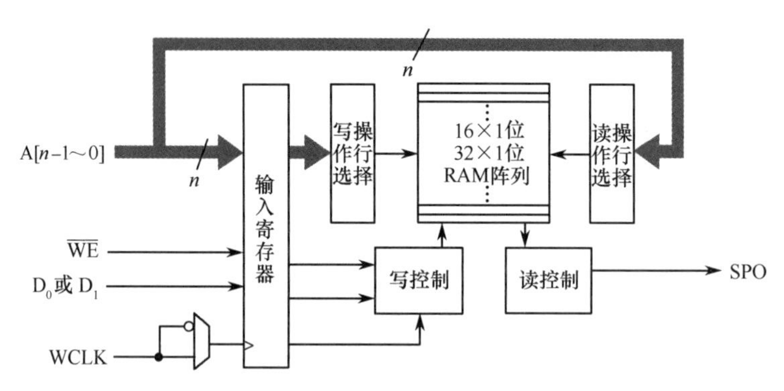

图 7.5.10　单端口 RAM 的逻辑图

表 7.5.1　单端口 RAM 信号

RAM 信号	功　能	CLB 信号
D	数据输入	DIN 或 H_1
A[3：0]	地址	F_1～F_4 或 G_1～G_4
A4（仅对 32×1 位）	地址	H_1
$\overline{WE}$	写使能	S/R
WCLK	时钟	K
SPO	单端口输出（数据出）	F_{OUT} 或 G_{OUT}

CLB 的函数发生器可配置成一个 16×1 位的双端口 RAM。两组 4 位的地址线分别用于两个端口的寻址。其中，一个端口包含一个用于写数据的输入线和用于读数据的输出线；另一个端口则包含一个独立寻址的输出。双端口 RAM 逻辑图如图 7.5.11 所示。双端口 RAM 信号及相关的 CLB 信号如表 7.5.2 所示。

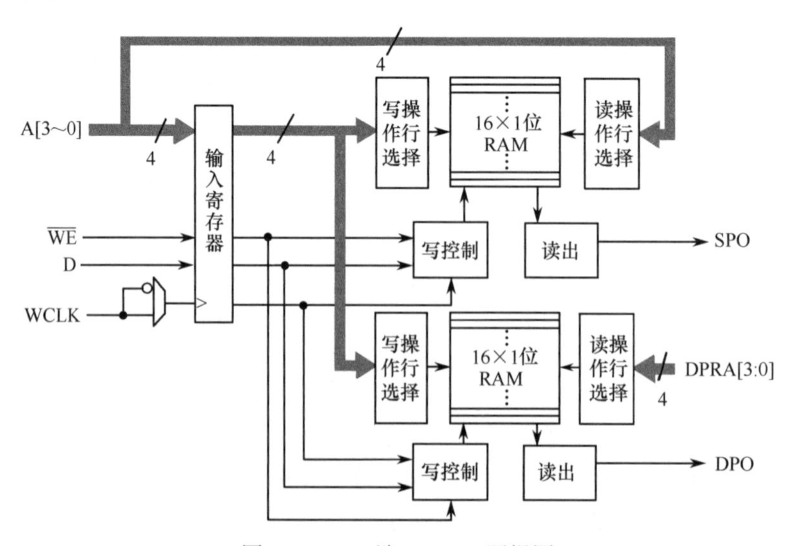

图 7.5.11　双端口 RAM 逻辑图

表 7.5.2　双端口 RAM 信号及相关的 CLB 信号

RAM 信号	功　能	CLB 信号
D	数据输入	DIN
A[3：0]	单端口的读地址 单端口和双端口的写地址	$F_1 \sim F_4$
DPRA[3：0]	双端口的读地址	$G_1 \sim G_4$
$\overline{WE}$	写使能	SR
WCLK	时钟	K
SPO	单端口输出（由 A[3：0]寻址）	F_{OUT}
DPO	双端口输出（由 DPRA[3：0]寻址）	G_{OUT}

4．Virtex 系列器件的可配置逻辑块结构

Virtex 系列器件的可配置逻辑块（CLB）由两个切片（Slice）（图 7.5.12 中的 Slice 0 和 Slice 1）组成，每个切片由两个逻辑单元（Logic Cell，LC）组成。LC 是 CLB 的基本模块。每个 LC 包括一个 4 输入函数发生器、一个进位逻辑和一个存储单元。每个 LC 中函数发生器的输出同时作为 CLB 的输出和 D 触发器的输入。除 4 个基本的 LC 之外，CLB 中还包括一些逻辑电路，与函数发生器一起实现任意 5 输入或 6 输入的逻辑函数。

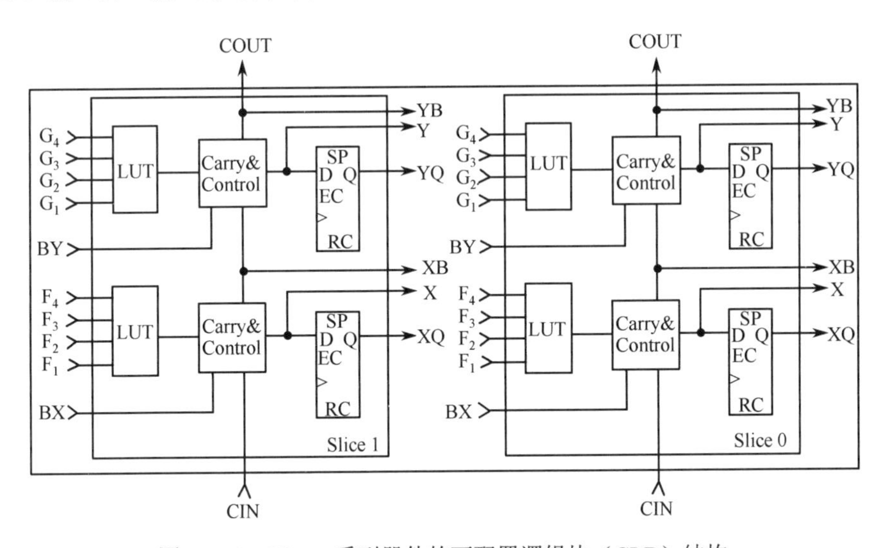

图 7.5.12　Virtex 系列器件的可配置逻辑块（CLB）结构

Virtex Slice 的详细结构如图 7.5.13 所示。查找表（LUT）作为函数发生器，每个 LUT 能提供 1 个 16×1 位同步 RAM，每个 Slice 中的两个 LUT 可以组合成一个 16×2 位或 32×1 位的双端口同步 RAM。LUT 还能提供一个 16 位移位寄存器，可用来捕捉高速突发数据。在数字信号处理场合这种模式可被利用来存储数据。Slice 中的存储单元可被配置为边沿触发的 D 触发器或电平触发的锁存器。D 触发器的 D 输入可被 Slice 内的函数发生器驱动，也可跳过函数发生器而直接被 Slice 输入驱动。除时钟 CLK 和时钟使能 EC 信号之外，每个 Slice 都有一个同步置位和复位信号（SR 和 BY）。这些信号还可被配置成异步操作方式。所有的控制信号都被 Slice 内的两个寄存器共用。

从图 7.5.13 中可以看出，F5 数据选择器将 Slice 的两个函数发生器组合到一起，这种组合使 Slice 能实现一个任意 5 输入的函数发生器，或者实现一个 4 选 1 的数据选择器，或者实现部分 9 输入的函数。F6 数据选择器将 CLB 中的 4 个函数发生器组合在一起，因此 CLB 可实现一个任意 6 输入的函数，可实现一个 8 选 1 的数据选择器，或者实现部分 19 输入的函数。

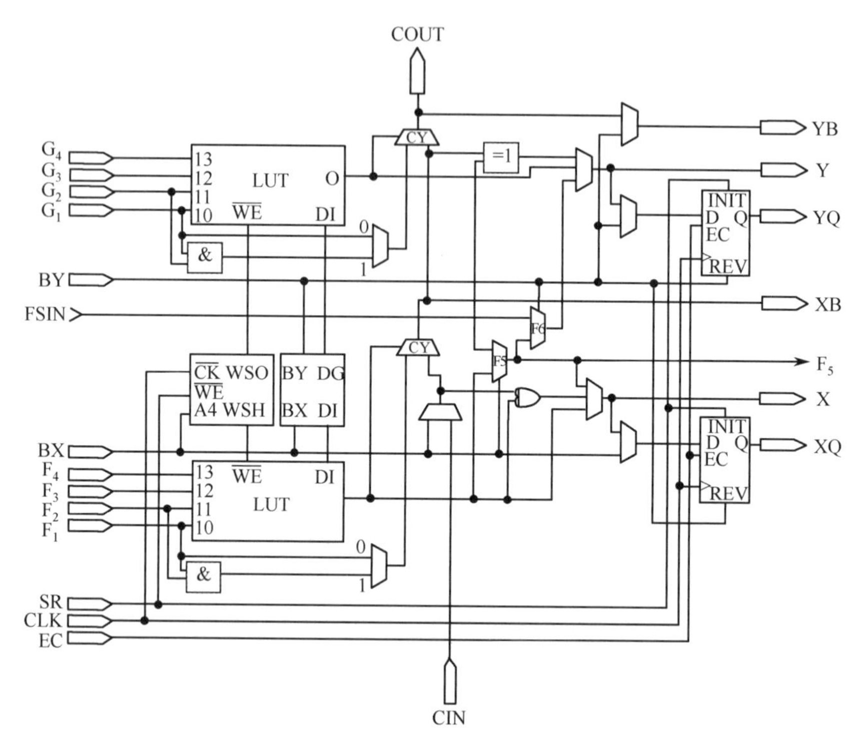

图 7.5.13　Virtex Slice 的详细结构

每个 CLB 有 4 个直通路径，每个 LC 中有 1 个直通路径。这些路径提供了额外的输入线路和附加的本地布线，而不需要占用逻辑资源。

CLB 专用的进位逻辑提供快速的算术进位能力，CLB 支持两个独立的进位链，每个 Slice 都有一个进位链。每个 CLB 的进位链高度为 2 位。算术逻辑中包括一个异或门，使每个 LC 都可以实现一个 1 位全加器。另外，一个专用的与门使得乘法实现更为高效。专用的进位逻辑同时可用来级联函数发生器，以实现更加复杂的逻辑函数。

Virtex FPGA 内部集成了“Block SelectRAM+”块 RAM，其块数量为 8～32 块。块 RAM 是一个完全同步的双端口 4096 位 RAM，每个端口有一个独立的控制信号，两个端口的数据宽度可以独立配置。Virtex 器件中的“Block SelectRAM+”块 RAM 如图 7.5.14 所示。每 4 个 CLB 中有一个块 RAM。

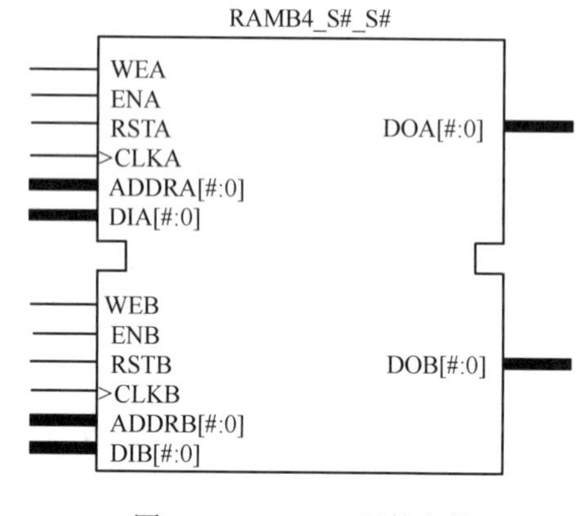

图 7.5.14　Virtex 器件中的“Block SelectRAM+”块 RAM

7.5.3　输入/输出块结构

1. XC3000 系列的输入/输出块

XC3000 系列的输入/输出块（IOB）结构框图如图 7.5.15 所示。可编程输入通道由驱动器、触发器及程序控制多路开关组成，可以通过程序控制选择直接输入或通过寄存器输入。可编程输出通道由多路开关和输出缓冲器组成，可以通过程序控制选择三态输出、常开（ON）或常闭（OFF）3 种工作状态，通过输出选择程序控制触发器确定直接输出或触发器输出。一组程序控制存储单元，用于实现输出极性选择、三态控制极性选择、输出选择、传递速度选择和上拉电阻选择。输入、输出两个D触发器共享两路时钟资源。

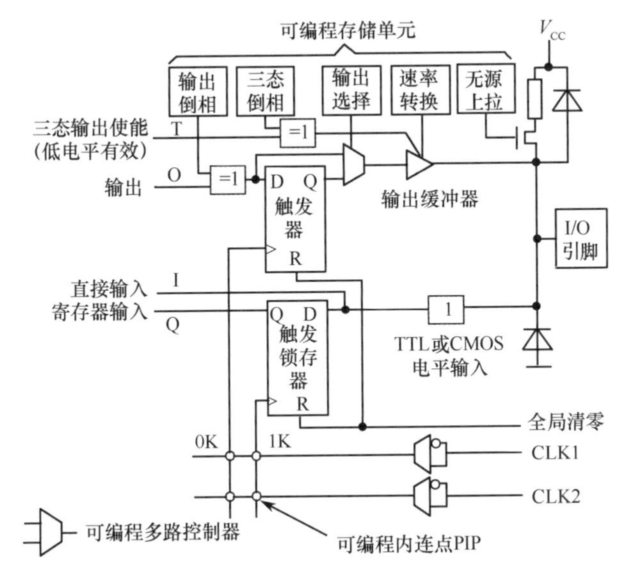

图 7.5.15　XC3000系列的输入/输出块（IOB）结构框图

2．XC4000系列的输入/输出块

XC4000系列的输入/输出块（IOB）结构框图如图7.5.16所示。在输入通道中分为寄存器输入和直接输入两种方式。输入信号允许有选择地编程延时，通过程序控制可选择输入寄存器的时钟极性、置位、复位端及输入上拉或下拉电阻等。在输出通道中，每个输出端都有一个三态输出缓冲器。通过程序控制可选择寄存器输出或直接输出方式，以及输出反相控制、转移速度控制、三态控制反相、时钟反相和触发器初始化状态控制等。

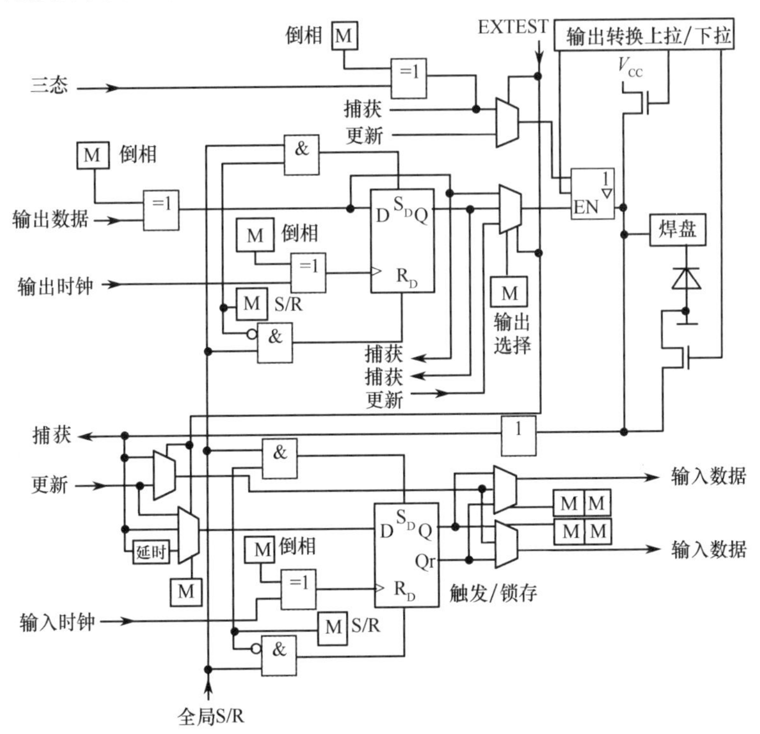

图 7.5.16　XC4000系列的输入/输出块（IOB）结构框图

3. Spartan 系列的输入/输出块

Spartan 系列的输入/输出块（IOB）结构框图如图 7.5.17 所示，输入到 IOB 的信号可连接到输入寄存器，或者通过 I_1 和 I_2 直接连接到布线通道。输入寄存器可作为边沿触发的触发器使用，也可作为电平触发的锁存器使用。在 Foundation 开发环境下，IFD 是基本的输入触发器（上升沿触发），ILD 则是基本的输入锁存器。IOB 中触发器/锁存器的功能框图如图 7.5.18 所示。由于时钟 CLK 信号后可跟一个反相器，因此触发器可以方便地配置为下降沿触发方式。Spartan 系列的 IOB 输入路径有一个一级时延单元，可以配置为三级时延或无时延。SpartanXL IOB 输入路径则有一个二级时延单元，可以配置为二级时延、一级时延或无时延。在设计 Spartan 系列器件时（如在 Fondation 或 Alliance 开发环境下），可为触发器添加一个 NODELAY 属性，以获得较短的建立时间（Setup Time）。使用 EDA 软件开发时，5V Spartan 系列器件的输入缓冲器可以配置成 TTL（1.2V）或 CMOS（$\frac{1}{2}V_{CC}$）门限。Spartan 系列器件的输出电平同样是可配置的。输入门限与输出电平的调整是相互独立的。如果将 Spartan 系列器件的输入配置为 TTL 模式，那么该输入可由任何 3.3V Spartan 系列器件的输出驱动。SpartanXL 器件的输入则既可配置为 TTL 模式，又可配置为 3.3V CMOS 模式。

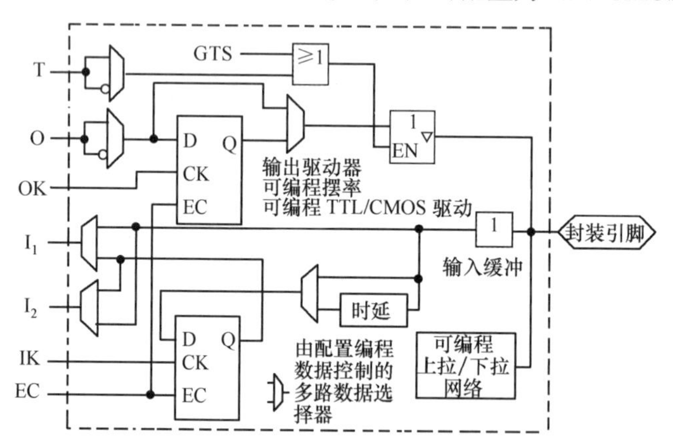

图 7.5.17　Spartan 系列的输入/输出块（IOB）结构框图

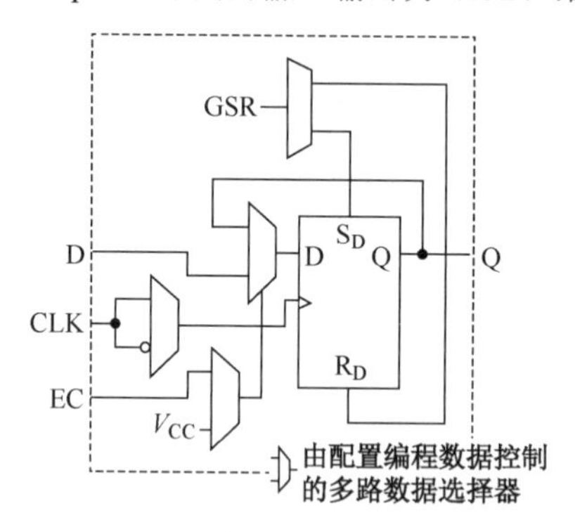

图 7.5.18　IOB 触发器/锁存器的功能框图

4. Virtex 系列的输入/输出块

Virtex 系列的输入/输出块（IOB）结构框图如图 7.5.19 所示。Virtex 系列的 IOB 支持 LVTTL、LVCMOS2、PCI、GTL、HSTL Class Ⅰ/Ⅱ/Ⅲ、AGP、SSTL2 和 SSTL3 等一系列信号标准。高速输入/输出可以支持 PCI 接口高达 66MHz。3 个存储单元既可配置为沿触发的 D 触发器，也可配置成电平触发的锁存器。3 个触发器共用一个时钟信号（CLK），每个触发器有各自的时钟使能（CE）信号。3 个触发器共用一个置位/复位（SR）信号。对于每个触发器而言，这个信号可被独立地配置成同步置位、同步复位、异步预置或异步清零。IOB 中的输入/输出缓冲及控制信号都有一个独立的极性控制。所有引脚都可防 ESD，并有过压保护措施。过压保护有允许 5V 和不允许 5V 兼容两种形式，每个引脚可独立选择其中一种过压保护方式。

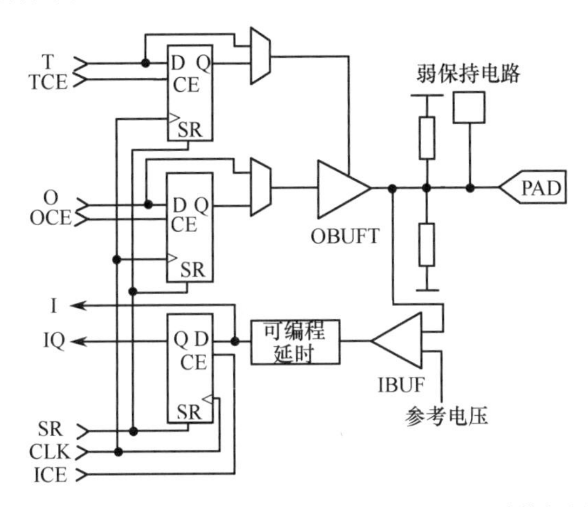

图 7.5.19　Virtex 系列的输入/输出块（IOB）结构框图

7.5.4　FPGA 的互连资源

为了能将 FPGA 中的 CLB 和 IOB 连接成使用者所需的系统电路，在 FPGA 的布线区内布置了丰富的连线资源，主要由金属线段和可编程开关（包括转换矩阵和可编程互连点）组成。这些连线资源又称为可编程互连网络（PI）。互连网络有 3 种连接方式：通用互连方式、直接互连方式和长线互连方式，通过编程控制可完成多个 CLB、IOB 的相互连接。

1. 通用互连方式

XC3000 系列的通用互连方式如图 7.5.20 所示。它由夹在 CLB 行列之间的金属线段组成。XC3000 有 5 条垂直线、5 条水平线。垂直线段和水平线段交叉处有互连开关，又称为开关矩阵（Switch Matrix）。互连开关受程序控制将垂直线段和水平线段进行连接，完成各 CLB 之间及 CLB 与 IOB 之间的信号传递。

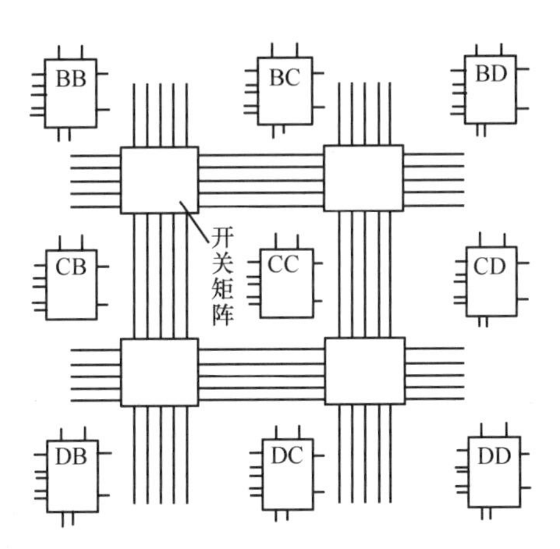

图 7.5.20　XC3000 系列的通用互连方式

在 XC4000 中开关矩阵和 CLB 之间的连线称为单长线，双长线双倍于单长线，其长度通过两个 CLB。单长线及双长线示意图如图 7.5.21 所示。单长线和双长线通过开关矩阵为相邻功能块之间提供了最短、最灵活的布线通道。它们每经过一个开关矩阵就会增加一次延时。

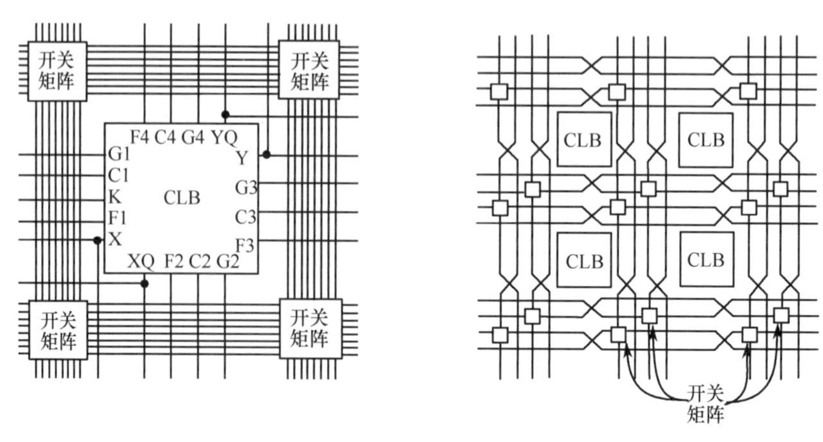

图 7.5.21 单长线及双长线示意图

2. 直接互连方式

直接互连方式是相邻 CLB 之间或 CLB 与相邻 IOB 之间的直接连线。这种连线路径短，延时小，适用于相邻块之间信号的高速传送。图 7.5.22 所示为直接互连方式的示例。

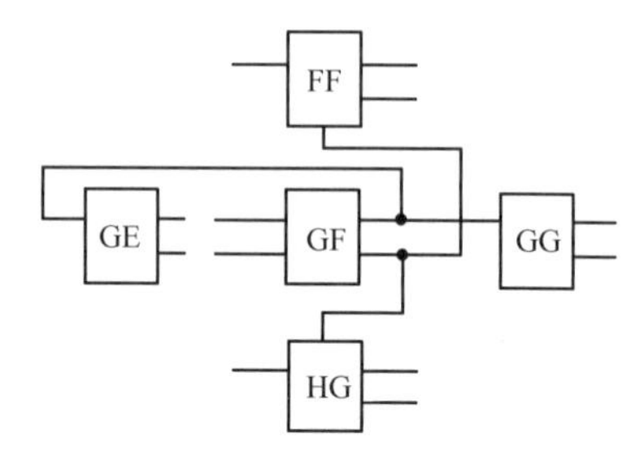

图 7.5.22 直接互连方式的示例

3. 长线互连方式

长线是排列在 CLB 之间、不经过开关矩阵的金属线，分为水平长线和垂直长线，如图 7.5.23 所示。在 XC3000 系列中，每个布线通道内有 4 根垂直长线和两根水平长线。在 4 根垂直长线中，一根为全局时钟线，一根为备用时钟线，两根为通用线。两根水平长线受一系列三态缓冲器（TBUF）驱动，可实现三态总线结构、“线与”、“线或”等功能。

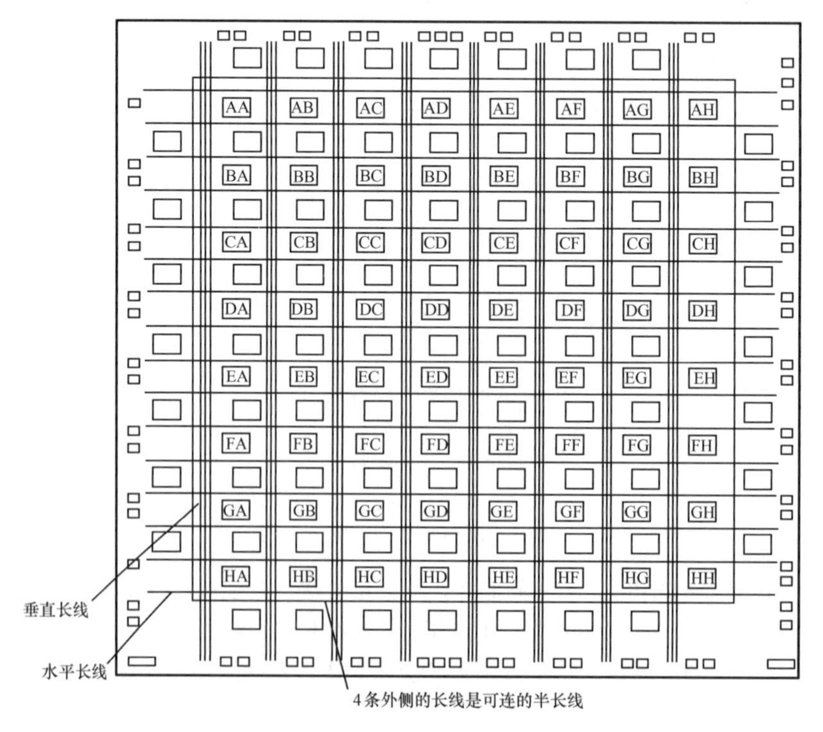

图 7.5.23 长线互连方式

在 XC4000 系列中，长线是通过特殊缓冲器驱动、贯穿全局的金属连线，用来完成时钟和其他高扇出信号。它具有最小的信号失真，其结构示意图如图 7.5.24 所示。

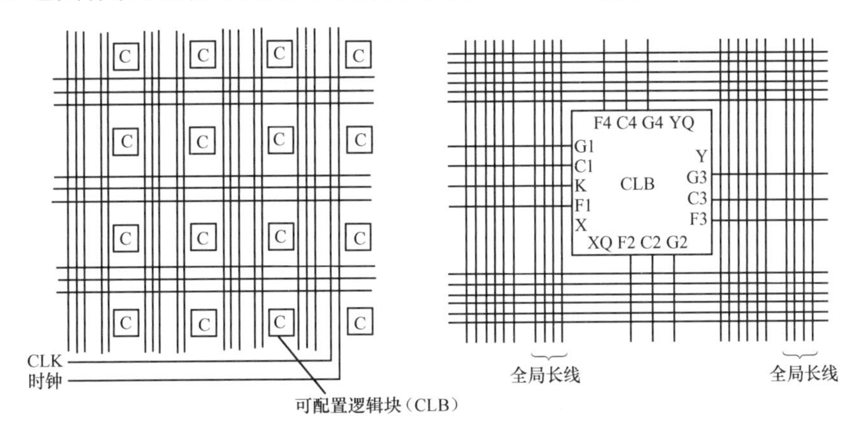

图 7.5.24　XC4000 系列长线的结构示意图

4．可编程互连点（PIP）

在 FPGA 的互连网络中，还有一些独立的可编程开关，称为可编程互连点（PIP）。可编程互连点是用来实现电路节点或布线与 CLB、IOB 引脚间的连接的，如图 7.5.25 所示。

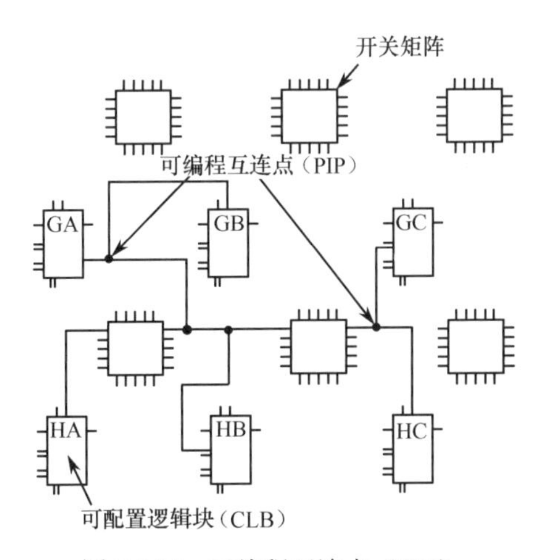

图 7.5.25　可编程互连点（PIP）

7.6　可编程逻辑器件的开发流程

电子设计自动化（Electronic Design Automation，EDA）是 20 世纪 90 年代初发展起来的，面向数字系统设计和集成电路设计的一门新技术。它以可编程逻辑器件（PLD）为实现载体，以硬件描述语言（HDL）为主要设计手段，以 EDA 软件为设计平台进行数字系统的开发、实现。应用 EDA 技术，设计者可以从概念或算法开始，用 HDL 描述模块功能，然后由 EDA 软件自动完成编译、逻辑化简、逻辑综合和优化、编程下载，直至实现整个电子系统。可编程逻辑器件通过软件方式设计和修改硬件的功能，具有可反复编程和在线可重构的特点，极大地提高了数字系统设计的灵活性，非常有利于系统设计和系统升级。

应用 EDA 技术涉及硬件（PLD）、软件（EDA）和语言（HDL）3 个方面，其中 PLD 是电路实现的载体，EDA 软件是设计平台，HDL 是描述设计思想的主要工具。

7.6.1 EDA 工具软件

EDA 工具软件很多，功能各异，应用的对象与范围也不相同，大致可分为两大类：第一类是 PLD 厂商针对自己公司产品提供的集成开发环境（Integrated Development Environment，IDE）；第二类是第三方专业 EDA 公司提供的仿真、综合及时序分析工具软件。

集成开发环境的主要特点是功能全集成化，可以完成从设计输入、编辑、编译与综合、仿真、布局布线以及编程与配置等开发流程的所有工作。目前，使用广泛的集成开发环境有 Altera 公司的 Quartus II 和 Xilinx 公司的 ISE 及支持 All Programmable 概念的新版软件 Vivado。

仿真软件用于对设计代码进行测试，以检查设计的正确性，包括布局布线前的功能仿真和布局布线后包含了门电路延时、布线延时等信息的时序仿真。Modelsim 是 Mentor 公司开发的、当今广泛应用的专业仿真软件，不仅支持 VHDL 和 Verilog HDL 混合仿真，还能够对代码进行调试，而且仿真速度比集成开发环境中自带的仿真工具更快。

7.6.2 可编程逻辑器件的设计与实现流程

可编程逻辑器件的开发设计流程如图 7.6.1 所示。它主要包括设计准备、设计输入、设计处理和器件编程 4 个步骤，同时包括相应的功能仿真、时序仿真和器件测试 3 个设计验证过程。

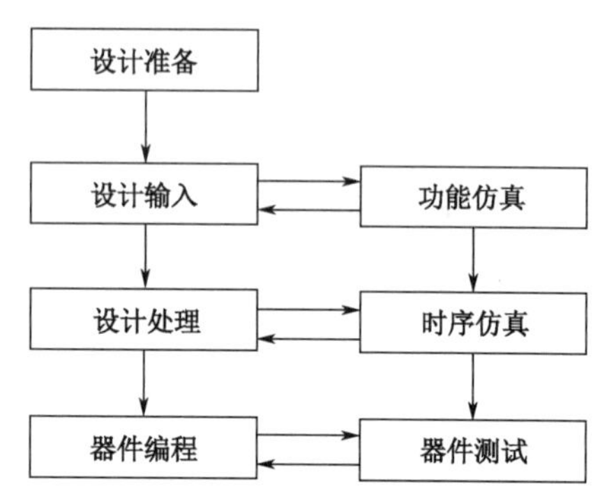

图 7.6.1 可编程逻辑器件的开发设计流程

1. 设计准备

采用有效的设计方案是 PLD 设计成功的关键，因此在设计输入之前首先要考虑两个问题：一是选择系统方案，进行抽象的逻辑设计；二是选择合适的器件，满足设计的要求。

对于低密度 PLD，一般可以进行书面逻辑设计，将电路的逻辑功能直接用逻辑方程、真值表、状态图或原理图等方式进行描述，然后根据整个电路输入、输出端数以及所需要的资源（门、触发器数目）选择能满足设计要求的器件系列和型号。器件的选择除了应考虑器件的引脚数、资源，还要考虑其速度、功耗以及结构特点。

对于高密度 PLD，系统方案的选择通常采用“自顶向下”的设计方法。首先在顶层进行功能框图的划分和结构设计，然后逐级设计低层的结构。一般描述系统总功能的模块放在最上层，称为顶层设计；描述系统某一部分功能的模块放在下层，称为底层设计。底层模块还可以再向下分层。这种“自顶向下”和分层次的设计方法使整个系统设计变得简洁和方便，并且有利于提高设计的成功率。目前系统方案的设计工作和器件的选择都可以在计算机上完成，设计者可以采用国际标准的两种硬件描述语言 Verilog HDL 或 VHDL 对系统级进行功能描述，并选用各种不同的芯片进行平衡、比较，选择最佳结果。

2. 设计输入

设计者将所设计的系统或电路以开发软件要求的某种形式表示出来，并送入计算机的过程，称为设计输入。它通常有原理图输入、硬件描述语言输入及波形输入等多种方式。

原理图输入是一种最直接的输入方式，它大多数用于对系统或电路结构很熟悉的场合。当系统较大时，这种方式的相对输入效率较低。

硬件描述语言的发展至今已有 30 多年的历史，已成功地应用于电子系统设计的建模、仿真验证和综合等各个阶段。自 20 世纪 80 年代以来，曾出现过多种硬件描述语言。大浪淘沙，目前应用比较广泛的有 Verilog HDL、VHDL。

硬件描述语言是从高级语言发展而来、用形式化方法来描述数字电路和系统的硬件结构及行为的计算机语言。采用硬件描述语言描述数字电路的优点如下。

（1）设计细节由计算机完成，从而减少了设计工作量，缩短了设计周期。

（2）硬件描述与实现工艺无关，因而代码重用（Code Reuse）率比传统的原理图设计方法高。

硬件描述语言是用文本方式描述设计，它分为普通的硬件描述语言和行为描述语言。行为描述语言是指高层硬件描述语言 Verilog HDL 和 VHDL，它们有许多突出的优点，如语言的公开可利用性、便于组织大规模系统的设计、具有很强的逻辑描述和仿真功能，而且输入效率高，在不同的设计输入库之间转换也非常方便。

普通硬件描述语言有 ABEL-HDL、CUPL 等，它们支持逻辑方程、真值表、状态机等逻辑表达方式。

3. 设计处理

从设计输入完成到编程文件产生的整个编译、适配过程，通常称为设计处理或设计实现。它是器件设计中的核心环节，是由计算机自动完成的，设计者只能通过设置参数来控制其处理过程。在编译过程中，编译软件对设计输入文件进行逻辑化简、综合和优化，并适当地选用一个或多个器件自动进行适配和布局、布线，最后产生编程用的编程文件。

编程文件是可供器件编程使用的数据文件。对于阵列型 PLD 来说，是产生熔丝图（简称 JED）文件，它是电子器件工程联合会制定的标准格式；对于 FPGA 来说，是生成位流数据文件。

4. 设计校验

设计校验过程包括功能仿真和时序仿真，这两项工作是在设计输入和设计处理过程中同时进行的。功能仿真是在设计输入完成以后的逻辑功能检证，又称为前仿真，它没有延时信息，对于初步功能检测非常方便。时序仿真在选择好器件并完成布局、布线之后进行，又称为后仿真或定时仿真，它可以用来分析系统中各部分的时序关系以及仿真设计性能。

5. 器件编程

编程是指将编程数据放到具体的 PLD 中。对于阵列型 PLD 来说，是将 JED 文件“下载”到 PLD 中；对于 FPGA 来说，是将位流数据文件“配置”到器件中。

器件编程需要满足一定的条件，如编程电压、编程时序和编程算法等。普通的 PLD 和一次性编程的 FPGA 需要专用的编程器完成器件的编程工作；基于 SRAM 的 FPGA 可以由 EEPROM 或微处理器进行配置；ISP 在系统编程器件则不需要专门的编程器，只要一根下载编程电缆即可。

本 章 小 结

半导体存储器是一种能存储大量二值信息（或称为二值数据）的半导体器件，其功能是在数字系统中存放不同程序的操作指令及各种需要计算处理的数据。半导体存储器是电子计算机及一些数字系统不可缺少的组成部分。

半导体存储器从存、取功能上可以分为只读存储器（Read-Only Memory，ROM）和随机存储器（Random Access Memory，RAM）两大类。

（1）只读存储器属于非易失存储器，断电后所存储的数据不消失。在只读存储器中的掩模只读存储器、可编程只读存储器、可擦可编程只读存储器（EPROM），在数据写入后，在正常工作时所存储的数据是固定不变的，只能读出，不能随时写入。电擦除可编程只读存储器（EEPROM）、快闪存储器（Flash Memory）在正常工作时所存储的数据是可以读出，也可以随时写入，断电后所存储的数据不消失。

（2）随机存储器也称为随机读/写存储器，简称 RAM。在随机存储器工作时可以随时从任何一个指定地址读出数据，也可以随时将数据写入任何一个指定的存储单元中去。它的优点是读、写方便，使用灵活；缺点是一旦断电以后所存储的数据将随之丢失，即存在数据易失性的问题。静态随机存储器（SRAM）的存储单元是在静态触发器的基础上附加控制线或门控管而构成的。动态随机存储器（DRAM）的存储单元是利用 MOS 管栅极电容能够存储电荷的原理制成的。

当使用一片 ROM 或 RAM 器件不能满足对存储容量的要求时，就需要将若干片 ROM 或 RAM 组合起来，形成一个容量更大的存储器。存储器扩展的主要工作是地址线、数据线和控制信号线的连接。

将存储器的地址线作为输入变量，将存储器的数据线作为输出变量，可以实现多输入、多输出的组合逻辑电路功能，即可以用存储器实现组合逻辑函数。

可编程逻辑器件（Programmable Logic Device，PLD）是 20 世纪 70 年代发展起来的一种新型逻辑器件，是目前数字系统设计的主要硬件基础。常见的 PLD 大致可以分为简单可编程逻辑器件（Simple Programmable Logic Device，SPLD）、复杂可编程逻辑器件（Complex Programmable Logic Device，CPLD）和现场可编程门阵列（Field Programmable Gate Array，FPGA）三大类。FPGA 也是一种可编程逻辑器件，但由于在电路结构上与早期应用的 PLD 不同，因此采用 FPGA 这个名称，以示区别。

可编程逻辑器件的种类较多，不同厂商生产的可编程逻辑器件的结构差别较大，可编程逻辑器件的基本结构由输入缓冲电路、与阵列、或阵列、输出缓冲电路四部分组成。其中，输入缓冲电路主要用来对输入信号进行预处理，以适应各种输入情况，如产生输入变量的原变量和反变量；“与阵列”和“或阵列”是可编程逻辑器件的主体，能够有效地实现“积之和”形式的布尔逻辑函数；输出缓冲电路主要用来对输出信号进行处理，用户可以根据需要选择各种灵活的输出方式（组合方式、时序方式），并可将反馈信号送回输入端，以实现复杂的逻辑功能。

（1）普通型 GAL 器件采用与阵列可编程、或阵列固定的结构。常用的 GAL 器件有 GAL16V8/A/B、GAL20V8/A/B。

（2）复杂可编程逻辑器件（CPLD）主要是由可编程逻辑宏单元（Logic Macro Cell，LMC）围绕中心的可编程互连矩阵单元组成的，并具有复杂的 I/O 单元互连结构，可由用户根据需要生成特定的电路结构，完成一定的功能。由于 CPLD 内部采用固定长度的金属线进行各逻辑块的互连，因此设计的逻辑电路具有时间可预测性，避免了分段式互连结构时序不完全预测的缺点。目前 CPLD 不仅具有电擦除特性，而且出现了边界扫描及在线可编程等高级特性。

（3）现场可编程门阵列（FPGA）器件采用逻辑单元阵列（Logic Cell Array，LCA）结构，它由 3 个可编程基本模块阵列组成：输入/输出块（Input/output Block，IOB）阵列、可配置逻辑块（Configurable Logic Block，CLB）阵列及可编程互连网络（Programmable Interconnect，PI）。LCA 结构的 FPGA，其输入/输出块（IOB）排列在芯片周围，它是可配置逻辑块（CLB）与外部引脚的接口。可配置逻辑块（CLB）以矩阵形式排列在芯片中心。每个 CLB 可独立完成简单的逻辑功能，构成基本的逻辑功能单元。各 CLB 之间通过可编程互连网络（PI）编程连接，以实现更复杂的逻辑功能。不同系列的 FPGA 的 IOB、CLB 及 PI 的结构不同。

习 题 七

习题七 参考答案

7.1 半导体存储器的分类情况如何，ROM 与 RAM 的最大区别是什么？

7.2 RAM 有几种主要的类别？

7.3 ROM 的基本结构是怎样的，通常可用什么来表示 ROM 电路的容量？

7.4 什么是 ROM 电路的阵列逻辑图，它对一般的 ROM 电路做了哪些简化？

7.5 PROM、EPROM 和 EEPROM 各有什么特点？

7.6 动态 MOS RAM 为何要“刷新”？

7.7 快闪存储器有什么特点？

7.8 动态存储器和静态存储器在电路结构和读/写操作上有何不同？

7.9 某台计算机的内存储器设置有32位的地址线，16位并行数据输入/输出端，试计算它的最大存储量是多少？

7.10 选择及填空。

（1）以下的说法中，哪一种是正确的？（　　）

（a）ROM仅可作为数据存储器

（b）ROM仅可作为函数发生器

（c）ROM不可作为数据存储器也不可作为函数发生器

（d）ROM可作为数据存储器也可作为函数发生器

（2）动态MOS存储单元是利用________存储信息的，为不丢失信息，必须________。

（3）利用浮栅技术制作的EPROM是靠存储________信息的，当将外部提供的电源去掉之后，信息________。

7.11 试用两片1024×8位的ROM组成1024×16位的存储器。

7.12 试用4片4K×8位的RAM接成16K×8位的存储器。

7.13 试用图P7.1所示的8×4 RAM扩展为

（1）32×4 RAM　　　　（2）16×8 RAM

可附加译码器、集成逻辑门电路，最后画出各自连接图。

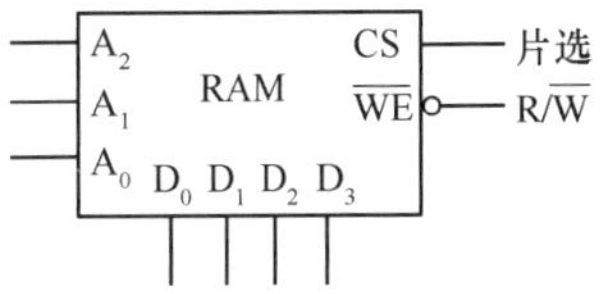

图P7.1 8×4 RAM示意图

7.14 用ROM电路的阵列逻辑图实现余3码转换成2421 BCD码的码制转换电路。

7.15 用ROM电路的阵列逻辑图实现全加法器。

7.16 用ROM设计一个组合逻辑电路，产生如下逻辑函数。

$$\begin{cases} Y_1=\bar{A}\bar{B}\bar{C}\bar{D}+\bar{A}B\bar{C}D+A\bar{B}C\bar{D}+ABCD \\ Y_2=\bar{A}\overline{BC}\bar{D}+\bar{A}BCD+A\bar{B}\bar{C}\bar{D}+AB\bar{C}D \\ Y_3=\bar{A}BD+\bar{B}C\bar{D} \\ Y_4=BD+\bar{B}\bar{D} \end{cases}$$

列出ROM应有的数据表，画出存储矩阵的点阵图。

7.17 已知$y=6x^2+3$，其中x为小于4的正整数。试画出该函数的ROM阵列图。

7.18 试设计一个判别电路，判别一个4位二进制数$D_3D_2D_1D_0$的状态，其框图如图P7.2所示。

（1）是否能被3整除，若能被3整除，则输出Y_1=1。

（2）是否大于12，若大于12，则输出Y_2=1。

（3）是否为奇数，若为奇数时，则输出Y_3=1。

（4）是否有奇数个1，若有奇数个1，则输出Y_4=1。

要求用ROM实现，只需在图P7.2中的存储矩阵内相关之处标记“.”即可。

7.19 PROM实现的组合逻辑函数如图P7.3所示。

（1）分析电路功能，说明当XYZ为何种取值时，函数F_1=1，函数F_2=1。

（2）XYZ为何种取值时，$F_1=F_2=0$？

7.20 可编程逻辑器件有哪些种类？它们的共同特点是什么？

7.21 比较GAL、CPLD、FPGA在电路结构形式上的异同点。

7.22 试解释GAL是如何实现时序电路的。

7.23 用GAL16V8A等效实现TTL 74XX195移位寄存器。由图P7.4中分析的逻辑图来确定激励方程及需要多少个OLMC（输出逻辑宏单元）。对每个使用的OLMC，验证所配置控制位的值。

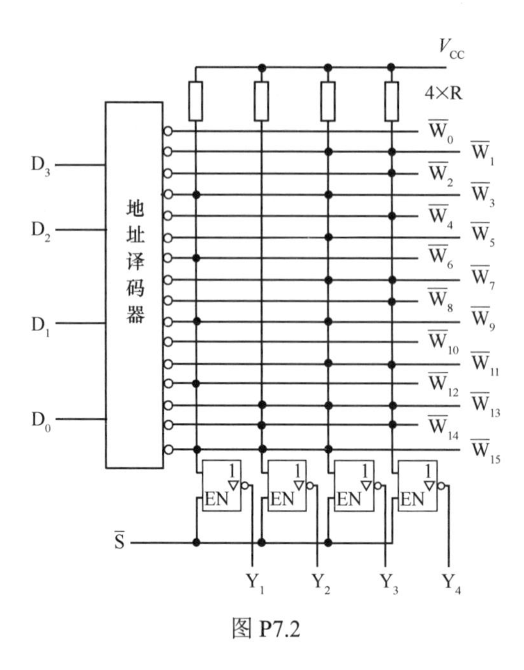

图 P7.2

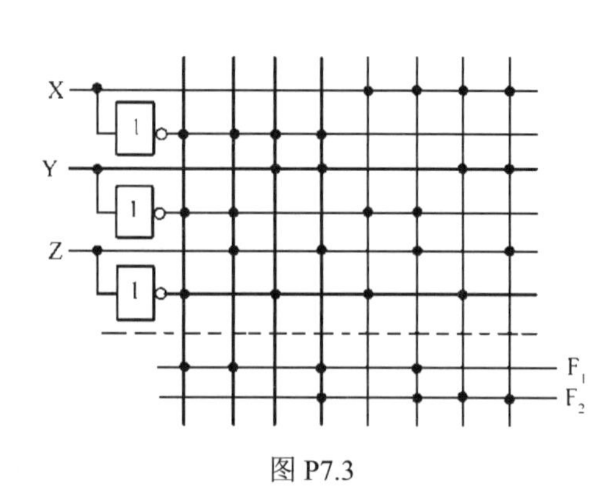

图 P7.3

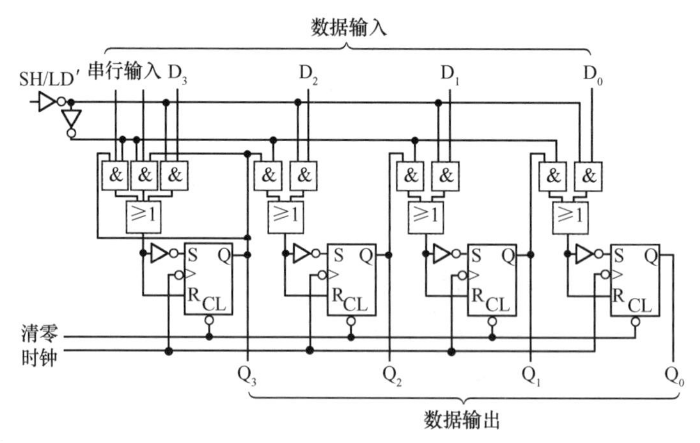

图 P7.4

7.24 写出图 P7.5（a）和 P7.5（b）逻辑功能的 PLD 表达式，包括 I/O 描述。

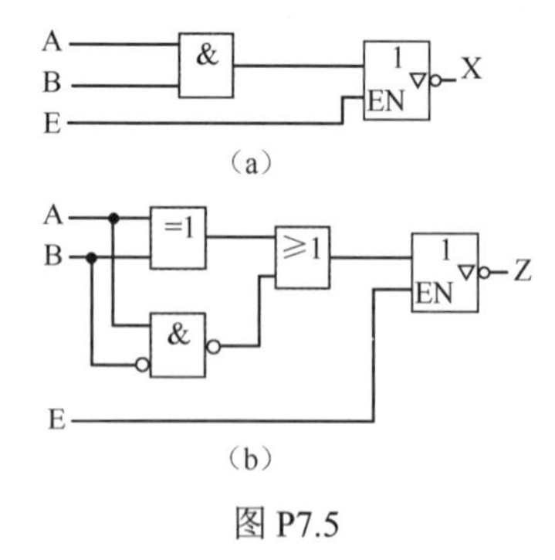

图 P7.5

7.25 建立全加器的 PLD 描述，I/O 性能参数，并写出逻辑函数。

7.26 写出下列 PLD 描述。

（1）一个 2×4 多路复用路。

（2）一个 4 位奇偶校验器。

（3）负沿触发的三态触发器，带低电平有效异步复位和输入清零。

7.27　试解释 Xilinx FPGA 是如何重新编程的。

7.28　一个大的组合逻辑函数需要 24 个乘积项，Xilinx 公司的 FPGA 需要多少个可配置逻辑块？

7.29　如果需要大量的组合功能时，哪一种 FPGA 方法能更高效地使用有效资源？如果需要大量触发器，又是哪一种？

7.30　试说明在下列应用场合下选用哪种类型的 PLD 最为合适。

（1）小批量定型产品中的中规模逻辑电路。

（2）产品研制过程中需要不断修改的中、小规模逻辑电路。

（3）少量的定型产品中需要的规模较大的逻辑电路。

（4）需要经常改变其逻辑功能的规模较大的逻辑电路。

（5）要求能以遥控方式改变其逻辑功能的逻辑电路。

第8章 数/模转换器与模/数转换器

[内容提要]

本章首先讨论各种数/模转换器（DAC）和模/数转换器（ADC）的电路结构和工作原理，介绍DAC和ADC的主要技术指标；然后列出典型的集成DAC和集成ADC芯片，并且说明芯片的工作原理和引脚特性，分别用实例说明集成DAC和集成ADC的应用方法。

8.1 概述

在自动控制和信息处理技术中，信息的获取、传输、处理和利用都是通过数字系统来实现的。但是，在工程实际应用中，需要处理的各种物理信息，如压力、温度、流量、语音、图像等，都是通过各种传感器转换得到的连续的模拟电信号，只有将这些连续的模拟信号转换成数字量，数字系统才能进行传输处理。将模拟信号转换为数字信号的过程称为模/数转换。能够完成这种转换的电路称为模/数转换器，简称A/D转换器，简记为ADC（Analog to Digital Converter）。在自动控制和信息处理系统中，获取和处理后的各种结果和指令，还要通过各种执行机构来执行这些结果和指令，去控制被控对象，达到自动控制的目的，但是各种执行机构大多要求输入的是模拟驱动信号。因此，往往需要把数字系统处理后的数字量转换成模拟量，以便去驱动各种执行机构。这种能把数字信号转换成模拟信号的过程称为数/模转换，能够完成这种转换的电路称为数/模转换器，简称为D/A转换器，简记为DAC（Digital to Analog Converter）。

典型的自动控制和信息处理系统结构框图如图8.1.1所示。从图8.1.1中可以看出，DAC和ADC在数字系统中有着十分重要的地位。ADC将各种模拟信号转换为抗干扰性较强的数字信号送入数字处理系统进行处理，而DAC是将处理后的数字信号转换成模拟信号，以便去驱动执行机构，控制被控对象，实现自动控制。实际上，ADC和DAC是现代数字系统中不可缺少的数字电路与模拟电路的接口电路。DAC和ADC的种类很多，但DAC比ADC简单，且ADC中包含了DAC，下面首先讨论DAC。

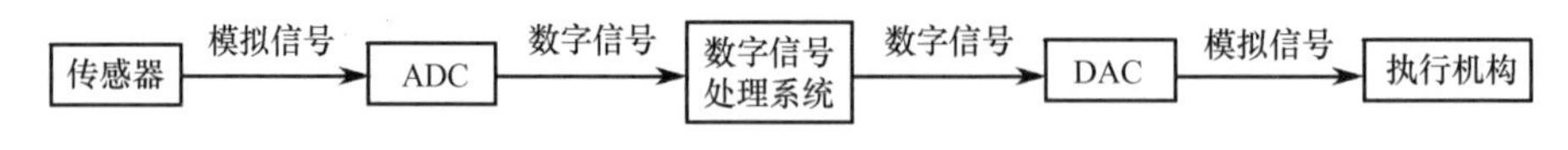

图8.1.1 典型的自动控制和信息处理系统结构框图

8.2 数/模转换器（DAC）

8.2.1 数/模转换器的基本原理

数/模转换器（DAC）的基本原理是用电阻网络将数字量按每位数码的权值转换成相应的模拟信号，然后用运算放大器求和电路将这些模拟量相加就完成了数/模转换。根据电阻网络的构成不同，构成了不同形式的数/模转换器。

1. 权电阻网络 DAC

4 位二进制权电阻网络 DAC 的原理图如图 8.2.1 所示。电路由基准电压源 V_{REF}、权电阻网络、模拟开关 S、求和放大电路四部分组成。权电阻网络中各位权电阻的阻值与权值相对应，电子开关受输入的各位数字信号控制。当数字量 D_i 为 1 时，开关 S 接通 V_{REF}；当数字量 D_i 为 0 时，开关 S 接通地电位。求和放大器 A 把各支路电流相加，通过反馈电阻 R_F 转换为输出模拟电压 V_O，显然 V_O 与输入数字量成正比。

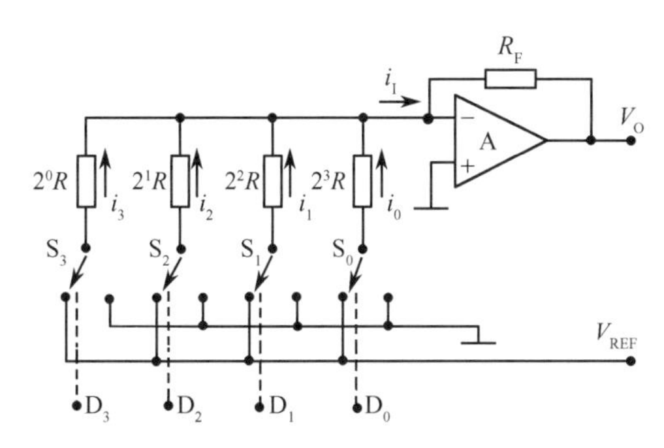

图 8.2.1　4 位二进制权电阻网络 DAC 的原理图

由图 8.2.1 可以写出

$$
\begin{aligned}
i_1 &= i_0 + i_1 + i_2 + i_3 = D_3 \frac{V_{REF}}{2^0 R} + D_2 \frac{V_{REF}}{2^1 R} + D_1 \frac{V_{REF}}{2^2 R} + D_0 \frac{V_{REF}}{2^3 R} \\
&= \frac{V_{REF}}{2^3 R}(D_3 \times 2^3 + D_2 \times 2^2 + D_1 \times 2^1 + D_0 \times 2^0) \\
&= \frac{V_{REF}}{2^3 R}\sum_{i=0}^{3} D_i \times 2^i
\end{aligned}
\tag{8.2.1}
$$

$$V_O = -i_1 R_F = -\frac{V_{REF} R_F}{2^3 R}\sum_{i=0}^{3} D_i \times 2^i \tag{8.2.2}$$

当数字量超过 4 位时，每增加一位，即增加一个模拟开关和权电阻，这样可以构成 n 位二进制权电阻网络 DAC。其权电阻分别为 R、$2R$、$4R$、…、$2^{n-1}R$，即有

$$V_O = -\frac{V_{REF} R_F}{2^{n-1} R}\sum_{i=0}^{n-1} D_i \times 2^i \tag{8.2.3}$$

权电阻网络 DAC 电路十分简单，但是当位数增多时，权电阻阻值范围越来越大。这样，一方面权电阻值的种类太多，集成电路制造比较困难；另一方面各位权电阻值与对应二进制数位权成反比，高位权电阻的误差对输出电流的影响比低位权大得多，因此对高位权电阻的精度和稳定性要求很高。这样给制造生产带来很大的困难。

2. T 型和倒 T 型电阻网络 DAC

（1）T 型电阻网络 DAC。

4 位 T 型电阻网络 DAC 如图 8.2.2 所示。电路由 R-$2R$ 电阻解码网络、模拟电子开关与求和放大电路构成。因为 R 和 $2R$ 组成 T 型，所以称为 T 型电阻网络 DAC。图中电阻网络中只有 R 和 $2R$ 两种电阻值，显然克服了上面权电阻网络 DAC 存在的缺点。

由图 8.2.2 可知，利用叠加原理不难求得 I_r 的值。令 $D_0=D_1=D_2=0$，$D_3=1$，其等效电路如图 8.2.3（a）所示。由图 8.2.3（a）不难求得 I_{r3}，即

$$I_{r3} = \frac{V_{REF}}{3R} \times \frac{1}{2} \tag{8.2.4}$$

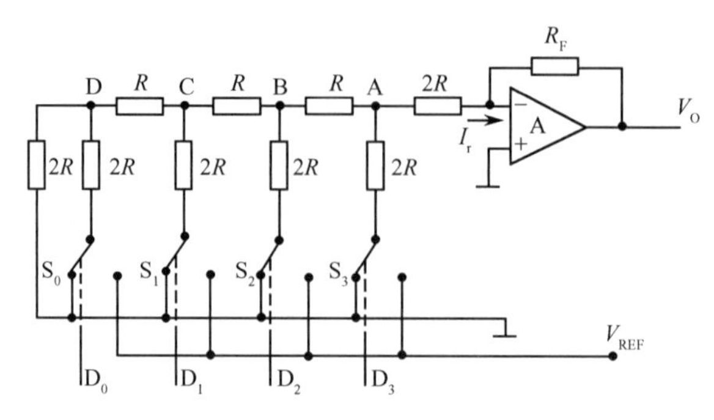

图 8.2.2　4 位 T 型电阻网络 DAC

当 $D_0=D_1=D_3=0$，$D_2=1$ 时，其等效电路如图 8.2.3（b）所示，则

$$I_{r2}=\frac{V_{REF}}{3R}\times\frac{1}{2^2}$$

同理可得

$$I_{r1}=\frac{V_{REF}}{3R}\times\frac{1}{2^3}\qquad I_{r0}=\frac{V_{REF}}{3R}\times\frac{1}{2^4}$$

利用叠加原理，并考虑输入数字量对电子开关的控制作用，可得

$$I_r=I_{r0}D_0+I_{r1}D_1+I_{r2}D_2+I_{r3}D_3=\frac{V_{REF}}{3R}\times\frac{1}{2^4}\sum_{i=0}^{3}D_i 2 \tag{8.2.5}$$

若取 $R_F=3R$，运放输出电压 V_O 为

$$V_O=-I_rR_F=-\frac{V_{REF}3R}{3R\times2^4}\sum_{i=0}^{3}D_i\times2^i=-\frac{V_{REF}}{2^4}\sum_{i=0}^{3}D_i\times2^i \tag{8.2.6}$$

可见，输出模拟量 V_O 与输入数字量成正比。

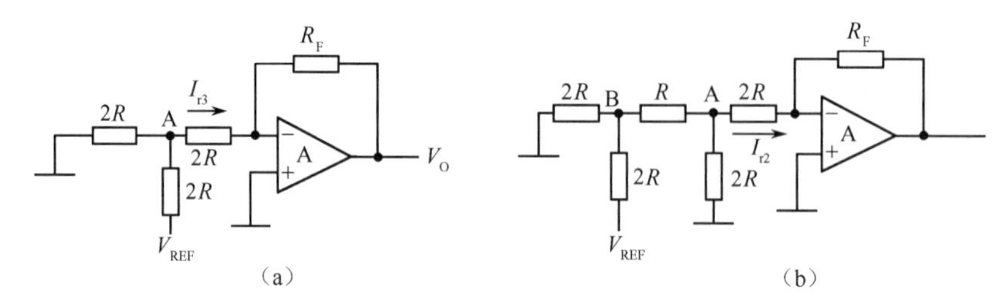

图 8.2.3　T 型电阻网络 DAC 的等效电路

（2）倒 T 型电阻网络 DAC。

图 8.2.4 所示为倒 T 型电阻网络 DAC 的原理图。电路由三部分构成，即倒 T 型电阻译码网络、电子开关和运算放大电路。图 8.2.4 中运算放大器反相输入端的电位接近于 0，即是“虚地”。因此，无论电子开关倒向哪一边，都相当接在地电位上，因而流过每个支路的总电流始终不变。

倒 T 型电阻网络 DAC 的等效电路图如图 8.2.5 所示。图中无论从 00、11、22、33 哪个端口向左看，其等效电阻都是 R，因此流过每个支路的电流从高位到低位分别为

$$I_3=I/2=1/2(V_{REF}/R)=\frac{V_{REF}}{16R}\times2^3$$

$$I_2=I/4=1/4(V_{REF}/R)=\frac{V_{REF}}{16R}\times2^2$$

$$I_1=I/8=1/8(V_{REF}/R)=\frac{V_{REF}}{16R}\times2^1$$

$$I_0=I/16=1/16(V_{REF}/R)=\frac{V_{REF}}{16R}\times2^0$$

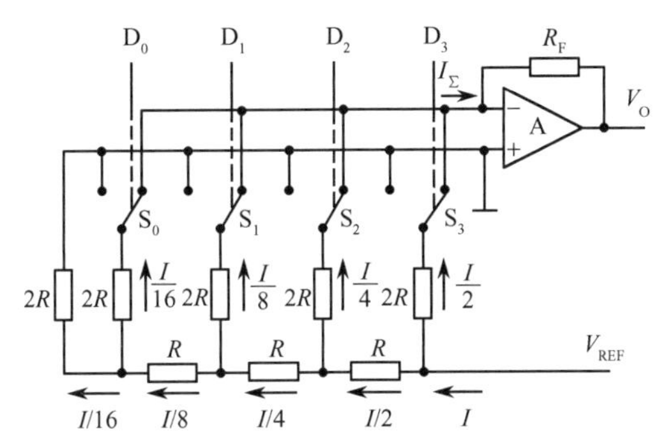

图 8.2.4　倒 T 型电阻网络 DAC 的原理图

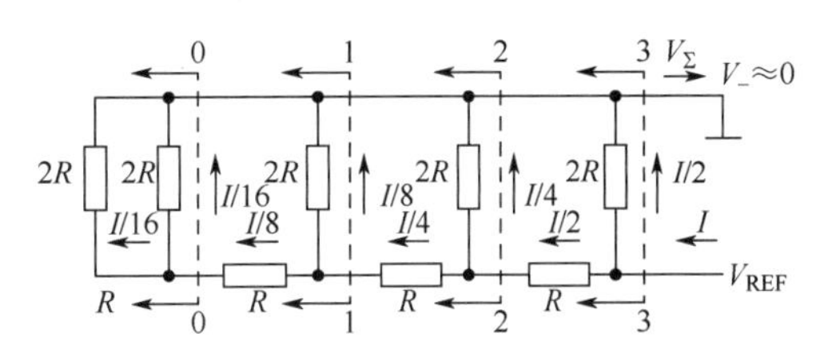

图 8.2.5　倒 T 型电阻网络 DAC 的等效电路图

可见，各支路电流按权值大小依次减小。

由于各位上数字量对电子开关的控制作用，流过运放的电流为

$$\begin{aligned} i_F = i_\Sigma &= \frac{V_{\text{REF}}}{16R}\text{D}_3\times2^3+\frac{V_{\text{REF}}}{16R}\text{D}_2\times2^2+\frac{V_{\text{REF}}}{16R}\text{D}_1\times2^1+\frac{V_{\text{REF}}}{16R}\text{D}_0\times2^0 \\ &= \frac{V_{\text{REF}}}{16R}(\text{D}_3\times2^3+\text{D}_2\times2^2+\text{D}_1\times2^1+\text{D}_0\times2^0)=\frac{V_{\text{REF}}}{2^4R}\sum_{i=0}^{3}\text{D}_i\times2^i \end{aligned} \tag{8.2.7}$$

输出模拟电压 V_{O} 为

$$V_{\text{O}} = -i_{\text{F}}\times R_{\text{F}} = -\frac{V_{\text{REF}}R_{\text{F}}}{2^4R}\sum_{i=0}^{3}\text{D}_i\times2^i \tag{8.2.8}$$

推广到 n 位 DAC 时

$$i_{\text{F}} = \frac{V_{\text{REF}}}{2^nR}\sum_{i=0}^{n-1}\text{D}_i\times2^i \tag{8.2.9}$$

$$V_{\text{O}} = -\frac{V_{\text{REF}}R_{\text{F}}}{2^nR}\sum_{i=0}^{3}\text{D}_i\times2^i \tag{8.2.10}$$

由此可知，输出模拟电压与输入数字量成正比。

根据 T 型和倒 T 型电阻网络 DAC 的工作原理可以看出，其优点是只有两种电阻值 R 和 $2R$，有利于生产制造。由于支路电流不变，不需要电流建立时间，有利于提高工作速度。因此，T 型电阻网络 DAC 和倒 T 型电阻网络 DAC 是目前使用最多的，其速度较快。

3．权电流型 DAC

上述几种 DAC，模拟开关都是串联在各个电阻网络的支路中，在模拟开关上不可避免地会产生压降，因而引起转换误差。为了克服这一缺点，提高 DAC 的转换精度，产生了权电流型 DAC。

权电流型 DAC 的电路原理如图 8.2.6 所示。图中用呈二进制位权关系的恒流源取代了电阻网络，并且恒流源总是处于接通状态，用输入的数字量控制相应位的恒流源接输出端或接地。由于采用了恒流源，使模拟开关的导通电阻对转换精度将无影响，因此降低对模拟开关的要求。

$$\begin{aligned} i_\Sigma &= \frac{1}{2}I\times\text{D}_3+\frac{1}{4}I\times\text{D}_2+\frac{1}{8}I\times\text{D}_1+\frac{1}{16}I\times\text{D}_0 \\ &= \frac{I}{2^4}(2^3\times\text{D}_3+2^2\times\text{D}_2+2^1\times\text{D}_1+2^0\times\text{D}_0) \end{aligned}$$

导出输出模拟电压为

$$V_{\text{O}} = -i_\Sigma R_{\text{F}}$$

$$V_{\text{O}} = \frac{-IR_{\text{F}}}{2^4}(\text{D}_3\times2^3+\text{D}_2\times2^2+\text{D}_1\times2^1+\text{D}_0\times2^0) \tag{8.2.11}$$

所以，输出模拟电压 V_{O} 正比于输入数字量。

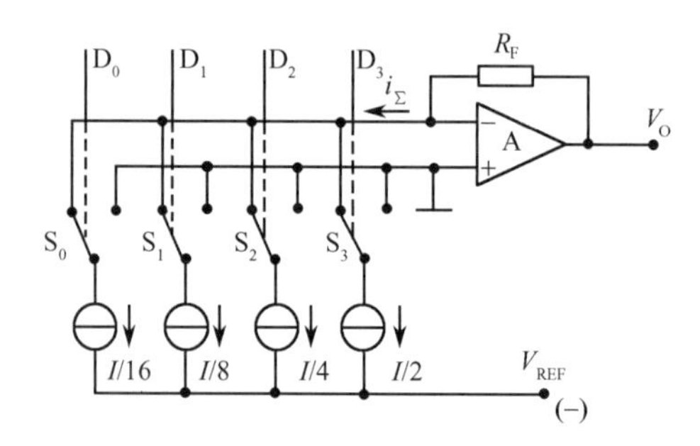

图 8.2.6　权电流型 DAC 的原理电路

在实用的权电流型 DAC 中，用基准电压 V_{REF}、电阻 R_R、运放 A_1 和晶体管构成恒流源，产生稳定电流 I，从而产生稳定的晶体管基极驱动电压，再经 T 型电阻网络产生权电流 $I/2$、$I/4$、$I/8$、$I/16$，运放采用电流求和放大电路，消除了电流开关导通电阻对权电流的影响。实用的权电流型 DAC 如图 8.2.7 所示。

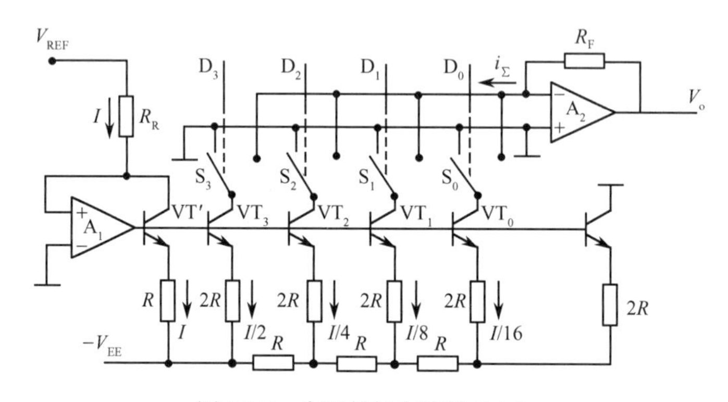

图 8.2.7　实用的权电流型 DAC

除上述介绍的 DAC 之外，还有开关树型 DAC、权电容网络 DAC、串行 DAC 等。在 DAC 集成芯片中，应用最多的是 T 型电阻网络 DAC 和倒 T 型电阻网络 DAC。开关树型 DAC、权电容网络 DAC、串行 DAC 等，读者可阅读有关书籍。

8.2.2　具有双极性输出的 DAC

因为在二进制算术运算中通常都将带符号的数值表示为补码的形式，所以希望 DAC 能够将以补码形式输入的正、负数分别转换成正、负极性的模拟电压。

下面以输入为 3 位二进制补码的情况为例，说明转换的原理。

3 位二进制补码可以表示从−4 到+3 之间的任何整数，它们与十进制数的对应关系以及希望得到的输出模拟电压，如表 8.2.1 所示。具有双极性输出电压的 DAC 如图 8.2.8 所示。

在图 8.2.8 所示的 DAC 电路中，如果没有接入反相器 G 和偏移电阻 R_B，它就是一个普通的 3 位倒 T 型电阻网络 DAC。在这种情况下，如果将输入的 3 位代码看作无符号的 3 位二进制数（绝对值），并且取 $V_{REF}=-8V$，那么输入代码为 111 时输出电压 $\upsilon_O=7V$，而输入代码为 000 时输出电压 $\upsilon_O=0V$，如表 8.2.2 中间一列所示。将表 8.2.1 与表 8.2.2 对照一下便可发现，若将表 8.2.2 中间一列的输出电压偏移−4V，则偏移后的输出电压正好与表 8.2.1 所要求得到的输出电压相符。

前面讲过的 DAC 电路输出电压都是单极性的，得不到正、负极性的输出电压。为此，在图 8.2.8 所示的转换电路中增加了由 R_B 和 V_B 组成的偏移电路。为了使输入代码为 100 时的输出电压等于零，只要使 I_B 与此时的 i_Σ 大小相等即可。故应取

$$\frac{|V_B|}{R_B}=\frac{I}{2}=\frac{|V_{REF}|}{2R} \tag{8.2.12}$$

图 8.2.8 中所标示的i_Σ、I_B和I的方向都是电流的实际方向。

再对照一下表 8.2.1 和表 8.2.2 最左边一列的代码可以发现，只要把表 8.2.1 中补码的符号位求反，再加到偏移后的 DAC 上，就可以得到表 8.2.1 所需要的输入与输出的关系。为此，在图 8.2.8 中将符号位经反相器 G 反相后才加到 DAC 电路中。

表 8.2.1　输入为 3 位二进制补码时要求 D/A 转换器的输出模拟电压

补码输入			对应的十进制数	要求的输出模拟电压
d_2	d_1	d_0		
0	1	1	+3	+3V
0	1	0	+2	+2V
0	0	1	+1	+1V
0	0	0	0	0
1	1	1	−1	−1V
1	1	0	−2	−2V
1	0	1	−33	−33V
1	0	0	−4	−4V

表 8.2.2　具有偏移的 D/A 转换器的输出电压

绝对值输入			无偏移时的输出电压	偏移-4V 后的输出电压
d_2	d_1	d_0		
1	1	1	+7V	+3V
1	1	0	+6V	+2V
1	0	1	+5V	+1V
1	0	0	+4V	0
0	1	1	+3V	−1V
0	1	0	+2V	−2V
0	0	1	+1V	−3V
0	0	0	0	−4V

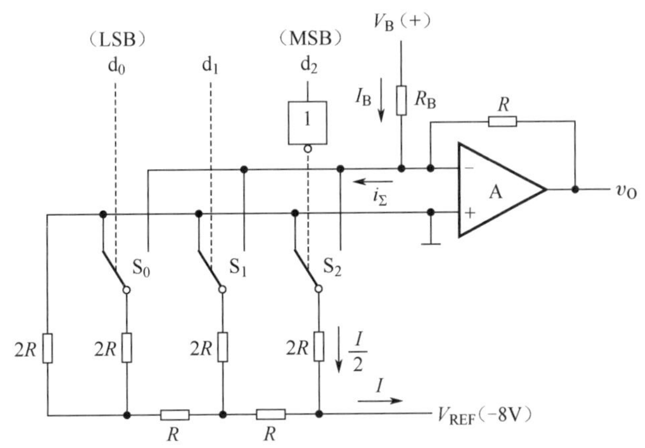

图 8.2.8　具有双极性输出电压的 DAC

通过上面的例子可以总结出，构成双极性输出 DAC 的一般方法为：只要在求和放大器的输入端接入一个偏移电流，使输入最高位为 1 而其他各位输入为 0 时的输出$v_O=0$，同时将输入的符号位反相后接到一般的 DAC 的输入，就得到了双极性输出的 DAC。

8.2.3　数/模转换器的主要技术指标

描述 DAC 技术性能有许多技术指标，这里介绍几个主要技术指标。

1．分辨率

DAC 电路所能分辨的最小输出电压与满量程输出电压之比称为 DAC 的分辨率。最小输出电压是指输入数字量只有最低有效位为 1 时的输出电压；最大输出电压是指输入数字量各位全为 1 时的输出电压。DAC 的分辨率可表示为

$$分辨率=\frac{1}{2^n-1} \quad (8.2.13)$$

式中：n 为数字量的二进制位数。

对于 8 位 DAC，分辨率为 $1/(2^8-1)=1/255\approx0.00392$。若满程电压是 5V，则其最小分辨电压为 $0.00392\times5=0.0196$V。对于 10 位 DAC，分辨率为 $1/(2^{10}-1)=1/1023\approx0.0009775$，若满程电压也是 5V，则其最小分辨电压为 $0.0009775\times5\approx0.00489$V。位数越高，能够分辨的电压越小。

2．转换误差

转换误差常用满量程（Full Scale Range，FSR）的百分数来表示。例如，一个 DAC 的线性误差为 0.05%，也就是说，转换误差是满量程输出的万分之五。有时转换误差用最低有效位（Least Significant Bit，LSB）的倍数来表示。例如，一个 DAC 的转换误差是 LSB/2，则表示输出电压的转换误差是最低有效位（LSB）为 1 时输出电压的 1/2。

DAC 的转换误差主要有失调误差和满值误差。

（1）失调误差是指输入数字量全为 0 时，模拟输出值与理论输出值的偏差。在一定温度下的失调误差可以通过外部电路调整措施进行补偿，也有些 DAC 芯片本身有调零端进行调零。对于没有设置调零端的芯片，可以采用外接校正偏置电路加到运放求和端来消除。

（2）满值误差又称为增益误差，是指输入数字量全为 1 时，实际输出电压不等于满值的偏差。满值误差通过调整运放的反馈电阻加以消除。

DAC 产生误差的主要原因有：参考电压 V_{REF} 的波动；运放的零点漂移；电阻网络中电阻阻值偏差等原因。

DAC 的分辨率和转换误差共同决定了 DAC 的精度。要使 DAC 的精度高，不仅要选择位数高的 DAC，还要选用稳定度高的参考电压源 V_{REF} 和低漂移的运算放大器与其配合。

3．建立时间

建立时间是描述 DAC 转换速度快慢的一个重要参数，一般是指输入数字量变化后，输出模拟量稳定到相应数值范围所经历的时间。DAC 中的电阻网络、模拟开关等是非理想器件，各种寄生参数及开关延迟等都会限制转换速度。实际上，建立时间的长短不仅与 DAC 本身的转换速度有关，还与数字量变化范围有关。输入数字量从全 0 变到全 1（或者从全 1 变到全 0）时，建立时间最长，称为满量程变化建立时间。一般产品手册上给出的是满量程变化建立时间。

根据建立时间的长短，DAC 可分为以下几种类型：低速 DAC，建立时间不小于 100μs；中速 DAC，建立时间为 10～100μs；较高速 DAC，建立时间为 1～10μs；高速 DAC，建立时间为 100ns～1μs；超高速 DAC，建立时间为小于 100ns。显然，转换速度也可以用频率来表示。

8.2.4 集成 DAC 典型芯片

目前已将 DAC 的电阻网络、模拟开关等电路制作成集成芯片，根据实际应用需要，集成芯片又增加一些附加功能，构成具有各种应用特性的 DAC，可供选择应用。按 DAC 输出方式不同，可分为电流输出型 DAC 和电压输出型 DAC 两种。DAC 芯片型号繁多，下面仅介绍使用较多的集成 DAC 芯片 DAC0832 和 DAC1210。对其他芯片可通过查阅手册，掌握它的工作原理和应用特征。

1．8 位 DAC0832

DAC0832 是由 T 型电阻网络采用 CMOS 工艺制作成的 20 脚双列直插式 8 位 DAC。DAC0832 结构框图如图 8.2.9 所示。DAC0832 引脚图如图 8.2.10 所示。由图 8.2.9 可知，DAC0832 的引脚信号分为以下 3 类。

（1）输入、输出信号。

D_0～D_7：8 位数据输入线。

I_{OUT1} 和 I_{OUT2}：电流输出 1 和电流输出 2，$I_{OUT1}+I_{OUT2}$ 为一常数，等于 V_{REF}/R_{FB}。

R_{FB}：反馈信号输入端。DAC0832 输出是电流型的，为了获得电压输出，需在电压输出端接运算放大器，R_{FB} 是运放的反馈电阻端，反馈电阻在片内。

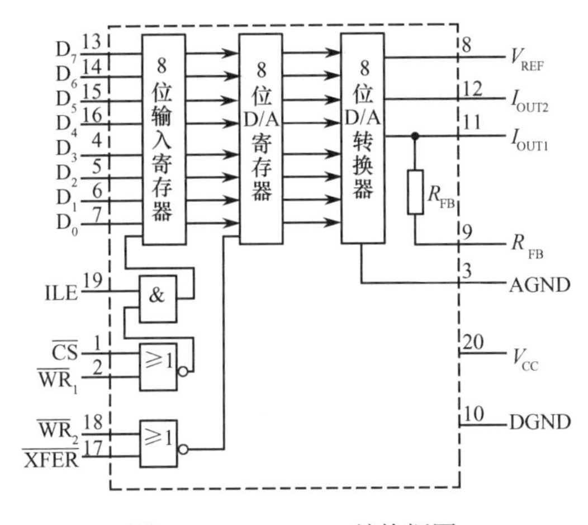

图 8.2.9　DAC0832 结构框图

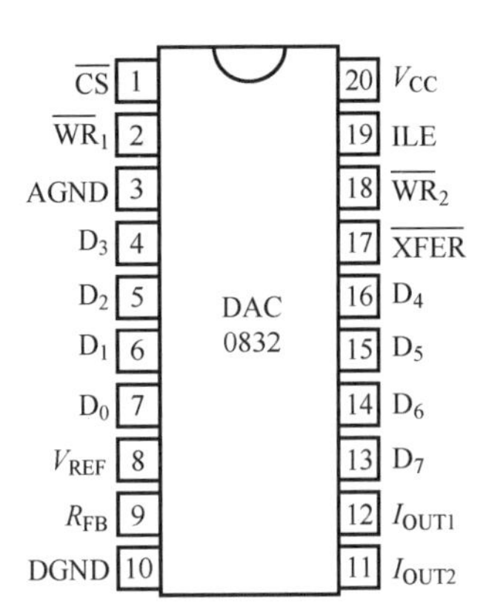

图 8.2.10　DAC0832 引脚图

（2）控制信号。

ILE：允许输入锁存信号。

$\overline{WR_1}$ 和 $\overline{WR_2}$：锁存输入数据写信号和锁存输入寄存器输出数据的写信号。

$\overline{XFER}$：传送控制信号，用于控制 $\overline{WR_2}$ 是否被选通。

$\overline{CS}$：片选信号。当 $\overline{CS}$=1 时，输入寄存器的数据被封锁，数据不能送入输入寄存器，该片未选中；当 $\overline{CS}$=0 时，该片选中，当 ILE=1、$\overline{WR_1}$=0 时，输入数据存入输入寄存器。

（3）电源。

V_{CC}：主电源，电压范围为 5～15V。

V_{REF}：参考输入电压，范围为-10～10V。

AGND：模拟信号地。

DGND：数字信号地。通常将 AGND 和 DGND 相连接地。

DAC0832 在应用上有以下 3 个特点。

① DAC0832 是 8 位 D/A 转换器，不需要外加其他电路可以直接与微型计算机或单片机的数据总线连接，可以充分利用微处理器的控制信号对它的 $\overline{CS}$、$\overline{WR_1}$、$\overline{WR_2}$、$\overline{XFER}$ 和 ILE 控制信号进行控制。

② DAC0832 内部有两个数据寄存器，即输入寄存器和 DAC 寄存器，故称为双缓冲方式。两个寄存器可以同时保存两组数据，这样可以将 8 位输入数据先保存在输入寄存器中，再将此数据由输入寄存器送到 DAC 寄存器中锁存并进行 D/A 转换输出。这种双缓冲方式可以防止输入数据更新期间模拟量输出出现不稳定状况，还可以在一次模拟量输出的同时就将下次需要转换的二进制数事先存入输入寄存器中，提高了转换速度。应用这种双缓冲工作方式可同时更新多个 D/A 转换器的输出，为构成多处理器系统使多个 D/A 转换器协调一致的工作带来了方便。

③ DAC0832 是电流输出型 D/A 转换器，要获得电压输出时，需外加转换电路。当用电流输出方式时，I_{OUT1} 正比于输入参考电压 V_{REF} 和输入数字量，I_{OUT2} 正比于输入数字量的反码，即

$$I_{OUT1}=\frac{V_{REF}}{2^8 R}\sum_{i=0}^{7}D_i 2^i \tag{8.2.14}$$

$$I_{OUT2}=\frac{V_{REF}}{2^8 R}(2^8-\sum_{i=0}^{7}D_i 2^i-1) \tag{8.2.15}$$

2. 12位DAC1210

DAC1210是美国国家半导体公司生产的DAC1208、DAC1209、DAC1210系列12位双缓冲乘法DAC中的一种。所谓乘法DAC，是指DAC的外部参考电压V_{REF}可为交变电压的DAC。在乘法DAC中，模拟输出信号同交变输入参考电压和输入数值的乘积成正比关系。

DAC1210的内部结构框图如图8.2.11所示。DAC1210引脚图如图8.2.12所示。由图8.2.11可知，DAC1210是带有双输入缓冲器的DAC。第一级由高8位和低4位输入寄存器构成；第二级由12位DAC寄存器构成。还带有12位乘法DAC。

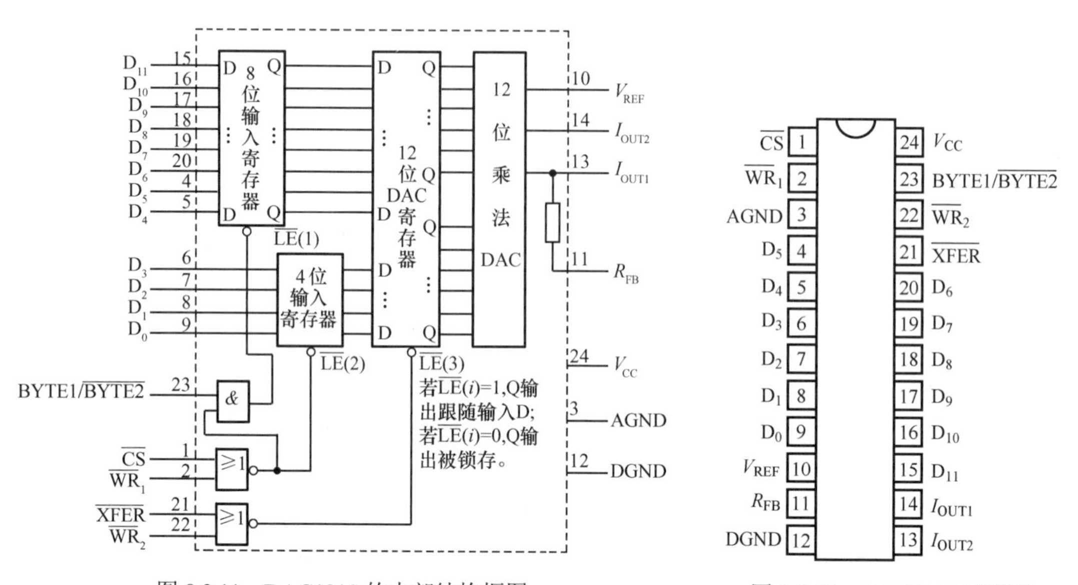

图8.2.11 DAC1210的内部结构框图

图8.2.12 DAC1210引脚图

DAC1210是双列直插式24脚结构。引脚信号为以下3种。

（1）输入、输出信号。

D_0～D_{11}：是12位数字量输入引脚。

I_{OUT1}和I_{OUT2}：DAC1210也是电流输出型的DAC，$I_{OUT1}+I_{OUT2}$为一常数。DAC寄存器中所有数字为1时，I_{OUT1}输出最大；当全为0时，I_{OUT1}输出为0。

（2）控制信号。

R_{FB}：反馈电阻输入端，为外接运放提供反馈电压，R_{FB}可以外接反馈电阻，也可利用内部反馈电阻。

$\overline{CS}$：片选信号。

$\overline{WR_1}$：第一级缓冲器写信号。

BYTE1/$\overline{BYTE2}$：字节顺序控制信号。当此信号为高电平时，高8位数据输入寄存器及低4位输入寄存器被允许；当此信号为低电平时，仅低4位允许输入低4位寄存器。

$\overline{WR_2}$：第二级缓冲器即12位DAC寄存器写信号。

$\overline{XFER}$：传送控制信号。

（3）电源。

V_{CC}：主电源，电压范围为5～15V，以15V最佳。

V_{REF}：参考输入电压，范围为-10～10V。

DAC1210和DAC0832一样，也是电流输出型DAC，电流建立时间是1μs。芯片内部具有两级锁存器，可与各种微处理器直接连接，利用内部控制电路自动实现数据的传送操作。

8.2.5 集成 DAC 的应用

1. DAC0832 的应用

（1）DAC0832 的 3 种工作方式。

DAC0832 的工作过程是该芯片在 6 个控制信号的作用下，把输入的数字信号经过输入寄存器和 D/A 寄存器送至 D/A 转换器，并转换成模拟电流从 I_{OUT1} 和 I_{OUT2} 输出。根据 6 个控制信号的不同连接方式，它可以有 3 种不同的工作方式。根据外接输出电路结构的不同，又可分为单极性 DAC 和双极性 DAC。

① 直通工作方式。把 DAC0832 的控制信号 $\overline{WR_1}$、$\overline{WR_2}$、$\overline{XFER}$ 和 $\overline{CS}$ 接地，ILE 接高电平，就可以使其两个寄存器的输出随输入数字量的变化而变化，DAC 的输出也跟随着变化。在实际应用中，直通工作方式常用于连续反馈控制环节，使输出模拟信号快速连续地反映输入数字量的变化。

② 单级缓冲工作方式。所谓单级缓冲工作方式，是指将其中的一个寄存器工作在直通状态，另一个处于受控的锁存器状态。在实际应用中，如果只有一路模拟量输出，或者虽然有几路模拟量输出，但并不要求同步输出，就可以用单级缓冲工作方式。

单级缓冲工作方式的连接图如图 8.2.13 所示。为使 DAC 寄存器处于直通工作方式，使 $\overline{WR_2}$=0，$\overline{XFER}$=0，为使输入寄存器处于受控方式，把 $\overline{WR_1}$ 与 $\overline{WR}$ 信号连接，即与外部写信号连接，接受外部写信号控制。而 ILE 接高电平，一直处于允许输入锁存状态。$\overline{CS}$ 选通信号接高位地址线（如 A8）或地址译码器的译码输出信号，由此可以确定 DAC0832 在电路中的端口地址。

③ 双级缓冲工作方式。所谓双级缓冲工作方式，是指把两个寄存器都工作在受控的锁存方式。为了实现两个寄存器都可控，应当给两个寄存器各分配一个端口地址，以便能按端口地址来分两步进行操作。在 DAC 转换输出前一个数据的同时，把下一个数据送至输入寄存器，以提高 D/A 转换速度。在多路 D/A 转换应用系统中，这样操作可以实现多路 D/A 转换模拟信号的同步输出。

双级缓冲工作方式的连接图如图 8.2.14 所示。图中用两片 DAC0832 构成两路同步输出的 D/A 转换器。用地址线或译码器的输出分别选择两路 D/A 转换器的输入寄存器，控制它的输入锁存，$\overline{XFER}$ 同时连至一根地址线上，控制两路 D/A 转换器的同步转换输出 V_{O1}、V_{O2}。所有 $\overline{WR_1}$ 和 $\overline{WR_2}$ 与外部写信号 $\overline{WR}$ 连在一起，控制输入寄存器和 DAC 寄存器同时写入。

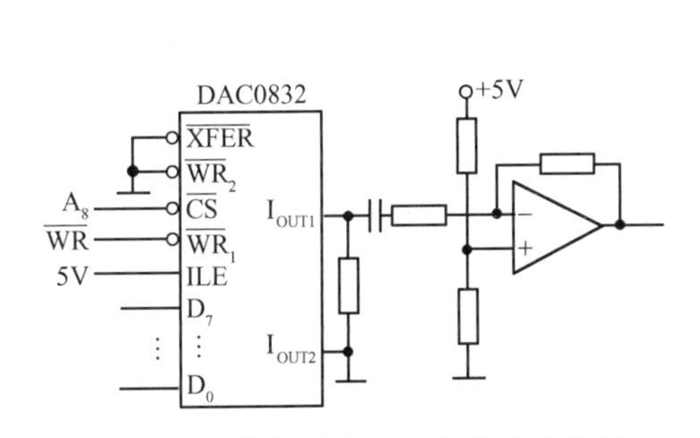

图 8.2.13 单级缓冲工作方式的连接图

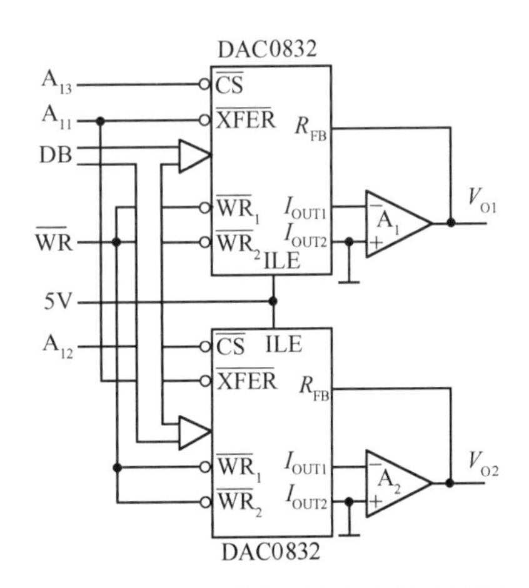

图 8.2.14 双级缓冲工作方式的连接图

（2）DAC0832 的单极性和双极性使用。

DAC0832 的模拟输出是电流输出，外接运算放大电路，可以转换为单极性电压输出，也可以转换为双极性电压输出。单极性电压输出只需接一级运算放大器就可以实现，但双极性电压输出需接两级运算放大器才可实现。双极性电压输出在实际应用的自动控制系统中有较多的应用。

DAC0832 接成双极性电压输出的电路如图 8.2.15 所示。图中 A_2 的作用是把运放 A_1 输出的单极性电压输出变为双极性电压输出。其原理是将 A_2 的输入端Σ通过电阻 R_1 与参考电压 V_{REF} 相连，V_{REF} 经 R_1 向 A_2 提供一个 I_1 的偏流，其电流方向与运放 A_1 的输出电流 I_2 反向，即 A_2 输入是 I_1 和 I_2 的代数和。因为 R_1/R_2=2/1，而 V_{REF} 与 A_1 的输出电压相同，所以 V_{REF} 产生的偏流是 A_1 输出电流的 1/2，这样刚好是 A_2 的输出特性在 A_1 输出的基础上位移了 1/2。换算成数字量表示为 $V_{OUT2}=(D-128)/128\times V_{REF}$。若 V_{REF} 为 5V，则 A_1 的输出电压 V_{OUT1} 为−5～0V，A_2 的输出电压 V_{OUT2} 为−5～+5V。

（3）DAC0832 的零点和满量程调节。

为了克服 DAC0832 的失调误差和满量程误差，实现高精度的 D/A 转换，必须对它的失调误差和满量程误差进行补偿，还要对它的线性误差进行补偿。补偿的目的主要是补偿零点误差和满量程误差。DAC0832 的零点和满量程调节电路如图 8.2.16 所示。当 DAC0832 的数字输入量为全 0 时，运算放大器的输出电压 V_{OUT} 应为 0。若 DAC0832 的数字输入量不为 0 时，调整零位调整电位器 R_{P1}，使输出电压 V_{OUT} 基本上为 0V。当 DAC0832 的输入数字量全为 1 时，运算放大器的输出电压应等于满量程输出电压。如果不等于满量程输出电压，调整电位器 R_{P2}，使输出电压 V_{OUT} 等于满量程电压。

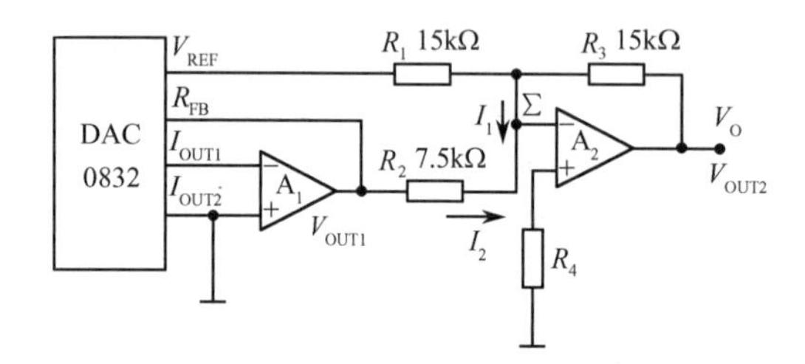

图 8.2.15　DAC0832 接成双极性电压输出的电路

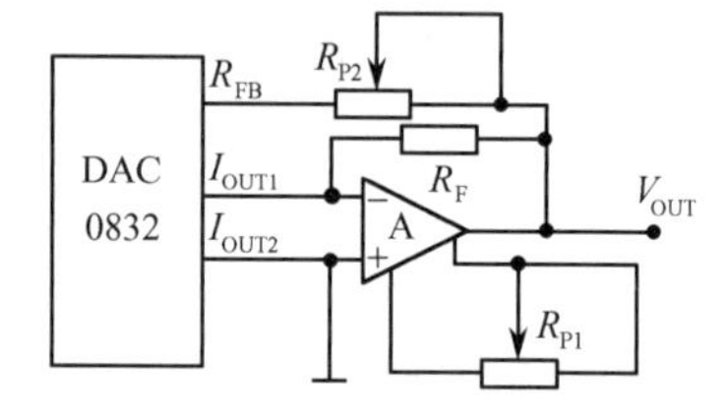

图 8.2.16　DAC0832 的零点和满量程调节电路

2. DAC1210 的应用

DAC1210 是 12 位 D/A 转换器，其应用电路如图 8.2.17 所示。它可与 8 位或 16 位微处理器接口。图中 $\overline{CS}$ 一般接地址译码器的输出线，$\overline{WR}_1$ 和 $\overline{WR}_2$ 接外部写控制信号 $\overline{WR}$，传送控制信号 $\overline{XFER}$ 和 BYTE1/$\overline{BYTE2}$ 接最低位地址线 A_0，实现 12 位数据的传送分两步操作。当 A_0=0 时，输出低 4 位，当 A_0=1 时，输出高 8 位。这个电路采用了向左对齐的数据格式，把 12 位数据的高 8 位作为第一个字节，低 4 位作为第二个字节，通过 D_4～D_7 的 4 根线输出。在操作时，首先 $\overline{WR}$ 有效，写入高 8 位数据至高 8 位输入寄存器，再向低 4 位寄存器写入低 4 位数据，与此同时，12 位数据并行输入至 12 位 DAC 寄存器，通过 D/A 转换器输出模拟量，再通过运算放大器 A_1 和 A_2 转换为模拟电压输出。

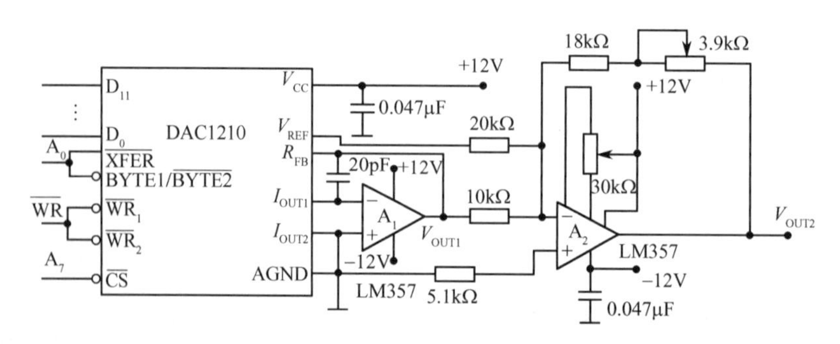

图 8.2.17　DAC1210 的应用电路

本节以典型 DAC 芯片 DAC0832 为主，对 DAC 的结构和应用方法进行了讨论，但是因为 DAC 输入是数字信号，一般是与单片机结合组成应用系统，通过单片机发出控制信号完成 D/A 转换过程。对于其他类型 DAC 的应用方法基本上与此类似，但在应用时，首先必须通过查阅手册，掌握其结构特点和应用特性，才能正确使用 DAC 芯片。对于单片机与之接口的方法及其应用软件设计，在后续的“单片机原理及应用”和“微机控制技术”课程中讨论学习，请读者阅读有关这方面的书籍和资料。

8.3　模/数转换器（ADC）

与数/模转换相反，模/数转换是把连续的模拟信号转换为与之成正比的数字信号，把实现模/数转换的电路称为模/数转换器，简称 A/D 转换器，简记为 ADC。要实现 A/D 转换，一般需要通过 4 个步骤才能完成，即采样、保持、量化、编码。把这 4 个步骤结合在一起用功能电路来完成即可构成 A/D 转换电路。

8.3.1　模/数转换器的基本原理

1．几个基本概念

（1）采样保持与采样保持电路。

所谓采样，是指把一个在时间上连续变化的模拟信号按一定的时间间隔和顺序采集模拟信号，形成在时间上离散的模拟信号。具体地说，就是把随时间连续变化的模拟量变换为一串脉冲信号，这种脉冲信号是等距离的，幅值决定于当时模拟量的大小，但是由于采样有一定的时间间隔，在采样时间间隔内，采取的“样值”应该是不变的，这样采得的“样值”才能真实地表示该时刻模拟量的大小，因此在采样时间间隔内，对采样的“样值”应该加以保持，直至下一次采样的到来。

采样保持的原理如图 8.3.1 所示。在图 8.3.1（a）中，S 是采样开关，C 是保持电容。S 受采样信号 V_S 的控制，当 V_S 为高电平时，S 闭合；当 V_S 为低电平时，S 断开。若 S 闭合时间为采样时间 T_{W1}，S 断开时间为保持时间 T_{W2}，则采样周期 $T_S=T_{W1}+T_{W2}$。在 S 闭合时间内，V_I 给电容 C 充电，设输入负载电阻足够大，直至 S 闭合时间的末时刻，采样电压 $V_C=V_I$。在 S 断开时间内，输入负载电阻足够大，电容无放电回路，电容 C 上电压保持不变，保持在上一次采样结束时刻的瞬时值上，直至下一采样时间的到来。这样，采样信号的波形是一串阶梯形脉冲波，这一串阶梯形脉冲波的包络线就是输入信号 V_I 的波形，实现了采样和保持的功能。一般是将采样器和保持电路组合在一起总称为采样保持电路。

由采样保持电路的工作原理可知，描述采样保持电路性能的指标主要有两个：一个是采集时间，即采集指令发出后，采样保持电路的输出由原来的保持值变化到输入值所需要的时间，显然采集时间越小越好；另一个是保持电压下降速率，即在保持阶段采样保持电路的输出电压在单位时间内所下降的幅值，显然下降的幅值越小越好。对前一个指标，只有保持电容 C 的充电时间常数远小于电路的时间常数，才能使电容 C 上的电压在电路时间常数时间内，完全跟上输入电压 V_I 的变化。对后一个指标，则要求在保持阶段电容 C 基本不放电。因此，实用的采样保持电路在输入级用运算放大器组成电压跟随器电路，提高其输入阻抗，减少采样电路对输入信号的影响，同时因为电压跟随器输出阻抗低，减小了电容 C 的充电时间；在输出级也用运算放大器组成电压跟随器，一方面增加输入阻抗，使其输入电流几乎为 0，减少保持电压的下降速率；另一方面减少输出阻抗，提高采样保持电路带负载能力。采样保持实用电路如图 8.3.2 所示。

目前已生产出多种采样保持集成电路。例如，有用于一般情况下的 LF198、LF298、LF398、AD582 等产品；有用于高速情况下 HTS0025、HTS0010、HTC0300 等；有用于高分辨率场合的 SHA1144 等。有些采样保持器还有保持电容，如 AD389、AD585 等；还有一些电路的采样保持器集成在 A/D 转换器内，应用十分方便。

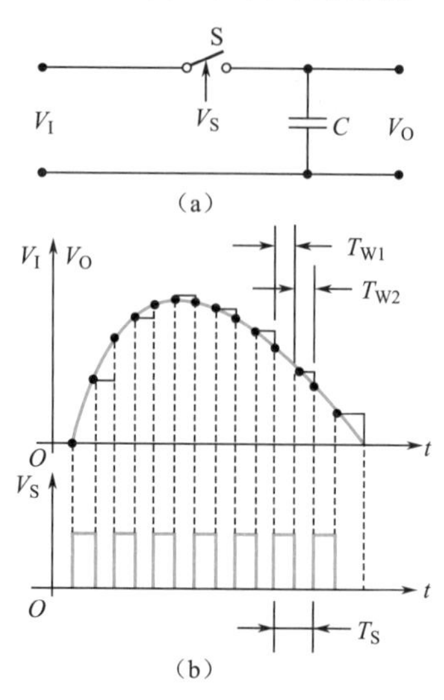

图 8.3.1 采样保持的原理

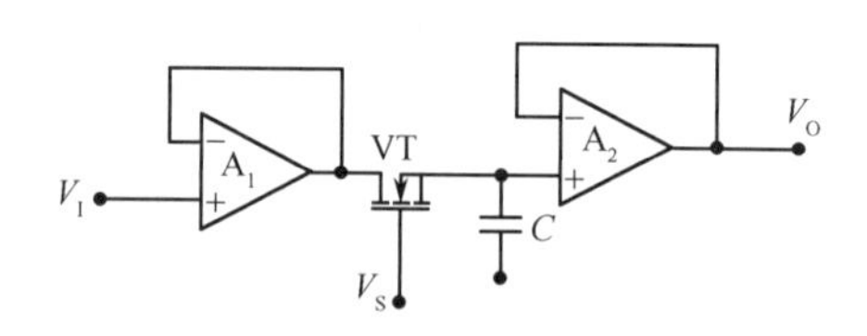

图 8.3.2 采样保持实用电路

（2）采样定理。

通过采样过程，将连续变化的模拟信号变换成在时间上离散的一串脉冲模拟量，可以用这一串离散的脉冲模拟量代替原来的连续变化模拟量。这是因为用数字方法传递和处理模拟信号时，并不需要在整个作用时间内的全部数值，而只需采样有限个值就足够了，但是任何一个模拟信号，都可以看成是由很多不同频率和幅值的正弦波叠加而成的，采样有限个值能否不失真地反映原来模拟信号的波形，取决于采样的频率。这正是采样定理所要解决的问题。

采样定理告诉我们：只要当采样频率大于模拟信号中最高频率成分频率的两倍时，所采样的采样值才能不失真地反映原来模拟信号的波形，即

$$f_S \geqslant 2f_{max}, \quad T_S \leqslant T_{max}/2 \tag{8.3.1}$$

式中：f_S 为采样信号 V_S 的频率；f_{max} 为输入模拟信号中最高频率成分的频率；T_S 为采样信号 V_S 的采样周期；T_{max} 为输入模拟信号中最高频率成分的周期。

实践和理论分析证明，当 $f_S=2f_{max}$ 时，不一定能够不失真地反映原来模拟信号的波形；当 $f_S<2f_{max}$ 时，不能够不失真地反映原来模拟信号的波形，将产生波形混叠（Aliasing），混叠将导致模糊。因此，一般在工程应用中，应避免出现这种情况，而取采样频率：$f_S>(3\sim5)f_{max}$ 能够满足要求，但是也不应无限制地提高采样频率，将导致电路成本的大幅度提高。值得指出的是，模拟信号中最高频率成分往往是未知的，虽然通过频谱分析可以得到，但一般工程设计很难具备这样的条件，而是凭经验数据选取采样周期后通过试验来确定。

（3）量化与编码。

采样保持电路在保持阶段输出的离散模拟量是一个电平信号，而且是一个没有量化单位的数值。要把这个电平数值转换为二进制的数字量，首先要根据模拟量的满量程确定最小量化单位，以最小量化单位的整数倍确定多个量化区段；再由满量程数值的大小确定二进制数的位数，用二进制数表示每个量化区段的上限值和下限值，确定输出的模拟电平落在量化区段，取该量化区段的上限值或下限值的二进制数做模拟电平的近似值。这种近似取值的过程称为量化。

如果把数字量的最低有效位为 1 代表的模拟电平区段的大小取作量化单位，用 $\varDelta$ 表示，那么对于落在 $\varDelta$ 范围内的模拟电平信号是取量化区段的上限值还是取其下限值，有两种近似处理方法：一种是只舍不入法，它是将小于量化单位 $\varDelta$ 的值舍掉，取其下限值的数字量；另一种是有舍有入法，

也称为四舍五入法，这种方法是将小于 $\Delta/2$ 的值舍掉，取其下限值的数字量，将大于 $\Delta/2$ 而小于 Δ 的值看作是一个量化单位 Δ，取其上限值的数字量。显然，按只舍不入法量化的量化误差就是一个量化单位 Δ，而按四舍五入法量化的量化误差是 $\Delta/2$。

量化过程只是把模拟电平按量化单位做了取整处理，只有用二进制代码表示量化后的值才能得到数字量，这一过程称为编码。对于同一模拟电平，由于量化的方法不同，最后的编码也会有所不同。

以模拟电压量程为 1V 进行量化编码过程如图 8.3.3 所示。

通过对量化编码过程的分析可知，量化取整过程是一个比较过程，可用电压比较器构成的比较电路来完成，而编码过程可以用触发器和编码器构成的时序逻辑电路来完成。

2. 模/数转换器的基本原理

模/数转换器（ADC）的种类很多，但其基本原理是通过比较的方法来实现的。若按比较的不同方法区分，有直接比较型和间接比较型两种类型。直接比较型是将输入模拟信号直接与参考电压比较，进而转换为输出的数字量，属于这种类型的有并行比较型 ADC 和反馈比较型 ADC。间接比较型是将输入信号与参考电压比较，转换为某个中间物理量再进行比较转换为输出的数字量，其中间变量有时间、频率，属于这种类型的有 V/T 型 ADC 和 V/F 型 ADC。

（1）直接比较型 ADC。

① 并行比较型 ADC。3 位并行比较型 ADC 电路如图 8.3.4 所示。这是一种快速 ADC。它由电压比较器、寄存器和编码器三部分组成。它是用电阻分压器生成各个比较电平作为量化刻度。设输入模拟电压 V_I 已通过了采样保持，采样保持后的模拟电压与这些刻度值进行比较。当其高于比较器的比较电平时，比较器输出高电平；反之，则输出低电平。从比较器电路的量化刻度可以看出，比较量化是四舍五入法。各比较器的输出送至由 D 触发器组成的缓冲寄存器中，以避免由于各比较器响应速度的差异而造成的逻辑错误。缓冲寄存器的输出再通过编码器转换为 3 位二进制数字量输出，其转换真值表如表 8.3.1 所示。

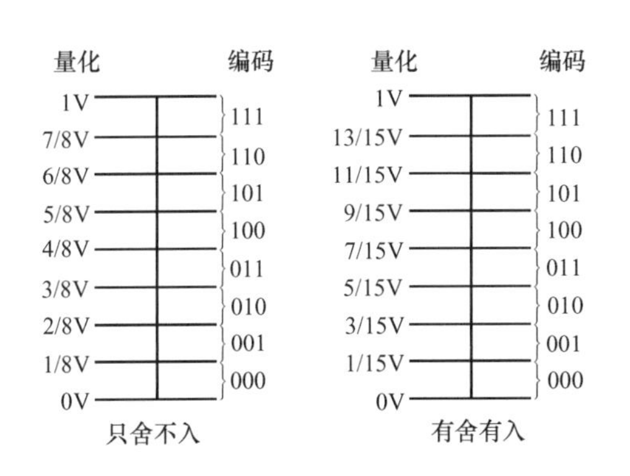

图 8.3.3　以模拟电压量程为 1V 进行量化编码过程

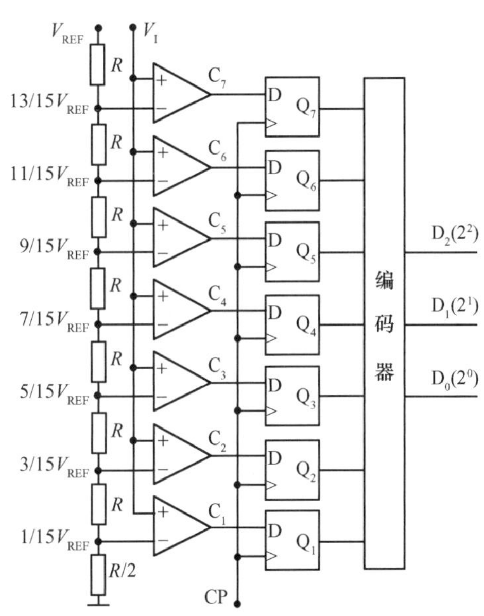

图 8.3.4　3 位并行比较型 ADC 电路

表 8.3.1　3 位并行比较型 ADC 的转换真值表

输入模拟电压	量化值	触发器状态							数字量输出		
V_I	V_{Ii}	Q_7	Q_6	Q_5	Q_4	Q_3	Q_2	Q_1	D_2	D_1	D_0
$(0\sim1/15)V_{REF}$	0	0	0	0	0	0	0	0	0	0	0
$(1/15\sim3/15)V_{REF}$	$1/7V_{REF}$	0	0	0	0	0	0	1	0	0	1
$(3/15\sim5/15)V_{REF}$	$2/7V_{REF}$	0	0	0	0	0	1	1	0	1	0
$(5/15\sim7/15)V_{REF}$	$3/7V_{REF}$	0	0	0	0	1	1	1	0	1	1
$(7/15\sim9/15)V_{REF}$	$4/7V_{REF}$	0	0	0	1	1	1	1	1	0	0
$(9/15\sim11/15)V_{REF}$	$5/7V_{REF}$	0	0	1	1	1	1	1	1	0	1
$(11/15\sim13/15)V_{REF}$	$6/7V_{REF}$	0	1	1	1	1	1	1	1	1	0
$(13/15\sim1)V_{REF}$	V_{REF}	1	1	1	1	1	1	1	1	1	1

并行比较型 ADC 转换精度取决于量化单位划分，划分越细，精度越高。但根据其电路结构，划分越细，则所需比较器和触发器越多，电路更复杂。另外，转换精度还受参考电压 V_{REF} 的稳定度、电压比较器的灵敏度和分压电阻的精度的影响，这是它的突出缺点。它的突出优点是转换速度快，完成一次转换只包括一级触发器翻转延迟时间。目前这类 ADC 的转换时间已达 50ns 以下，很适合在高速系统中应用。

② 并/串型 ADC。如果需要组成一个 8 位 ADC，显然采用并行比较型 ADC 结构，将需要 2^8-1 个电压比较器和触发器，即 255 个，电路将十分庞大而又复杂。因此，可以采用两个 4 位并行比较型 ADC 串联来构成，其原理图如图 8.3.5 所示。

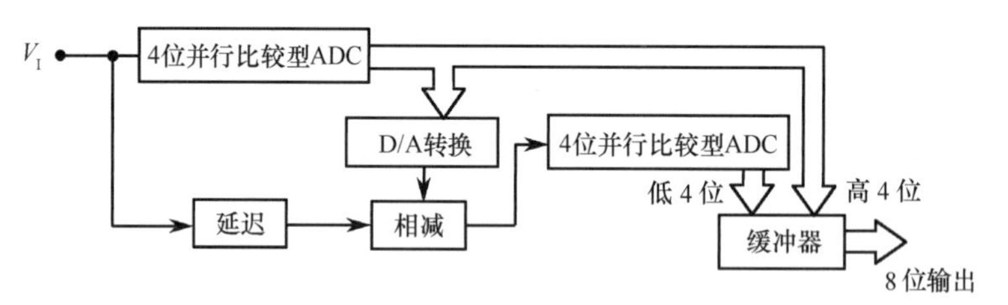

图 8.3.5　并/串型 ADC 的原理图

由图 8.3.5 可知，采样保持输出的模拟电压 V_I，首先在第一级 4 位并行比较型 ADC 中与 16 个较大的量化刻度比较，量化方法采用四舍五入法。比较之后的结果形成高 4 位二进制数字量。同时将这高 4 位二进制数在经过 D/A 转换又变成模拟信号。此模拟信号再与经过延迟后的模拟信号相减，其差值再送入低 4 位的第二级 4 位并行比较型 ADC 中与 16 个小的量化刻度比较，采用四舍五入法，比较的结果形成低 4 位二进制数字量。它们再与高 4 位二进制数字量一起经缓冲器输出 8 位数字信号，从而转换为 8 位二进制数。

采用这种并/串型 ADC，比较器和触发器各只有 $2\times(2^4-1)=30$ 个，比 $2^8-1=255$ 少得多，但是经过延迟和两级 A/D 转换后，延迟时间增大，转换速度降低，即牺牲速度换来硬件的减少。这是一种比较合适的折中方法，所以这种 ADC 在中、低速系统获得了比较广泛的应用。值得说明的是，这里所讲的并/串，是指用两个 4 位并行比较型 ADC 进行串联，而与本书前面在时序电路中所讲的并/串概念是不同的。

③ 反馈比较型 ADC。反馈比较型 ADC 与天平称量重物的原理相类似。例如，用量程为 15g 的天平称量重物可以用两种方法：第一种是用每个重 1g 的 15 个砝码对重物进行称量，每次加一个砝码，直至天平平衡，称量完毕，假如重物为 13g，则需要称量比较 13 次；第二种是用 8g、4g、2g、1g 4 种砝码对重物进行称量，第一次加 8g 砝码，因为 13＞8，保留 8g 砝码，第二次再加 4g 砝码，13＞8+4，保留 4g 砝码，第三次再加 2g 砝码，因为 13＜8+4+2，所以取下 2g 砝码，第四次

加上 1g 砝码，则 13=8+4+1，天平平衡，称量完毕。显然，第一种方法比较的次数比第二种方法要多，第一种的速度比较慢。利用这两种比较原理，可以构成类似于第一种方法的计数型 ADC 和类似于第二种方法的逐次比较型 ADC。

a．计数型 ADC。计数型 ADC 的原理图如图 8.3.6 所示。电路由比较器 A、DAC、计数器、时钟、输出寄存器、控制门几部分组成。电路在工作时，先用复位信号 $\overline{CLR}$ 使计数器置 0，转换控制信号 V_L 停留在 V_L=0 状态。这时与门被封锁，计数器不工作。计数器加至 DAC 的数字信号为全 0 状态，故 DAC 的输出电压 V_O=0。如果这时 V_I 为正电压信号，那么 $V_I > V_O$，比较器的输出电压为高电平。当转换控制电压 V_L 为高电平时，与门打开，转换开始，时钟电路发出的脉冲经与门加至计数器的时钟输入端 CP，计数器开始进行加法计数。随着计数器的计数，DAC 输出电压 V_O 逐渐增大。当增至 $V_O=V_I$ 时，比较器的输出为低电平，与门被封锁，计数器停止计数，这时计数器中的计数值就是 V_I 转换的数字量。因为计数器在计数过程中数字量在不断变化，在数字量输出端增加了输出寄存器。当每次转换完成后，用转换控制信号 V_L 的下降沿将计数器输出的数字量置入输出寄存器中，这时寄存器中输出的并行数字量就是本次转换的最终结果。因此，计数型 ADC 的工作过程与第一种称量法类似。

根据计数型 ADC 的工作过程分析可知，这种计数型 ADC 的缺点是转换时间长，当输出为 n 位二进制数时，最大转换时间可达(2^n-1)倍的时钟周期。因此，这种计数型 ADC 只能在对转换速度要求不高的场合中应用。

b．逐次比较型 ADC。逐次比较型 ADC 的原理图如图 8.3.7 所示。电路由比较器 A、DAC、时钟、逐次逼近寄存器（SAR）、输出寄存器和控制逻辑电路等部分组成。

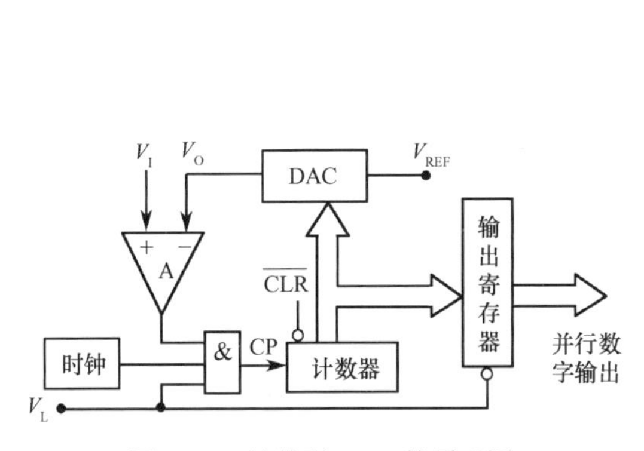

图 8.3.6　计数型 ADC 的原理图

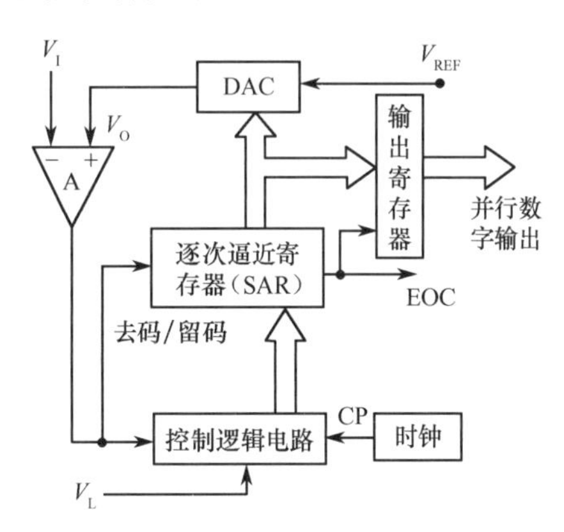

图 8.3.7　逐次比较 ADC 的原理图

转换开始前将逐次逼近寄存器（SAR）清零，所以加给 DAC 的数字量全为 0。转换控制信号 V_L 变为高电平时开始转换，时钟信号首先将逐次逼近寄存器（SAR）的最高位置为 1，使逐次逼近寄存器的输出置成 100…0。这个数字量被 DAC 转换成相应的模拟电压 V_O，并送至比较器的输入端与输入的模拟信号 V_I 进行比较。如果 $V_O > V_I$，说明置入数字量过大，就去掉最高位的 1；如果 $V_O < V_I$，说明置入的数字量偏小，置入的 1 保留。这样逐位比较下去，直至最低位比较完为止。比较完后，发出转换结束（EOC）信号，转换后的数字量送至输出寄存器并行输出。因此，逐次比较型 ADC 的工作过程与第二种称重法类似。

一般来说，对于逐次比较型 ADC，若输出为 n 位数字量，完成一次转换所需的时间为$(n+2)$个时钟周期。与并行比较型 ADC 相比，它的速度较低；但与计数型 ADC 相比，它的速度高得多，而且输出位数较多时，电路比并行比较型 ADC 简单。正因为这样，逐次比较型 ADC 是目前应用十分广泛的集成 ADC，主要芯片有 AD574A/674A、ADC0809、AD678、AD1376/77/78 等。

（2）间接比较型ADC。

目前出现的间接比较型ADC主要有V/T型ADC和V/F型ADC两大类。V/T型ADC也称为双积分型ADC、V/F型ADC也称为电压/频率转换器。V/T型ADC首先把输入的模拟信号转换成与之成正比的时间脉宽信号，然后在这个时间脉宽的时间内对固定频率的时钟脉冲计数，计数的结果就是正比于输入模拟电压的数字量。V/F 型 ADC 则是先把输入的模拟电压信号转换成与之成正比的频率信号，然后在一个固定的时间间隔内对频率信号的脉冲进行计数，计数的结果就是正比于输入模拟信号的数字量。

① V/T 型 ADC。V/T 型 ADC 中应用最多的是双积分型 ADC。双积分型 ADC 的原理图如图 8.3.8 所示。其工作波形图如图 8.3.9 所示。

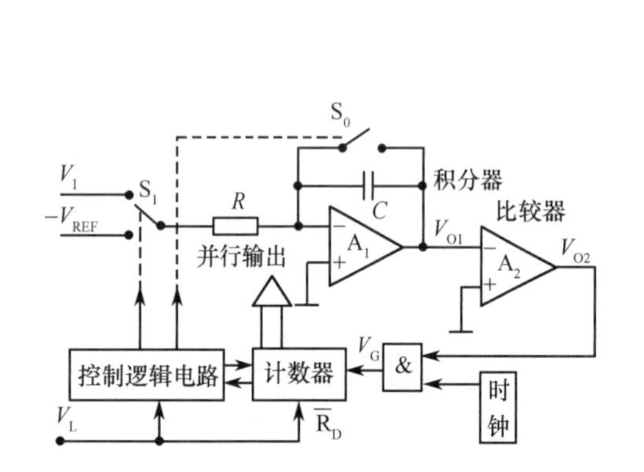

图 8.3.8　双积分型 ADC 的原理图

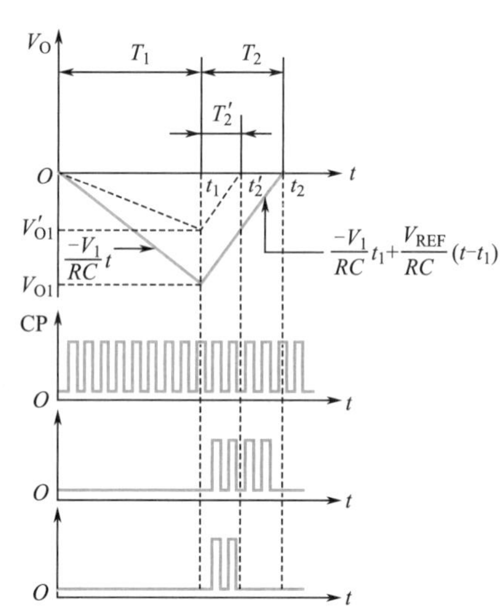

图 8.3.9　双积分型 ADC 的工作波形图

双积分型ADC由积分器、比较器、计数器、时钟、控制逻辑电路、控制与门等部分组成。

转换开始前，转换控制信号 V_L=0，计数器置0，控制逻辑使 S_0 闭合、S_1 断开，因而使电容器 C 完全放电。

转换开始时，转换控制信号 V_L=1，由控制逻辑使 S_0 断开，S_1 接向输入信号 V_I 一侧，此时积分器的输出电压 V_{O1} 是负电压，积分器的积分过程是负向积分。设固定积分时间为 T_1，当积分时间 T_1 结束时，由于积分器输出电压 V_{O1} 是负电压，因此比较器 A_2 的输出电压 V_{O2} 为正向高电平，从而使控制“与门”打开，计数器开始对通过“与门”的时钟脉冲进行计数。

此时，积分器的输出电压 V_{O1} 为

$$V_{O1}=\frac{1}{C}\int_0^{T_1}\left(-\frac{V_I}{R}\right)\mathrm{d}t=-\frac{T_1}{RC}V_I \qquad (8.3.2)$$

由此可知，在 T_1 固定的条件下，积分器的输出电压 V_{O1} 与输入电压 V_I 成正比。

当计数器的计数值计满以后，计数器产生溢出进位信号，并自动返回全0状态。溢出进位信号通过控制逻辑使 S_1 接向参考电压 $-V_{REF}$ 一侧，积分器开始进行正向积分。设积分器输出负电压 V_{O1} 积分至 V_{O1}=0 时所经过的时间为 T_2，由此得到

$$V_{O1}=\frac{1}{C}\int_0^{T_2}\left(\frac{V_{REF}}{R}\right)\mathrm{d}t-\frac{T_1}{RC}V_I=0 \qquad (8.3.3)$$

则有

$$T_2V_{REF}/RC=T_1V_I/RC \qquad (8.3.4)$$

得到

$$T_2=(T_1/V_{REF})V_I \qquad (8.3.5)$$

由此可知，由负电压正向积分至 V_{O1}=0 的这段时间 T_2 也与输入信号 V_I 成正比。

由于积分器输出电压 V_{O1} 上升至 0，因此比较器 A_2 的输出电压 V_{O2} 也返回 0，这时控制“与门”被封锁，至此一次转换过程结束。这时计数器输出的数字量就是转换的结果。

假设时钟信号的频率为 f_S，$f_S=1/T_S$。如果计数器在 T_2 时间内计数的脉冲个数为 D，那么有

$$D = T_2 / T_S = (T_1 / T_S V_{REF}) V_I \tag{8.3.6}$$

可见，输出的数字量 D 与输入信号 V_I 也成正比。

为便于计数，一般取 T_1 是 T_S 的整数倍，即 $T_1=N\,T_S$，则得到

$$D = (N / V_{REF}) V_I \tag{8.3.7}$$

若输入信号 V_I 变化为 V_I'，则积分器输出电压变为 V_{O1}'，正向积分时间为 T'_2。显然，计数器的计数脉冲数也会变为 D'，但 D' 仍然与 V_I' 成正比。波形图正说明了这一点。

根据双积分型 ADC 工作过程的分析，可以看出它具有下列特点。

a．由于使用了积分器，输入模拟信号转换期间转换的是 V_I 的平均值，因此对交流干扰信号有很强抑制能力，尤其是对工频干扰，如果转换周期选择合适，如选择积分时间 T_1 是工频电压频率的整数倍时，在理论上讲，可以完全消除工频干扰。

b．工作性能稳定。双积分型 ADC 的转换结果只与 V_{REF} 有关，因此只要保证了 V_{REF} 的稳定，就能保证很高的转换精度。而电路积分元件 RC 的参数缓慢变化和精度对转换精度无明显影响。这是其他 ADC 不具备的突出特点。

c．工作速度低。这是它的突出缺点。根据前面分析可知，完成一次转换所需的时间为$(T_1+T_2)=(N+D)T_S$，一般都在每秒转换几次或几十次以内。因此，双积分型 ADC 只能应用在对转换速度要求不高的场合，如数字电压表等。

② V/F 型 ADC。V/F 型 ADC 的原理图如图 8.3.10 所示。电路由压控振荡器（VCO）、控制门、计数器和输出寄存器等部分构成。

压控振荡器（VCO）把输入电压信号 V_I 转换为频率 f_{OUT}，通过控制与门定时对 f_{OUT} 用计数器进行计数，为保证输出数字信号的稳定，通过输出寄存器输出。前面已经讨论过，压控振荡器的输出频率 f_{OUT} 在一定的范围内与输入模拟电压 V_I 具有良好的线性关系。所以，输出寄存器输出的数字量就是所需的转换结果。

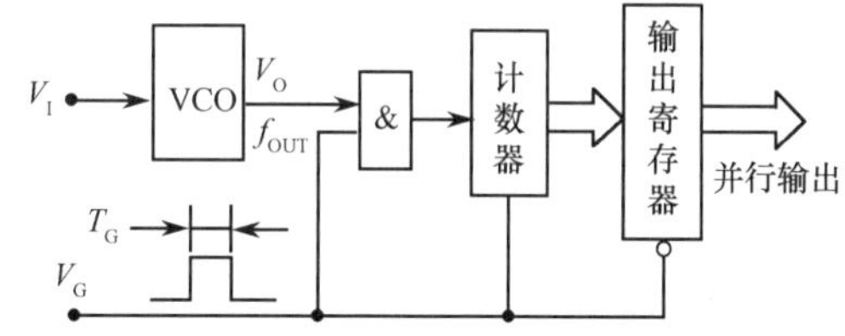

图 8.3.10　V/F 型 ADC 的原理图

因为压控振荡器（VCO）的输出是一种调频的脉冲信号，易于传输和检测，具有很强的抗干扰能力，所以 V/F 型 ADC 在遥测、遥控系统中有广泛的应用。一般是把压控振荡器（VCO）设置在检测发送端，把被测模拟信号 V_I 转换成脉冲信号发送，而将控制与门、计数器和输出寄存器设置在接收端，接收发送端发送的脉冲信号。

V/F 型 ADC 的性能主要取决于 V/F 变换精度和压控振荡器的线性度与稳定度，同时计数器的容量有关，容量越大，转换误差越小，但是，计数器的容量是有限制的。V/F 型 ADC 的缺点是速度比较低。因为每次转换都是定时控制计数器计数，而计数器的计数频率受到一定的限制，计数容量越大，计数时间越长，这就是 V/F 型 ADC 速度比较低的原因，也使它的应用受到一定的限制。

8.3.2　模/数转换器的主要技术指标

1. 转换速度

转换速度就是完成一次 A/D 转换所需的时间，即从转换控制信号发出开始至输出稳定的数字信号为止的一段时间。对于有采样保持电路的 ADC，还应该包括采样保持时间。ADC 的转换速度主要决定于转换电路的类型，不同类型的转换电路速度相差甚为悬殊。

一般来说，并行比较型 ADC 转换速度最快，可以达到 50ns；逐次比较型 ADC 次之，转换速

度一般为 10～100μs。间接比较型 ADC 速度最慢，在数十毫秒至数百毫秒之间。转换速度也可以用采样频率来表示。

2. 转换精度

描述 ADC 转换精度的技术指标主要是分辨率和转换误差。

分辨率是指输出数字量最低有效位为 1 时所代表的输入模拟电压。它表明了 ADC 对输入模拟信号的分辨能力。对于 n 位二进制数字输出的 ADC，能够分辨的最小输入电压是满量程的 $1/2^n$，即 $FSR/2^n$。例如，输出 10 位二进制数的 ADC，输入信号满量程为 5V，能够分辨的最小输入电压为 $5/2^{10}$=4.88mV。

转换误差主要是指量化误差，量化误差决定于量化方法。转换误差是用实际输出的数字量与理论上应该输出的数字量之间的差别来表示，一般以输出误差的最大值给出，这种最大值以最低有效位的倍数表示。对于采用只舍不入量化方法，其转换误差为 LSB。对于采用有舍有入量化方法，其转换误差为 LSB/2。对于转换输出为十进制数字量的 ADC，转换误差往往用满量程的百分数来表示。

ADC 的转换精度是分辨率和转换误差的综合指标。分辨率越高，其精度越高；转换误差小，其转换精度也高。影响转换误差的因素除主要的量化误差之外，还有零点误差、非线性误差等。所以，ADC 的转换精度用实际输入模拟电压的实际输出数字量与理论上应该输出的数字量之间的误差来综合描述。

3. 输入模拟电压范围

输入模拟电压范围是指 ADC 允许输入的模拟电压的范围，超出这个范围 ADC 将不能正常工作。有的 ADC 除单极性输入之外，还有双极性输入范围。

8.3.3 集成 ADC 典型芯片

集成 ADC 的产品种类繁多，性能也各有差异，就目前的应用情况，以逐次比较型 ADC 和双积分型 ADC 应用比较广泛。下面分别介绍这两种 ADC 的典型芯片。

1. 8 位 ADC0809

ADC0809 是一种逐次比较型 8 位 ADC，它是采用 CMOS 工艺制成的 8 位 8 通道 A/D 转换器，采用 28 脚双列直插封装，其原理图如图 8.3.11 所示，其引脚图如图 8.3.12 所示。

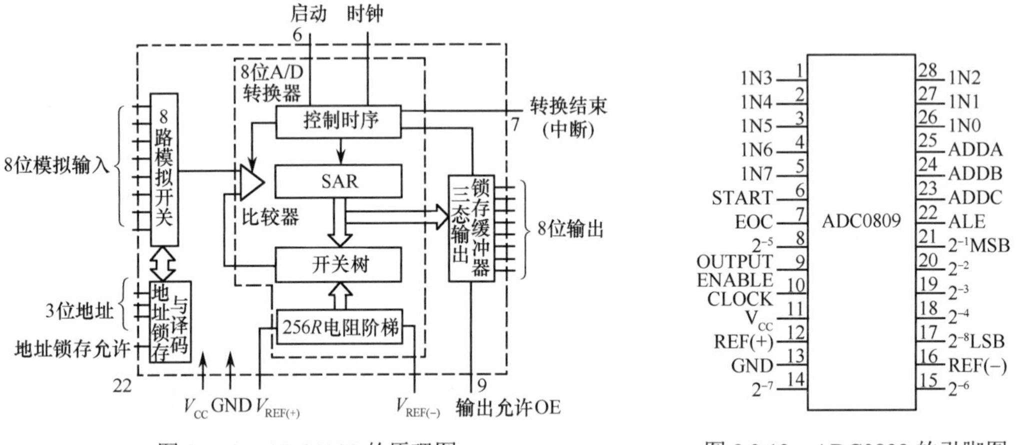

图 8.3.11 ADC0809 的原理图　　图 8.3.12 ADC0809 的引脚图

由 8.3.1 节所述逐次比较型 ADC 的工作原理可知，逐次比较型 ADC 在电路中包含有由 R-2R 电阻网络构成的 DAC，在逐次比较的过程中，由于 DAC 具有非单调性，将会使 ADC 产生失码现象。在闭环反馈控制系统中，ADC 的这种非单调性产生的失码现象，将会导致整个控制系统产生振荡，产生的后果是极其严重的。为了避免逐次比较型 ADC 中 DAC 可能产生失码现象，又保持逐次比较型 ADC 速度快的特点，ADC0809 在电路中舍弃了 R-2R 电阻网络 DAC，采用了由 256R 电阻阶梯和开关树构成的 DAC。

（1）电阻阶梯和开关树。

图 8.3.11 中虚线框内为 A/D 转换器。转换器由 3 个主要组成部分：256 个电阻组成的电阻阶梯和开关树，逐次逼近寄存器（SAR）及比较器。电阻阶梯和开关树是 ADC0809 的特点，其构成如图 8.3.13 所示。为简明起见，下面用电阻阶梯和开关树组成的 3 位 DAC 为例来简要说明它的工作原理。3 位 ADC 的电阻阶梯和开关树如图 8.3.14 所示。图中所有开关都是当控制它们的数字信号为 0 时与点 2 接通，数字信号为 1 时与点 1 接通。

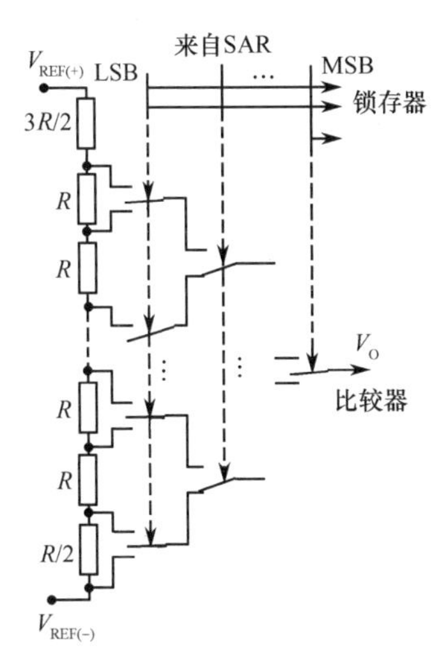

图 8.3.13　ADC0809 中的电阻阶梯和开关树

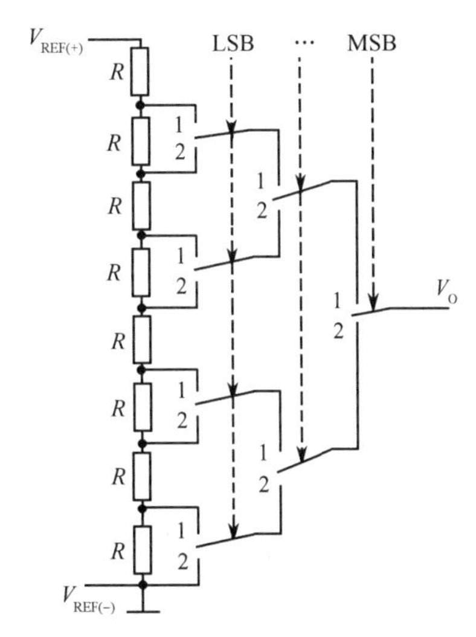

图 8.3.14　3 位 ADC 的电阻阶梯和开关树

与逐次比较型 ADC 类似，当第一个时钟脉冲到来时，逐次逼近寄存器（SAR）置最高位 MSB 为 1，其余为 0。从图 8.3.14 中可以看出，开关树输出电压 $V_O=V_{REF}/2$，送到比较器与模拟输入电压 V_I 比较，若 $V_I>V_{REF}/2$，则这一位保留为 1；否则，复位为零。当第二个时钟脉冲到来时，SAR 置次高位为 1，低位仍为 0。开关树输出电压 V_O 为 $3V_{REF}/4$ 或 $V_{REF}/4$，这决定于第一次比较结果 MSB 为 1 或 0。再次与 V_I 比较，决定次高位是 1 还是 0。当第三个时钟脉冲到来时，SAR 置 LSB 是 1。由前两次比较结果决定 V_O 是 $V_{REF}/8$、$2V_{REF}/8$、$3V_{REF}/8$、…、$7V_{REF}/8$。第三次与 V_I 比较，决定 LSB 是 1 还是 0。至此，A/D 转换结束。

（2）模拟多路器和地址译码器。

ADC0809 与一般逐次比较型 ADC 的另一个不同点是，它内含一个 8 通道单端信号模拟开关和一个地址译码器，因此适用于数据采集系统。地址译码器选择 8 个模拟信号之一送入 ADC 进行 A/D 转换。表 8.3.2 示出了 3 位地址输入状态与所选通道的对应关系。

表 8.3.2　3 位地址输入状态与所选通道的对应关系

所选通道	地址输入		
	C	B	A
0	0	0	0
1	0	0	1
2	0	1	0
3	0	1	1
4	1	0	0
5	1	0	1
6	1	1	0
7	1	1	1

（3）ADC0809 各控制输入端的名称与作用。

① START（6 脚）：启动输入端。输入启动脉冲的下降沿使 ADC 开始转换，脉冲宽度要求大于 100ns。

② ALE（22 脚）：通道地址锁存输入端。输入 ALE 脉冲上升沿使地址锁存器锁存地址信号。为了稳定锁存地址，即在 A/D 转换周期内模拟多路器稳定地接通某一指定的模拟通道。ALE 脉宽应大于 100ns。下一个 ALE 脉冲上升沿允许通道地址更新锁存。在实际使用中，要求 ADC 开始转换之前地址就应锁存，所以通常把 ALE 端与 START 端连在一起，施加同一脉冲信号，上升沿锁存地址，下降沿启动转换。

③ OE（9 脚）：输出允许端。它控制 ADC 内部三态输出锁存缓冲器。当 OE=0 时，各数字输出端均呈高阻态；当 OE=1 时，允许缓冲器中的数据输出。

④ EOC（7 脚）：转换结束信号，由 ADC 内部的控制逻辑电路产生。当 EOC=0 时，表示转换正在进行；当 EOC=1 时，表示转换已经结束。因此，EOC 可以作为微机的中断请求或查询信号。显然，只有当 EOC=1 以后，才可让 OE 上升为高电平，这时读出的数据才是正确的转换结果。

2. 12 位逐次比较型 ADC——AD574A

AD574A 的内部包含有参考电压源电路和时钟电路，因此给用户使用提供了方便。再加之转换速度快（只有 25μs），具有良好的性能价格比等优点，使其成为目前在国内外应用较多的器件之一。

（1）内部结构及工作原理。

图 8.3.15 所示为 AD574A 的结构框图。下面结合图 8.3.15 对其工作原理做一简介。当逻辑控制电路接收到转换指令后，立即启动时钟电路，同时将逐次逼近寄存器（SAR）清零。第一个时钟送入 SAR 后，输入信号首先与 D/A 转换器对应 SAR 最高位的输出电压在比较器中相比较，判断 SAR 最高位取舍；然后在时钟控制下，按顺序进行逐次比较，一直到 SAR 的各位数码都被确定，这时 SAR 向逻辑控制电路送回转换结束信号，时钟电路输出状态变低，将比较器锁定。当外部输入读数指令时，逻辑控制电路发出指令，三态输出数据锁存器向外输出 12 位数字信号，将数据读出。

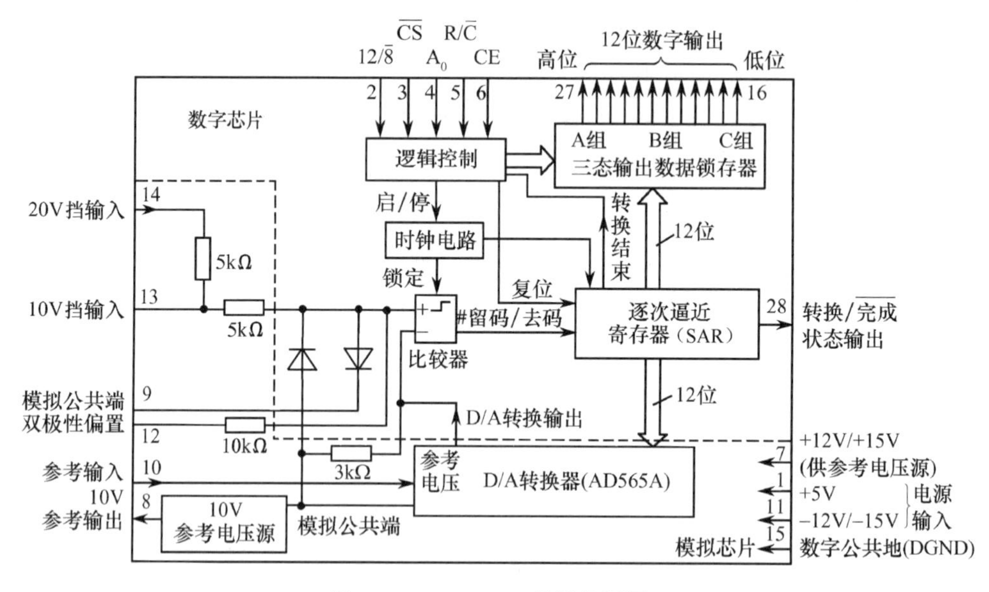

图 8.3.15 AD574A 的结构框图

（2）引出端线说明。

AD574A 为 28 脚双列直插式标准封装，其引脚图如图 8.3.16 所示。各引脚的功能如下。

V_{CC} 端：+5V 电源电压输入端。

A_0 端：数据输出长度控制端。若 A_0=0，则按完整的 12 位 A/D 转换方式工作；若 A_0=1，则按

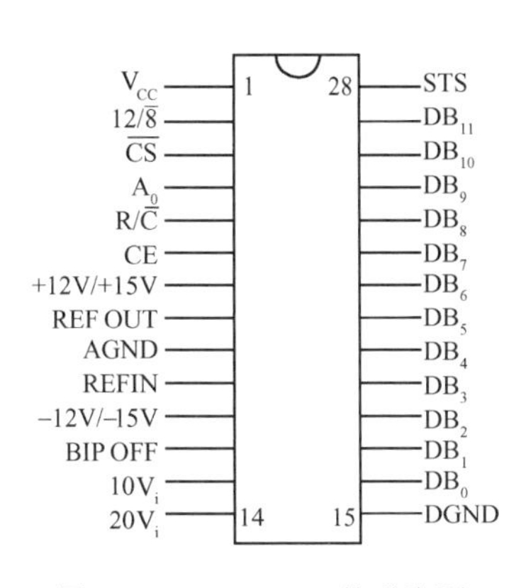

图 8.3.16　AD574A 的引脚图

8 位 A/D 转换方式工作。读数据操作（R/$\overline{C}$=1）期间，如果 A_0 为 0，表示允许三态缓冲器输出转换结果的高 8 位；如果 A_0 为 1，表示允许三态缓冲器输出转换结果的低 4 位。A_0 控制一般要和 12/$\overline{8}$ 端控制信号结合使用。

12/$\overline{8}$ 端：数据输出格式控制端。当(12/$\overline{8}$)=1 时，对应 12 位并行输出；当(12/$\overline{8}$)=0 时，对应 8 位双字节输出（8 位二进制数称为 1 个字节）。当 A_0=0 时，输出高 8 位；当 A_0=1 时，输出低 4 位，并用 4 个 0 补足尾随的 4 位。需注意的是，12/$\overline{8}$ 端只能用硬布线接到+5V 或 0V 上。

$\overline{CS}$ 端：片选端，低电平有效。

CE 端：片选端，高电平有效。当正常使用时，只有 CE=1 且 $\overline{CS}$=0，芯片才能工作。

R/$\overline{C}$ 端：工作状态控制端。当 R/$\overline{C}$=0 时，启动转换；当 R/$\overline{C}$=1 时，读出数据。

+12V/+15V 端：电源输入端。该电源为内部 10V 参考电压源提供电源。

REF OUT 端：内部 10V 参考电压源电压输出端。

REF IN 端：参考电压源电压输入端。参考电压可以外接，也可以直接使用 8 端提供的电压。

AGND 端：模拟地。作为输入被测电压 V_I 和参考电压的地。

−12V/−15V 端：电源输入端。

BIP OFF 端：双极性偏置端。图 8.3.17 示出了 AD574A 用作单极性输入与双极性输入的连接图。

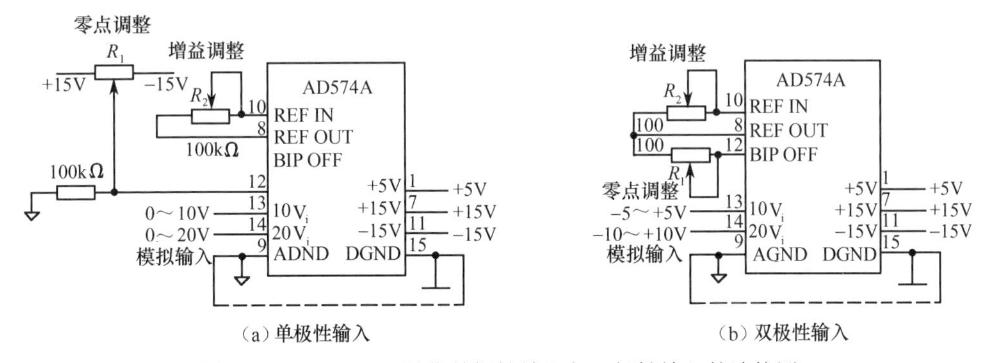

图 8.3.17　AD574A 用作单极性输入与双极性输入的连接图

$10V_i$ 端：0～10V 模拟电压输入端。

$20V_i$ 端：0～20V 模拟电压输入端。

DGND 端：数字地。

DB_0～DB_{11} 端：12 位数据输出端。DB_0 为低位，DB_{11} 为高位。

STS 端：工作状态输出端。当 STS=1 时，表示 A/D 转换正在进行；当 STS=0 时，表示 A/D 转换完成，可以读出数据。

AD574A 操作方式表如表 8.3.3 所示。

当 AD574A 以独立方式工作时，将 CE、12/$\overline{8}$ 端接至+5V，$\overline{CS}$ 和 A_0 端接至 0V，将 R/$\overline{C}$ 端作为数据读出和转换启动控制。当 R/$\overline{C}$=1 时，数据输出端出现被转换后的数据；当 R/$\overline{C}$=0 时，启动一次 A/D 转换，在延时 0.5μs 后，STS=1 表示转换正在进行，经过一个转换周期 T_c（典型值为 25μs）后，STS 跳回低电平，表示 A/D 转换完毕，可以从数据输出端读取新的数据。

AD574A 的典型时序图如图 8.3.18 所示。

表 8.3.3 AD574A 操作方式表

CE	$\overline{CS}$	R/$\overline{C}$	12/$\overline{8}$	A_0	工作状态
0	×	×	×	×	禁止
×	1	×	×	×	禁止
1	0	0	×	0	启动12位转换
1	0	0	×	1	启动8位转换
1	0	1	接1脚（+5V）	×	12位并行输出有效
1	0	1	接15脚（0V）	0	高8位并行输出有效
1	0	1	接15脚（0V）	1	低4位加上尾随4个0输出有效

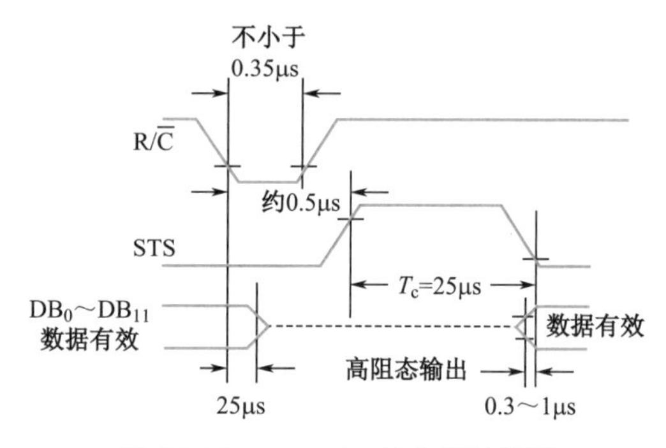

图 8.3.18 AD574A 的典型时序图

3. $3\frac{1}{2}$ 位双积分型 ADC——ICL7106

ICL7106是应用比较广泛的ICL系列双积分型ADC芯片之一。它把A/D转换的模拟电路和逻辑电路两部分集成在一块芯片上，属于大规模CMOS集成电路，采用40脚双列直插封装，具有功能全、功耗低、抗干扰能力强等特点。尽管转换速度慢，但能满足一般测量的要求，是构成数字电压表的核心部件。

ICL7106由双积分A/D转换电路和逻辑控制电路两部分构成。双积分A/D转换电路如图8.3.19所示。由图8.3.19可知，电路主要由积分器、缓冲器和比较器三部分组成。积分器是双积分A/D转换电路的核心电路，在一个测量周期中，积分器要先后对输入信号电压和参考电压进行两次积分。比较器将积分器的输出信号与零电平比较，比较的结果作为逻辑电路的控制信号送至逻辑控制电路。在信号输入电路和积分器之间通过缓冲器进行隔离。在测量过程中能自动完成自动调零、信号积分、反向积分的工作循环。

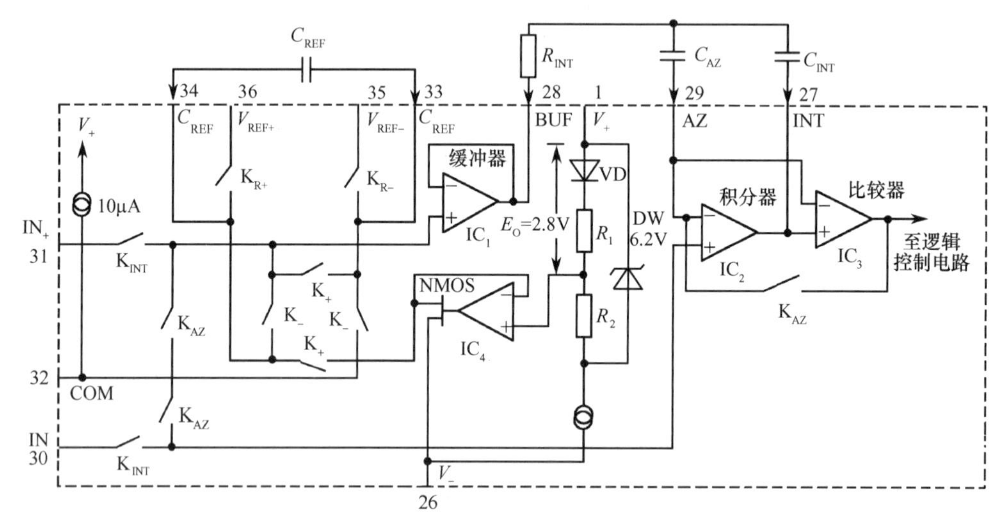

图 8.3.19 双积分 A/D 转换电路

ICL7106的逻辑控制原理框图如图8.3.20所示。图中包括8个逻辑单元：时钟脉冲发生单元、分频器单元、计数器单元、锁存器单元、译码器单元、异或门相位驱动单元、逻辑控制单元、LCD显示器单元等。通过这部分逻辑控制电路，把测量的模拟信号的数值在LCD显示器上显示出来。

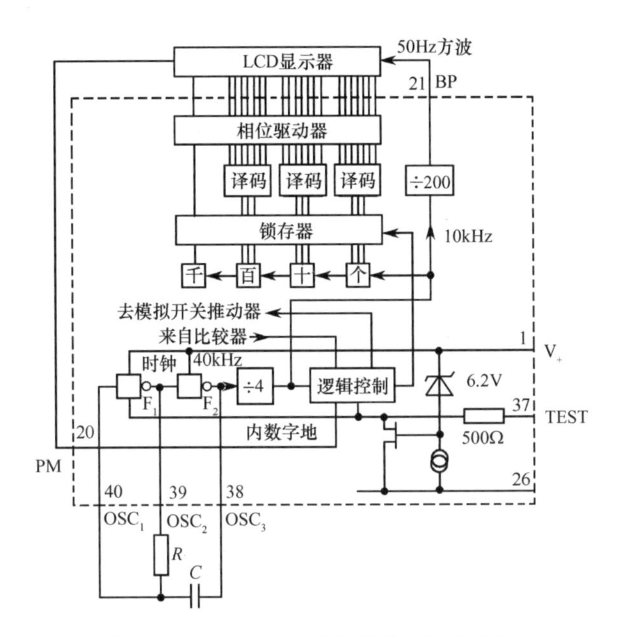

图 8.3.20　ICL7106 的逻辑控制原理框图

ICL7106 的引脚图如图 8.3.21 所示。各引脚的功能如下。

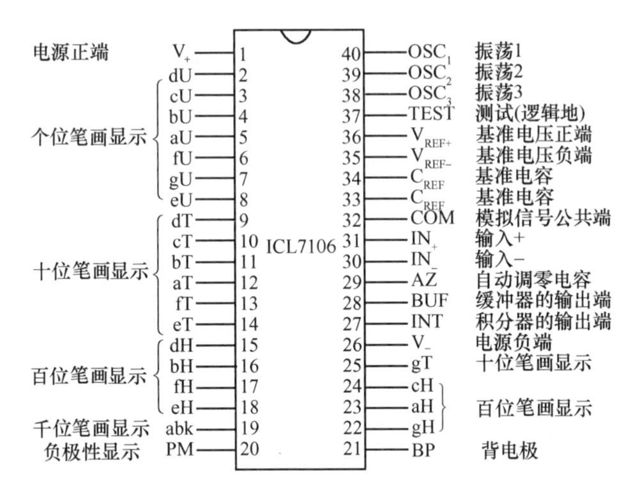

图 8.3.21　ICL7106 的引脚图

V_+、V_-：电源的正负极，电源电压范围为 7～15V，正常采用 9V 电池。

aU～gU：个位笔画驱动信号。

aT～gT：十位笔画驱动信号。

aH～gH：百位笔画驱动信号。

abk：千位笔画驱动信号。当计数值大于 1999 时，产生溢出，该位显示 1，其余数字均不显示。

OSC_1～OSC_3：时钟振荡器引出端，外接阻容元件构成多谐振荡器。

PM：负极性显示输出端，接千位数码的 g 段。当 PM=0 时，显示负号“–”。

BP：液晶显示器背面公共电极的驱动端，简称“背电极”。

COM：模拟信号公共端，或者称为“模拟地”，使用时与输入信号的负端、基准电压的负端相连。

TEST：测试端。该端经过 500Ω 电阻接至逻辑线路的公共地，称为“数字地”或“逻辑地”。此引脚有两个功能：其一是作为“测试指示”，把它与 V_+短接后，LCD 全部笔画点亮，显示为 1888，以此来测试数字电压表；其二是作为负电源端供外部驱动器用，如组成固定小数点的显示电路。

V_{REF+}：基准电压正端，一般采用内部基准电压，也可采用外部基准电压。

V_{REF-}：基准电压负端。

C_{REF}：外接基准电容器端。

IN_+、IN_-：模拟量输入端，分别接信号的正端和负端。

AZ：积分器和比较器的反相输入端，接自动调零电容器 C_{AZ}。

BUF：缓冲器的输出端，接积分电阻 R_{INT}。

INT：积分器的输出端，接积分电容 C_{INT}。

8.3.4 集成 ADC 的应用

集成 ADC 在数据采集系统、测控系统、智能仪表、家用电器等领域中有着广泛的应用。目前集成 ADC 的品种繁多，性能各异，应根据使用条件和技术要求，合理选择和正确使用集成 ADC。下面举例说明集成 ADC 在数据采集系统和数字电压表中的应用。

1. ADC0809 构成数据采集系统

数据采集是现代高新技术中信息获取的重要技术，在现代工业控制、数字化测量及实时控制等领域占有相当重要的地位。一般是由集成 ADC 与单片机构成的各种数据采集系统。由 ADC0809 构成的数据采集系统的一般结构如图 8.3.22 所示。该系统由传感器、A/D 转换部分、单片机部分三部分组成。

（1）ADC0809 与单片机的接口电路。

ADC0809 与单片机的一般接口电路如图 8.3.23 所示。图中 ADC0809 转换后输出的数据与单片机的数据 P_O 口连接。8 个模拟输入通道的地址由 $P_{2.2}$、$P_{2.1}$、$P_{2.0}$ 确定。地址锁存信号 ALE、启动信号 START 及输出允许信号 OE 分别由单片机的读信号 $\overline{WR}$、写信号 $\overline{RD}$ 和 $P_{1.0}$ 通过或非来控制。转换结束信号 EOC 可采用两种接法：如果利用程序查询方式判断 A/D 转换是否结束，可直接与单片机的某一端口连接；如果采用中断方式，可直接与单片机的中断输入端 $\overline{INT0}$ 或 $\overline{INT1}$ 连接。中断方式的优点是在 A/D 转换期间单片机可以去执行别的指令完成其他的工作。

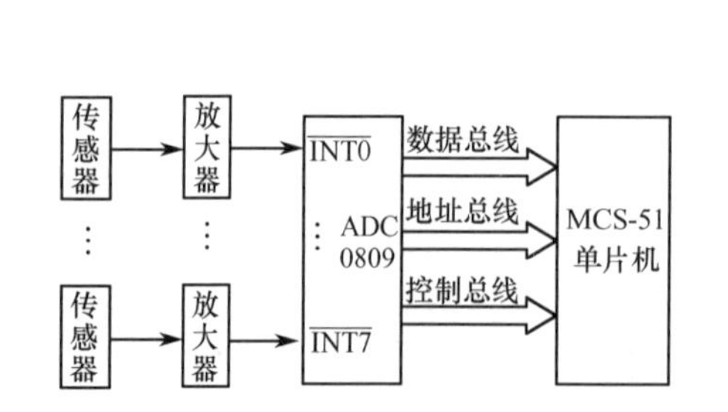

图 8.3.22 由 ADC0809 构成的数据采集系统的一般结构

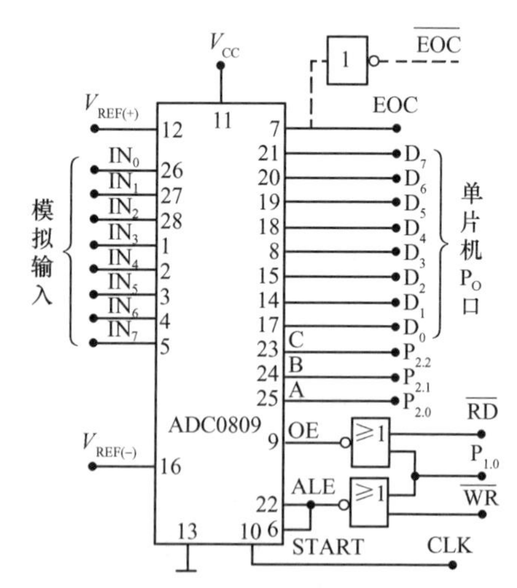

图 8.3.23 ADC0809 与单片机的一般接口电路

（2）模拟信号输入。

ADC0809 要求输入模拟信号的量程为 0～5V，因而必须选择传感器把被测物理量转换成电压信号，经放大电路转换为 0～5V 电压，直接与 8 个模拟输入端连接。放大电路中有时需要增加调零和调满量程的调节电路，保证模拟输入电压是准确的 0～5V。

（3）数据采集过程。

接口电路确定之后，采集过程就已确定，采集过程要由单片机程序来完成。程序的工作过程如下。

① 置 $P_{1.0}$ 为 0。

② 由 $P_{2.2}$、$P_{2.1}$、$P_{2.0}$ 产生输入通道号的地址码，当 $\overline{WR}$ 有效电平出现时，使 ALE 端和 START 端产生正脉冲，其上升沿锁存通道地址，下降沿启动 ADC，开始对选中的通道中的模拟量进行 A/D 转换。在启动状态下，转换结束信号 EOC 是低电平。

③ 当转换完毕时，EOC 变为高电平，转换结果的数据送到 ADC0809 的输出端，等待输出允许信号 OE 的出现。

④ 单片机通过中断方式或查询方式接收转换结束信号 EOC 后，重新置 $P_{1.0}$ 为 0，然后在 RD 信号出现时使 OE 端为 1，则 ADC0809 输出端的数据送至数据总线 P_0 口上，供单片机读取转换的数据，完成一次数据采集过程。按这样的操作，可以改变 $P_{2.2}$、$P_{2.1}$、$P_{2.0}$ 对 8 个通道分时进行 A/D 转换，读取转换数据。

转换后的数字量 D 与输入信号的关系为

$$D=[(V_{IN}-V_{REF(+)})/(V_{REF(+)}-V_{REF(-)})]\times 256$$

（4）转换速度与转换精度。

当时钟频率为 500kHz（一般 ADC0809 使用这个频率）时，A/D 转换时间为

$$T=8\times 8\times 1/500\times 10^3=128\mu s$$

A/D 转换精度主要决定于参考电压 V_{REF} 的精度。在对精度要求比较高的条件下，参考电压 V_{REF} 应该采用单独的精密稳压电源，其稳定电压为 5V。

2. AD574A 构成测量系统

由 AD574A 和单片机构成的测量系统如图 8.3.24 所示。

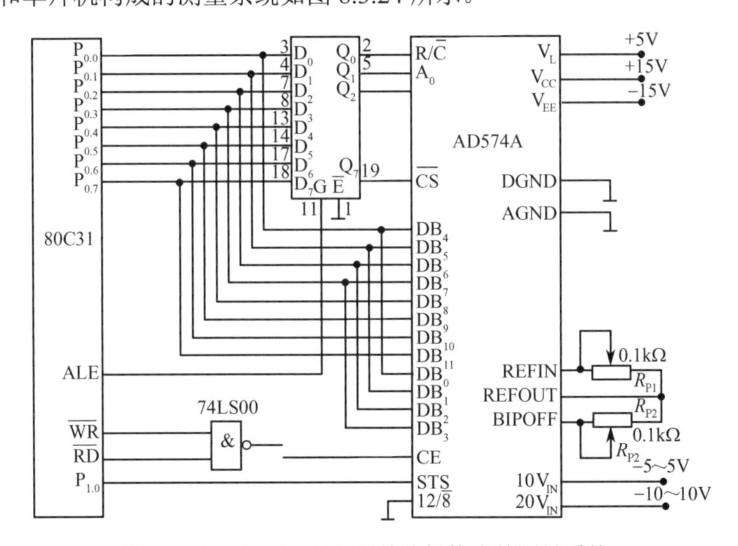

图 8.3.24　由 AD574A 和单片机构成的测量系统

由于 AD574A 片内有时钟，不需要外加时钟信号。电路采用双极性模拟输入方式，可对±5V 或±10V 范围内的模拟信号进行 A/D 转换。当 AD574A 与单片机连接时，由于 AD574A 输出 12 位

数字量，因此当单片机读取转换结果时，需分两次读取：先高 8 位；后低 4 位。由 A_0=0 和 A_0=1 来分别控制读取高 8 位或低 8 位。

单片机可以采取中断方式、查询方式、延时方式读取 AD574A 的转换结果数据。若采用查询方式，则将转换结束信号 STS 与单片机的某一 I/O 相连，如图 8.3.24 中与 $P_{1.0}$ 连接。当单片机执行对外部数据存储器的写指令时，使 CE=1、$\overline{CS}$=0、R/$\overline{C}$=0、A_0=0，便于启动转换。然后单片机通过 $P_{1.0}$ 口不断查询 STS 的状态，当 STS=0 时，表示转换结束，单片机通过两次读外部存储的操作，读取 12 位转换结果数据。这时，当 CE=1、$\overline{CS}$=0、R/$\overline{C}$=1、A_0=0 时，读取高 8 位；当 CE=1、$\overline{CS}$=0、R/$\overline{C}$=1、A_0=1 时，读取低 4 位。

由图 8.3.24 可知，AD574A 的片选信号 $\overline{CS}$ 与单片机锁存地址 Q_7 相连，A_0 与单片机锁存地址 Q_1 相连，R/$\overline{C}$ 与单片机锁存地址 Q_0 相连。因此，启动 AD574A 的端口地址为××00H。

至此我们已经讨论了 ADC 与 DAC 的应用，把 ADC 与 DAC 和单片机适当连接，可以构成数字化测控系统，编写单片机的工作程序，完成测控任务。这部分内容将在“单片机原理与应用”与“微机控制技术”课程中讨论，读者可以阅读这些书籍的内容，在此不再详细讨论。

3．ICL7106 构成 $3\frac{1}{2}$ 位数字电压表

ICL7106 构成的数字电压表如图 8.3.25 所示。$3\frac{1}{2}$ 位数字电压表的指示量程为 1.999V 和 199.9mV，最高位只显示 0 或 1，故称为 $\frac{1}{2}$ 位。

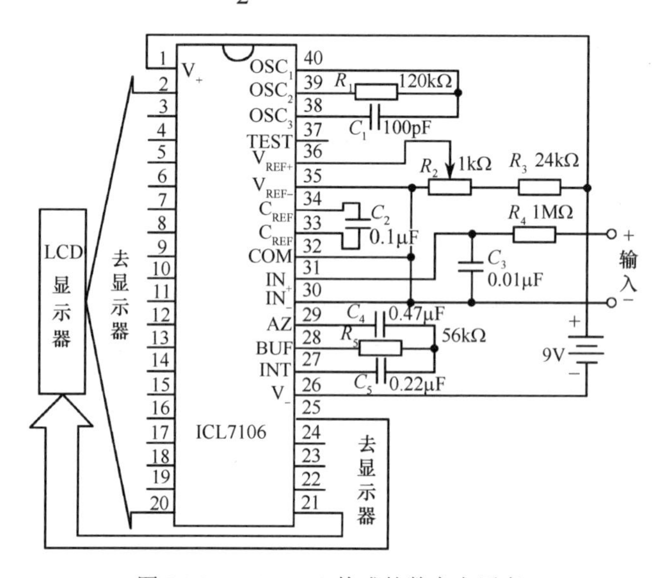

图 8.3.25　ICL7106 构成的数字电压表

ICL7106 内部是双积分型 ADC，用来将被测的模拟电压转换成 4 位 BCD 码，与七段数码管的 a～g 各段相对应，驱动液晶数码管显示被测模拟电压的数值。因为 ICL7106 把 A/D 转换电路和逻辑控制电路集成在一块芯片上，使得电路外围元件少，接线方便，具有使用简单、工作可靠等特点。

该数字电压表的基本量程为 200mV，采用 9V 层叠电池工作。图 8.3.5 中外围元件连接与作用说明如下。

OSC_1～OSC_3（38～40 引脚）：外接时钟振荡器的 RC 网络的 R_1 和 C_1。

BUF（28 引脚）：双积分型 ADC 的缓冲输出端，外接积分电阻 R_5。

INT（27 引脚）：A/D 转换的积分器外接积分电容 C_5 输入端。

AZ（29 引脚）：积分器与比较器的反相输入端，用以外接自动调零电容 C_4。

C_{REF}（33 和 34 引脚）：外接基准电容 C_2。

IN_+、IN_-（31 和 30 引脚）：被测模拟信号 V_{IN} 输入端。

COM（32 引脚）：模拟信号输入的公共端。

$V_{REF(+)}$、$V_{REF(-)}$（36 和 35 引脚）：基准电压输入端，取 $V_{REF}=1/2V_{Imax}$，对满量程 200mV 和 2V 的输入电压，V_{REF} 取 100mV 和 1V。

TEST（37 引脚）：逻辑电路共用地，在与外部电路连接时，外部逻辑电路的地必须与该引脚连接。

图中 R_2、R_3 是基准电压分压电路，调整 R_2 使基准电压 V_{REF}=100mV；R_4 和 C_3 为模拟信号输入端阻容滤波电路，以提高抗干扰能力和过载能力。因为 ICL7106 输入阻抗很高，输入电流极小，所以取 R_4=1MΩ，C_3=0.01μF。

ICL7106 构成的数字电压表功能齐备，功耗低，可靠性高。因为是双积分型 ADC，转换速率比较低，一般为每秒转换 2～3 次，但已能够满足常规无线电测量和电工测量的要求，所以用 ICL7106 构成的数字电压表应用十分普遍。

本章小结

数/模转换器（DAC）和模/数转换器（ADC）是现代数字系统中不可缺少的数字电路与模拟电路的接口电路。在现代数字系统中，其数字信号处理的精度和转换速度最终决定于 DAC 和 ADC 能够达到的精度与转换速度。因此，在数字系统中，DAC 和 ADC 转换精度和转换速度是两个最重要的技术指标。

本章首先讨论了权电阻网络 DAC、T 型和倒 T 型电阻网络 DAC、权电流型 DAC 等几种 DAC 的电路结构和工作原理，说明了 DAC 的主要技术指标。并介绍了两种典型集成 DAC 芯片 DAC0832 和 DAC1210 的电路结构及引脚功能，举例说明了典型芯片 DAC0832 和 DAC1210 的应用方法。

然后讨论了模/数转换的几个重要基本概念，说明了直接比较型 ADC（包括并行比较型 ADC、并/串型 ADC、反馈比较型 ADC、逐次比较型 ADC 等）和间接比较型 ADC（包括双积分型 ADC、V/F 型 ADC 等）的电路结构和工作原理，说明了 ADC 的主要技术指标。并介绍了 3 种典型集成 ADC 芯片 ADC0809、AD574A 和 ICL7106 的电路结构和引脚功能，举例说明了 ADC0809、AD574A 和 ICL7106 分别在测控系统中和数字电压表中的应用方法。

本章的重点是几种典型 DAC 和 ADC 电路的工作原理和输入/输出的数量关系，DAC 和 ADC 的主要技术指标的概念和表示方法。

习 题 八

习题八
参考答案

8.1　一个 8 位 D/A 转换器的最小输出电压增量为 0.02V，当输入代码为 11011001 时，输出电压 V_O 为多少？

8.2　某一控制系统中，要求所用 D/A 转换器的精度小于 0.25%，试问应该选用多少位的 D/A 转换器？

8.3　电路如图 P8.1 所示。当输入信号某位 D_i=0 时，对应的开关 S_i 接地；当 D_i=1 时，S_i 接基准电压 V_{REF}。试问：

（1）若 V_{REF}=10V，输入信号 $D_4D_3D_2D_1D_0$=10011，则输出模拟电压 V_O 为多少？

（2）电路的分辨率为多少？

8.4　D/A 转换器如图 P8.2 所示。

（1）试计算从 V_{REF} 提供的电流 I 为多少？

（2）若当 D_i=1 时，对应的开关 S_i 置于 2 位；当 D_i=0 时，S_i 置于 1 位，试写出 D_3=1，其余各位均为 0 时输出电压 V_O 的表达式。

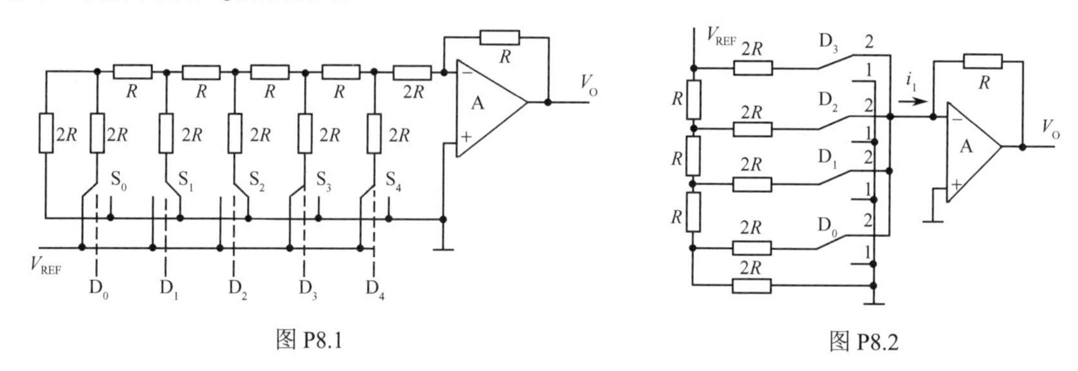

图 P8.1　　　　　　图 P8.2

8.5　10 位单片机 CMOS D/A 转换器 AD7520 电路及逻辑图如图 P8.3 所示。电路的电源电压为+5～+15V，功耗为 20mW，分辨率为 10 位，稳定时间为 500ns。

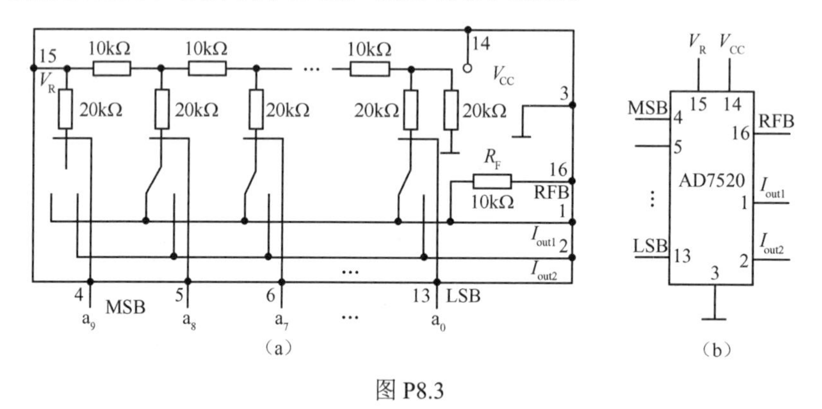

图 P8.3

现按双极性输出方式接成图 P8.4 所示电路。为得到±5V 的最大输出模拟电压，试决定基准电压 V_{REF}、偏移电压 V_B 及电阻 R_B 的值，并列出双极性输入/输出对照表。

8.6　某 A/D 转换系统的输入模拟电压 V_I 为 0～4V，信号源内阻为 300Ω，采样-保持芯片使用 HTS0025，其输入旁路电流为 14nA，输出电压下降率为 0.2mV/μs，A/D 转换时间为 100μs，试计算由采样保持电路引起的最大误差。

8.7　11 位 A/D 转换器分辨率的百分数是多少？如果满刻度电压为 10V，当输入电压为 50mV 时，输出的二进制代码为多少？

8.8　如果将一个最大幅值为 5.1V 的模拟信号转换为数字信号，要求模拟信号每变化 20mV 能使数字信号最低位发生变化，所用的 A/D 转换器至少要多少位？

8.9　计数型 A/D 转换器的原理框图如图 P8.5 所示。试问：若输出的数字量为 10 位，时钟信号频率为 1MHz，则完成一次转换的最长时间是多少？如果希望转换时间不大于 100μs，那么时钟信号的频率应选多少？

8.10　并行比较型 A/D 转换器的电路如图 P8.6 所示。试问：

（1）每个量化层的电压是多少，最低位的电压又是多少？

（2）设定基准电压 V_{REF}=8V，输入模拟电压 V_I=6.55V，则寄存器中存放的数据是多少，经编码器输出的数字量是多少？

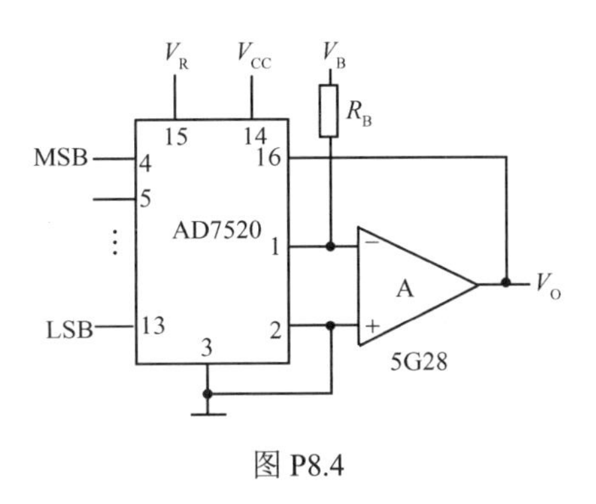

图 P8.4

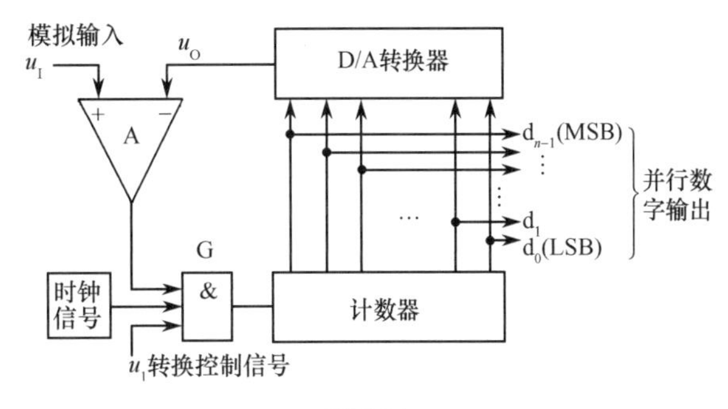

图 P8.5

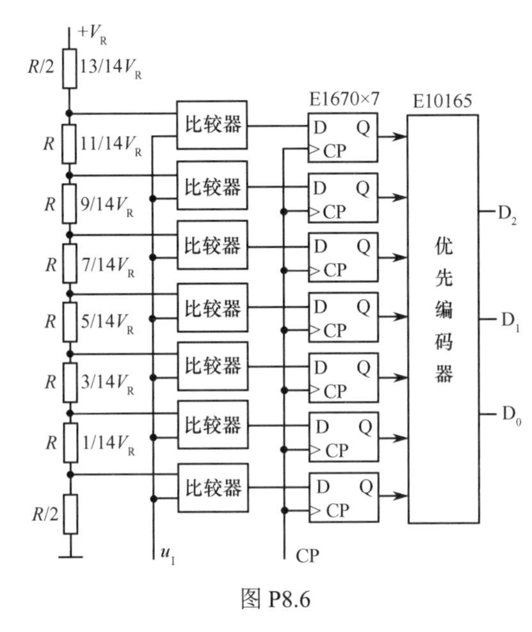

图 P8.6

参 考 文 献

[1] 高吉祥，丁文霞．数字电子技术[M]．3版．北京：电子工业出版社，2010.
[2] 高吉祥．数字电子技术学习辅导及习题详解[M]．北京：电子工业出版社，2004.
[3] 高吉祥，库锡树．电子技术基础实验与课程设计[M]．3版．北京：电子工业出版社，2011.
[4] 高吉祥．全国大学生电子设计竞赛培训系列教程—数字系统与自动控制系统设计[M]．北京：电子工业出版社，2007.
[5] 高吉祥．全国大学生电子设计竞赛培训系列教材：第3分册——数字系统与自动控制系统设计[M]．北京：高等教育出版社，2003.
[6] 阎石．数字电子技术基础[M]．4版．北京：高等教育出版社，2000.
[7] 康华光．电子技术基础数字部分[M]．4版．北京：高等教育出版社，2000.
[8] 余孟尝．数字电子技术基础简明教程[M]．2版．北京：高等教育出版社，2003.
[9] 唐宽新．数字电子技术基础解题指南[M]．北京：清华大学出版社，2001.